개정판

교통공학

원제무 · 최재성

博 英 社

머 리 말

교통은 경제사회발전의 견인차적인 역할을 하면서 우리 사회의 중요한 기능으로 존재해 오고 있다. 이와 같은 교통의 긍정적인 효과에 반하여 현재 우리나라의 교통여건은 바람직한 상태에 이르기까지에는 여러 가지의 미흡한 문제들이 산적해 있고, 앞으로도 계속 교통여건이 악화될 전망이다.

교통문제의 심각성을 피부로 느끼고 이에 대한 학문적 규명과 이론적 체계를 연구하면서 「교통공학」을 대폭적으로 개정해 보겠다는 결심이 「교통공학개정판」을 출간하게 된 동기이다.

우리가 교통이라는 종합학문을 공부하는 동안 교통에 대한 몇 가지 질문이 끊임없이 반복되어 왔다. (1) 어떠한 이론을 빌어서 교통의 현상을 관찰할 것이며, (2) 어떠한 영역을 교통공학이라는 연구영역으로 규정할 것이며, (3) 어떠한 접근방법 및 공학적 기법을 적용할 것이며, (4) 우리나라 교통연구에 있어서 다양한 교통공학기법의 현실적 가능성과 한계점은 무엇이며, (5) 한계점 극복을 위한 우리나라에 알맞은 접근방법은 어떻게 이루어져야 할 것인가 하는 점이다. 이 같은 질문에 모두 만족하는 책으로 개정한다는 것이 얼마나 힘든 작업인 줄을 우리는 이 책을 쓰면서 너무나 절실히 느끼게 되었다.

세상일을 뒷전에 미루고 한올한올 정리해서 끼워 맞추며 「교통공학개정판」이라는 그물을 엮고 보니 우리 자신의 지식이 얼마나 짧은지를 여실히 공감하게 되었다. 우리들은 이 같은 허전한 마음을 채우기 위해 더 더욱 열심히 공부하기로 다시금 다짐하게 되었다.

교통공학을 공부한 이래 은사님, 선배님, 동료를 비롯한 여러분들의 따뜻한 보살핌과 채찍을 받아 왔다. 여기 이 자리를 빌어 감사의 뜻을 전하며, 이 책을 출간해 준 박영사 안종만 사장님, 편집 · 교정을 도와 준 마찬옥 차장, 홍석태 씨께 감사의 뜻을 전하고자 한다.

1999년 2월 10일
저 자

차 례

제3장 교통공학의 구성요소

제 4 장 교통통계

제 5 장 교통조사

제8장 도로시설물의 기하구조 설계

제10장 교통안전 분석기법

제11장 교통제어시설물의 설계

제12장 신호교차로의 신호시간 산정

제13장 평가방법

제14장 주 차

제1장

교통공학 개요

지난 20여 년간 우리나라의 교통공학분야는 급속한 발전과 양적 팽창을 이루었고 1988년 서울올림픽을 개최한 이후 교통분야에 대한 시민들의 관심이 집중되어 교통혼잡, 교통안전, 물류소통 등 소분야별로 활발한 정책개발 및 투자사업이 이루어졌다. 그 동안 정부 각 기관을 비롯하여 대학이나 연구기관에서 교통전문가들이 차지하는 비중은 현격히 달라졌고, 민간 기업체나 교통설계분야에서 교통공학분야는 독자적인 학문적 위치를 점유할 수 있게 되었다. 심지어 전자공학 등 타 분야 전문가들조차 교통공학 전문가들과 협업을 통해 교통공학분야의 거대한 실용시장 부문에 진출하는 현상까지 나타나고 있다.

본 장에서는 교통공학에 관한 기초적 사항을 소개한다.

1.1 교통공학의 정의

'교통이란 무엇일까' 이 질문에 대한 답변은 각 사람마다 다르다. 대체로 사람들은 사회의 구성원으로써 경제활동을 수행해야 하며, 이를 위해서는 매일 일정한 공간을 통행할 필요가 있고, 통행을 가능케 하려면 교통의 도움을 받아야 한다는 당연한 결론에 도달하게 된다. 이러한 통행의 과정과 관련된 제반 사항을 합리적으로 처리해야 할 필요성을 바탕으로 교통공학이 출현되었다고 볼 수 있다. 따라서 衣·食·住와 마찬가지로 교통은 인간생활에 없어서는 안 될 기본적 요소가 되었다. Rae[1)]는 "교통은 역사적으로 볼 때 財貨와 用役뿐만 아니라 思想까지 교류될 수 있는 토대를 마련하기 때문에 사회성장에 커다란 공헌을 해을 해 왔다"고 하였고, Perkin[2]은 영국의 철도를 지적하면서 "철도의 발명은 영국의 문명화에 절대적인 기여를 하여 후에 나타난 모든 사회 발전의 원동력이 되었다"고 말하고 있다.

한편 교통공학에 대한 미국교통기술자회(ITE: Institute of Transportation Engineers)의 정의는 다음과 같다.[3]

> "교통공학은 승객과 화물의 이동을 안전, 신속, 편안, 편리, 경제적・환경친화적으로 가능케 하기 위해 각종 교통시설물의 계획, 설계, 운영, 관리에 필요한 기술과 과학적 원칙을 적용하는 것"

미국의 대표적 교통공학 전문가인 뉴욕 공과대학의 Roess 교수는 교통공학에 대해서 다음과 같이 정의하고 있다.[4]

> "도시 가로 및 도로상의 승객과 화물이동을 안전하고 효율적으로 하기 위한 공학의 한 분야"

이러한 개념적 맥락에서 볼 때 교통공학은 직접적으로 관찰가능한 교통현상을 연구대상으로 하여 발전해 왔기 때문에 경험과학으로서의 방법론을 정립해 왔다고 볼 수 있다. 또한 교통공학은 학문의 본질상 응용과학이므로 공학, 수학, 물리학, 경제학, 도시학, 경영과학 등 인접과학 및 학문의 도움 없이는 교통에 관련된 제반 현상을 설명하기 어려운 포괄적인 성격도 가지고 있다.

1.2 교통공학의 특성

교통공학은 학문적 틀로 보면 직접적으로 관찰가능한 교통현상을 연구대상으로 하여 발전해 왔기 때문에 경험과학(또는 공학으로 불리움)의 부류에 속한다. 그러나 인간의 기본적 욕구인 통행, 즉 行의 수단인 점에 비추어 생각하면, 교통공학은 경제학의 기본논리인 수요와 공급관계 곡선을 근간으로 하는 학문영역이다. 또 한편으로는 교통공학의 구성요소인 운전자, 차량, 도로, 교통제어시설에 관해 조사 및 분석을 기본으로 하고 있기 때문에 통계학, 수학, 산업공학 등의 분석기법이 원용되는 경우가 많다.

다음은 교통공학의 범위를 넓게 인식하여 교통체계라는 개념을 통해 교통공학을 조망하는 경우에 나타나는 교통공학의 일반적 특성이다.

1) 교통공학이 다루는 교통수단은 육상교통수단, 해상교통수단, 항공교통수단이며 각각에 대해 자동차, 선박, 항공기가 대표적인 것이다. 따라서 교통수단의 발달과 관련하여 살펴보면, 교통공학이 인간의 문명사와 함께 발전해 왔음을 알 수 있다. 또한 교통수단의 발전을 통해 도시계획사가 진전되며 경제활동이 이루어지는 점을 생각할 때, 교통공학은 곧 모든 분야의 학문과 깊이 연관되어 있음을 알 수 있다.
2) 교통공학의 영역은 매우 넓다. 차가 막힐 때 사람들은 교통전문가를 직접 또는 간접적으로 의식하게 되며 비난과 때론 강한 불만을 털어놓게 된다. 이는 곧 교통공학의 대표적 영역이 실생활 속 모든 시민의 삶에 그 뿌리를 내리고 있음을 의미한다. 또한 지방자치단체의 장인 시장·도지사 등의 지방선거나 대통령선거에 이르기까지 교통문제 해결은 종종 화두가 되곤 한다. 즉 교통공학이 정치적·사회적 문제가 되는 경우를 보게 되는 것이다. 교통공학의 다른 한 영역은 교통사고에 대한 것으로서, 우리나라는 한 해 1만명 이상이 교통사고로 인해 사망하고 수십만명이 부상당하기 때문에 교통사고와 관련지어 생각되는 교통공학의 위치는 시민의 생활과 매우 직접적인 관계를 갖는다.
3) 교통공학의 적용범위는 매우 가변적이다. 작게 보면 대도시내 한 블럭단위에서 교통문제를 제기하여 그 해결방안을 모색할 수 있는 반면, 크게는 행정구역의 한 단위인 시나 도 등의 공간적 범위를 가질 수 있는 것이 교통공학의 적용범위이다. 더욱이 여러 나라의 공동관심사를 협력해서 논의해야 하는 아시아권 철도건설계획이나 한 지역의 거점이 되는 공항건설계획에 관련한 교통계획수립과정은 국제적인 공간적 범위를 갖게 된다. 또한 공간적 구분과 더불어 교통문제의 접근방법에 있어 작게는 어느 한 교통시설물의 입지 및 설계에서부터 크게는 국가 교통정책

수립에 이르기까지 실로 그 가변적 범위는 매우 넓다고 할 수 있다.

4) 교통공학의 학과목들은 다른 학과에서 가르치는 학과목의 기본 이론을 배경으로 하는 것이 많다. 즉 교통분야에서 이해하고 있어야 할 학과적 이론들은 토목공학, 통계학, 컴퓨터공학, 경제학, 경영과학, 인문사회과학, 법학 등 다른 학과에서 출발한 것을 교통공학의 고유문제에 적용한 것이 많기 때문에 학생들은 다른 학과 강의를 수강할 마음의 준비를 갖는 것이 필요하다. 학과목이 다양하다는 것은 교통공학 개성이 없다는 인상을 갖게 하지만 그만큼 학문의 영역이 탄력적이라고 생각할 수 있다.

1.3 교통공학의 접근방법

교통공학 전문가의 역할이 중요하고 또 그만큼 어려운 것은 많은 경우에 있어 한 지역의 활동체계 내에서 교통분야와 다른 분야간의 상호 작용을 분석해야 하기 때문이다. 부연하면 교통공학 전문가의 역할은 한 지역사회의 복잡하게 얽혀 있는 틀에 아주 다양하고 주도면밀하게 간여함으로써 교통시설물을 효과적이고 안전하게 이용하게 하며, 이를 통해 곧 한 지역사회가 추구하는 목표성을 달성하도록 하는 것이라 할 수 있다.

그러면 어떻게 교통전문가가 합리적으로 간여할 수 있을까? 이 문제를 이해하기 위해서는 교통체계의 폭넓은 이해와 다른 활동체계와의 상호 작용을 파악할 기술이 필요하며, 이는 곧 이론적 접근방법의 습득과 최신 기술수준의 인식을 기본전제로 할 때 가능해진다.

대체적으로 교통전문가들이 이용하고 있는 이론적 접근방법은 모형과 공학적 기법들인데, 모형의 이용은 거대한 컴퓨터 시뮬레이션모형으로부터 매우 간단한 수식모형, 심지어는 어떤 정형화된 형태가 없는 경우에 이르기까지 그 양상은 대단히 넓은 범위 내에서 존재한다.

따라서 교통전문가의 중심적 역할은 대개 모형의 선정에서 시작하여 분석의 과정을 선정하는 것이며 이러한 관점에서 생각할 때 교통전문가는 사회의 참여기회를 많이 갖도록 노력해야 하며, 법률 및 제도의 변화에도 깊숙히 참여할 필요성이 있는 것이다. 또한 분석의 과정에서 중요하게 생각해야 할 점은, 건설적이고 적절한 방향으로 구성원의 이해가 모아지도록 할 수 있는 활동이 무엇인가를 찾아내어 분석과정에 포함시키는 것이다. 이렇게 함으로써 교통전문가는 사회구성원의 서로 다른 이해관계를 분명히 인정함은 물론 이를 해결할 수 있는 방법을 모색할 수 있게 된다.

사실상 오늘날의 교통분야는 그 대상범위가 매우 넓기 때문에 개인적으로 볼 때는 아무도 교통분야의 모든 것을 통달해서 알 수 없는 시대가 되었다. 교통수요분야만 해도 난해하고 복잡하며 여기에 대안의 평가라든지 정책의 수립 또는 새로운 교통시설물의 개발 등을 생각할 때, 실로 교통분야는 광범위하고 복합적인 연구대상으로 다가오게 된다. 그러나 교통분야는 매우 흥미 유발적이며 그 대상의 광범위성이 개념적인 이론에서부터 구체적이고 난해한 수학적 기법까지도 포함할 뿐 아니라, 우리 생활과의 관련성에서 볼 때 실용성이 강한 문제를 다루고 있기 때문에 매우 현실적인 분야임에 틀림없다.

1.4 교통공학의 영역

교통공학(Transportation Engineering)의 영역은 크게 나누어 교통계획(Transportation planning)과 교통공학(Traffic Engineering)이라 할 수 있다. 여기에서 보듯이 교통공학이라는 용어는 영문 Transportation Engineering과 Traffic Engineering의 번역으로서, 이 두 영문을 번역할 때 국문으로 서로 다른 용어가 없기 때문에 불가피하게 같은 말을 쓰고 있다. 그러나 넓은 의미의 교통공학은 이미 1.1절에서 기술한 것처럼 승객과 화물의 이동에 관련된 모든 분석기법을 의미하기 때문에 상당히 포괄적인 개념인 반면, 좁은 의미의 교통공학은 주로 교통혼잡의 현황분석 및 대책을 수립하는 업무활동에 국한되는 경우가 많다. 다음 소절에서 교통계획과 교통공학을 세부적으로 나누어 상세히 설명한다.

1.4.1 교통계획

교통계획을 한 마디로 요약하면 한 지역의 교통수요 산정과정이라 할 수 있다. 현재 사용되는 교통계획기법은 그 근원을 1950~60년대 미국의 디트로이트시와 시카고시에서 수행한 분석기법에 두고 있으며, 이 과정은 CATS(Chicago Area Transportation Study)라고 불리우는 유명한 교통계획사업이다.[5)]

교통수요 산정을 위해서는 매우 복잡한 일련의 과정을 거치게 되며 이 과정은 도시계획, 토지이용계획, 단지계획, 환경공학 분석 및 처리계획, 대중교통계획 등 다양한 관련 계획과의 연계를 통해 이루어진다. 따라서 이러한 관련 분야의 계획이 충실히 반영될 수 있도록 하려면 교통정책, 교통경제, 계량분석, 전산통계업무 등의 관련 분야를 항상 포함되도록 해야 한다.

교통계획은 다음과 같이 세분되어 진다.

1) 계획기간에 따른 구분
   - 장기계획(20년)
   - 중기계획(10년)
   - 단기계획(5년 이내)
2) 계획대상에 따른 구분
   - 도시/지역교통계획(광역교통망계획 포함)
   - 교통축계획
   - 주차장정비계획
   - 대중교통계획
   - 지구교통계획
   - 물류계획
3) 교통수단에 따른 구분
   - 일반교통계획(자가용, 대중교통으로 구분)
   - 지하철(경전철)교통계획
   - 항공교통계획
   - 항만교통계획
   - 자전거도로계획

1.4.2 교통공학

1) 교통설계

현재 사용되는 교통설계라는 용어는 비교적 새로운 개념이다. 오래전 모든 나라에서 도로 등 사회간접시설물을 확충하는 데 주력할 당시에는 도로공학이라는 용어가 널리 쓰였다. 사실상 제2차 세계대전 직후부터 제1차 유류파동이 일어난 1970년대 초까지만 해도 교통공학이라는 용어는 매우 생소한 것이었고, 일반인들은 대개 도로공학이라는 분야 또는 과목을 통해 알려진 기법을 가지고 도로를 건설하는 것이 교통분야에서 수행할 수 있는 모든 것이라고 생각했다. 1960년 미국의 퍼듀대학 교수였던 우드와 2인이 공저한 *Highway Engineering Handbook*[6]을 살펴보면 그 당시 교통공학의 일반적 입장을 알 수 있다. [표 1-1]은 위 책의 목차로서 그 당시 교통설계분야에서 얼마나 많은 노력이 포장설계나 도로의 구조체 자체에 집중되었는지를 알 수 있게 한다.

이러한 경향은 1970년 후반까지 지속적으로 이어져왔는데 1982년 Oglesby와 Hicks 교수가 쓴 *Highway Engineering*[7]이나 1987년 조지아 공과대학의 P. Wright와 Paguette 교수가 쓴 *Highway Engineering*[8]에서도 크게 달라지지 않았다.

요약건대 현재 우리가 사용하는 교통설계라는 용어 또는 학과목은 예전의 도로공학관련 기술과 최근 개발된 교통운영기법 중에서 구체적으로 도로의 물리적 형태를 결정하는 데 작용하는 사항들을 총괄적으로 포함한다.

다음은 교통설계에 포함되는 사항들이다.

- 기본설계(Preliminary Design)
- 실시설계(Detailed Design)
- 도시교차로설계
- 교통안전 개선사업 중 도로설계 및 교통안전시설물설계
- 지하철, 공항 등의 기타 교통수단에 대한 물리적 설계

2) 교통운영

교통운영 부문은 사실상 현재 우리가 사용하고 있는 교통공학이라

[표 1-1] Highway Engineering Handbook의 목차

CONTENTS

는 학문영역에 포함될 업무를 가장 적절히 담고 있는 부문이다. 쉽게 생각해서 교통운영은 도로의 신설 등 대규모 투자 없이 기존 교통체계 내에서 교통혼잡을 완화시킬 수 있는 여러 가지 기법들을 포함하고 있다. 예를 들어 신호등의 주기를 조절하고, 대중교통수단에 대해 경쟁력을 높여 주며 보행자의 안전성을 확보함으로써 기존 교통체계의 효율성과 안전성을 최대한 확보하려는 기법들이 여기에 포함된다. 또한 일방통행제, 버스전용차선제, 주차장설계 등 공간적으로 볼 때 도시내 고밀도 토지이용공간에서 적용하는 교통관련 기법들이 주를 이루며, 그 외에도 주거지역, 지방지역에 대한 기법도 따로 존재한다.

교통운영 부문에서는 교통특성조사, 교통시설조사, 교통제어현황조사를 비롯한 미시적 교통분석이 필요하게 되며 신호교차로, 도시 간선도로, 대중교통 등에 대한 교통용량분석이 필수적 검토사항이 된다.

다음은 교통운영기법 중 일반적인 것들을 기술하고 있다.

1) 속도규제(speed hump, 무인과속단속 카메라, rumble strip 포함)
2) 교통섬 설치를 통한 도류화, 능률차선제, 가변차선제 등 차선수 조정기법
3) 신호등 주기, 현시, 연동 최적화방안
4) 일방통행제, 접근관리방안, 램프미터링기법
5) 교통수요관리기법(다인승차량전용차선제, 교통혼잡요금징수, 출근시간조정방안 등)
6) 버스전용차선제 등 대중교통 우선정책
7) 보행자를 위한 시설물설계, 보행자전용거리
8) 기타 교통안전시설물 등 관련 사항

교통운영 부문이야말로 교통공학의 대표적 영역에 해당한다. 그러나 교통운영 부문의 모든 분석자료는 결국 교통계획이나 교통설계 등 인접한 교통부문과 직·간접적으로 영향을 주고 받기 때문에 상호 관련성을 항상 인식해야 한다.

1.5 교통공학의 학문적 체계 및 업무

교통분야에서 다루고 있는 부문을 학문의 세계와 연결해 봄으로써 교통공학을 처음 접하는 사람들이나 교통공학을 막연하게 이해하던 사람들에게 매우 구체적인 교통공학의 모습을 전달할 수 있게 된다.

1.5.1 교통분야의 학과목

모든 대학에서 동일한 학과목 명칭을 부여하지는 않지만, 교통분야에서 습득해야 할 학과목들은 대체로 다음과 같다.

- 도로공학(Highway Engineering)
- 철도공학(Railroad Engineering)
- 비행장공학(Airport Engineering)
- 해운공학(Maritime Engineering)
- 항만공학(Port Development and Planning)
- 교통운영(Transportation Operation)
- 교통공학(Transportation Engineering)
- 도시교통계획(Urban Transportation Planning)
- 대중교통론(Mass Transit Planning)
- 물류공학(Freight Transportation Engineering)
- 교통관계법규(Transportation Regulation)
- 교통경제(Transportation Economics)
- 교통류이론(Traffic Flow Theory)
- 교통정책(Transportation Policy)
- 교통조사론(Transportation Studies)
- 교통통계(Statistics)

한편 이외에도 교통공학을 보다 세분화시켜서 교통운영론, 교통제어론, 계량분석, 포장설계 등으로 구분할 수 있겠으나 이러한 세부분류는 대학원 등 고급수준에서 고려할 수 있는 것으로서 통상적인 구분의 경우에는 포함되지 않는다.

1.5.2 교통분야의 업무

전 절에서 설명한 학과목의 구성과는 다르게 교통분야의 업무를 통해 교통분야와 실생활간의 관계성을 파악할 수 있다.

다음은 교통분야에서 다루고 있는 업무들의 유형으로서 이들 외에도 특수한 업무가 존재할 수 있겠지만 손쉽게 인식할 수 있는 통상적인 업무 구분은 다음과 같다.

- 교통수요 산정 및 시설공급
- 교통체계의 운영 및 운영상태 분석
- 교통시설물이나 교통망의 대안평가
- 정책평가 및 집행
- 정책개발
- 교통지구계획
- 교통시설관리
- 교통영향평가
- 교통시설물의 설계

교통전문가들이 종사하는 직업을 보면 민간업체, 공공기관, 항공사, 운수업, 철도관련 업계, 대중교통업계, 육상 및 항공관련 정부기관, 시 및 도 등의 지방자치단체, 설계업체, 교통관련 장비제작회사, 기타 기술자문 용역업체 등으로 나눌 수 있다.

따라서 교통전문가들은 그 직업의 분포가 다양하여 각 개인의 개성과 취향이 충분히 발휘될 수 있으며 그 발전과정은 한 전형적인 코스를 따르기 보다는 오히려 매우 다양한 형태의 진행형이라 할 수 있다.

교통분야는 최신 급격히 변화하고 있는 현대사회에서 일익을 담당하고 있고, 그 역시 끊임없이 변화하는 최신분야이다. 따라서 각 개인의 종사분야는 전혀 예측하기 곤란한 형태로 변화할 수 있으며 새로운 직종의 출현, 새로운 사건의 발생, 외부적 요인의 변화, 기술의 발전 등이 변화요인으로 작용되고 있다.

이러한 가변성으로 인해 교통전문가는 대단히 넓은 지식의 범위를 소유해야 하며 자기가 알고 있는 세부항목에 대해서는 고도의 전문적 훈련경험을 갖고 있어야 한다. 즉 교통분야의 기초적 구성분야에서 출발하여 대학교육이나 현장경험을 통해 보다 전문화된 지식을 갖게 되며 이렇듯 교통분야 내에서 한 개인의 역량을 개발하다 보면 결국은 교통전문가로 자리잡게 된다. 이 진행과정은 매우 소중한 것이고 또한 자연스러운 변화단계인바 교통전문가들은 관련분야의 발전에 항상 관심을 기울여야 한다.

한 사람이 교통분야 내에서 점차 이해 범위를 넓혀 가고 있을 때 교통분야 전문가 집단 내에서의 그 사람에 대한 인식 및 전문가 집단 내 사람들과의 인간적 관계는 매우 중요하다고 볼 수 있다. 또한 교통분야 전문가 집단 내에서 활동하는 동안 우리는 전문가 집단이 한 개인에 미치는 영향을 긍정하는 측면과 부정적 측면의 두 가지로 분류할 수 있다. 우선 부정적 측면은 전문가 집단의 견해를 대체로 유지하려는 속성을 지적할 수 있다. 이는 곧 주위 사람들과의 견해 차이 때문에 발생하는 개인적 수고로움을 감소시키려는 인간적 본성에서 연유한다고 볼 수 있다. 우리는 이 점을 탈피해야만 전문가로서의 넓은 시야와 의연한 문제 대처능력을 배양할 수 있게 된다. 긍정적 측면은 주위 전문가들과의 교분으로 인한 현실감, 유연한 학문적 자세의 유지, 현실 세계와의 친밀한 교감 등을 지적할 수 있다.

교통전문가는 자기 분야에 대한 전문지식을 소유하며 동시에 모든 문제에 유연하게 대처할 능력을 소유해야 한다. 다시 말하면 깊은 지식과 세밀한 연구접근기법을 소유하는 것이 중요한 반면, 교통분야 내에서의 직종변화가 대단히 가변적인 만큼 새로운 변화에 적절하게 대응할 수 있는 능력을 갖추도록 해야 한다는 점을 항상 기억해야 한다.

■ 주

1) Rae, J., *The Road and the Car in American Life*, MIT Press, 1971.
2) Perkin, H., *The Age of Railway*, Routledge and Kegan Paul, 1970.
3) *Transportation and Traffic Engineering Handbook*(2nd ed.), Institute of Transportation Engineers, 1982.
4) McShane, W.R. and Roess, R.P., *Traffic Engineering*, Prentice Hall Polytechnic Series in Transportation, 1990.
5) Hutchinson, B.G., *Principles of Urban Transport Systems Planning*, McGraw-Hill Book Company, 1974.
6) Woods, K.B., Berry, D. and Goetz, W., *Highway Engineering Handbook*, McGraw-Hill Book Company, 1960.
7) Oglesby, C.H. and Hicks, G., *Highway Engineering*, John Wiley & Sons, 1982.
8) Wrigut, P. and Paquette, P., *Highway Engineering*, John Wiley & Sons, 1987.

■ 익힘문제

1. 건설교통부, 서울시, 도(道)의 기구표에서 교통공학 업무영역에 해당하는 조직을 표시하고 인력현황을 살펴보시오.
2. 현재 재학중인 대학의 교통관련 학과의 교과과정을 구한 후 교통관련 학과목을 교통공학의 영역구분에 맞추어 구분해 보시오.
3. 일상생활에서 보게 되는 교통관련 사업 중 한 개를 선정해서 그 사업에 포함된 교통관련 업무과정을 나름대로 기술해 보시오.

제 2 장

교통특성 및 교통문제

우리나라의 교통특성을 한 마디로 요약하면 '최근 이룩한 눈부신 경제발전에 따라 생겨난 교통량의 급격한 증가와 이를 충분히 소화시키지 못하는 교통시설물' 이라고 할 수 있다. 정확한 원인과 그 해결방안이 어디에 있는지 알지 못하고, 제 나름대로의 해결방안을 마련하여 시행효과를 관찰해 보지도 못한 채 교통혼잡만을 완화시키기 위해 분주히 뛰기만 하였던 것 또한 우리나라 교통분야의 한 특징이라 할 수 있다.

이번 장 전반부에서는 우리나라의 교통특성을 교통류와 도로여건을 중심으로 살펴보고 후반부에서 교통문제의 유형을 기술한다.

2.1 우리나라의 교통특성

2.1.1 교통류 특성

교통류를 크게 도시지역과 지방지역으로 구분해서 살펴본다.

1) 도시지역 교통류 특성

우리나라 도시지역 교통류의 특성은 차량흐름의 무질서와 신호시간의 경직 운영에 따른 불필요한 교통혼잡 발생으로 요약할 수 있다. 전자는 주로 차량운전자들의 난폭운전 및 불법주행에 의해 발생하고 있고, 후자는 교통신호등의 운영·관리를 담당하고 있는 경찰청 인력의 기술부족으로 인해 발생한다.

다음은 우리나라 도시지역 교통류의 일반적 특성을 기술하고 있다.

1) 첨두시간대 교통량이 차지하는 비율이 상대적으로 낮다.
2) 중차량의 비율이 높다.
3) 신호주기가 매우 길다.
4) 좌회전 교통류의 비율이 높다.
5) 횡단보도에서 보행자의 수가 많다.
6) 운전자들이 황색신호에 출발하는 경향이 많다.
7) 신호주기에서 황색시간을 교통류 특성에 의해 결정하지 않고 표준 황색시간을 결정하여 사용함으로써 효율적인 신호시간설계를 저해할 소지가 많다.
8) 기타 도시내 교통류의 평균속도가 매우 높은 등의 일반적 특징이 나타난다.

2) 지방지역 교통류 특성

지방지역 교통류는 일반적으로 속도가 높고 교통량이 적으며 계절별 변화가 심한 특성을 갖는다. 그러나 우리나라의 경우 여기에 덧붙여 대형차량의 비율이 높은 점을 생각할 수 있다. 다음은 우리나라 지방지역 교통류의 특성이다.

1) 대형차량의 주행성능이 외국에 비해 크게 떨어지지 않으나, 화물차량의 운행여건상 과적을 하는 경우가 많아 이로 인해 승용차에 비해 주행속도가 많이 떨어진다.
2) 계절별 교통량 변화가 그리 많지 않다.
3) 첨두시간대의 교통량이 차지하는 비율이 비교적 높은 편이다.
4) 방향별로 교통량의 수준이 크게 차이나지 않는다.
5) 도로인접지역에서 접근관리가 제대로 이루어지지 않아 교통류가 무질서하며 설계속도보다 오히려 높은 평균속도를 갖는 지점이 많다.
6) 지방지역 양방향 2차로 도로의 경우 지형여건상 추월금지구간의 비율이 높게 나타남으로써 대형차량에 의한 지체현상이 매우 크게 나타난다.

2.1.2 도로특성

1) 도로망의 발달사

약 70년 전만 해도 우리나라 도시들은 서로 먼 거리로 떨어져 있어 사람의 통행은 물론 화물의 수송수요가 많지 않아 우리나라 道路網은 보잘것 없었다. 흔히 말하기를 우리나라 道路網體系는 1960년대 후반 경인고속도로 및 경부고속도로가 건설되면서 그 골격을 갖추기 시작했다고 한다. 우리나라의 총 도로연장은 1951년에 25,213km에 불과하던 것이 1995년 말 현재 77,701km로 증가하여 같은 기간 동안에 도로연장이 2배 이상 늘어났다. 근대화된 도로개발이 시작된 일제시대 이후부터 현재까지 4단계로 구분하여 도로망의 형성을 요약하면 다음과 같다.[1)]

1) 도로망 골격의 형성기(1910~45년): 이 기간 동안에 일본의 우리나라 침략으로 인해 철도의 건설이 주류를 이루었으며 군사목적의 도로건설이 주로 이루어졌다.
2) 철도수송위주 및 전후복구사업(1945~61년): 이 시기에는 광복, 6·25전쟁 및 군사혁명 등 많은 정치적·사회적 변화가 있었으며 이로 인해 도로망의 확충보다는 전란의 복구 등 사회의 기본시설 공급에 치중함으로써 도로투자 활동이 극히 제한적이었다.
3) 경제개발 5개년계획 및 도로개발착수(1962~71년): 이때부터 시작된 경제개발 5개년계획에 의해 사회기간산업 시설에 집중투자가 이루어짐으로써 도로건설이 활기를 띠었다. 특히 경부고속도로의 건설을 계기로 우리나라 건설산업 전반에 큰 변화를 가져왔다. 동 기간 동안의 도로시설 확충유형은 기존 노선에 대한 포장사업, 도로확장사업 및 불량도로망의 개선사업 등에 주력한 이른바 도로개량사업이 대부분이었다.
4) 고속도로건설 및 일반국도 포장주력(1972~90년 현재): 경부고속도로의 건설에 따른 경제발전의 파급효과를 경험한 많은 사람들은 도로망을 단순한 수송시설로만 인식하지 않고 경제의 활성화를 도모하고 지역간의 균형발전을 촉진시키는 필요시설로 받아들이게 되었다. 따라서 도로의 건설이 모든 사람들의 관심대상이 되어 정부에서는 적극적인 도로투자에 노력함으로써 대규모 도

로건설사업이 수행되었다. 이 기간에 이루어진 주요 도로건설사업으로는 영동고속도로, 남해고속도로 및 88고속도로 등 동서방향 고속도로건설을 들 수 있다.

2) 道路建設 실적

현재 우리나라 도로망이 구축되기까지는 많은 시간이 소요되었으며 지난 30여 년간의 도로건설사업은 실로 괄목할 만하다.

[표 2-1]에서 알 수 있듯이 도로의 포장률은 1962년에 불과 5.6%이던 것이 1995년에는 76.0%에 달하여 15배 이상의 포장률 증가를 기록하였다. 또한 도로건설사업을 도로의 형태별로 보면 고속도로는 1970년 이후 매년 100여 km씩 신설되었고, 일반국도는 약 7,000km 정도 확장되었고 포장률은 1961년에 12.6%이던 것이 1995년 현재 99.5%를 기록하여 활발한 포장사업활동을 나타내고 있다. 地方道는 길이보다는 포장률의 제고에 노력하였고 특별시도는 도시화 경향에 따라 그 연장이 급격히

[표 2-1] 지난 30년간 도로건설사업

항목 \ 단계		제1단계	제2단계	제3단계	제4단계	제5단계	제6단계	제7단계
연도		1962~66	1967~71	1972~76	1977~81	1982~86	1987~91	1992~95
전체 도로 길이(km)		34,476	40,635	45,514	50,336	53,653	58,088	77,701
포장률(%)		5.6	14.2	23.7	34.1	54.2	76.4	76.0
도로형태 및 건설길이 (km)	고속국도	—	655	487	103	170	182	227
	일반국도	629	953	1,444	3,028	2,676	1,691	852
	지방도	32	209	557	588	2,730	3,893	4,784

[표 2-2] 각 단계별 교통부문 투자내역 (단위: %)

구분		1962~66	1967~71	1972~76	1977~81	1981~86
총재원 중 교통부문 투자		7.09	10.37	9.56	7.10	6.70
교통부문 중	철도부문 투자	64.19	33.93	39.46	41.57	27.70
	공로부문 투자	12.07	47.33	32.02	30.02	43.90
	해운부문 투자	15.87	14.30	22.21	19.30	18.50
	항공 및 기타 부문 투자	7.87	4.06	3.27	8.21	9.90

증가했다. 또한 경제개발계획에 있어서의 각 단계별 교통부문 투자내역은 [표 2-2]와 같다.

[표 2-2]에서 알 수 있듯이 총재원 중 교통부문 투자율은 제2차 경제개발 5개년계획을 고비로 점차 감소하고 있으나 公路부문 투자는 어느 정도 감소하다가 1980년 이후 다시 증가하는 추세를 보이고 있다. 동시에 수차에 걸친 경제발전계획의 성과로 소득수준이 높아짐으로써 자동차 보유대수가 엄청나게 늘어나고 이는 곧 도로교통량의 증가에 반영되었다.

3) 道路網 現況

우리나라의 법정도로는 고속국도, 일반국도, 특별시도, 지방도 및 시군도로 분류되며 각 도로에 관한 법률에는 도로법, 고속국도법, 유료도로법, 사도법, 도로정비촉진법, 한국도로공사법 및 도로사업특별회계법이 있다. 이들 제반 법규에 의해 고속국도 및 일반국도는 건설교통부 관할이며, 나머지 도로는 각 정부조직상의 소관단체 관할이다.

[표 2-3]을 보면 우리나라의 주요 도로망인 이 세 가지 도로형태 중에서 일반국도가 단연 많은 교통량을 담당하고 있으며 고속국도에는 장거리 통행이, 지방도에는 단거리 통행이 집중됨을 알 수 있다.

① 고속국도(National Expressway)

고속국도는 자동차 교통망의 중추부분을 이루는 최상급 도로시설로서 우리나라 각 주요도시를 연결하는 자동차전용의 고속교통용 도로이

[표 2-3] 도로형태의 연장과 교통량

도로형태별 연장 / 일교통량(대)	연 장(km)		
	고속국도	일반국도	지방도
500 이하	—	1,193	3,765
500~ 2,000	98	4,604	4,172
2,000~ 5,000	238	4,038	875
5,000~10,000	380	1,403	19
10,000~20,000	419	649	71
20,000 이상	280	366	—
합 계	1,415	12,253	9,074

[표 2-4] 고속국도 현황

노선번호 Route No.	노 선 명 Name of Route	구 간 Terminals(from-to)	연 장 Length(km)	차 선 No. of Lanes	건설기간 Construction Period
1	경부선	서울~부산	428.0	4~8	68. 2~70. 7
2	경인선	서울~인천	24.0	4~8	67. 3~68.12
3	호남선	대전~순천	251.8	2~4	70. 4~73.11
4	영동선	신갈~강릉	201.0	2~4	71. 3~75.10
5	동해선	동해~강릉	41.7	2	74. 3~75.10
6	남해선	부산~순천	176.5	2~4	72. 1~73.11
6-2	남해 제2지선	부산~냉정	20.6	4	78. 5~81. 9
6-3	남해 제3지선	하동~광양	7.5	2	91.10~95.12
7	구마선	대구~마산	83.3	4	76. 6~77.12
8	울산선	언양~울산	14.3	4	69. 6~69.12
9	88올림픽 선	대구~광주	182.9	2	81.10~84. 8
10	중부선	서울~남이	117.8	4	85. 4~87.12
11	서해안선	인천~안산	27.6	6	90.12~94.11
12	신갈·안산선	신갈~안산	23.2	4	88. 2~91.11
14	중앙선	대구~안동	87.5	2~4	89.10~95. 8
		제천~원주	37.6	2	89.10~95. 8
		홍천~춘천	26.2	2	89.10~95. 8
15	제2경인선	인천~안양	15.5	6	90.12~95.12
16	시흥·안산선	일직~안산	9.1	6	91.12~95.12
101	서울외곽순환선	판교~퇴계원	34.3	4	88. 2~93.12
		판교~평촌	14.1	8	91.12~95.12
계 Total		18개 노선 18 Routes	1,824.5		

다. 노선의 지정 및 건설에 관련된 제반 사항은 고속국도법에 의해 결정된다. 1995년 현재 고속국도 연장은 1,824km로서 100% 포장률을 기록하고 있다. 고속국도가 건설되고 나면 그 유지관리는 한국도로공사로 이관되며 유료도로법에 따라 운영된다.

한편, 고속국도의 건설계획을 살펴보면 주로 (i) 현재 고속국도 중에서 도로용량면에서 한계에 도달한 구간, (ii) 일부 대도시에서의 교통운영 합리화방안으로서의 도시고속화도로, (iii) 지역간 균형개발 촉매제로서의 고속국도 역할이 강조되어 수립되고 있다.

② 일반국도(Highways)

일반국도는 주요 도시, 지정항만, 중요비행장, 관광지 등을 연결하여 고속국도와 함께 국가 기본도로망을 이루는 도로로서 일반국도노선 지정령에 의해 그 노선이 지정된다. 일반국도는 건설교통부가 관할하며 1995년 현재 총연장은 12,052km이고 99.5%의 높은 포장률을 기록하고 있다. 특기할 것은 일반국도가 도시 내에 존재하는 경우 해당 도시의 시장이 일반국도의 관할을 담당하게 된다. 일반국도 유지관리를 위해 건설교통부 내에 전국의 19개 일반도로 유지관리 사무소가 설치되어 있다. 또한 5개의 국토관리청을 운영하고 있는데 각 국토관리청에서는 도로를 포함한 국토의 건설 및 운영을 담당하고 있다.

[표 2-5]는 국토관리청 및 국도유지관리 사무소의 위치이다.

일반국도는 우리나라의 수송시설로서 중요한 위치를 점하고 있으나 일부구간은 교통혼잡이 심해지고 있다. 고속국도에서의 엄격한 과적차량 통제에 따라 대부분의 과적차량이 일반국도를 이용하고 있어 포장의 파괴가 심각하다. 또한 하루 평균교통량 2,000대 이상인 구간이 53%에 달하며, 일반국도의 약 80%가 2차로 도로로 구성되어 있어 합리적인 교통운영의 기법적용이 곤란한 상태이다.

③ 地方道 및 郡道

지방의 간선도로망을 이루는 도로로서 도지사가 그 노선을 인정한 도로이다. 지방도는 일반적으로 국도에 비해 노선연장이 짧고 여러 지역을 연결하는 기능이 약하다. 과거에는 우리나라 도로투자정책이 국토의 주요간선도로망을 형성하는 데 주안점을 두어 지방도에 대한 투자가 빈약했으나 인구 및 주요산업의 지방분산화정책과 지방자치제의 수년 내 시행과 함께 앞으로는 지방도의 개발이 적극적으로 추진될 전망이다.

[표 2-5] 국토관리청 및 국도유지관리 사무소의 위치

	위 치
국 토 관 리 청	서울, 대전, 부산, 익산, 원주
국도유지사무소	의정부, 수원, 예산, 논산, 전주, 광주, 남원, 순천, 진주, 포항, 보은, 충주, 영주, 정선, 강릉, 홍천, 제주, 대구

[표 2-6] 도별 지방도, 군도에 대한 연장 및 포장률(1988년)

연장 및 포장률 / 도 명	지 방 도		군 도	
	연장(km)	포장률(%)	연장(km)	포장률(%)
경 기 도	2,720	69.6	1,734	70.3
강 원 도	1,663	71.8	1,815	32.6
충청북도	1,483	71.7	2,015	41.4
충청남도	1,698	67.4	1,296	63.9
전라북도	1,819	70.8	1,237	33.3
전라남도	2,096	71.9	2,615	55.0
경상북도	2,891	86.1	1,513	48.0
경상남도	2,707	63.9	2,978	49.1
제 주 도	241	83.9	822	57.0

한편, 郡道는 군수가 그 노선을 인정한 도로이다. 지방도와 함께 군도도 한 지방의 간선도로망을 이루지만 지방도에 비해 도로설계수준이 낮고 교통량이 많지 않은 경향을 나타낸다. 우리나라 지방도와 군도의 전체 길이는 각각 17,318 km와 16,533 km를 기록하고 있으며, 도로 포장률은 72.2%와 49.9%를 나타내어 많은 양의 도로가 아직 포장이 되지 않아 장거리 통행에 실질적으로 기여하지 못하고 있음을 알 수 있다.

지방도 및 군도는 전체 길이 면에서 볼 때에는 일반국도에 못지 않으나 이용교통량이 적고 계절별 변화가 심해서 지역간 교통을 담당하기보다는 오히려 집분산도로의 기능이 강하며, 농어촌지역의 생활환경 개선과 지형상으로 격리된 지역내 도시간의 수송을 주로 담당하고 있다.

장래의 지방도 및 군도에 대한 건설사업은 포장률제고 위주가 될 것이며, 1992년에는 지방도 포장률 100%, 군도 포장률 80%를 목표로 하고 있다.

④ 특별시도 및 시도

인구 백만 이상의 도시 내에 존재하는 도로를 特別市道라 하며 그 외의 도시내 도로를 市道라 한다. 이들 도로는 시장이 관할하며 일반국도나 지방도로 분류된 도로라 할지라도 일단 해당 도시 내에 존재하게 되면 각 관할구역 시장이 관할한다.

[표 2-7] 특별시도 연장 및 포장률(1995년)

시 명	연장(km)	포장률(%)
서 울	7,488	85.0
부 산	1,929	98.5
대 구	1,370	92.1
인 천	1,040	100
광 주	975	99.8
대 전	1,280	95.2

[표 2-8] 각 도별 연장 및 포장률(1995년)

도 명	연장(km)	포장률(%)
경 기 도	3,687	99.2
강 원 도	1,784	57.2
충청북도	814	63.2
충청남도	1,066	65.8
전라북도	1,502	65.2
전라남도	1,056	77.2
경상북도	2,020	60.0
경상남도	3,205	66.8
제 주 도	757	90.0

2.2 우리나라 교통문제의 특징

교통문제는 교통에 있어서 丙理的 表象이 되는 문제점을 말하는 것으로 매우 다양하게 나타나고 있다. 문제가 다양하기 때문에 교통문제의 유형도 사람에 따라 다르게 분류한다. 예컨대 **John Dickey**[2]와 같은 학자는 교통문제를 타부문에서 발생하여 교통에 영향을 주는 문제, 교통부문에서 발생하여 타부문에 영향을 주는 문제, 교통 자체의 서비스문제 등 세 가지로 분류하는가 하면, **Alan Altshuler**[3] 교수는 그의 저서 *The Urban Transportation System*에서 미국의 교통정책의 실패를 상기시키면서 에너지 · 대기오염 · 안전성 · 형평성 · 교통체증 · 토지이용과 도시개발의 여섯 가지 측면에서 교통문제를 지적하고 있다. 한편 이건영 박사[4]는 서울의 교통문제를 논하면서 교통문제를 교통난 · 교통체증 및 교통공해로 나누고 있다. 또한 Starkie[5)]에 의하면 교통문제는 차량의 움직임, 즉 차량통행에 관한 통행문제(traffic problem)와 출근시간 교통문제(journey-to-work problem)의 두 가지로 분류하면서 출근시간 교통문제는 출근시간의 지체, 교통사고, 소음, 먼지와 같은 문제를 대표적인 것들로 지적한다.

여기서는 교통문제의 유형을 크게 도시구조와 교통체계의 부조화, 교통시설 공급의 부족, 교통시설 운영관리의 미숙, 교통계획 및 행정의 미흡과 대중교통체계의 비효율성 등의 다섯 가지로 나누어 검토해 보기로 한다.

2.2.1 都市構造와 交通體系間의 不調和

우리나라 도시의 교통문제는 급격한 都市化에 따른 전환기적 과정에 있는 구조적 변동이 공간적으로 표출된 결과라고 할 수 있다. 도시화는 도시구조를 결정하고, 도시구조는 교통체계를 결정해 주기 때문에 도시구조와 교통체계는 '닭과 계란'과 같은 서로 밀접한 연관을 가지면서 형성되어 왔다고 할 수 있다. 갑작스런 도시화에 따라 나타난 도시구조는 1970년대 중반부터 급격히 불어나기 시작한 교통수요를 효과적으로 처리하기 힘든 여건에 처해 있다고 하겠다. 이에 따른 문제를 구체적으로 살펴보면 다음과 같다.

1) 도시가 單核都市로 형성되어 왔기 때문에 도시기능이 都心地에 편재되어 교통집중을 야기시키고 있다.
2) 도시의 확산으로 인해 직장과 주거지가 멀어짐에 따라 교통시간이 증가된다.
3) 도시구조가 幹線道路 위주로 형성되었기 때문에 간선도로 이외의 도로는 교통을 처리할 능력이 갖추어져 있지 않다.
4) 교통영향을 감안하지 않고 도심지에 빌딩건축을 허가하여 교통유발과 이로 인한 주변지역에 교통혼잡이 가중된다.
5) 아파트단지를 한 곳에 집중시켰으나 직장이나 工團(특히 부산의 가야지역)이 인접되지 않아 직장과 공단의 주변도로에 심한 교통체증을 일으키고 있다.

2.2.2 交通施設 공급의 不足

우리나라 도시구조를 급격히 변화시킨 도시화는 전근대적인 도시골격 위에 형성되었기 때문에 교통시설이 정상적으로 자리잡을 수 있는 토대가 마련되지 못했다. 따라서 교통시설의 공급부족에 따른 많은 문제가 수반되었는데, 교통정책 담당부서로서는 단기적이고 대중적인 교통시설 공급만으로도 힘에 겨운 실정이다.

교통시설(道路가 대표적인 시설임)은 교통수요를 만족시켜 주기 위해서 적정한 수준까지는 공급해야 할 당위성을 안고 있다. 현재 우리나라 도시는 도로율도 낮을 뿐 아니라 도로의 계층구조(hierarchy)도 미흡하고 財源不足으로 인한 도로확장 또는 도로신설에 커다란 제약이 있다.

1) 우리나라 도시의 도로율은 평균 15%로서 외국도시에 비해 낮은 편이다.
2) 도심지 우회도로가 부족하기 때문에 都心地域을 목적지로 하지 않은 통행이 불필요하게 도심지역을 통과하게 된다.
3) 도로의 連續性이 결여되어 있다. 즉, 높은 용량의 도로와 낮은 용량의 도로가 연결되어 있어 交通流의 흐름을 방해하고 있다.
4) 도로의 幾何構造가 불량하여 교통처리능력이 떨어지고 사고위험이 높아진다. 이와 관련된 문제로 엇갈림구간(weaving section)이 짧아서 체증을 유발한다.
5) 未連結道路區間(missing link)이 많아 교통류의 흐름을 단절시키고 있다. 미연결구간은 대도시의 외곽지역과 중소도시에 산재하여 있다.
6) 도로의 階層構造(hierarchy)가 제대로 되어 있지 않다. 도로는 主幹線道路, 幹線道路, 集·分散道路, 地區內道路 등으로 위계가 형성되나 우리나라 도시의 도로는 이러한 기능적 구분이 되어 있지 않다.
7) 裏面道路가 제대로 활용되지 못하고 있다.
8) 터미널의 위치가 부적합하고, 규모가 협소하며, 터미널주변 가로의 교통체증이 심하다. 또한 內部動線處理가 불량하고 다른 교통수단(특히 대중교통수단)과의 연계가 제대로 이루어지지 않고 있다.

9) 현재 진행중이거나 계획중인 도로사업들이 장·단기도로계획안과 상충되거나 연관성이 적다. 즉, 현재의 교통시설이 장래 형성될 도시 전체의 교통망을 감안치 않고, 특정 지점 혹은 지역별 교통체증 완화에만 중점을 두고 수행되기 때문에 교통체계간 조화가 이루어지지 않고 있다.

10) 도시 외곽지역에 순환도로가 부족하여 지역간 교통과 副都心간의 교통에 악영향을 미치고 있다.

2.2.3 交通施設의 運營管理 未熟

우리나라의 도시는 交通體系의 형성이 계획적이지 못하고 교통사업간에 연계성도 부족할 뿐 아니라 이미 건설된 교통시설을 효율적으로 운영하지 못하고 있다. 이는 여러 가지 多面的이고 複合的인 要因들에 의해 일어나는 현상이겠지만 교통시설의 유형을 도로, 교통시설물, 교차로, 주차, 교통안전, 보행자, 표지판으로 나누어 검토해 보기로 한다.

1) 道　　路[6)]

1) 도시고속화도로 인터체인지의 접합과 처리가 불량하다(교량과 도시고속화도로의 인터체인지도 포함).
2) 도시고속화도로의 노면 폭이 협소하다.
3) 도시순환도로에 지나치게 신호등이 많이 설치되어 있다.
4) 간선도로의 幅員(예: 서울의 강남지역)이 지나치게 넓다.
5) 간선도로에 步行者施設이 부족하다.
6) 간선도로의 잦은 공사(노면보수, 기타 하부시설 설치 및 보수)로 인해 차량통행에 지장을 초래한다.
7) 간선도로와 도시고속화도로(고속도로 등)가 만나는 지점의 램프 曲線半徑이 짧고, 擴幅量이 부족하다.
8) 간선도로와 도시고속화도로가 만나는 지점의 加減速車路 길이가 짧고, 심한 엇갈림현상을 일으키도록 설계되어 있다.
9) 간선도로의 曲線半徑이 짧아 교통사고의 위험이 있다.
10) 간선도로의 縱斷勾配가 과다하고 짧은 종단곡선이 반복된다.

11) 보조간선도로상에 未連結區間(missing link)이 많아 차량 흐름이 단절된다.
12) 보조간선도로상에 교차로지점의 설계와 처리가 불량하고, 신호등이 있어야 할 지점에 신호등이 없다.
13) 區劃道路의 폭이 지나치게 협소하거나 차량소통이 전혀 안 되는 도로가 많다.
14) 구획도로가 소방도로의 역할을 하지 못하는 도로가 많다.

2) 交通施設物

1) 車道의 포장두께가 부족하고, 횡단구배가 부적절하다.
2) 步道의 표면에 굴곡이 많고 균열이 있다.
3) 보도의 경사가 지나치게 급하다.
4) 보도가 장애자의 통행에 매우 불편하게 되어 있다.
5) 보도에 地上物(지하철 부대시설, 電柱 등)이 설치되어 있어 步道幅이 협소한 곳이 많다.
6) 육교 및 지하도의 위치가 부적절하고 계단의 경사가 급하다.
7) 가로등이 연속적으로 설치되어 있지 않고 照度가 극히 불량하다.

3) 交 叉 路

1) 서울을 비롯한 대도시 간선도로 교차로의 신호주기가 일반적으로 길고, 평균지체시간도 급격히 늘어나고 있어 遲滯度가 심한 편이다.
2) 대도시의 경우 그 동안 信號體系連動化를 지속적으로 확대시키고 있으나 아직 많은 구간의 連動化가 되지 않고 있다.
3) 신호체계의 주기가 교통량과 맞지 않아 최적신호주기 상태에서 교차로가 운영되지 않고 있다.
4) 교차로의 街角이 정비되어 있지 않고 코너(corner)처리가 불합리하다.
5) 차량정지선부터 신호등까지의 거리가 멀다.
6) 직진차로가 갑자기 좌회전차로로 바뀌어 운전자의 혼란을 초래하고 전체 교통류의 흐름을 방해한다.

7) 교차로의 車路數가 갑자기 줄어들어 병목현상(bottle-neck)이 일어난다.
8) 교차로 면적이 지나치게 넓은 교차로가 있어 운전자의 혼란과 무질서한 교통류를 초래한다.
9) 교차로에 관한 일정한 설계기준이 없다.

4) 駐　車

우리나라 도시의 주차문제는 본질적으로 駐車施設이나 운영이 급격히 증가하기 시작한 자동차와 이에 따른 주차수요를 수용하지 못하는 데서 일어난 문제라 하겠다. 대도시는 물론 중소도시의 도심지에서는 많은 차량들이 주차를 하지 못해 배회하고 있거나, 불법으로 이면도로에 주차하는 등 주차문제가 심각하다.

1) 주차수요에 비해 주차시설이 부족하다.
2) 불법주차가 많다.
3) 주차장관리 담당부서가 부족하여 효과적인 주차계획과 운영을 수행하지 못하고 있다.
4) 주차시설이 영세하고 난립되어 있다.
5) 주차시설운영이 수지가 맞지 않아 시설운영을 기피하고 있다. 특히 도심주차장의 영업적 경영은 都心地의 地價가 평당 수백만 원에 달하고 시설비도 많이 소요되므로 정부 당국의 稅制나 금융상의 혜택 없이는 민간주차장 확보가 힘들다.
6) 都市計劃으로 지정된 주차장이 부족하다.
7) 주차장 출입구의 散在로 교통소통에 장애가 되고 있다.
8) 현행 주차요금 구조가 이용시간 또는 지역에 따라 차등을 두지 않아 주차수요 조절이 힘들다.
9) 建物附設駐車場 설치기준이 불합리하다.

5) 交通安全

1) 차량교통량이 많은 주요 도로에서 步道와 車道가 분리되지 않아 보행자 사고율이 높다.
2) 횡단보도의 경우 안전성이 결여되어 전체 교통사고의 30~50%가

발생되고 있다.

3) 교차로 兩街路의 방향별 차량교통량의 차이로 인해 側面衝突事故를 유발시키고, 교차로 구조 자체가 불량하여 사고위험이 높다.
4) 신호등의 위치가 부적절하고 可視性이 불량하여 교통사고의 요인이 된다.
5) 가로등의 수가 절대적으로 부족하고 그나마 설치된 가로등의 관리부실로 인하여 照度가 낮다.
6) 야간에 중앙분리대를 식별하기 힘들고 표지판을 읽기가 쉽지 않다.
7) 교통사고에 관련된 자료가 제대로 정리되어 있지 않고, 데이터베이스(data-base)가 수립되어 있지 않다.
8) 교통안전에 대한 종합적인 계획과 운영을 수행하기 위한 담당부서가 없고 專門人力이 부족하다.
9) 제도나 행정적인 측면에서 안전운영기능이 미흡하다.
10) 교통사고를 사고원인별(인적 · 차량 · 환경)로 분류하여 과학적 · 종합적으로 접근 또는 분석하지 못하고 있다.

6) 步 行 者

1) 보도가 없거나 좁은 경우가 많아 자동차와 보행자의 접촉기회가 많다.
2) 횡단시설이 부족하고 위치가 부적절하다.
3) 步道가 주차장 및 내부 細街路로 출입하는 차량 때문에 단절되어 보행자와 차량의 충돌 가능성이 높다.
4) 자전거 전용도로가 부족하고 자전거를 이용할 여건이 되어 있지 않다.
5) 육교나 지하도의 폭이나 출입구가 협소하거나 경사가 급하여 불편하고 위험하다.
6) 도시계획 시설기준상의 보도폭원은 차도폭의 1/4이 되어야 하나 실제 보도폭원은 1/8이거나 그 미만인 곳이 많다.
7) 공해, 무질서한 간판 및 교통표지, 각종 교통시설물, 부족한 옥외 휴식공간 등으로 쾌적한 보행환경이 갖추어져 있지 않다.
8) 노약자와 신체장애자를 위한 보도환경이 결여되어 있다.

9) 步行에 관련된 制度나 法規가 미비하다.
10) 步行에 관련된 업무가 여러 부서에 분산되어 있다.

7) 標 識 板

1) 동일한 의미의 표지판을 어떤 것은 주의표지에, 어떤 것은 규제 및 지시표지에 분류하여 혼란을 초래하고 신뢰성을 약화시킨다.
2) 의미전달이 불분명하거나 꼭 필요하지 않은 표지판들이 많다.
3) 같은 교통여건에 각기 다른 표지판이 설치되어 있어 혼란을 초래한다.
4) 표지판의 위치가 부적절하여 운전자를 자연스럽게 유도해 주지 못할 뿐더러 불필요하게 배회하게 하며, 교통사고의 위험을 높인다.
5) 노면표시가 부족하고 노면표시와 교통표지가 불일치하는 경우가 많다.
6) 차로유도표지나 추월금지 표시가 적절한 지점에 설치되어 있지 않다.

2.2.4 交通計劃 및 行政의 미흡

우리나라 도시의 교통문제는 이를 진단하고 처방할 수 있는 交通理論이나 交通計劃을 제시할 수 없어서가 아니라 그 이론이나 계획을 적용·운영할 수 있는 계획 및 운영가능과 이러한 기능을 담당할 만한 행정기구가 빈약한 데 그 원인이 있다 하겠다.

1) 교통분야의 綜合計劃機能이 미비하다. 즉 교통문제를 市정부의 시각에서 파악하고 종합적인 교통계획을 수립할 기능이 결여되어 있다.
2) 교통담당 부서가 다원화되어 교통정책의 집행기능이 분산되어 있다.
3) 교통행정연관 부서간의 협의 및 조정체계가 미흡하다.
4) 교통행정연관 부서의 전문성과 연구능력이 부족하고 전문인력 양성체제가 미비하다.

5) 자동차 위주의 交通政策이 立案·執行되어 왔기 때문에 자전거, 오토바이, 보행자에 대한 정책적 배려가 미흡하다.

2.2.5 大衆交通體系의 比效率性

1) 버스路線

1) 많은 버스노선이 도심지를 통과 또는 경유함으로 인해 도심지역에 과다한 노선중복현상을 나타내고 있어 主要幹線道路에 교통체증을 발생시키고 있다.
2) 버스노선의 집중은 출퇴근시에 극심한 승차경쟁 및 차내혼잡을 가중시키고, 버스회사간의 과다한 경쟁을 일으키는 요인이 되고 있다.
3) 동일버스노선이라도 출퇴근시간의 배차간격과 非출퇴근시간의 배차간격이 비슷하여 非출퇴근시간에 불필요하게 운행함에 따른 운행비용의 증가와 교통체증을 유발한다.
4) 버스노선이 '승객의 신속한 수송'보다는 버스회사의 採算性을 위주로 형성되었기 때문에 버스노선이 일반적으로 길고 운행시간이 많이 소요된다.
5) 버스종점이 지역적으로 불균형하게 분포되어 있을 뿐 아니라 기·종점 승객교통량 변화에 신축성 있게 대응할 수 있게끔 노선이 지정되어 있지 않다.

2) 停 留 場

1) 정류장에서 버스의 무질서한 정차로 인하여 정체, 혼잡, 보행자와 승객간의 마찰, 승객 승·하차시 사고의 위험이 있다.
2) 승·하차시 버스운전자는 버스를 완전히 멈추지 않고 步行速度로 운행하게 되므로 노약자와 어린이들의 불편 내지는 사고의 위험이 있다.
3) 무리한 配車間隔으로 인하여 일부 정류장에서는 정차하지 않고 그대로 통과한다.
4) 도심지 정류장에는 버스가 열을 지어 정차하기 때문에 간선도로

의 교통체증과 交通流의 원활한 흐름을 저해하고 있다.

5) 정류장의 위치가 불합리하게 선정되어 교통사고의 위험과 승객에게 불편을 초래하고 있다.
6) 정류장이 交叉路와 인접한 곳에 있어 교차로 주변의 교통처리 능력을 저하시키고 있다.
7) 정류장에 버스노선안내를 위한 지도와 안내판이 미비하다.

3) 運轉者 버스運行 行態

1) 운전자가 돌발적으로 차로를 변경하기 때문에 교통사고의 위험이 높고, 도로의 交通處理 능력을 저하시킨다.
2) 교차로의 차량대기행렬에서 돌발적인 위치전환과 회전이 잦다.
3) 무리한 운행스케줄로 인해 운전자가 과속 또는 난폭운전을 한다.
4) 급정차, 급출발, 급회전으로 인하여 연료비 등 운송비용을 증가시키고, 교통사고의 주원인이 되고 있다.
5) 피크시 승객을 과다하게 싣기 위하여 버스를 좌우로 움직인다.

4) 버스會社 運營

1) 버스회사의 운영이 전근대적이고 영세성을 면치 못한 상태에서 운영되고 있다.
2) 버스회사의 지나친 採算性추구 때문에 收支均衡에만 집착하여 무리한 배차간격과 비수익성 노선은 운행을 기피하는 경향이 있다.
3) 운송원가의 중요성에 관한 인식이 결여되어 있고, 운행원가를 과학적으로 분석하지 못하고 있다.
4) 비피크시 운행스케줄을 피크시와 같게 설정하고 있어 비피크시 운영수입에 비해 운행비용이 과다하게 지출되고 있다.
5) 종업원의 불평과 불만사항을 회사경영에 반영할 수 있는 효과적인 장치가 결여되어 노사간 의사소통이 원활히 되지 않고 있다.
6) 종업원 복지시설을 충분히 활용하지 못하고 있다.
7) 損益計算書 등의 회계자료가 정확하지 못하고, 신뢰성이 없어 실효성이 있는 요금정책이나 노선조정정책을 수립하기가 힘들다.
8) 버스운행에 연관된 각종 자료가 체계적으로 정리되어 있지 않다.

5) 地下鐵과 버스

1) 지하철과 버스노선간의 연계노선체계가 아닌 경쟁노선이 되어 버스의 운영수입이 저하되고, 지하철 승객수요가 저조하다.
2) 지하철과 버스간의 요금체계가 달라 환승시 2중의 料金을 지불하게 되므로 서비스의 효율성이 극히 낮다고 하겠다.

2.3 교통문제 해결의 바람직한 방향

2.3.1 도로계획 분야

자동차의 통행, 보행자의 통행, 도시내 공간으로서의 도로기능 등 계획도로의 의도된 기능이 충분히 확보될 수 있도록 계획해야 한다. 이를 다시 세분해서 살펴보면 다음과 같다.

1) 차량 통행성의 확보

일반적으로 평균속도는 고속도로에서 가장 높고 도시내 국지도로에서 가장 낮다. 도로의 이용자들은 이러한 도로형태별 특성을 염두에 두고 움직이고 있기 때문에 해당 도로의 설계 및 운영기법은 이러한 특성에 부합해야 한다. 적정한 설계속도를 선정하고 교통제어기법을 적용하여 도로체계를 구축하는 것은 이러한 관점에서 매우 중요한 일이다.

2) 보행자에 대한 서비스 확보

자동차 공간과 분리된 보행 공간이 확보되도록 노력한다. 또한 보행 공간은 그 공간 자체가 쾌적함은 물론 보행 공간이 연속적으로 연결됨으로써 의도된 기능이 충분히 발휘될 수 있어야 한다. 또한 상가와 주거단지내 존재하는 보행 공간에 대해 자동차의 속도를 낮출 수 있는 물리적 시설물 설치를 강력히 추진함으로써 보행자 공간의 본래적 기능이 발휘되도록 해야 한다. 구미 선진국에서 적극적으로 활용하고 있는 보행자 전용도로의 도입을 시도해야 하며, 보행자 전용공간뿐 아니라 자전거 전용도로나 대중교통 전용도로를 설치함으로써 도시내 보행자들을 적극적으로 보호하고 유치하는 도로 시설물을 마련해야 한다.

2.3.2 도로설계 분야

1) 적정 도로규모의 설정

도로의 규모는 차선수가 대표적으로 설명하며 차선수의 설정은 곧 교통수요를 근거로 한다. 따라서 차선수 결정단계에서 해당 도시의 발전 가능성을 충분히 고려하고 해당 도로의 기능적 특성에 따라 적정 차선수를 결정해야 한다. 특히 도심과 연결된 방사선도로의 차선수는 도시 전체 도로망에 큰 영향을 미치므로 신중한 검토를 통해 결정해야 한다.

2) 합리적인 접속부 처리

비록 도로의 링크구간에서 올바른 차로수를 확보하고 있다 하더라도 교통류는 연속적으로 흐르기 때문에, 용량저하가 발생하는 접속부에서 합리적인 설계를 이루지 못하면 교통혼잡은 발생하기 마련이다. 신호교차로, 터널, 인터체인지 등 용량저하구간에 대한 세심한 배려가 필요하고 차선수를 균형 있게 설치하고, 더불어 교통제어기법을 최대한 합리적으로 활용해야 한다.

3) 도로 안전성의 확보

교통사고의 발생에 영향을 미치는 도로의 설계변수와 그 효과 정도를 분석해서 안전한 도로건설이 이루어지도록 해야 한다. 현재 사용하고 있는 도로설계기준의 경우 각 설계요소별 최소기준만을 규정하고 있기 때문에 각 기준을 만족시켰다고 입체적 형상의 도로와 연속적 형상의 도로를 감안해야 하는 실제 운전자의 주행상태를 충분히 설명할 수 없다. 따라서 현재의 설계기준을 탄력적으로 운영함으로써 도로형상의 한계적 상황을 감안해야 도로 안전성이 확보될 것이다.

4) 설계속도의 적절한 운용

한 도로의 물리적 형상을 결정하는 가장 중요한 설계요소는 설계속도라 할 수 있다. 따라서 설계속도를 정확히 결정하지 못했다면 운전자들의 주행행태를 반영할 수 없게 되어 안전성을 보장할 수 없게 된다.

2.3.3 대형차량 및 물류체계의 적정성 확보

1) 대형차량의 교통사고 발생

우리나라의 경우 대형차량의 교통사고 발생비율은 외국에 비해 상대적으로 높다. 그럼에도 불구하고 대형차량에 대한 배려는 설계시 차량제원이나 중량 등을 일부 고려함에 그치고 있으며 신호등 운영 등 교통운영단계에서는 승용차 환산계수의 도입 외엔 뚜렷한 배려가 없는 실정이다. 평면곡선구간에서의 대형차량 전복사고나 양방향 2차로 도로의 추월중 교통사고 등 대형차량에 대한 독특한 교통사고 가능성에 대비하여 도로의 계획·설계단계에서 충분히 고려하도록 한다.

2) 물류체계의 합리화

대형차량은 국가의 경제활동에서 근간이 되는 교통수단이다. 따라서 대형차량의 교통망을 적절히 구축하는 것은 건실한 국가경제활동을 위해 매우 중요한 사항이다. 물류의 효율화와 국제화에 대응하는 관점에서 고규격 간선도로와 광역물류 거점 및 항만 등을 연결하는 노선으로 하여 광역물류 교통망을 구축하고, 향후 예상되는 활발한 국제교역을 감안하여 차량의 형식승인단계에서부터 설계차량의 설정 및 높이 제한 등 필요한 사항에 대해 일관성 있는 조치를 마련토록 해야 한다. 또한 대형차량의 통행에 대비한 도로로 등급 상향조정 또한 긴급한 해결사항이 된다.

2.3.4 대중교통 우선 정책의 수립

교통분야에서 교통시설물을 충분히 공급하여 교통수요를 만족시키려는 시도는 불가능한 것으로 이미 오래 전에 판정이 났다. 그러한 관점에서 볼 때 교통수요, 특히 대도시 지역의 교통수요를 충족시키기 위해 대중교통 우선 정책을 수립토록 해야 한다.

1) 대중교통 환승체계의 구축

대도시의 교통패턴은 '장거리 통행은 대중교통, 단거리 통행은 자가용이나 도보'로 유도되는 것이 바람직하다. 이를 보장하기 위해서는 지하철역과 버스노선의 연계성을 확보함은 물론 자가용인구를 유인하기 위해 환승주차장 등을 대폭 확충함으로써 통행의 효율성을 높이는 방안이 도입되어야 한다. 또한 교통인구 노령화에 대비하여 엘리베이터나 에스컬레이터를 적극적으로 검토하고 최근 급속히 발전한 지능형 교통정보체계를 도입하여 자가용 운전자들을 유도해야 한다.

2) 신교통시스템의 도입

경전철(Light Rail Transit) 등 신교통시스템은 철도와 버스의 중간에 해당하는 교통수요를 수용하는 데 적절하다. 고속도로 등 일반적 교통망과의 연결성을 고려하여 미리 건설부지를 확보하는 등 종합적 계획을 수립하고, 지역간 철도망과의 연결성을 감안하여 탄력적인 계획을 도모해야 한다.

2.3.5 환경친화적인 도로건설

1) 걷고 싶은 거리

걷고 싶은 거리를 위한 적극적 도로정비 및 도로신설 추진이 필요하다. 도시 공간에서 도로는 마치 동물의 신체내부를 흐르는 혈관과 같은 기능을 수행한다. 흐르는 공간이 많지 않은 도시생활에서 도로를 주행하면서 또는 보도를 걸으면서 사람들은 보다 다양하고 즐거운 분위기를 요구한다. 강변을 걸으면서 느끼는 신선함을 바라는지 모른다. 그러한 사람들의 요구에 맞도록 보도환경을 개선하는 일은 곧 도로건설을 담당하고 있는 교통전문가의 몫이다.

2) 소음 · 배기가스 배출을 감안한 거리

소음과 배기가스는 도로에서 산출되는 사회적 비용요소이다. 적정한 주행속도 확보를 통해 차량 배기가스량을 감소시키며, 방음벽 등을 설치하여 도로 인접지역의 생활환경 보존에 주력해야 한다. 도로의 환경시설대와 방음벽 설치는 도로설계시 횡단면구성에 반드시 포함시키도록 노력하고 환경시설대의 위치설정 및 설치조건 등에 관하여 보다 적극적인 논의가 이루어져야 한다. 소음절감을 위한 도로포장형식의 개발이나 미관을 고려한 방음벽 등의 기술개발에도 노력한다.

2.3.6 도로 유지관리기법의 개발[7)]

1) 유지관리체계의 구축

도로구조물의 내구연한을 길게 하고 도로신설로 인한 투자비의 증가를 감안할 때 효과적인 도로 유지관리기법을 도입하는 것은 매우 중요하다. 이를 위해 도로시설물의 종합적 데이터베이스 시스템을 구축하고, 최근 개발된 도로 분야의 지리정보체계(GIS: Geographic Information System) 구축을 보편화할 필요가 있다.

2) 도로파손을 고려한 적절한 비용산정기법 구축

현재 도로의 건설비용은 국가예산에서 충당되는 것이 태반이며 이는 곧 국민의 세금이다. 그러나 도로의 수명 특히 도로포장체의 수명은 대형차량의 통과횟수와 직접적으로 관계가 있음에도 불구하고 통행비용 징수나 휘발유, 디젤 등의 유류 비용체계에 있어서는 이러한 사항이 합리적으로 반영되어져 있지 않다. 도로파손을 고려한 합리적 비용산정체계가 구축되어야 하며 넓게는 도로포장기술의 향상 등에 노력해야 한다.

3) 과적차량 단속 효율화

도로설계시 고려되는 차량의 제원은 설계기준 차량의 정의에 따른다. 그러나 이는 주요 도로의 선형설계시 고려하는 항목이며 교량의 설계나 포장파괴를 고려한 차량의 중량 감안시 DB-13, DB-18, DB-24의 세 등급을 적용하고 있다. 따라서 중량제한을 통해 도로구조체를 보호하고 기대한 도로수명을 확보토록 한다. 과적차량 단속을 효율적으로 수행하기 위해 무인과적차량 단속시스템이 WIM(Weight-In-Motion)기술을 근간으로 하여 최근 많이 발전되었다.

■ 주

1) 음성직, "도로건설 우선 순위와 경제성 분석," 한국건설기술연구원 도로기술 단기강좌, 1989.
2) Dickey, J., *Metropolitan Transportation planning*, McGraw-Hill, 1983.
3) Altshuler, A., *The Urban Transportation System*, MIT Press, 1979.
4) 이건영, "대도시 교통문제의 본질과 정책과제," 서울의 교통문제 토론회 발표논문, 1984.
5) Starkie, D., *Transportation Planning, Policy and Alalysis*, NewYork: Pergamon Press, 1976.
6) *Roads in Korea*, Ministry of Construction, Republic of Korea, 1993.
7) 「미래의 '도로모습'을 추구하며—21세기를 향한 새로운 도로구조의 바람직한 모습—」, 한국도로공사, 1996.

■ 익힘문제

1. 첨두시간 교통량이 비첨두시간 교통량에 비해 상대적으로 많은 양을 차지하게 될 때 교통체계에 미치게 되는 영향은 무엇인지 설명해 보시오. 또한 그 충격을 완화시키기 위한 방안을 제시해 보시오.
2. 도시의 신설시 교통수요를 충분히 고려하지 않고 임의적으로 계획을 설정하는 경우 도시의 기능이 의도했던 것보다 훨씬 저하되는 것을 여러 번 경험한 바 있다. 이의 해결방안을 제시해 보시오.

제 3 장 교통공학의 구성요소

교통공학의 구성요소는 도로 이용자 즉 운전자, 차량, 도로, 교통운영시설이다. 이들은 상호간 매우 복잡하게 작용하여 우리가 눈으로 보는 차량 흐름을 만들어 내며 그 상호간 작용을 분석하기 위해 교통공학 기법이 필요하다.

전통적으로 교통공학기법은 통계학의 현황분석기법을 활용한 것이 많고, 간단한 차량 역학적 분석이 개발되어 왔으며 발전역사는 50년 남짓에 불과하다. 그러나 분석의 대상이 사람들의 일상생활과 밀접히 연관을 맺고 있는 교통혼잡에 관한 것이라는 점과 기법의 적용 후 나타날 기대효과의 추정과정이 교통공학 분야의 고유기법 및 개념에 따른다는 점에서, 교통공학 분야의 발전 잠재력이 매우 큰 것임을 알 수 있다.

통상적으로 교통전문가들이 기술을 동원해 적절한 해법을 제시할 수 있는 구성요소는 운전자, 차량, 도로, 교통운영시설 중 뒤의 두 항목에 해당하며 나머지는 대체로 외부 입력자료로 얻어지게 된다. 따라서 도로 및 교통운영시설에 대해서는 직접적이고 분명한 이해가 요구된다. 그러나 앞의 두 항목도 그 자체에 대해서는 세부적으로 이해하지 못한다 하더라도 나머지 요소와의 상호 작용과정에 대해서는 잘 이해해야 한다.

본 장에서는 상기 4요소에 대해 설명하기로 한다.

3.1 도로 이용자의 특성

도로 이용자에는 차량 운전자, 보행자, 자전거 이용자 등이 포함되며, 자전거 이용자는 그다지 많지 않으므로 상기 두 주체에 대해 각각 설명한다.

3.1.1 운 전 자

운전자의 특성을 이해한다는 것은 본질적으로 인간의 특성을 이해하는 것이며, 이는 매우 곤란한 과제임을 우리는 잘 알고 있다. 교통공학에서 운전자 특성은 매우 단순화되고 예측가능한 것으로 설정된다. 공학적 고려사항으로는 운전자의 가시능력이 주를 이루며 계획적 고려사항으로는 최소경로 선택행태를 대표적으로 들 수 있다.

운전자의 특성을 고려할 때 이해해야 할 것은 도로상을 주행하는 모든 차량운전자들의 개별적 특성을 빠짐없이 반영하는 것이 아니라 다만, 대표적 운전자 특성만을 반영하여 공학적 기법에 적용한다는 것이다. 그러나 이러한 과제 또한 운전자 개별적 성향의 변화폭을 고려할 때 그다지 손쉬운 일은 아님을 인식할 필요가 있다.

다음은 운전자 특성에 관한 설명이다.

1) 운전자의 반응시간

도로를 주행하는 운전자는 눈과 귀를 통해 끊임없이 교통상황에 관한 정보를 습득하여 주행경로를 확인하고 안전성을 점검한다. 운전자가 주행도중에 나타나는 위험한 물체나 도로표지 등의 정보를 인식하여 주행조작에 활용하는 과정은 다음과 같은 4가지 단계로 표시할 수 있다.[1)]

1) 인지(perception): 필요한 교통정보를 목격하고 인식함.

2) 확인(Intellection): 필요한 교통정보의 특성을 알아차림.

3) 판단(Emotion): 적절한 행동을 판단하여 결정함.

4) 반응(Volition): 결정한 대로 실행에 옮김.

이러한 4가지 단계에 소요되는 시간을 운전자의 인지-반응시간(perception-reaction time)이라고 하며, 이 값은 교통설계나 운영분야에서 매우 중요하게 사용되고 있다. 인지-반응시간은 대체로 장애물로부터의 거리, 운전자의 시야, 운전자의 개인 특성, 도로의 可視距離, 도로의 형태 및 상태, 장애물의 형태 및 색깔 등 다양한 조건에 의해 영향을 받으며 차량의 속도와 도로의 주변환경 역시 이에 영향을 주는 것으로 나타났다. 일반적으로 속도가 높아지게 되면 인지-반응시간이 짧아지게 되며 도시 내에서 주행하는 운전자들의 인지-반응시간은 주차차량, 접속도로, 횡단보도 등의 수많은 장애물을 의식하기 때문에 이러한 조건이 거의 나타나지 않는 지방부 도로 운전자들의 인지-반응시간에 비하여 상당히 짧다.

인지-반응시간에 관한 연구를 수행한 Johannson과 Rumar에 의하면 전체 321명의 운전자들에 대한 실지 조사자료 중 평균값은 0.66초이었고 1.5초 이상의 인지-반응시간을 나타내는 운전자들은 전체의 10%에 해당한다. 미국의 MIT에서 수행한 연구에 의하면 평균 인지-반응시간은 0.64초이었으며, 1.0초 이상의 인지-반응시간을 나타내는 운전자들은 연구대상 운전자들 중 5%였다. 한편 Normann이 수행한 연구에서는 인지-반응시간의 범위가 0.4~1.7초에 해당하였다. 또한 Johannson과 Rumar의 연구에서 도시 내의 운전자들 중 교통신호등이 예고 없이 갑자기 나타나는 경우의 인지-반응시간은 1초 정도 길어짐을 밝히고 있다. 따라서 그 이전에 수행한 연구의 결론, 즉 매우 조심스러운 상

[그림 3-1] Brake의 반응시간분포

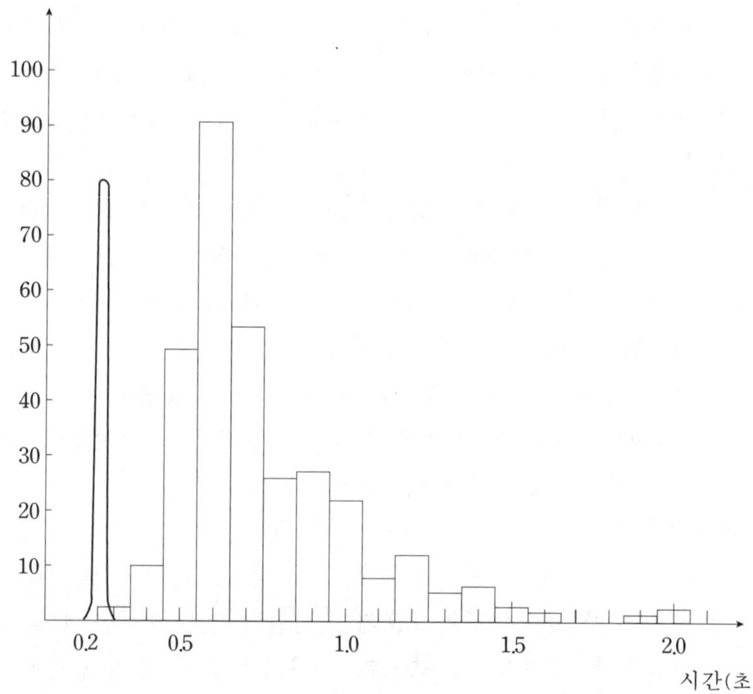

태에서 0.2~0.3초의 인지-반응시간을 나타내는 운전자들이 정상적인 상태에서는 1.5초 정도의 인지-반응시간을 나타낸다는 사실을 구체적으로 설명하고 있다. [그림 3-1]은 Johannson과 Rumar에 의한 연구결과이다.[2)]

이와 같은 연구결과를 종합해 볼 때 最小認知-反應時間은 1.64초 정도인 것으로 확인되었다. 즉 매우 조심스러운 상태에서 소요되는 인지-반응시간인 0.64초와 예상치 못한 교통신호등이 갑자기 나타나는 경우에 대한 시간 1.0초를 더한 시간이 필요한 것이다. 그러나 이러한 결론을 얻게 된 연구자료의 대부분이 아주 단순한 형식으로 운영되는 교통신호등을 대상으로 했고, 심지어 이런 단순한 형식에서조차 어떤 운전자들은 3.5초나 되는 인지-반응시간을 필요로 했기 때문에 도로조건의 다양성 및 복잡성을 고려할 때 1.6초보다 긴 최소인지-반응시간이 도로설계에 사용되어야 함을 알 수 있다.

또한 운전자 및 도로 사용자에 대한 최대한의 안전성을 확보하기 위해서는 여러 가지 형태의 도로를 사용하는 운전자들의 절대 다수를 고려하여 인지-반응시간을 결정해야 하므로, 일반적으로 도로설계에서는 2.5초를 인지-반응시간으로 택하고 있다. 교통공학에서는 운전자들이 반응하는 횟수를 최소화하고 동일한 시점에서 운전자들이 처리해야 할 주행상의 조작을 최소화시킴으로써, 이른바 '한 번에 한 가지의 조작'을 실현코자 노력해야 한다.

2) 운전자의 광각 및 시각 능력

도로를 주행하는 운전자는 인접차량, 장애물, 교통관제시설 및 주변 도로상황을 끊임없이 인식하면서 이들에 대한 적절한 운전상의 조작을 취하고 있다. 운전자의 광안성(acuity)은 운전자가 물체를 볼 때의 그 분명성을 일컫는 용어인데 이는 안경점에서 볼 수 있는 시력검사표와 같은 방식으로 작성된 여러 형태의 글자표를 거리에 따라 읽게 함으로써 결정한다. 이러한 과정을 통해 분석한 결과는 정상시력에 대해 환산하여 표시하게 된다.

여기서 정상시력이라 함은 아주 밝은 상태에서 1/3인치 크기의 글자를 20ft거리에서 읽을 수 있는 사람의 시력을 말하며, 정상시력은

[그림 3-2] 운전자의 視界

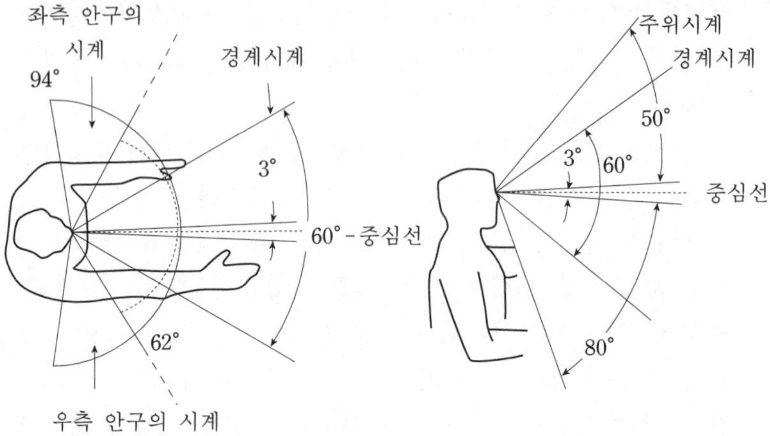

20/20으로 나타낸다. 정상시력이 되지 못하는 사람의 경우는 상대시력으로 표시하며 20/40 등과 같이 표시한다. 여기에서 20/40이란 정상시력을 가진 사람이 40ft거리에서 볼 수 있는 것을 측정대상자는 20ft거리에 도달해서야 그 글자를 분명히 볼 수 있는 것을 의미한다. 따라서 20/40의 시력을 가진 사람에 대해서는 정상시력을 가진 사람에 비해 2배의 큰 글자를 제시해야만 똑같은 효과를 낼 수 있다. 따라서 교통시설물이 동일기준에 의해 설계됨을 고려할 때, 설계시 기준시력의 결정은 대단히 중요한 일이라 하겠다.

운전자의 광안성은 물체의 밝기, 주위와의 대비, 조명 정도, 그리고 물체와 운전자간의 상대속도 등에 의해 영향을 받게 되며 **visual angle**이 커지게 되면 광안성이 감소한다.[3] [그림 3-2]는 운전자의 광안성을 나타내는 것으로 가장 명확히 물체를 볼 수 있는 곳은 視線의 중심선을 기준으로 양방향 3° 이내일 때이다. 한편 중심선으로부터 양방향 약 10°까지는 물체를 비교적 양호하게 볼 수 있고, 그 외곽지역은 약 160°에 이르기까지 주변상황을 파악하는 정도에서 그치게 된다. 이러한 관점에서 볼 때 교통관제시설은 운전자의 視線 중심선을 기준으로 하여 양방향 10° 이내에 설치되어야 하며 인지-반응시간이 충분히 확보되는 시점에 설치되어야 한다.

[예제 3-1] 20/20의 시력을 가진 운전자가 30m의 거리에서 교통표지판을 읽을 수 있다. 만약 교통표지판의 글자 크기가 5cm라고 할 때 20/50의 시력을 가진 운전자가 이 표지판의 내용을 읽기 위해서는 얼마의 거리가 필요한가?

풀이 $\text{필요거리} = (30\,\text{m})\left(\dfrac{20}{50}\right) = 12\,\text{m}$

[예제 3-2] 정상시력을 가진 운전자가 15m 거리에서 1인치 표지판의 글자를 분명히 읽을 수 있으며, 설계시 기준으로 하는 운전자의 시력은 20/40이라고 가정하자. 한 평탄지 고속도로의 유출부에서 방향안내표지를 설치하고자 할 때 고속도로의 속도가 10km/시이고 유출부에서의 속도를 50km/시로 유도하려면 이 표지판은 유출부에서 얼마만큼 전방에서 설치되어야 하는가? 단, 운전자의 인지-반응시간은 2.5초, 마찰계수는 0.3, 글자의 크기는 8인치로 가정하자.

풀이 정상시력을 가진 운전자가 이 표지판을 읽을 수 있는 거리는 다음과 같다.

$$D_1 = 15 \times 8 = 120\,\text{m}$$

설계기준 운전자가 이 표지판을 읽기 위해서는 다음의 거리가 필요하다.

$$D_2 = 120 \times \left(\frac{20}{40}\right) = 60\,\text{m}$$

이 유출부로 안전히 진입하기 위해 감속하는 데 소요되는 거리는

$$x = v_0 \cdot t + \frac{v_0^2 - v^2}{2g(f \pm G)} = (100)\left(\frac{1}{3.6}\right)(2.5) + \frac{100^2 - 50^2}{(2)(9.8)(3.6)^2(0.3 \pm 0)}$$
$$= 69.4 + 98.4 = 167.8\,\text{m}$$

따라서 이 교통표지판은 유출부로부터 $167.8 - D_2 = 107.8\,\text{m} \cong 110\,\text{m}$ 떨어진 전방에 설치되어야 한다.

3) 청각 등 기타 사항

청각 등 기타 운전자 특성이 운전에 미치는 영향은 크게 중요하지 않은 것으로 알려져 있다. 청각장애인의 차량면허 제한을 가하는 나라

[그림 3-3] g-g diagram의 형태

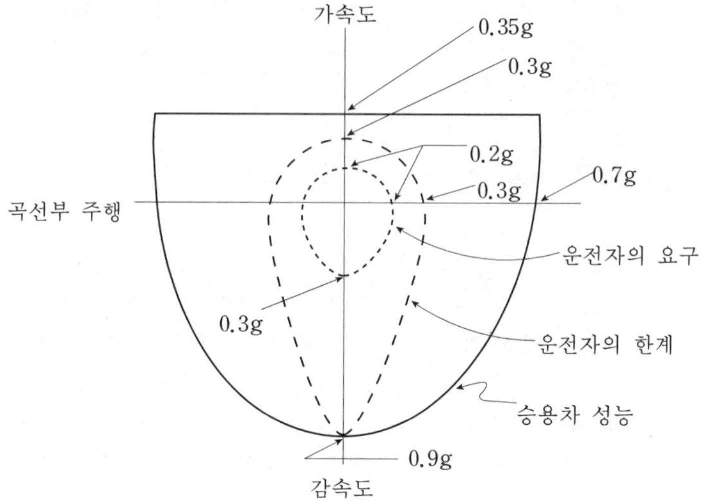

는 없고 또한 청각장애인들의 교통사고 기록이 정상인에 비해 높다는 결과가 발표된 적도 없다. 신체장애자들을 위한 차량이 필요하고 교통설계시 배려가 필요한 점은 있으나 이들이 정상인과 다른 운전자 행태를 보이는 경우는 없다. 최근 외국에서는 당뇨병 등 만성질환에 시달리는 환자들이 도로주행중 쇼크로 인해 교통사고 등으로 이어지는 경우가 보도되고 있으며, 그 위험성에 대해 우려하는 여론이 점차 높아지고 있기는 하나 아직 운전에 제한은 가하지 않고 있다. 그러나 이러한 장애인들은 아무래도 신체기능이 정상인에 비해 뒤떨어지므로 교통전문가의 입장에서는 최대한 유연성 있는 교통시스템이 되도록 노력해야 한다.

또한 운전자들의 감·가속능력은 도로의 선형설계, 교통신호등의 황색시간 결정 등의 단계에서 적용되고 있다. Rice와 Alianello는 이러한 문제에 관심을 갖고 연구를 수행하였는데 이들 연구결과는 이른바 'g-g diagram' 으로 요약된다.[4] 이 g-g diagram은 여러 형태의 운전자들에 대한 가속도, 감속도 및 곡선부에서의 가속도 등을 나타내는 것으로 [그림 3-3]과 같다.

g-g diagram에서 '승용차 성능'이라고 표시된 맨 외곽의 굵은 선은 양호한 상태의 도로에서 승용차 속도가 보통인 경우의 승용차 주행성능을 나타내는데, 이 굵은 선으로 둘러싸인 부분의 면적은 차량 타이

어와 도로간의 상태 및 차량주행속도에 주로 영향을 받는다. 예를 들어 도로면에 얼음이 덮인 경우 이 면적은 반경이 약 0.1g인 원의 영역까지 감소할 수 있다. 여기서 g는 중력 가속도를 의미한다.

한편 맨 안쪽에 점선으로 표시된 부분은 '운전자의 요구'라고 표시되는데 이는 실제 도로상에서의 운전자들이 희망하는 운전자의 가속도 변화를 나타낸다. 이 부분의 면적은 차량속도에 따라 주로 변화한다. 예를 들어 운전자들은 차량속도가 25km/시 정도일 때는 90°회전을 하기 위해서 0.3g의 가속도를 받아들일 수 있으나, 차량속도가 100km/시 정도가 되면 평면곡선에서 0.1g 이상의 가속도는 견디기 힘들어진다.

'운전자의 한계'라고 표시된 부분은 운전자들로 하여금 안전성을 해치지 않는 범위 내에서 아주 열악한 도로구간을 매우 높은 속도로 주행하게 하여 얻은 가속도를 분석하여 얻은 것으로, 이 과정에서 가장 특기할 만한 것은 위험할 때마다 브레이크를 사용한다는 점이다. 운전자의 입장에서는 차량이 브레이크를 견디어 내기만 한다면 최대한도의 수준까지 브레이크를 걸 수는 있겠지만, 실제로는 운전자들이 그러한 상황까지 가지는 않는다. 그 이유는 급브레이크를 작동시켰을 경우 차량이 어떻게 작동할지 확신이 서지 않기 때문이며 그 외에도 차량의 전복이나 핸들을 놓치는 등의 두려움이 있기 때문이다.

그렇다면 [그림 3-3]에서 보듯이 '운전자의 한계'와 '운전자의 요구' 부분이 '승용차 성능' 부분의 상당히 안쪽으로 위치하는 데도 불구하고 왜 많은 운전자들이 차량주행중 어려움을 만나는지 의문이 생길 것이다. 그 이유 중의 하나는 운전자들이 결빙도로처럼 도로상태가 매우 불량한 경우에도 마치 양호한 도로를 주행할 때처럼 생각하여 주행속도를 늦추지 않기 때문이다. 이러한 경우 차량의 성능부분은 상당히 감소했는데도 운전자의 요구는 그대로 유지됨으로써 안전성이 확보되는 범위가 감소되기 때문에 차량주행에 어려움이 발생하는 것이다. 둘째로 운전자들이 브레이크만을 너무 의지하여 운전하는 경향이 있기 때문이다. 일단 브레이크가 완전히 걸린 차량은 핸들조작이 되지 않기 때문에 브레이크를 걸기 이전에 차량속도를 천천히 감소시키는 것이 필요하며 충분한 거리를 두고 차량조작에 의해 브레이크의 최대능력에 이르지 않게 하는 것이 중요하다.

이러한 모든 상황을 고려하여 운전자들의 대표적인 특성을 분석한 후 설계시 반영하여야만 합리적인 교통시설이 설치될 수 있다.

[예제 3-3] g-g diagram을 그리고, 도로면에 얼음이 덮인 경우($f=0.2$)에 대한 차량성능부분을 표시하라. 이 diagram을 통해 겨울철에 차량의 미끄러짐 때문에 많은 사고가 발생하는 이유를 밝혀라.

풀이 [그림 3-3]에서 승용차 성능한계는 평상시에는 맨 바깥쪽의 굵은 선이다. 그러나 동절기 도로면에 얼음이 생기면 성능이 0.2g로 감소하므로 '운전자의 요구'선과 거의 같거나 부분적으로 오히려 내부에 위치하므로 안전성이 감소되어 많은 사고가 발생하게 된다.

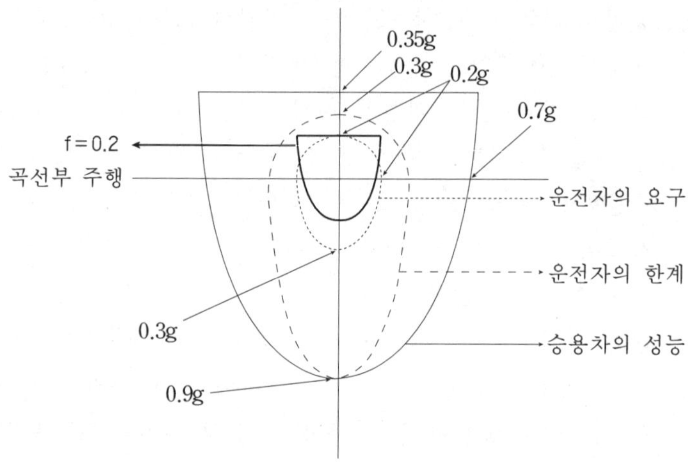

[예제 3-4] g-g diagram을 그리고, 노면의 마찰계수가 0.6일 때와 0.2일 때, 차량제동시에 작용하는 순 가속도를 표시하시오. 또 이 diagram을 통해 노면마찰계수의 변화에 따른 운전자의 안전성을 설명하시오.

풀이 다음 그림에서 볼 수 있듯이, 마찰계수의 범위에 따라 감·가속도 값의 범위가 변하나, 승용차의 성능, 운전자의 한계 및 운전자가 요구하는 감·가속도의 범위는 정해져 있다.

따라서 정상상태의 도로조건—문제의 조건에서는 마찰계수(f) 값이 0.6일 경우로 생각할 수 있다. 보통은 0.5 내지 0.6 이상의 경우에 해당한다.—에서는 승용차의 성능에 해당하는 감·가속도의 영역이 운전자가 요구하는 감·가속도의 영역을 모두 포함하고 있으므로, 안전운행에 지장을 초래하지

〈g-g diagram의 형태 및 노면마찰계수에 따른 순 가속도〉

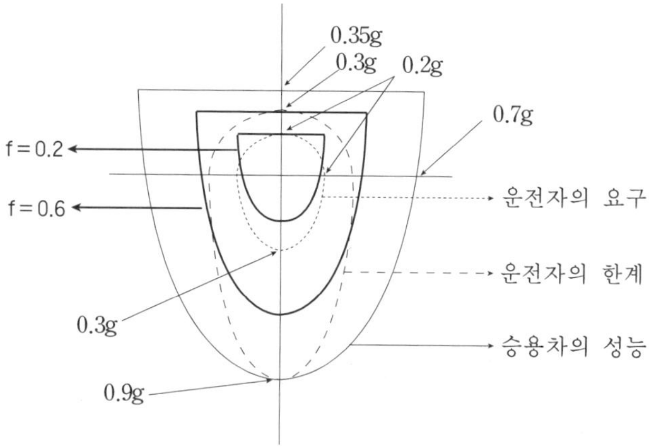

않는다.

그러나 노면마찰계수(f)의 값이 0.2인 경우는, 눈이나 비로 인해 도로표면이 미끄러워져서 정상적인 도로조건보다 노면마찰계수의 값이 작아진 경우로 볼 수 있다. 이러한 경우의 승용차 성능에 해당하는 감·가속도의 영역은 급격히 작아져, 심지어는 운전자가 요구하는 감·가속도의 영역보다 작아지는 부분이 발생한다. 따라서 이러한 상황에서 운전자가 정상적인 도로조건과 마찬가지로 높은 속도로 주행을 하게 되면 사고가 발생할 소지가 높아지게 되는 것이다.

3.1.2 보 행 자

모든 통행은 보행거리를 반드시 포함하게 되므로 아주 어린 아이들이나 신체장애자를 제외한 대부분의 사람들은 보행자적 입장에 놓이게 된다. 따라서 교통공학에서 보행자의 안전과 효율성을 보장하는 것은 필수적인 사항이며 전문가들도 보행자에 대한 세밀한 연구활동을 계속하고 있다.

보행자 특성을 잘 이해하는 것은 보도의 설계, 횡단보도의 설치 및 운영, 통로, 계단, 승강기 및 보행자 전용도로의 설계 등에 직접적으로 관련이 있다. 예를 들어 사람들이 일반적으로 받아들이는 도보거리의 한계를 합리적으로 결정해야만 주차시설이나 대중교통수단의 운영에 만족스러운 결과를 얻을 수 있는 것이다. 또한 우리나라의 경우 차량 대

[표 3-1] 보행자 밀도와 이동성

보 행	보행자 밀도 (인/m^2)	정지상태 및 대기열을 이룬 상태
	8.0	움직이는 것이 불가능함
	7.0	
	6.0	최대정지 밀도임
	5.0	
	4.0	편안한 상태의 대기상태이나 그룹을 지어 움직이지 않으면 움직이기 어려움
	3.0	
보행류의 용량상태로서 속도는 제한되고 자주 서게 되며 앞사람을 앞지를 수 없음	2.0	편안한 상태의 대기상태이나 이곳저곳 돌아다니게 되면 남에게 불쾌감을 주게 됨
	1.5	
보행속도는 대부분 제한받게 됨	1.0	편안한 상태의 대기상태임
	0.9	
	0.8	편안한 상태에서 대기열을 이루는 상태임
보행속도는 다소 제한받기 시작함	0.7	
	0.6	
	0.5	
통상보행속도를 유지하며 반대방향보행자나 횡단보행자와 다소 상충이 발생함	0.4	
자유로운 보행	0.3	

사람에 의한 교통사고가 많이 발생하고 있는 점을 생각할 때 보행자 특성을 파악하여 이에 대응하는 합리적인 대책을 수립하는 것이 필요하다.

1) 보행자의 제원

보행자 시설을 계획하는 단계에서 가장 필요한 것은 어른의 크기와 폭이다. [표 3-1]은 보행자 밀도와 이동성을 나타내며 보행자들이 집중되는 경우에 대한 건축물의 床面積을 산정할 때 사용된다.

[그림 3-4] 보행자 횡단의 차간간격 변화[5)]

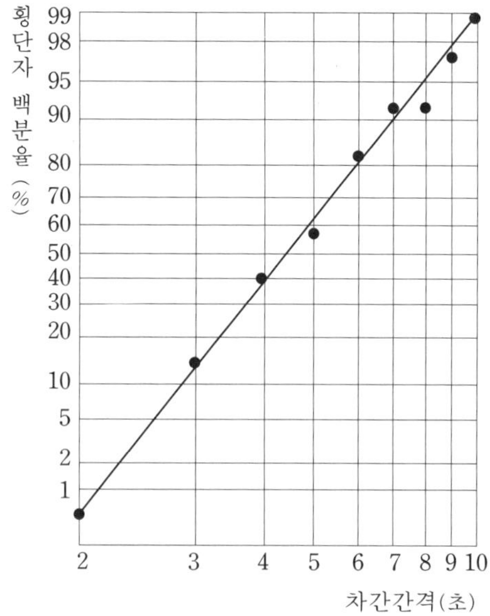

2) 횡단 차간간격

보행자의 안전과 교통신호시간의 결정 등 주요한 시설물 운영계획을 수립할 때 보행자의 속도를 잘 이해하고 교통류의 흐름 사이에 존재하는 차간간격(gap)이 어느 정도 될 때 보행자들은 횡단을 시도할 것인지에 대해 세밀히 파악하는 것은 중요한 사항이 된다.

보행자들이 횡단을 시도하는 데 필요한 車間間隔은 도로시설형태, 도로의 폭 등 여러 가지 조건에 따라 변화하는 것이 일반적이다. 한 연구결과에 의하면 약 13.5m폭의 일방통행로에 대한 횡단 차간간격은 5.7초라고 한다. 한편 Cohen과 그의 동료들이 연구한 바에 의하면 차간간격이 약 4.5초 될 때 연구대상 보행자 중의 50%가 횡단을 시도했고 1.5초 차간간격에서 0%, 10.5초 차간간격에서 모든 사람이 횡단하였다. 이는 개인적 특성에 따라 구체적 숫자가 변하겠지만 도로설계에 있어 일반적으로 나타나는 경향을 시사하고 있다. [그림 3-4]는 Cohen과 그의 동료들이 연구한 결과를 나타낸다.

이러한 차간간격시간의 설정은 무신호 교차로의 용량분석 및 설계시 중요하다.

[그림 3-5] 보도 횡단속도 분포도

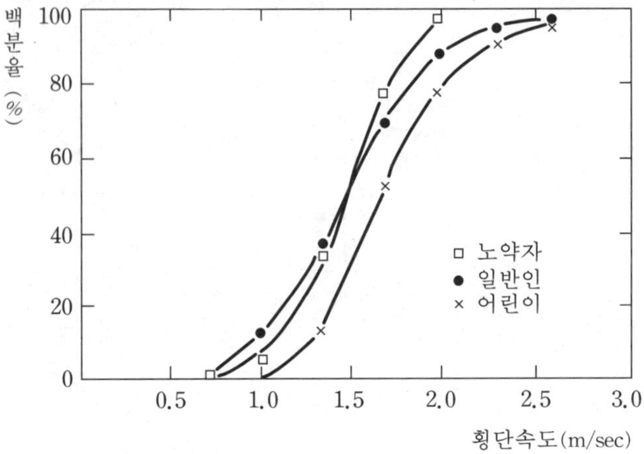

3) 보행속도

일반적으로 보행속도는 각 개인의 신체적 조건과 정신적 여유에 따라 변화하며 보행속도를 누계백분율로 표시했을 때 90%에 해당하는 보행속도는 약 4.3km/h(1.2m/s)로 나타났다. 다음의 [그림 3-5]는 보도를 횡단할 때 나타나는 보행속도의 분포도이다. 보행속도는 주로 신호등 시간결정에서 사용되는데 대개의 경우 보행자 이동은 차량 이동과 같이 이루어지기 때문에 횡단에 필요한 최소시간이 곧 해당 신호시간의 최소값으로 설정된다. 또한 보행이 시작되기 전에 최소한 7초의 출발지체시간을 적용하여 보행자 안전성을 확보한다.

4) 보행거리의 분포범위

보행이란 산을 오르는 일에서부터 차에서 내려 잠깐 걷는 일에 이르기까지 수많은 형태로 구분할 수 있다. 보행거리에 대해 체계적인 연구를 수행한 적이 거의 없는 우리나라의 실정에서는 그나마 산발적으로 시도된 연구조사를 수집하여 나름대로의 이론을 수립하는 수밖에 없으며 외국의 경우에서조차 보행거리에 대해 체계적인 연구를 수행한 예가 드물다.

일반적으로 보행거리에 대해서 살펴보면 대체교통수단, 예를 들면 승용차, 택시, 버스 등의 보행 외 수단이 없거나, 비싸거나, 불편한 경우 보행거리는 길어지게 된다. 또한 승용차를 이용하는 경우에도 주차시설

[그림 3-6] 도보거리 분포의 누계곡선에 대한 외국 예[4)]

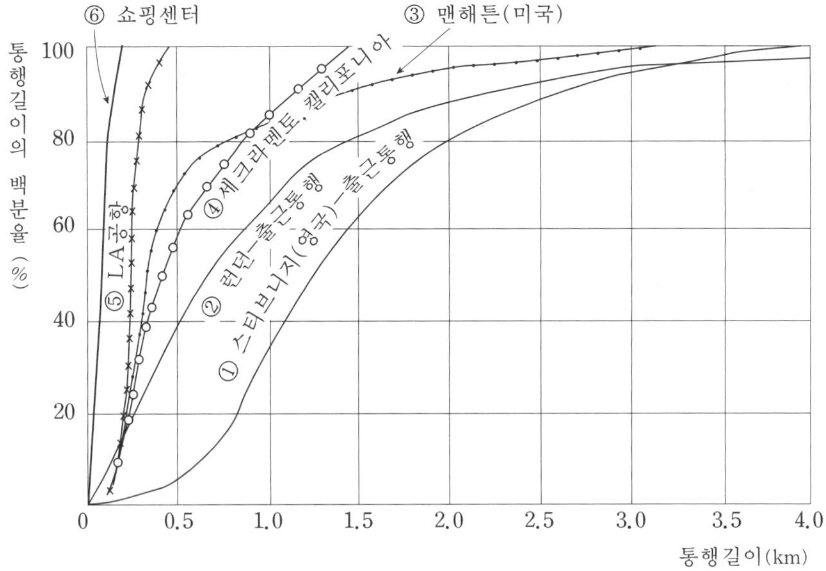

이 확보되지 않게 되면 보행거리가 길어진다. 도시의 규모가 작으면 대중교통이 보편화되지 않는 경우가 많으므로 대중교통 이용승객이 비교적 긴 거리를 걷게 된다.

보행자들의 최대도보거리를 알게 되면 도시의 도심에서 주차시설을 건설하는 경우 그 타당성을 산출할 수 있게 되며 대중교통수단의 확충계획이나 버스정류장의 위치 등을 결정하는 데 큰 도움이 된다. [그림 3-6]은 외국에서 수행한 도보거리의 연구결과를 나타내고 있다. 이 그림에서 보면 승용차가 접근할 수 있는 지역에 대한 도보거리는 비교적 짧으나 도심 등 승용차가 집중하는 지역에서는 주차시설이 부족하기 때문에 도보거리가 상대적으로 길어지는 것을 알 수 있다.

3.2 차량의 특성

전 절에서 설명한 운전자의 특성은 차량조작을 통해 실제적으로 우리가 보는 차량의 흐름, 즉 교통류로 나타나게 된다. 차량은 기계의 결합이기 때문에 주로 기계적 특성을 나타내게 되며 특히 엔진의 출력과 차량중량간의 관계에서 결정되는 차량의 가감속 능력과 평면곡선상에서 나타나는 횡방향 마찰계수 및 타이어 특성이 매우 중요한 설계요소가 된다.

이 장에서는 차량의 움직임에 관련된 기본식을 소개하고 아울러 운전자들의 특성을 교통시설물의 설계에 반영시키는 과정, 즉 차량의 최대주행능력과 운전자의 안전을 충분히 고려하여 합리적인 설계가 되도록 하는 방법을 설명한다.

3.2.1 설계차량(Design Vehicles)

도로상을 주행하는 차량들은 다양한 크기, 형태, 중량, 브레이크 성능을 갖는다. 그러나 이들을 각기 조사·분석하여 모든 형태에 대해 설계 및 운영요소를 검토하는 것은 거의 불가능하며 비효율적이다. 따라서 도로를 주행하는 차량들을 몇 개의 그룹으로 나누어 각 그룹별 대표 특성을 선정함으로써 도로의 선형설계시 기초자료가 되도록 한다. 또한 설계차량으로 선택된 차량형태는 해당 도로를 빈번히 통과하는 차량 중 가장 큰 차량형태를 취함으로써 도로구조물이 공간적 여유를 갖도록 한다.

1) 차량의 크기

우리나라의 도로설계기준인 「도로의 구조·시설기준에 관한 규정

[표 3-2] 우리나라 설계차량 제원표

제원(단위: m) 자동차종별	길 이	폭	높 이	축 거	앞내민 길 이	뒷내민 길 이	최소회 전반경
소형자동차	4.7	1.7	2.0	2.7	0.3	1.2	6
보통자동차	12.0	2.5	3.8	6.5	1.5	4.0	12
세미트레일러 연 결 차	16.7	2.5	3.8	전축거4.2 후축거9.0	1.3	2.2	12

1) 앞내민길이: 차량의 전면으로부터 앞바퀴 축의 중심까지의 거리를 말한다.
2) 뒷내민길이: 뒷바퀴 축의 중심으로부터 차량의 후면까지의 거리를 말한다.
3) 축거: 앞바퀴 축의 중심으로부터 뒷바퀴 축의 중심까지의 거리를 말한다.

[그림 3-7] 우리나라의 도로설계시 적용하는 설계차량의 제원(단위: m)

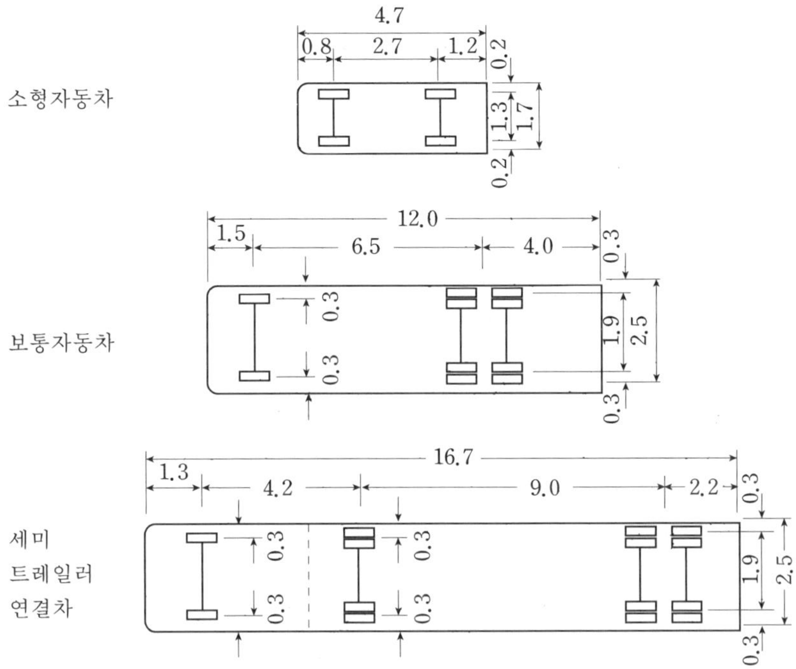

해설 및 지침」에 따르면 설계차량은 [표 3-2]와 같다.[6)]

이를 그림으로 표시하면 [그림 3-7]과 같다.

2) 차량하중(DB)의 크기

한편 차량의 중량에 관한 기준은 상기 도로설계기준의 별첨기준으로 제시되어 있으며 그 값은 [표 3-3]과 같다.

[표 3-3] 우리나라 차량하중의 분포 및 크기

하 중	총 중 량 (톤)	전륜하중 (킬로그램)	중륜하중 (킬로그램)	후륜하중 (킬로그램)	b_1전륜폭 (센티미터)	b_2중후륜폭 (센티미터)	a 차 륜 접 지 폭 (센티미터)
DB-24	43.2	2,400	9,600	9,600	12.5	50	20
DB-18	32.4	1,800	7,200	7,200	12.5	50	20
DB-13.5	24.3	1,350	5,400	5,400	12.5	50	20

[그림 3-8] 우리나라 차선하중의 크기

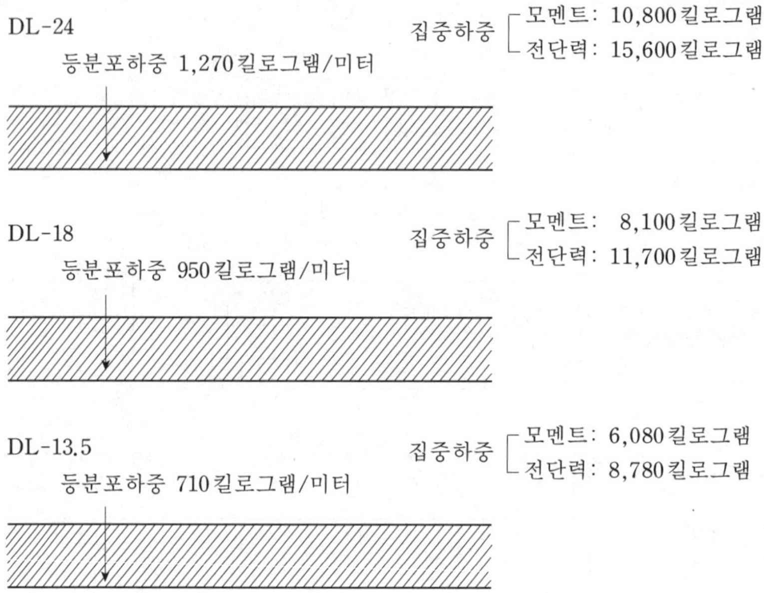

1) 자동차 전용도로에 있어서는 차량하중(DB)-24, 차량하중(DB)-18 또는 이에 준하는 차선하중(DL)을 적용함.
2) 기타의 도로에 있어서는 당해 도로의 자동차교통상황에 따라 차량하중(DB)—24, 차량하중(DB)-18, 차량하중(DB)-13.5 또는 이들에 준하는 차선하중(DL)으로 함.

3) 차선하중(DL)의 크기

위의 차량하중(DB)이 차량바퀴에 집중적으로 작용하는 하중이라면 차량통과시 도로의 포장면에 넓게 분포하여 발생하는 등분포하중에 대한 기준은 [그림 3-8]과 같이 별도로 규정한다.[6)]

3.2.2 차량의 가감속 성능

우리나라의 도로설계기준에서는 차량의 가감속 성능에 대해 규정하고 있지 않다. 그러나 운전자의 안전성 확보를 위한 최소정지시거의 산출과정에서 도로의 노면마찰계수를 설정하여 최대감속도를 간접적으로 규정하고 있으며, 평면곡선에서의 차량주행에 관한 설계변수 설정시 횡단마찰계수를 어떤 범위 이내에서 선택하도록 의무적으로 규정함으로써 가속도의 양을 규정하고 있다. 그 외에도 완화곡선 길이의 산출이나 가

[표 3-4] 주행속도별 차량의 가속능력에 관한 미국의 자료

차량형태	표준중량(kg)	최대가속능력(kmph/sec)		
		0~25 kmph*	25~65 kmph*	65~95 kmph*
대형차량	2,177	16.1	6.4	4.0
중형차량	1,814	12.9	6.4	3.2
소형차량	1,361	12.9	4.8	1.8
픽업트럭	2,268	12.9	2.9	1.1
보통트럭	5,443	3.2	0.9	–
세미트레일러	20,411	3.2	0.6	–

* 주행속도를 의미함.

감속차로의 길이 산출 등의 과정에서 산발적으로 가감속 능력을 규정하고 있는 설정이다.

[표 3-4]는 미국의 예이며 이 표를 통해 우리는 차량의 통상적 가감속도 분포를 이해해 볼 수 있다.[4]

일단 차량의 가감속능력을 알면 우리는 차량의 이동거리에 관해 이해할 수 있게 된다.

3.2.3 차량 움직임의 기본식

통상적으로 한 물체의 속도를 나타내기 위해서는 그 물체가 이동한 거리를 시간으로 나눈 값으로 표시한다. 즉, 한 물체의 순간속도 v는 변위 x를 시간 t에 대해 미분한 다음 식으로 표시할 수 있다.

$$v = \frac{dx}{dt} \qquad \cdots\cdots (3.1)$$

한편 이 물체가 이 과정에서 일정한 가속도 a로 움직였다고 가정할 때 그 가속도는 다음과 같다.

$$a = \frac{dv}{dt} \qquad \cdots\cdots (3.2)$$

식(3.2)를 시간 $t=0$에서부터 t까지 적분하게 되면 속도는 v_0에서

v로 변하며 양변을 적분한 다음 식이 성립한다.

$$\int_{v_0}^{v} dv = \int_0^t adt$$

따라서

$$v - v_0 = a[t]_0^t$$

결국 다음 식이 성립한다.

$$v = at + v_0 \quad \cdots\cdots (3.3)$$

이제 이동거리와 가속도간의 관계를 살펴보기 위해 다음과 같은 과정을 거치게 된다.

식(3.2)를 변형시키면

$$a = \left(\frac{dv}{dx}\right) = \left(\frac{dx}{dt}\right) = \left(\frac{dv}{dx}\right)v$$

$$\therefore \quad vdv = adx \quad \cdots\cdots (3.4)$$

식(3.4)를 시간 $t=0$에서부터 t까지 적분하면, 다음의 식이 성립한다. 이때, 시간 $t=0$일 때의 속도 및 이동거리는 v_0 및 x_0가 되며 시간 t가 경과한 후의 속도 및 이동거리는 v 및 x가 된다.

$$\int_{v_0}^{v} vdv = \int_{x_0}^{x} adx$$

$$\therefore \quad \frac{1}{2}(v^2 - {v_0}^2) = a(x - x_0) \quad \cdots\cdots (3.5)$$

식(3.5)를 정리하면

$$x - x_0 = \frac{v^2 - {v_0}^2}{2a} \quad \cdots\cdots (3.6)$$

식(3.3)을 식(3.6)에 대입하면 다음과 같은 식이 성립한다.

$$x-x_0=\Delta x=\frac{(at+v_0)^2-v_0{}^2}{2a}$$
$$=v_0\cdot t+\frac{1}{2}at^2 \qquad \cdots\cdots (3.7)$$

위의 식(3.6) 및 (3.7)은 한 차량이 최초속도 v_0에서 최종속도 v로 될 때까지 주행한 거리를 계산할 때 사용된다.

[예제 3-5] 한 차량이 정지상태에서 출발하여 1.5초 동안에 주행한 거리를 구하시오. 단 이 차량의 가속도는 16kmph/sec이다.

풀이 위의 식(3.7)에 의해

$$\Delta x=v_0\cdot t+\frac{1}{2}at^2$$
$$=0\cdot(1.5\text{sec})+\frac{1}{2}\left[(16)\frac{1000\text{m}}{3600\text{sec}}\right]\cdot(1.5\text{sec})^2$$
$$=0+5\text{m}$$
$$\therefore\ \Delta x=5(\text{m})$$

한편 위에서 설명한 차량의 움직임에 관한 기본식을 통해 우리는 다양한 도로조건에서 나타나는 차량의 제동거리를 산출할 수 있다. [그림 3-9]는 차량이 경사도로 구간을 주행하고 있을 때 차량에 작용하는 힘들을 나타내는데 이 그림에서 보는 것과 같이 차량에 작용하는 힘에는 엔진의 추진력, 공기의 저항력, 바퀴와 포장면 사이에서 발생하는 마찰력, 그리고 차량의 무게에 따른 중력이 있다. 이들 힘에 대한 차량의

[그림 3-9] 주행차량에 작용하는 힘의 유형

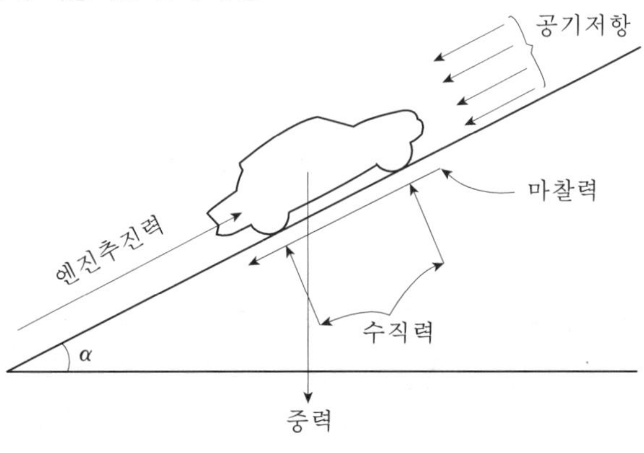

[그림 3-10] 차량이 정지할 때 작용하는 힘의 유형

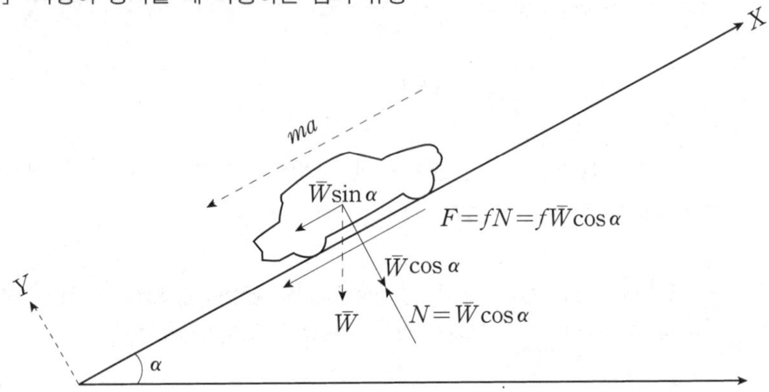

자유물체도를 [그림 3-10]과 같이 나타낼 수 있으며 이 그림에서 Y방향 힘의 균형상태는 차량중량의 Y방향요소와 수직응력 $N=W\cos\alpha$에 의해 이루어짐을 알 수 있다.

차량의 제동거리는 차량주행 방향을 감안할 때 X방향이 되며 이 거리는 수평거리와 α의 각을 유지하고 있음에 유의해야 한다. X방향에 대한 힘의 균형상태는 다음의 식으로 표시할 수 있다.

엔진추진력 = 공기저항 + 노면마찰력 + 차량자체중량

우리는 공기저항에 대해 무시하고 다음과 같이 표시한다.

$$\left(\frac{\bar{W}}{g}\right)a=f\bar{W}\cos\alpha+\bar{W}\sin\alpha$$

따라서 위 식을 다음과 같이 정리할 수 있다.

$$\left(\frac{\bar{W}}{g}\right)a-f\bar{W}\cos\alpha-\bar{W}\sin\alpha=0 \qquad \cdots\cdots (3.8)$$

흔히 도로설계에서 사용하는 차량제동거리는 수평방향거리이다. 이는 또한 우리가 구하고자 하는 거리이다. 반면 위 그림에서 보여지는 차량의 이동거리는 X방향으로 표시된다. 수평방향 거리에 해당하는 전자를 D_b, 경사지에서 차량의 이동거리에 해당하는 후자를 x라고 하면

이 둘 사이에는 다음 관계식이 성립한다.

$$D_b = x\cos\alpha \qquad \cdots\cdots (3.9)$$

$$\therefore \quad x = \frac{D_b}{\cos\alpha}$$

이 값을 식(3.6)에 대입하고 $x_0=0$임을 고려하면, 가속도 a는 다음 식과 같다.

$$a = \frac{v^2 - {v_0}^2}{2\left(\dfrac{D_b}{\cos\alpha}\right)} \qquad \cdots\cdots (3.10)$$

이 때, 식(3.8)은 차량이 가속하는 경우에 해당하므로, 제동거리를 구하는 경우처럼 차량이 감속하는 경우에는 부호를 바꾸어 주어야 한다. 따라서 제동시 적용되는 감속도

$$a = \frac{{v_0}^2 - v^2}{2\left(\dfrac{D_b}{\cos\alpha}\right)} \qquad \cdots\cdots (3.11)$$

이 되며, 이를 식(3.8)에 대입하면

$$\left(\frac{\bar{W}}{g}\right) = ({v_0}^2 - v^2)\left(\frac{\cos\alpha}{2D_b}\right) + f\bar{W}\cos\alpha + \bar{W}\sin\alpha = 0$$

$$\frac{{v_0}^2 - v^2}{2gD_b} - f - \tan\alpha = 0$$

$$\therefore \quad D_b = \frac{{v_0}^2 - v^2}{2g(f + tan\alpha)} \qquad \cdots\cdots (3.12)$$

식(3.12)에서 $\tan\alpha$는 도로의 종단구배(G)이고 중력가속도 g=9.8 m/sec^{2}이므로, 속도의 단위인 km/시와 제동거리의 단위 m을 단위통합하면 다음의 식(3.13)을 얻게 된다.

$$D_b = \frac{\left(\dfrac{1}{3.6}\right)^2 ({v_0}^2 - v^2)}{2(9.8)(f \pm G)}$$

$$= \frac{v_0^2 - v^2}{254(f \pm G)} \quad \cdots\cdots (3.13)$$

교통시설설계에서 제동거리는 정지시거의 한 요소가 되며, 정지시거는 통상적으로 차량의 최종속도가 0인 것을 전제로 하므로, 위의 식을 정리한 다음의 식이 차량의 제동거리 산출식이 된다.

$$D_b = \frac{v_0^2}{254(f \pm G)} \quad \cdots\cdots (3.14)$$

제동시에 발생하는 마찰계수 f는 제동시에 발생하는 마찰계수의 평균값이라고 보는 것이며 차량의 타이어와 도로포장면간에 형성되는 접촉면의 특성에 따라 결정된다.

타이어와 포장면의 상태는 매우 다양하기 때문에 다양한 속도에 따

[그림 3-11] 차량속도 변화에 따른 종방향 마찰계수의 변화[7)]

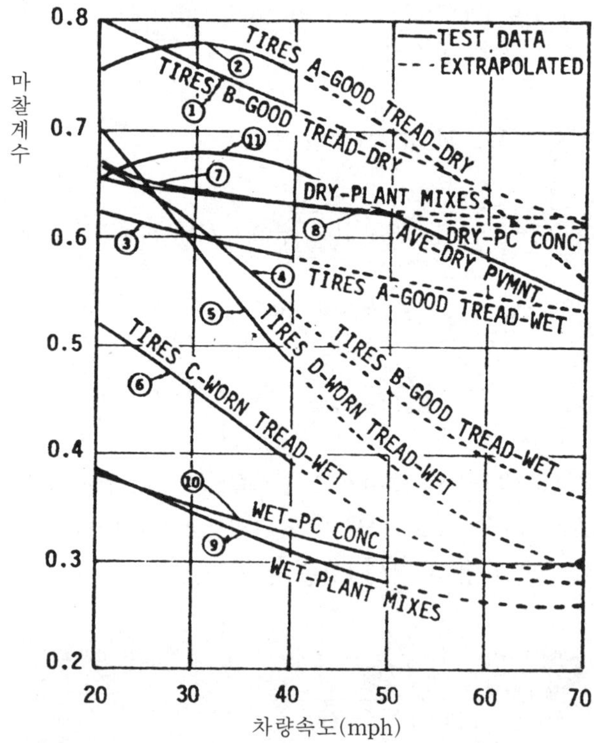

라 정지거리를 측정하고 식(3.14)에 대입하여 마찰계수를 결정한다. 일반적으로 도로설계시 적용하는 마찰계수는 포장면이 건조한 경우 0.6이고 습윤상태인 때 0.3이며 노면에 얼음이나 눈이 쌓인 경우 마찰계수는 0.3 이하가 된다. 따라서 도로설계는 운전자에게 충분한 제동거리를 확보해 주기 위해 습윤상태노면을 기준으로 한다.

[그림 3-11]은 외국의 자료이긴 하나 종방향 노면마찰계수의 변화상태를 설명하고 있다.

이 그림에서 우리는 종방향 마찰계수가 차량의 속도에 반비례하고 노면의 종류 그리고 차량 타이어의 마모상태에 따라 변하고 있는 것을 알 수 있다. 여기에서 종방향 마찰계수는 10여년의 조사기간에 걸쳐 얻은 값이며, 식(3.14)를 통해 얻든가 혹은 마찰계수 측정장비를 통해 직접 측정하여 얻을 수도 있다.

[예제 3-6] 한 운전자가 주행중에 장애물을 만나 급제동하여 그 장애물 앞에서 가까스로 정지하였다. 이 때 바퀴에 의한 미끄럼 흔적(skid mark)이 25m이고 노면의 마찰계수가 0.6일 때 다음 각 조건에서의 차량의 최초속도를 구하라.

(1) 3% 상향구배

(2) 2.3% 하향구배

(3) 평탄지

풀이 식(3.14)에 각 도로조건을 대입하면 다음과 같은 최초속도를 얻는다.

도로조건	G	D_b(m)	v_0(km/시)
(1)	0.03	25	63.2
(2)	−0.023	25	60.5
(3)	0.00	25	61.7

[예제 3-7] (1) 한 차량이 고속도로부터 진출 **ramp** 부를 빠져나가려 한다. 이 차량의 속도가 90km/시이고, **ramp** 부를 진입할 때의 속도가 40km/시로 변화해야 한다. 만약 노면마찰계수가 0.5라면 감속을 위한 **taper** 길이는 얼마로 하는 것이 좋은가? 단, 이 도로구간의 종단구배는 0이다.

(2) (1)번에서 종단구배가 +2%라면 제동거리의 변화율은?

(3) (1)번 문제에서 노면마찰계수는 알 수 없고, 대신 차량의 감속도가 4.9m/sec²로 주어졌다면 감속을 위한 **taper**의 길이는 얼마로 하는 것이 좋은가?

(4) (3)번 문제에서 종단구배가 +2%라면 제동거리의 변화율은?

(5) (2) 및 (4)번 문제의 결과에 대해 설명하시오.

풀이 (1) 제동거리 D는 다음과 같다.

$$D_1 = \frac{90^2 - 40^2}{254(0.5)} = 51.2\,\text{m}$$

(2)

$$D_2 = \frac{90^2 - 40^2}{254(0.5 + 0.02)} = 49.2\,\text{m}$$

따라서 제동거리 변화율 p는

$$p = \frac{(D_1 - D_2)}{D_1} \times 100 = 3.9\%$$

(3)

$$D_3 = \frac{v_0^2 - v^2}{2a} = \frac{90^2 - 40^2}{2(4.9)(3.6)^2} = 51.2\text{m}$$

(4)

$\tan\alpha = 0.02$이므로,

$$D_4 = D_3 \cdot \cos\alpha = (51.2) \cdot \cos(\tan^{-1} 0.02) \cong 51.2\text{m}$$

따라서 제동거리 변화율,

$$p \cong 0\%$$

(5) 먼저 (a) 및 (b)번 문제에 적용된 감속도를 구해 보자.

$a = \dfrac{v_0^2 - v^2}{2D_b}$ 이므로,

$$a_1 = \frac{90^2 - 40^2}{2(51.2)(3.6)^2} = 4.9\,\text{m/sec}^2$$

$$a_2 = \frac{90^2 - 40^2}{2(49.2)(3.6)^2} = 5.1\,\text{m/sec}^2$$

여기서 +2% 구배지에서 감속도가 더 크게 나타나는 것은, 운전자가 감

속시 같은 양만큼 제동을 걸더라도 구배지에서 미끄러져 내리는 힘의 영향이 추가되기 때문이다.

그러나 (3) 및 (4)번 문제에서는 감속도가 4.9m/sec^{2}로 동일한데, 이는 운전자가 구배지에서 평탄지보다 적은 양만큼 제동을 한 결과로 볼 수 있다. 따라서 (3) 및 (4)번 문제에서 제동거리가 거의 변하지 않은 것이다.

3.3 도로의 특성

도로에 대해 한 마디로 요약하면 신속하고 안전한 차량통행을 위해 공공 또는 민간자본을 통해 건설한 공간이라 할 수 있다. 따라서 도로는 그 본질적 기능인 신속성과 안전성을 확보해야 하며, 교통과학에서는 안전성 확보를 전제로 한 도로의 '이동성' 및 '접근성'을 통해 도로의 유용성, 즉 도로의 기능을 구분한다.

모든 종류의 도로는 도로기능의 두 형태인 이동성과 접근성을 동시에 포함하고 있으며 그 정확한 양을 산정한다는 것은 불가능하다. 다만 개략적으로 해당 도로의 통과지역과 도로 이용자의 특성을 예측해서 이동성과 접근성의 배분량을 결정하게 되면 그 도로의 기능적 구분이 가능해지게 된다.

3.3.1 도로의 기능적 구분

예를 들어 올림픽대로를 생각해 보자. 대부분의 운전자들은 올림픽대로를 통해 통행 목적지 근처로 이동해 가려고 하며 올림픽대로를 통해 직접 최종목적지에 연결되지는 않을 것이다(본선에서 빠져 나와 어느 정도의 다른 도로를 주행한 후에야 최종목적지에 도달할 것이다). 따라서 올림픽대로는 이동성이 높은 도로가 되며 이 도로의 설계시 기준이 되는 속도는 비교적 높은 속도를 택해야 운전자들의 욕구를 만족시킬 수 있게 될 것이다.

반대의 경우를 생각해 보자. 한 사람이 지금 아파트단지에서 출발하는 단계라고 할 때 이 사람의 원하는 최종목적지가 인근 아파트단지

[그림 3-12] 통행의 단계별 구분[7)]

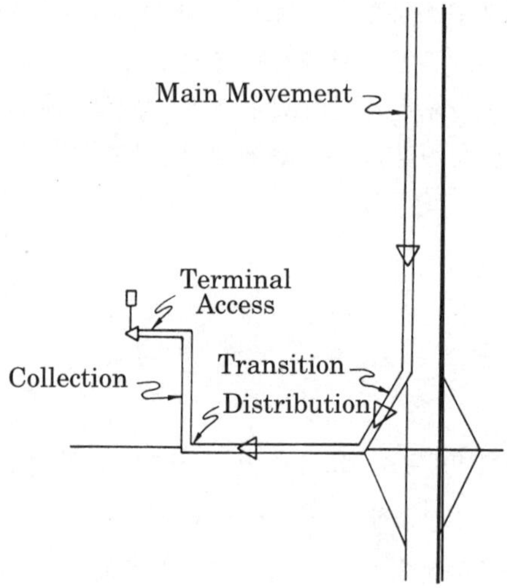

지역이 아닌 한, 우선 단지내 도로를 통해 그 지역을 빠져 나가는 도로를 찾게 될 것이다. 이 단지내 도로는 속도가 높거나 설계수준이 높을 필요는 없다. 현재 이 사람은 정확히 자기가 원하는 도로에 진입하기만 하면 되기 때문이다. 따라서 단지내 도로는 설계시 속도가 낮아도 된다. 그러나 이 단지내 도로의 경우 그 통과지역이 아파트단지이기 때문에 보행량이 많고 단지 내의 미관을 고려해서 쾌적하고 편안한 형태를 갖도록 설계되어야 한다. 이 도로는 접근성이 높은 대표적 도로이다.

이 두 극단적으로 기능이 다른 도로형태 사이에는 집분산기능을 갖는 중간 정도 형태의 도로가 존재한다. 또한 기능이 서로 다른 형태의 도로들을 연결하기 위해서는 전이를 위한 도로가 필요하며 고속도로에서는 이 도로가 연결로가 되고 도시간선도로에서는 신호교차로가 그런 기능을 담당한다.

[그림 3-12]는 한 통행이 포함하게 되는 통행의 단계별 과정을 도시한다.

해당 도로의 기능은 그 도로가 통과하는 지역, 주변지역에 위치하는 다른 도로의 상대적 규모 및 형태, 그리고 그 도로의 시설규모 등에 의해 결정되며 도로의 폭이 넓다고 높은 기능을 갖는 것은 아니며 반대로 도로폭이 좁다고 낮은 기능의 도로가 되는 것도 아니다. 문제는 그

[그림 3-13] 도로의 기능구분도[7)]

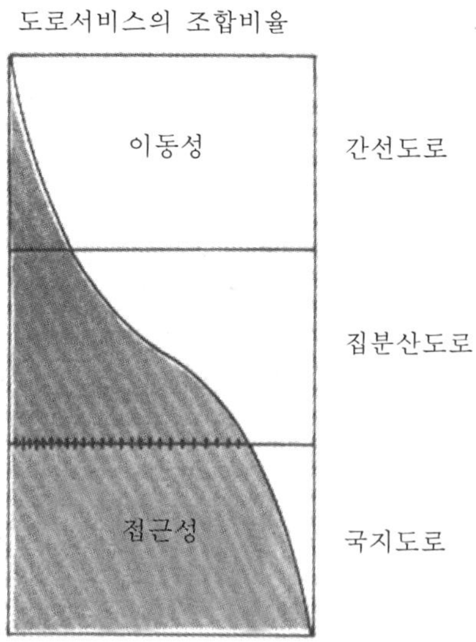

도로를 통해 주행하는 도로 이용자가 그 도로에 대해 기대하는 기능이 무엇인가에 따라 기능이 결정되게 된다.

다음의 [그림 3-13]은 도로의 기능구분을 위해 사용되는 그림이다.

[그림 3-13]에서 알 수 있는 것은 도로의 기능구분에 따른 명칭, 즉 간선도로(Arterials), 집분산도로(Collectors), 국지도로(Locals)의 상대적 위치이다. 그러나 현실적으로 도로의 신설시, 미리 통행조사를 실시하는 것이 불가능하기 때문에 이러한 기능구분은 다만 기대치에 불과하게 되며 도로건설 이후에도 그러한 기대치대로 통행 특성이 이루어질지는 분명하게 말하기 어렵다. 이러한 경향은 특히 집분산도로에서 두드러지게 되므로 신중한 고려가 필요하다.

다음은 세 가지 도로형태의 특성이다.

1) 간선도로: 통과교통의 처리를 주로 담당하며 통행의 속도가 높다. 접근성을 거의 갖지 않으며 간선도로의 기능 보존을 위해서는 도로의 접근관리기법(Access management techniques)의 적용이 필요하다.
2) 집분산도로: 중간 정도의 기능을 가지며 이 도로의 끝부분은 간선도로와 국지도로에 맞닿아 있다.
3) 국지도로: 주거단지 등의 주요 교통유발지역에 인접한 도로로서

[그림 3-14] 지방지역 도로의 기능구분[7)]

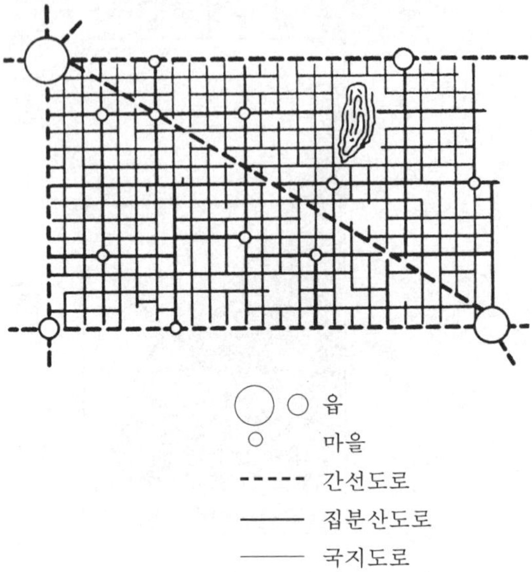

주로 접근성을 많이 갖는 도로이다. 속도가 높지 않고 사람들은 목적지에 접근하여 보행단계로 전환하는 경우가 많으므로 보행환경 확보에 노력해야 한다.

우리나라에서는 간선도로를 다시 주간선도로와 보조간선도로로 나눔으로써 통과교통의 양에 따른 상대적 구분을 했다. 또한 고속도로는 비록 기능상으로 보면 주간선도로에 해당하지만 속도가 특별히 높고 통행량도 많기 때문에 별도의 도로형태로 구분하여 설계하고 있다.

다음으로 도로를 기능적으로 구분한 결과를 통해 향후 도로기능을 설정할 때 참고가 되도록 한다. 먼저 [그림 3-14]에서 지방지역 도로의 기능구분을 살펴본다.

[그림 3-14]에서 보는 대로 지방지역 도로에서 도시는 산발적으로 출현하고 있고 도시와 도시를 직접 연결하는 도로는 간선도로이다. 간선도로를 기준으로 하여 도시간에 존재하는 소규모 행정단위를 연결하기 위해 집분산도로가 사용되고 있다. 물론 이러한 도로의 기능적 구분은 교통공학 전문가의 주관적 판단에 따라 수행되고 있으며 개인적 견해 차이가 나타날 수 있는 부문이다. 그러나 그 차이는 크지 않고 도로를 기능적으로 구분함으로써 도로설계시 설계일관성 확보 등 여러 장점

[그림 3-15] 도시지역 도로의 기능구분[7)]

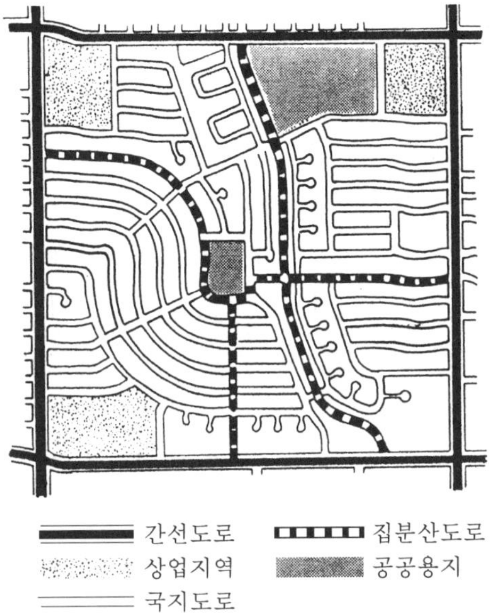

이 나타나기 때문에 이 개념은 여러 나라에서 사용되고 있다.

[그림 3-15]는 도시지역 도로의 기능적 구분 결과이다. 도시지역 도로의 경우 도로의 기능구분에 따라 지방지역 도로와는 달리 교통운영에 있어 많은 영향을 받게 된다. 먼저 교통신호등의 운영방법을 보면 도시 주간선도로에 대해 연동화를 통해 흐름을 원활하게 함은 물론 녹색시간 할당을 많이 함으로써 해당 도로의 통행차량에 대한 적극적 배려가 이루어진다. 노상주차 금지 여부도 도로의 기능에 영향을 받는다.

국지도로의 경우 보행량이 많아지고 도로 이용자의 통행속도가 낮다는 점을 고려할 때 평면 및 종단곡선의 활동을 통해 속도저하를 유도하고 대신 노상주차를 허용하여 통행 목적지에 쉽게 도달하도록 유도한다.

3.3.2 도로의 기하학적 형태

도로의 기하학적 형태는 교통흐름의 특성을 결정하는 가장 중요한 요소이다. 도로의 기하구조를 설계하는 과정은 추후 해당 부분에서 상세히 설명키로 하며 여기서는 가장 기본적인 설계개념만을 소개한다.

도로설계의 기본적 관점은 다음의 4가지로 볼 수 있다.

1) 평면선형
2) 종단선형
3) 횡단면 구성
4) 교차지점의 설계

이러한 4가지 설계관점은 공히 그 도로가 갖는 설계의 기준속도인 설계속도에 따라 1차적으로 대체적인 형태가 결정된다. 설계속도별로 최소정지시거가 산출되며 최소정지시거를 통해 곡선반경, 곡선길이, 종단구배 등 세부적 설계요소가 결정된다. 따라서 도로의 기하구조는 설계속도를 기본으로 한 차량 1대의 주행에 관한 동력학적 관계식이 바탕이 되고 있고, 교통량과 그 외의 교통공학 구성요소들이 나머지 고려사항이 된다.

3.4 교통운영시설의 특징

교통공학 구성요소의 또 한 가지는 교통운영시설이다. 여기에는 신호등이 대표적으로 포함되며 교통표지나 노면표시 등 공식적 교통정보 전달체계와 주차관련 시설이 추가적으로 포함된다. 이들 교통운영시설은 도로의 기하구조와 합해져서 차량운전자에게 필요한 정보를 전달하며, 통상 그 집행이 구속력을 가지나 때론 단순히 정보의 전달에 그치는 경우가 있다. 따라서 정보의 전달체계라는 측면에서 볼 때 정보의 표시가 단순하고 분명해야 하며, 지역적 특수성을 반영하더라도 전(全)국가적으로 교통운영시설의 통일성을 확보하여야 한다.

교통운영시설은 앞의 세 가지 요소인 도로 이용자, 차량, 도로와는 달리 교통공학 전문가의 기량을 최대한 활용할 수 있는 부문으로서, 기술의 적용이 비교적 용이한 반면 도출되는 효과는 매우 광범위하고 즉각적이라는 점에서 상당히 중요한 부문임을 알 수 있다. 다만 교통운영기법의 최대효과를 위해서는 단속주체인 경찰의 도움이 수반되어야 한다는 점에서 경찰 인력과의 유연한 협조체계 구축에 노력해야 함을 알 수 있다. 그러나 교통운영기술이 경찰업무의 일부분이라는 인식이 자라게 해서는 곤란한다. 왜냐하면 교통운영기술은 독립적으로 존재하지 않고 항상 나머지 세 구성요소와 연관성 있게 맞물려 돌아가며, 또한 교통운영기법은 비교적 소규모 시설 행위이거나 또는 시설물 자체의 설계보다는 신호시간을 조정하고 속도를 저하시키며 주차를 금지하는 등의 시설 외적인 기법이 많은 반면 그 파급효과를 쉽게 진단하기 어려운 부문이라는 인식이 더욱 중요하기 때문이다.

■ 주

1) McShane, W.R. and Roess, R.P., *Traffic Engineering*, Prentice-Hall Polytechnic Series in Transportation, 1990.
2) Papacostas, C.S. *Fundamentals of Transportation Engineering*, Prentice-Hall, Inc., 1987.
3) The University of Wisconsin-Madison, 「Transportation Engineering 강의 노트」, 1987.
4) ITE, *Introduction to Transportation Engineering*, Prentice-Hall, Inc., 1978.
5) Cohen, J. and Dearnaley, E.J., *The Risk Taken in Crossing a Road*, 1955.
6) 건설교통부, 「도로의 구조 · 시설기준에 관한 규정 해설 및 지침」, 1990.
7) AASHTO, *A Policy on Geometric Design of Highways and Streets*, 1990.

■ 익힘문제

1. 한 차량이 차선을 이탈하여 30 m의 미끄럼 흔적을 남긴 후 고정 장애물에 8 kmph의 속도로 충돌했다. 이 차량의 최초속도를 구하시오. 단 이 도로의 노면마찰계수는 0.85이다.
2. 다음 그림과 같이 차륜간격이 6 m인 1 ton 차량이 평탄지 도로를 주행하고 있다. 이 차량의 무게중심이 지면에서 1.5 m 위에 위치하고 차량의 중량은 앞바퀴와 뒷바퀴에 각각 35/65분포로 작용하고 있다. 만약 이 차량이 갑자기 뛰어든 행인을 피하기 위해 급제동을 하였을 때, 앞브레이크는 작동하지 않고 뒷바퀴는 80%만 작동한다고 하면 마찰계수 0.8인 도로와 바퀴간에 발생하는 최대유효마찰계수는 얼마인가?

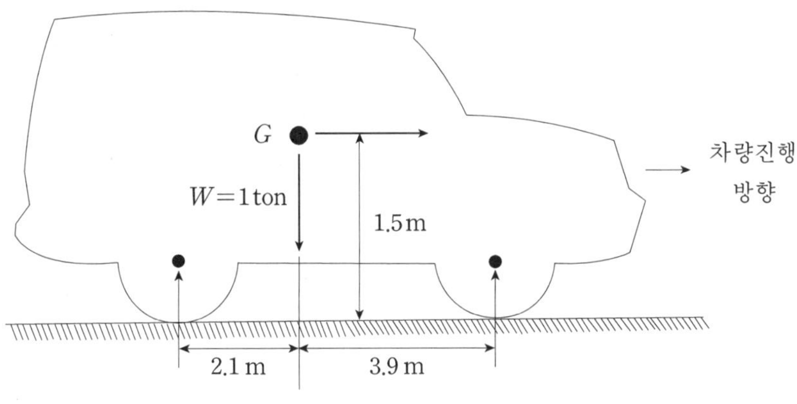

3. 다음 그림에서 한 사람이 자전거를 타고 50km/시의 속도로 달리다가 앞브레이크만을 사용하여 정지하고자 한다. 전륜과 후륜간의 거리는 1.2m이고 자전거와 사람을 함께 고려한 무게중심의 위치는 전륜으로부터 뒤로 50cm, 노면으로부터 40 cm 위이다. 노면마찰계수를 0.4라고 할 때, 이 자전거의 최소제동거리를 구하라.

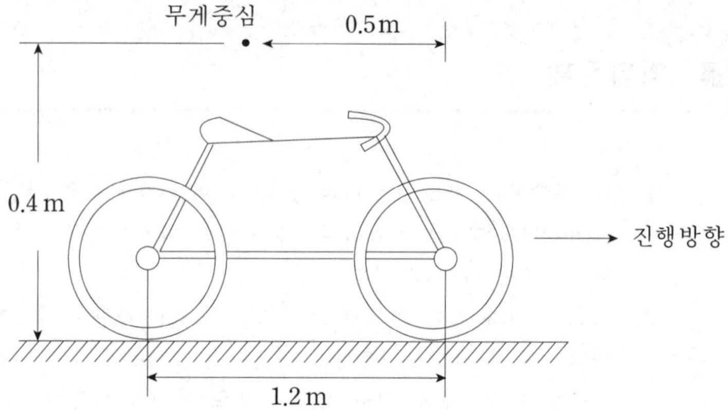

4. 다음 그림과 같이 중량이 2ton이고 전륜과 후륜간 거리가 5m인 차량이 있다. 이 차량의 무게중심이 도로면으로부터 위로 50cm 위치에 있다면 이 차량이 노면마찰계수 0.7인 도로에서 급정거했을 때, 전륜과 후륜의 브레이크에 걸리는 힘의 비를 구하라. 단, 전륜과 후륜의 중량분포비는 60/40이다.

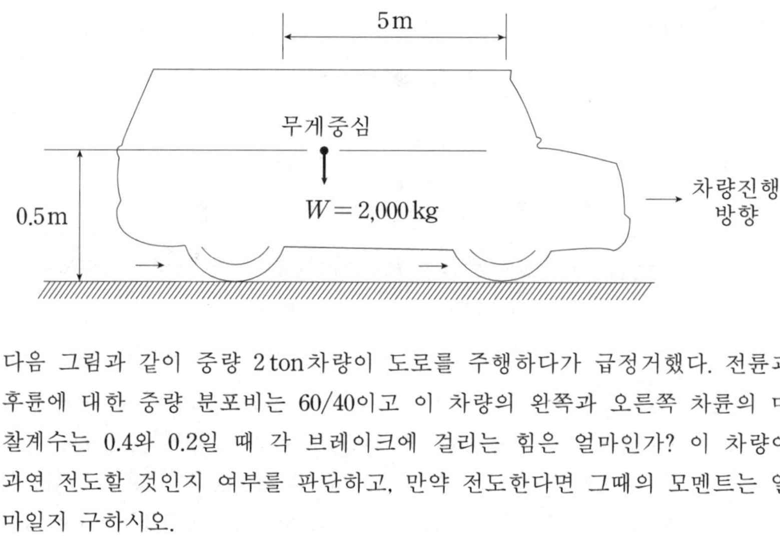

5. 다음 그림과 같이 중량 2ton차량이 도로를 주행하다가 급정거했다. 전륜과 후륜에 대한 중량 분포비는 60/40이고 이 차량의 왼쪽과 오른쪽 차륜의 마찰계수는 0.4와 0.2일 때 각 브레이크에 걸리는 힘은 얼마인가? 이 차량이 과연 전도할 것인지 여부를 판단하고, 만약 전도한다면 그때의 모멘트는 얼마일지 구하시오.

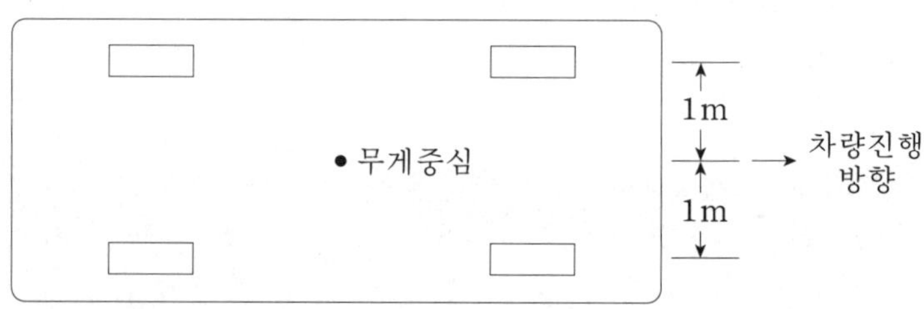

6. 한 차량이 장애물에 충돌할 때 최소 및 최대속도가 각각 6m/sec와 15m/sec였다면 이 차량의 최초속도는 각각 얼마일까? 단, 만약 이 차량이 충돌시 미끄러진 후 정지했다면 최초속도는 25m/sec임이 알려져 있다.
7. 한 차량이 30m 미끄러진 후 정지되어 있는 차량과 충돌했다. 이 때 충돌시 속도가 8km/h였다면 최초속도는 얼마인지 산출하시오. 단, 노면의 마찰계수는 0.85이다.

제4장

교통통계

교통공학분야에서는 취급하는 자료의 양이 방대하다. 이는 대체로 교통문제란 광범위한 시각에서 분석해야 하는 점에 기인하며 동시에 교통분야에서의 접근과정이 상당히 복잡한 이유 때문이기도 하다.

이렇듯 방대한 자료를 효율적으로 다루기 위해서는 확률 및 통계에 대한 실무적 지식 습득이 필수적이다. 또한 이를 통해 교통전문가들의 분석결과가 객관성을 유지할 수 있게 된다. 따라서 교통전문가들은 이미 인식하고 있되 불분명한 관계식으로 알고 있는 변수간의 움직임을 확률 및 통계를 통해 설명하며, 이러한 방법을 통하여 주관에 의한 나름대로의 판단을 보완하고 있다. 통계학에 의한 추론은 전체의 특성을 파악하고자 하는 목적에서 출발하며 그 방법으로는 표본조사를 통상적으로 적용한다. 일반적으로 표본조사를 통해 본 모집단의 특성은 몇 개의 선택된 계수를 통해 이루어지게 되며 이런 관점에서 본다면 통계학이란 곧 모집단계수의 결정과정이라고 압축적으로 표현할 수 있다. 이와 유사하게 확률론을 통해 교통전문가들은 그들이 가정했던 기본적 가정에 대한 판단을 내릴 수 있게 되며 이를 테면 표본조사에서 채택한 자료들이 얼마만큼 대표성을 유지할 수 있겠는지 등을 확률분석을 통해 제시하게 된다.

통계학이나 확률론을 대하는 교통전문가들의 입장은 주사위게임에서 기회의 법칙을 다루는 바와 유사하다. 우리들은 확정적으로 표본조사의 결과가 모집단을 대표하고 있다고 결론을 내릴 수 없으며 반대로 그렇지 않다고도 확정적으로 말 할 수 없다. 우리는 단지 확률의 방법으로만 그러한 가능성을 표시할 수 있다. 통계학의 또 한 가지 중요한 개념은 통계학적 추론이다. 교통공학에서 통계학적인 추론이 갖는 의미는 주로 기술적인 측면으로서 통계학적 추론은 우리가 내린 추정에 대한 신뢰도를 설명해 주며, 현재의 상황에서 얻어진 관계식, 즉 모형을 장래의 상황에 비추어 본 경우의 현실성 등을 판단할 수 있게 해 준다. 또한 통계학적인 추론을 통해 우리는 기본적인 법칙이나 관계식을 정립할 수 있으며 이를 통해 장래의 행태를 보다 합리적으로 설명할 수 있게 되거나, 설명에 소요되는 시간 및 경비를 최소화시킬 수 있게 된다.

이렇듯 중요한 교통공학의 도구임에도 불구하고 통계학 및 확률이론은 잠시 접했다가 흘려보낸 교과목 중 하나에 지나지 않는 경우가 많아서 대개의 경우 교통전문가들은 이들 이론들을 숙지하지 않는다. 통계학 및 확률이론을 충분히 공부하여 자기의 도구로 만드는 것은 교통분야에서 자료의 관리, 수학적 관계식의 정립, 가설검정 등의 단계에서 극히 중요한 사안임을 기억해야 한다.

4.1 개 요

교통공학에서 많은 변수들이 확률적인 방법으로 표시되곤 한다. 비록 교통분야에서 사람들은 변수들을 확률적인 방법으로 항상 생각하지 않을 수도 있겠지만, 다음의 몇 가지 경우를 생각해 보면 쉽게 문제의 관점을 인식할 수 있게 될 것이다. 예를 들어 신호교차로에서 분리된 좌회전 차로를 생각해 보자. 이 때 좌회전 차로의 길이를 결정하는 데 있어 우선 알아야 할 것은 좌회전 교통량이다. 그러나 교통류의 무작위성 및 차량 도착형태의 불규칙성 때문에 좌회전 차량대수는 신호주기마다 어느 정도 변화하게 된다.

따라서 교통전문가들은 한 신호주기 내에서의 도착하는 좌회전 교통량에 대한 확률을 산정해야 할 것이다. 합류 및 분류부의 설계에서도 합류하는 차량들에 주어지는 진입가능한 차간간격(gap)별 확률을 알고 있어야 하며, 심지어는 오랜 기간 동안 교통흐름이 관측된 교통시설에 대해서도 장래의 교통량 예측은 확률적으로 밖에는 표시할 수 없다. 결국 모든 추정치에 대해서는 확률을 관련시켜 생각해야만 한다.

본 장에서는 확률론 및 통계학에 대한 기본적인 개념설명을 수행하며 필요한 경우 수식을 통해 실무에의 적용성을 검토해 본다.

4.2 무작위 변수 및 통계적 추정의 문제

교통분야에서는 시설물의 설계나 교통흐름의 분석시 교통 특성, 도로 특성, 교통제어 특성, 도로 이용자 특성을 규명해야 한다. 그 과정에서 사용되는 변수들이 대부분의 경우 가변성을 내포하고 있으며 이러한 변수를 구분할 때 이산변수(離散變數)와 연속변수(連續變數)로 구분한다. 여기서 이산변수란 수를 셀 수 있거나 정수처럼 일정한 범위 내에서 존재하는 값이며 연속변수는 주어진 범위 내에서 임의의 값을 취할 수 있는 변수를 말한다. 이산변수의 예로는 도로의 정해진 한 지점을 일정시간(예를 들면 15분) 동안에 통과하는 차량의 수를 들 수 있으며, 연속변수는 도로의 일정구간을 통과하는 데 걸리는 시간과 같은 것들이다. 교통분야는 이산변수 및 연속변수를 모두 포함하고 있다. 변수의 취급시 특히 방대한 자료를 취급해서 작업을 수행해야 하는 경우에 우리는 보통 분석의 결과를 수치나 도표로 나타낸다. 예를 들어 도수분포표를 이용하면 각 변수들이 분포되어져 있는 상태를 도수에 따라 설명하는 데 유용하다.

다음의 [표 4-1]은 신호교차로에서 30초 간격마다 변화하는 도착차량의 관측기록을 도수분포표로 정리한 것이다.

한편 [표 4-1]의 자료를 그림으로 표시한 것이 [그림 4-1]이다. 이 그림에서 보게 되면 우리는 관측결과에서 나타난 몇 가지 주요사항을 파악할 수 있는데 예를 들어 대부분의 도착차량대수는 3~6대/30초이고, 평균적으로는 4~5대/30초이며, 변수의 분포는 상당히 넓은 구간에 걸쳐 이루어지고 있다는 점과 같은 사항이 이에 해당한다. 그러나 이렇듯 육안으로 파악하는 것보다는 통계학적 수식으로 표현하는 것이 객관적이고 체계적이다. 다음은 이러한 통상적 관찰을 통계학적인 방법을 통하여 체계적으로 제시하는 방법을 설명하고 있다.

[표 4-1] 30초 시간간격당의 차량도착 빈도표

j	x_j	f_j
1	0	1
2	1	4
3	2	9
4	3	19
5	4	20
6	5	16
7	6	19
8	7	10
9	8	13
10	9	4
11	10	1
12	11	3
$c=13$	12	1

[그림 4-1] 차량도착에 대한 Histogram

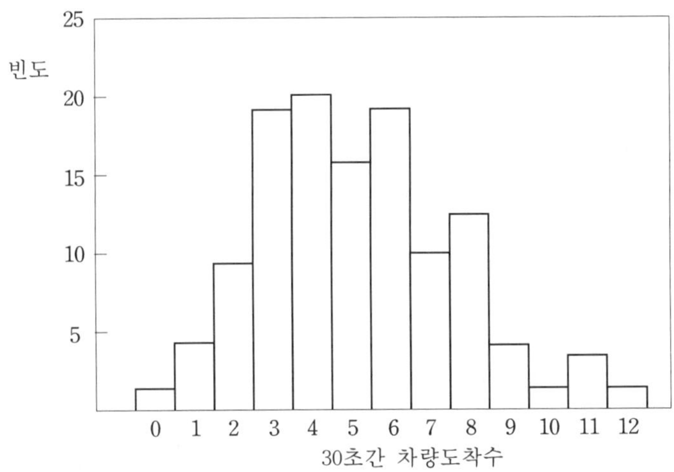

4.2.1 대수평균(Arithmetic mean)

일반적으로 평균값 또는 대수평균이라고 할 때, 그 의미는 항상 발생하는 일이라는 의미이며, 변수들의 분포 정도와 상관없이 한 개의 수치로 변수들의 대표적 특성을 표시할 때 사용된다.

만약 변수 X의 n번 관측치가 x_1, x_2, x_3, ……, x_n 이라고 할 때 그 평균값을 다음 식으로 나타난다.

$$E(X)=\bar{x}=\frac{\sum_{i=1}^{n} x_i}{n} \qquad \cdots\cdots (4.1)$$

여기서,
$\bar{x}$=관측치의 평균값

식(4.1)은 변수 X를 그룹화하지 않았을 경우에 적용가능하며 그러한 의미에서 우리는 이를 가중치를 고려하지 않은 대수평균이라고 한다.

한편 변수에 따른 관측빈도를 그룹으로 구분한 경우 우리는 가중치를 고려한 가중평균을 구해야 할 것이다. 다음의 식(4.2)는 이 경우에 대한 것이다.

$$E(X)=\bar{x}=\frac{\sum_{j=1}^{c} f_j x_j}{\sum_{j=1}^{c} f_j}=\frac{\sum_{j=1}^{c} f_j x_j}{n} \qquad \cdots\cdots (4.2)$$

여기서,
$\bar{x}$=관측치의 가중평균
f_j=j번째 그룹에서의 관측된 빈도
c=그룹의 총개수
$n=\sum_{j=1}^{c} f_j$

따라서 [표 4-1]의 값에 대해 가중평균을 구해 보면

$$\bar{x}=\frac{1\cdot 0+4\cdot 1+9\cdot 2+\cdots\cdots+1\cdot 12}{1+4+9+\cdots\cdots+1}=\frac{618}{120}=5.15\text{ 대/30초}$$

한 가지 생각할 점은 어느 한 해에 도로상에서 나타나는 시간교통량의 모집단 수는 24×365=8,760개 이겠지만, 평균적으로 나타나는 시간교통량을 추정하기 위해 한 달에 하루씩만을 택하여 관측하는 경우에는 24×12=288개의 표본밖엔 얻을 수가 없다. 따라서 이와 같은 경우 모집단의 평균은 모집단 총교통량의 합을 8,760으로 나눈 값이며, 표

본집단의 평균은 표본집단의 총교통량을 288로 나눈 값이다. 전자는 모집단평균, 후자는 포본조사에서 추정한 표본평균이라고 한다. 통상적으로 통계학에서는 모집단평균을 μ, 표본평균을 $\bar{x}$로 나타낸다. 일반적으로 표본평균 $\bar{x}$는 모집단평균 μ의 불평추정치(unbiased estimate)가 된다.

4.2.2 분산의 척도

전 절에는 관측치의 평균에 대해서 알아보았다. 그런데 관측치의 평균이 지닌 한계란 평균값이 모집단평균으로부터 얼마나 어긋나 있는지를 알려 주지 못한다는 점이다. 이러한 한계를 보완하기 위해 통계학에서는 분산(variance)을 사용한다. 그러나 분산 값은 수치가 너무 큰 경우가 많아 통계학에서는 표준편차(standard deviation)도 사용하고 있다. 표준편차는 분산의 제곱근으로서 자료의 분포 정도를 표시하는 또 다른 하나의 통계치가 된다. 모집단의 분산과 표준편차는 다음 식으로 표시된다.

$$Var(X)=\sigma^2 \qquad \cdots\cdots (4.3)$$

$$\sigma=\pm\sqrt{E[(X-\mu)^2]}=\pm\sqrt{\frac{\sum_{i=1}^{n}(x_i-\mu)^2}{n}}$$

$$=\pm\sqrt{E[(X^2)-\mu^2]}=\pm\sqrt{\frac{\sum_{i=1}^{n}x_i^2}{n}-\mu^2} \qquad \cdots\cdots (4.4)$$

또한, 표본집단의 분산과 표준편차는 다음과 같다.

$$Var[X]=s^2 \qquad \cdots\cdots (4.5)$$

여기서,

$Var[X]$=분산의 추정치

$$s=\pm\sqrt{\frac{\sum_{i=1}^{n}(x_i-\bar{x})^2}{n-1}}$$

$$=\pm\sqrt{\frac{\sum_{i=1}^{n} x_i^2-n\bar{x}^2}{n-1}}$$

우리가 꼭 기억해야 할 통계학 관점에서의 한 가지는, 분산의 추정치, 즉 s^2은 모집단의 분포형태[注)]와 상관없이 모집단 분산의 가장 적절한 추정치, 즉, 불편추정치인 것으로 본다는 점이다. 결국 s^2은 모집단의 분포형태가 정규분포인 경우에만 사용할 수 있는 것이 아니고 그 외의 분포형태에 대해서도 사용할 수 있음을 뜻한다.

위에서 살펴본 대로 분산이란 자료의 분포상황이나 변수 x_i 값들이 $\bar{x}$와 서로 어떻게 다른지 알고 싶을 때 사용한다. 만약 x_i 값들이 평균값 주위에만 분포한다면 그 결과는 도수분포도에서 평균값만이 높은 f_i 값을 갖는 형태의 그림이 그려질 것이고 이때의 분산은 0에 근접하게 될 것이다. 반면 x_i 값들이 $\bar{x}$를 기준으로 매우 넓게 분포한다면 도수분포도는 편평한 산형의 곡선이 되고 분산은 매우 큰 값을 갖게 된다.

결국 그 형태로 볼 때 분산은 평균과 변수 x_i의 차이를 제곱한 값들의 평균이라 할 수 있으며, 만약 그룹화한 변수에 대해 표본 표준편차를 산정하려면 다음의 식(4.6)을 적용할 수 있다.

$$s=\pm\sqrt{\frac{\sum_{j=1}^{c} f_j(x_j-\bar{x})^2}{n-1}} \qquad \cdots\cdots (4.6)$$

참고로, 모집단의 표준편차 σ는 다음과 같다.

$$\sigma=\pm\sqrt{\frac{\sum_{j=1}^{c} f_j x_j^2}{n}-\mu^2} \qquad \cdots\cdots (4.7)$$

다음의 [표 4-2]는 [표 4-1]에서 제시된 자료의 표준편차를 산정한 결과이다.

注) 모집단의 분포형태는 그 특성에 따라 이항분포, 정규분포, 포아송(Poisson)분포 등으로 구분된다.

[표 4-2] 30초 간격으로 측정한 차량도착대수의 표준편차 산정표

j	x_i	$x_i-\bar{x}$	$(x_i-\bar{x})^2$	f_i	$f_i(x_i-\bar{x})^2$
1	0	−5.15	26.52	1	26.52
2	1	−4.15	17.22	4	68.88
3	2	−3.15	9.92	9	89.28
4	3	−2.15	4.62	19	87.78
5	4	−1.15	1.32	20	26.40
6	5	−0.15	0.02	16	0.32
7	6	+0.85	0.72	19	13.68
8	7	+1.85	3.42	10	34.20
9	8	+2.85	8.12	13	105.56
10	9	+3.85	14.82	4	59.28
11	10	+4.85	23.52	1	23.52
12	11	+5.85	34.22	3	102.66
13	12	+6.85	46.92	1	46.92

$n=\sum_{j=1}^{13} f_j=120$ $\bar{x}=\sum_{j=1}^{13} f_j x_j/n=5.15$ $\sum_{j=1}^{13} f_j(x_j-\bar{x})^2=685.00$

$$s=\pm\sqrt{\frac{\sum_{j=1}^{13} f_j(x_j-\bar{x})^2}{120-1}}=\pm\sqrt{\frac{685}{119}}=\pm 2.4$$

[예제 4-1] 어떤 신호교차로에서 100번의 신호주기 동안 도착하는 각 신호주기의 좌회전 교통량을 관찰하여 다음과 같은 결과를 얻었다.

3	6	5	1	4	5	4	3	5	6	5	4	4	5	5	2	4	6	2	2
4	3	2	3	4	6	1	5	6	5	1	4	3	4	6	4	2	6	4	3
6	4	4	4	5	5	1	5	3	1	1	4	6	4	6	1	5	1	3	5
1	1	5	2	4	2	3	1	2	3	3	2	4	6	3	5	5	4	2	4
2	2	2	2	3	4	6	6	5	2	1	6	2	2	1	5	6	4	2	2

이 때, 표본집단의 좌회전 교통량에 대한 평균과 분산을 구하고 모집단 모수의 불편추정치를 구하여 서로 비교하라.

풀이 주어진 자료를 가지고 다음과 같이 표를 만들 수 있다.

도착차량대수(x_i)	도수(f_i)	f_ix_i	$f_ix_i^2$	$(x_i-\bar{x})$	$f(x_i-\bar{x})^2$
1	13	13	13	−2.58	86.5332
2	19	38	76	−1.58	47.4316
3	13	39	117	−0.58	4.3732

4	22	88	352	0.42	3.8808
5	18	90	450	1.42	36.2952
6	15	90	540	2.42	87.8460
계	100	358	1,548		266.36

• 표본평균 $\bar{x}=\dfrac{\sum_{i=1}^{k} f_i x_i}{n}=\dfrac{358}{100}=3.58$

• 표본분산 $s^2=\dfrac{\sum_{i=1}^{k} f_i(x_i-\bar{x})^2}{n}=\dfrac{266.36}{100}=2.6636$

• 모집단평균의 불편추정치 $\bar{x}=3.58$

• 모집단분산의 불편추정치 $s^2=\dfrac{\sum_{i=1}^{k} f_i(x_i-\bar{x})}{n-1}=\dfrac{266.36}{99}=2.6905$

위의 결과에서 알 수 있듯이 표본평균과 모집단평균의 불편추정치는 서로 일치하나, 표본분산과 모집단분산의 불편추정치는 서로 일치하지 않음을 알 수 있다.

위에서 불편추정치라 함은 신호교차로에서 도착하는 좌회전 교통량에 대한 관찰횟수를 무한히 증가시킬 경우, 이 때 나타나는 평균과 분산은 모집단의 평균과 분산을 가장 근사하게 추정하는 값이 됨을 의미한다.

4.3 확률식의 개요

확률식의 일반적인 표현은 $P(E)$이며 이는 한 사건을 E라 할 때 사건 E가 발생할 확률이다. 이 때 $P(E)$는 0에서 1까지의 실수를 가지며 확률이 0이라는 것은 실현불가능한 일임을 뜻하고 1일 때는 확실하게 발생할 일임을 의미한다. 또한 확률식은 다음과 같은 2개의 기본적인 법칙을 따른다.

1) 합확률의 법칙(The law of total probability)

만약 2개의 서로 다른 사건이 상호 배타적(mutually exclusive)일 때, 즉 한 개의 사건이 발생하면 나머지 한 사건은 결코 발생할 수 없을 때 한 사건 또는 다른 한 사건 중 적어도 한 개는 발생할 확률 $P(A$

or B)는 다음과 같이 표시된다.

$$P(A \text{ or } B) = P(A \cup B) = P(A) + P(B) \qquad \cdots\cdots (4.8)$$

2) 공통확률의 법칙(The law of joint probability)

만약 두 개의 사건이 서로 독립적으로 발생할 때, 즉 한 사건의 발생이 다른 사건의 발생에 영향을 미치지 않는 상태일 때, 즉 두 개의 사건이 모두 발생할 확률 $P(A \text{ and } B)$는 다음과 같이 표시된다.

$$\begin{aligned} P(A \text{ and } B) = P(A \cap B) &= P(A)P(B/A) \\ &= P(A)P(B) \end{aligned}$$

여기서 $P(B/A)$는 조건부확률(conditional probability)이라고 하며, $P(B/A)$는 사건 A가 발생한 조건을 전제로 한 사건 B의 발생확률로서 위에서와 같이 사건 A와 사건 B가 독립적이라면 우리는 다음과 같이 쓸 수 있다.

$$P(B/A) \frac{P(A \cap B)}{P(A)} = P(B)$$

이러한 2개의 법칙을 이용해서 우리는 도로의 한 지점에서 시간간격 t동안에 한 대의 차량이 도착할 확률을 구할 수 있게 된다. 즉 이 시간간격 t 동안에 두 개의 상호 배타적인 사건이 발생할 수 있는데 한 경우는 차량 한 대가 도착하는 '성공'의 경우이고 또 다른 경우는 한 대도 도착하지 않을 확률 '실패'의 경우이다. 물론 이 때 시간간격 t를 비교적 길게 잡게 되면 두 대 이상의 차량이 동시에 도착하는 두 번 '성공'의 경우가 생길 수 있겠지만, 보통은 시간간격 t를 짧게 잡기 때문에 그러한 경우는 발생치 않는 것으로 본다.

p=차량 한 대가 도착할 확률, "S"
q=차량이 한 대도 도착하지 않을 확률, "F"

로 정하면 확률식에 대한 2개의 법칙에 의해 우리는 다음의 식을 쓸 수 있게 된다.

$$P(S+F)=P(S\cup F)=P(S)+P(F)=p+q=1$$

즉 $q=1-p$가 된다.

4.3.1 일정한 순서에 따른 확률식

위에서와 같은 실험을 n번 수행하며, 각 시간간격 t에서의 사건발생 확률이 각각 독립적이라고 가정하자. 또한 '성공'과 '실패'의 발생순서를 일정하게 결정하여 그 확률을 구하려고 할 때 우리는 공통확률의 법칙을 적용할 수 있게 된다.

$$P(n\text{번 시행 중 지정한 순서에서 } k\text{번 성공할 확률})=p^k q^{n-k} \quad \cdots\cdots (4.9)$$

이 확률은 사전에 미리 순서에 따라 k회에 걸쳐 성공할 것을 정해 놓고 구한 것이다. 즉 식(4.9)는 발생순서에 있어 단 한 개의 형태에 대해서만 고려한 것이다. 이와 같이 성공의 확률이 각 시행에서 똑같이 유지될 때, 이것을 베르누이 시행(Bernoulli Trials)이라고 하며, 순서에 관계없이 k번 성공할 총확률을 이항확률이라고 한다.

4.3.2 순서에 상관없는 확률식[1)]

전 절의 경우와는 달리 발생순서를 일정하게 정해 놓지 않고 다만 그 성공횟수가 k회라는 것만을 알고 있을 때의 확률을 생각해 보기로 하자. 여기에서 우리는 발생순서에 상관없이 고려하기 때문에 k번의 성공을 만족시킬 경우의 수는 여러 개가 되며, 만약 4번의 시행횟수 중 1번 성공할 경우만을 알고 싶다면, 만족시키는 모든 경우는 다음과 같다.

$SFFF$
$FSFF$
$FFSF$

$FFFS$

물론 위의 각 4경우 중 1개 경우의 발생확률은 이미 식(4.9)에서 제시한 값과 같으며, 위 4개의 경우에 대한 발생확률은 모두 같다고 할 수 있으므로, 결국 순서에 상관없이 4회 시행 중 1번의 성공을 기록할 확률은 식(4.9)의 확률의 4배가 될 것이다. 또한 4회 시행 중 순서와 상관없이 1번의 성공을 기록하는 경우에 대한 조합을 찾아내기 위해서 다음 식을 쓴다.

$$ {}_nC_k=\binom{n}{k}=\frac{n!}{k!(n-k)!} \qquad \cdots\cdots (4.10)$$

또 한 가지 생각할 점은, 위의 예에서 우리는 '성공'의 경우에는 분명한 관심을 두고 있지만 '실패'에 대한 발생순서에는 전혀 관심이 없다는 점이다.

식(4.9)와 (4.10)을 결합하면 우리는 다음과 같은 결론에 도달한다. 즉 n번의 시행 중 k번의 성공을 순서에 상관없이 고려할 때 그 확률식은 다음과 같다.

$$P(n\text{회 시행 중 } k\text{회 성공})=\frac{n!}{k!(n-k)!}p^k q^{n-k} \qquad \cdots\cdots (4.11)$$

식(4.11)은 통계학에서 n과 p를 계수로 하는 이항확률식(binomial probability)이라고 한다. 또한 다음 식도 성립하게 된다.

$$P(n\text{회 시행 중 } k+1\text{회 성공})=\frac{n!}{(k+1)!(n-k-1)!}p^{k+1} q^{n-k-1}$$

이며 이는 식(4.11)과 비교해 보면 다음으로 표시됨을 알 수 있다.

$$\begin{aligned} &P(n\text{회 시행 중 } k\text{회 성공}) \\ &=\frac{P(n\text{회 시행 중 } k+1\text{회 성공})}{P(n\text{회 시행 중 } k\text{회 성공})}\times P(n\text{회 시행 중 } k\text{회 성공}) \end{aligned}$$

$$=\frac{(n-k)p}{(k+1)q}\cdot p(n\text{회 시행 중 }k\text{회 성공}) \qquad \cdots\cdots (4.12)$$

[예제 4-2] 도시의 한 신호교차로에서 차량들이 무작위적으로 도착하고 있고 20초 동안에 차량 1대가 도착해서 좌회전할 확률이 0.25라 하자. 이 신호교차로에서 각 20초 시간간격 동안 4번 중 각각 0, 1, 2대의 차량이 좌회전할 확률을 구해 보시오.

풀이 우리는 가정하길 임의의 시간간격에서 차량이 도착할 확률이 서로 독립적이라고 하자. 그러면 차량이 좌회전할 확률은 0.25이므로 도착해서 좌회전하지 않을 확률은 1−0.25=0.75가 된다. 따라서 식(4.11) 및 식(4.12)에 의해 각 0, 1, 2대의 경우를 풀면 다음과 같다.

$$P(4\text{회 중 }0\text{회})=\frac{4!}{0!(4-0)!}(0.25)^0(0.75)^4=0.316$$

$$P(4\text{회 중 }1\text{회})=\frac{4!}{1!(4-1)!}(0.25)^1(0.75)^3=0.422$$

$$\text{또는 }0.316\times\frac{(4-0)(0.25)}{(0+1)(0.75)}=0.422$$

$$P(4\text{회 중 }2\text{회})=\frac{4!}{2!(4-2)!}(0.25)^2(0.75)^2=0.211$$

$$\text{또는 }0.422\times\frac{(4-1)(0.25)}{(1+1)(0.75)}=0.211$$

[그림 4-2] 좌회전 차량의 도착확률 분포함수도

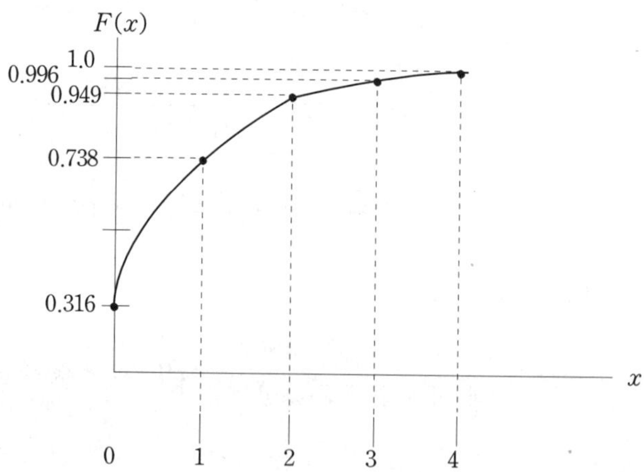

[그림 4-2]와 같은 확률분포도를 확률분포 또는 확률분포함수라고 한다. 즉 [그림 4-2]에서 보듯이 확률분포함수를 통해서는 X축에서 구하는 조건을, Y축에서는 해당 확률을 결정할 수 있다. 이처럼 어느 변수보다 작은 경우에 해당하는 확률을 알고 싶을 때 확률분포함수를 통해 구해 보면 다음과 같다.

위의 [예제 4-2]에서 2대 이하의 경우를 알고 싶을 때 그 확률은 합확률의 법칙에 의해 다음과 같이 산정한다.

$$P(\text{4회 중 2회 이하일 확률}) = P(\text{4회 중 0회}) + P(\text{4회 중 1회}) + P(\text{4회 중 2회}) = 0.316 + 0.422 + 0.211 = 0.949$$

이를 얻기 위해 만약 확률밀도함수를 이용한다면 Y축을 읽어서 결정할 수 없고 조건에 해당하는 변수들의 Y축 값을 읽은 후, 모두 합해서 얻을 수 있다. 따라서 우리는 다음과 같이 쓸 수 있다.

$$p(k) = P(K = k) \quad \cdots\cdots (4.13)$$

$$F(k) = P(K \le k) = \sum_{i}^{n \le k} p(i) \quad \cdots\cdots (4.14)$$

[그림 4-3] 좌회전 차량 예제의 확률밀도함수도

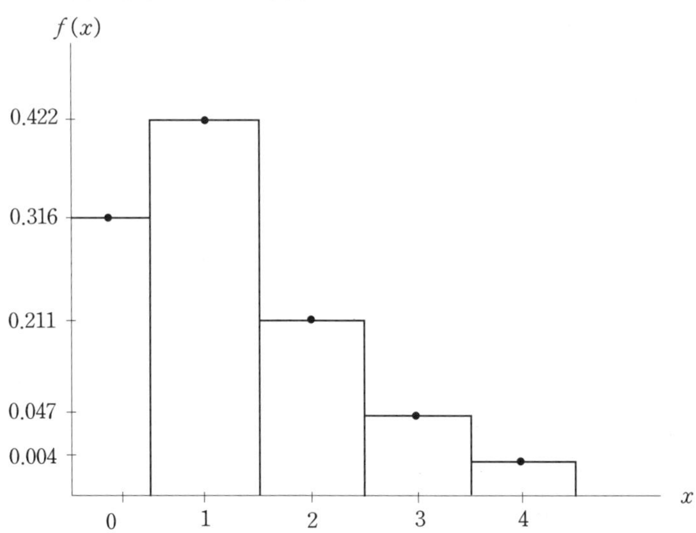

[그림 4-3]은 위 예제의 결과를 확률밀도함수로 도시한 것이다. 이 그림에서 보듯이 변수 X가 이산확률변수이면 확률분포식은 불연속함수 형태를 갖게 되며 이 함수의 확률범위는 항상 0에서부터 1까지이다. 또한 x의 조건을 모든 변화 가능한 범위로 취하게 된다면 이에 해당하는 확률은 1.0이 된다. 즉

$$\sum_{\forall k,\, p(k) \geq 0} p(k) = 1.0$$

한편 X가 연속확률변수라면 우리는 $p(k)$대신 $f(x)$의 확률밀도함수를 통상 사용하며 위의 경우에서처럼 합확률을 표시하려면 적분기호를 사용한다. 즉

$$f(x) = P(X = x)$$

$$F(x) = P(X \leq x) = \int_{-\infty}^{x} f(t)dt$$

여기서,
$f(x)$=연속형 확률변수 X의 누적분포함수
$f(x)$=연속형 확률변수 X의 확률밀도함수

또한

$$\int_{-\infty}^{+\infty} f(t)dt = 1.0$$

4.4 계수분포의 확률법칙[2)]

이산변수에 대한 확률법칙 또는 확률밀도함수를 통해 우리는 이산확률변수의 존재 가능한 범위 내에서 정해진 X값에 대한 확률을 구할 수 있다. 또한 X가 어떤 값을 취하든 $p(x)$는 임의의 확률변수 X에 대한 확률을 표시하며 $p(x)$는 0 이상의 값을 갖게 된다.

$$\sum_{x=0}^{n} p(x) = 1.0$$

또한 위 X값의 평균값 $\bar{x}$와 분산 σ^2는 다음과 같다.

$$\mu = E[X] = \sum_{x=0}^{n} xp(X)$$

$$\begin{aligned}\sigma^2 = Var[X] &= E[(X-\bar{x})^2] \\ &= E[X^2] - (E[X])^2 \\ &= E[X^2] - \bar{x}^2 \\ &= \sum_{x=0}^{n} x^2 p(x) - \bar{x}^2\end{aligned}$$

다음은 교통분야에서 많이 사용되는 계수분포식의 유형 및 그 특성이다.

4.4.1 이항분포(Binomial Distribution)

교통분야에서 많이 사용되는 확률분포식의 하나인 이항분포식의 확률밀도함수는 다음과 같이 표시된다.

$$p(x) = f(x) = \frac{n!}{x!(n-x)!} p^x q^{n-x} \quad x = 0,\ 1,\ 2, \cdots, n \quad \cdots\cdots (4.15)$$

[그림 4-4] n과 p에 따른 이항확률밀도함수의 변화

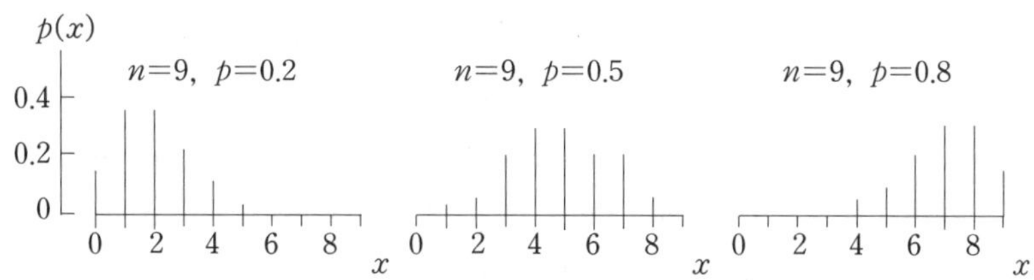

(A)

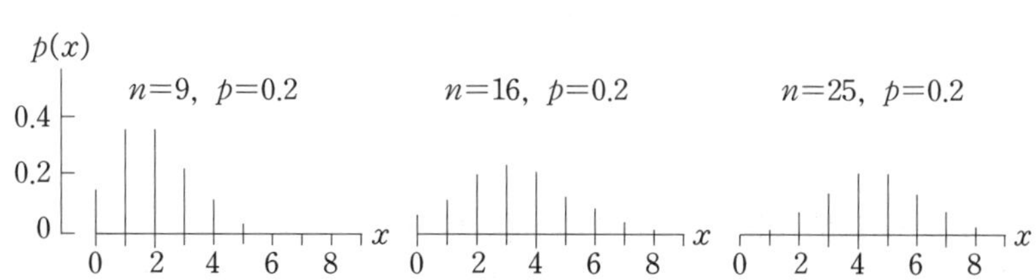

(B)

이 분포식은 확률변수 X의 취할 범위가 자연수인 경우에 국한하며 어느 한 사건의 발생이 '성공' 아니면 '실패'의 두 가지로만 국한되는 경우에 적용 가능하다. 각 사건에 대해 만약 위 두 가지보다 많은 결과를 낳을 수 있을 때는 다항분포식을 적용해야 할 것이다. 이미 앞에서 살펴본 예제의 경우는 $n=4$이고 $p=0.25$인 경우의 이항분포식이라 할 수 있다.

한편 이항분포식의 형태는 n과 p의 값에 따라 달라지게 된다. [그림 4-4]에서 볼 때 우선 n의 영향을 살펴보면 p가 일정하고 n이 변화하게 되면 이항확률밀도함수의 형태가 처음에는 한쪽으로 편의되다가 n의 증가와 함께 점차 대칭형으로 나타나게 된다.

반면에 n이 일정하고 p가 변화한다면 그 형태는 p의 값에 따라 다양한 형태로 나타나게 되며 특별히 $p=0.5$인 경우에 한해서만 그 분포형태가 대칭형을 나타낸다.

이항분포에 대해서는 다음과 같이 쓸 수 있다.

$$\mu=np=\text{모집단의 평균} \qquad \cdots\cdots (4.16)$$

$$\sigma=\sqrt{npq}=\text{모집단의 표준편차} \qquad \cdots\cdots (4.17)$$

다음으로 이항분포식의 다른 한 면을 보기로 하자. 도로에 도착하는 차량행렬 5대 중 속도가 100 km/h를 넘는 차량을 이항분포식으로 표시했다고 하자. 그리고 그때의 확률 P=0.568이라고 하자.

그렇다면 이러한 형태로 도착하는 차량 행렬들에 대해 그 발생확률의 평균치를 어떻게 구할지 생각해 보자. 우선 5대의 차량행렬 중 100 km/h를 넘는 속도를 나타낼 차량대수를 0, 1, 2, 3, 4, 5로 하고 각각에 대해 확률을 계산해 보자

$$n=5,\ p=0.568,\ q=0.432$$

$$P(0)=\frac{5!}{0!(5-0)!}p^0q^5=0.01505$$

수고로움을 덜기 위해 식(4.12)를 쓰면

$$P(1)=\frac{(5-0)(0.568)}{(0+1)(0.432)}(0.01505)=0.09894$$

$$P(2)=\frac{(5-1)(0.568)}{(1+1)(0.432)}(0.09894)=0.26018$$

$$P(3)=\frac{(5-2)(0.568)}{(2+1)(0.432)}(0.26018)=0.34209$$

$$P(4)=\frac{(5-3)(0.568)}{(3+1)(0.432)}(0.34209)=0.22489$$

$$P(5)=\frac{(5-4)(0.568)}{(4+1)(0.432)}(0.22489)=0.05914$$

$$\sum_{x=0}^{5} P(x_i) \fallingdotseq 1{,}000$$

물론 이는 각 x_i 값에 대한 확률을 의미하며 만약 n개의 표본이 조사된 경우 각 x_i 값에 대한 빈도(f_i)는 다음으로 표시된다.

$$\text{빈도}(f_i)=np(x_i) \qquad \cdots\cdots (4.18)$$

[표 4-3]은 확률밀도함수로부터 얻은 각 값들을 더하여 누적분포함수를 구하는 과정을 나타내고 있다.

[그림 4-5]는 확률밀도함수를 그림으로 표시한 것이며, [그림 4-6]은 이를 누적분포함수로 나타낸 것이다.

[표 4-3] $n=5$, $p=0.568$인 확률분포식

x	$p(x)$	Freq$=p(x)\cdot 100$	$F(x)$	$F(x)\cdot 100$
0	0.015	1.5	0.015	1.5
1	0.099	9.9	0.114	11.4
2	0.260	26.0	0.374	37.4
3	0.342	34.2	0.716	71.6
4	0.225	22.5	0.941	94.1
5	0.059	5.9	1.000	100.0
합 계	1.000	100.0		

[그림 4-5] $n=5$, $p=0.568$인 때의 확률밀도함수도

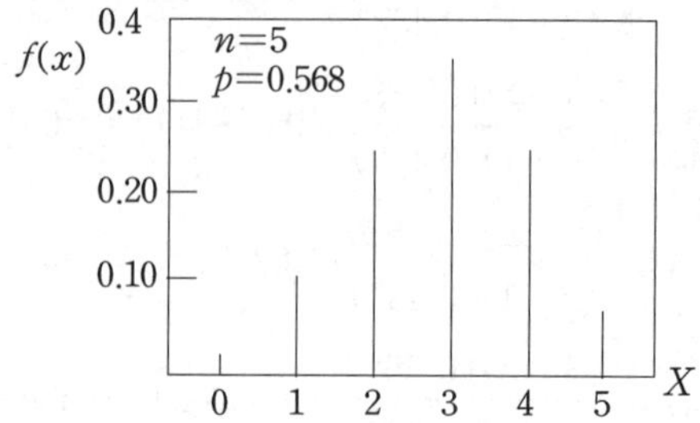

[그림 4-6] $n=5$, $p=0.568$인 때의 누적분포함수도

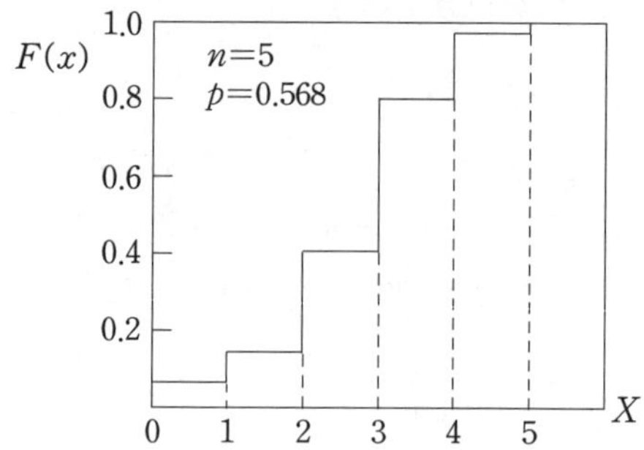

4.4.2 기하분포(Geometric Distribution)

이항분포에서는 n회의 베르누이 시행이 있고 그 속에서의 성공횟수를 중시하였다. 그러나 기하분포에서는 처음 성공이 일어나기까지 실패횟수가 관심의 대상이 된다. 예를 들어 $(x+1)$회에 처음 성공할 확률은 x번의 실패 다음에 성공할 확률이므로, 성공확률을 p, 실패확률을 $q(=1-p)$라 할 때,

$$P(x)=q^x p=(1-p)^x p$$

가 된다. 따라서 기하분포의 확률밀도함수는 식(4.19)와 같게 된다.

$$f(x)=P(x)=(1-p)^x p, \qquad x=0,\ 1,\ 2,\ \cdots\cdots \qquad \cdots\cdots (4.19)$$

무한등비급수에서 공비 r이 $|r|<1$일 때, 무한등비급수의 합은

$$\sum_{k=0}^{\infty} ar^k = \frac{a}{1-\mathrm{r}}$$

이 되므로 다음이 성립함을 알 수 있다.

$$P(X>k) = \sum_{x=k+1}^{\infty} (1-p)^x p$$
$$= \frac{(1-p)^{k+1} \cdot P}{1-(1-p)} = (1-p)^{k+1} = q^{k+1} \qquad \cdots\cdots (4.20)$$

따라서,

$$P(X \le k) = \sum_{x=0}^{k} (1-p)^x p = 1 - q^{k+1} \qquad \cdots\cdots (4.21)$$

이다.

[예제 4-3] 어떤 2차로 지방부 도로구간의 인접한 두 지점에서 흰색 승용차만을 대상으로 속도조사를 실시하여 평균속도를 산출하고자 한다. 흰색 승용차의 비율이 전체 차량의 1/10이라면, 처음 15번째 도착차량이 흰색 승용차일 확률은 얼마인가?

풀이 흰색 승용차가 15번째로 도착할 확률이므로

$$p(x=14) = q^{14}p = (1-p)^{14}p = (1-0.1)^{14}(0.1)$$
$$= 0.9^{14}(0.1) = 0.0229$$

[예제 4-4] 위의 예제에서 흰색 승용차를 처음으로 관찰하기 위해 많아야 차량 15대를 관찰해 보아야 할 확률은 얼마인가?

풀이 차량 15대가 도착하는 동안 흰색 승용차가 순서에 관계없이 1번만 도착하면 되므로,

$$p(x \le 14) = \sum_{x=0}^{14} p(x) = 1 - \sum_{x=15}^{\infty} px = 1 - p(x>14)$$
$$= 1 - (1-0.1)^{14+1} = 1 - (0.9)^{15} = 0.7941$$

4.4.3 음이항분포(Negative Binomial Distribution)

음이항분포에서는 처음 성공이 일어날 때의 확률을 구하는 기하분포와는 다르게 $(x+r)$ 번의 시행에서 r 번째의 성공이 꼭 $(x+r)$ 번째 시행에서 일어나게 될 확률을 구하는 것이다. 따라서 r 번째의 성공이 일어나기 전에 $(x+r-1)$ 번의 시행과 $(r-1)$ 번의 성공이 있게 되므로 r 번째의 성공이 $(x+r)$ 번째 시행에서 일어나게 될 확률은 $(x+r-1)$ 번 시행까지의 확률에 r 번째 성공확률 p를 곱하면 된다.

따라서, 음이항분포의 확률밀도함수는 다음의 식(4.22)와 같다.

$$f(x) = {}_{(x+r-1)}C_{(r-1)}p^{r-1}(1-p)^{[x+r-1-(r-1)]}p$$
$$= {}_{(x+r-1)}C_{(r-1)}p^{r}(1-p)^{x} = {}_{(x+r-1)}C_{x}p^{r}(1-p)^{x} \qquad \cdots\cdots (4.22)$$

[예제 4-5] 어떤 2차로 지방부 도로의 최고제한속도를 85percentile 속도로 규정하고 과속 단속기준을 95percentile 속도로 정했다면, 세 번째 속도위반 차량을 발견하기까지 70대의 차량이 지나갔을 확률은 얼마인가?

풀이 세 번째 속도위반 차량이 71 번째로 도착하는 차량이고 이 중 속도를 위반하지 않은 차량은 68대이다. 따라서

$${}_{(68+3-1)}C_{(3-1)}(0.05)^2(0.95)^{68}(0.05) = {}_{70}C_2(0.05)^3(0.95)^{68} = 0.0092$$

[예제 4-6] 위의 예제에서 세 번째 속도위반 차량을 발견하기 위해 많아야 5대의 차량을 관찰해야 할 확률은 얼마인가?

풀이 5대의 차량을 관찰할 때까지 세 대의 속도위반 차량이 포함되어 있어야 할 확률로서, 다음의 세 가지 경우에 해당한다.

- 처음 세 대의 차량에 속도위반 차량이 없는 경우
- 처음 네 대의 차량에 속도위반차량이 1대 있는 경우
- 처음 다섯 대의 차량에 속도위반 차량이 2대 있는 경우

따라서,

$$\sum_{x=0}^{2} {}_{(x+3-1)}C_{(3-1)}(0.05)^3(0.95)^x = \sum_{x=0}^{2} {}_{(x+2)}C_2(0.05)^3(0.95)^x$$
$$= 0.000125 + 0.000356 + 0.000677 = 0.0012$$

4.4.4 포아송분포(Poisson Distribution)

교통공학에서 포아송분포식은 이항분포식의 근사해를 구할 때 많이 사용되고 있다. 또한 포아송분포식은 이항분포식에서 $n \to +\infty$ 이고 $p \to 0$ 인 경우에 대한 것이며 사건의 발생횟수 n 과 사건의 발생확률 p 의 곱으로 표시한 $np \to \mu$ 라고 할 수 있다. 포아송분포의 확률밀도함수식은 다음과 같다.

$$p(x)=f(x)=\frac{\mu^x e^{-\mu}}{x!}, \qquad x=0,\ 1,\ 2, \cdots,\ \infty \qquad \cdots\cdots (4.23)$$

여기서,
$\mu=np=$ 모집단의 평균
$x=$ 이산변수로서 자연수를 취함

한편 포아송분포식의 표준편차에 대해 다음과 같이 쓸 수 있다.

$$\sigma=\sqrt{\mu} \qquad \cdots\cdots (4.24)$$

또한 포아송분포식은 단위시간 동안 발생할 평균사건횟수 λ 와 사건의 관측시간간격 t 를 적용하여 다음과 같이 쓸 수도 있다.

$$p(x)=\frac{(\lambda t)^x e^{-\lambda t}}{x!} \qquad \cdots\cdots (4.25)$$

여기서,
$\lambda=$ 단위시간 동안 발생하는 평균사건발생수(또는 평균발생률)
$t=x$ 사건이 발생할 시간 간격
$x=$ 시간간격 t 동안에 발생할 사건의 수로서 자연수의 범위를 택함
$\mu=\lambda t=$ 관측시간간격 t 동안 발생할 사건의 기대치
$\sigma=\sqrt{\lambda t}$

이상의 포아송분포식에서 λ 는 단위시간 동안 발생할 평균사건수이며, λt 는 관측시간간격 동안 발생할 사건의 기대치라는 사실과 포아송분포에서 평균과 분산이 일치한다는 사실에 유의할 필요가 있다.

포아송분포식의 간편한 계산을 위해 다음을 생각해 보자.

식(4.25)에서

$$p(x)=\frac{\mu^x e^{-\mu}}{x!}$$

$$p(x+1)=\frac{\mu^{x+1}e^{-\mu}}{(x+1)!}$$

$$\therefore\ \frac{p(x+1)}{p(x)}=\frac{\mu}{x+1},\qquad \text{즉}\ p(x+1)=\frac{\mu}{x+1}\cdot p(x) \cdots\cdots (4.26)$$

포아송분포식은 이항분포식에 비해 계산이 수월하기 때문에 교통공학뿐 아니라 공학분야의 모든 학문에서 널리 이용된다. 다음은 포아송분포식을 이용해서 누적확률을 구하는 방법에 대한 설명이다.

1) 발생 가능한 모든 경우에 대한 확률 $p(x \geq 0)$

합확률의 법칙으로부터 이러한 경우의 확률은 1.0이 될 것이다.

즉,

$$\sum_{x=0}^{\infty} p(x)=\sum_{x=0}^{\infty}\frac{\mu^x e^{-\mu}}{x!}=e^{-\mu}\sum_{x=0}^{\infty}\frac{\mu^x}{x!}=e^{-\mu}\cdot e^{\mu}=1.0 \qquad \cdots\cdots (4.27)$$

2) k 이하 횟수의 발생확률 $p(x \leq k)$

$$p(x \leq k)=F(k)=\sum_{x=0}^{k} p(x) \qquad \cdots\cdots (4.28)$$

3) k보다 많은 발생횟수의 확률 $p(x>k)$

이 경우는 식(4.26)과 (4.27)의 차이로 표시할 수 있다.

$$p(x>k)=1-\sum_{x=0}^{k} p(x)=1-F(k) \qquad \cdots\cdots (4.29)$$

그런데 교통분야에서 생각할 수 있는 변수 x는 자연수이므로

$$p(x>k)=p(x \geq k+1)$$

[예제 4-7] 서울시립대학교 앞에서 종로 방면으로 가는 도시형 버스들은 노선번호와 상관없이 평균적으로 10분에 3대가 도착한다. 160명의 도시공

학과 학생들이 버스 1대당 20명씩 타기로 하고 종로에서 만나기로 하였다. 20분 동안 학생 모두가 버스에 탈 확률은 얼마인가?

풀이 160명의 학생들이 모두 타기 위해서는 160/20=8대의 버스가 도착해야 한다. 또한 20분 동안 버스의 평균도착대수는 $\frac{3\text{대}}{10\text{분}} \times 20\text{분} = 6$ 대이다.
따라서,

$$P(X \geq 8) = 1 - p(X \leq 7) = 1 - \sum_{x=0}^{7} \frac{6^x e^{-6}}{x!} = 1 - 0.7440 = 0.256$$

4.4.5 이항분포와 포아송분포의 비교

$n \to \infty$이고 p가 매우 작은 값을 가질 때 이항분포식은 곧 평균값 μ를 갖는 포아송분포식과 근접하는 것을 전절에서 설명했다. 포아송분포식과 이항분포식의 비교를 위해 먼저 다음을 생각해 보자. 포아송분포식에서 μ가 커질수록 분포식의 곡선은 점차 대칭형으로 되고 μ가 작아질수록 분포식의 곡선은 한쪽으로 치우치게 된다. [그림 4-7]은 이러한 현상을 나타내고 있다.

한편 [표 4-4]는 확률을 $p=0.01$로 고정시킨 상태에서 n값만을 변화시켜서 그 결과를 나타낸 것이다. 이 표에서 우리는 포아송분포식이 이항분포식을 대체로 잘 따르고 있으며 p값이 작을 때 그러한 경향은 더욱 두드러짐을 알 수 있다.

[그림 4-7] 다양한 μ에 따른 포아송분포식의 곡선변화

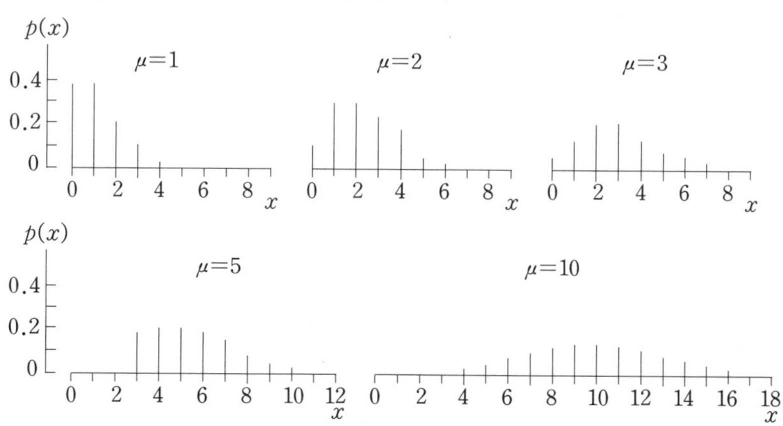

[표 4-4] 포아송분포와 이항분포의 비교

x	n=100, p=0.01, μ=1		n=20, p=0.01, μ=0.2	
	Poisson	*Binomial*	*Poisson*	*Binomial*
0	0.3679	0.3660	0.8187	0.8179
1	0.3679	0.3698	0.1637	0.1652
2	0.1839	0.1848	0.0164	0.0159
3	0.0613	0.0610	0.0011	……
4	0.0153	0.0150	0.0001	……
5	0.0031	0.0029	……	……
6	0.0005	0.0004	……	……
7	0.0001	……	……	……
…	……	……	……	……

우리는 이미 4.4.1절에서 이항분포식을 사용해서 100km/h를 넘는 속도를 나타낼 차량대수를 0, 1, 2, 3, 4, 5로 할 때의 확률을 계산해 보았다. 이 경우에 대해 이번에는 포아송분포식을 적용해서 확률을 계산해 봄으로써 이항분포식과 포아송분포식의 비교절차를 수행토록 하자.

먼저 포아송분포식에서의 매개변수는 평균값 μ 이며 이는 4.4.1절에서 $n=5$, $p=0.568$이므로 $\mu=5\times0.568=2.84$이다.

따라서,

$$p(0)=\frac{2.84^0e^{-2.84}}{0!}=0.05843$$

계산상의 편의를 위해 식(4.26)을 이용하면

$$p(1)=\frac{2.84\times0.05843}{1}=0.16594$$

$$p(2)=\frac{2.84\times0.16594}{2}=0.23563$$

$$p(3)=\frac{2.84\times0.23563}{3}=0.22306$$

$$p(4)=\frac{2.84\times0.22306}{4}=0.15837$$

$$p(5)=\frac{2.84\times0.15837}{5}=0.08995$$

[표 4-5] 100km/h 속도를 넘는 차량대수의 산출 결과

x	이 론 치		관찰빈도수
	이항분포	포아송분포	
0	1.5	5.8	2
1	9.9	16.6	14
2	26.0	23.6	20
3	34.2	22.3	34
4	22.5	15.8	22
5	5.9	9.0	8
합 계	100.0	93.1	100

$$\sum_{x=0}^{5} p(x) = 0.93138$$

위에서 보듯이 포아송분포식을 통한 확률의 산정을 위해서는 μ값만 알면 되고 발생횟수 x는 자연수 범위의 모든 값이다. 이에 따른 한 가지 문제를 잘 생각해 보면 실제로 이항분포에서 $n=5$일 때의 누적확률은 1.0이 되나 포아송분포에서의 누적확률은 0.93138로서 1.0보다 작으며, $n=5$라는 주어진 조건과 상관없이 $n \to \infty$일 때의 누적확률이 1.0이 된다. 따라서 포아송분포는 현실적으로 발생할 수 없는 매우 큰 x값에 대하여도 비록 아주 적은 수치이기는 하지만 어떤 일정한 확률을 산출케 하며 주어진 조건에 대한 누적확률도 1.0이 되지 않는 비현실적인 점이 있다.

[표 4-5]는 위의 두 가지 분포식을 이용해서 이론적인 결과를 산출하고 여기에 실제 관측한 횟수를 비교해 본 결과이다. 이 결과에서 우리가 생각할 수 있는 것은 우선 이 경우 발생확률 $p=0.568$로서 비교적 큰 값을 갖는다는 점이며 이에 따라 포아송분포식의 결과와 이항분포식의 결과는 그다지 잘 부합하지 않는다는 것을 알 수 있다. 그렇다고 해서 이것이 곧 포아송분포는 현실을 잘 묘사하지 않는 분포식이라고 말하는 것과는 다르며 그 사실 여부는 통계학에서 흔히 사용하는 X^2-Test와 같은 검정절차를 통해서 분석해야 한다.

[예제 4-8] Y형 교차로에서 2/3가 우회전, 1/3이 좌회전 교통량이다. 4대의 차량이 이 교차로(A방향)에 진입했을 때 우회전차량이 2대 이하인 경우의 확률을 구하시오.

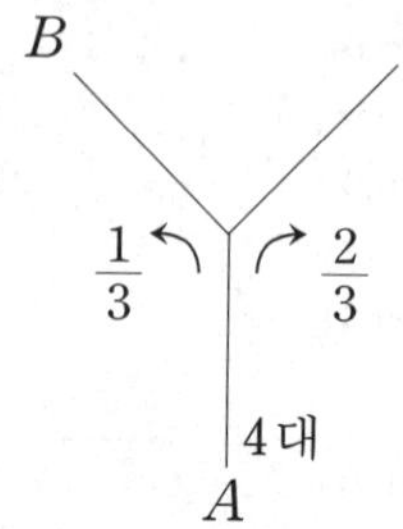

풀이 확률분포모형 중 이항분포모형이 적합하다.

$$P(x)={}_nC_x p^x q^{n-x}$$
$$=\binom{4}{x}\left(\frac{2}{3}\right)^x\left(\frac{1}{3}\right)^{4-x}$$
$$P(0)=\binom{4}{0}\left(\frac{2}{3}\right)^0\left(\frac{1}{3}\right)^4=\frac{4!}{0!4!}\cdot 1\cdot\left(\frac{1}{3}\right)^4=0.0123$$
$$P(1)=0.0987$$
$$P(2)=0.2963$$

따라서, 2대 이하일 확률 $=P(0)+P(1)+P(2)=0.4073$

4.5 간격분포식의 특성[3)]

전 절에서는 변수가 이산변수일 때의 확률분포식을 설명했다. 그러나 교통분야에서는 변수가 연속변수일 때도 많으며 이에 대한 분석은 전절의 방법과 다르다. 즉 이산변수와는 달리 연속변수를 취할 경우 어느 특정한 값 한 개에 대한 확률은 아무런 의미가 없으며 굳이 그 의미를 찾자면 확률분포식에 대한 관계식 정도에서 그친다. 즉 특정한 한 값에 대해서는 그 값 이상 또는 이하인 확률을 알고 싶을 경우만 유효하다.

다음 과정을 통해서 간격분포식의 확률결정과정을 알아본다.

연속변수에 대해서 확률분포식 $F(x)$나 혹은 변수 x 이하일 확률

[그림 4-8] M과 N 사이의 범위에 대한 확률분포함수(A) 및 확률밀도함수(B)

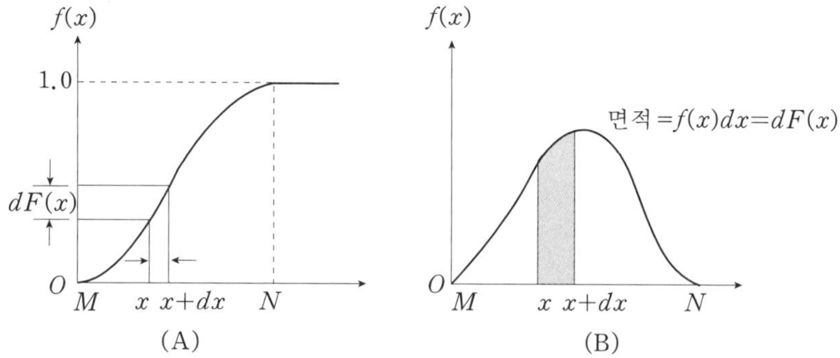

을 확률밀도함수 $f(x)$와 관련시켜 볼 때 다음 식을 얻는다.

$$dF(x)=f(x)dx \qquad \cdots\cdots (4.30)$$

이를 그림으로 표시하면 [그림 4-7]과 같다.

우선 기본적으로 확률밀도함수는 다음과 같은 특성이 있다.

$$\int_{-\infty}^{\infty} f(x)dx=1.0$$

또한 연속함수의 존재범위가 M에서 N 사이라면 다음과 같은 몇 가지 사항을 추가적으로 고려할 수 있다.

$$F(N)=\int_{M}^{N} f(x)dx=1.0 \qquad \cdots\cdots (4.31)$$

또한 $M \le m \le N$ 이라면

$$F(m)=\int_{M}^{m} f(x)dx \qquad \cdots\cdots (4.32)$$

$$P(x>m)=1-F(m)=1-\int_{M}^{m} f(x)dx=\int_{m}^{N} f(x)dx \qquad \cdots\cdots (4.33)$$

또한 $M \le m \le N$ 이고 $M \le n \le N$ 이며 $m \le n$ 이라면

$$p(m \le x \le n)=\int_{m}^{n} f(x)dx \qquad \cdots\cdots (4.34)$$

한편 연속변수에 대한 평균값과 분산은 다음과 같이 쓸 수 있다.

$$\mu=E[X]=\int_{-\infty}^{\infty} xf(x)dx$$

$$\sigma^2=Var[X]=E[(X-\bar{x})^2]=E[X^2]-\bar{x}^2$$

$$=\int_{-\infty}^{\infty} x^2 f(x)dx-\bar{x}^2$$

다음은 교통분야에서 많이 사용하는 간격분포식에 대한 설명이다.

4.5.1 지수분포(Exponential Distribution)

교통분야의 연속변수를 설명하는데 또 한 가지 유용한 분포식은 지수분포식이다. 이는 포아송분포식으로부터 도출 가능하며 다음은 그 도출과정을 설명하고 있다.

$$p(x)=\frac{\mu^x e^{-u}}{x!}=\frac{(\lambda t)^x e^{-\lambda t}}{x!} \qquad \cdots\cdots (4.35)$$

이는 이미 4.4.2에서 설명한 식이므로 여기서는 그대로 사용키로 한다. 만약 여기서 $x=0$ 이라면, 즉 시간간격 t 동안에 도착하는 차량이 한 대도 없다면 식(4.35)는 다음과 같이 된다.

$$P(0)=\frac{(\lambda t)^0 e^{-\lambda t}}{x!}=e^{-\lambda t}, \qquad t\geq 0 \qquad \cdots\cdots (4.36)$$

이는 계수분포에서부터 출발한 것이지만 한편 생각해 보면 $x=0$ 이라는 것은 시간간격 t 동안에 차량이 한 대도 도착하지 않은 것으로서 곧 차두간격 h가 t보다 크다는 것과 동일한 개념이 된다. 따라서 우리는 이를 $P(h\geq t)$ 라고도 쓸 수 있겠다. 만약 차두간격 h가 시간간격 t보다 작은 경우, 즉 시간간격 t 내에서 차량이 한 대라도 도착할 확률을 구할 때는 위 $P(h\geq t)$의 나머지에 해당하므로 우리는 다음과 같이 쓴다.

$$p(h \le t) = F(t) = 1 - P(h > t) = 1 - \mathrm{e}^{-\lambda t} \quad \cdots\cdots (4.37)$$

이는 분포함수이며 어느 한 변수 x의 이하 또는 이상인 경우에 해당하는 확률을 직접 구하고자 할 때 유용하게 사용될 수 있다.

한편 위의 식(4.37)은 확률분포함수이며 이에 대한 확률밀도함수를 구하면 다음과 같다.

$$f(t) = \frac{d}{dt}F(t) = -(-\lambda)e^{-\lambda t} = \lambda\, e^{-\lambda t} \quad \cdots\cdots (4.38)$$

[예제 4-9] 한 도로에서 도착하는 차량들의 차두간격을 조사한 결과 다음과 같은 자료를 얻었다. 이 자료를 통해 본 차두간격의 분포식을 구하라.

조사기간 T=20분
도착차량대수 N=159대

풀이 먼저 평균도착률을 구하면

$$\lambda = \frac{N}{T} = \frac{159}{(60)(20)} = 0.1325(\text{대/초})$$

따라서 차두간격의 분포식은 다음과 같다.

$$p(h \le t) = 1 - p(h > t) = 1 - e^{-0.1325t}$$

[예제 4-10] 비첨두시 어느 도시고속도로 진입램프의 교통량이 120대/시이며, 근사적 포아송과정을 따라서 온다고 한다. 이 때 진입램프부에 설치된 검지기가 처음으로 진입하는 차량을 검지하는데 2분 이상 걸릴 확률은 얼마인가?

풀이 처음 차량이 진입할 때까지의 대기시간을 X라 하고, 1분당 차량의 평균진입횟수(λ)=120/60=2이므로,

$$f(x) = \lambda e^{-\lambda x} = 2e^{-2x}, \qquad 0 \le x < \infty$$

이다. 따라서,

$$P(X > 2) = \int_2^\infty = 2e^{-2x}dx = e^{-10} = 0.000045$$

4.5.2 감마분포(Gamma Distribution)

앞 절에서, 포아송과정에서 첫번째 사건이 일어날 때까지의 대기시간은 지수분포를 따른다는 것을 보았다. 이제 k 번째 변화가 일어날 때까지의 대기시간을 T 라 하고, 이 T 의 분포를 구해 보자. $t>0$ 일 때의 T 의 분포함수는 다음과 같다.

$$\begin{aligned} F(t) &= P(T \le t) = 1 - p(T>t) \\ &= 1 - P([0,\ t]\text{의 구간에서 } k\text{번 미만의 변화가 일어남}) \\ &= 1 - \sum_{x=0}^{k-1} \frac{(\lambda t)^x \cdot e^{-\lambda t}}{x!} \qquad \cdots\cdots (4.39) \end{aligned}$$

T의 확률밀도함수 $F'(t)$를 구해 보면

$$\begin{aligned} F'(t) = f(t) &= \lambda e^{-\lambda t} - e^{-\lambda t} \cdot \sum_{x=1}^{k-1} \left[\frac{x(\lambda t)^{x-1}\lambda}{x!} - \frac{(\lambda t)^x \lambda}{x!} \right] \\ &= \lambda e^{-\lambda t} - e^{-\lambda t} \left[\lambda - \frac{\lambda(\lambda t)^{k-1}}{(k-1)!} \right] \\ &= \frac{\lambda(\lambda t)^{k-1}}{(k-1)!} e^{-\lambda t} \qquad \cdots\cdots (4.40) \end{aligned}$$

이 때 이러한 형태의 확률밀도함수를 감마형 확률밀도함수라 하며, 확률변수 T는 감마분포를 따른다고 한다.

감마분포의 일반화된 확률밀도함수를 구하기 위하여, 먼저 감마함수의 특성을 살펴보기로 한다.

감마함수 $\Gamma(t)$는 다음과 같이 정의된다.

$$T(t) = \int_0^\infty y^{t-1} e^{-y} dy, \qquad 0<t$$

이 적분값은 $t>0$인 경우에 양의 값을 가지며, $t>1$인 경우에 t에 대한 감마함수를 부분적분법(integration by parts)에 의해 적분하면

$$\Gamma(t) = [-y^{t-1} e^{-y}]_0^\infty + \int_0^\infty (t-1) y^{t-2} e^{-y} dy$$

$$=(t-1)\int_0^{\infty} y^{t-2}e^{-y}dy$$

$$=(t-1)\Gamma(t-1)=(t-1)(t-2) \quad \cdots(2)(1)\Gamma(1)$$

이 된다. 따라서 $\Gamma(1)=\int_0^{\infty} e^{-y}dy=1$ 이며, 또한 $\Gamma(1)=0!=1$ 임을 알 수 있다.

그러므로 n이 양의 정수일 때는

$$\Gamma(n)=(n-1)!$$

이 된다.

이상으로 감마분포의 확률밀도함수는 다음과 같이 정의된다.

$$f(t)=\frac{1}{\Gamma(k)\theta^k}t^{k-1}e^{-\frac{t}{\theta}}, \quad 0\leq t<\infty \qquad \cdots\cdots (4.41)$$

여기서,

$$\theta=\frac{1}{\lambda}$$

[예제 4-11] 어느 신호교차로에 1분당 평균 2대의 좌회전 차량이 도착하며, 그것이 포아송과정을 따른다고 한다. 이 때 처음 4대의 차량이 도착하는 데 5분 이상이 걸릴 확률은?

풀이 4번째 좌회전 차량이 도착할 때까지의 대기시간을 T라 하면, T의 확률밀도함수는 $k=4$, $\theta=\frac{1}{\lambda}=\frac{1}{2}$인 감마분포를 따르므로,

$$f(t)=\frac{1}{\Gamma(4)\left(\frac{1}{2}\right)^4}t^3e^{-2t}=\frac{2^4t^3}{3!}e^{-2t}, \qquad 0\leq t<\infty$$

그러므로

$$P(T>5)=\int_5^{\infty} f(t)dt=\int_5^{\infty}\frac{2^4t^3}{3!}e^{-2t}dt=\frac{8}{3}\int_5^{\infty} t^3e^{-2t}dt$$

$$=\frac{8}{3}\cdot\left(-\frac{1}{2}\right)\left[e^{-2t}\left(t^3+\frac{3}{2}t^2+\frac{3}{2}t+\frac{3}{4}\right)\right]_5^{\infty}$$

$$=\frac{4}{3}e^{-10}\left(5^3+\frac{3}{2}\times5^2+\frac{3}{2}\times5+\frac{3}{4}\right)$$

$$=0.0103$$

또는 식(4.39)를 이용하여 확률을 구할 수도 있다. 여기서 $\lambda=2$, $t=5$이므로,

$$P(T>t)=\sum_{x=0}^{k-1}\frac{(\lambda t)^x e^{-\lambda t}}{x!}=\sum_{x=0}^{4-1}\frac{(2\times5)^x e^{-2\times5}}{x!}$$
$$=e^{-10}\left(1+10+\frac{10^2}{2!}+\frac{10^3}{3}\right)$$
$$=0.0103$$

4.5.3 카이제곱분포(X^2-Distribution)

앞 절에서 살펴본 감마분포의 특수한 한 형태를 살펴보기로 하자. T가 $\theta=2$, $k=\frac{r}{2}$(r는 양의 정수)인 감마분포를 따른다고 하면, T의 확률밀도함수는 다음과 같다.

$$f(t)=\frac{1}{\Gamma\left(\frac{r}{2}\right)2^{\frac{r}{2}}}=t^{\left(\frac{r}{2}-1\right)}e^{-\frac{t}{2}}, \qquad 0\le t<\infty \qquad \cdots\cdots (4.42)$$

이 때 T는 자유도가 r인 X^2분포를 따른다고 하며, 평균과 분산은 다음과 같다.

$$\mu=k\theta=r\,, \qquad \sigma^2=k\theta^2=2r$$

또한 X^2분포의 분포함수는 다음과 같다.

$$F(t)=\int_0^t \frac{1}{\Gamma\left(\frac{r}{2}\right)2^{\frac{r}{2}}}x^{\left(\frac{r}{2}-1\right)}e^{-\frac{x}{2}}dx \qquad \cdots\cdots (4.43)$$

[예제 4-12] Toll-gate에 도착하는 차로당 교통량이 60대/시라고 하면, 요금수납자가 처음 10대의 통행료를 받는데 28.41분 이상 걸릴 확률을 X^2-분포를 이용하여 구하라. 단 28.41에 대한 $X^2(20)=0.9$이다.

풀이 차량의 분당 평균도착률은 $\lambda=\frac{60}{60}=1$이며, $\theta=2$이다.
또한 $k=\frac{r}{2}=10$이므로 $r=20$이 된다.
따라서 T가 10번째 차량이 도착하기까지의 대기시간을 나타내므로 T

는 $X^2(20)$의 분포를 따른다. 따라서

$$P(T > 28.41) = 1 - 0.9 = 0.1$$

이 된다.

4.5.4 감마분포와 다른 분포들과의 관계

지금까지 살펴본 포아송분포, 지수분포, 카이제곱분포 등은 감마분포의 특수한 한 형태를 이루는 분포들이며, 이 외에도 교통에서 다루는 분포들로서 이동음지수분포(Shifted Negative Exponential Distribution), 얼랑분포(Erlang Distribution) 및 피어슨타입 Ⅲ 분포(Pearson type Ⅲ Distribution)들도 감마분포의 변형이라 할 수 있다.

다음의 [표 4-6]은 이러한 분포들에 대한 확률밀도함수의 비교를 보여 준다.

[표 4-6] 각 분포들에 대한 확률밀도함수의 비교

분 포	확률밀도함수, $f(t)$	비 고
감마분포	$\frac{\lambda}{\Gamma(k)}(\lambda t)^{k-1}e^{-\lambda t}$	k, $\alpha^*=0$
피어슨타입 Ⅲ 분포	$\frac{\lambda}{\Gamma(k)}[\lambda(t-\alpha)^{k-1}e^{-\lambda(t-\alpha)}$	k, $\alpha \geq 0$
카이제곱분포	$\frac{\lambda}{\Gamma(k)}(\lambda t)^{k-1}e^{-\lambda t}$	$k=\frac{\gamma}{2}$(γ은 양의 정수), $\alpha=0$
얼랑분포	$\frac{\lambda}{\Gamma(k)}(\lambda t)^{k-1}e^{-\lambda t}$	k는 양의 정수, $\alpha=0$
지수분포	$\frac{\lambda}{\Gamma(k)}(\lambda t)^{k-1}e^{-\lambda t}$	$k=1$, $\alpha=0$
이동음지수분포	$\frac{\lambda}{\Gamma(k)}(\lambda(t-\alpha))^{k-1}e^{-\lambda(t-\alpha)}$	$k=1$, $\alpha>0$
포아송분포	$\left(\frac{t}{k}\right)\frac{\lambda}{\Gamma(k)}(\lambda t)^{k-1}e^{-\lambda t}$	$k=0$ 및 양의 정수, $\alpha=0$

* α: 분포의 이용자가 선택한 매개변수로서 그 값은 0 이상이며, 분포의 이동(또는 위치변동)에 영향을 준다.

4.5.5 정규분포(Normal Distribution)

정규분포는 교통분야에서 가장 적용성이 두드러진 분포식이다. 정규분포는 특히 다른 분포식을 근사적으로 표시하고자 할 때 유용하며 표본조사의 경우 이러한 특성은 매우 중요한 이점이 되고 있다. 이는 통계학에서 잘 알려진 대로 임의의 분포식을 나타내는 모집단으로부터 무작위적으로 n개의 표본을 추출하였을 경우, n이 충분히 크다면 표본의 분포는 정규분포와 근사하게 된다. 또한 이러한 n개의 표본을 k번 추출하였을 경우, 각 표본평균들에 대한 평균이 모집단의 평균과 근사하게 된다는 이론에서 출발하게 된다.

정규분포식의 확률밀도함수는 다음과 같다.

$$f(x)=\frac{1}{\sigma\sqrt{2\pi}}e^{-(x-\mu)^2/2\sigma^2}, \qquad \infty < x < \infty \qquad \cdots\cdots (4.44)$$

여기서,
μ=모집단의 평균
σ=모집단의 표준편차

[그림 4-9]와 [그림 4-10]은 정규분포곡선의 특성을 나타낸다. [그림 4-9]는 분산이 같고 평균이 다른 정규분포곡선을 나타내고, [그림 4-10]은 평균이 같고 분산이 다른 정규분포곡선을 나타낸다.

또한 정규분포식의 특별한 경우는 $\mu=0$ 이고 $\sigma^2=1$ 일 때이며 이를 우리는 단위정규분포식 또는 표준화된 정규분포식이라고 한다. 이 때의 변수를 y라고 할 때 표준화된 정규분포식에 대한 확률밀도함수는 다음

[그림 4-9] 분산이 같고 평균이 다른 정규분포곡선

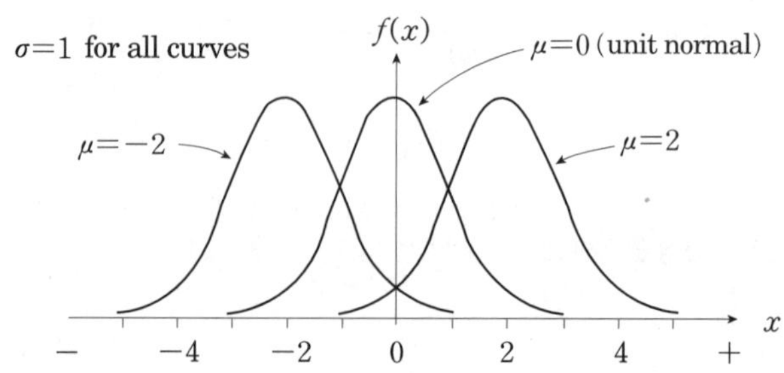

[그림 4-10] 평균이 같고 분산이 다른 정규분포곡선

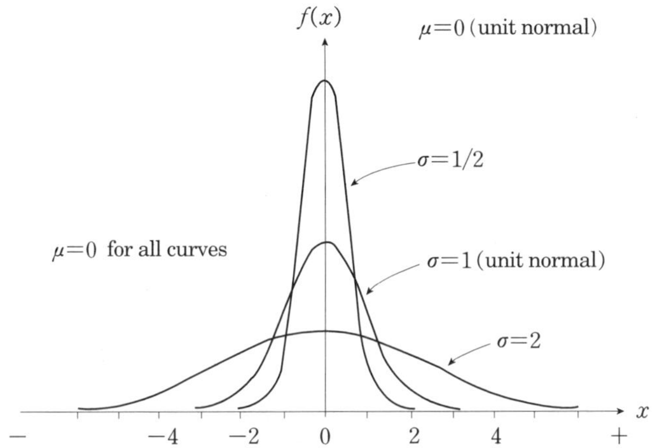

과 같이 쓸 수 있다.

$$f(y)=\frac{1}{\sqrt{2\pi}}e^{-y^2/2}, \quad -\infty<y<\infty \qquad \cdots\cdots (4.45)$$

한편 위의 확률밀도함수와는 달리 확률분포식에 대해서 고려해 보면 우리는 다음과 같이 생각할 수 있다.

$$F(a)=P(X<a)=\int_{-\infty}^{a}f(x)dx=\int_{-\infty}^{a}\left(\frac{1}{\sigma\sqrt{2\pi}}e^{-(x-\mu)^2/2\sigma^2}\right)dx \qquad \cdots\cdots (4.46)$$

이 시점에서 우리는 다음과 같은 생각을 떠올릴 수 있다. 즉 표준화된 정규분포식이라는 것을 정의할 수 있고 또 그 값을 계산해서 도표화해 놓는다면 우리는 어떤 변수에 대해서도 이를 표준화시킨 후 도표에서 그 값을 찾으면 되리란 점이다. 그런데 표준화된 정규분포식의 확률분포식은 식(4.45)를 적분해서 얻을 수 있을 것이므로 이에 따른 방대한 계산작업이 필요되었고 그 결과가 다음의 [표 4-7]에 제시 되어져 있다. 주의할 점은 [표 4-7]이 누계함수로부터 계산된 값이라는 것이며 따라서 이 표를 이용할 경우에는 연속변수의 어느 주어진 범위에 대한 계산만이 가능할 것이라는 점이다.

이제 이 표준화된 정규분포식 도표를 이용하기 위한 과정을 설명토록하자. 우선 우리는 일반적인 정규분포식을 표준화된 정규분포식으로 변환토록 한다.

$$Z=\frac{X-\mu}{\sigma} \qquad \cdots\cdots (4.47)$$

$$F(a)=P(Z\leq a)=P\left(\frac{X-\mu}{\sigma}\leq a\right)=P(X\leq a\sigma+\mu)$$

$$=\int_{-\infty}^{a\sigma+\mu}\left[\frac{1}{\sigma\sqrt{2\pi}}e^{-\frac{(X-\mu)^2}{2\sigma^2}}\right]dx \qquad \cdots\cdots (4.48)$$

여기서, $y=\frac{x-\mu}{\sigma}$(즉, $x=y\sigma+\mu$)로 치환하여 X의 적분구간 $-\infty<x<a\sigma+\mu$를 y의 적분구간으로 나타내면 $-\infty<y=\frac{x-\mu}{\sigma}<a$가 되고, $dx=\sigma\cdot dy$이므로,

이 값을 식(4.33)에 대입하여 풀면

$$F(a)=P(Z\leq a)=\int_{-\infty}^{\alpha}\left(\frac{1}{\sqrt{2\pi}}e^{-y^2/2}\right)dy=\Phi(a) \qquad \cdots\cdots (4.49)$$

식(4.49)에서 보면 표준화된 정규분포식의 확률밀도함수는 다음과 같이 나타남을 알 수 있다.

$$f(y)=\frac{1}{\sqrt{2\pi}}e^{-y^2/2} \qquad \cdots\cdots (4.50)$$

[예제 4-13] 도로 위 한 지점에서 최고제한속도를 정하기 위해 속도조사를 수행했다. 한편 속도의 분포식은 정규분포식이라고 가정했다. 표본조사는 무작위적으로 수행되었고 다음의 속도자료를 얻었다. 최고제한속도를 얼마로 하는 것이 좋을까?

$\hat{\mu}=\bar{x}=120\,\text{km/h}$
$\hat{\sigma}=s=\pm 8.83\,\text{km/h}$

풀이 통상적으로 교통공학에서 사용하는 최고속도는 해당 지점에서 표본조사된 속도자료의 85%에 해당하는 속도를 근거로 한다. [표 4-7]에서 보

[표 4-7] 표준정규분포표

u	$P(y<u)^*$	$P(-u<y<u)^{**}$
0.0	0.5000	0
0.1	0.5398	0.0797
0.2	0.5793	0.1585
0.3	0.6179	0.2358
0.4	0.6554	0.3108
0.5	0.6915	0.3829
0.6	0.7257	0.4515
0.7	0.7580	0.5161
0.8	0.7881	0.5763
0.9	0.8159	0.6319
1.0	0.8413	0.6827
1.1	0.8643	0.7287
1.2	0.8849	0.7699
1.3	0.9032	0.8064
1.4	0.9192	0.8385
1.5	0.9332	0.8664
1.6	0.9452	0.8904
1.7	0.9554	0.9109
1.8	0.9641	0.9281
1.9	0.9713	0.9426
2.0	0.9772	0.9545
2.1	0.9821	0.9643
2.2	0.9861	0.9722
2.3	0.9893	0.9786
2.4	0.9918	0.9836
2.5	0.9938	0.9876
2.6	0.9953	0.9907
2.7	0.9965	0.9931
2.8	0.9974	0.9949
2.9	0.9981	0.9963
3.0	0.9987	0.9973
Fractiles:		
1.036	0.8500	0.7000
1.2816	0.9000	0.8000
1.6449	0.9500	0.9000
1.9600	0.9750	0.9500
2.0537	0.9800	0.9600
2.3263	0.9900	0.9800
2.5758	0.9950	0.9900

* $P(y<u)=\int_{-\infty}^{u}\frac{1}{\sqrt{2\pi}}e^{-y^2/2}dy=\Phi(u)=F(u).$

** $P(-u<y<u)=\int_{-u}^{u}\frac{1}{\sqrt{2\pi}}e^{-y^2/2}dy=\Phi(u)-\Phi(-u)=F(u)-F(-u)$

면 우선 85% 확률에 해당하는 y 값은 1.0과 1.1 사이에 존재하며 보간법으로 정확히 계산하면 다음과 같다.

$$y_1(=1.03) \rightarrow 0.8485$$
$$y_2(=1.04) \rightarrow 0.8508$$
$$y \rightarrow 0.85$$

그러므로

$$\frac{(y_2-y_1)}{(0.8508-0.8485)}=\frac{(y-y_1)}{(0.85-0.8485)}$$
$$\therefore\ y=\frac{(0.85-0.8485)}{(0.8508-0.8485)}\times(y_2-y_1)+y_1$$
$$\rightarrow\ y=\frac{(0.85-0.8485)}{(0.8508-0.8485)}\times(1.04-1.03)+1.03=1.037$$

따라서 우리는 다음과 같이 쓸 수 있다.

$$y=1.037=\frac{x-\mu}{\sigma}=\frac{x-120}{8.83} \quad \cdots\cdots (4.51)$$

식(4.51)을 풀게 되면

$$x=(1.037)(8.83)+120$$
$$=129.16\,\text{km/h}$$

따라서 만약 표본조사한 자료들이 정규분포를 따른다는 가정이 성립된다고 할 때 이 도로에서의 최고제한속도는 129.16km/h≒130km/h로 성립되는 것이 바람직하다.

한편 [표 4-7]에서 보면 모집단의 평균 μ 에서 표준편차 σ 를 1배, 2배, 3배로 하여 평균보다 작거나 큰 범위에 들어갈 확률을 쉽게 결정할 수 있다(때론 교통부문에서는 이들 배수가 설명 없이 사용되는 경우가 있으므로 이들 값을 기억하는 것이 좋다).

$\mu\pm1\sigma$ 모집단의 68.27%를 포함함

$\mu\pm2\sigma$ 모집단의 95.45%를 포함함 …… (4.52)

$\mu\pm3\sigma$ 모집단의 99.73%를 포함함

4.5.6 t 분포와 F 분포

앞 절에서 X^2분포와 정규분포에 관하여 설명하였다. 이 절에서는 통계적으로 많이 응용되는 두 분포에 대하여 간략히 살펴보기로 한다.

만약 Z가 표준정규분포 $N(0,\ 1)$을 갖는 확률변수이고 U가 $X^2(r)$인 확률변수이며, 서로 독립적이라면,

$$T=\frac{Z}{\sqrt{U/r}}$$

는 자유도가 r인 t 분포를 따르며, 이 T의 확률밀도함수는 다음과 같다.

$$g(t)=\frac{\Gamma[(r+1)/2]}{\sqrt{\pi r}\,\Gamma(r/2)(1+t^2/r)^{\frac{r+1}{2}}},\qquad -\infty<t<\infty \qquad \cdots\cdots (4.53)$$

위로부터 t분포는 자유도가 r인 X^2분포와 표준정규분포로 이루어진 분포임을 알 수 있다.

F 분포는 다음과 같다.

U와 V가 각각 r_1과 r_2의 자유도를 갖는 독립적인 X^2확률변수라고 하면,

$$F=\frac{U/r_1}{V/r_2}$$

는 r_1과 r_2의 자유도를 갖는 F분포를 따르며, 이 F의 확률밀도함수는

$$h(w)=\frac{\Gamma[(r_1+r_2)/2](r_1/r_2)^{\frac{r_1}{2}}W^{\left(\frac{r_1}{2}-1\right)}}{\Gamma(r_1/2)\Gamma(r_2/2)(1+r_1w/r_2)^{(r_1+r_2)/2}},\qquad 0<w<\infty \qquad \cdots\cdots (4.54)$$

이 된다.

이로써 F분포는 각각의 자유도를 갖는 두 X^2분포로부터 이루어짐을 알 수 있다. t분포와 F분포는 가설검정단계에서 많이 이용되며, 이

에 대해서는 다음 절에서 다루기로 한다.

4.6 가설의 검정

변수에 대해 잠정적으로 가정한 가설이나 표본에 대해서 통계적으로 검정하기 위해서는 어떤 정해진 절차가 있어야 할 것이며 우리는 이것을 가설의 검정이라고 부른다. 예를 들어 차량의 도착분포를 이항분포나 포아송분포로 가정했을 때 이 가정의 적합성을 입증하기 위한 검정절차를 알고 있어야 할 것이다.

가설의 검정은 다음과 같은 경우에 대표적으로 사용된다.

1) 모집단으로부터 추출한 표본조사를 통해 모집단의 분포식형태를 알고 싶을 때
2) 표본조사를 통해 얻은 자료들이 동일한 모집단에서 추출된 것인지 여부를 알고 싶을 때
3) 두 개의 표본조사를 통해 얻은 평균값으로부터 모집단간의 차이를 결정하고 싶을 때

이러한 질문들은 오직 확률로만 대답할 수 있을 것이며 이 때 우리는 '통계적 유의성'이나 '검정'이란 용어를 사용하는 것이다(이 때 기억해야 할 것은 검정절차를 모집단 전체를 구하지 못했을 경우 의미가 있는 것이며 전체를 구할 수 있을 경우에는 굳이 검정절차를 수행할 필요가 없게 된다).

통계학에서 사용되는 검정절차는 무수히 많지만 교통분야에서 통상적으로 사용되는 검정절차는 주로 X^2-Test와 Student-t Test 및 F-Test 정도이며 ANOVA Test도 컴퓨터개발과 더불어 보편화되었다. 본 절에서는 앞의 세 검정절차만을 설명하기로 하고 자세한 절차에 대해서는 추후 설명키로 한다.

또한 검정절차를 시작하기 전에 몇 가지 전제조건들이 있다. 우선 첫째로 통계적 유의성이나 가설을 검정할 때 사용되는 변수들은 모집단으로부터 추출된 통계치에 근거한다는 것이다.

둘째로 가설의 검정에 사용되는 것들은 표본조사결과 혹은 통계치이기 때문에 우리는 이러한 표본조사결과나 통계치들이 모집단을 대표

하고 있는지의 여부를 절대로 확실히 말할 수는 없으며, 이는 곧 가설의 적합성 여부를 절대로 확실히는 말할 수 없다는 것이다.

셋째로 통계학적인 유의성 검정절차는 우리들이 합리적인 가설을 세웠는지의 여부를 확률로 말해 준다. 즉 우리들은 합리적인 채택확률의 수준을 결정해야만 하며, 가설을 기각하지 않기 위해서는 어느 정도의 확률수준을 선택해야만 하는지 등의 문제를 사전에 결정하고 검정을 수행한다. 요약하면 우리들은 통계적인 절차와 상관없이 과연 어느 정도의 확률을 정해야 가설검정이 합리적이겠는가 하는 것에 대해 심도 있는 분석을 선행해야만 할 것이다.

마지막으로 우리가 기억해야 할 것은 가설의 검정은 어떤 가설을 세웠는지에 따라 그 절차가 달라지게 되며 더불어 분포의 형태에 의해서도 영향을 받게 된다. 다시 말해서 어떤 경우에는 가설 및 분포의 형태에 따라 단 하나의 가장 적합한 검정절차가 존재하는 것이며 또 다른 경우에는 한 개 이상의 검정절차가 존재할 수도 있는 것이다. 따라서 여기에 설명할 검정절차는 검정에 있어서 필요한 개념의 설명 정도이며 보다 상세한 설명을 위해서는 통계학 교재를 참조해야 한다.

[예제 4-14] 가설검정절차의 특징을 설명하고 각 절차가 담고 있는 개념을 이해하며 몇몇 주요 사항을 설명하기 위해 다음과 같은 간단한 예를 생각해 보자. 이 예제는 정규분포에서 추출된 몇 개의 무작위성 변수의 평균에 대한 것이다. 과거의 축적된 자료를 통해 다음과 같은 점을 알고 있다고 하자.

1. A형식 교량의 내하력은 정규분포를 가지며 평균값 $\mu_0=100\,\text{kips}$이며 표준편차 $\sigma=5\,\text{kips}$ 이다.
2. A형식 교량을 다소 개조한 B형식 교량의 내하력은 역시 정규분포를 갖되 표준편차 $\sigma=5\,\text{kips}$이다. 이 때 그 평균값 μ_1이 A형식 교량의 평균값과 같을 것이라는 귀무가설을 세웠다(즉, '$\mu_1=\mu_2$').

B형식 교량에 대해 한 번의 현장조사를 수행한 결과 내하력이 110 kips를 얻었다면, 이 단 한 번의 결과와 통계적 유의수준 $\alpha=10\%$에서 B교량 형식의 내하력은 A교량 형식의 내하력보다 나아졌는지에 대해 가설을 세우고 검정절차를 수행하시오.

풀이 이 검정절차는 μ_1이 μ_0보다 크다는 것에 대한 것이므로 단측검정(one-sided test)에 해당한다. 만약 우리가 증가나 감소, 모두에 관심이 있다면 양측검정절차(two-sided test)가 필요했을 것이다. 둘째로 여기에서 유의수준 α는 우리가 세운 귀무가설을 오류에 의해 기각할 확률을 말해 준다. 즉 유의수준 α는 실제로는 평균값이 변하지 않았음에도 불구하고 오류에 의해 평균값이 변했다고($\mu_1 > \mu_0$) 판단할 확률을 나타내고 있다(이 때 α를 제1종 오류(Type I error)를 범할 확률이라고도 부른다).

셋째로 이 검정절차의 경우 유의수준 α는 기각구역(rejection region)을 표시하게 된다. 즉 α는 귀무가설이 기각될 분포범위다.

기각구역은 다음의 그림에서 보면 빗금친 부분의 면적이 되며 x_c보다 큰 값을 가질 x의 범위이다. 이를 수학적으로 표시하면 다음과 같다.

$$\alpha = \int_{x_c}^{\infty} f(x)dx = \int_{x_c}^{\infty} \frac{1}{\sigma\sqrt{2\pi}} e^{-(x-\mu_0)^2/2\sigma^2} dx$$

여기에서 적분함수에 들어 있는 함수식은 정규분포식의 확률밀도함수임을 알 수 있다. 이 문제에서는 $\alpha = 0.1$, $\mu_0 = 100$, $\sigma = 5$이므로

$$0.10 = \int_{x_c}^{\infty} \frac{1}{5\sqrt{2\pi}} e^{-(x-100)^2/2(5)^5} dx$$

그런데 확률밀도함수의 $-\infty$부터 $+\infty$까지의 적분한 값이 1.0이므로

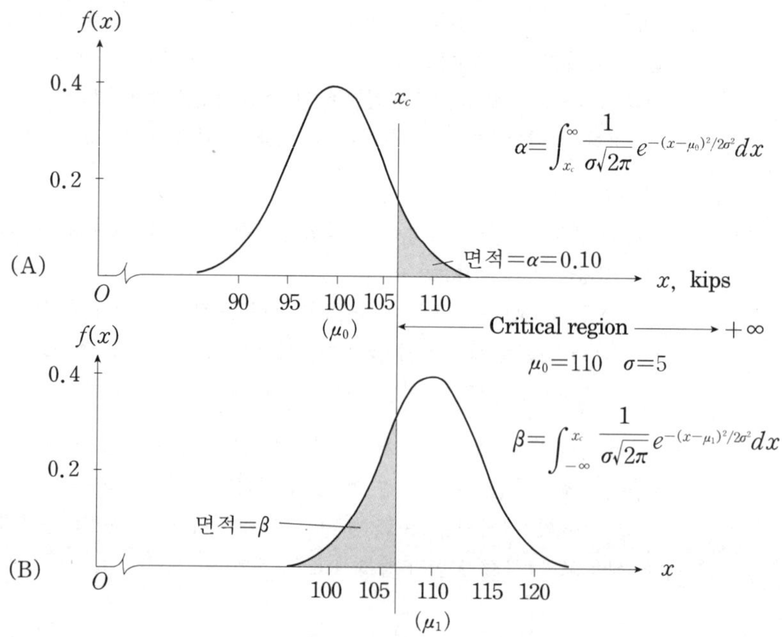

$$1-\alpha=\int_{-\infty}^{x_c} f(x)dx$$

$$\therefore\ 1-0.10=0.90=\int_{-\infty}^{x_c} \frac{1}{5\sqrt{2\pi}} e^{-(x-100)^2/2.5^2} dx$$

위 두 식 모두 x_c의 해는 4.5.5절에서 설명한 표준화된 정규분포표에 의해 구할 수 있으며 [표 4-7]에 의하면 그 값은 표준정규분포확률 $u=1.282$가 된다. 이를 우리 문제에서의 주어진 조건인 μ 와 σ 로 전환하면

$$1.282=\frac{x_c-100}{5}$$

$$\therefore\ x_c=5(1.282)+100$$

$$=106.141\,\text{kips}<110\,\text{kips}$$

따라서 현장조사 결과 $\mu_1=110\,\text{kips}$를 얻었다면 이는 x_c보다 큰 기각역에 속하므로 $\mu_0=\mu_1$라는 귀무가설을 $\alpha=10\%$ 수준에서 기각하게 된다. 즉 B형식 교량은 A형식 교량보다 내하력이 향상되었다고 말할 수 있다.

Type Ⅰ 오류에 대해서 마지막으로 덧붙인다면 유의수준 α를 감소시키면 Type Ⅰ 오류도 자연히 감소한다는 점이다. 즉 유의수준 α를 줄이면 귀무가설을 실수로 인해 기각할 확률은 감소하게 된다. 그러나 이는 반대로 신뢰구간의 폭을 넓혀 주어서 가설이 참이 아닌데도 참으로 받아들이는 제2종 오류(Type Ⅱ 오류)를 증가시킨다.

이러한 검정절차상의 요점들은 교통분야에서 반드시 검토되어져야 할 사항들로서 신뢰도의 선정과 가설의 구축 등에서 고려해야 할 사항들이다. 다음으로는 X^2-test의 절차와 개념에 대해 설명하기로 한다.

4.6.1 X^2-test 절차(The X^2 Goodness-of-fit Test)

X^2-test는 많은 통계학적인 중요성을 갖고 있으며 특히 다음의 두 가지 경우에는 X^2-test가 많이 사용된다.

1) 표본조사를 통해 얻은 자료를 통해서 모집단의 분포형태에 대한 가설검정을 수행할 때
2) 표본조사를 통해 얻은 두 개 또는 그 이상의 자료들이 동일한 분포식에서 얻어진 것인지를 결정하려 할 때이며 이를 동질성

검정이라고 할 수 있다.

본 절에서는 위의 두 경우 중에서 전자만을 설명코자 한다. X^2-test에서 우리가 기억할 점은 이 검정절차는 모집단의 분포형태가 어떻든지 간에 적용할 수 있으며 그런 이유로 매우 보편화된 검정절차라 할 수 있다. 이 검정절차는 X^2분포식에 근거하는데 X^2는 수식적으로 다음과 같이 나타난다.

$$X^2(c)=\sum_{i=1}^{c} y_i^2$$

즉 X^2는 단위정규분포값 y_i를 제곱하여 얻은 값 c개의 합이다. $X^2(c)$의 확률밀도함수는 그 형태가 [그림 4-11]과 같다.

이 그림에서 보는 대로 c가 4 이하일 때는 X^2확률밀도함수형태가 좌측으로 편의한 형태이므로 실무에서 적용할 수 없다(따라서 $c=5$ 이상이 되도록 배려해야 한다).

결국 X^2-test 절차는 자료를 통해 얻은 X^2계산값을 기존에 만들어져 있는 X^2도표와 비교해서 가설의 기각 여부를 결정코자 하는 것이다. 이를 보다 구체적으로 설명한다면 X^2-test를 적용하는 데 있어 위 식에

[그림 4-11] c 값에 따른 X^2의 확률밀도함수 형태

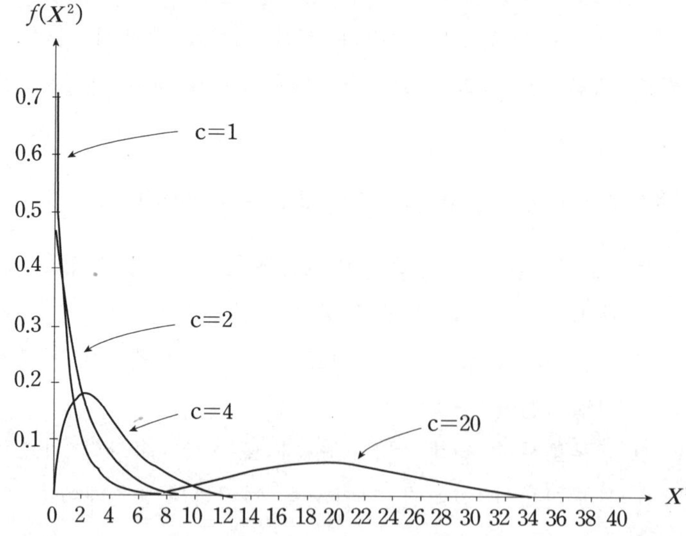

서 보는 대로 X^2란 관측된 값과 가설로 정한 분포식에서 나타나는 기대치와의 차이를 제곱하여 그 차이의 정도를 나타내고자 하는 것이다. 단지 이 차이란 큰 값끼리의 비교에서는 크게 나타나고 적은 값끼리의 비교에서는 적게 나타날 것이므로 기대치를 통해 표준화시킨 것으로 이해하면 될 것이다. 결국 X^2 계산치는 다음과 같이 표시된다.

$$X^2 = \sum_{j=1}^{c} \frac{(O_j - \hat{E}_j)^2}{\hat{E}_j} \qquad \cdots\cdots (4.55)$$

여기서,

O_j=j번째 등급에 속하는 관측치의 빈도

$\hat{E}_j$=가설로 내세운 분포식에서 나타나는 j번째 등급에 속하는 이론치의 빈도

c=등급의 개수

또 한 가지 X^2-test를 적용할 때 주의해야 할 점은 이미 언급한 대로 관측치나 이론치의 등급 내에서 최소한 5개의 빈도는 얻을 수 있어야 한다는 점이다. 이러한 요구사항 때문에 최초의 등급별 빈도를 정리한 이후 이 조건을 만족시키기 위해 조정이 필요한 경우가 발생하며, 그러면 과연 몇 개의 등급으로 해야 하는가 하는 문제를 해결하는 데는 일정한 규칙이 없다.

X^2분포표에서는 유의수준 α와 자유도에 따른 X^2값을 보여 준다. 유의수준 α에 대해서는 이미 4.6절에서 설명한 바 있으며, 자유도란 표본의 수에서 가설로 세운 분포식이 포함하고 있는 계수의 수와 표본조사에 의해 얻은 평균치라는 점에서 발생하는 1개의 자유도 손실을 고려하면 된다. X^2-test에서 귀무가설은 관측치와 이론치가 같은 분포식에서 추출되었다는 것이기 때문에 유의수준 α는 Type I 오류(즉, 두 개의 값은 같은 분포식에서 추출되었음에도 불구하고 표본치를 잘못 선정함으로써 틀린 결론에 도달할 확률을 의미하게 된다)와 관련이 깊다.

X^2-test를 통해 우리가 얻을 수 있는 결론은 다음의 두 가지이다.

1) 표본조사를 통해 본 모집단의 분포식은 가설로 세운 분포식과 같지 않은 것으로 판단된다.

2) 표본조사를 통해 본 모집단의 분포식은 가설로 세운 분포식과

같은 것으로 간주된다(이는 곧 귀무가설을 기각할 수 없는 것과 같다).

X^2-test를 통해 얻는 결론은 위의 1), 2) 중 하나이며 따라서 X^2-test는 확실하게 이렇다 저렇다를 결론 내는 것이 아님에 유의해야 하며 또한 가설이 어느 정도나 틀렸는지를 판단하는 데는 사용할 수 없다. 결국 X^2-test에서 가설로 세운 분포식과 모집단의 분포식이 서로 다른 경우에는 X^2-test를 적용할 수 없다는 점을 기억해야 한다.

[예제 4-15] 강아지들을 한 통로로 내보낸 후 3개의 문으로 들어가게 한다. 이 때 강아지들은 3개의 문들을 동일하게 생각하는지 여부를 결정코자 한다. 만약 강아지를 90번 통로로 내보내서 얻은 결과가 $n_1=23$, $n_2=36$, $n_3=31$ 이라고 한다면 X^2-test를 통해 $\alpha=5\%$에서 가설검정을 수행하라.

풀이 우리는 다음의 귀무가설을 세운다.

$$H_0: p_1=p_2=p_3=\frac{1}{3}$$

여기서,

$P_i=$ 한 강아지가 i문을 선택할 확률로서 $i=1,\ 2,\ 3$

이론적으로 보아 강아지가 문에 대한 선호성이 없다면 각 문에 대해 각 30번의 관측결과가 나왔어야 할 것이다. 또한 자유로는 $n_1+n_2+n_3=90$ 이라는 조건만 만족시키면 되므로 $DF=3-1=2$이다. 따라서 $\alpha=0.05$, $DF=2$인 X^2도표치는 5.991이다.

X^2계산치를 구해 보면

$$X^2\text{계산치}=\frac{(23-30)^2}{30}+\frac{(36-30)^2}{30}+\frac{(31-30)^2}{30}=2.87$$

결국 X^2계산치$<X^2$도표치이므로 우리는 귀무가설을 기각할 수 없다. 즉 강아지들은 문에 대해 선호성이 없다고 간주된다.

[예제 4-16] 어떤 신호교차로에서 정지했다 출발하는 차량들의 차두간격을 조사하였다. 평균차두간격이 2초일 때, 차두간격의 분포가 음지수분포인지 X^2-test를 통해 결정하시오. 단 유의수준 $\alpha=0.05$이다.

차두간격(초)	관찰대수(O_j)
0-1.0	30
1.0-2.0	30
2.0-3.0	20
3.0-4.0	10
>4.0	10

풀이 $\bar{ht}=2$초/대 이므로, $\lambda=\frac{1}{2}$대/초=0.5대/초 이다. 따라서 다음의 표를 작성할 수 있다.

차두간격(초)	O_j	$p(ht>t)=e^{-\lambda t}$	$p(t\leq ht)<t+\Delta t)$	E_j	X^2
		1.000			
0~1.0	30		0.393	39.3	2.200
		0.607			
1.0~2.0	30		0.239	23.9	1.557
		0.368			
2.0~3.0	20		0.145	14.5	2.086
		0.223			
3.0~4.0	10	—	0.088	8.8	0.164
		0.135			
>4.0	10	—	0.135	13.5	0.907
	$\Sigma O_j=100$		$\Sigma P_j=1.00$	$\Sigma E_j=100$	$X^2_{계산치}=6.914$

한편, 음지수분포에서는 평균=θ 일 때, 분산=θ^2이므로 하나의 모수를 가지므로 자유도(DF)=[급간수(Interval)−1]−1=(5−1)−1=3이 된다 (참고적으로 정규분포에서는 평균=μ, 분산=σ^2이므로 두 개의 모수를 가지며 자유도(DF)=[급간수(Interval)−1]−2가 된다.)

그러므로 $DF=3$, $\alpha=0.05$ 일 때, $X^2_{도표치}=7.82$이다.

$$X^2_{계산치}=6.914<X^2_{도표치}=7.82$$

이므로, "H_0 : 차두간격분포는 음지수분포이다."
에 대해 유의수준 5%에서 기각할 수 없다.

4.6.2 t 검정절차(Student-t Test)[4)]

가설검정의 또 한 가지 절차는 t 검정절차이다. t 검정절차는 산출한 평균치의 통계적 유의성을 검정하거나, 서로 다른 2개의 표본평균치 간의 차이가 갖는 통계적 유의성을 검정하는 데 사용된다. 그러나 이 검정절차는 그 적용에 있어 한 가지 사항을 만족시켜야 하는데 이는 모집단의 분포식이 정규분포식이어야 한다는 것이다(모집단의 분포식이 정규분포식이 아니면 그 분포식이 정규분포식에 상당히 근접했을 경우에만 현실적인 결론을 얻을 수 있게 된다.)

t검정절차는 4.6절에서 설명한 교량 내하력 예제와 두 가지 점에서 다르다. 첫째는 분산 σ^2을 모르는 상태에서의 분석이라는 것이다.

둘째는 단측가설검정(**one-sided hypothesis test**)과 양측가설검정(**two-sided hypothesis test**)이 가능하다는 것이다. 이는 다시 말해서 모집단평균 $\mu_0>\mu_1$ 혹은 $\mu_0<\mu_1$과 같은 가설에 대한 검정이 가능하다는 것이며 더불어 $\mu_0\neq\mu_1$가설에 대한 검정도 가능하다.

1) 표본평균과 모집단평균의 비교를 위한 t검정 절차

때때로 우리는 우리가 가정한 평균치 μ_0가 얼마나 정확한지의 여부를 알고 싶을 때가 있다. 이런 경우를 가정한 평균치 μ_0의 적합성 검정이라고 하며 t검정절차는 모집단에서 추출한 무작위 표본조사 자료에 적용하는 것이다.

t검정절차는 t의 값을 산정하는 것에서부터 시작되며 이 때 t는 다음과 같이 계산한다.

$$t_{\text{계산치}}=\frac{\bar{x}-\mu_0}{s/\sqrt{n}} \qquad \cdots\cdots (4.56)$$

여기서,
$\bar{x}$=표본조사에서 추출한 n개의 값의 평균
s=모집단의 표준편차 추정치
n=표본의 수
μ_0=모집단의 가설 평균치

그런데 $s=\sqrt{\dfrac{\sum_{i=1}^{n}x_i^2-n\bar{x}^2}{n-1}}$이므로 식(4.56)는 다음과 같이 변형시킬 수 있게 된다.

[그림 4-12] t 분포식과 표준-정규분포식의 형태상 비교

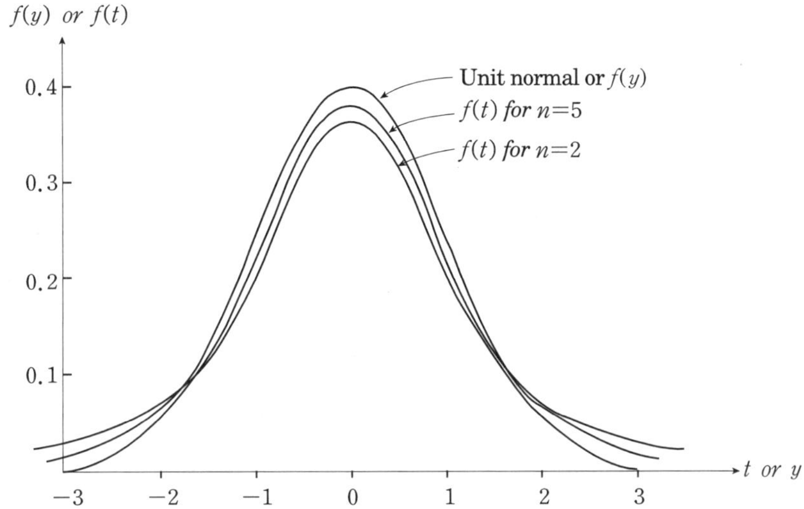

$$t_{계산치}=\frac{\bar{x}-\mu_0}{\sqrt{\sum_{i=1}^{n}(x_i-\bar{x})^2/n(n-1)}} \quad \cdots\cdots (4.57)$$

이 t값은 n값이 대단히 커지게 될 때 확률밀도함수가 표준정규분포식의 형태를 갖게 되다. t값의 확률밀도함수는 표준정규분포식의 형태보다 다소 완만하긴 하지만 0에 대해 대칭인 형태이며 ∞에서 +∞까지의 범위에 대해 그 값이 존재한다.

[그림 4-12]는 t분포식과 표준정규분포식의 형태를 서로 비교해 본 것이다. 물론 표준정규분포식과 t분포식의 차이는 엄연히 존재하며, 개념상으로는 이미 설명한 바대로 전자는 모집단으로부터 추출한 표준편차를 이용하고 후자는 추정된 표준편차를 이용한다는 점이 그 차이라 할 것이다.

일단 t값을 계산하고 나면 그 다음으로 우리는 이 값을 t분포표에서 얻어지는 t값과 비교하여 가설의 기각 여부를 결정하게 된다. 여기에서도 유의수준 α의 선정이 무엇보다 중요하며 유의수준 α는 전절에서 설명한 대로 **Type I** 오류의 크기와 깊은 관련성을 지닌다.

한편 t분포식에서 자유도는 표본의 크기에서 1만큼을 뺀 값이다.

또한 만약 양측가설검정이라면 유의수준 α는 다시 대칭곡선의 양쪽에서 동일한 크기로 존재할 것이며 따라서 $\alpha=\alpha_1+\alpha_2=\frac{\alpha}{2}+\frac{\alpha}{2}$로 쓸 수 있게 된다.

[예제 4-17] 이미 4.2절에서 설명한 시간간격 30초 동안에 도착하는 차량대수에 대한 예를 생각해 보자. 만약 평균도착대수를 5.5대로 하고 이 추정치를 기각할지의 여부를 알고 싶다고 하면 우리는 t검정절차를 적용해야 한다. 이 예제에서 $\bar{x}=5.15$이고 $s=2.4$이며 $n=120$이었으므로 t값은 다음과 같이 계산할 수 있다.

풀이 $t=\frac{5.15-5.50}{2.4/\sqrt{120}}=-1.59$

만약 우리가 양측가설검정(즉, 평균값을 기준으로 해서 (−)값 쪽으로도 틀릴 가능성이 있고 (+)값 쪽으로도 틀릴 가능성이 있다면)을 수행한다면 t분포표에서 자유도는 (120−1)=119이고 신뢰도 α는 5% 일 때 t값은 ±1,980이다. 따라서 우리는 측정한 평균값 5.5는 모집단의 평균값과 같다는 가설을 유의수준 5%에서 기각할 수 없다는 결론을 얻는다.

2) 통제된 표본평균에 대한 t검정절차

교통류의 분석에 있어서 때로 우리는 알고 싶은 변수 이외의 다른 변수에 의한 영향을 배제한 상태에 대한 t검정절차를 수행할 필요를 느낀다. 이런 때 우리는 쌍으로 표본을 선택함으로써 원하는 상태를 취할 수 있게 된다. 이 때 쌍으로 택한 표본끼리의 차이는 무작위적으로 변화한다는 것이 통제된 표본평균의 기본가정인데 이러한 t검정절차의 t값은 다음과 같이 계산한다.

$$t=\frac{\bar{d}-\delta}{\sqrt{\sum_{i=1}^{n}(d_i-\bar{d})^2/n(n-1)}} \qquad \cdots\cdots (4.58)$$

여기서 n개의 쌍으로 된 표본이 선정되며 $x_1,\ x_2,\ \cdots,\ x_n$은 첫번째 조건에 대한 표본들에서 추출되며 $y_1,\ y_2,\ \cdots,\ y_n$은 두 번째 조건에 대한 표본들에서 추출되어진다. 즉

$$d_i = x_i - y_i \qquad i=1,\ 2,\ \cdots,\ n \qquad \cdots\cdots (4.59)$$

$$\bar{d} = \sum_{i=1}^{n} \frac{di}{n} \qquad \cdots\cdots (4.60)$$

한편 식(4.58)에서 δ는 추정한 모집단의 평균값 μ_x와 μ_y의 차이를 의미한다. 이 검정절차에서 자유도는 $(n-1)$이고 대개의 경우 양측가설 검정보다는 단측가설검정을 많이 수행하고 있다.

[예제 4-18] 새로운 고무재료로 만든 신발이 기존의 고무재료로 만든 신발보다 성능이 우수하다는 주장을 검정하기 위해 신발 중 한쪽은 신재료 또 다른 한쪽은 기존 재료로 만든 후 10명의 아이들에게 신게 한 후 일정 기간이 지난 후 마모량을 측정하여 다음과 같은 결과를 얻었다. 그 효과를 신뢰도 5%에서 검정하시오.

번 호	마 모 량		차 이
	신재료	기존 재료	
1	13.2(L)	14.0(R)	0.8
2	8.2(L)	8.8(R)	0.6
3	10.9(R)	11.2(L)	0.3
4	14.3(L)	14.2(R)	−0.1
5	10.7(R)	11.8(L)	1.1
6	6.6(L)	6.4(R)	−0.2
7	9.5(L)	9.8(R)	0.3
8	10.8(L)	11.3(R)	0.5
9	8.8(R)	9.3(L)	0.5
10	13.3(L)	13.6(R)	0.3

풀이 마모량 차이의 평균값 $\bar{d}$

$$= \frac{0.8+0.6+0.3+(-0.1)+1.1+(-0.2)+0.3+0.5+0.5+0.3}{10}$$

$$=0.41$$

마모량 차이의 분산 $S_d^2 = \dfrac{\sum_{i=1}^{n}(d_i-\bar{d})^2}{n-1} = \dfrac{\sum_{i=1}^{n} d_i^2 - n\bar{d}^2}{n-1}$

$$= \frac{3.03-10(0.41)^2}{10-1} = 0.1499$$

$$\therefore\ S_d = \sqrt{0.1499} = 0.387$$

귀무가설은 두 재료의 차이가 없다는 것일 터이므로 계산한 t는 다음과 같다.

$$t=\frac{0.41-0}{\frac{0.387}{\sqrt{10}}}=3.350$$

t분포표에서 $\alpha=5\%$, 자유도 $10-1=9$일 때의 t를 찾으면

$$t_{0.05,9}=1.833<3.350$$

결국 두 재료의 차이가 없다는 가설은 기각된다. 즉 신재료에 의해 마모량은 감소했다고 볼 수 있다.

3) 두 번의 표본조사로 얻은 표본평균값에 대한 t검정절차

교통분야에서 사용하는 또 하나의 경우인 두 번의 서로 다른 표본조사에서 얻은 평균값간 차이에 대한 검정절차에 대해 알아보도록 하자.

이러한 형태의 검정절차는 지금까지 설명한 t검정절차에 비해 훨씬 간편하고 비용도 적게 든다는 장점이 있으며 개념상으로 볼 때도 외부적인 영향이 크지 않은 경우에는 훨씬 합리적이라는 장점이 있다.

일반적으로 이 방법은 두 개의 서로 다른 표본조사에서 얻은 평균의 동등성을 확인하고 싶을 때 적당하나, 전제조건은 두 개의 표본조사는 동일한 분산을 갖는 두 개의 정규분포 모집단으로부터 추출된 것이라야 한다는 것이다.

이 방법에서 t값의 계산은 두 개의 표본조사 크기가 서로 다르다는 점을 고려하여 다음과 같이 수행한다.

$$t=\frac{(\bar{x}-\bar{y})-\delta}{S_p\sqrt{1/n_1+1/n_2}} \qquad \cdots\cdots (4.61)$$

여기서,

$\bar{x}$=첫번째 표본조사의 평균$=\sum_{i=1}^{n_1} x_i/n_1$

$\bar{y}$=두 번째 표본조사의 평균$=\sum_{i=1}^{n_2} x_i/n_1$

δ=첫번째와 두 번째 표본조사 모집단의 추정된 평균치간의 차이

S_p=두 개의 표본을 묶었을 때 나타나는 표준편차의 추정치로서 다음과 같은 식으로 나타난다.

$$S_p=\sqrt{\frac{\sum_{i=1}^{n_1}(x_i-\bar{x})^2+\sum_{i=1}^{n_2}(y_i-\bar{y})^2}{n_1+n_2-2}}$$

$$=\sqrt{\frac{(n_1-1)S_x{}^2+(n_1-1)S_y^2}{n_1+n_2-2}} \quad \cdots\cdots (4.62)$$

이 t검정절차의 자유도는 (n_1+n_2-2)이다. 또한 이전의 방법과 같이 한쪽 혹은 양쪽 t검정절차를 사용할 수 있으며 이 방법의 실제 적용은 대개 평균치간의 차이 비교라 할 수 있다.

[예제 4-19] 신호교차로에서 운전자들의 반응시간을 줄임으로써 출발지체시간을 감소시키기 위해 정지선을 교차로 내부로 이동한 후 그 효과를 검정하려고 한다. 정지선 이전 전후의 운전자 출발지체시간 조사결과는 다음의 표와 같다(단, 유의수준 α=5%로 가정하자).

정지선 이전 전(前)	정지선 이전 후(後)
2.70	2.10
2.75	2.35
3.25	2.55
2.75	2.75
3.45	3.00
3.70	3.10
3.90	3.15
	2.65
	2.80
	3.05

풀이 가설은 "정지선 이동에 따라 출발지체시간의 변화는 없다"는 것으로 설정하고 t검정절차에 따라 수행한다. 이 경우는 두 번의 표본조사가 서로 크기가 다르기 때문에 식(4.61)을 이용해서 t값을 계산한다.

$$\bar{x}=\sum_{i=1}^{n_1}x_i/n=\frac{2.70+2.75+\cdots+3.90}{7}=3.214$$

$$\bar{y}=\sum_{i=1}^{n_2}y_i/n=\frac{2.10+2.35+\cdots+3.05}{10}=2.750$$

$$\sum_{i=1}^{7}(x_i-\bar{x})^2 = 1.4714$$

$$\sum_{i=1}^{10}(y_i-\bar{y})^2 = 1.070$$

$$S_p=\sqrt{\frac{1.4714+1.070}{7+10-2}}=\sqrt{\frac{2.5414}{15}}=0.4116$$

$$\therefore \quad t=\frac{(3.214-2.750)-0}{0.4116\sqrt{\frac{1}{7}+\frac{1}{10}}}=\frac{0.464}{0.2028}=2.288$$

유의수준 5%, 자유도$(n_1+n_2-2)=7+10-2=15$일 때 t값은 1.753이고 이 값은 계산된 t값보다 작기 때문에 이 문제에서 세운 가설은 기각된다. 즉 정지선을 교차로 내부로 옮겼을 경우 출발지체시간은 유의수준 5%에서 감소했다고 볼 수 있다.

[예제 4-20] 어느 고속도로의 평면곡선구간에서 사고가 자주 발생하며, 그 원인이 평면곡선부에서 확보되는 시거에 비해 차량들이 높은 속도로 주행하기 때문인 것으로 밝혀졌다. 따라서 속도제한표지를 설치하기로 결정하고, 속도제한표지 설치 1개월 후 차량의 속도를 조사하여 표지 설치 전의 차량속도와 비교하였다. 자료가 다음과 같이 주어졌을 때, 표지 설치 후의 차량속도가 감소했는지 판단하시오. 단 $\alpha=0.05$이다.

	관측 차량수(대)	평균속도(km/h)	표준편차(km/h)
표지 설치 전	45	120	15
표지 설치 후	49	108	10

풀이 H_0: 속도제한 표지 설치 후 평균속도는 감소하지 않았다.

자유도$(DF)=45+49-2=92$

$\alpha=0.05$, $DF=92$에서 $t_{도표치(0.05,\ 92)}=1.645$(단측검정)

또한

$$t_{계산치}=\frac{120-108}{\sqrt{\frac{(45-1)(15)^2+(49-1)(10)^2}{45+49-2}}\sqrt{\frac{1}{45}+\frac{1}{49}}}=4.598$$

$t_{계산치}=4.598>t_{도표치}=1.645$이므로, 귀무가설 H_0를 기각하게 된다.

한편, 표본수가 30 이상이므로 표본집단이 정규분포를 따른다고 볼 수 있다. 또한 단측검정이므로, $\alpha=0.05$에서

$$\frac{\bar{x}_1-\bar{x}_2}{\sqrt{\frac{S_1{}^2}{n_1}+\frac{S_2{}^2}{n_2}}}=\frac{120-108}{\sqrt{\frac{15^2}{45}+\frac{10^2}{49}}}=4.522>Z_{0.05}=1.645$$

이므로 같은 결과를 얻을 수 있다.

∴ 속도제한표지 설치 후 평균속도는 감소했다고 볼 수 있다.

4.6.3 분산에 대한 검정

4.6.1 및 4.6.2절에서 적합도에 대한 X^2검정과 평균에 대한 t검정을 살펴보았다. 이 절에서는 분포의 퍼짐 정도를 나타내는 분산에 대한 검정을 설명하기로 한다.

1) 모집단과 모집단에서 추출한 표본집단의 비교

모집단의 분산을 알고 있을 때 모집단에서 추출한 표본집단의 분산과 비교하여, 표본집단이 모집단과 유의수준 α에서 같은 분산을 갖는지 여부를 검정하게 된다. 따라서 간단한 예를 통해 설명하고 공식화된 검정절차를 설명하고자 한다.

어떤 교통공학 교수가 2차로 지방부 도로 평면곡선구간에서 차량 주행속도에 대한 분산이 $\sigma^2=200$이라고 주장하였다. 이 주장을 검정하기 위해서 가설

$$H_0 : \sigma^2=200$$
$$H_1 : \sigma^2\neq200$$

을 수립하여 검정하기로 하였다. 이 검정을 위하여 n대의 차량 주행속도를 조사하였고, 검정은 σ^2에 대한 불편추정치 s^2를 근거로 한다고 하자. 만약 s^2이 $\sigma^2=200$과 차이가 크게 나면 H_0를 기각하고 H_1을 채택한다. 이 때 차량 주행속도의 분포가 정규분포를 따른다면 H_0가 참일 때 $(n-1)s^2/100$은 $X^2(n-1)$ 분포를 가지며, $X^2=(n-1)s^2/\sigma^2$이므로,

$$P\left[X^2_{(1-\frac{\alpha}{2})}(n-1)<\frac{(n-1)s^2}{\sigma^2}<X^2_{\frac{\alpha}{2}}(n-1)\right]$$

$$P\left[\frac{\sigma^2}{n-1}X^2_{\left(1-\frac{\alpha}{2}\right)}(n-1) < s^2 < \frac{\sigma^2}{n-1}X^2_{\frac{\alpha}{2}}(n-1)\right] = 1-\alpha$$

…… (4.63)

가 유의수준 α에서 성립한다.

따라서 $n=30$, $a=0.05$라면

$$P\left[\frac{200}{29}X^2_{0.975}(29) < s^2 < \frac{200}{29}X^2_{0.025}(29)\right] = 0.95$$

$X^2_{0.975}(29)=16.05$, $X^2_{0.025}(29)=45.72$ 이므로

$$P[110.7 < s^2 < 315.3] = 0.95$$

가 된다.

따라서 표본분산 $s^2=250.68$이라면 H_0는 기각되지 않는다. 그리고 σ^2에 대한 95%, 신뢰구간은

$$\left[\frac{(n-1)s^2}{X^2_{\frac{\alpha}{2}}(n-1)}, \frac{(n-1)s^2}{X^2_{\left(1-\frac{\alpha}{2}\right)}(n-1)}\right] = \left[\frac{7269.72}{45.72}, \frac{7269,72}{16.05}\right]$$
$$=[159.0, 452.9]$$

가 된다. 여기서 한 가지 중요한 점은 모집단의 분산을 모르더라도 정해진 신뢰수준 내에서 σ^2의 신뢰구간을 구할 수 있다는 점이다.

이번에는 대립가설의 형태를 바꾸어 $H_1 : \sigma^2 > 200$이라고 하자. 이를 단측검정에 해당하고,

$$X^2 = \frac{(n-1)s^2}{\sigma^2} \text{ 이므로}$$

$$\sigma^2 = \frac{(n-1)s^2}{X^2} > 200$$

$$\therefore \quad s^2 > \frac{200}{n-1}X^2 = \frac{200}{29}X^2_{0.05}(29) = \frac{200}{29} \times 42.56$$
$$=293.5$$

가 된다.

그런데 $s^2=250.68<293.5$이므로 대립가설 H_1을 기각하게 되어 앞

에서와 같은 결과를 얻게 된다.

2) 두 모집단의 비교

두 모집단의 분산이 같은지를 결정하기 위하여 각 모집단에서 추출한 두 표본집단의 분산을 비교하는 것이다.

먼저, 정규분포를 따르는 두 모집단의 표본분산이 각각 S_x^2과 S_y^2으로 σ_x^2과 σ_y^2에 대한 불편추정치라고 하자. 이 때 $(n-1)S_x^2/\sigma_x^2$과 $(m-1)S_y^2/\sigma_y^2$이 서로 독립이며, 각각 $X^2(n-1)$과 $X^2(m-1)$분포를 따르므로

$$F=\frac{(n-1)S_x^2/(n-1)}{(m-1)S_y^2/(m-1)}=\frac{S_x^2}{S_y^2} \qquad \cdots\cdots (4.64)$$

은 자유도 $r_1=n-1$과 $r_2=m-1$인 F분포를 따른다.

따라서 $n=16$, $m=11$, $\alpha=0.05$이고 $S_x^2=2.26$, $S_y^2=2.25$ 일 때, 가설

$$H_0 : \sigma_x^2/\sigma_y^2=1$$
$$H_1 : \sigma_x^2/\sigma_y^2>1$$

에 대한 검정을 실시해 보자.

우선 $F_\alpha(n-1,\ m-1)=F_{0.05}(15,\ 10)=2.85$이고 단측검정이므로,

$$\frac{S_x^2}{S_y^2}<F_{0.05}(15,\ 10)=2.85$$

이어야 한다. 그러나 $S_x^2/S_y^2=2.26/0.25=9.04>2.85$이므로 H_0는 기각되며 H_1이 채택되게 된다.

이상으로 우리는 세 가지 종류의 가설검정 즉, 적합도검정, 평균에 대한 검정 및 분산에 대한 검정을 살펴보았다. 이처럼 세 가지 종류의 가설검정을 설명한 이유는 세 가지 검정 중 어느 한 가지 안을 수행하여 결론을 내리는 것은 무리가 따르며, 세 가지 종류의 검정방법을 모두 적용해 보아야 하는 경우가 발생할 수 있기 때문이다.

[예제 4-21] [예제 4-20]에 표로 제시된 자료에 대해 F-test를 실시하여

속도제한표지판 설치 전후에 있어 분산이 변했는지 판단하시오.

풀이 표지판 설치 전의 속도에 대한 분산을 σ_x^2라 하고 표지판 설치 후의 속도에 대한 분산을 σ_y^2라 하면, 다음과 같이 가설을 세울 수 있다.

$$H_0 : \sigma_x^2 = \sigma_y^2$$
$$H_1 : \sigma_x^2 > \sigma_y^2$$

$n_x=45$, $n_y=49$, $\alpha=0.05$이므로

$$F^{\text{도표치}}_{0.05,\ (44,\ 48)} \fallingdotseq 1.64$$
$$F_{\text{계산치}} = \frac{S_x^2}{S_y^2} = \frac{15^2}{10^2} = 2.25$$
$$\therefore \quad F_{\text{계산치}} = 2.25 > F_{\text{도표치}} = 1.64$$

가 된다. 따라서 귀무가설 H_0는 기각되고 대립가설 H_1이 채택된다. 즉 속도제한표지판 설치 후에 분산이 작아졌다고 볼 수 있다.

4.7 요 약

본 장에서 설명한 교통통계는 일반 통계학에서 취급하는 이론 중에서 교통분야에 적용성이 크다고 생각되는 것들만 취합한 것이다. 이들 이론들은 상당히 개론적인 것들이지만 교통공학 전반에 걸쳐 종합적으로 사용되는 이론이라고 볼 수 있으며 보다 상세한 통계학 및 확률의 이론들은 아무래도 일반 통계학이나 수학 교재를 통해서 배울 수 있을 것이다.

여기에서 이들을 설명한 것은 학생들로 하여금 이러한 기본적 도구들에 대해 흥미를 갖게 하고 보다 심도 깊은 분야로 이끌기 위한 사전 작업 정도로 이해한다면 무난할 것이다.

■ 주

1) Mendenhall, Sheaffer and Wackerly, *Mathematical Statistics with Applications*(2nd ed.), Boston, Massachusetts: Duxbury press, 1981.
2) Box, G.P., Hunter, W. and Hunter, S., *Statistics for Experimenters*, John Wiley and Sons, 1978.
3) Draper, N.R. and Smith, H., *Applied Regression Analysis*, John Wiley and Sons, 1981.
4) Benjamin, J. and Cornell, C., *Probability, Statistics, and Decision for Civil Engineers*, McGraw-Hill Book Company, 1970.

■ 익힘문제

1. 한 공항에 비행기들이 무작위적으로 2분에 1대씩 도착한다. 이 공항에서 1분에 3대 이상의 비행기가 도착하는 확률을 포아송분포식을 이용해서 구하라.
2. 서울 시내에서 1km 주행하는데 교통사고의 확률이 0.001이라면 매일 10km를 주행하는 시민이 교통사고를 당하지 않을 확률은 얼마인가?
   (Hint: $P_Y(y)=\binom{n}{y}P^y(1-p)^{n-y}$)
3. 교통량이 1,620대/시 인 상태에서 N=2,000회 조사한 결과를 음지수 분포식을 통해 도출하라(Hint: $f(t)=\lambda e^{-\lambda t}$, $p(h\geq t)=e^{-\lambda t}$).
   단, interval은 1초씩으로 해서 표를 작성할 것.

제 5 장

교통조사

도로상에서 움직이는 사람, 화물, 차량 등은 교통공학에서 취급하는 기본적 요소들이며 효과적인 교통운영을 위해서는 우리는 이들의 복잡한 구조와 각 요소별 특성에 대해 분명히 이해하고 있어야 한다. 그런데 이들을 이해하는 데 있어 가장 중요한 역할을 하는 것은 교통조사이며, 교통특성을 결정하는 주요변수에 대한 측정 및 관찰은 교통전문가들의 입장에서 볼 때 매우 중요한 과제임에 틀림없다.

교통공학은 실용학문이며 현장에서 발생하는 상황에 대한 합리적인 해석이 문제 해결에 있어 많은 부분을 차지하고 있기 때문에 어떤 자료를 수집해야 하며 또한 그 자료를 어떻게 수집해야 하는지에 대한 이해가 매우 중요한 문제이다.

본 장에서는 교통분야에서 수행하고 있는 교통조사기법에 대해 살펴보고 더불어 각 교통조사 부문별로 교통공학적 기법과 어떠한 연관성을 유지하고 있는지에 대해서도 살펴보도록 한다.

5.1 교통조사의 개요

교통부문에서 사용하는 자료들은 크게 볼 때 다음의 네 가지로 구분할 수 있다.

- 시설적인 자료
- 사회·경제적인 자료
- 교통운영에 대한 자료
- 그 외의 사항에 대한 자료

5.1.1 시설적인 자료

시설적인 자료는 그 말의 뜻과 같이 교통시설물을 포함한 모든 형태의 시설물에 관련된 자료들을 말한다. 교통부분에서는 특별히 현재의 도로 및 가로망에 대한 상세한 자료들을 알 필요가 있으며 여기에는 다음과 같은 세부 항목들이 포함된다.

- 가로망에 관련된 자료: 가로망의 번호, 방향표시, 차로수, 길이, 차로폭 등의 사항
- 제어시설에 관련된 자료: 교통표지, 신호등, 노면 표시에 대한 위치 및 설치 개수
- 주차시설관련 자료: 노상주차(On-Street Parking) 및 노외주차(Off-Street Parking)의 위치 및 설치 개수
- 도로조건: 도로포장이나 도로의 손상 정도에 관련된 사항들에 대한 위치, 손상 정도, 개수

현실적으로는 모든 종류의 시설적인 자료들은 직접적인 현장조사에 의해 취합되며 자료의 기록방식으로는 조사양식에 의한 방식과 컴퓨터를 이용한 방식이 사용된다. 시설적인 자료는 현재 상황에 대한 것이므로 시간의 흐름에 따라 지속적으로 보완되어져야 하는 점이 대단히 중요하다.

5.1.2 사회 · 경제적인 자료

사회·경제적인 자료란 교통체계를 구성하는 도로이용자, 차량, 도로, 교통운영시설 등에 관련된 총량지표에 대한 것으로서 예를 들면 인구 규모, 차량등록대수, 총도로연장 등이 여기에 해당한다.

이들 사회·경제적 자료는 한 도시의 장래 특성을 정성적으로 규명하기 때문에 토지이용계획이나 도시계획 등 교통계획의 사전단계에서 상당히 많이 사용되며, 이들 특성은 직·간접적으로 교통수요에 영향을 미치게 되기 때문에 그 산출과정이 명백하고 정확한 논리에 의해 산정되어야 한다.

여기에서 도로이용자 특성에는 연령, 성별, 연간 차량주행거리, 사

고경력, 기타 관련사항이 포함되며 차량특성 자료에는 중차량 혼입률, 중량대 마력비 등의 항목이 포함된다. 한편 도로의 특성자료에는 교통망 내에서 각 도로형태가 차지하는 비율 등이 대표적인 항목이라 할 수 있다.

이러한 자료들을 얻는 과정은 대개의 경우 관련자료 조사를 통하게 된다.

기본적인 도로이용자 특성자료는 정부의 여러 부서에서 발간한 자료를 중심으로 하되 학술관련 연구결과를 참고로 하여 전체적인 특성을 결정할 수 있다. 차량특성 자료에 대해서는 각 자동차 제작회사의 도움을 받는 것이 가장 확실한 방법이 될 것이다.

5.1.3 교통운영에 대한 자료

교통운영에 대한 자료로서는 도로상을 주행하는 차량들의 특성에 관련한 것이 대부분이며 이들을 크게 세 가지로 구분하면 교통량, 속도, 밀도로 구분할 수 있다. 모든 교통운영특성은 현장조사를 통해 직접조사한 결과에 의거해야 하며, 현장조사의 방법에는 인력에 의한 방법, 사진촬영에 의한 방법, 사진측량에 의한 방법들이 있다.

다음은 상기 조사방법에 대한 보다 상세한 설명이다.

1) 교통량조사: 교통량조사는 교통운영특성 자료 중 가장 기본이 되는 것으로서, 교통량은 교통수요를 간접적으로 표시하며 교통서비스수준을 알려 주는 척도로서 매우 중요하다. 교통량조사는 도시내 가로 및 일반도로에서 필요에 따라 표본조사기법에 의해 수행된다.
2) 속도조사: 속도조사는 일반적으로 도로의 일정구간을 통과하는 차량들의 평균적인 속도를 말하며, 조사목적에 따라 다소간의 차이는 있겠지만 교통안전성의 검토 등 교통설계의 한 과정으로서 사용되는 경우가 많기 때문에 교통량이 비교적 적을 때 조사하는 것이 바람직하다. 속도자료는 교통공학의 설계, 운영, 안전의 측면에서 중요한 입력자료이다.
3) 통행시간조사: 통행시간은 조사대상 도로의 길이를 알고 있을

때 속도와의 관계를 통해 쉽게 산정할 수 있으며 도로구간에 대한 통행시간은 교통혼잡과 교통운영기법의 효용성 점검을 위한 우선적 효과척도가 된다.

4) 지체시간조사: 일반적으로 지체시간이라 함은 교통혼잡이 없는 상태에서의 통행시간과 실제로 주어진 교통상황에서 발생하는 통행시간과의 차이를 의미한다. 속도나 교통량 또는 통행시간조사에서 얻을 수 없었던 정지지체시간의 산출을 위해 교통공학에서는 특별히 지체시간조사를 수행하게 되며, 이러한 지체시간조사의 결과는 속도나 통행시간조사의 대체수단 성격을 갖기도 한다.

5) 밀도조사: 밀도는 그 조사를 위한 적절한 장소의 확보가 용이하지 않기 때문에 사실상 직접조사는 많이 하지 않으며 대개의 경우 교통량과 속도의 관계에 의해 간접적으로 밀도를 산출하고 있다.

6) 차두간격의 조사: 교통류에서 차량간 이격거리를 시간의 개념으로 환산한 것이 차두간격이다. 차두간격은 여러 가지 목적으로 산출되는데 신호교차로의 정지선에 정지했던 차량들이 녹색시간이 시작되어 교차로 내로 진입해 들어가는 과정에서 발생하는 유출차두간격(departure headway)은 교차로의 서비스 분석에 있어 중요한 효과척도이다. 또한 차량간 이격거리를 단순히 거리의 개념으로 표시하는 경우 우리는 이를 통해 밀도를 손쉽게 산출할 수 있다. 밀도는 속도처럼 각 차량별로 일정한 값을 갖게 되며 이들 개별적 값을 평균함으로써 교통흐름 전체의 한 값을 얻게 된다. 사실상 차량간 차두간격의 분석을 통해 우리는 교통흐름을 구성하고 있는 다양한 차종간 상호 작용을 연구하는데 큰 도움을 받게 된다. 예를 들면 교통류에 미치는 트럭의 영향을 들 수 있는데 승용차를 앞서가거나 뒤따라가는 경우에 발생하는 트럭의 영향은 개별적 차량간격인 차두간격의 분석을 통해 결정할 수 있기 때문이다.

이러한 6가지의 교통운영자료는 운전자가 느끼는 바 교통류의 질 곧 서비스수준을 묘사하고 있다. 한 가지 생각할 점은 속도, 통행시간 및 지체시간은 운전자에게 분명히 인식되어지는 효과척도이며 운전자들이 원하는 만큼의 속도를 내지 못하게 하는 조건들은 교통체계에 있어서 부정적인 요소들일 것이다. 그리고 밀도는 차량간 이격 정도를 나타내는 변수로서 운전자들이 인식하기 용이하며 교통류의 질을 측정하기에는 매우 유리한 점이 있다. 그러나 교통량은 위 두 변수와는 달리 교통망의 효과적인 운영 수준을 측정하는데 객관적인 지표가 되지 못한다. 그 이유는 운전자들이 교통량의 많고 적음을 인식하기 위해서는 교통류 내에서는 알 수 없고, 교통류 바깥, 즉 관측자의 입장이 되어 어느 일정시간 동안 통과한 차량대수를 관측한 결과에 의해서만 알 수 있기 때문이다.

사실상 교통분야에서 교통류의 질, 즉 서비스 수준을 나타내는 효과척도와 양만을 나타내는 효과척도는 서로 차이가 있다. 우리는 용량분석이나 서비스 수준의 분석시 교통류의 질을 나타내는 효과척도를 사용하는 것이 좋다.

5.1.4 그 외의 사항에 대한 자료

이 부류에 속하는 자료로는 위 세 가지에 속하지 않는 모든 종류의 자료가 해당된다. 이러한 자료들은 직접적인 자료조사 단계에서 수집하기 곤란한 경우가 많으며 간접적인 자료조사나 면접 등의 방법에 의해 수집된다.

다음은 이 부류에 속하는 자료의 목록이다.

1) 교통사고자료: 교통안전성은 교통분야에서 매우 중요한 부분으로서 교통사고의 조사자료는 다음과 같은 요소를 포함해야 한다.
   - 비정상적으로 교통사고가 많이 발생하는 지점
   - 각 교통사고의 특성 및 유형
   - 교통사고 당시의 시설적 · 환경적 · 개인적 현황

   교통사고는 매우 드물게 발생하는 현상으로서 관측한다는 것은 실제적으로 불가능하다. 따라서 교통사고 특성조사는 경찰청의 협조를 받아 기존에 수집된 교통사고자료를 분석하는 데 그칠 수밖에 없으며 교통전문가의 역할로서 중요한 점은 교통사고 발생시의 여러 가지 상황을 추리하여 그 인과관계를 밝혀내는 것이다.

2) 주차자료: 주차자료는 주차시설 현황과 주차수요 산정에 관련한 것이 주된 자료이다. 통행목적, 최대보행거리, 주차지속시간 등에 관련된 자료들을 수집하려면 면접조사나 기타 보조조사를 수행해야 한다.

3) 물류 및 대중교통 조사: 한 도시의 도심지역은 물류 및 대중교통의 최대수요지이다. 이러한 자료의 수집을 위해서는 다양한 방법을 적용할 수 있으며, 도심지역에서의 대중교통 및 트럭 통행에 대하여 교통공학적 관점에서는 소통장애물로 생각하기 쉬우나 사실 이들은 도시생활에 필수적인 활동요소이다. 도심지역의 교통망을 합리적으로 분석하기 위해서는 이들 수요를 정확히 산출함은 물론 그 운영특성 및 시설적 배려 등에 대해 충분히 고려해야 한다.

4) 보행자 특성자료: 보행자들은 도시에 생기를 공급해 주는 요소이다. 동시에 보행자는 교통류의 한 부분이고 동시에 신호교차로에서는 차량움직임과 상충을 일으키게 된다. 따라서 차량흐름에 사용되었던 모든 변수들이 보행자 흐름에도 그대로 사용될 수 있다. 그러나 보행자는 관측하기가 비교적 곤란하며 이러한 이유로 그 조사방법에 있어서도 특별한 기법이 요구되곤 한다. 더불어 직접적인 조사방법에 의해서는 수집할 수 없었던 보행자의 통행목적, 기종점 조사, 그 외 개인별 특성자료 등은 면접조사에 의해 수집할 수 있게 된다.

5) 변수의 검정을 위한 조사: 일반적으로 교통공학은 현장에서 조사되고 또 기록되어진 주요한 변수들에 대한 기본적인 분석에 의지하는 경우가 많다. 이미 개발되어진 관계식이라 할지라도 때로는 다시금 분석하여 보다 정확한 변수값을 찾아내는 것이 필요한 경우가 발생하며 새로운 상황에 맞도록 재분석하는 경우도 상당히 많다. 기본적 관계식에 대한 검정을 위해서는 조사되어야 할 자료의 종류, 분석방법 등이 구체적으로 검토되어져야 하며 이론적으로 본다면 실로 다양한 변수의 검정이 가능하다.

5.2 교통조사의 단계

모든 교통조사는 다음의 세 단계로 구분할 수 있다.

1) 현장조사
2) 조사자료의 정리
3) 결과의 분석

다음은 이들 세 가지 단계에 대한 상세한 설명이다.

5.2.1 현장조사

현장조사는 현장에서 관측하고 자료를 기록하는 활동을 말한다. 대부분의 현장조사 활동은 수작업으로 이루어지는데, 그 이유는 조사의 규모가 한시적이고 소규모이어서 장비를 통한 자동관측기법이 경제성이 없을 뿐 아니라 인력에 의하지 않고는 정확히 관측하기가 곤란한 경우가 많기 때문이다.

첫째로 신호교차로에서의 회전교통량, 보행자 교통량, 자동차 번호판조사, 차량점유율, 기타 면접에 의해 얻어야 하는 자료 등은 대개 수작업으로 수집되는데 바로 위에서 설명한 이유에 해당하기 때문이다. 또한 비록 자동관측기법을 쓸 수 있을 경우에라도 그 조사기관이 2시간 정도에 그치는 경우이면 수작업을 통하는 것이 상례이다.

수작업을 이용한 현장조사시 정확한 관측과 기록은 매우 중요한 사항이다. 기록시는 미리 준비된 조사양식을 사용하거나 녹음테이프나 PC를 이용하는 방법이 보편적이다.

둘째로 속도 등의 자료는 레이더 장비나 루우프검지기 방식을 이용해서 관측할 수 있으며 교통량자료는 튜브 방식이나 차량의 축수를 관측할 수 있는 보다 복잡한 형태의 관측장비를 이용할 수 있다. 일반적으로 레이더 장비의 오차범위는 ±3 km/h 이다.

튜브 장비에 연결된 교통량계수기는 15분 간격, 1시간 간격, 또는 임의의 정해 준 시간에 따라 연속적으로 차축의 통과수를 기록하게 된다. 최근에는 PC의 보편화 추세에 따라 대부분의 측정장비들이 PC와 연결되어져 사용되며, 이에 따라 관측된 정보들은 PC에 의해 자동으로 정리되어지고 또한 통신망을 통해 먼 곳까지 즉각 전달되어질 수 있다.

세 번째 조사방법은 사진촬영이나 비디오 장비를 활용하는 방법이다. 비디오 기술은 현장조사를 훨씬 쉽게 하고 비용면에서도 유리하며 다음과 같은 장점을 가지고 있다.

- 비디오 테이프는 연속적인 기록물이다.
- 비디오 테이프 1개로 현장조사 2시간 이상을 수행할 수 있는 장점이 있다.
- 비디오 테이프의 현상에는 큰 비용이 들지 않으며 즉시 이용 가능하다.
- 비디오 테이프는 영구 보존이 가능하며 동시에 재활용이 가능하다.
- 촬영일시를 비디오 테이프에 기록하기 쉬우며, 기록된 촬영일시를 이용하면 PC 등을 이용해서 자동식별이 가능해진다. 또한 비디오 촬영시 녹음기를 동시에 사용하면 식별이 훨씬 용이해진다.

비디오 테이프(또는 사진촬영)는 다른 조사방법에 비해 뚜렷한 하나의 장점을 가지고 있는데 이는 사용자가 원하면 언제든지 다시 볼 수 있다는 점이다. 이 장점 때문에 비디오 테이프를 이용하면 조사자료의 정확성을 높일 수 있는 등 표본조사시 대단히 유리하다. 다만 한 가지 문제점은 비디오 촬영을 위해 적절히 높은 지점을 확보할 필요가 있다는 것이며 이 점 때문에 사실상 많은 조사지점이 제약을 받고 있다.

한편 촬영한 비디오 테이프는 실내로 옮겨와 작업을 하게 되며, 최근에는 PC의 발전과 보편화 추세에 힘입어 비디오 테이프의 분석은 대개 PC를 통해 이루어지게 된다.

5.2.2 조사자료의 정리

조사자료의 정리는 여러 단계를 통해 이루어지며 어떠한 조사방법을 사용했는가에 따라 정리방법 또한 달라지게 된다. 기본적으로 조사자료의 정리단계에서는 현장조사자료를 기록한 형태 그대로 받아들인 후 알기 쉽고 분석하기 쉽게 정리하는 작업을 수행한다. 따라서 이 작업에서는 조사장비간의 변환 및 자료교환 작업이 이루어지고 또한 현장 조사자료의 정리된 형태를 바꾸는 작업도 이루어지게 된다.

예를 들어 속도조사자료는 정해진 속도범위별 관측 대수형태로 표현되는데 이러한 자료들은 통상적으로 사용되는 통계치인 평균, 표준편차, 분산 등의 값으로 나타나야 하며 표준화된 그래픽 형태로 표시되면 이해하기 편리하다.

또한 수작업으로 조사된 교차로의 교통량은 여러 장의 조사양식으로 기록되는데 이들 또한 시민들이 이해하기 쉬우려면 표나 그림의 형태로 제시되어야 한다.

교통량 감지기나 기타 감지장치에 의해 얻어진 자료는 자동적으로 기록되어지는데 대개의 경우 PC를 통해 손쉽게 정리될 수 있다. 또한 이 조사자료를 사용자의 취향에 맞게 변환시키기 위해서는 변환용 PC program을 구축해서 사용할 수 있다.

사진이나 비디오 테이프 방법으로 조사된 자료의 정리작업은 그 최종결과가 컴퓨터로 출력되며, 비디오 테이프를 통한 조사방법은 그 조사방법이 매우 간단하고 손쉬운 반면 그 정리작업에 상당히 많은 인력과 시간이 소요된다. 즉 비디오 테이프를 찍는 것은 현장에서 이루어지나 실제로 이를 쓸모 있게 가공하는 것은 실내 연구실에서 수행하게 된다.

5.2.3 결과의 분석

현장조사에서 얻어진 기록들을 정리하고 나면 마지막으로 이를 사용자의 사용목적에 따라 분석하게 된다. 결과의 분석이란 현장의 개선을 위한 계획을 세우거나, 설계를 하게 될 때를 위해 조사결과를 이해하려는 계량화 노력이라 할 수 있다. 조사의 상황에 따라 분석방법은 매우 단순한 형태로부터 매우 복잡한 형태까지 존재한다.

예를 들어 교차로의 교통량자료는 첨두시간을 알아내고 첨두시간계수를 결정함으로써 신호시간의 산정에 근거자료를 제시하는 데 사용되며, 한 지역 교통망에 대한 교통량자료는 일일 교통량변화 및 계절별 교통량변화 상황을 알아내기 위해 필요하다. 또한 이들 교통량자료를

[그림 5-1] 교통조사의 단계

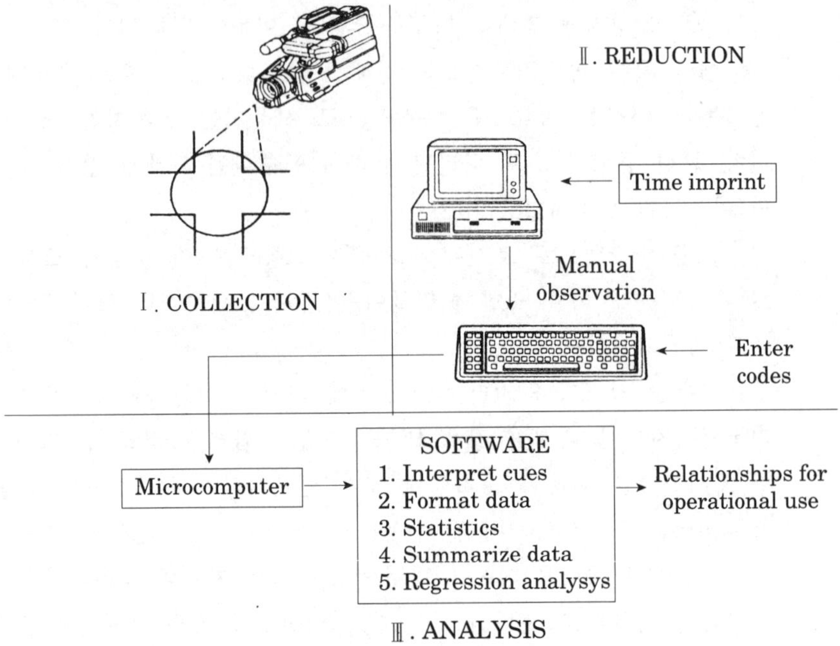

장래에 대해서 연장하여 분석한 결과는 새로운 교통시설 확충계획을 수립하기 위한 기초자료로 사용되게 된다.

한편 교통사고자료는 해당 지역의 시설적 조사결과와 속도자료, 교통량자료들과 관련지어져서 교통사고를 많이 발생시키는 원인을 찾아내기 위해 사용된다. 또한 한 지역 전체에 대한 교통사고 조사결과는 교통사고 다발지점의 선정과 설계나 교통안전정책 평가 등의 목적으로 이용된다.

다음의 [그림 5-1]은 위 세 가지 교통조사의 단계를 나타내고 있다.[1)]

5.3 교통조사의 유형

교통조사는 크게 보아 두 가지로 나누어진다. 첫째는 교통계획과정에서 필요한 교통수요 추정을 위한 통행특성관련 자료이고, 둘째는 보다 미시적 관점에서 보는 교통시설물의 설계·운영 개선을 위한 교통공학특성 자료이다.

본 절에서는 이 두 가지를 함께 고려하여 교통분야 전체에서 필요한 조사유형을 개략적으로 소개한다.

5.3.1 교통량 조사

도로의 한 지점을 통과하는 차량대수를 조사하는 것으로서 조사방법은 수작업과 자동계수기 이용방식이 있다.

1) 수 작 업

- 조사용지에 기록하는 방식
- 계수기를 이용하는 방식
- 전자식 계수판을 이용하는 방식

2) 자동계수기

- 휴대용 계수기
- 고정식 계수기

한편 교통량 조사는 조사대상에 따라 다음과 같이 구분한다.

- 교차로 회전 교통량 조사
- 도착 교통량 및 유출 교통량 조사
- 보행자 교통량 조사
- 폐쇄선 교통량 조사
- 스크린라인 교통량 조사
- 지역 전체의 교통량 조사: 상시조사(Control Count)와 단기조사(Coverage Count)

5.3.2 지점속도(Spot Speed) 조사

지점속도는 교통분야에서 중요한 요소이다. 도로를 이용하는 사람들은 속도를 통해 해당 도로의 경제성, 안전성, 편안함, 편리성 등을 인식하기 때문이다.

본 절에서는 속도의 두 가지 형태 중 하나인 지점속도에 대해 설명코자 한다. 지점속도의 조사방법은 대체로 두 가지 방법이 있는데 그 중 한 가지는 스피드 건을 이용한 직접조사방법이고, 또 다른 하나는 짧은 구간을 통과하는 차량의 통과시간을 통해 간접적으로 속도를 구하는 간접조사방법이다.

속도조사에서 통계적인 유의성을 확보할 수 있는 최소한의 표본수는 다음의 식을 통해 얻을 수 있다.

$$N=(s\cdot\frac{K}{E})^2 \qquad \cdots\cdots (5.1)$$

여기서,
N=최소한의 필요한 표본수
s=표준편차 추정치
K=신뢰도에 따른 상수
E=평균속도 추정치의 오차 정도

또한 통상적으로 N값은 30 이상이 되도록 해야 한다. 속도조사 지점을 선정할 때는 스피드 건의 성능을 고려하고 관측차량과 스피드 건의 발사방향간의 각도가 15° 이내가 되도록 해야 하며 스피드 건의 위치가 주행하는 차량운전자에게 식별되지 않도록 해야 하는 조건을 만족시키면 된다.

한편, 어떤 차량을 택해서 스피드 건을 쏠 것인가의 문제는 통계적인 대표성, 즉 무작위성이 확보되도록 노력해야 한다. 또한 교통량이 매우 적은 경우를 제외하고는 트럭이나 반대방향 차량간 방해 때문에 진행해 오는 모든 차량들에 대한 속도를 얻기란 불가능하다.

[표 5-1]은 미국의 **FHWA**(Federal Highway Administration)에서 사용중인 속도 측정기의 표본기록 예이다.[2)]

5.3.3 통행시간 및 지체시간 조사

통행시간과 지체시간은 교통망의 서비스수준을 측정하는 주요 척도이다. 통행시간 및 지체시간의 이용성에 대해 살펴보면 다음과 같다.

[표 5-1] 미국 FHWA에서 사용중인 속도 측정기의 표본기록 예

SUMMARY TABLE FOR SITE 10619: LARGE URBAN |40-50| MULILANE

DATE(YYMMDD) ·········870819 - 870820
BEGIN TIME(HHMM)···1200
SPEED LIMIT(mph)······45

LANE(S)·····················1 2 3 4
END TIME(HHMM) ·········1200
FREE FLOW HEADWAY ···4.0
PACE(mph) ·······················10

						FREE FLOW																	ALL VEH			NON FREE FLOW		
						PERCENTILES									>SPEED LIMIT+				PACE							% SHEADWAY		
TIME	COUNT	%1	%2	%3	%4	%	MEAN	S.D.	5%	15%	30%	50%	70%	85%	95%	>SL	> 5	> 10	> 15	LL	UL	%	MEAN	85%	>SL	s1.0	s2.0	s3.0
100	65	20	80	0	0	86	47.1	7.1	35.1	38.7	45.8	48.4	50.1	52.8	56.1	71	38	7	4	44	53	67	46.7	52.8	67	6	9	12
200	30	13	80	7	0	90	50.9	5.6	41.3	44.8	46.3	52.0	54.5	56.6	58.6	81	56	26	4	46	55	59	50.6	56.8	76	10	10	10
300	27	15	78	4	4	89	49.5	4.6	41.4	44.5	46.3	49.3	51.7	54.9	57.2	88	46	13	0	45	54	75	49.3	54.8	81	7	11	11
400	16	31	63	6	0	75	49.3	6.4	34.8	42.2	45.5	49.9	50.9	53.5	58.0	83	50	17	8	43	52	75	49.9	55.1	87	25	25	25
500	47	11	81	4	4	89	49.0	6.3	40.1	43.0	45.2	48.7	52.3	54.6	59.9	71	45	12	7	43	52	59	49.3	54.6	74	6	6	9
600	87	13	83	2	2	95	48.2	6.4	37.6	40.6	44.8	48.1	51.0	54.2	58.8	70	43	12	5	44	53	60	48.2	54.4	71	3	5	5
700	285	13	84	1	1	87	48.5	5.9	38.8	43.4	45.8	48.4	50.9	53.7	57.9	73	41	10	2	42	51	68	48.6	53.7	73	1	5	11
800	580	8	91	1	1	73	49.0	7.1	40.7	44.6	46.9	49.2	51.8	53.9	58.0	81	45	12	3	44	53	73	48.8	58.8	79	4	12	21
900	540	8	88	2	2	75	48.2	6.0	39.4	43.4	46.1	48.4	50.9	53.3	57.0	75	37	9	3	44	53	72	48.1	52.9	75	3	12	19
1000	399	8	89	3	1	78	47.4	7.1	35.4	41.1	45.4	48.3	50.3	53.5	56.7	71	33	10	1	44	53	65	47.2	53.6	72	4	11	16
1100	433	9	87	3	1	81	47.2	6.3	36.3	41.1	44.7	47.5	50.5	53.6	56.6	66	33	9	1	44	53	63	47.3	53.7	66	3	8	15
1200	474	10	85	2	2	81	46.7	7.1	35.8	40.9	44.1	46.8	50.0	52.8	56.7	65	30	8	3	42	51	63	46.4	52.7	61	3	11	16
1300	575	7	89	2	2	82	47.6	5.6	38.8	42.5	44.8	47.5	50.0	52.9	56.6	70	31	8	2	42	51	69	47.6	52.9	71	2	9	15
1400	519	7	90	3	1	83	47.5	6.6	38.1	41.9	45.3	47.6	50.1	52.9	56.4	70	32	8	2	43	52	66	47.3	52.9	69	1	8	12
1500	511	8	89	2	1	80	48.2	5.5	39.9	42.9	45.3	48.1	50.9	53.5	56.9	73	35	10	3	43	52	69	48.3	53.6	73	3	10	15
1600	661	8	87	3	1	76	48.0	6.1	38.8	42.6	45.4	48.4	50.9	53.5	55.7	73	37	9	3	43	52	67	47.7	52.7	71	2	11	19
1700	783	8	90	1	1	72	48.9	6.2	41.0	44.7	46.8	49.1	51.7	53.8	57.5	83	41	10	2	45	54	73	48.7	53.7	82	3	12	20
1800	875	7	91	1	1	69	48.7	6.5	40.1	44.0	46.8	49.1	51.0	53.7	57.7	79	42	10	3	44	53	72	48.6	53.6	79	2	12	22
1900	708	7	91	1	1	74	48.4	5.9	40.1	43.4	46.0	48.4	50.9	53.6	57.6	76	39	9	2	43	52	71	48.1	53.5	75	2	12	19
2000	541	8	90	2	0	80	48.0	5.8	38.3	42.8	45.5	48.2	50.8	53.7	57.2	73	33	10	1	43	52	67	48.0	53.6	74	2	8	13
2100	482	10	89	1	0	85	45.8	6.1	35.7	40.5	43.4	46.2	48.8	51.0	55.6	59	23	5	1	42	51	67	45.8	50.9	59	1	6	10
2200	421	11	87	1	0	87	45.2	6.0	36.2	40.1	43.4	45.5	47.8	50.0	53.6	57	15	2	1	41	50	71	45.2	50.0	57	1	5	8
2300	230	14	83	2	0	91	46.3	6.1	35.6	41.5	44.0	46.8	49.2	51.8	54.7	64	26	4	0	42	51	69	46.3	51.8	64	3	7	8
2400	149	13	85	1	1	93	45.9	6.0	34.8	41.3	42.9	46.1	48.4	50.2	55.7	59	17	7	1	40	49	71	45.9	50.2	59	1	3	7

						FREE FLOW																	ALL VEH			NON FREE FLOW		
						PERCENTILES									>SPEED LIMIT+				PACE							% SHEADWAY		
TIME	COUNT	%1	%2	%3	%4	%	MEAN	S.D.	5%	15%	30%	50%	70%	85%	95%	>SL	> 5	> 10	> 15	LL	US	%	MEAN	85%	>SL	s1.0	s2.0	s3.0
<10	826					70	46.4	11.1	19.0	40.6	45.3	48.2	51.7	54.6	58.9	70	39	13	3	44	53	58	46.0	54.6	70	13	20	26
<20	8346					79	47.9	5.7	38.8	42.7	45.4	48.2	50.8	53.5	56.7	72	34	8	1	42	51	68	47.9	52.9	72	1	8	14
TRK>20	266					83	45.9	7.2	35.7	40.3	43.3	46.2	49.3	51.8	56.5	55	26	6	1	42	51	65	45.9	51.8	57	0	5	10
ALL	9438	9	88	2	1	78	47.7	6.3	38.3	42.6	45.4	48.2	50.8	53.5	56.8	71	34	8	2	42	51	67	47.7	53.0	72	2	9	15

- 도로 노선의 효율성의 평가기준
- 도로 노선의 용량분석을 위한 입력자료
- 지체도에 의해 나타나는 교통혼잡구간의 발견
- 교통운영 개선에 의한 효과 평가
- 교통계획모형에의 입력자료
- 대안의 평가를 위한 입력자료
- 통행시간 등고선도

통행시간의 측정방법으로는 평균차량 조사법(Average Vehicle Method), 주행차량 조사법(Moving Vehicle Method), 차량번호판 조사법(Licence Plate Method), 직접관측 조사법(Direct Observation Method) 등을 들 수 있으며 다음은 이들 방법의 개략적 특징이다.

1) 평균차량 조사법(Average Vehicle Method)

이 방법을 통해 해당 도로구간의 통행시간, 통행거리, 교통혼잡의 형태, 위치, 지속시간 등을 측정할 수 있으며, 이러한 자료들은 측정차량을 타고 해당 구간을 주행하며 수집하게 된다. 이 방법은 어떠한 형태의 도로에도 적용 가능하나, 최소한 2km 정도의 도로구간 내에 평면교차로가 존재하지 않는 경우에 적용하는 것이 바람직하다.

한 사람의 운전자와 시간 및 거리를 기록하는 조사자만 있으면 조사가 가능하며, 측정 차량의 속도가 빠를수록 그리고 허용오차가 작을수록 최소한의 표본수는 증가한다. 예를 들어 95%의 신뢰도에서 주행속도가 25km/h일 때, 허용오차가 5 km/h로 했을 때 표본수는 최소한 8개이다.

운전자는 속도를 교통류에 따라 결정하는 것이 바람직하나 조사의 목적에 따라 다음의 세 가지 형태 중 선택할 수 있다.

- 평균속도 주행법(Average-car technique)
- 최적속도 주행법(Floating-car technique)
- 최대속도 주행법(Maximum-car technique)

이 방법은 거리측정장비(DMI: Distance Measuring Instrument)와 함께 적용하면 매우 효과적이다. 또한 이 방법을 통해 얻은 속도는 공간평균속도이다.

[그림 5-2] 통행시간 등고선도

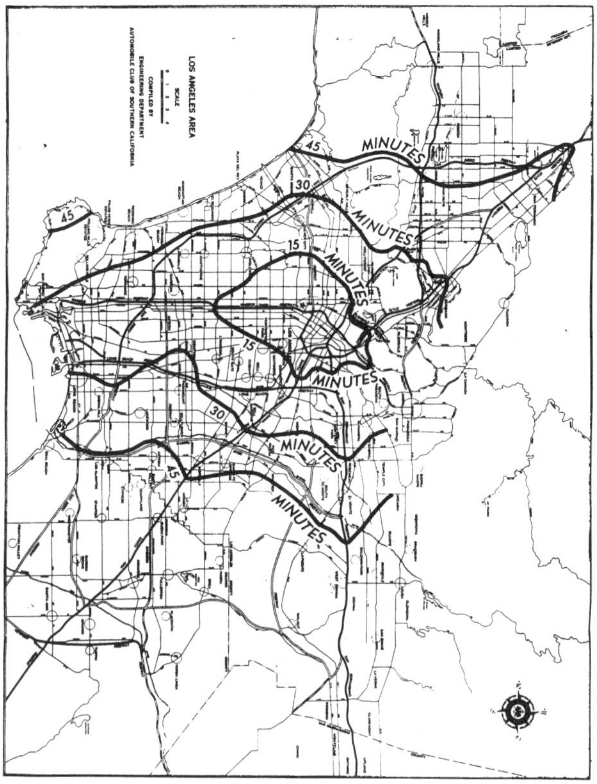

[그림 5-2]는 이 방법으로 얻은 통행시간 등고선도이다.[2]

2) 주행차량 조사법(Moving Vehicle Method)

주행차량 조사법을 통해서 시간당 교통량, 평균통행시간, 공간평균속도 등을 얻을 수 있으며 간접적으로는 밀도를 얻을 수 있다. 이 방법은 신호등간 간격이 충분히 넓어 교통류가 비교적 연속류적 특성을 나타내는 곳에서 사용하는 것이 바람직하다. 또한 반대편 교통류가 식별되어야 하며 해당 구간의 끝에서 U-turn이 가능해야 한다.

이 방법에는 측정차량과 시간, 거리, 교통량을 기록할 수 있는 장비가 있어야 하며 운전자와 조사자 2인이 필요하다. 조사자는 스톱워치, 교통량 계수기, 조사 양식지를 갖추고 있어야 한다.

통상 한 방향에 대해 6회의 주행이 요구되며 교통류의 평균적 특

[그림 5-3] 주행차량조사법 개념도

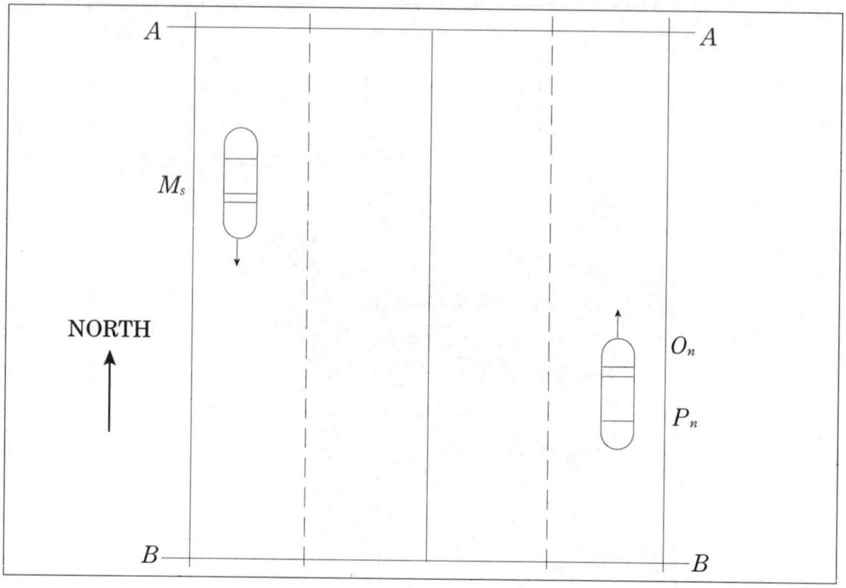

성을 정확히 맞추어 주행할 수 없는 개별적 운전특성을 고려하기 위해 보통 측정차량이 추월한 차량대수에서 측정차량을 추월한 차량대수를 뺀 보정절차를 감안한다.

[그림 5-3]을 이용해서 측정방법을 설명해 보자.

조사차량은 A지점에서 출발하여 남쪽으로 주행하면서 오로지 반대편 차선에서 북쪽 방향으로 주행하는 교통량 M_s만을 기록한다. 조사차량이 B지점에 도착하면 소요시간 T_s를 기록하며, 즉시 방향을 바꾸어 북쪽으로 주행하면서, 이번에는 반대편 교통량은 측정하지 않되 단지 조사차량을 추월하는 교통량 O_n과 조사차량에 의해 추월되는 교통량 P_n을 조사하여 기록한다. 원위치로 돌아오면 소요시간 T_n을 기록한 후 다음과 같은 계산을 수행하여 북쪽 방향 교통량을 결정한다.

$$V_n = \frac{60(M_s + O_n - P_n)}{(T_n + T_s)} \qquad \cdots\cdots (5.2)$$

이 식에서 분모는 조사차량이 출발지점 A를 통과하여 다시 돌아올 때까지의 시간, 즉 북쪽 방향 한 지점에서 교통량을 측정한 총시간이 되고 분모는 이 동안에 동일한 지점을 그 시간 동안에 통과한 교통량이 된다. 왜냐하면 O_n은 조사차량보다 빨리 주행했기 때문에 교통량에 포함되겠지만 P_n은 추월되므로 해당 시간의 교통량으로 간주될 수 없기 때문이다.

한편 이 방법에서 평균통행시간은 다음과 같이 얻는다.

$$\bar{T}_n = T_n - \frac{60(O_n - P_n)}{V_s} \quad \cdots\cdots (5.3)$$

이 식은 결국 측정한 통행시간 T_n에서 O_n 및 P_n의 효과를 고려하여 보정한 값이 된다.

우리는 이제 주어진 거리 d와 통행시간 $\bar{T}_n$을 얻었으므로 공간평균속도를 다음과 같이 얻는다.

$$S_n = \frac{60d}{\bar{T}_n} \quad \cdots\cdots (5.4)$$

또한 밀도는 다음과 같다.

$$K_n = \frac{V_n}{S_n} \quad \cdots\cdots (5.5)$$

[예제 5-1] 다음은 1.2km구간에서 주행차량법을 통해 얻은 조사결과의 요약이다. 이 결과를 통해 북쪽방향 교통량, 속도, 밀도를 구하시오.

〈표〉 주행차량법의 조사결과표

남쪽방향통행 시간(분)	반대편 교통량	북쪽방향통행 시간(분)	조사차량이 추월한 교통량(P_n)	조사차량을 추월한 교통량(O_n)
2.42	111.5	2.61	1.0	1.5

풀이 식(5.2)에서

$$V_n = \frac{60(111.5 + 1.5 - 1.0)}{2.61 + 2.42} = 1,336(\text{대/시})$$

식(5.3)에서

$$\bar{T}_n = 2.61 - \frac{60(1.5-1.0)}{1336} = 2.59(\text{분})$$

식(5.4)에서

$$S_n = \frac{60(1.2)}{2.59} = 27.8(\text{km/h})$$

식(5.5)에서

$$K_n = \frac{1336}{27.8} = 48(\text{대/km})$$

5.3.4 교통시설물 조사

교통시설물 조사결과는 현 상황에 대한 상세한 기록이다. 시설물 조사에 포함되는 항목은 그 정보의 목적과 관련이 깊으며, 항목 중 일부는 고정적이나 대부분의 경우 시간에 따라 변화하기 마련이다.

다음은 교통시설물 조사에 포함시킬 항목들이다.

- 법적 관련 사항
- 도로 및 주변시설
- 교 차 로
- 교통관제 시설물
- 주차시설
- 조명시설
- 대중교통 노선
- 주요 교통유발시설물

1) 조사의 틀

시설물 조사표는 조사자와 조사목적에 따라 다르다. 시설물 조사결과의 기록양식은 일반적으로 설계도면, 카드, 지도, 그래프, 표 등으로 하고 있으며 이들 중 어느 것이라도 조사자의 요구를 만족시킬 수 있다. 최근에는 컴퓨터의 확산에 따라 CADD(Computer Aided Design and Draft)를 많이 사용하고 있다. [그림 5-4]는 CADD의 한 예를 보여 주고 있다.

[그림 5-4] CADD의 한 예[2)]

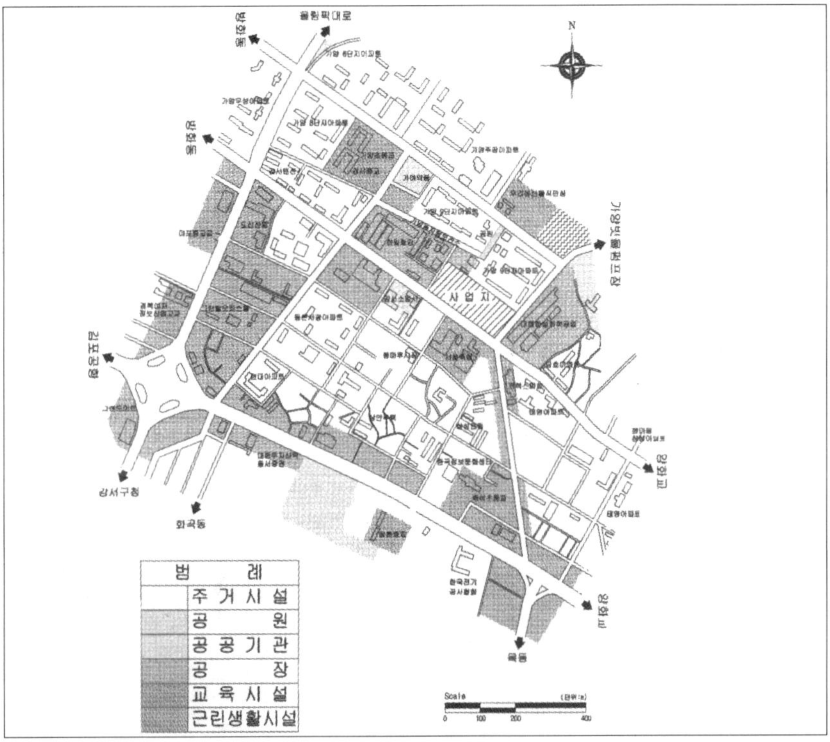

조사에 앞서 우리는 전체 교통망에서 원하는 지점을 찾고자 할 때 신속히 찾을 수 있도록 표기 시스템을 구축하는 것이 좋다. 이 때 컴퓨터 시스템에로의 연결을 고려하여 일관성 있고 단순한 표기 시스템을 구축하도록 해야 하며 통행방향까지도 확인 가능해야 한다.

한편 조사결과는 사용자가 접근하기 쉽게 구축되어야 한다. 접근방법을 단순한 인력으로 할 것인가, 아니면 컴퓨터로 할 것인가에 따라 자료축적의 틀도 달라지게 되며 자료의 찾는 방법까지도 영향을 받게 된다.

2) 조사결과의 보관 양식

다음의 과정은 조사결과를 보관했다가 추후에 사용목적에 따라 다시금 이용하고자 할 때 쉽게 이용할 수 있도록 하는 양식 및 그 틀에 대한 설명이다. 물론 이러한 과정 중에서 일부는 사용목적에 따라 생략할 수 있으며, 초기 단계부터 치밀한 구상을 통해 마련한 틀이라면 추후의 사용에서 훨씬 이로울 수 있다는 점을 명심해야 한다.

- 제1단계: 조사의 목적을 결정한다.
- 제2단계: 조사할 자료항목을 선정한다.
- 제3단계: 자료수집기법을 선정한다(예: 수작업, 비디오, 자동 측정기 등)
- 제4단계: 자료수집 계획을 세운다.
- 제5단계: 자료를 수집한다.
- 제6단계: 데이터 베이스 및 그 표현기법을 구축한다.

3) 자료의 보정

조사된 자료를 수시로 보정하여 최신 정보를 담게 하는 것은 매우 중요한 일이다. 이를 위해서 컴퓨터 프로그램을 사용할 수도 있으며 도로포장상태, 관제시설에 대한 현황, 그리고 조명시설 등이 그 대상이 된다. 한편 보정의 시기 및 횟수는 자료의 특성에 따라서 달라지게 되며 시설의 수명, 교통사고 등에 의한 파손, 교환 필요성 등에 따라 결정된다. 보통은 크게 나누어 정기적인 보정과 수시 보정으로 구분한다.

5.3.5 통행특성 조사

교통계획과정에서 필요한 조사들을 통행특성 조사라고 할 수 있다. 교통계획은 현재와 장래의 교통수요를 감당할 교통시설물의 평가 및 선정을 다루는 매우 복잡한 과정이다. 이를 위한 조사과정은 교통수요 산출모형에 필요한 정보를 얻거나 특정 개선대안에 대한 잠재적인 영향을 분석하기 위해 필요하다.

통행특성 조사의 항목은 인구, 경제활동특성, 통행특성, 교통시설현황 등이 포함된다. 다음은 통행특성 조사의 과정이다.

- 현재의 교통 시스템상의 결함을 발견하려는 과정
- 장래의 토지이용 및 통행수요를 추정하기 위한 근거를 얻으려는 과정
- 인구, 토지이용, 통행간의 관계성을 도출하기 위한 과정

- 통행수요모형의 검증과정

한편 통행특성 조사의 구성항목은 단기, 중기, 장기로 구분되는 교통계획사업의 특성에 따라 달라지게 되며 조사지역은 폐쇄선(Cordon Line)으로 불리우는 계획의 경계선 내에서 교통분석 존(Zone)의 형태로 나타나게 된다. 교통존 수에 대해서는 일정한 기준이 없으나 너무 많으면 분석이 복잡해지고 너무 적으면 자료들이 현실적이지 못하게 된다. 다만 교통존 내의 지역은 동질성을 나타내어야 하고, 교통존 내에서의 통행수가 최소화되어야 하며, 교통존의 경계선은 행정 경계선과 일치되는 것이 바람직하다.

1) 교통현황자료의 유형

토지이용현황, 인구현황, 교통시설현황, 주차현황, 통행 기종점 조사(Origin-Destination Survey) 등이 주요한 항목이 되며, 이를 위해 전수조사는 현실적으로 불가능하며 일반적으로 표본조사기법을 이용한다.

2) 통행 기종점 조사의 유형

이는 조사의 목적과 조사지역의 크기에 따라 결정되며 그 유형은 다음과 같다.

- 도로변 조사
- 차량번호판 조사
- 우편물 조사
- 차량유도 조사
- 전조등이용 조사
- 현장설문 조사

3) 조사 결과의 정확도 검토

기종점 조사의 결과에 대한 정확성 검토를 위해서는 일반적으로 스크린 라인 조사(Screen Line Survey)가 많이 사용된다. 스크린 라인은 조사구역 내에서 하천이나 철로 등과 같이 자연적으로 장애물선이 되는 지점에서 진출 및 진입하는 차량수를 조사하는 절차로서, 만약 이 스크린 라인이 교통존간 경계선이 될 수 있다면 이 결과를 이용하여 기종점

조사 결과의 현실성 여부를 판단할 수 있게 된다.

이 때 산출된 교통량과 스크린 라인에서 조사된 교통량간의 비율을 교통량 보정계수라고 하며, 교통계획절차에 따라 산출된 교통량의 보정에 사용하고 있다.

[예제 5-2] 교통수요분석을 통해 얻은 한남대교의 **ADT**가 20만대였다. 첨두시간 교통량비율이 10%라고 할 때 한남대교의 교통량 보정계수는 얼마인가? 단, 스크린 라인 조사결과 얻은 교통량은 25,000 대/시 였다.

풀이 200,000＝10%＝20,000대/시

교통량 보정계수＝25,000/20,000＝1.25

5.3.6 주차 조사

주차는 도시교통에 있어 매우 중요한 부분 중의 하나이다. 주차장은 크게 보아 주택 소유자가 보유하고 있는 자가 주차장과 상업적 이익을 추구하는 상업용 주차장으로 구분할 수 있다. 주차조사를 수행하는

[표 5-2] 주차시설형태에 따른 가용주차면수, 주차대수, 주차회전수 요약표

	Spaces Available				Number of Vehicles Parking					Daily TurnoverA			
					Curb								
Block	Curb	Lot	Garages	Total	Legal Space	Illegal Space	Lots	Garages	Total	Curb	Lots	Gaarages	Total
021	17	0	0	17	117	12	0	0	129	6.9	0	0	6.9
022	28	106	36	170	264	12	292	47	615	9.4	2.8	1.3	3.5
023	72	63	0	135	373	20	127	0	520	5.2	2.0	0	3.7

[표 5-3] 주차시설형태에 따른 주차대수 및 주차시간 특성표

	Legal Curb Space		Illegal Curb Space		Total Curb Space		Lots		Garages		Total	
Block	Veh. Parked	Veh. Hours	Veh. Parked	Veh. Hours	Veh. Parked	Veh. Hours	Veh. Parked	Veh. Hours	Veh. Parked	Veh. Hours	Veh. Parked	Veh. Hours
040	120	67	10	6	130	73	320	1500	52	520	502	2093
041	52	40	0	0	52	40	10	80	0	0	62	120

이유는 용도지역이나 지구지정과 같은 주차정책 및 주차관계 법령의 구축을 위해서, 혹은 현재의 주차공급을 증가시키거나 그 운영상태를 개선할 필요성을 점검하기 위해서 이루어진다.

[표 5-2]와 [표 5-3]은 주차 조사의 결과를 요약한 예이다.

1) 주차시설현황 조사

주차시설현황 조사에는 모든 공공 주차장 및 개인소유 주차장의 현황이 조사되어야 하며 조사항목은 다음과 같다.

- 주차대수
- 최대주차시간 및 운영시간
- 주차장 이용자 제한사항
- 주차요금 징수방식 및 주차요금
- 노상주차의 경우 이용규제관련 사항(예: 조업 주차장, 장애인 주차장)
- 주차시설의 형태(예: 주차건물, 평면식 주차장)
- 기타 건축관련 계획사항

① 주차조사 지역의 선정 및 인원

주차조사 지역은 주요한 교통유발 시설물을 중심으로 하여 최대도보거리를 감안해서 결정한다. 조사 인원은 1~2인으로 하며, 블럭단위 조사인 경우 대개 도보를 통해 조사를 수행하지만 교통축이나 지역대상 조사인 경우 차량을 이용한다.

[그림 5-5] 블록별 주차면 번호부여 방식

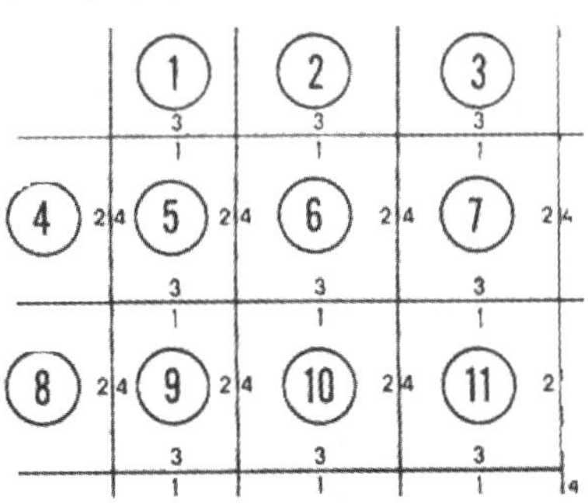

[그림 5-6] 노상 주차장의 주차면 번호부여 방식

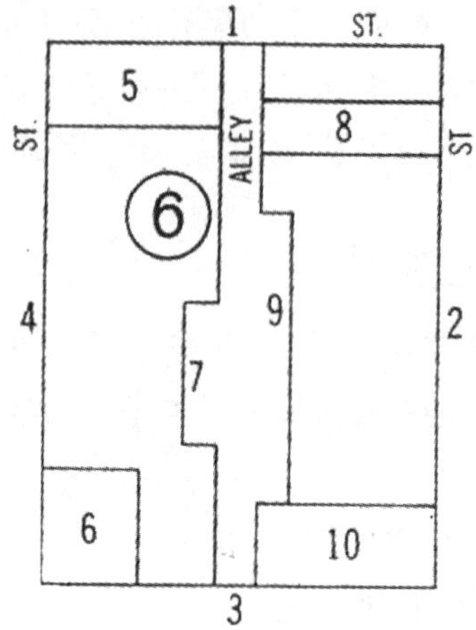

② 조사방법

주차시설 현황을 위해서는 전체적인 코딩 시스템이 구축되어야 하며 각 블록별로 고유번호를 부여한다. 또한 고유번호 부여가 끝나면 노상 주차장의 블록내 위치를 표시하기 위해 방향에 따라 1-4의 번호를 부여한다. 그 이상의 번호는 블록내의 설치된 노외 주차장의 번호로 사용된다.

[그림 5-5]와 [그림 5-6]은 주차시설현황 조사에서 사용되는 번호의 예이다.

2) 주차시설 이용현황 조사

주차시설 이용현황 조사에는 다음 두 가지 방법이 있다.

- 주차시설 원단위 산출 및 누적주차대수 조사
- 차량번호판 조사

누적주차대수는 주차회전율, 주차점유율, 주차지속시간 등의 항목과 함께 주차에 있어서 중요한 변수가 되며 이를 통해 주차시설 공급의 적정성 여부를 검토할 수 있게 된다. 주차지속시간은 주차시설을 비효율적으로 사용하고 있는 부분의 발견을 위해 중요하며 주차회전율 또한 주차장의 효율성을 검토하는 변수이다. 주차점유율은 장기 주차차량이 어디에 분포해 있는지 검토하는 데 중요하다.

① 누적주차대수 조사

누적주차대수 조사는 각 요일별로 하루 시간대별 주차 이용량의 변화와 첨두주차수요를 분석하기 위해 수행하며 상당히 짧은 시간간격으로 조사하게 된다. 예를 들어 도심지역인 경우 누적주차대수 조사는 1시간~2시간 간격으로 오전 6시부터 오후 8시까지 수행한다. 한 건물에 대한 누적주차대수 조사에서는 업무시간의 오전 시작시간부터 업무종료시간 직후까지가 분석대상 시간이 된다.

만약 조사 시작시의 조사구역 내의 주차대수를 알고 있고 조사구역으로 통하는 도로수가 많지 않다면 통로에서의 각 시간대별 진출입 차량대수의 조사만을 통해서도 누적주차대수의 산정이 가능해진다. 또한 조사구역이 넓어 하루에 조사를 완료시킬 수 없는 경우에는 동일한 조건이 보장된다는 가정하에서 일 주일 후에 동일한 조사를 나머지 구역에 대해서 수행하면 된다.

[그림 5-7]은 누적주차대수 조사결과를 표시하는 예이다.

[그림 5-7] 누적주차대수도의 예[2)]

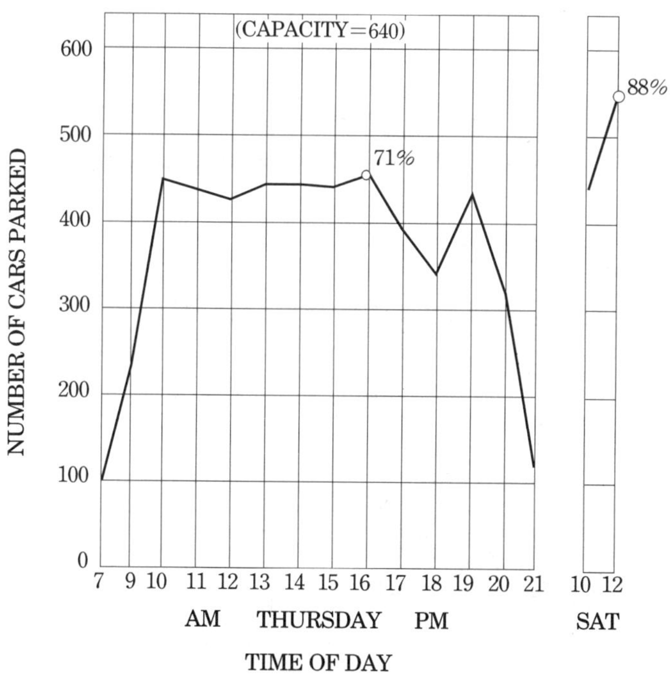

② 차량번호판 조사

누적주차대수 조사에 의해서는 차량이 얼마나 오랫동안 주차했는지의 여부와 얼마나 자주 주차차량이 바뀌는지 등의 정보를 얻을 수 없다. 이를 알기 위해서는 차량번호판 조사가 유용하게 쓰일 수 있는데 이 조사방식에서 얻을 수 있는 가장 중요한 변수는 주차회전율(**Turnover Rate**)이다.

주차회전율은 주차면 1개당 1시간당 주차 차량대수를 의미하며, 다음 식으로 쓸 수 있다.

$$TR = \frac{N_T}{S \times T_s} \qquad \cdots\cdots (5.6)$$

여기서,
TR=주차회전율(대/면/시)
S=총주차면수
T_s=조사시간(시)

통상 차량번호판 조사는 도보로 수행하게 되며, 조사 시작시에는 주차회전율을 모르는 상태이므로 유사한 상태에서 얻어진 값을 가정해

[그림 5-8] 차량번호판 조사 양식

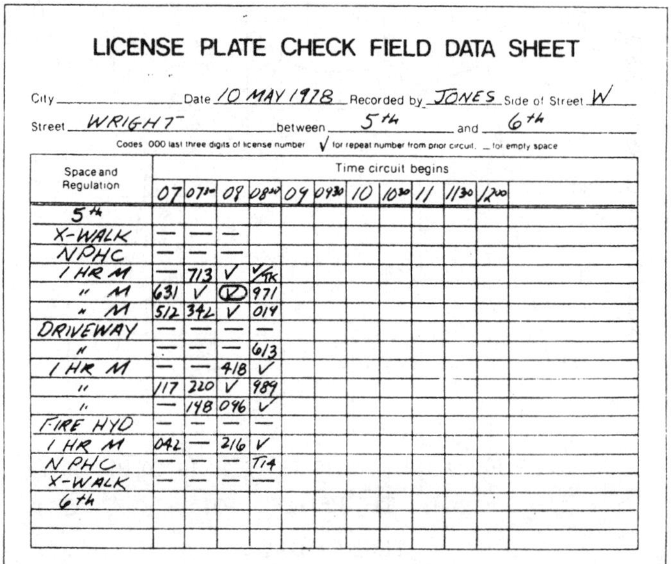

LICENSE PLATE CHECK FIELD DATA SHEET

City ______ Date 10 MAY 1978 Recorded by JONES Side of Street W
Street WRIGHT between 5th and 6th
Codes 000 last three digits of license number √ for repeat number from prior circuit, _ for empty space

Space and Regulation	Time circuit begins											
	07	0730	08	0830	09	0930	10	1030	11	1130	1200	
5th												
X-WALK	—	—	—									
NPHC	—	—	—									
1 HR M	—	713	√	√/TK								
〃 M	631	√	(√)	971								
〃 M	512	342	√	014								
DRIVEWAY	—	—	—	—								
〃	—	—	—	613								
1 HR M	—	—	418	√								
〃	117	220	√	989								
〃	—	148	096	√								
FIRE HYD	—	—	—	—								
1 HR M	042	—	216	√								
N PHC	—	—	—	T14								
X-WALK	—	—	—	—								
6th												

서 조사시간 등의 계획을 수립할 수 있다. 예를 들어 15분, 30분, 1시간, 2시간 주차제한시간을 갖는 주차구역에 대한 조사시간 간격은 각각 5분, 10분, 20분, 30분 정도로 선정하는 것이 좋다. 또한 주차시간에 제한이 없는 외곽지역 등에서는 1시간 정도면 충분하다.

[그림 5-8]은 차량번호판 조사의 양식이다.

한편 평균주차지속시간은 조사시간 간격을 각 주차된 차량에 부여함으로써 결정할 수 있다.

$$D=\frac{\sum_{X=1}^{n}(N_X)(X)(I)}{N_T} \qquad \cdots\cdots (5.7)$$

여기서,
D =평균주차지속시간(시/대)
N_X=X번의 조사 동안 계속 주차한 차량대수(대)
X =주차한 차량이 관찰된 횟수($1 \leq X \leq n$)
I =조사시간 간격(시)
N_T=관찰된 총차량대수(대)

[예제 5-3] 다음은 블록 61에서 얻은 주차조사 결과이다. 주차지속시간과 주차회전율을 구하시오.

X	1	2	3	4	5	6
N_x	875	490	308	275	143	28

N_T=2,118(대), I=30(분), S=1,500(면), T=7시간

풀이 식(5.2)에서

$$D=\frac{(875\times1\times\frac{1}{2})+(490\times2\times\frac{1}{2})+(308\times3\times\frac{1}{2})+(275\times4\times\frac{1}{3})(143\times5\times\frac{1}{2})+(28\times6\times\frac{1}{2})}{2118}$$

$=1.12$(시/대)

$$TR=\frac{2118}{1500\times7}=0.20\text{(대/면/시)}$$

5.3.7 교통사고 조사

교통사고를 통한 인명 및 재산손실은 해마다 엄청난 양을 기록하고 있다. 교통사고 조사 및 원인분석은 교통사고 비용을 감소시키기 위한 필수적 단계로서 특히 공공기관에서는 그 책임감을 인식해야 한다.

교통사고 기록은 경찰청의 소관 업무이기 때문에 교통전문가가 이해해야 할 것은 조사의 방법보다는 분석기법이 주류를 이룬다. 현장에서 교통사고를 직접 관측하는 것은 불가능한 일이고 교통공학에서는 이와 유사한 변수인 교통상충(traffic conflict)을 관측함으로써 해당 도로의 교통안전성을 점검할 수 있다. 교통상충이란 운전자가 급제동이나 급회전 등의 조작을 하게 될 때를 말한다.

1) 교통사고 기록의 분석

교통사고 기록은 경찰에 의해 수행되며 [그림 5-9]는 우리나라에서 사용하고 있는 교통사고 기록의 형태이다. 이렇게 조사된 자료는 서류의 형태나 컴퓨터 파일의 형태로 보관되고 있다.

2) 교통사고 기록의 정리

일단 교통사고 자료가 선정되고 나면 어느 연도의 자료를 설정할 것인가를 결정한다. 일반적으로는 교통사고 분석을 위해 3년 동안의 자료를 선정하며 3년을 넘는 경우 도로환경 조건의 변화 여부를 검토해야만 할 것이다. 교차로 등의 지점 조사인 경우 약 200～300m 길이구간, 구간조사인 경우 1.5～3.0km 길이구간을 선정하는 것이 보통이다.

3) 교통사고 자료의 분석

교통사고 자료를 통한 공학적 분석은 교통사고 건수 및 경향을 정리하고 교통사고 다발지역을 발견하며 교통사고 감소방안을 마련하고 각 감소방안이 가지게 될 효과를 평가하는 일이 될 것이다.

① 교통사고 건수 및 특성의 정리

한 지점이나 인근 구역에서 어느 기간 동안에 발생한 특정 형태의

[그림 5-9] 교통사고 기록 양식

교 통 사 고 보 고 (1)

(실 황 조 사 서)

교통 63320-　　　　　　　　　　　　(199　.　.　)

수신:　　　　　　　　　　발신:①　　　　　경찰서장

⑤ 일 시	년 월 일 시 분 요일	②접수대장 번호: 제 □□□□□□□-호
위치 장 소	서울특별시 구 동 가 / 도 군 읍(면) 리 번지 호	
위치 특 징	(도로명 및 사고장소 지명)	
⑨ 사고종별	□1.자동차:자동차 □2.자동차:사람 □3.자동차:기타(전도□도로상전복□도로외 전복□추락□)	
피해상황	⑩ 피해상황	□1.물적피해 □2.인적피해 □3.물적피해+인적피해
피해상황	⑪ 인적피해	사망 명, 중상 명, 경상 명, 부상신고 명
피해상황	⑫ 차량피해	총액 원, (1) 차량 원, (2) 차량 원, (3) 차량 원
피해상황	차량이외 피해	피해액 원 / 피해물 소유자 / 주소: 성명: 전화:

사고관련차량(1)

⑧ 차량등록번호 호	차종	차명	년식
최근 검사일	충돌부분		
소유자 성명	주소 /	전화	
운전자 성명	주소 /	전화	
④ 운전면허 지방청	동 □□-□□□□□□□-□□호	③ 주민등록 번호	
승차정원 명, 승차인원 명	종합보험(공제)가입 유□ 무□(　　)		

사상자	성 명	주 소	성별	연령	직업	피해 정도	입원병원
1							
2							
3							
4							

사고관련차량(2) 보행자 자전거 (충돌시)

차량등록번호 호,	차종	차명	년식
최근 검사일	충돌부분		
소유자 성명	주소 /	전화	
운전자 성명	주소 /	전화	
⑧ 운전면허 지방청	동 □□-□□□□□□□-□□호	주민등록 번호	
승차정원 명, 승차인원 명	종합보험(공제)가입 유□ 무□(　　)		

사상자	성 명	주 소	성별	연령	직업	피해 정도	입원병원
1							
2							
3							
4							

현장상황

기상	일광	도로 – 지역	도로 – 구조	도로 – 표면	도로 – 형태
□ 맑음	□ 새벽	□ 공장지대	□ 콘크리트	□ 건조	□ 지선로
□ 흐림	□ 낮	□ 상가지대	□ 아스팔트	□ 습기	□ 커브(도)
□ 비	□ 저녁	□ 주택지대	□ 자갈	□ 빙설	□ 수평
□ 눈	□ 밤(어둠)	□ 학교또는놀이터	□ 흙또는모래	□ 기타내용	□ 경사(%)
□ 안개	□ 조명	□ 농장지대	□ 기타내용		□ 정상
□ 기타		□ 산간,무인지대			

도로 – 상태	도로 – 여건	도로 – 장애	교통정리	현장자료
□ 차로상1234	유무보・차도구분	□도로손괴	□신호기 정지 직진 좌회전 정한 황색주의	□혈흔
□ 보도	유무중앙선 표시	□도로공사	□교통표지( )	□흔적등 ┌#1차량: └#2차량
□ 횡단보도	유무일방통행	□방치물・공작물	□경찰관□모범원전자□기타	□유류품 •내용:
□ 철길건널목	차도폭 m	□기타(내용)	□철길건널목 간수	□사진촬영 매
□ 교차로	제한시속 km/h		□철길차단기	
□ 교량위	교통량(m/h) 대		□기 타( )	
□ 기타( )				

사고발생전 – 진로

운전자 1은 시속 km/h 동서/남북에서 동서/남북 방향으로 도로를 가다

운전자 2은 시속 km/h 동서/남북에서 동서/남북 방향으로 도로를 가다

보행자는 운전자 1의 진행방향 □□측에서 □같은방향 □횡단 □반대방향 □차도보행

운전자 1 2
□□직행□□우회전□□좌회전
□□후진□□앞지르기□□서행
□□정지□□정차중□□주차중
□□차로변경중□□기타
□□주차위치에서 발차중

운전자 보행자의 행동 – 위험예방조치

운전자 1은 사고지점에서 m앞에서 □경음기 □서행 □방향전환 □정지

운전자 2은 사고지점에서 m앞에서 □경음기 □서행 □방향전환 □정지

보행자는 사고지점에서 m앞에서□정지□속보□앞으로□뒤로 □피하려했음 □넘어졌음

보행자
□횡당로를 횡단중
□보도통행중□차도상에 있던중
□승하자중□차도상이아닌경우

사고원인

운전자	차량상태	보행자 과실여부
1 2	1 2	
□□ 사망사고	□□ 고장없음 □□ 타이어불량	□ 보행자 과실무
□□ 사고도주, 유기도주, 신고조치불이행	□□ 제동장치고장□□ 전조등고장	□ 무단횡단
□□ 신호위반, 통행금지, 일시정지표지위반	□□ 주행장치고장□□ 고장여부	□ 차도보행 □주 취
□□ 중앙선침범, 횡단, 유턴, 후진위반	□□ 기타( )	□ 차에 뛰어타거나 뛰어내리기
□□ 과속(20km/h초과)		□ 차에 매어달리기
□□ 앞지르기 방법, 금지 위반		□ 기타 부주의( )
□□ 철길건널목 통과방법 위반	**시야장애**	**신체상태**
□□ 횡단보도 보행자보호의무 위반	1 2	1 2(또는 보행자)
□□ 무면허 운전	□□ 시야장애 없음	□□정상상태 □□약물중독
□□ 음주, 약물(알콜농도 %)	□□ 건물, 자재, 노직물 등 시설물	□□과 로 □□정신이상
□□ 보도침범, 보도횡단방법 위반	□□ 제방, 방벽등 지형장애	□□졸 음 □□질 병
□□ 승객추락방지 의무 위반	□□ 무단주차차량, 방범초소 등	□□음 주 □□상태불명
□□ 기타( )	□□ 기타( )	

운전자경험	□ 1년미만 □ 2년미만 □ 5년미만 □ 10년미만 □ 20년미만□ 20년이상 □ 불상
운전교습	□ 조수 □ 정비공 □ 군차량운전 □ 자동차운전전문학원 □ 일반학원 □ 기타
운전자학력	□ 무취학 □ 국졸 □ 중졸 □ 고졸 □ 전문대졸 □ 대졸 □ 대학원 □ 기타
차량제조년도	□ 1년이하 □ 2~3년 □ 4~5년 □ 6~10년 □ 11~15년 □ 16~20년 □ 20년이상
검사일경과	□ 1개월이하 □ 2개월 □ 3개월 □ 6개월 □ 1년 □ 2년 □ 2년이상

신고상황

신고자 성명 주소

접수일시 199 . . : 신고접수지 신고방법

교통사고 건수를 파악하는 것은 상당히 중요한 일이다. 이는 교통사고 개선을 위한 예산지원을 요청하거나 시간변화에 따른 교통사고 발생경향을 파악하고 문제의 정도를 이해하는 데 필요하기 때문이다.

교통사고 발생 요약표를 작성할 때는 단순히 수치의 나열에 그치지 말고 교통사고의 발생이 무작위적이고 동적으로 변화하는 값임에 유의하여 그러한 수치변화가 갖는 의미를 전달하도록 노력해야 한다.

분석시에는 교통사고를 가장 치상 정도가 심한 사고를 기준으로 분류하므로 만약 한 교통사고 발생에서 B Type은 발생했으나 F 또는 A Type은 발생하지 않은 경우 이를 한 번의 B Type 교통사고로 명기하게 될 것이다. 그러나 실제로는 비록 한 번의 B Type 교통사고이지만 그로 인해 여러 명의 부상자가 있을 수 있고, B Type은 아니지만 이보다 경미한 교통사고 피해자들이 발생할 수 있다는 점에서 단순히 치상 정도에 의해 교통사고를 분류하는 것은 부상자수나 사망자수의 파악에 어려움을 줄 수 있다.

예를 들어 한 지역의 운전자 중 노인 인구가 30%이고 교통사고 자료를 통해 볼 때 교통사고 발생건수의 50%에 노인 인구가 관련되어 있다는 자료를 얻었다. 이러한 경우 쉽게 생각하면 노인에 대한 교통사고 위험성이 큰 것으로 결론을 내리기 쉬우나 실제로 분석해 보면 다음과 같이 다른 결과를 얻을 수 있다.

- 노인 운전자와 노인 운전자끼리의 교통사고 확률은 $0.3 \times 0.3 = 0.09$
- 노인 운전자와 젊은 운전자와의 교통사고 확률은 $0.3 \times 0.7 = 0.21$
- 젊은 운전자와 노인 운전자의 교통사고 확률은 $0.7 \times 0.3 = 0.21$
- 젊은 운전자와 젊은 운전자끼리의 교통사고 확률은 $0.7 \times 0.7 = 0.49$

따라서 노인 및 젊은 운전자가 포함될 교통사고 확률은 다음과 같다.

노인 운전자: $0.09 + 0.21 + 0.21 = 0.51$

젊은 운전자: $0.21 + 0.21 + 0.49 = 0.91$

위에서 볼 수 있듯이 노인운전자가 관련된 교통사고의 비율은 젊은 운전자가 관련된 교통사고의 비율보다 낮다. 또한 노인운전자 대 젊은 운전자의 사고비율은 $0.51/0.91 = 0.56$으로서 노인 운전자가 관련된 교통사고가 젊은 운전자가 관련된 교통사고의 56%에 불과함을 알 수 있다. 따라서 노인 운전자관련 교통사고는 자료에 나타난 것과는 다르게 젊은 운전자에 비해 적음을 알 수 있다.

② 교통사고 많은 지점의 발견

정부의 예산은 한정되어 있기 때문에 교통사고 개선업무를 맡은 부서에서는 그 예산을 교통사고가 비정상적으로 많은 지점에 투자하게 된다. 이 경우 교통전문가들은 분석방법에 대해 잘 이해하고 있어야 한다. 본 절에서는 이에 대해 설명하기로 하겠다.

㈎ 교통사고 많은 지점 표시도에 의한 방법

매우 단순하면서도 효과적인 방법으로서 특히 대상지역이 넓지 않고 교통사고 건수가 적을 때 벽에 설치하고 살펴보기에 유리한 점이 있다. 컴퓨터 그래픽을 이용해서 동일한 효과를 나타낼 수도 있다.

㈏ 교통사고 건수에 의한 방법

일부 부서에서는 아직도 교통사고 건수를 통해 교통사고 많은 지점을 선정하고 있다. 분석방법이 단순하고 사람들의 생각과 관련짓기 쉽기 때문이다. 만약 부서의 목표가 전체 교통사고 건수의 최소화라면 물론 교통사고가 많은 지점을 선정한다는 것은 적절한 접근방안이 될 것이다.

㈐ 교통사고율에 의한 방법

교통사고율에 의해 교통사고 많은 지점을 찾아 내는 것은 전통적으로 교통분야에서 많이 사용해 온 방식이다. 일반적으로는 정해진 도로구간에서 교통량과 주행거리를 고려한 교통사고 노출 정도의 변수인 1억대-km당 교통사고수를 통해 교통 안전성을 분석하며 그 산출식은 다음과 같다.

$$RSEC=\frac{(100{,}000{,}000)(A)}{(365)(T)(\mathrm{V})(L)} \qquad \cdots\cdots \ (5.8)$$

여기서,
$RSEC$=해당 도로구간의 교통사고율
A=분석기간 동안 교통사고 발생건수
T=분석기간(년)
V=연평균 일교통량(대/일)

L=구간길이(km)

만약 교차로와 같이 도로구간의 길이가 짧다면 교통사고 노출 정도의 변수를 백만 통과차량당 교통사고수를 통해 다음과 같이 분석하게 된다.

$$RSP=\frac{(100,000,000)(A)}{(365)(T)(V)} \quad \cdots\cdots (5.9)$$

여기서,
RSP=도로지점의 교통사고율
V=연평균 일교통량(대/일)로서 해당 접근로의 교통량 합계

여기서 사용하는 교통량은 교통사고 발생기간의 것이라야 한다.

㈑ 교통사고의 치상 정도를 감안한 접근방법

부상이나 사망사고는 기타 유형에 비해 훨씬 큰 손실을 갖는 것이므로 전술한 접근방법들은 다소간 보정되는 것이 현실적이라는 생각에서 이 방법이 정립되었다. 이를 위한 첫번째 단계는 모든 형태의 교통사고를 재산피해만이 발생한 교통사고(**EPDO: Equivalent Property Damage Only**)로 환산하는 것이다. 부서에 따라 **EPDO**를 산출하기 위한 가중치가 다소간 차이를 보일 수 있으며 한 예로 켄터키주 교통부에서는 사망사고와 중상자가 있는 교통사고는 재산피해 사고의 9.5배로 보고 있고 경미한 부상사고도 3.5배로 하고 있다.[3)]

㈒ 전통적인 통계적 분석방법

교통사고 건수나 교통사고율에 의한 방법을 통해 일단 후보지점들을 선정하고 나면, 이들을 대상으로 보다 상세한 분석을 수행할 수 있게 된다. 또 한 가지 선정방법은 교통사고 발생특성이 대체로 정규분포를 따를 것이라는 가정을 전제로 하고 있으며, 만약 이 가정이 성립한다면 우리는 다음과 같은 수식을 통해 교통사고 많은 지점을 선정할 수 있다.

$$OB_i > XA+(K)(S) \quad \cdots\cdots (5.10)$$

여기서,
OB_i=i 지점에서의 교통사고 건수 혹은 교통사고율
XA=모든 수집된 조사지점의 평균교통사고 건수 혹은 평균교통사고율
K =신뢰도에 따른 계수로서 신뢰도는 90, 95, 99%를 사용함
S =모든 수집된 조사지점의 표본 표준편차

[예제 5-4] 한 도로구간의 교통사고율이 1억대-km당 210건으로 나타났다. 만약 이 지역 평균교통사고율이 1억대-km당 89건이고 표준편차가 1억대-km당 64건 이라면 95% 신뢰도에서 이 지점은 특별히 교통사고 많은 지점으로 관리되어야 하는지 여부를 결정하시오. 단 95% 신뢰도에서 k=1.96이다.

풀이 식(5.10)에서

$$OB_i > XA + (K)(S)$$
$$210 < 89 + (1.96)(64) = 214$$

∴ 이 구간은 다른 지점들에 비해 교통사고가 많이 발생한다고 할 수 없다.

(바) 임계 교통사고율의 적용에 의한 방법

이상에서 설명한 방법들과 달리 임계 교통사고율방법은 다소 변형된 값을 이용하는 방법이다. 이 방법의 차이점은 다음과 같다.

- 이 방법은 교통사고율에 대해서만 적용할 수 있다.
- 이 방법에서는 일단의 대상 지역들에 대한 교통사고 발생건수가 포아송분포를 따르는 것으로 가정한다.
- 이 방법은 해당 지점의 교통사고율을 해당 지점과 유사한 지점의 평균교통사고율과 비교한다.

이 방법은 한 지점이나 한 구간에 적용할 수 있으며, 지점인 경우 백만 통과차량당 교통사고율을 적용하며, 구간인 경우 1억대-km당 교통사고율을 적용한다.

만약 해당 지점의 교통사고율이 다음 조건을 만족시키게 되면 이 지점은 교통사고가 유난히 많이 발생하는 것이다.

$$OBR_i > XS + k\sqrt{\frac{XS}{V_i}} + \frac{1}{2V_i} \quad \cdots\cdots (5.11)$$

여기서,

OBR_i=지점 i의 조사결과 나타난 교통사고율

XS =지점 i와 유사한 특성을 갖는 도로지점들에서 조사된 평균 교통사고율

V_i =지점 i의 교통량

K =신뢰도에 따른 계수

문제는 해당 지점과 유사한 특성을 갖는 도로지점으로 과연 어느 지점들을 포함시킬 것인가의 문제이다. 일반적으로 여러 부서에서는 비교적 넓은 범위의 정의를 내려서 유사성을 규정하고 있다.

[예제 5-5] 한 도로구간의 3년간 교통사고 발생건수는 40건이다. 이 구간은 1,900만대-km의 교통량을 기록하고 있고 이 도로와 유사한 환경을 갖는 다른 도로들의 교통사고 기록은 1억대-km당 140건이다. 이 도로구간의 95% 신뢰도에서 교통 안전성을 검토하시오. 단 K=1.96이다.

풀이 먼저 식(5.11)에 포함된 변수들의 단위를 일치시켜야 한다. 먼저 유사한 환경을 갖는 도로의 교통사고율은 100만대-km당 1.4건이다. 한편 조사지점의 교통사고율은 100만대-km당 40/19=2.1건이다. 따라서 식(5.11)에 대입하면

$$2.1 > 1.4 + 1.96\sqrt{\frac{1.4}{19}} + \frac{1}{(2)(19)} = 1.96 \qquad \therefore \text{ 안전하지 않다.}$$

(사) 확률적 분석방법

종전의 방법은 신뢰도의 선정이 임의적이라는 단점을 지니고 있다. 또 한 가지 지적되는 문제점은 교통사고의 분석에 있어 현재의 상황과 과거의 상황이 연결되지 않음으로써 현재의 상황이 크게 달라진 경우 교통사고 분석이 큰 의미가 없어진다는 점이다.

이러한 문제점을 감안하여 새로운 접근방법이 정립되었는데 이 방법은 조건부 확률에 기초한 통계이론을 근간으로 하고 있다. 즉 이 방법은 해당 조사지점이 갖고 있는 교통사고 이력과 교통량 및 도로조건

하에서, 이 지점이 위험한지 아닌지의 여부를 확률을 통해 분석하여 알고자 하는 것이다.

확률적 분석방법의 과정을 다음 예를 통해 설명해 본다. 먼저 지금까지 사람들이 교통사고율을 계산한 방법은 식(5.9)와 같은 방법이었다. 그러나 캐나다 토론토대학의 **Hauer** 교수는[4] 단순히 교차로에 진입하는 전체 교통량을 기준으로 교통사고율을 계산하는 것은 비논리적인 것으로 규정한다. 예를 들어 두 개의 교차로가 있을 때 첫번째 교차로는 직진 교통량 비율이 높고 두 번째 교차로는 좌회전 교통량 비율이 높다면, 좌회전 교통량이 통상적으로 위험하다는 일반적 인식에 의해 두 번째 교차로가 교통사고율이 높을 것으로 간주되어 교통사고 개선책이 집중될 것으로 보여진다. 그러나 사실상 교통류의 성격에 따른 분류를 실시하지 않고서 직진 교통량과 좌회전 교통량이 다른 교차로를 동시에 비교한다는 것은 무의미할 수 있다. 즉 단순한 전체 교통량만을 고려하는 것은 교통류의 특성을 무시하게 될 수 있기 때문이다.

이러한 견지에서 **Hauer** 교수는 각 교차로에 대해 교통류 형태에 따른 위험성에 따라 순위를 정하는 절차를 다음과 같이 제시하였다.

- 십자형 교차로 각 접근로에서 발생하는 교통사고는 [그림 5-10]에서 제시한 대로 15개의 유형이 있다. 유형별 교통사고 발생기

[그림 5-10] 교통류에 따른 교차로 교통사고의 유형[4]

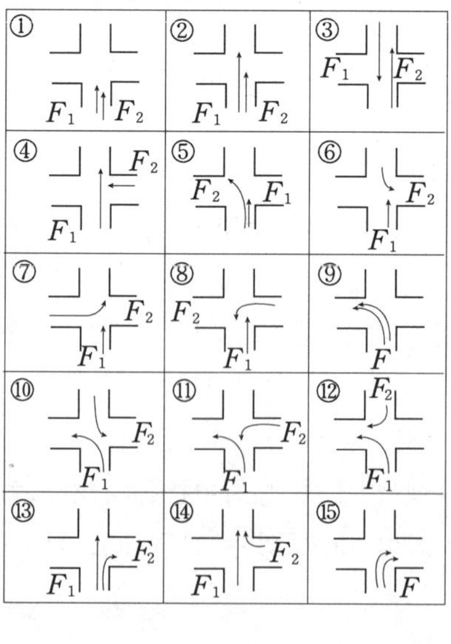

대건수는 [표 5-4]와 같다.

- 각 교차로에 대해 상기 절차에서 산출된 평균교통사고 건수의 합계를 결정한다.
- 앞 절차에서 얻은 합계를 보정하여 조사시간 전체에 대한 평균 교통사고 발생건수를 산출한다. 적용한 [표 5-4]의 결과는 총 9시간의 결과로서 그 시간적 배분은 오전, 오후 첨두시간 각 2시간씩과 비첨두 시간 5시간을 기준으로 산출한 결과이다.
- 교차로에 대해 조사된 교통사고 건수와 분석하여 얻은 교통사고

[표 5-4] 캐나다 토론토시에서 얻은 교차로 교통사고 추정식[4)]

Pattern	Model Form[a]	Time	Coefficient Estimates b_0	b_1	b_2
1	$\hat{E}\{m\}=b_0\times F$	A.M.	0.1655×10^{-6}		
		P.M.	0.2178×10^{-6}		
		Off	0.2164×10^{-6}		
		Daily	0.2052×10^{-6}		
2	$\hat{E}\{m\}=b_0\times F$	A.M.	0.0987×10^{-6}		
		P.M.	0.0933×10^{-6}		
		Off	0.1080×10^{-6}		
		Daily	0.1014×10^{-6}		
4	$\hat{E}\{m\}=b_0\times F_2^{b2}$	A.M.	19.020×10^{-6}		0.1536
		P.M.	1.4127×10^{-6}		0.6044
		Off	9.7329×10^{-6}		0.3860
		Daily	8.1296×10^{-6}		0.3662
6	$\hat{E}\{m\}=b_0\times F_1\times F_2^{b2}$	A.M.	0.2383×10^{-6}		0.5163
		P.M.	0.0940×10^{-6}		0.3091
		Off	0.0718×10^{-6}		0.4127
		Daily	0.0418×10^{-6}		0.4634
3	$\hat{E}\{m\}=b_0\times F_2^{b2}$	Daily	8.6129×10^{-9}		1.0682
5	$\hat{E}\{m\}=b_0\times F_1^{b1}\times F_2^{b2}$	Daily	0.3449×10^{-6}	0.1363	0.6013
7	$\hat{E}\{m\}=b_0\times F_1^{b1}\times F_2^{b2}$	Daily	0.2113×10^{-6}	0.3468	0.4051
8	$\hat{E}\{m\}=b_0\times F_2^{b2}$	Daily	2.6792×10^{-6}		0.2476
9	$\hat{E}\{m\}=b_0\times F_1^{b1}$	Daily	6.9815×10^{-9}	1.4892	
10	$\hat{E}\{m\}=b_0\times F_2^{b2}$	Daily	5.590×10^{-12}		2.7862
11	$\hat{E}\{m\}=b_0\times F_1^{b1}\times F_2^{b2}$	Daily	1.3012×10^{-9}	1.1432	0.4353
12	$\hat{E}\{m\}=b_0\times F_1^{b1}\times F_2^{b2}$	Daily	0.0106×10^{-6}	0.6135	0.7858
13	$\hat{E}\{m\}=b_0\times F_1^{b1}\times F_2^{b2}$	Daily	0.4846×10^{-6}	0.2769	0.4479
14	$\hat{E}\{m\}=b_0\times F_1^{b1}\times F_2^{b2}$	Daily	1.7741×10^{-9}	1.1121	0.5467
15	$\hat{E}\{m\}=b_0\times F_1^{b1}$	Daily	0.5355×10^{-6}	0.4610	

건수의 차이를 구한다.

- 상기 절차에서 얻은 차이를 모든 교차로에 대해 비교하여 가장 많은 차이를 보이는 교차로가 곧 가장 위험한 교차로이다.

[예제 5-6] 한 교차로의 북방향 접근로를 3년 동안 9시간(오전 및 오후 첨두시간 각 2시간과 비첨두시간 5시간) 조사하여 11건의 사고를 확인했고 그 사고의 패턴이 1, 2, 4, 6인 것으로 확인했다. 이 교차로의 해당 기간 동안 교통량은 직진 500, 서쪽방향 410, 남쪽방향 200대/시인 것으로 조사되었을 때 이 교차로의 위험 여부를 판단하다. 단, 예상 교통사고의 2배 이상을 판단기준으로 한다.

풀이 [표 5-4]에 의해서 각 교통사고 패턴별 예상 건수를 산출하면 다음과 같다.

$$\text{패턴 } 1 = b_0 \times F = 0.2052 \times 10^{-6} \times 500 = 0.000103$$

$$\text{패턴 } 2 = 0.1014 \times 10^{-6} \times 500 = 0.000051$$

$$\text{패턴 } 4 = 8.1296 \times 10^{-6} \times 410^{0.3662} = 0.000074$$

$$\text{패턴 } 6 = 0.0418 \times 10^{-6} \times 500 \times 200^{0.4634} = 0.000243$$

따라서 총예상교통사고 건수는 0.000471건/1시간이다. 문제에서 주어진 조건은 3년이므로 3년 동안의 날짜수를 감안하여 다음의 값을 얻게 된다.

$$0.000471\text{건}/1\text{시간} \times (9\text{시간})(260\text{평일}/1\text{년})(3\text{년}) = 3.3(\text{건})$$

$$11\text{건} > 2 \times 3.3 = 6.6(\text{건})$$

따라서 이 교차로는 매우 위험한 지점이다.

③ 교통사고 감소 방안의 선정

일단 위험한 도로로 확인된 지점은 그에 대한 대책이 마련되어져야 한다. 이 단계에서 처음 관찰할 것은 어떤 일정한 형태의 교통사고가 집중적으로 발생하는지에 대해 점검하는 일이다. 이를 위한 어떤 특정한 방법이 있는 것은 아니며 이미 설명한 대로 Hauer 교수가 제시한 방법과 같은 접근을 시도할 수도 있다. 그러나 이러한 방법은 적용상 곤란한 점이 많으므로, 오히려 사고 현황도를 면밀히 관찰하여 주관적인 판단에 의해 분석하는 방법이 더욱 효과적일 수도 있다.

[그림 5-11]은 교통사고 현황도의 한 예이다. 한 화살표는 한 번의

[그림 5-11] 교통사고 현황도

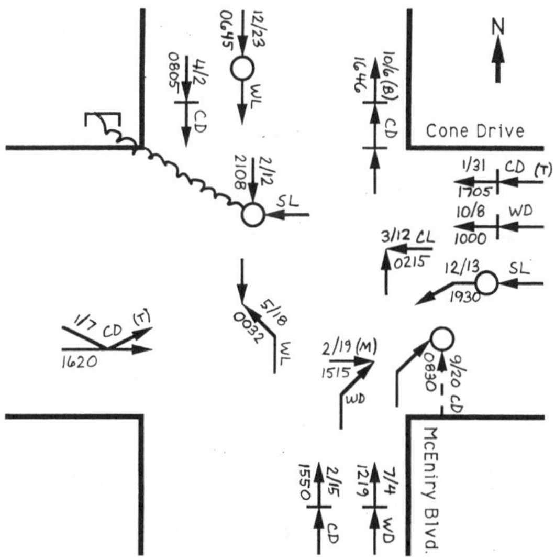

Accident Summary	
Fatal	0
Injury	4
PDO	10
TOTAL	14

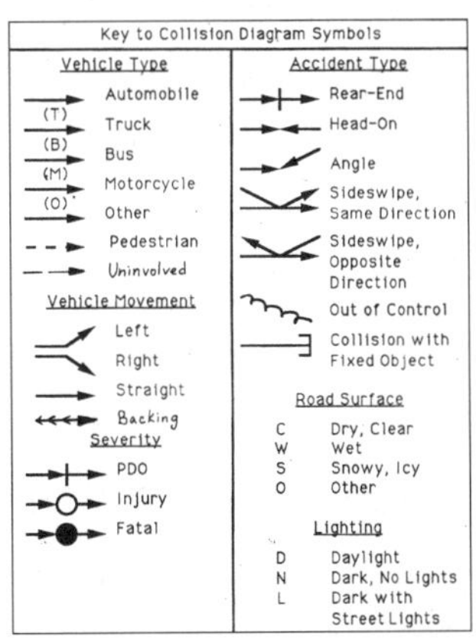

교통사고를 의미하며 그 외에도 차량형태, 차량의 원래 주행방향, 사고의 치상 정도, 사고의 형태 등이 함께 표시된다. 이 사고 현황도는 축척에 관계없이 사고의 특징만을 표시함에 유의해야 한다.

교통사고 감소대안을 창출하기 위해서는 대개의 경우 도로 현황도(Condition Diagram)가 함께 필요하다. 도로 현황도는 해당 지역을 축척에 맞게 도면화한 것으로서 도로의 평면, 차로구성, 종단, 장애물, 교통관제시설, 횡단보도, 주차장, 조명, 기타 중요사항 등으로 구성된다. 도로 현황도와 사고 현황도는 같은 시기에 대한 도면이어야 한다.

④ 교통사고 감소 대안의 평가

교통사고의 원인을 발견했다면 이에 대응하는 적절한 교통사고 감소 대안이 구축되어야 하며 구축된 대안은 기대효과에 의해 평가를 해야 한다. 일반적으로 기대효과의 분석은 '전후조사'(before-and-after Studies)에 의해 이루어지지만 이 방법은 다음의 두 가지 단점을 내포하고 있다는 점에 유의해야 한다.

- 개선 전과 개선 후 시점간에 발생하는 도로 및 교통여건 변화를 충분히 감안하기 어렵다.
- 통계학적 분석을 통해서도 교통사고의 평균적 특성을 충분히 감안하기 어렵다. 예를 들면 한 지점에서 어느 시점에 교통사고가 많이 발생했을 때, 통계적으로 개선 전후의 비교가 이루어지려면 다음 시점에도 교통사고가 어느 정도는 많이 발생해야 평균적 특성이 규명되는데, 이런 전제조건을 먼저 확인하고 분석한다는 것은 비논리적이다. 이러한 문제점은 표본조사를 치밀하게 수행함으로써 어느 정도 완화시킬 수 있다.

5.3.8 대중교통 조사

대중교통 조사는 대중교통 서비스를 개선하려면 어떤 대안이 선택가능한지를 알고자 할 때 유용하게 쓰인다. 또한 요금이나 노선 등의 변동사항에 대한 승객들의 반응을 분석하고자 할 때도 유용하다. 투자의 적절성이나 대중교통 서비스의 수준을 분석하기 위한 단계일 수도 있다.

1) 조사방법의 선정

대중교통 조사의 형태는 지금 당면하고 있는 교통문제에 따라 다르다. 대중교통을 운영하는 회사 또는 담당 부서에서는 대중교통 서비스의 공급에 관한 계획을 수립하고, 현상태의 서비스 수준을 분석하며, 문제점을 진단하고, 이러한 내용들을 요약하여 공공기관이나 경영자에게 제출하는 일을 담당하고 있다.

대중교통 조사를 수행하는 데 있어 첫번째 단계는 다른 조사에서와 마찬가지로 대중교통관련 문제를 찾아 내는 일이다.

일단 발견된 문제에 대해서는 조사할 항목을 결정해야 하는데 조사의 항목은 한 개 또는 여러 개일 수 있다. 다음의 [표 5-5]는 대중교통 조사에서 널리 쓰이는 조사항목을 열거하고 있다.

일단 조사항목이 결정되고 나면 조사방법을 결정하게 된다. 조사방법은 사실상 많지 않으며 대부분의 경우 대중교통수단에 승차한 조사요원이 조사하는 방법을 사용하는데 이를 우리는 승차자 조사(ride checks)라고 부른다. 또 한 가지 방법은 대중교통수단이 통행하는 도로변에서 조사하는 방법이 있는데 이를 지점조사(point checks)라고 부른다. 그 외에도 자동측정기나 대중교통 운전자를 통한 방법이 있으며 [표 5-6]은 조사항목과 조사방법을 관련지어 설명하고 있다.

조사방법을 결정할 때는 자료의 취득가능성 여부, 측정오차, 비용

[표 5-5] 대중교통 조사의 항목 및 용도[5)]

조 사 항 목	용 도
주요 지점의 승객수	대중교통계획 수립, 배차시간 결정
통행시간 및 지체시간	〃
운행준수 여부	대중교통계획 수립, 배차시간 결정, 운영상태 평가
승하차인원 조사	〃
요금형태별 승하차인원 조사	대중교통계획 수립, 시장성 분석
정류장별 승하차인원 조사	대중교통계획 수립
승객-km 조사	운영상태 평가, 대중교통계획 수립
승객특성 조사	대중교통계획 수립, 시장성 분석
노선별 승객 기종점 조사	

[표 5-6] 대중교통 조사항목과 조사방법[5)]

조사항목	조사방법
주요지점의 승객수	지점 조사, 승차자 조사
통행시간 및 지체시간	승차자 조사, 조사차량 이용법
운행준수 여부	지점 조사, 승차자 조사, 조사차량 이용법
승하차인원 조사	운전자 조사법, 승차자 조사
요금형태별 승하차인원 조사	〃
정류장 승하차인원 조사	자동측정기, 승차자 조사
승객-km 조사	〃
승객특성 조사	설문 조사
노선별 승객 기종점 조사	위 방법들 모두 이용

등을 고려해야 하며 여기서 취득가능성 여부란 지점조사의 경우 조사요원이 충분한가? 운전자 조사법의 경우 운전자들이 조사를 도와주더라도 법적인 문제가 없는가? 자동측정기의 경우 장비는 확보되어 있는가? 등에 대한 것으로서 기본적으로는 조사를 통해 의도한 목적을 거둘 수 있는지 여부를 검토하는 것이다.

조사경비의 관점에서 본다면 자동측정기가 가장 저렴한 방법이며 운전자 조사법, 지점 조사, 승차자 조사의 순으로 경비가 많이 든다.

2) 조사방법

① 운전자를 이용한 조사법

요금의 구분에 따라 승객들의 승하차 인원을 조사하는 경우, 대중교통 운전자를 이용하면 매우 경제적이고 간편하게 해결할 수 있다. 이미 운전자들은 항상 승객들을 요금형태별로 계수하고 있고 그 결과도 매우 정확한 것으로 알려져 있다. 다만 승객들이 두 개 이상의 문을 통해 승차하는 경우 그 조사가 곤란한 점은 있다.

[표 5-7]은 운전자를 이용한 조사법에서 사용하는 조사양식이다.

② 지점 조사

지점 조사시 조사요원들은 대중교통 노선변에 위치하여 주로 버스 정류장과 같은 주요 지점에서 승객들의 승·하차 및 차량내 변화사항들을 조사하게 된다. 대중교통의 통과횟수가 비교적 많아야 지점조사 요

[표 5-7] 운전자를 이용한 조사법

BOARDING COUNT FIELD SHEET

POUTE ____________ BLOCK NUMBER ____________

DAY________ DATE ________ WEATHER ____________

OBSERVER ____________

Route Segment		Boarding Passengers					
From	To	Full Fare	Full Fare	Transfer	Full+ Transfer	Reduced+ Transfer	All passes

원들은 여러 가지 다양한 항목을 조사할 수 있게 되고, 한 조사자가 양방향 교통량을 모두 조사 가능할 수 있어야 효율적인 조사가 이루어진다.

지점 조사는 비록 승차자 조사나 자동측정기에 의한 방법보다 그 정확도가 떨어지긴 하지만 상당히 정확한 결과를 산출케 하는 것으로 알려져 있다.

지점 조사의 조사내용은 주로 승차한 인원수와 대중교통의 운행스케줄 준수 등이 해당한다.

[표 5-8]은 지점 조사의 양식을 도시한다.

그 외 지점 조사의 추가적 조사내용은 다음과 같다.

- 지점별 승차 및 하차 인원수
- 지점별 감속, 정지 및 가속하는 횟수
- 차량이 도착하는 시점에 나타나는 승객들의 행태(예: 도착시간, 대

[표 5-8] 지점조사의 양식

POINT CHECK FIELD SHEET

ROUTE(S)__________ BUS STOP NUMBER __________

DAY______ DATE ______ WEATHER __________

☐ ARRIVING LOAD

☐ DEPARTING LOAD OBSERVER __________

Route Number	Direction	Block Number	Vehicle Capacity	Arriving Time		Passengers
				Scheduled	Actual	

기시간, 환승 교통수단 등)

승차인원을 조사할 때의 한 가지 지침은 승차인원이 적을 때는 앉은 승객수를 조사하고, 보통일 때는 빈 좌석수를 조사하며, 승차인원이 많을 때는 서서가는 승객수를 조사하는 방식을 취하는 것이다.

지점조사를 통해 우리는 교통시스템의 운영상태를 상당히 폭넓게 이해할 수 있다. [그림 5-12]는 지점 조사를 통해 얻은 유용한 자료이다. 한편 부하계수(**load factor**)는 승객수에 대한 백분율이 아니고 차량 정원에 대한 백분율임에 유의할 필요가 있다.

③ 승차자 조사

이 방법은 조사요원이 대상 차량에 승차하여 조사하는 방법이다. 통상적으로 볼 때 이 방법은 지점조사보다 더 정확한 결과를 나타내며 방향별로 조사해야 하므로 조사비용이 많이 든다.

승차자 조사의 주요 조사내용은 각 정류장에서의 승차 및 하차 인

[그림 5-12] 지점 조사자료의 한 예

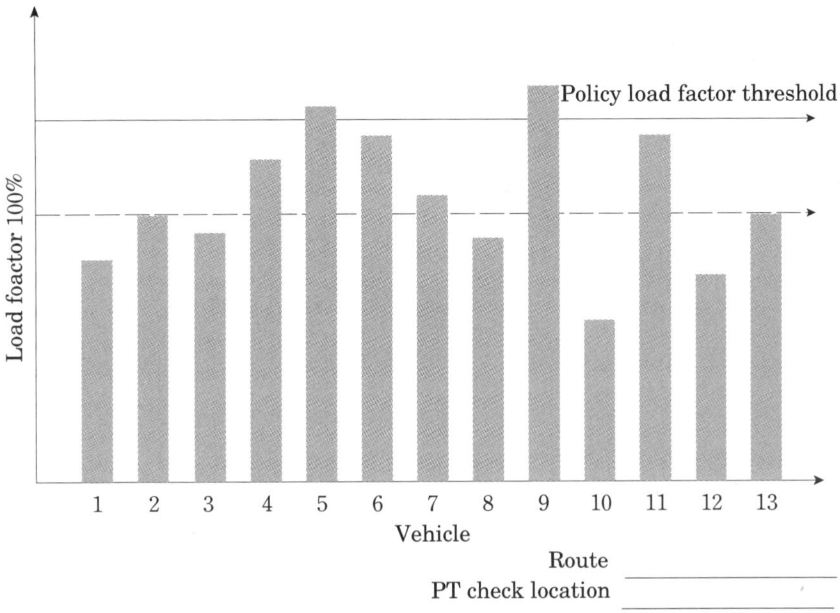

원 그리고 도착시간이다. 조사자는 운전자의 바로 뒷좌석에 위치하여 조사하며 차량 혼잡을 발생시키는 요인들에 대해서도 조사할 수 있게 된다.

[그림 5-13]은 승차자 조사를 통해 얻는 대표적인 결과로서 이 그래프에서 각 버스정류장간 간격을 표시하게 된다면 총면적이 곧 그 노선에 대한 승객-km임을 알 수 있다.

[그림 5-14]는 또 한 가지 유형의 결과인데 이 그래프는 주로 각 버스 정류장간 지체 정도를 이해하는 데 큰 도움이 된다.

마지막으로 [그림 5-15]를 통해 우리는 교통지체의 요인을 이해할 수 있다.

④ 승차자 기종점 조사

버스회사를 경영하는 경영진과 같은 대중교통 운영자들은 승차자 조사 결과를 통해 승객들의 기종점을 파악할 수 있는데, 이는 정확한 기종점은 아니라 하더라도 상당히 의미 있는 결과인 경우가 많다.

[그림 5-13] 승차자 조사의 예 1

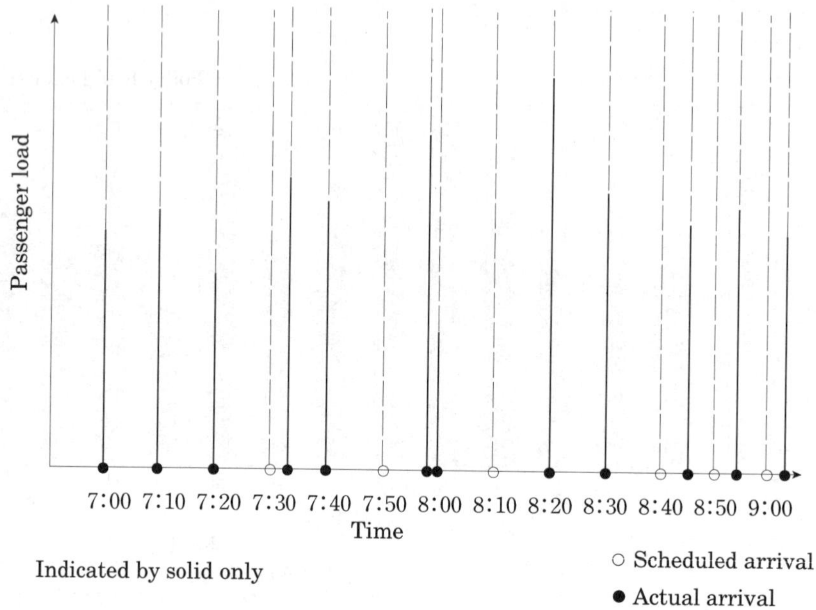

[그림 5-14] 승차자 조사의 예 2

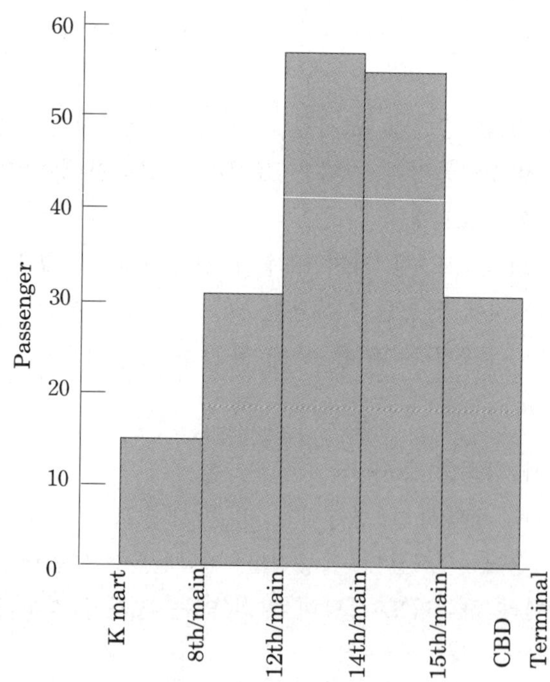

[그림 5-15] 승차자 조사의 예 3

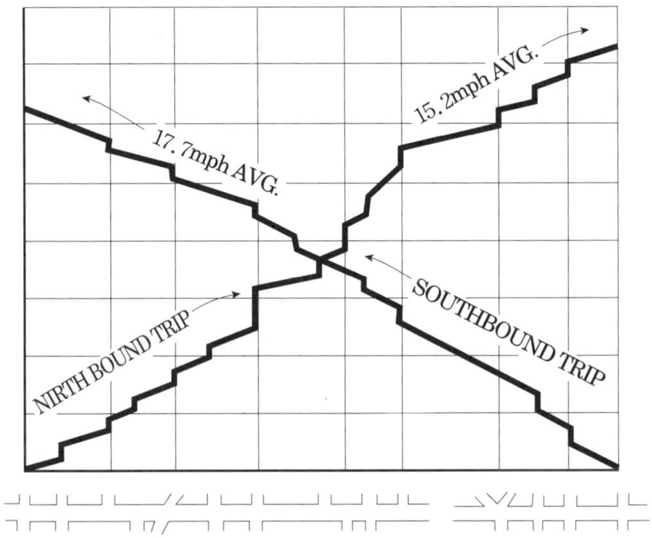

⑤ 자동측정기를 이용한 방법

이 방법은 다음의 [그림 5-16]에서 제시하는 방법에 따라 대중교통관련 자료를 수집하는 방식으로서 차량의 진입문에 사진기 또는 압력식 계수기와 같은 자동측정기를 설치하여 승차 및 하차인원을 조사한다. 차량에 거리를 측정할 수 있는 장비를 동시에 설치하게 되면 통행시간과 운행스케줄 준수 여부를 함께 조사할 수 있다.

일반적으로 자동측정장비를 통해 얻는 자료는 인력으로 얻는 자료에 비해 훨씬 정확하기는 하지만 오차가 개입될 소지가 많다. 예를 들어 기계적 결함이나 정전, 그리고 승객들이 기계를 가로 막고 서 있는 경우 등이며, 만약 오차가 우려된다면 인력으로 조사한 결과와 비교해 보아야만 한다. 통상적으로 자동측정기의 구입에는 많은 비용이 소요되므로 해당 부서의 규모가 크지 않으면 오히려 장비의 이용이 비용-효과적 측면에서 불리할 수 있다. 따라서 장비를 이용할 것인가의 여부는 예산규모, 정확도, 자료의 추출시간, 기타 관련사항들을 함께 고려하여 결정해야 할 사항이다.

[그림 5-16] 대중교통관련 자료 수집방법

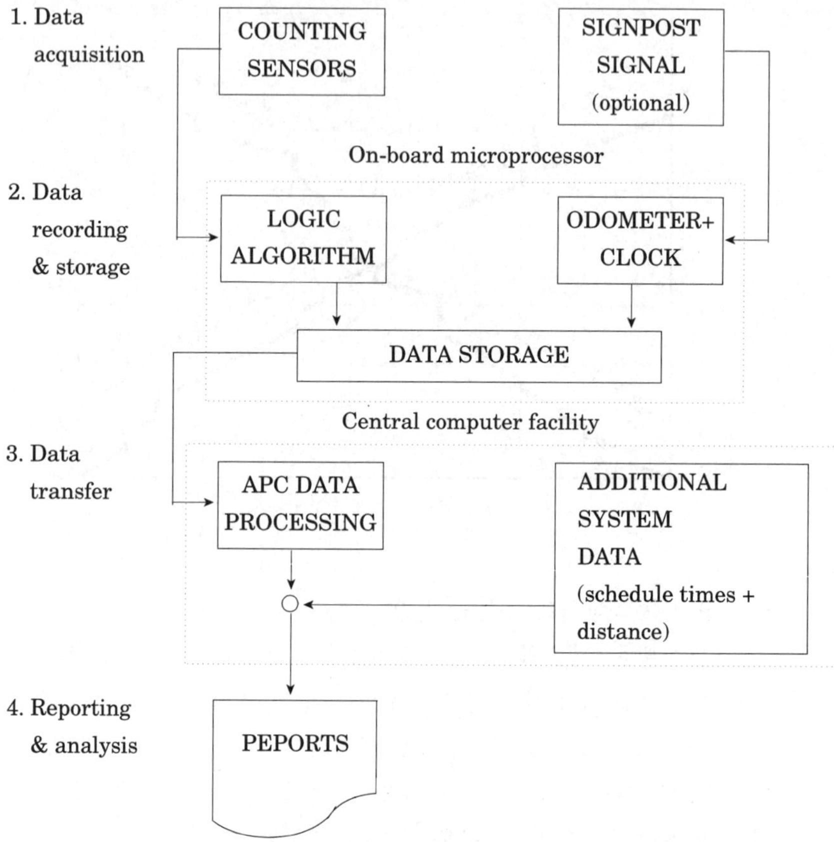

■ 주

1) McShane, W.R. and Roess, R.P., *Traffic Engineering*, Prentice Hall Inc., 1990.
2) ITE, *Manual of Transportation Engineering Studies*, Prentice Hall Inc., 1994.
3) Zegeer, C.V., *Highway Accident Analysis Systems*, NCHRP Synthesis of Highway Practice 91, 1982.
4) Hauer, E., *Estimation of Safety at Signalized Intersection*, TRB 1185, 1982.
5) Urban Mass Transportation Administration(UMTA), *Transit Data Collection Design Manual*, 1985.

■ 익힘문제

1. A와 B구간의 시간당 교통량(q), 평균통행시간(t), 평균통행속도($\bar{V}$), 밀도(K)를 구하기 위해 이동차량조사법(**moving vehicle car method**)을 이용하여 아래와 같이 A-B구간의 통행특성을 조사하였다.
   - A→B방향 통행시간(t_a): 144.4초
   - B→A방향 통행시간(t_a): 68.2초
   - B→A진행시 반대편(A→B)에서 오는 차량대수(x): 102대
   - A→B 진행시 추월차량수가 추월당한 차량수보다 4대(Z)가 많다.
   - A와 B구간의 거리(ℓ): 1,164m

위의 자료를 이용하여 A에서 B지점으로 진행시의 q, t, $\bar{V}$, k를 구하라.

2. 4차선 도로에서 승용차 환산계수를 적용하여 구한 교통량이 6,000대/시간일 때 평균속도가 30km/h이었다. 다음을 구하라.
   (1) 밀도
   (2) 차두시간(time headway)
   (3) 차두거리(spacing; space headway)

제6장

교통류이론

본 장에서는 교통의 흐름을 분석하는 데 적용 가능한 분석기법들을 설명한다. 흔히 교통흐름의 분석을 위해 시설물을 연속류와 단속류로 구분하며, 연속류는 고속도로의 교통흐름이 대표적이고 단속류는 신호교차로의 교통흐름이 대표적이다.

이 두 가지 흐름의 기본적 차이는 시간변화에 따른 교통흐름의 차이에 기인하며, 전자의 경우 그 흐름분석을 위해 속도, 교통량, 밀도의 세 가지 변수가 사용되고 후자의 경우 교통량, 신호시간, 지체도의 세 가지 변수가 주로 사용된다.

이 분야의 연구결과는 1930년대 확률론과 교통량-속도 관계식으로부터 출발했다. 그 후 1950년대 중반을 기점으로 하여 많은 연구결과가 외국의 연구 논문집에 수록되기 시작하였으며, 이들은 주로 도로상을 주행하는 차량들의 흐름을 마치 물의 흐름과 같이 생각하여 수학적 이론에 접근시킨 것이었다. 미국의 Haight는 차량의 흐름이 갖는 세 가지 기본적인 특성을 제시하여 차량흐름은 다른 유형의 흐름과 차이를 갖는다고 주장하였다.[1)]

1) 모호성: 운전자들은 도로 자체에 의해 영향을 받을 뿐 아니라 주변에 존재하는 다른 운전자에 의해서도 주행에 영향을 받게 되며 특히 다른 운전자와의 충돌을 피하기 위해 끊임없이 신경을 쓰게 된다. 또한 운전자들은 주변 차량과의 위치를 고려하면서 마음대로 속도를 변화시킬 수 있다. 따라서 운전자들의 움직임을 정확히 예측하기는 매우 힘들다.

2) 한계성: 차량의 크기와 도로의 기하구조를 고려할 때 운전자들은 조심해서 운전하지 않으면 다른 차량과 충돌할 가능성을 가지

고 있다. 또한 도로상태에 따라 교통혼잡이 발생할 수 있으며 운전자들이 변화시킬 수 있는 속도는 차량과 시간에 따라 변한다.

3) 시간-공간성: 도로상을 주행하는 차량의 속도는 계속해서 변화하기 때문에 차량의 위치는 시간에 따라 끊임없이 변한다.

또한 교통류이론에 대한 정의는 "물리학 및 수학 등의 일반법칙을 적용해서 나타나는 교통량의 특성 묘사"라고 할 수 있다.[1)] 따라서 어떤 통일된 형태의 교통류이론이 독자적으로 존재한다고 보기는 어렵고, 교통류이론은 계속해서 그 분야가 확장되는 것으로 생각할 수 있다. 대표적인 교통류이론으로는 추종이론, 충격파이론, 대기행렬이론을 들 수 있으며 그 외에도 교통량, 속도, 밀도를 미시적인 측면과 거시적인 측면으로 분석하는 모든 기법이 여기에 해당한다.

본 장의 구성은 크게 두 부분으로 나누어진다. 전반부는 교통류의 기본변수인 교통량, 속도, 밀도의 특성 및 상호 관계식을 살펴본다. 후반부에서는 교통류 분석의 주요 이론인 추종이론, 충격파이론, 대기행렬이론에 대해 설명한다.

6.1 교통류의 기본적 세 변수 특성

교통량, 속도, 밀도는 교통류의 대표적인 세 변수이며 이들 간의 관계식을 교통류 모형이라고 한다. 대체로 차량대수가 적으면 평균속도는 자유흐름시의 속도에 접근하고, 교통량은 0에 접근하게 된다. 반대로 차량대수가 많아지게 되면 속도는 0에 접근하고, 교통량 또한 0에 접근한다. 이러한 두 개의 극단적 경계조건을 기초로 하여 초기의 교통전문가들은 밀도와 속도의 대체적 경향을 교통류 모형으로 개발했다. 본 절에서는 교통류 기본변수에 대해 설명한다.

1) 속도(speed): 일정시간 동안에 변화한 공간변이량(km/시)
2) 교통량(volume): 일정시간 동안에 한 지점을 통과한 차량수(대/시)
3) 밀도(density): 한 순간에 도로의 일정구간을 점유하고 있는 차량수(대/km)

교통류를 설명하는 이 세 가지 변수는 서로 유기적으로 변화한다.

즉, 이 세 가지 변수 중 두 가지만 결정하게 되면 나머지 한 가지는 저절로 얻을 수 있다. 다음은 이 세 변수의 특성과 이들간의 관계, 그리고 교통용량 및 서비스수준과의 관계 등에 관한 상세한 설명이다.

6.1.1 속 도

속도는 도로시설의 운영상태를 나타낼 수 있는 간접적인 척도가 된다. 운전자들이 도로 운영상태를 느끼는 것은 그 도로시설을 이용하여 통행목적을 충족시키고자 할 때 통행시간, 즉 속도의 역수가 얼마만큼 소요되었느냐로 판단하게 된다. 교통시설물의 설계시 속도는 최소정지시거, 추월시거, 교통신호시간의 결정 등에 중요한 입력자료가 되며 교통계획에서는 교통망과 계획, 애로구간의 해소 그리고 안전한 도로시설 운영을 위한 기초자료가 되고 있다.

1) 지점속도

사실 공학적 개념에서 볼 때 속도라는 용어는 여러 가지 입장으로 쓰여지고 있지만 어느 일정한 구간에서의 속도는 지점속도를 주로 대상으로 한다. 지점속도는 도로의 한 지점에서 어느 일정시간 동안 모든 교통 및 도로상황이 변하지 않는 상태에서 차량의 통과속도를 측정한 것을 나타내는 것으로 이 지점속도는 일반적으로 정규분포를 나타낸다.

지점속도를 구하기 위해서는 속도 측정지점을 통과하는 차량의 속도를 평균해야 하는데 이는 [표 6-1]을 통해 설명키로 한다.

[표 6-1]에서 속도를 3km/시의 간격으로 구분한 것을 알 수 있다. 따라서 한 속도구간의 중간값이 그 구간을 대표적으로 나타내도록 한 것이며 각 속도구간에 해당하는 통과횟수를 기록하여 정규분포에서 필요한 모든 수치를 산출하였다.

이러한 절차에 의해 산출되는 지점속도를 시간평균속도(time mean speed)라고도 하는데 이는 산술적 평균값을 의미하여 다음 식에 의해 계산한다.

[표 6-1] 지점속도의 자료분석 예

속도구분(km/시)			관찰대수	누 계		계 산 치	
최저속도	중간속도x_i	최고속도	f_i	빈도	%	$f_i x_i$	$f_i(x_i)^2$
13.6	15.0	16.5	1	1	1	15.0	225.00
16.6	18.0	19.5	2	3	3	36.0	648.00
19.6	21.0	22.5	6	9	9	126.0	2,646.00
22.6	24.0	25.5	12	21	21	288.0	6,912.00
25.6	27.0	28.5	13	34	34	351.0	9,477.00
28.6	30.0	31.5	20	54	54	600.0	18,000.00
31.6	33.0	34.5	18	72	72	594.0	19,602.00
34.6	36.0	37.5	17	89	89	612.0	22,032.00
37.6	39.0	40.5	4	93	93	156.0	6,084.00
40.6	42.0	43.5	5	98	98	210.0	8,820.00
43.6	45.0	46.5	1	99	99	45.0	2,025.00
46.6	48.0	49.5	1	100	100	48.0	2,304.00
Totals			$n=100$			$\Sigma=3,081.0$	98,775.00

$$\bar{u}_t=\frac{1}{N}\sum_{i=1}^{N}u_i \qquad \cdots\cdots (6.1)$$

2) 공간평균속도(Space mean speed)

한 지점에서의 속도와는 달리 도로의 일정구간을 달리는 차량들의 평균속도를 구간거리를 고려하여 산출하는 경우 이를 공간평균속도라고 한다. 이를 위해서는 구간거리를 통과하는 데 소요된 평균통행시간을 측정하여 이를 차량대수로 나누어야 하므로 속도의 조화평균값을 나타내게 된다.

$$\bar{u}_s=\frac{N}{\sum_{i=1}^{N}\frac{1}{u_i}} \qquad \cdots\cdots (6.2)$$

교통의 흐름이 전혀 변화하지 않는 경우를 제외하고 공간평균속도는 항상 시간평균속도보다 낮은 값을 나타내며 이 두 가지 형태의 평균속도간에는 다음과 같은 관계가 성립함이 **Wardrop**에 의해 규명되었다.[2)]

$$\bar{u}_t = \bar{u}_s + \frac{\sigma_s^2}{u_s} \qquad \cdots\cdots (6.3)$$

여기서,
σ_s^2= 공간평균속도의 분산

예를 들어 한 도로구간의 속도 측정지점을 AA' 라고 하고 이 지점을 통과하는 차량의 시간을 시간-공간표(**time-space diagram**)에 표시하면 [그림 6-1]과 같다. 이 그림에서 차량의 속도는 기울기와 같으며 각 차량의 속도는 선 위에 표시되어 있다.[3)]

[그림 6-1]에서 AA' 지점을 통과한 차량들의 시간평균속도를 구하면 다음과 같다.

[그림 6-1] 차량주행의 시간-공간표

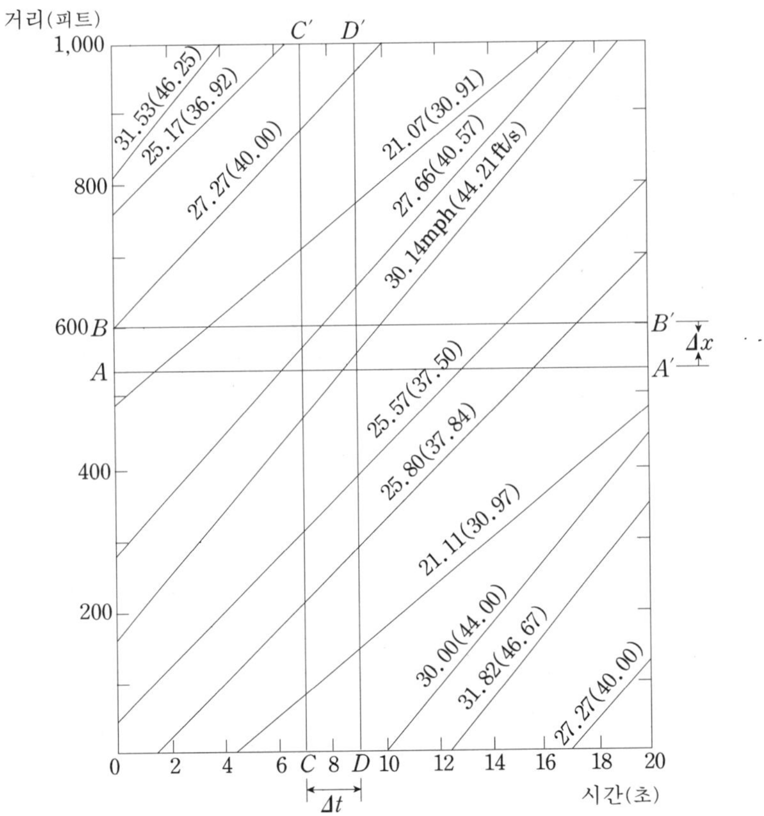

$$\bar{u}_t = \frac{1}{N}\sum_{i=1}^{N} u_i = \frac{1}{5}(21.07+27.66+30.14+25.57+25.80)$$
$$=26.05\,\text{mile/시}$$

한편 이 대상 차량들의 공간평균속도를 구하면

$$\bar{u}_s = \frac{N}{\sum_{i=1}^{N}\frac{1}{u_i}} = \frac{5}{\left(\frac{1}{21.07}+\frac{1}{27.66}+\frac{1}{30.14}+\frac{1}{25.57}+\frac{1}{25.80}\right)}$$
$$=25.69\,\text{mile/시}$$

이와 같이 시간평균속도가 공간평균속도보다 항상 높은 값을 나타내는 이유는 속도조사시 대개 비교적 짧은 구간에서 속도를 측정하게 되는데 그 구간을 높은 속도로 주행하는 차량과 낮은 속도로 주행하는 차량이 있다고 하면, 전자는 그 구간에 존재할 시간이 비교적 짧지만 후자는 그 시간이 길어져 결과적으로 공간평균속도를 측정하는 경우 후자 즉 속도가 낮은 차량의 평균속도가 지배적으로 영향을 미치게 되기 때문이다.

보통 공간평균속도는 교통류의 분석에 사용되고 비교적 쉽게 산출

[그림 6-2] 속도분포의 전형적인 예

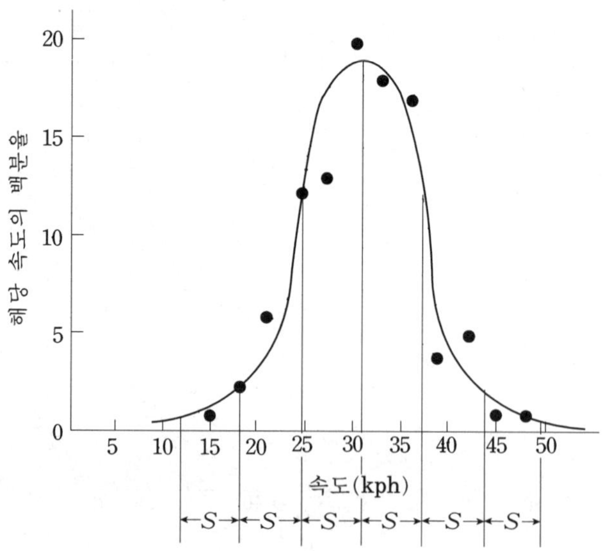

[그림 6-3] 누적속도분포 곡선의 예

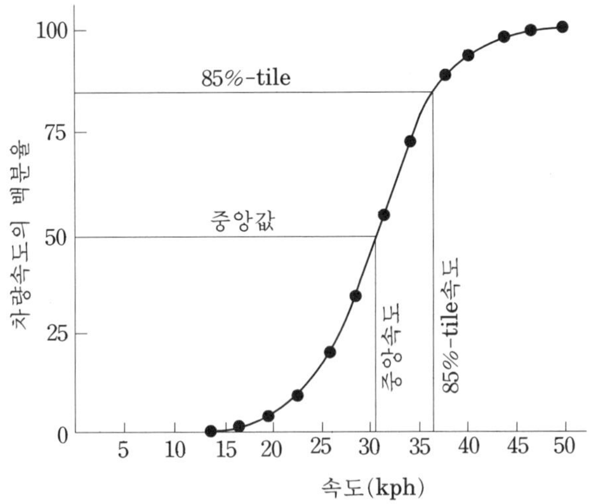

되며 시간평균속도는 속도구역 분석이나 교통사고 분석 등의 실무에 많이 사용된다.

속도분포는 통상적으로 누적속도분포로 표시하여 교통시설 운영기법의 이론적 배경을 제공한다. [그림 6-3]은 누적속도분포 곡선의 예이다. 누적속도분포 곡선에서는 속도분포 곡선처럼 평균값으로부터의 분산 정도를 분명히 알 수는 없으나 누적속도분포 곡선을 통해서 평균속도와 교통공학에서 흔히 사용하는 85%속도는 쉽게 알 수 있다. 교통공학에서 85%속도란 현재 도로상태에서 85%, 즉 대다수의 차량운전자들이 주행하는 속도를 말하므로 안전주행속도를 결정하는 기초자료가 된다.

속도분포에서 평균값은 대상 교통류의 대표치를 나타내게 되므로 교통시설물의 서비스수준을 결정하는 등의 목적에 주로 사용된다. 속도의 분산은 교통류의 다양성을 나타내게 되므로 교통시설의 안전성을 나타내는 척도가 된다. 즉, 속도의 분산이 크다는 것은 교통류 내에서 각 차량들의 속도의 변화가 크다는 것을 의미하므로 차로 변경, 추월 등에 의해 발생하는 교통사고의 위험성이 커진다. 반대로 속도의 분산이 작게 되면 차량들은 거의 같은 속도로 주행하게 되므로 안전성이 향상된다고 볼 수 있다.

[예제 6-1] 조사에 의해 얻은 다음 네 차량의 지점속도에 대하여 30, 40, 50, 60 km/시
(1) 시간평균속도와
(2) 공간평균속도를 구하라.

풀이 (1) 시간평균속도는 식(6.1)에 의해 45.0 km/시
(2) 공간평균속도는 식(6.1)에 의해 42.1 km/시

6.1.2 교 통 량

먼저 도로변에 앉아서 교통량을 측정하는 사람을 생각해 보자. 차량들은 이 측정인 앞을 끊임없이 통과해 지나갈 것이며 이 때 차량간의 통과시간 간격을 차두간격이라고 한다. 이를 그림으로 표시하면 [그림 6-4]와 같다.

만약 대상 교통류를 구성하는 차량들이 모두 똑같은 크기이고 속도가 일정하다고 가정하면 차두간격은 일정하고 차두간격을 결정하기 위해서는 차와 차 사이의 거리를 속도로 나누면 된다. 그러나 실제 도로 상황에서는 차량이 모두 같기는 어려우므로 차두간격은 모두 다르며 차두간격을 결정하기 위해서는 주어진 측정시간 T 동안 여러 번의 차두간격을 측정하여 평균값을 얻음으로써 대상 구간의 차두간격을 결정한다. 이 때 모든 통과차량의 차두간격을 합하게 되면 주어진 측정시간 T가 되는 것은 당연하다. 또한 전체 통과차량대수를 측정시간 T로 나누게 되면 단위시간당 교통량(대/초)이 얻어지게 된다. 즉 $T=\sum_{i=1}^{n}h_i=n\bar{h}$가 되므로 $n/T=1/\bar{h}$이 된다.

따라서 단위 시간을 1시간으로 통일하면 차두간격과 교통량은 다

[그림 6-4] 차두간격

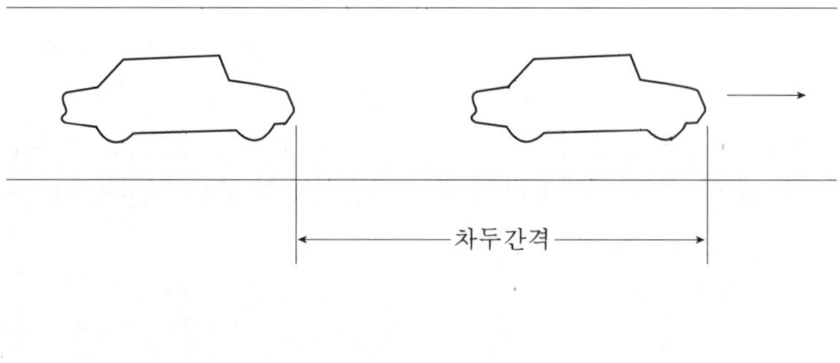

음과 같은 관계를 갖게 된다.

$\frac{1}{\bar{h}}$은 단위 1초당 교통량이므로,

$$q=\frac{3,600}{\bar{h}} \qquad \cdots\cdots (6.4)$$

여기서,
$\bar{h}$=평균차두간격(초)
q=교통량(대/시)

차두간격과 유사한 개념이기는 하나 차량의 측정 위치가 전후 차량의 전단 혹은 후단이 아니고 단순히 차량간의 거리만을 고려하는 것으로 차간간격(gap)이 있다. 차간간격은 결국 차두간격에서 차량길이 통과에 소요되는 시간을 제외한 값이므로 다음과 같이 표시할 수 있다.

$$g=\bar{h}-\frac{\bar{l}}{\bar{u}} \qquad \cdots\cdots (6.5)$$

여기서,
g=차간간격(초)
$\bar{u}$=평균속도(km/시)
$\bar{l}$=평균차량길이(m)

차간간격은 비신호교차로의 교통용량 분석, 2차로 도로의 교통류 분석, 평면교차로의 안전성 분석 등의 연구에 활용되고 있으며, 교통량 검지기에 의한 교통운영 분석단계에서 점유율과 같이 사용되어 다음 절에서 설명하게 될 밀도의 추정에 사용된다.

6.1.3 밀　　도

밀도란 일정도로구간에 존재하는 차량대수를 도로구간의 길이를 기준으로 하여 나타내고자 할 때 사용된다. 밀도를 설명하기 위해서 다음과 같은 예를 생각해 보자. 즉, 한 도로구간에 존재하는 차량들을 모두 포함시켜 한 순간에 사진을 찍었다 하자. 이 때 밀도란 사진에 나온 전체 차량대수를 사진을 찍은 도로구간의 길이로 나눈 값이 된다. 만약

교통류를 구성하는 차량들이 똑같은 간격으로 또한 동일한 속도로 계속해서 측정시간 동안 주행한다고 생각하면 밀도는 어느 시점에서도 동일한 값을 나타낼 것이다. 그러나 도로의 실제 상황에서는 차량의 속도와 차간거리가 모두 다르므로 밀도는 시간과 장소에 따라 변화한다. 밀도는 다음과 같이 나타낸다.

$$k = \frac{1{,}000}{\bar{s}} \qquad \cdots\cdots (6.6)$$

여기서,
k=밀도(대/km)
$\bar{s}$=평균차두거리(m)

6.2 교통류 모형

어느 일정한 도로구간의 교통류를 설명하는 교통량, 밀도, 속도 세 가지 변수간에는 서로 유기적인 관계가 존재한다. 예를 들어 교통량은

[그림 6-5] 교통량-속도-밀도간의 입체적 관계

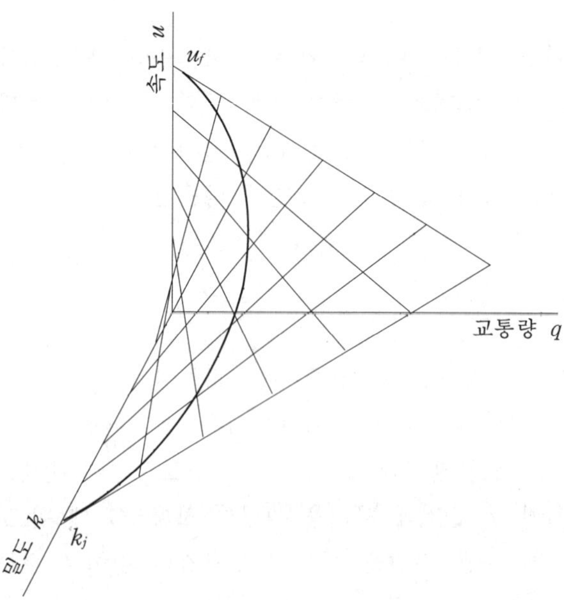

[그림 6-6] 교통량-속도-밀도의 평면적 관계

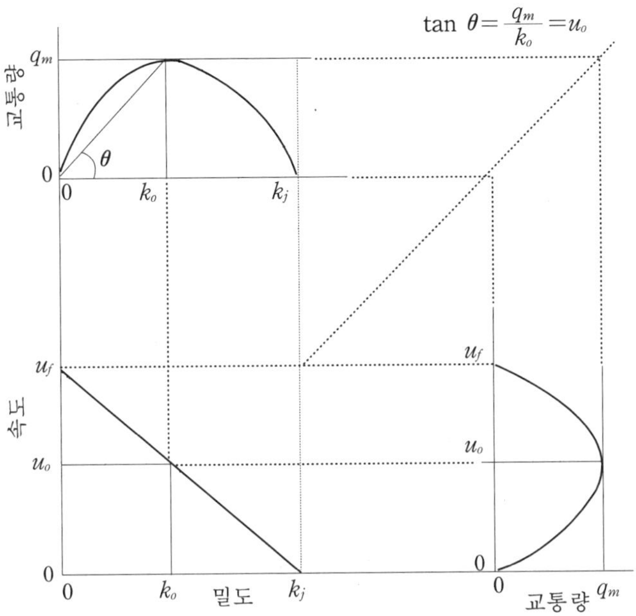

밀도와 속도를 곱한 값이며 밀도가 높아지면 속도가 낮아진다. 따라서, 교통량, 밀도, 속도의 관계는 다음 식으로 표시된다.

$$q = u \cdot k \qquad \cdots\cdots (6.7)$$

여기서,
q=교통량(대/시)
u=속도(km/시)
k=밀도(대/km)

이렇게 서로 관련이 있는 세 변수의 관계는 교통공학뿐만 아니라 교통계획 혹은 도로설계 등의 관련 분야를 깊게 이해하는 데 매우 중요한 사항이다. 다음은 이 세 가지 교통류의 주요 변수간의 관계를 살펴보고 통행시간에 어떤 영향을 미치는지 고려하기로 한다.

이들 세 변수를 3차원 좌표로 표시하면 [그림 6-5]와 같다.[1)]

한편 [그림 6-5]를 각 평면에 대해 독립적으로 나타낸 것이 [그림 6-6]이다.

6.2.1 속도-밀도모형

도로상을 주행하는 차량대수가 많아지게 되면, 즉 밀도가 높아지면 운전자들은 속도를 줄여야만 한다. 속도와 밀도간의 관계를 설정하게 되면 교통량은 식(6.7)에 의해 손쉽게 구할 수 있기 때문에 우선적으로 속도와 밀도간의 관계를 규명하는 일은 매우 중요한 사항이다. 일반적으로 속도-밀도모형은 다음의 여러 가지 형태가 있다.

- 단일구간모형: 직선모형, 로그모형, 지수모형, 종형모형 등
- 다중구간모형: 2단계 직선모형, 3단계 직선모형, 에디모형, 수정 그린버그모형 등

다음의 [그림 6-7]은 속도-밀도모형의 여러 가지 형태이다. 이들 모형은 미국의 그린쉴드 교수를 기점으로 하여 이루어진 교통류에 대한 기초적 이론 연구에 의해 정립된 것이다. 단일구간모형과 다중구간모형의 차이는 교통혼잡상태 이전과 이후에 대하여 교통류 특성이 같을지의 여부를 모형에 반영한 결과이다.

각 모형에 대해 장·단점을 기술하면 다음과 같다.

- 직선모형은 식형태가 간단하다는 면에서 적용이 용이하나 최대밀도 k_j의 정확한 산정이 어렵고 실제로 도로상에서 조사한 자료와 비교해 보면 단순히 직선형태로 처리하기에는 어려움이 있다.
- 로그모형은 최대밀도를 보다 정확히 산출할 수 있고 조사자료와 대체적으로 일치되는 장점이 있지만 밀도가 낮은 부분에서 속도가 부정확하게 되는 단점이 있다.
- 다중형식모형은 위 두 모형들의 장점은 살리고 단점은 개선하여 정립된 것들로서, 에디의 모형의 경우 교통량이 적을 때는 언더우드모형을 쓰고 교통량이 많을 때는 그린버그모형을 쓰는 것이 대표적인 예이다.

그러면 과연 어느 모형이 가장 적합하고 우수한가? 이 질문에 대해 단호하게 대답할 수 있는 교통전문가는 없을 것이다. 다만 일반적으로 직선모형이 쓰기 수월할 뿐 아니라 일정한 도로구간에서의 교통류 상태 설명에도 적합하며 조사자료의 대체적인 경향을 잘 반영한다고 보아 많

[그림 6-7] 속도-밀도 모형의 여러 형태

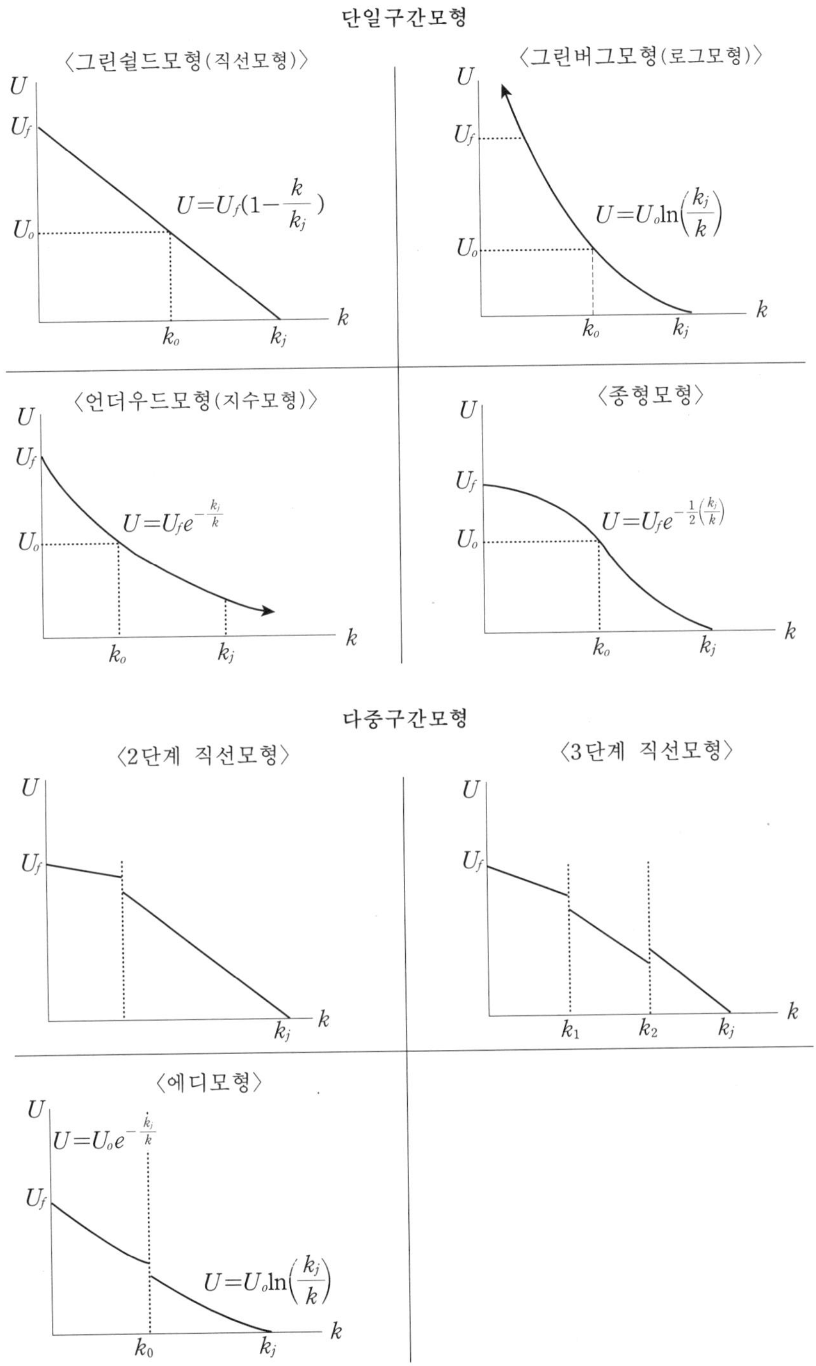

이 쓰이고 있기는 하다. 그러나 이 방면에 충분한 연구가 수행되어 우리나라 교통류 특성을 적절히 설명할 수 있게 될 때까지 이에 대한 결론은 당분간 연기하도록 한다.

다음은 각 모형에 대한 상세한 설명이다.

1) 직선모형

속도와 밀도간의 관계를 세밀히 분석해 본 미국의 **Greenshield**는 이 두 요소간에 다음과 같은 관계가 있음을 밝혔다.

$$u = u_f\left(1 - \frac{k}{k_j}\right) \quad \cdots\cdots (6.8)$$

여기서,
u_f= 자유흐름시의 속도

이 모형을 통해서 많은 사람들이 조사자료에서 나타난 속도와 밀도의 관계를 규명하였다. 이미 언급한 바와 같이 이 모형의 단점은 전체 밀도구간에 대해 속도가 직선으로 변화하지 않고 밀도가 매우 높거나 낮은 경우 비선형적인 관계를 나타낸다는 점이다. 일반적으로 실제 조사자료에 의한 속도와 밀도와의 관계를 도시하면 [그림 6-8]과 같다.[3)]

2) 로그모형

Greenberg는 속도와 밀도의 관계를 다음과 같이 설명하였다.

$$u = u_o \ln\left(\frac{k_j}{k}\right) \quad \cdots\cdots (6.9)$$

여기서,
u_o= 교통량이 최대일 때의 속도

이 모형을 이용하여 조사자료의 분석을 시도하면 대개 밀도가 높은 부분에서 정확한 관계를 추출할 수 있으나 밀도가 낮은 경우, 식(6.9)에서 보듯이 속도를 밀도로 설명하기 힘들어진다.

3) 지수모형

이를 해결하기 위해 **Underwood**는 속도와 밀도의 관계를 다음과 같이 제시했다.

$$u = u_f e^{-\frac{k}{k_o}} \qquad \cdots\cdots (6.10)$$

여기서,
k_o=교통량이 최대일 때의 밀도

그러나 이 모형의 단점은 로그모형과는 반대로 밀도가 높은 경우의 속도를 정확히 산출할 수 없다는 점이다.

4) 종형모형

Underwood가 제시한 모형과 비슷하나 그 모양이 **S**형태를 나타내는 모형으로서, **Northwestern** 대학의 연구자들에 의해 제시되었다.

$$u = u_f e^{-\frac{1}{2}\left(\frac{k}{k_o}\right)^2} \qquad \cdots\cdots (6.11)$$

이 모형의 단점 역시 지수모형과 같이 밀도가 높은 경우 속도를 정확히 산출할 수 없다는 점이다.

5) Drew 모형

[그림 6-8]에서 볼 수 있듯이 속도와 밀도의 관계는 여러 부분으로 나누어 모형을 설정하는 것이 전체를 한 모형으로 설명하는 것보다 정확하다. 이러한 사실에 착안한 **Drew** 교수는 다음과 같이 여러 모형에

[그림 6-8] 조사자료에 의한 속도-밀도 모형의 산출 예

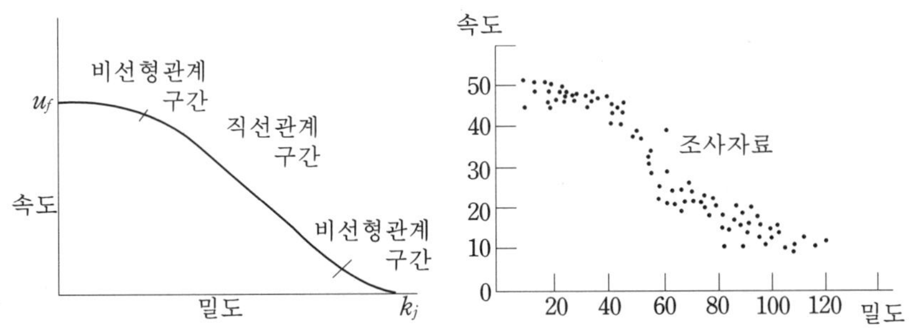

적용시킬 수 있는 새로운 모형을 제시했다.

$$u=u_f\left[1-\left(\frac{k}{k_j}\right)^{\frac{(n+1)}{2}}\right],\quad n>-1 \qquad \cdots\cdots (6.12)$$

여기서,
n=실수

만약 식(6.12)에서 $n=1$이면 이 모형은 직선모형과 동일한 형태를 갖게 되며, $n=0$이면 이 모형은 다음과 같은 포물선 관계로 나타나게 된다.

$$u=u_f\left[1-\left(\frac{k}{k_j}\right)^{\frac{1}{2}}\right] \qquad \cdots\cdots (6.13)$$

6) Pipes-Munjal 모형

한편 **Pipes**와 **Munjal**은 다음과 같이 더욱 확장된 일반화된 모형을 제시하였다.

$$u=u_f\left[1-\left(\frac{k}{k_j}\right)^{n}\right],\quad n>0 \qquad \cdots\cdots (6.14)$$

이 식에서 $n=1$이면 **Greenshield**가 제안한 직선모형과 동일한 결과를 갖게 된다.

7) 다중구간모형

이 모형은 속도-밀도 관계를 밀도 전구간에 대해 한 가지 관계로 설명하지 않고 전체 구간을 여러 개의 작은 구간들로 나누어 각 구간에 따라 최적모형을 따로 택한 후 이를 조합하여 사용하는 방식이다. 이의 대표적인 모형으로 **Edie**가 개발한 모형이 있으며 이는 [그림 6-7]의 좌측 하단에 표시되어 있다.

6.2.2 교통량-밀도도형

교통량과 밀도간의 관계는 교통류를 설명하는 데 있어 가장 중요한 모형으로서 이른바 q-k곡선이라고 불리는 곡선에 의해 설명된다. [그림 6-9]는 q-k곡선이다. 이 곡선에서 보면 도로상에 차량이 없는 경우, 즉 밀도가 0인 때 교통량은 0이다. 점 A는 이 때를 나타내는 것이다. q-k 곡선에서 교통량은 밀도와 함께 점차 증가하다가 다시 감소하여 0이 되는데 다시 0이 되는 시점, 즉 점 E에서의 밀도를 최대밀도라고 한다. 이 곡선은 밀도에 따른 교통량을 나타내고 교통량은 밀도와 속도의 곱으로 표시될 수 있으므로 점 A에서 곡선의 각 지점을 향해 연결시킨 직선은 자유교통류와 해당 곡선지점의 교통류 상태에서의 평균속도를 표시하게 된다. 이 속도가 여러 개로 표시될 수 있는 것은 자유교통류 상태에서 운전자들이 각자 원하는 속도를 낼 수 있기 때문이다.

한편 이와는 반대 입장, 즉 점 E에서의 교통류를 살펴보면 이곳에서는 밀도가 매우 높은 상태, 즉 교통신호등이 적색일 때 정지선에 대기하고 있는 차량들의 대기행렬상태와 유사한 것으로 볼 수 있다. 이곳에서는 밀도가 매우 높은 반면 속도가 거의 0에 접근함으로써 교통량 또한 0에 접근하는 상태를 표시하게 된다.

이 두 가지 교통류 상태, 즉 매우 낮은 밀도와 매우 높은 밀도 사

[그림 6-9] 교통량-밀도 모형의 구조[3)]

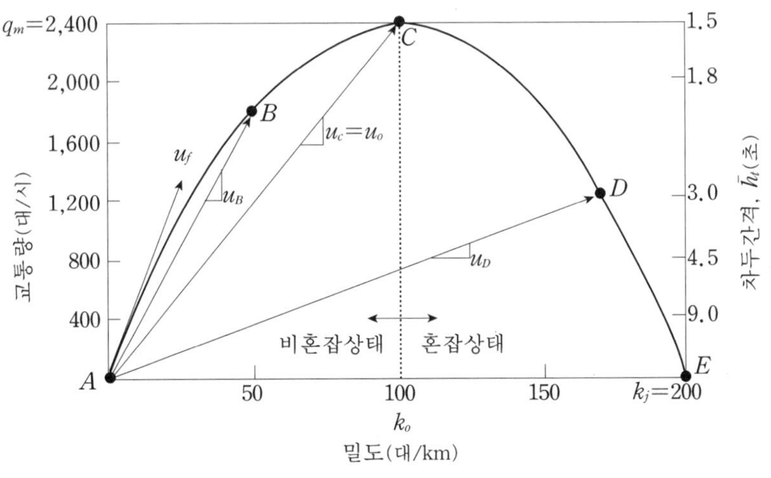

이에서 교통량 곡선은 볼록곡선 형태를 갖기 때문에 반드시 최대교통량을 갖게 하는 밀도가 존재하며 이 점을 찾아 내는 것은 교통운영기법의 적용이나 교통시설물의 계획 및 설계에 매우 중요한 사항이 된다. 이 점을 찾아내기 위해서는 q-k곡선의 형태를 알아야 한다. q-k곡선을 설명하는 식은 여러 개로 제시되고 있으므로 각 q-k곡선형태를 열거하고 열거한 곡선 안에서 최대교통량을 갖게 하는 밀도를 산출하는 방법를 설명하고자 한다.

1) 포물선관계식

포물선관계식은 속도의 직선 관계식으로부터 직접 얻을 수 있다. 즉, 식(6.7)에 식(6.8)을 대입하면 교통량 q는 다음과 같이 표시된다.

$$q=u\cdot k=u_f\left(k-\frac{k^2}{k_j}\right) \quad \cdots\cdots (6.15)$$

식(6.15)를 그림으로 표시하면 [그림 6-10]과 같다.

식(6.15)에서 최대교통량, 즉 교통용량을 갖게 하는 밀도를 구하기 위해서는 다음과 같은 절차를 거치게 된다.

$$\frac{dq}{dk}=u_f\left(1-\frac{2k_o}{k_j}\right)=0 \quad \cdots\cdots (6.16)$$

u_f는 0이 아닌 수치인 것이 분명하므로

[그림 6-10] q-k곡선의 분석 예[3)]

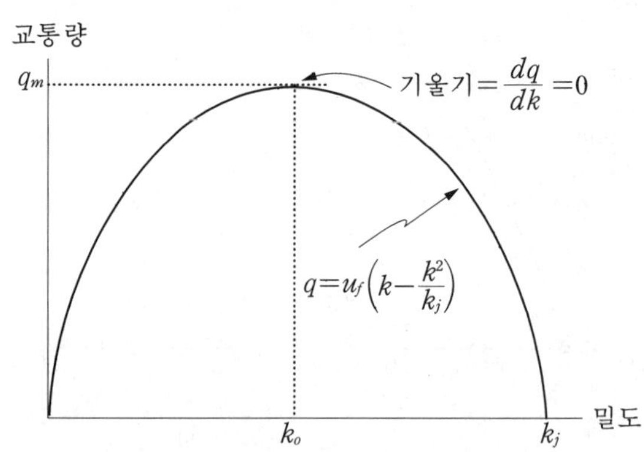

$$1-\frac{2k_o}{k_j}=0$$

$$\therefore \quad k_o=\frac{k_j}{2} \qquad \cdots\cdots (6.17)$$

이 점에서의 교통량이 최대가 되기 때문에 일반적으로 이 점에서의 밀도를 용량밀도, 속도를 용량속도라고 하며 다음과 같이 표시한다.

$$u_o=u_f\left(1-\frac{k_j}{2k_j}\right)=\frac{u_f}{2} \qquad \cdots\cdots (6.18)$$

따라서, 교통용량은 다음과 같다.

$$q_m=u_o k_o=\frac{u_f k_j}{4} \qquad \cdots\cdots (6.19)$$

이를 그림으로 표시하면 [그림 6-11]과 같다.

2) 로그관계식

교통량과 밀도의 관계식을 로그함수로 표시한 것은 속도와 밀도간의 관계식 중 로그관계식인 식(6.9)로부터 산출된다. 즉 속도를 나타내는 식(6.9)를 식(6.7)에 대입하면 다음과 같은 관계식을 얻는다.

$$q=k\cdot u_o \ln\left(\frac{k_j}{k}\right) \qquad \cdots\cdots (6.20)$$

[그림 6-11] 속도와 밀도의 직선관계식

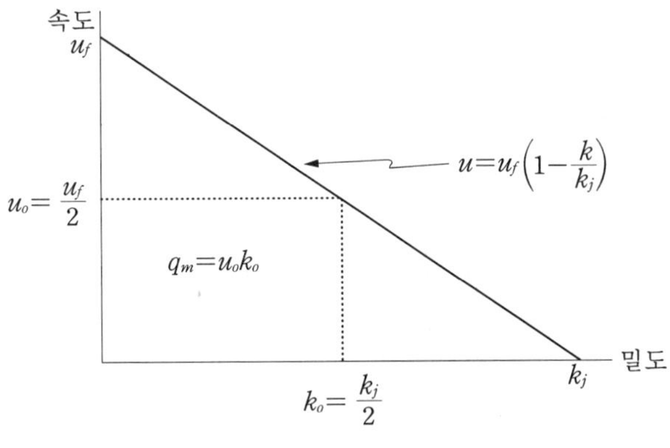

교통량을 나타낼 때의 밀도를 구하기 위해서 식(6.20)을 밀도에 대해 미분하게 되면 다음과 같은 결과를 얻는다.

$$k_o = \frac{k_j}{e} \qquad \cdots\cdots (6.21)$$

따라서,

$$q_m = u_o \frac{k_j}{e} \qquad \cdots\cdots (6.22)$$

이 경우에 있어서는 u_o가 사전에 결정되어야 하며 u_o에 따라 다른 변수들이 변화하게 된다.

3) 지수관계식

한편 Underwood의 지수관계식에서 위의 과정을 수행하면 다음과 같은 결과를 얻게 된다.

$$q = k\ u_f\ e^{-\frac{k}{k_o}} \qquad \cdots\cdots (6.23)$$

식(6.23)을 밀도에 관해 미분하고 $k = k_o$를 대입하면

$$u_o = \frac{u_f}{e}$$

따라서,

$$q_m = k_o \left(\frac{u_f}{e} \right) \qquad \cdots\cdots (6.24)$$

이 경우에는 k_o이 사전에 결정되어야 하며 이에 따라 다른 변수들이 결정된다.

4) 종형관계식

종형관계식에서 지수관계식과 같은 과정을 수행하게 되면,

$$u_o = \frac{u_f}{\sqrt{e}} \qquad \cdots\cdots (6.25)$$

[그림 6-12] 속도와 교통량의 관계곡선

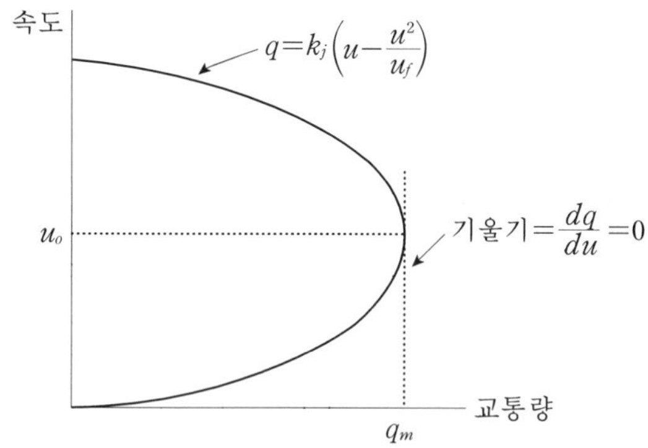

$$q_m=k_o\frac{u_f}{\sqrt{e}} \qquad \cdots\cdots (6.26)$$

가 성립한다.

6.2.3 속도-교통량모형

속도-교통량모형은 교통시설물의 운영상태를 나타내는 척도로서 속도를 설정하게 되는 경우 매우 중요한 분석항목이 되며, 특히 다음 절에서 설명하게 될 교통시설물의 서비스수준 산정에 근거자료가 된다. 일반적으로 속도와 밀도의 관계가 규명되고 나면 속도와 교통량의 관계를 쉽게 구할 수 있다. 다음은 Greenshield의 속도-밀도 관계식에 의해 산출한 속도-교통량모형이다. 식(6.8)을 변형시키면

$$u-u_f=u_f\left(\frac{-k}{k_j}\right)$$

$$k=k_j\left(1-\frac{u}{u_f}\right) \qquad \cdots\cdots (6.27)$$

$$\therefore \quad q=uk=uk_j\left(1-\frac{u}{u_f}\right)$$

$$=k_j\left(u-\frac{u^2}{u_f}\right) \qquad \cdots\cdots (6.28)$$

식(6.28)을 그림으로 표시하면 [6-12]와 같다.

[예제 6-2] 차량들이 속도가 10km/시 증가할 때마다 차 한 대 길이만큼씩 차두거리를 늘인다고 생각할 때 q-u 곡선을 작성하라. 단 차량 한 대의 길이는 5m이다.

풀이 차두거리를 속도의 함수로 표시하면 문제의 조건에서

$$S = L + \left(\frac{u}{10}\right)L = 5 + \left(\frac{u}{10}\right)(5)$$
$$= \frac{50+5u}{10} = \frac{10+u}{2} \text{(m/대)}$$

또한 $k = \dfrac{1,000}{S} = \dfrac{2,000}{10+u}$ (대/km)

$$\therefore \quad 10k + uk = 2000 \qquad \therefore \quad u = \frac{2,000}{k} - 10$$

$q = uk$이므로 위 식으로부터

$$q = 2,000 - 10k$$

속도와 교통량의 관계로 표현하면 이 식은 다음과 같이 된다.

$$q = 2,000 - 10\left(\frac{2,000}{10+u}\right) = 2,000 - \left(\frac{20,000}{10+u}\right)$$

[예제 6-3] 자료수집결과 속도와 밀도의 관계가 $u=54.51-0.24k$로 밝혀졌다면 q_{max}, u_o 및 k_j를 구하라.

풀이 k_j는 다음 $u-k$ 곡선에 의해 227이다.

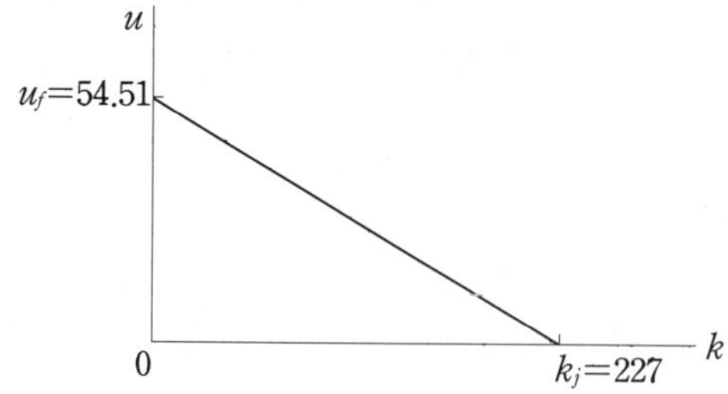

$q-u$ 곡선은 $q=uk=54.51k-0.24k^2$이고 $k_o = \dfrac{dq}{dk} = 0$인 점이므로

$$k_o = \frac{54.51}{2(0.24)} = 113.56$$

따라서 $q_{max} = 54.51(113.56) - 0.24(113.56)^2 = 3095$가 된다.

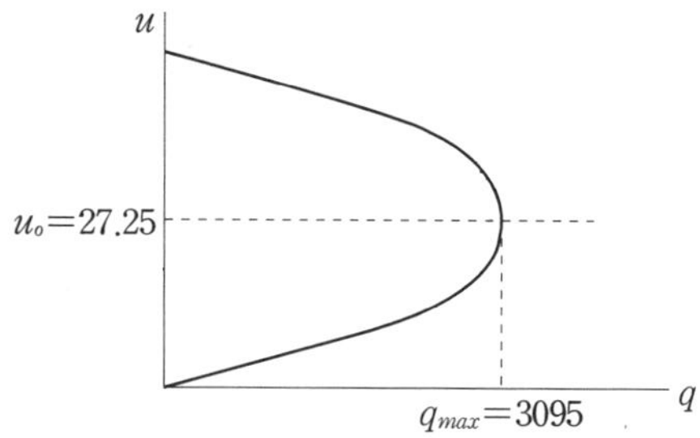

한편 $u_o = q_{max}/k_o = 3095/113.56 = 27.25$이다. 이를 그림으로 표시하면 다음과 같다.

[예제 6-4] 한 도로지점에서의 교통류를 식으로 표시하면 다음과 같다.

$$q = -0.1k^2 + 20k$$

이 식을 통해 최대밀도 k_j, 용량 q_m, 용량에서의 밀도 k_o, 용량에서의 속도 u_o를 계산하라.

풀이 k_j는 $q=0$인 상태에서 발생하므로

$$-0.1k^2 + 20k = 0 \quad \therefore \quad k = 0,\ 200$$

Jam density 이므로 $k_j = 200$

용량은 $\dfrac{dq}{dk} = 0$인 지점에서 발행하므로 용량에서의 밀도 k_o는

$$\frac{dq}{dk} = -0.2k + 20 = 0 \quad \therefore \quad k_o = 100$$

따라서 용량은 $q_m = -(0.1)(100)^2 + 20(100) = 1{,}000$

또한 $u_o = \dfrac{q_m}{k_o} = \dfrac{1{,}000}{100} = 10$

6.3 교통류 분석이론

6.3.1 추종이론(Car-Following Theory)

추종이론은 연이어 주행하는 두 차량간 가·감속도, 차두간격, 속도 등의 변화상태 및 상호 관계식을 규명하기 위해 개발된 모든 분석기법을 말한다. 아주 미세한 경우는 두 차량간에 대한 분석이지만 차량 전

체의 흐름도 결국은 이러한 개별적 차량 움직임이 합쳐져 이루어지는 것임을 생각할 때, 개별적 움직임을 통해 흐름의 어떤 평균적인 특성이 파악될 수 있다면 개별적이든 전체적이든 서로 통하는 것이라 할 수 있다.

추종이론은 1950년대에 활발히 논의되었다. **Pipes**는 처음으로 추종이론을 도입한 사람이며 **Sasaki** 교수 및 **Forbes** 교수가 유명하고 연구팀으로는 미국 **General Motors** 연구소가 유명하다.

1) 기본개념

다음과 같이 연이어 주행하는 두 차량을 생각해 보자.

[그림 6-13]에서 뒤따르는 차량($n+1$)의 가속도(혹은 감속도)는 임의의 시점 t에서 ($n+1$) 차량 운전자의 반응시간 Δt 만큼 경과한 이후를 기준으로 한다. 이제 우리는 이러한 주행상태에서 앞 차량의 변화 즉 외적 변화요인에 대해 뒤따르는 차량이 거리, 속도, 가속도의 관점에서 과연 어떻게 움직이는지 살펴보자(이를 추종이론이라고 할 수 있다).

먼저 각 차량의 위치에서부터 시작하면

$$x_n(t)-x_{n+1}(t)=T\dot{x}_{n+1}(t)+\frac{\dot{x}^2_{n+1}(t+T)}{2\ddot{x}_{n+1}(t+T)}+L-\frac{\dot{x}^2_n(t)}{2\ddot{x}_n(t)} \quad \cdots\cdots (6.29)$$

임의의 시점 t는 앞선차량과 뒤따르는 차량이 연이어 주행하기만 하는 시점이므로 가속도는 뒤따르는 차량에서도 같다고 볼 수 있다. 따라서 다음 식으로 쓸 수 있다.

$$x_n(t)-x_{n+1}(t)=T\dot{x}_{n+1}(t+T)+L \quad \cdots\cdots (6.30)$$

[그림 6-13] 추종이론의 기본개념도

가속도	$\ddot{x}_{n+1}(t+\Delta t)$	$\ddot{x}_n(t)$
속 도	$\dot{x}_{n+1}(t)$	$\dot{x}_n(t)$
위 치	$x_{n+1}(t)$	x_n

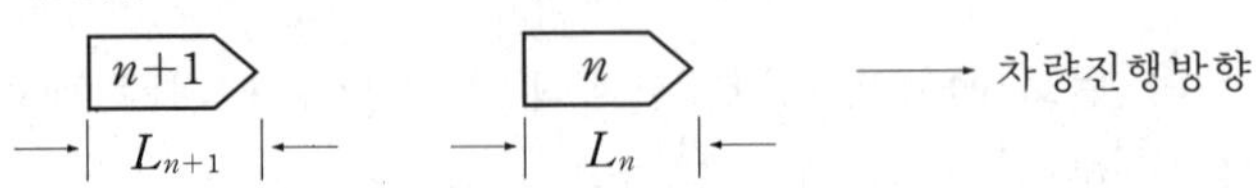

식(6.30)을 시간 t에 대해서 미분하면

$$\dot{x}_n(t)-\dot{x}_{n+1}(t)=T[\ddot{x}_{n+1}(t+T)] \quad \cdots\cdots (6.31)$$

따라서 시점 $(t+T)$에서 $(n+1)$번째 차량의 가속도는 다음과 같다.

$$\ddot{x}_{n+1}(t+T)=\frac{\dot{x}_n(t)-\dot{x}_{n+1}(t)}{T} \quad \cdots\cdots (6.32)$$

결국 식(6.32)를 이용하면 우리는 뒤따르는 차량의 위치, 속도, 가속도를 결정할 수 있게 된다.

한편 식(6.32)에 포함된 T, 즉 운전자의 반응시간과 관련하여 General Motors 연구소에서는 다음과 같은 경향을 알아내고 T를 보다 현실적으로 표시하려고 노력했다.[4)]

- 반응시간은 운전자의 민감도에 의해 결정되고 운전자의 민감도와 반응시간은 역비례의 관계가 성립한다.
- 운전자의 민감도를 α라 할 때, α는 두 차량간 거리가 멀수록, 두 차량간 속도 차이가 작을수록, 뒤따르는 차량의 속도가 낮을수록 작은 값을 갖게 된다.
- 교통량이 증가할수록 뒤따르는 차량은 상대속도에 보다 민감해진다.

이러한 운전자 특성을 감안하여 General Motors 연구소 연구팀은 다양한 형태의 운전자 민감도계수 α를 정립했다.

2) 추종이론의 적용 사례

본 절에서는 추종이론을 적용해서 앞선 차량의 변화에 따른 뒤 따르는 차량의 변화과정을 살펴본다. 이 예제는 General Motors 연구소팀이 제시했던 것으로서 그 후로도 여러 사람에 의해 인용된 바 있으므로 여기서도 단위 변환 없이 그대로 인용하기로 한다.[1)]

두 대의 차량이 2.5피트의 거리를 두고 신호교차로 정치선에 정지해 있다. 그 후 앞 차량은 3.3 ft/sec^{2}의 가속도를 내다가 속도가 30 mph에 이르면 가속 없이 10초 동안 주행한다. 10초 동안의 주행이 끝나면

4.6 ft/sec²로 감속하여 정지상태에 도달하기까지 주행한다.

이 때 뒤 차량은 앞 차량을 따라 주행하되 안전거리를 유지하여 주행하도록 할 때 앞뒤 차량의 가·감속상태에 따른 시간-거리 관계도에서 위치를 결정해 보자.

이 문제의 풀이를 위해 우선 주어진 조건에 따른 앞차량의 시간-거리 관계도를 그린다. 그 다음으로 추종이론을 통해 뒤 차량의 시간-거리 관계도를 그리면 된다. 매 1초 단위로 작업을 수행한다면 앞 차량의 시간-거리 관계는 다음과 같이 얻을 수 있다.

$$\dot{x}_1(t+T)=\dot{x}_1(t)+\left[\frac{\ddot{x}_1(t)+\ddot{x}_1(t+T)}{2}\right]T \qquad \cdots\cdots (6.33)$$

$T=1$이고, 우변의 두 번째 항에서 앞 차량 가속도는 시간과 무관하게 일정하므로 위 식은 다음과 같이 쓸 수 있다.

$$\dot{x}_1(t+1)=\dot{x}_1(t)+\ddot{x}_1 \qquad \cdots\cdots (6.34)$$

또한 앞 차량의 위치는 처음 차량의 위치와 시간 T가 경과하는 동안의 이동거리를 합하여 다음과 같이 얻을 수 있다.

$$x_1(t+T)=x_1(t)+\dot{x}_1(t)T+\frac{1}{2}\left[\frac{\ddot{x}_1(t)+\ddot{x}_1(t+T)}{2}\right]T^2 \qquad \cdots\cdots (6.35)$$

이를 식(6.34)처럼 다시 쓰면

$$x_1(t+1)=x_1(t)+\dot{x}_1(t)+\frac{1}{2}\ddot{x}_1(t) \qquad \cdots\cdots (6.36)$$

이제 시간단위를 1초로 하여 앞 차량의 가감속도, 속도, 위치에 관해 풀어 본 결과가 [표 6-2]에 제시되어 있다.

다음으로 뒤따르는 차량에 대해 살펴본다. 추종이론식으로는 다음 식을 선정한다.

$$\ddot{x}_{n+1}(t+\Delta t)=\alpha[\dot{x}_n(t)-\dot{x}_{n+1}(t)] \qquad \cdots\cdots (6.37)$$

[표 6-2] 추종이론에 따른 앞뒤 차량의 시간-거리 관계[1)]

(1)	(2)	(3)	(4)	(5)	(6)	(7)	(8)	(9)
	Lead Vehicle			Following Vehicle			Relative	
Time (sec)	Accel., $\ddot{x}_1$	Speed, $\dot{x}_1$	Distance, x_1	Accel., $\ddot{x}_2$	Speed, $\dot{x}_2$	Distance, x_2	Speed, $\dot{x}_1-\dot{x}_2$	Distance, x_1-x_2
0		0	0	0.0000	0.0000	-25.00	0.0000	25.00
	3.3			0.0000[a]				
1		3.3	1.6	0.0000	0.0000	-25.00	3.3000	26.60
	3.3			0.8250				
2		6.6	6.6	1.6500	0.8250	-24.59	5.7750	31.19
	3.3			2.2688				
3		9.9	14.8	2.8875	3.0938	-22.63	6.8062	37.43
	3.3			3.1453				
4		13.2	26.4	3.4031	6.2391	-17.96	6.9609	44.36
	3.3			3.4418				
5		16.5	41.2	3.4804	9.6809	-10.00	6.8191	51.20
	3.3			3.4450				
6		19.8	59.4	3.4096	13.1259	1.40	6.6741	58.00
	3.3			3.3733				
7		23.1	80.8	3.3370	16.4992	16.21	6.6008	64.59
	3.3			3.3187				
8		26.4	105.6	3.3004	19.8179	34.37	6.5821	71.23
	3.3			3.2957				
9		29.7	133.6	3.2910	23.1136	55.83	6.5864	77.76
	3.3			3.2921				
10		33.0	165.0	3.2932	26.4057	80.59	6.5943	84.41
	3.3			3.2952				
11		36.3	199.6	3.2971	29.7009	108.64	6.5912	90.96
	3.3			3.2983				
12		39.6	237.6	3.2996	33.0000	139.99	6.6008	97.61
	3.3			3.3000				
13		42.9	278.8	3.3004	36.3000	174.64	6.6000	104.16
	3.3							
13.33		44.0	293.3	—	—	—	—	—
	0.0			3.3002				
14		44.0	322.6	3.3000	39.6002	212.59	4.3998	110.01
	0.0			2.7500				
15		44.0	366.6	2.1999	42.3502	253.56	1.6498	113.03
	0.0			1.5124				
16		44.0	410.6	0.8249	43.8626	296.67	0.1374	113.93
	0.0			0.4468				
17		44.0	454.6	0.0687	44.3094	340.76	-0.3094	113.84
	0.0			-0.0430				
18		44.0	498.6	-0.1547	44.2664	385.05	-0.2664	113.55
	0.0			-0.1440				
19		44.0	542.6	-0.1332	44.1224	429.24	-0.1224	113.36
	0.0			-0.0972				

이 추종이론식은 변수로서 Δt와 α를 포함하고 있다. 이 값들에 대해 우리는 실제로는 많은 실험을 통해 알 수 있겠지만, 여기서는 추종이론식의 적용과정만을 보여 주는 것이므로 이 두 값들을 가정하기로 한다. Δt=단위시간=1.0초, α=0.5로 하자.

식(6.37)에서

$$\ddot{x}_2(t+1)=0.5[\dot{x}_1(t)-\dot{x}_2(t)] \qquad \cdots\cdots (6.38)$$

따라서 식(6.38)을 이용하여 앞뒤 차량의 속도를 알면 1초 후의 뒤 차량 가속도를 결정할 수 있게 된다. 그리고 나서 뒤 차량의 속도와 위치를 각각, 식(6.34), 식(6.36)을 이용해 구할 수 있다.

[예제 6-5] [표 6-2]를 BASIC, FORTRAN, C 등을 이용하여 Computer program으로 재현하시오.

6.3.2 충격파이론

교통특성은 시간-거리에 따라 항상 끊임없이 변화하며 이 때 한 상태와 또 다른 상태의 교통류간에는 경계선이 생기게 마련이다. 교통류이론에서 이 경계선은 충격파(shock wave)라고 하며, 충격파는 경우에 따라 매우 완만하거나 때론 급격한 특징을 갖는다. 전자는 양방향 2차로도로에서 저속차량과 고속차량 사이의 예를 들 수 있고, 후자는 신호교차로에 정지하여 대기하고 있는 차량들을 항해 접근하는 승용차 흐름을 그 예로 들 수 있다.

경계선의 특성에 따라 충격파는 6개의 구분이 가능하다.[4)]

- 전면 정지(frontal stationary)
- 후면 정지(rear stationary)
- 후방 형성(backward forming)
- 전방 소멸(forward recovery)
- 후방 소멸(backward recovery)
- 전방 형성(forward forming)

본 절에서 충격파이론의 소개를 위해, 먼저 충격파 방정식에 대해 설명하고 뒤이어 가장 흔히 볼 수 있는 양방향 2차로 도로에서의 후방형성 충격파에 대해 설명하기로 한다.

1) 충격파 방정식

한 연속류 도로구간의 교통량-밀도곡선이 [그림 6-14] (A)와 같이 설정되었다고 하자. 이 그림에서 보면 A교통류 상태가 맨 먼저 존재한다. 그 때의 교통량, 밀도, 속도는 q_A, k_A, u_A로 표시된다. A교통류 다음으로는 교통량이 감소하고 이에 따라 새로운 교통류 B가 나타난다 (q_B, k_B, u_B). B교통류에서는 그림에서 보는 대로 아직 용량에 도달하기 이전 상태이므로 교통량 감소는 곧 속도의 증가로 나타나고($u_B > u_A$), 그

[그림 6-14] 충격파 방정식의 분석도[4)]

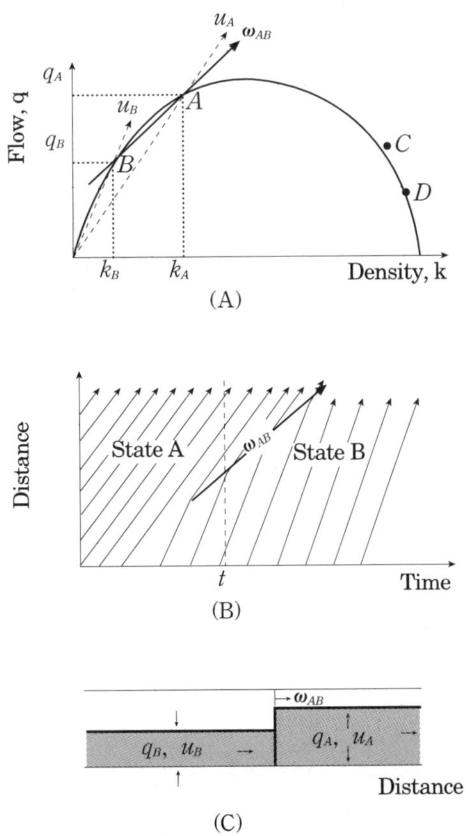

결과 B교통류의 차량들이 A교통류의 차량들을 따라잡게 된다. 이를 보다 분명히 하기 위해 [그림 6-14] (B), (C)를 추가로 도시한다. 그림 [그림 6-14] (B)는 거리-시간관계도이며 이 그림에서 A, B상태에서의 차량속도를 나타내는 기울기는 의도적으로 [그림 6-14] (A)의 속도를 나타내는 원점과 A, B점간을 연결하는 직선의 기울기와 평행하도록 작도되었다. 한편 [그림 6-14] (B)에서 굵은 선을 A, B교통류간 충격파를 표시하고 있는데 이는 B교통류의 고속차량들이 A교통류의 저속차량들을 따라잡는 모습을 보여 주는 거리-시간관계도이다. 여기서 ω_{AB}는 교통류 A와 교통류 B 사이에서 발생하는 충격파를 의미한다.

[그림 6-14] (C)는 시점 t에서 나타나는 교통류 A, B를 의미한다. 이 그림에서는 세 종류의 속도가 표시되고 있는데 u_A가 u_B에 비해 낮은 값을 갖기 때문에 충격파의 방향은 분명하다. 그러나 이 경우는 단순한 경우에 불과하며 교통류간 변화상태가 복잡해지게 되면 충격파의 진행방향은 쉽게 알 수 없게 된다. 따라서 이러한 경우에서는 일단 충격파의 진행방향을 전방, 즉 교통류의 진행방향과 같다고 가정해서 분석한 후, 그 결과에 따라 충격파 진행방향을 결정하는 것이 좋다.

다음으로 충격파 방정식의 산출에 대해 알아보자. 개념적으로 볼 때 A, B교통류의 경계선에서 양교통류의 차량대수는 같아야 한다. 그런데 도로의 상류에서 주행하는 B교통류의 속도를 충격파를 기준으로 해서 표시하면 $(u_B - \omega_{AB})$가 되고 하류부 교통류의 경우 $(u_A - \omega_{AB})$가 된다. 따라서 이 두 식을 이용해서 우리는 두 교통류에 해당하는 교통량을 각각 다음과 같이 표시한다.

$$N_B = q_B t = [(u_B - \omega_{AB})k_B]t \quad \cdots\cdots (6.39)$$

$$N_A = q_A t = [(u_A - \omega_{AB})k_A]t \quad \cdots\cdots (6.40)$$

이에 언급한 대로 이 두 값은 같으므로

$$\omega_{AB} = \frac{q_A - q_B}{k_A - k_B} = \frac{\Delta q}{\Delta k} \quad \cdots\cdots (6.41)$$

결국 두 교통류간에서 발생하는 충격파의 속도는 두 교통류간 밀도 차이와 교통량 차이의 비율로 나타남을 알 수 있다(이는 [그림 6-14]

[그림 6-15] 충격파의 형태

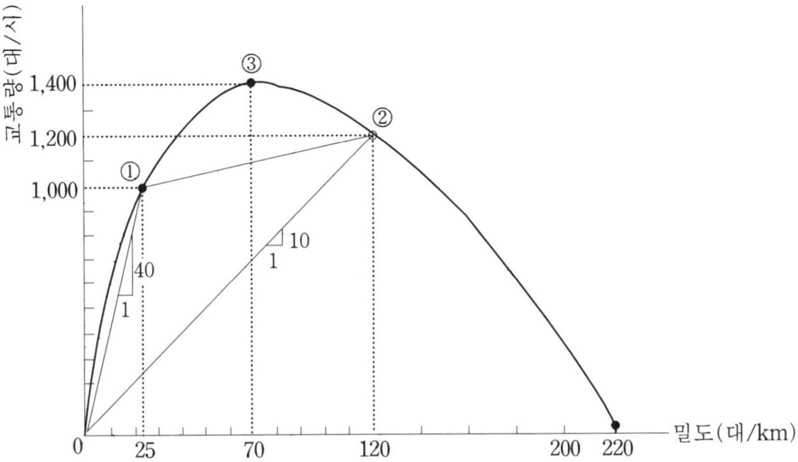

(A)에서 확인할 수 있다).

2) 충격파이론의 적용 예

[그림 6-15]에서 점①은 교통량 1,000대/시, 밀도 25대/km, 평균속도 40km/시를 갖고 움직이는 교통류를 표시하고 있다. 이 교통류 내에서 한 트럭이 고장이 나서 10km/시로 감속하여 주행한다고 할 때 추월이 허용되지 않는다면 뒤따르는 차량들은 모두 10 km시 외에는 주행할 수 없을 것이다. 또한 시간이 흐를수록 10km/시로 주행하는 차량대열의 크기는 길어지게 될 것이다. 한편 차량대열 안에서 차량간 차두간격은 지체되기 전에 비해서 짧아지게 된다. 이러한 여러 가지 변화된 교통류 여건에 해당하는 q-k 곡선상의 점은 [그림 6-15]의 점②에 의해 나타내며 점②와 원점을 연결한 직선이 트럭에 의해 지체되는 교통류의 속도를 나타내고 있다. 점②에서의 교통량은 1,200대/시이고 밀도는 120대/km를 나타낸다.

만약 위에서 설명한 상황을 한 사람이 도로변에 앉아서 관찰한다면 트럭에 의해 지체되는 교통류가 마치 기관차에 연결되어 있는 열차들처럼 일렬로 줄을 지어 10km/시의 속도로 주행하는 것을 볼 수 있을 것이며 이 차량 행렬의 뒤쪽에서는 40km/시의 속도로 달려오던 차량들이 10km/시로 감속하면서 계속 차량행렬의 뒤에 이어지는 것을 볼 수

[그림 6-16] 충격파에서 차량군의 형성과정

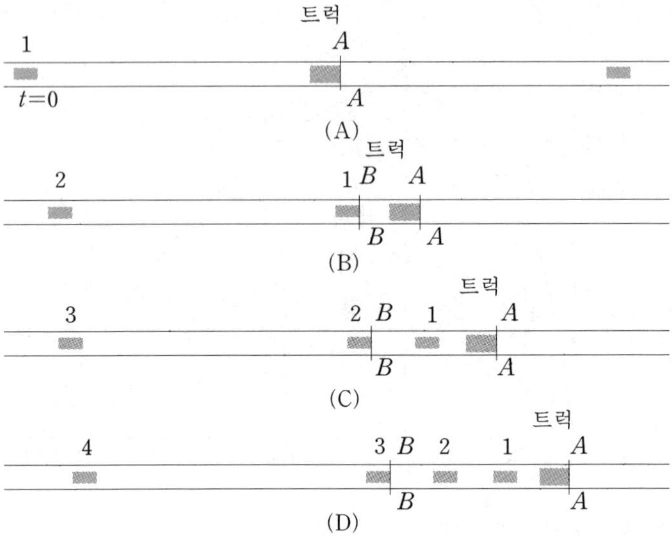

있을 것이다.

[그림 6-16]은 위의 상황을 그림으로 표시한 것이다. 시점 $t=0$에서의 교통류 상태는 [그림 6-15]에서의 점 ①을 의미하며 교통류의 평균 특성을 따른다. 이 때 고장난 트럭의 속도가 10 km/시로 변하게 되면 바로 뒤에서 달려오던 차량이 곧 트럭의 뒤로 연결되면서 차량 행렬은 그대로 유지되지만, 시간이 지날수록 차량 행렬은 계속 커지게 된다.

[그림 6-17] 충격파에서 차량군의 시간-거리도[5)]

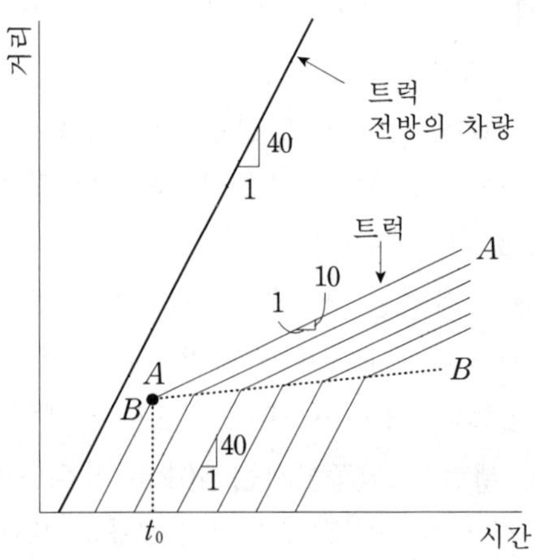

또한 위의 예에서 볼 때, 2개의 충격파가 존재하는데 한 개는 차량행렬의 앞부분 경계선이며([그림 6-16]의 AA선), 또 한 개는 차량행렬의 뒷부분 경계선([그림 6-16]의 BB선)이다. 앞부분 경계선의 특성은 트럭의 속도에 따르며 뒷부분 경계선은 차량행렬의 맨 마지막 차량의 속도에 따른다. 따라서 차량행렬의 크기가 얼마만큼 빨리 변화하는가 하는 문제는 차량행렬의 전후 충격파 AA와 BB선의 상대속도에 의해 지배받게 된다. 또한 차량행렬의 길이와 밀도를 알 수 있기 때문에 차량행렬 내에 있는 차량대수를 결정할 수 있다. [그림 6-17]은 위의 상황을 시간－거리도로 나타낸 것이다.

[예제 6-6] [그림 6-16]에서 두 충격파 AA와 BB의 방향과 속도를 결정하고 트럭 후방에서의 충격파 속도를 구하라.

풀이 먼저 AA선에서 살펴보면

$$q_a = 1{,}200(\text{대/시}),\quad k_a = 120\,\text{대/km}$$

트럭 전방의 자유흐름 상태에서는

$$q_b = 0,\qquad k_b = 0$$

따라서 AA의 충격파 속도는 다음과 같다.

$$U_{sw}(AA) = \frac{0-1,200}{0-120} = 10\,\text{km/시}$$

한편 차량군의 뒤쪽에서 발생하는 차량군에 대한 속도는 다음과 같다.

$$U_{sw}(BB) = \frac{1{,}200-1{,}000}{120-25} = (+)2.1\,\text{km/시}$$

따라서 차량군의 앞쪽은 차량진행 방향을 기준으로 할 때 앞쪽으로 충격파가 10km/시의 속도로 진행하며, 차량군의 뒤쪽 역시 교통류 진행방향으로 2.1km/시의 속도로 충격파가 진행한다. 이렇게 볼 때 차량군의 성장속도는

$$10-2.1=7.9\,\text{km/시}$$

의 속도를 나타내게 된다.

[예제 6-7] [예제 6-5]에서 문제의 트럭이 10분 후에 이 도로를 빠져 나

갔으며 이와 함께 차량군 앞쪽에 있던 차량들이 20km/시의 속도와 70대/km의 밀도로 풀리기 시작했다. 이 때 10km/시로 진행하던 차량군이 소멸되기까지 소요되는 시간을 구하라.

풀이 차량군이 풀릴 때의 조건은

$$q=(20\,\text{km/시})(70\,\text{대/km})=1,400\,\text{대/시}$$

로서 [그림 6-15]에서 점 ③을 의미한다. 10분 후에는 이 차량군의 크기가 다음과 같이 된다.

$$L=(7.9\,\text{km/시})\left(\frac{10}{60}\,\text{시}\right)=1.3\,\text{km}$$

1.3km 내에 들어갈 수 있는 차량대수는

(1.3)(120)=156대이다.

트럭이 빠지고 나면 차량군 내에서 다음의 충격파가 발생하게 된다.

$$U_{sw}=\frac{1,400-1,200}{70-120}=-4.0\,\text{km/시}$$

따라서 차량군 앞쪽의 충격파는 뒤쪽으로 4.0km/시의 속도로 진행하며 차량군 뒤쪽의 충격파는 변동 없이 앞쪽으로 2.1km/시의 속도로 진행하므로 이 두 충격파간의 상대속도는 다음과 같다.

$$4.0+2.1=6.1\,\text{km/시}$$

트럭이 빠지기 바로 직전에 차량군 크기는 1.3km이므로 두 충격파간에 발생한 상대속도 6.1km/시에 의해 다음 시간이 지나면 소멸된다.

$$\frac{1.3}{6.1}(60)=12.7(\text{분})$$

[예제 6-8] [예제 6-6]에서 10km/시로 진행하던 차량군이 완전히 소멸되는 시점에서 발생한 충격파의 방향과 속도를 구하라.

풀이 맨 마지막 차량이 차량군에서 벗어나고 나서 이 마지막 차량의 전방과 후방 사이에서 충격파가 발생하며 이 충격파의 속도는 다음과 같다.

$$U_{sw}=\frac{1,400-1,000}{70-25}=(+)8.9\,\text{km/시}$$

6.3.3 차량 대기행렬이론

앞 두 절에서 소개한 교통류 분석이론이 주로 연속류 시설에 대한 것이었다면 본 절에서 설명하려는 대기행렬이론은 주로 도시내 도로시설인 단속류에 대한 것이다. 교통량을 처리하기 위한 여러 가지 기법들의 주된 목적은 대개 교통시설물의 용량을 충분히 확보함으로써 대상 교통시설물로 접근해 오는 교통량을 효율적으로 처리하고자 하는 것이며 이러한 목적이 달성되게 되면 도로를 주행하는 차량들의 입장에서 볼 때 교통혼잡을 겪지 않게 되는 것이다.

그러나 교통량은 시간의 흐름과 함께 수시로 변화하기 때문에 교통용량을 확보했다고 해서 순간적으로 발생하는 교통혼잡까지도 발생하지 않는 것은 아니며 특히 출퇴근시간의 교통량 첨두시간대에 다소간의 교통혼잡은 항상 발생할 수 있다.

대기행렬이론은 이러한 관점에서 매우 중요한 교통류이론의 한 분야인데 원래 대기행렬이론은 교통시설을 비롯해서 우리들이 일상생활에서 쉽게 접할 수 있는 다양한 체계(system)의 행태를 묘사하기 위해 개발되어졌다. 특히 차량 대기행렬이론의 주된 분석대상은 무작위적으로 변화하는 교통수요에 대한 교통체계의 작동과정이었다. 다시 말해서 도로나 기차역의 플랫폼과 같이 처리능력이 일정한 시설물로 도착하는 차량이나 승객의 도착형태에 따라 발생하는 대기행렬의 행태를 분석하는데 대기행렬이론의 초점이 모아져 왔다.

도로를 중심으로 하는 교통망의 경우, 대기행렬은 여러 곳에서 발생하게 되는데 이의 대표적인 장소로는 신호교차로, 통행료 징수대, 주차장, 병목구간, 교통사고 발생지, 합류지점 및 저속차량의 後方지역이며 대기행렬은 모든 교통수단에서 수시로 발생하며 우리의 일상생활에서도 흔히 그 발생과정을 관찰할 수 있다.

교통공학에서 대기행렬의 생성과정을 분석하는 데는 두 가지 접근방법을 사용할 수 있다. 즉, 충격파이론 분석기법과 대기행렬 분석이론인데 충격파이론 분석기법은 수요와 공급의 특성이 시간의 변화에 따라 예측가능한 경우에 사용할 수 있다. 반면에 대기행렬 분석이론은 상기한 경우 외에도 수요와 공급의 특성이 시간의 변화에 따라 일정하지 않은 이른바 推計論的 分析(stochastic analysis)에도 사용될 수 있다.

본 절에서는 대기행렬이론의 분류 및 입력에 필요한 자료의 구분을 비롯한 기본적인 이론 및 개념을 살펴보고 우리 실생활에서 볼 수 있는 예를 들어 그 적용과정을 살펴본다.

1) 待期行列 分析理論의 개념

待期行列 分析理論은 巨視的 分析과 微視的 分析으로 구분할 수 있다. 여기서 거시적 분석이란 시설물로 도착하는 수요의 형태와 시설물의 서비스 형태를 연속적 변수로 설명할 수 있을 때 성립하며, 미시적 분석이란 이들을 불연속적 변수로 설명할 때 성립한다. 일반적으로 거시적 분석은 도착률과 서비스율이 높을 때 수행하며 미시적 분석은 도착률과 서비스율이 낮을 때 수행한다.

대기행렬의 분석에서 필요한 입력자료는 다음과 같다.

- 평균도착률
- 도착분포의 형태
- 평균서비스율
- 서비스 분포의 형태
- 대기행렬의 형성형태

평균도착률은 교통량 또는 차두간격 등의 개념으로써 일반적인 표현방식은 대/시 또는 대/초의 형태를 갖는다. 도착분포의 형태는 결정론적 분석방법과 확률론적 분석방법으로 구분할 수 있으며, 우리가 흔히 사용하는 수요라는 개념과 대체로 일치한다고 볼 수 있다.

평균서비스율은 평균도착률과 같이 표현할 수 있으며, 그 형태 또한 결정론적 분석방법과 확률론적 분석방법으로 구분한다. 교통공학에서 흔히 거론하게 되는 용량이라는 개념이 바로 이 평균서비스율과 일치하는 개념이라 할 수 있다.

대기행렬의 형성형태는 대기행렬이 어떤 방식으로 형성되는가 하는 것을 규명하는 항목으로써, 그 필요성이란 통행료 징수대와 같이 먼저 온 사람이 먼저 서비스 받는 방식과 엘리베이터와 같이 늦게 온 사람이 오히려 먼저 내릴 수 있는 방식이 존재하는 것을 생각해 볼 때 반드시 규명되어져야 하는 것임을 알 수 있다.

前者의 경우는 가장 보편적인 대기행렬의 형성형태로서 FIFO(first in, first out)라고 부르며 後者를 FILO(first in, last out)라고 부른다. 한편 도착순서에 상관없이 무작위적으로 서비스 받는 형태는 SIRO (served in random order)라고 한다.

2) 신호교차로에서의 대기행렬 분석 적용 예

신호교차로는 결정론적 대기행렬 분석방법의 대표적인 예이다. 또한 신호교차로에서는 거시적 분석방법을 적용하게 되며 그 분석과정이 매우 간편하다. 일반적으로 신호교차로의 대기행렬 분석방법을 수행하는 경우, 신호등의 현시는 2현시로 생각하며 한 개의 접근로에 대해서만 생각하게 된다.

또한 평균도착률이 평균서비스율보다 적은 경우를 분석대상으로 하

[그림 6-18] 신호교차로에서 대기행렬도의 예

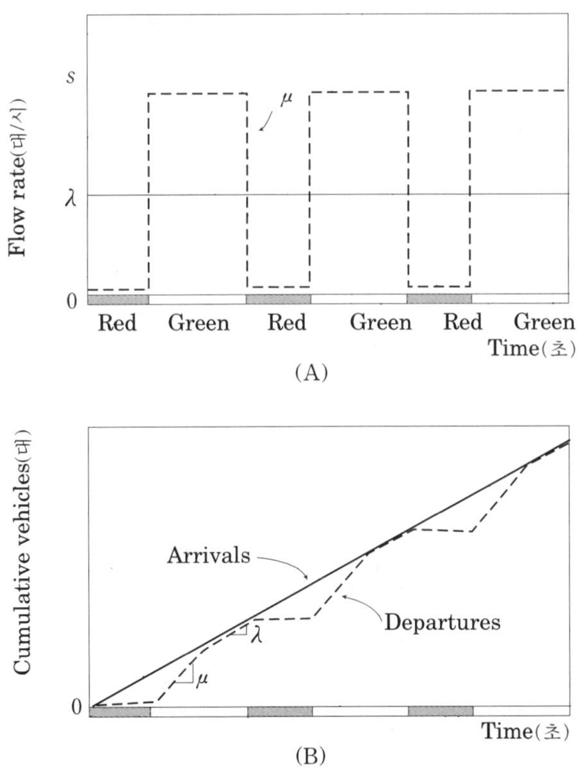

는 수가 많으며, 이는 신호교차로에 진입한 차량이 한 번의 신호주기보다 더 오랜 시간을 기다릴 필요가 없다는 의미로서 사실상 이런 가정은 매우 비현실적인 가정일 수 있으나 여기에서는 대기행렬 분석의 기법만을 소개한다는 의미에서 이러한 가정은 설득력을 갖는다.

[그림 6-18]은 신호교차로에서의 대기행렬 분석을 위한 입력자료와 대기행렬의 형성과정을 도시하고 있다. [그림 6-18]의 상단에서 볼 때 도착률 λ는 시간의 변화와 상관없이 일정하며, 서비스율 μ는 신호등이 녹색일 때는 포화교통류율 s이고 신호등이 적색일 때는 0인 두 개의 상태로 존재하고 있다. 여기서 우리가 유의할 점은 서비스율 μ가 포화교통류율을 기록하는 것은 신호정지선 후방으로 충분한 대기행렬이 존재할 때만 가능하며 만약 녹색신호시간이 길어져 대기하고 있던 차량들이 신호등을 모두 빠져나간 후에는 서비스율이 다시금 도착률 λ로 감소하게 된다는 점이다.

[그림 6-18]의 하단부에서 볼 때 y축이 대기행렬의 길이를 나타내고 있기 때문에 상단부에서와는 달리 도착률이 x축에 수평인 직선이 아니고 기울기 λ인 사선으로 나타나고, 서비스율 μ는 신호등이 적색일 때는 x축에 수평한 직선이지만 신호등이 녹색일 때는 포화교통류율을 기록하는 시간대와 도착률을 기록하는 시간대로 다시 구분하여, 포화교통류율일 때는 도착률 직선과 포화교통류율 직선이 교차하는 지점에서 끝나고 그 이후부터 녹색시간의 끝지점까지는 도착률을 갖게 된다.

이러한 대기행렬의 형성과정은 신호주기마다 반복되어 계속되기 때문에 [그림 6-18]에서와 같은 대기행렬도를 분석함으로써 각 시점에서의 대기행렬 길이를 용이하게 알 수 있는데, 이 때, 대기행렬 길이는 삼각형의 높이로 나타나게 된다. 이 외에도 우리는 대기행렬도를 통해 대기행렬이 존재하는 시간, 정지했다가 통과하는 차량의 수, 총지체시간 및 차량당 지체시간을 산출할 수 있게 된다.

① 대기행렬이 존재하는 시간의 산정

대기행렬이 존재하는 시간의 길이를 산정하기 위해서 우리는 우선 x축이 시간을 나타내고 있음에 유의해야 한다. 대기행렬이 존재하기 위해서는 서비스율이 도착률보다 작아야 할 것이며 이러한 상태는 적색시간이 시작되는 점에서부터 포화교통류율과 도착률의 직선이 교차하는 지점까지의 시간일 것이다. 또한 이 수치는 유효적색시간과 신호주기에 대한 함수로 표시될 것이며 단위는 초이다.

대기행렬이 존재하는 시간길이 t_Q는 다음의 식으로 나타낼 수 있다.

$$\lambda t_Q=\mu(t_Q-r),\quad \lambda t_Q=\mu t_Q-\mu r,\quad t_Q(\mu-\lambda)=\mu r$$

$$t_Q=\frac{\mu r}{\mu-\lambda} \qquad \cdots\cdots (6.42)$$

한편 대기행렬이 존재하는 시간길이의 전체 신호시간에 대한 백분률 Pt_Q는 다음 식으로 표시할 수 있다.

$$Pt_Q=\frac{100t_Q}{C} \qquad \cdots\cdots (6.43)$$

여기서,
λ = 평균도착률(대/시)
μ = 평균서비스율(대/시)
t_Q = 대기행렬이 존재하는 시간길이(초)
r = 유효적색시간(초)
C = 신호주기(초)
Pt_Q = 대기행렬이 존재하는 시간길이의 백분률

이러한 대기행렬이 존재하는 시간에 대한 고찰이 중요하게 여겨지는 것은 다음의 [그림 6-19]를 통해 분명히 알 수 있다. 특히 이 그림을 통해서 우리는 신호교차로 운영상태를 나타내는 중요 척도 중의 하나인 포화율을 이해 할 수 있는데 [그림 6-19]의 하단부에서 대기행렬이 생기는 시작점은 유효적색시간의 시작점이고 이는 t_Q초만큼 지속됨을 알 수 있다.

한편 [그림 6-19]의 상단부에서 살펴볼 때 t_Q초는 유효적색시간 전부와 유효녹색시간의 일부분까지 펼쳐져 있음을 알 수 있다.

이 때 우리가 주목해야 할 점은 유효적색시간에 신호교차로에 진입하는 차량대수를 알기 위해서는 도착률과 시간을 곱해야 하고 유효녹색시간의 시작과 함께 신호교차로를 통과해 나가는 차량대수를 알기 위해서는 포화교통류율과 시간을 곱해야 한다는 것이다.

[그림 6-19] 신호교차로 대기행렬도의 상세도

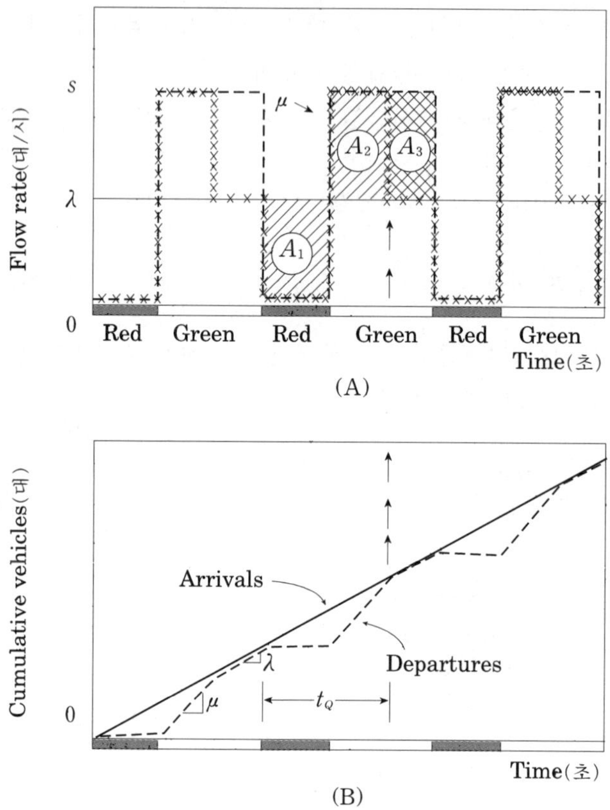

결국 [그림 6-19]의 상단에 나와 있는 그림에서 볼 때 A_1과 A_2는 그 형상이 다르며 이 두 형상의 면적이 같아질 때 바로 대기행렬이 소멸된다는 점을 기억할 필요가 있다. 한편 면적 A_3는 대기행렬이 소멸되고 난 후 유효녹색시간 동안에 도착하는 차량의 대수를 표시하고 있는데 이는 곧 신호교차로의 여유 용량이라고 볼 수 있겠다.

② 정지했다가 통과하는 차량의 수

신호교차로에 진입하여 일단 정지한 후 통과하는 차량의 수를 결정하는 것은 신호교차로에 의해 얼마나 많은 차량들이 영향을 받고 있는지를 알기 위한 분석에서 중요하다.

[그림 6-19] 상단부에서 볼 때 이 값은 면적 A_1과 A_2의 합으로 표시할 수 있으며 하단부에서는 도착률 직선과 점선으로 표시되는 서비스

율 직선이 만드는 삼각형의 면적으로 표시할 수 있다.

또한 정지한 후 통과하는 차량대수는 유효적색시간에 도착하는 차량은 무조건 고려해야 할 것이고 신호주기를 넘을 수는 없을 것이기 때문에 λr과 λC의 범위 내에 존재할 것이다.

정지했다가 통과하는 차량의 수를 알 수 있게 되면 이와 관련하여 매 신호주기당 통과차량수 및 정지했다가 통과하는 차량수의 백분율도 알 수 있게 된다.

$$N=\frac{\lambda C}{3{,}600}, \quad N_Q=\frac{\lambda t_Q}{3{,}600}$$

$$PN_Q=\frac{100\,t_Q}{C} \qquad \cdots\cdots (6.44)$$

여기서,
N=신호주기당 차량대수
N_Q=대기행렬을 경험한 총차량대수
PN_Q=정지했다 통과하는 차량의 백분율

③ 대기행렬의 길이

대기행렬의 길이는 [그림 6-19]와 같은 대기행렬도에서 삼각형의 높이로 나타나게 된다. 이 길이는 대기차량의 대수로서 유효적색시간의 시점에서는 그 값이 0이다가 유효적색시간의 종점에서 최대값을 나타내게 되며 그 이후 유효녹색시간이 시작되면서 그 길이가 점차 감소하다가 t_Q시간이 끝나게 되면 다시금 0으로 되어 이러한 상태는 유효녹색시간이 끝날 때까지 지속된다.

교통공학적 입장에서 보면 대기행렬의 길이와 관련해서 대기행렬의 최대길이, 대기행렬이 존재하는 시간 동안의 평균대기행렬길이 등이 중요한 값들이다.

$$Q_M=\frac{\lambda r}{3{,}600}, \quad \bar{Q}_Q=\frac{Q_M}{2}=\frac{\lambda r}{7{,}200}$$

$$\bar{Q}=\frac{Q_M t_Q}{2C} \qquad \cdots\cdots (6.45)$$

여기서,
Q_M=대기행렬의 최대길이(대)

$\bar{Q}_Q$= 대기행렬이 존재하는 시간 동안의 평균대기행렬 길이(대)
$\bar{Q}$= 신호주기당 평균대기행렬 길이(대)

④ 지체시간의 크기

지체시간의 크기는 상기한 대기행렬도의 삼각형 내부에서 생각해 볼 수 있는데 이 또한 우리가 신호교차로에서 관찰할 수 있는 몇 가지 쉬운 현상으로부터 이해하면 훨씬 간편해진다. 즉, 한 신호교차로에 도착하는 차량의 입장에서 보았을 때, 가장 지체시간이 많이 걸리는 경우는 적색시간이 시작할 때 교차로에 진입한 경우이다. 한편 이와 정반대로 가장 지체시간이 적게 걸리는 경우는 적색시간의 종점, 또 다른 표현으로는 녹색시간의 시작시점에 교차로에 진입한 경우로서 이러한 경우 서비스율이 도착률보다 커서 신호주기 안에 모든 교통량이 처리될 수 있다면 지체시간은 0이 될 것이다.

따라서 지체시간의 크기는 대기행렬도의 삼각형에서 x축 방향으로 잰 길이라고 할 수 있는데 지체시간 길이와 관련하여 교통공학의 관점에서 중요한 척도는 다음의 세 가지이다.

$$d_M=r, \quad \bar{d}_Q=\frac{r}{2}$$

$$\bar{d}=\frac{rt_Q}{2C} \qquad \cdots\cdots (6.46)$$

여기서,
d_M=지체시간의 최대값(초)
$\bar{d}_Q$=대기행렬이 존재하는 동안의 평균지체시간(초)
$\bar{d}$=신호주기당 평균 지체시간(초)

따라서 한 신호주기당 전체 지체시간은 삼각형의 면적으로 표시되며, 그 단위는 초·대로 나타난다. 전체 지체시간 TD는 다음의 세 식 중 어느 형태로든지 동일한 값을 나타내게 된다.

$$TD=\frac{N_Q r}{2}, \qquad TD=\frac{Q_M t_Q}{2}$$

$$=\bar{d}N \qquad \cdots\cdots (6.47)$$

■ 주

1) Gerlough, D.L. and Huber, M.J., "Traffic Flow Theory(A Monograph)," *TRB Special Report* 165, 1975.
2) Wardrop, J.G., "Some Theoretical Aspects of Road Traffic Research," *Proceeding of Institute of Civil Engineering*, PartⅡ, 1952.
3) ITE, *Transportation and Traffic Engineering Handbook*, Prentice Hall Inc., 1982.
4) May, A.D., *Traffic Flow Fundamentals*, Prentice Hall Inc., 1990.
5) Papacostas, C.S., *Fundamentals of Transportation Engineering,* Prentice Hall Inc., 1987.

■ 익힘문제

1. 식(6.3)을 증명하라.
2. U_o와 k_o가 각각 40km/시와 50대/km이다. Greenberg, Underwood, Northwestern 모형에 대한 교통량-속도-밀도 관계식을 결정하고 이를 그림으로 표현하라.
3. GM 연구소의 세 번째 미시적 추종모형으로부터 Greenberg의 거시적 모형을 유도하라.
4. 어느 지방부 2차로 도로의 오전 첨두시 일방향 교통량은 1,000대/시이며 평균속도는 50km/시이다. 오전 첨두시에 속도가 12km/시인 트럭인 이 도로에 진입하며 2km를 주행한 후 진출하였다. 트럭 진입 후 교통류의 밀도는 100대/km였으며, 추월이 불가능한 상황이었다. 충격파와 차량궤적을 나타내는 시간-거리도를 작성하라.
5. 어느 신호교차로에 대해 다음의 조건이 주어질 때, 식(6.42)~(6.47)을 풀고 [그림 6-19]의 그림으로 표현하라.
   - 600대/시의 균일도착교통량
   - 녹색신호시간 동안 1,800대/시의 균일통과(출발)교통량
   - FIFO원리의 대기시스템
   - 신호주기 60초, 유효녹색시간 40초

제7장

교통용량 분석기법

앞 장에서는 교통류의 기본관계식과 분석기법들을 설명하였다. 교통류는 그 교통시설물의 용량에 도달하기 전까지는 비교적 원활한 소통을 나타내지만 용량에 도달하고 나면 그 이상의 교통량에서는 차량 지체시간이 길어지는 등 극심한 교통혼잡이 발생하게 된다. 교통시설물의 계획 및 설계를 통하여 효율적인 교통운영을 기하기 위해서는 용량을 알아내는 것이 중요하고 용량을 알기 위해서는 교통류의 기본관계식을 정확히 수립하는 것이 중요하므로 용량 분석기법의 수립은 결국 교통류 이론에서 출발한다. 이론적으로 볼 때 용량 분석기법은 해당 교통시설물의 현재 조건하에서 일정시간 동안에 통과할 수 있는 최대교통량을 승용차 대수로 표시하기 위한 일련의 분석과정이다.

한편 서비스수준은 교통류 내에서 주행하는 운전자들이 느끼는 교통류의 상태를 객관적으로 표시하기 위해 설정된 기준이다. 교통량이 적은 경우 운전자들은 원하는 속도를 낼 수 있기 때문에 실제로는 차량들의 평균속도는 도로의 시설 상태에 영향을 받으나 교통량이 증가하게 되면 운전자들은 주변에서 함께 주행하는 차량들의 존재를 의식해야 하므로 교통량에 의한 속도변화가 발생하게 된다. 만약에 운전자들이 느끼는 교통류의 좋고 나쁨을 속도로 표시하게 된다면 차량의 증가로 인한 속도의 감소를 서비스수준의 감소라고 보아도 좋을 것이다. 이처럼 모든 교통류는 교통량의 증가에 의한 효과를 질적이든 양적이든 간에 반드시 나타내게 되므로 서비스수준의 설정이 가능해지는 것이다.

용량에 대해 우리나라의 도로용량 편람에서는 다음과 같이 정의하고 있다.[1]

"도로의 용량은 주어진 시간 동안 주어진 도로 및 교통조건에서 도로나 차선의 일정 구간 또는 지점을 승용차가 통행하리라 예상되는 최대교통류율을 의미한다."

한편 미국의 1985년 HCM(Highway Capacity Manual)은 도로시설의 용량에 대해 다음과 같이 정의하고 있다.[2)]

"the maximum hourly rate at which persons or vehicles can reasonably be expected to traverse a point or uniform segment of a lane or roadway during a given time period under prevailing traffic, roadway, and control conditions."

우리가 용량이라 할 때는 교통류가 승용차만으로 구성되어져 있고, 동일한 도로조건을 갖는 비교적 긴 도로구간을 대상으로 하며, 첨두 15분 교통량을 관측하여 결정하고, 일상생활에서 관측이 가능한 교통량을 근거로 한다는 전제조건을 배경으로 하고 있다.

본 장에서는 용량 산정절차를 소개하기 위해 우선 도로시설을 연속류와 단속류로 구분하고 연속류에서는 고속도로 기본구간, 엇갈림구간, 램프구간, 양방향 2차선 도로를 선정해서 설명한다. 이 네 가지 도로형태는 용량 분석절차에 있어 각각 독특한 개념을 가지고 있을 뿐만 아니라 흔히 사용되는 기법이기도 하기 때문에 익숙해질 필요가 있다. 또한 단속류의 경우 전체적으로는 신호교차로, 무신호교차로, 도시 간선도로가 포함되나 이 중 신호교차로를 설명하면 나머지 시설물에 대한 개념 정립도 가능해지리라고 본다.

7.1 고속도로 기본구간

고속도로 기본구간이라 함은 연결로의 진출입 교통량에 따른 영향을 받지 않는 고속도로 부분, 즉 인터체인지와 매우 멀리 떨어져 있는 도로구간을 말한다. 다음은 고속도로 기본구간의 형태이다.

[그림 7-1] 고속도로 기본구간

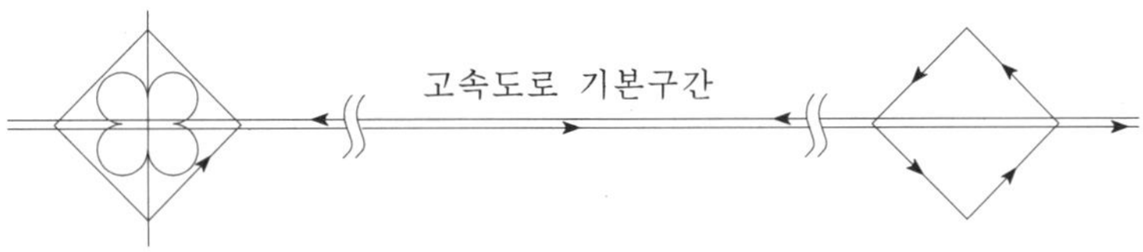

7.1.1 고속도로 기본구간의 특성

고속도로 기본구간의 특성은 고속도로 설계시의 특징인 완전출입제한시설물에서 기인한다. 따라서 교통류의 산란현상이 극소화된 상태이기 때문에 용량산정절차도 매우 간단하다. 고속도로 기본구간의 용량산정절차는 [그림 7-2]의 속도-밀도-교통량관계 곡선에 주로 근거를 두고 있다. 우선 속도-교통량 곡선을 보면 교통량 증가에 따른 속도의 감소량이 그다지 크지 않은 점이 두드러진다. 물론 용량 근처에 도달하면 속도는 비교적 급속히 감소한다. 이 그림에서 또 한 가지 유의할 점은 도로의 설계속도에 따른 속도변화가 매우 큰 편이라는 점이다. 따라서 설계속도가 달라지는 도로구간에 대해서는 반드시 구분지어 용량분석을

[그림 7-2] 고속도로 기본구간에서의 교통류모형[1)]

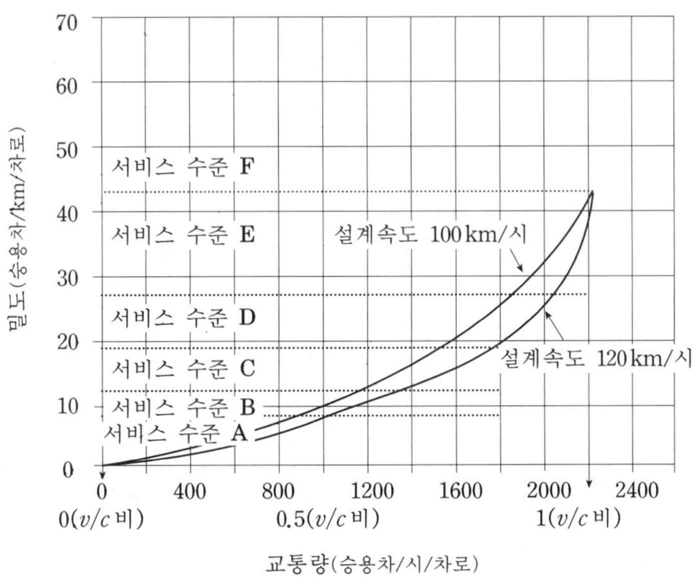

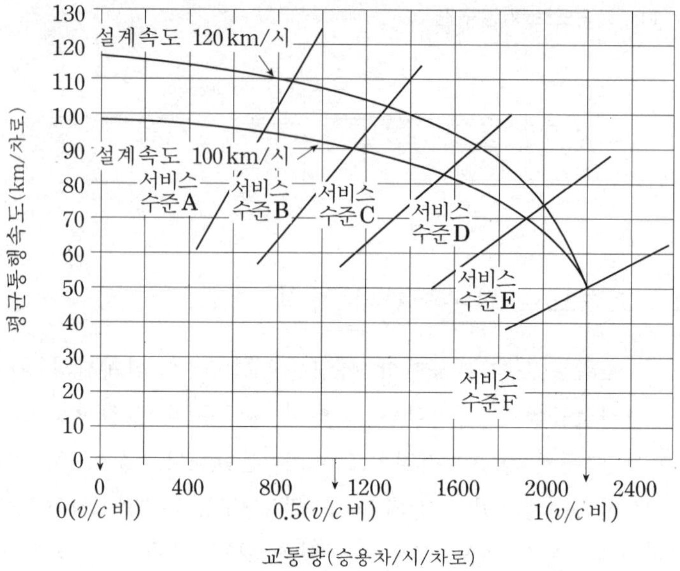

수행해야 옳은 결과를 얻게 된다. 이러한 경향은 밀도-교통량 곡선에서도 그대로 나타난다. 따라서 이 곡선이 도로의 조건에 따라 크게 달라지지 않는다고 할 때 고속도로 기본구간의 용량은 대체로 2,000대/시/차로 근처임을 알 수 있다.

7.1.2 고속도로 기본구간의 서비스수준(LOS: Level Of Service)

서비스수준이란 개념은 도로시설의 운영상태를 일반인들도 쉽게 이해할 수 있는 용어로 표시하기 위해 도입된 개념이다. 서비스수준은 일반적으로 해당 도로를 이용하는 운전자들이 통상적으로 느끼는 교통류 변수, 즉 효과척도(**MOE: Measures Of Effectiveness**)를 통해 결정하며 **A~F**의 6개 구간으로 나타낸다.

고속도로에서 운전자들이 교통량의 변화를 직접적으로 느끼는 것은 교통류의 밀도이다. 따라서 일반적으로 고속도로 기본구간에서의 서비스수준을 결정하기 위해서는 밀도를 기준으로 한다. 밀도를 기준으로 한 서비스수준은 6개의 서로 다른 구간으로 표시되며 [표 7-1]은 고속도로 기본구간에서의 서비스수준을 나타낸다.

[표 7-1] 고속도로 기본구간에서의 서비스수준 기준[1)]

서비스수준	최대밀도 (승용차/km/차로)
A	8
B	13
C	19
D	27
E	44
F	45 이상

1) 서비스수준 A: 가장 양호한 교통류를 의미하며, 서비스수준 A에서 운전자들은 고속도로의 시설조건에 의해서만 그 속도가 변화하므로 교통류의 평균속도가 설계속도에 거의 접근하게 된다. 만약 교통사고 등의 교통류를 방해하는 조건이 발생하더라도 전체적인 교통흐름은 크게 영향을 받지 않으며 해당 조건의 인접 구역만이 서비스수준의 저하를 겪게 된다.
2) 서비스수준 B: 교통류는 자유흐름이며 비교적 높은 차량속도를 나타낸다. 그러나 차로변경이나 램프에서 본선 교통류로의 진입에 어느 정도 제한을 받게 된다. 전반적으로 볼 때 운전자들은 서비스수준 B에서 상당히 편안하고 쾌적한 기분을 느끼게 되며, 교통류 방해조건이 발생할 경우 국부적인 서비스수준은 저하될 수 있으나 전체적인 교통흐름에는 큰 영향이 없다.
3) 서비스수준 C: 서비스수준 C에서의 교통류는 대체로 안정적이다. 그러나 이 상태에서 교통량이 더 늘어나게 되면 서비스수준의 급격한 저하를 유발하게 된다. 서비스수준 C에서 운전자들은 차로변경이나 타 교통류로의 진입에 상당한 주의를 기울여야 한다. 교통류 방해조건이 발생하게 되면 그 영향이 전반적으로 나타나게 되며 차량대기행렬이 발생할 수 있다. 운전자들은 안전운행을 위해 상당한 주의력을 기울여야 하므로 쉽게 피로해지게 된다.
4) 서비스수준 D: 교통류는 불안정류에 접근하게 되며 교통류로의 진입이나 차로변경은 매우 어렵다. 교통류의 방해조건이 생기게 되면 즉시 차량 대기행렬이 나타나게 되고 운전자들의 편안함과

쾌적함은 거의 없다고 보아야 할 것이다.

5) 서비스수준 E: 교통류는 불안정류이며 차두간격이 매우 작기 때문에 실제로 차로변경은 일어날 수 없게 된다. 만약에 차로변경이나 교통류로의 진입이 발생하면 그 영향은 교통류 전체로 파급되게 된다. 고속도로 시설에서는 대개 서비스수준 E를 용량으로 보게 되며 우리나라의 경우 이 때 차량의 평균속도를 설계속도가 100kmph일 때 약 50km/시로 보고 있다.

6) 서비스수준 F: 서비스수준 F에서의 교통류 상태는 강제류(forced flow)이다. 즉, 교통류는 지속적으로 흐른다고 보기 어렵고 이론적으로 볼 때 서비스수준 F를 나타내는 도로의 한 지점에서 통과 교통량은 도착 교통량보다 작게 된다.

7.1.3 고속도로 기본구간 서비스수준 산정절차

일반적으로 교통시설의 용량을 산정하기 위해서는 도로 및 교통여건이 이상적일 때를 기준으로 하여 최대서비스교통량을 정하고 나서 이를 근거로 하여 이상적이지 못한, 즉 현재 상태의 도로 및 교통여건에 대한 서비스수준을 결정하게 된다.

이상적인 도로조건(ideal condition)이란 고속도로 기본구간에서 다음과 같다.

1) 교통류는 승용차로만 구성되어 있다.
2) 차선폭이 3.5m 이상이다.
3) 측방 장애물까지의 거리가 포장단으로부터 1.5m 이상이다.
4) 설계속도 100km/h 이상인 도로

1) 최대서비스교통량

최대서비스교통량(Maximum service flow rate)은 이상적인 도로조건에서 얻을 수 있는 것이다. 문제는 이상적인 도로조건이라 하더라도 교통량이 많아짐에 따라 서비스수준이 저하되고 각 서비스수준에서의 최대교통량을 아는 것이 중요하므로 최대, 즉 이상적인 도로조건하에서의 서비스교통량을 표시하기 위해 최대서비스교통량을 설정하였다. 서비스수준 i에서의 최대서비스교통량은 이론적으로 다음과 같이 표시된다.

$$MSF_i = C_j(v/c)_i \qquad \cdots\cdots (7.1)$$

여기서,

MSF_i = 이상적 도로조건을 나타내는 도로의 서비스수준 i에서 얻는 최대서비스교통량(승용차 환산대수/시/차로)

$(v/c)_i$ = 서비스수준 i에서의 최대교통량/용량비

C_j = 설계속도 j인 고속도로의 용량

(95 km/시 ~ 120 km/시: 2,000 승용차 환산대수/시/차로, 80 km/시: 1,900 승용차 환산대수/시/차로)

고속도로에 관한 한 용량은 서비스수준 E에서 발생한다고 생각하므로 서비스수준 E의 최대서비스교통량은 곧 고속도로 기본구간의 용량이 된다.

2) 서비스수준 i에서의 서비스교통량

이상적인 도로조건에서 얻을 수 있는 최대서비스교통량과는 달리 주어진 도로조건에서 얻은 서비스교통량은 대부분의 실무작업에서 많이 사용된다. 서비스교통량은 주어진 도로조건하에서 얻을 수 있는 것으로 일반적으로 주어진 도로조건은 이상적인 도로조건과는 다르므로 서비스교통량을 얻기 위해서는 최대서비스교통량에 차로폭 등 주어진 도로조건을 반영하여야 한다. 이를 위해서 주어진 도로조건에 대한 보정계수가 필요하게 되며 용량 보정계수를 산출할 수 있다면 서비스수준 i에서의 서비스교통량은 이론적으로 다음과 같이 표시된다.

$$SF_i = MSF_i(N)(f_w)(f_{HV}) \qquad \cdots\cdots (7.2)$$

식(7.1)로부터

$$SF_i = C_j(v/c)_i(N)(f_w)(f_{HV}) \qquad \cdots\cdots (7.3)$$

여기서,

SF_i = 주어진 도로조건에서 서비스수준 i일 때의 서비스교통량(대/시)

fw = 차로폭 및 측방여유폭에 대한 보정계수
f_{HV} = 중차량에 대한 보정계수
N = 방향당 차로 수

3) 차로폭 및 측방여유폭에 대한 보정계수

고속도로 기본구간의 용량 보정계수 중 우선 차로폭 및 측방여유폭에 대한 보정계수(f_w)가 중요하다. 물론 차로폭과 측방여유폭이 이상적인 조건보다 작으면 그 영향을 보정해 주어야 하며, 이상적 조건인 3.5m근처에서는 보정계수 변화가 작고, 멀어질수록 변화가 크도록 정립되어 있다.

다음 [표 7-2]는 이에 대한 보정계수표이다.

[표 7-2] 고속도로 기본구간의 차로폭 및 측방여유폭 보정계수[1)]

장애물까지의 거리(m)	한쪽에만 장애물이 있을 때				양쪽에 장애물이 있을 때*			
	차 선 폭 (m)							
	3.50	3.25	3.00	2.75	3.50	3.25	3.00	2.75
	4차로(편도 2차로) 고속도로							
1.5	1.00	0.96	0.90	0.80	0.99	0.96	0.90	0.80
1.0	0.98	0.95	0.89	0.79	0.96	0.93	0.87	0.77
0.5	0.97	0.94	0.88	0.79	0.94	0.91	0.86	0.76
0.0	0.90	0.87	0.82	0.73	0.81	0.79	0.74	0.66
	6차로(편도 3차로) 이상인 고속도로							
1.5	1.00	0.95	0.88	0.77	0.99	0.95	0.88	0.77
1.0	0.98	0.94	0.87	0.76	0.97	0.93	0.86	0.76
0.5	0.97	0.93	0.87	0.76	0.96	0.92	0.85	0.75
0.0	0.94	0.91	0.85	0.74	0.91	0.87	0.81	0.70

* 양쪽에 장애물이 있는 경우, 장애물까지의 거리는 양장애물 거리의 평균값으로 한다.

4) 중차량에 대한 보정계수

일반적으로 교통량 조사에 의해 얻는 자료는 트럭, 버스 등 승용차 이상의 크기를 갖는 중차량을 포함하고 있다. 용량 산정은 승용차를 기준으로 하므로, 우선 혼합 교통량을 승용차환산계수(**PCE: Passenger Car Equivalent**)를 사용하여 승용차로만 된 교통량으로 환산할 필요가 있다.

승용차환산계수는 중차량의 형태에 따라 E_T, E_B, E_R 등으로 표시하는데 이들은 주어진 고속도로 조건에서 트럭, 버스, 관광차량이 차지하게 되는 승용차 점유분을 나타낸다. 일단 승용차환산계수를 결정하고 나면 각 중차량 비율을 산출하여 중차량에 대한 보정계수(f_{HV})를 다음 식에 의해 얻게 된다.

$$f_{HV}=\frac{1}{1+P_T(E_T-1)+P_B(E_B-1)+P_R(E_R-1)} \qquad \cdots\cdots (7.4)$$

여기서,

P_T, P_B, P_R = 트럭, 버스 및 관광차량의 비율

승용차환산계수를 결정하기 위해서는 용량 산정의 목적에 따라 일반적인 경우와 특별한 구배에 대해 세밀한 분석을 하는 경우로 구분하여 사용한다. 먼저 일반지형의 경우를 알아보자. 일반적인 경우로 생각하기 위해서는 3% 이상의 종단구배를 갖는 도로구간이 약 1km 이상 계속되지 않아야 하며, 이 때의 승용차환산계수는 [표 7-3]에 표시되어 있다. 이 때 평지는 도로의 평면 및 종단선형이 트럭의 속도에 큰 영향을 미치지 않는 경우로서 트럭이 승용차와 거의 동등한 주행성능을 갖는 상태를 말한다. 평지에서의 종단구배는 대개 2%를 초과하지 않는다. 한편 구릉지는 도로조건에 의해 트럭의 속도가 승용차의 속도에 비해 현저한 차이를 나타내는 경우이며 트럭이 오랜 시간 동안 지속적으로 오르막속도(crawl speed)를 나타내지 않아야 한다. 산지는 도로조건이 불량하여 트럭이 오르막속도로 지속적으로 주행해야 하는 상태를 말한다.

다음은 고속도로 기본구간에서 특정 구배구간의 승용차환산계수 산정절차를 알아보자. 이 방법은 구간 종단구배가 3% 이상이며 그 길이

[표 7-3] 고속도로 기본구간 일반지형의 승용차환산계수[1)]

차량구분	지 형		
	평 지	구 릉 지	산 지
트 럭	1.5	3.0	5.0
버 스	1.3	3.0	5.0

[표 7-4] 고속도로 기본구간 특정 구배구간의 승용차환산계수[1)]

구배 (%)	구배 길이 (km)	중차량구성비(%)				
		5	10	20	30	40
2	0.5	1.9	1.7	1.5	1.5	1.5
	1.0	2.2	1.8	1.5	1.5	1.5
	1.5	2.9	2.2	1.8	1.6	1.5
	2.0	3.1	2.4	2.0	1.7	1.5
	2.5	3.3	2.6	2.1	1.8	1.6
	3.0	3.4	2.7	2.2	1.9	1.7
3	0.5	3.0	2.3	1.9	1.6	1.5
	1.0	4.0	3.1	2.6	2.2	1.9
	1.5	4.5	3.5	2.8	2.5	2.2
	2.0	4.6	3.6	2.9	2.6	2.3
	2.5	4.7	3.6	2.9	2.6	2.4
	3.0	4.7	3.6	2.9	2.6	2.4
4	0.5	4.1	3.2	2.6	2.2	1.9
	1.0	4.6	3.7	3.0	2.5	2.2
	1.5	4.7	3.7	3.0	2.7	2.3
	2.0	4.8	3.7	3.0	2.7	2.4
	2.5	4.8	3.7	3.0	2.7	2.4
	3.0	4.8	3.7	3.0	2.7	2.4
5	0.5	5.0	3.9	3.1	2.8	2.7
	1.0	5.1	4.0	3.2	2.9	2.8
	1.5	5.2	4.1	3.3	3.0	2.8
	2.0	5.2	4.1	3.3	3.0	2.8
	2.5	5.2	4.1	3.3	3.0	2.8
	3.0	5.2	4.1	3.3	3.0	2.8
6	0.5	5.9	4.6	3.6	3.3	3.2
	1.0	6.4	4.9	3.9	3.4	3.6
	1.5	6.5	4.9	4.0	3.7	3.6
	2.0	6.5	4.9	4.0	3.7	3.6
	2.5	6.5	4.9	4.0	3.7	3.6
	3.0	6.5	4.9	4.0	3.7	3.6
7	0.5	7.3	5.5	4.4	4.2	4.2
	1.0	7.6	5.8	4.7	4.5	4.5
	1.5	7.7	5.8	4.7	4.5	4.5
	2.0	7.7	5.8	4.7	4.5	4.5
	2.5	7.7	5.8	4.7	4.5	4.5
	3.0	7.7	5.8	4.7	4.5	4.5
8	0.5	8.7	6.7	5.5	5.5	5.5
	1.0	8.9	6.8	5.7	5.7	5.7
	1.5	8.9	6.8	5.7	5.7	5.7
	2.0	8.9	6.8	5.7	5.7	5.7
	2.5	8.9	6.8	5.7	5.7	5.7
	3.0	8.9	6.8	5.7	5.7	5.7

[표 7-5] 고속도로 기본구간의 서비스수준표[1)]

서비스 수 준	밀 도 (승용차 /km/ 차로)	설계속도(100km/시)			설계속도(120km/시)		
		평균통행 속 도 (km/시)	교통량대 용 량 비 (v/c)	교통량* (승용차/ 시/차로)	평균통행 속 도 (km/시)	교통량대 용 량 비 (v/c)시	교통량* (승용차/ 시/차로)
A	≤ 8	≥ 95	≤ 0.34	≤ 750	≥ 105	≤ 0.39	≤ 850
B	≤ 13	≥ 90	≤ 0.52	≤ 1,150	≥ 100	≤ 0.59	≤ 1,300
C	≤ 19	≥ 82	≤ 0.70	≤ 1,550	≥ 90	≤ 0.77	≤ 1,700
D	≤ 27	≥ 70	≤ 0.86	≤ 1,900	≥ 76	≤ 0.93	≤ 2,050
E	≤ 44	≥ 50	≤ 1.00	≤ 2,200	≥ 50	≤ 1.00	≤ 2,200
F	> 44	< 50	—	—	< 50	—	—

* 교통량은 50단위로 조정한 것임.

가 500m를 넘는 경우에 적용한다. [표 7-4]는 특정 구배구간에서의 승용차환산계수표이다.

5) 서비스수준의 결정

위에서 설명한 과정을 통해 서비스교통량을 얻게 되면 최대서비스교통량과 비교하여 산출한 서비스수준표를 사용하여 대상 도로구간의 서비스수준을 결정하게 된다. [표 7-5]는 고속도로 기본구간에 대한 서비스수준표이다.

[예제 7-1] 다음과 같은 양방향 6차로 고속도로 기본구간에 대한 서비스수준을 결정하라.

교통량: 4,118대/시
중차량 혼합률: 트럭 10%, 버스 2%
차로폭: 3.25m
지형: 평지
설계속도: 120km/시
장애물: 없음

풀이 먼저 보정계수들을 구하자.

$f_w = 0.95$([표 7-2]에서)

$f_p = 1.0$([표 7-3]에서)

[표 7-3]에서 승용차환산계수는 트럭의 경우 1.5, 버스는 1.3을 얻었다. 따라서 중차량에 대한 보정계수 f_{HV}는

$$f_{HV}=\frac{1}{1+0.1(1.5-1)+0.02(1.3-1)}=0.95$$

식(7.3)으로부터

$$v/c=\frac{SF_i}{(C_j)N(f_w)(f_{HV})}=\frac{4,118}{(2,000)(3)(0.95)(0.95)}=0.76$$

[표 7-4]에서 서비스 수준은 C이다.

[예제 7-2] 길이가 2km이고 종단구배가 4%인 4차로 고속도로가 있으며 이 고속도로의 현재 교통특성은 다음과 같다. 이 고속도로의 서비스수준을 C로 만들기 위해 각 방향별로 필요한 추가 차로수를 구하라.

설계 서비스교통량: 2,632(대/시)
중차량 혼합률: 트럭 10%, 버스 5%
설계속도: 120 km/시
차선폭: 3.5 m 장애물: 없음

풀이 먼저 상향구배 방향에서 각종 보정계수를 결정하자.

$f_w=1.0$([표 7-2]에서)
$E_T=3.7,\ E_B=4.8$([표 7-4])에서

$$\therefore\ f_{HV}=\frac{1}{1+0.1(3.7-1)+0.05(4.8-1)}=0.68$$

식(7.3)으로부터

$$2,632=(2,000)(N)(v/c)(f_w)(f_{HV})$$

$\quad\hookrightarrow 0.77$([표 7-5]로 부터)

$$=(2,000)(N)(0.77)(1.0)(0.68)\quad\therefore\ N=2.51\approx 3(\text{차로})$$

따라서 상향구배에는 1차로를 추가 건설해야 한다.

다음으로 하향구배에 대해 생각해 보자. 하향구배 도로구간 길이가 2km로서 이는 상향구배에서 적용한 승용차환산계수의 절반을 적용하면 된다.

[표 7-3]로부터

$E_T=1.8,\ E_B=2.4,$

$$\therefore\ f_{HV}=\frac{1}{1+0.1(1.8-1)+0.05(2.4-1)}=0.87$$

식(7.3)으로부터

$$2{,}632 = (2{,}000)(N)(0.77)(1.0)(0.87) \quad \therefore \quad N = 1.96$$

따라서 하향구배에는 추가로 도로를 건설할 필요가 없다.

7.2 고속도로 엇갈림구간

고속도로 엇갈림(weaving)구간이란 고속도로의 진입부와 진출부가 인접하고 있어서 도로의 형태가 X자 형태로 나타나는 구간이다. 엇갈림구간에서 두 개의 교통류는 상호간 교차하게 되며 이 때 교통제어시설의 도움을 받지 않는다. 엇갈림구간에서의 효율적인 교통처리는 매우 중요하다. 고속도로의 차량 통행속도가 대단히 높은 반면, 엇갈림구간에서 차로변경이 밀집되기 때문에 이러한 교통류의 산란현상이 유발하는 충격은 매우 크다.

[그림 7-3]은 고속도로 엇갈림구간의 대표적인 형태이다.[2)]

한편 엇갈림구간 교통류에는 비엇갈림 교통류도 존재한다. 즉 [그림 7-3]에서 볼 때 A-C와 B-D처럼 같은 방향에서 진출입이 모두 이루어지는 경우 이는 비엇갈림 교통류가 된다. 비엇갈림 교통류 또한 엇갈림구간의 교통운영상태에 영향을 받게 된다. 따라서 엇갈림구간의 흐름은 엇갈림 교통류와 비엇갈림 교통류에 대한 도로조건(특히 차로수 및 차로수의 할당)에 많은 영향을 받게 되며, 동일한 교통류라 하더라도 합

[그림 7-3] 고속도로 엇갈림구간의 대표적인 형태

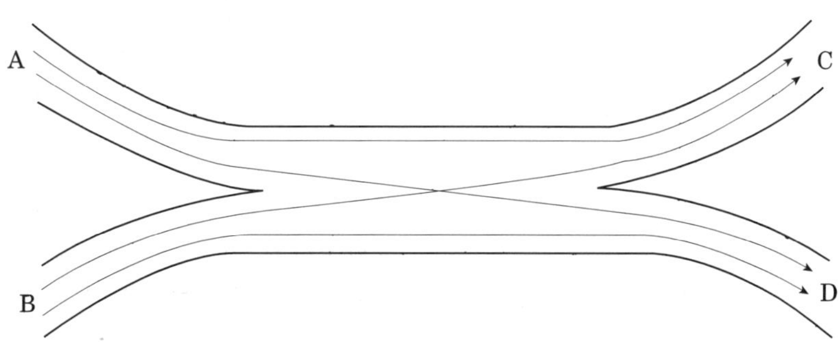

리적인 도로설계가 이루어지지 않은 경우 서로 다른 교통류 상태가 나타날 수 있다.

고속도로 엇갈림구간의 교통류 분석은 1960년대부터 시작되었다. 1965년판 미국의 HCM은 J. Leisch의 분석방법을 바탕으로 했고,[3] 두 번째 방법인 미국의 뉴욕 폴리테크닉 대학의 분석방법은 NCHRP 159를 근간으로 했다.[4] 1985년판 미국의 HCM은 JHK & Associates의 연구결과를 따랐으며, 이 방법을 근간으로 하여 우리나라의 도로용량편람이 정립된 바 있다.

7.2.1 고속도로 엇갈림구간의 특성

엇갈림구간의 교통상태는 다음 세 가지 요소에 영향을 받게 된다.

- 차로의 할당
- 엇갈림구간의 길이
- 엇갈림구간의 총차로수

이 세 가지 요소는 주로 엇갈림구간에서의 차로변경에 영향을 미치는 항목임을 알 수 있다. 결국 엇갈림구간에서 발생하는 밀집된 차로변경에 따른 교통류의 비정상적인 산란현상이 분석의 초점이다.

1) 엇갈림구간의 형태

이미 언급한 대로 동일한 교통량이라 하더라도 엇갈림구간의 차로할당에 따라 많은 영향을 받게 된다. 차로의 할당은 엇갈림구간 용량분석에서 '엇갈림구간의 형태'라고 지칭하고 있다. 엇갈림구간의 형태는 엇갈림 차량의 최소차로 변경횟수와 진출입 차로의 위치에 따라 A형, B형, C형으로 구분하며 우리나라의 경우 대부분이 A형에 해당한다. A형은 가장 단순한 엇갈림 형태로서 A형이 많은 이유는 고속도로 본선에 대한 엇갈림구간의 영향을 단순화시킬 수 있고, 설계가 단순하기 때문인 것으로 생각된다.

[그림 7-4]는 고속도로 엇갈림구간의 여러 형태들이다.[1]

본 절에서는 A형태에 대해 집중적으로 설명한다. A형태의 특징은 [그림 7-4]의 (A), (B)에서 보는 것처럼 엇갈림 교통류의 차로변경 횟

[그림 7-4] 고속도로 엇갈림구간의 여러 형태

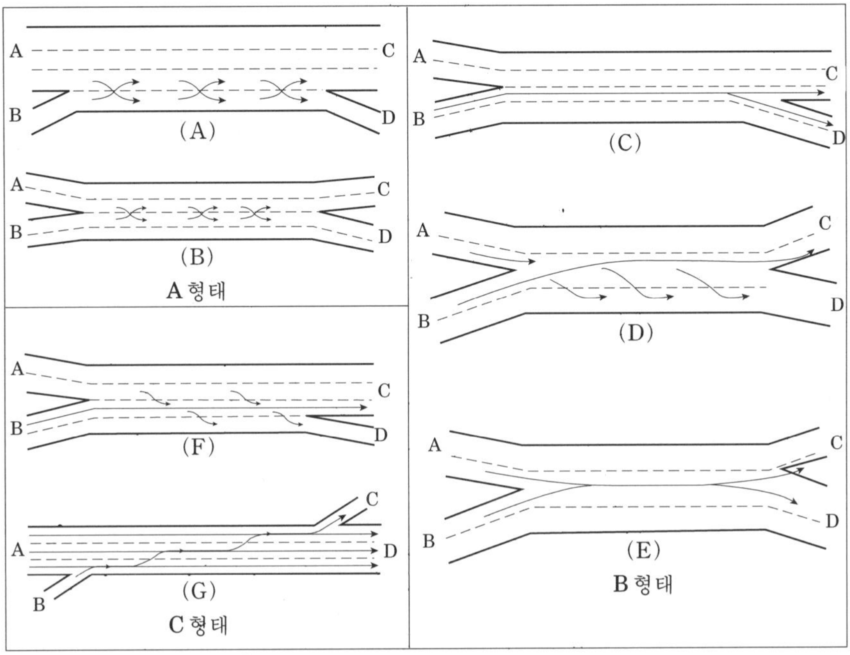

수가 최소한 1이라는 것이고, 또한 그 차로변경이 항상 엇갈림구간의 일정 지점에서 이루어진다는 점이다. 이 때 엇갈림이 발생하는 지점은 진입부 끝지점과 진출부 끝지점을 연결한 선이 되고, 이 선을 Crown line이라고 한다. [그림 7-4] (A)는 연결로 엇갈림구간이라고도 하는데 고속도로 본선 바깥에 설치된 진입 연결로와 진출 연결로로 구성되어 있으며, 두 연결로는 연속된 부가차로로 연결된다. 진입 연결로 차량은 길어깨측 차로로 들어가기 위해 부가차로로부터 차로를 변경하여야 하며, 진출연결로 차량은 길어깨측 차로로부터 부가차로로 차로를 변경하여야 한다. 만약 진출입 연결로가 연속된 부가차로로 연결되어 있지 않은 경우는 연결로 접속부로 간주한다. 현재 우리나라에 설치된 엇갈림구간의 대부분은 완전 또는 불완전 클로바형 입체교차로에서 발생하는 연결로 접속부 엇갈림구간의 형태에 속한다.

모든 B형태 엇갈림구간은 엇갈림을 하는 교통류 중에서 하나의 교통류는 차로변경 없이 진행할 수 있으며, 나머지 엇갈림 교통류는 많아야 한 번의 차로변경이 필요하다. 따라서 한 방향의 엇갈림 교통량이

[표 7-6] 차로 변경에 의한 엇갈림구간 형태 분류[1)]

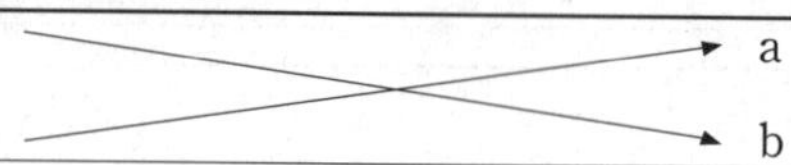

엇갈림 교통량 a에 필요한 차로 변경횟수	엇갈림 교통량 b에 필요한 차로 변경횟수		
	0	1	≥2
0	B형	B형	C형
1	B형	A형	–
≥2	C형	–	–

나머지 엇갈림 교통량보다 상대적으로 많을 때 많은 엇갈림 교통류를 효율적으로 처리할 수 있다.

C형태 엇갈림구간은 B형태 엇갈림구간처럼 하나의 교통류는 차로 변경 없이 진행할 수 있으나 나머지 교통류는 두 번 이상의 차로변경이 필요하며, [그림 7-4]의 (G)는 C형태의 예로서 고속도로의 위계에 맞지 않게 불합리하게 설계된 경우이다.

실무에서 우리는 엇갈림의 형태가 다양해서 해당 엇갈림구간을 어느 형태로 분석해야 하는지 판단하기 어려울 때가 있다. 이 때 사용할 수 있도록 다음 [표 7-6]이 마련되었다.

2) 엇갈림구간의 길이

엇갈림구간의 길이가 길어지면 차로변경은 자연적으로 분산되면서 차로변경에 의한 충격이 완화될 것이다. 따라서 엇갈림구간의 길이를 되도록 길게 해야 한다. 그러나 현실적으로는 엇갈림구간의 길이는 주변 인터체인지의 위치 및 유형에 많은 영향을 받게 되며, 이론적으로 볼 때 고속도로 기본구간의 차로 변경횟수와 같은 수준으로 차로변경 횟수가 발생하게 되면 더 이상 엇갈림구간의 길이를 늘일 필요는 없다.

3) 엇갈림구간의 총 차로수

엇갈림구간에서 발생하는 차로변경은 엇갈림구간의 차로수와 관계되는데, 이 때 차로수라 함은 전체 차로수를 포함할 뿐만 아니라 전체 차로 중에서 엇갈림 교통류가 이용하는 차로수와 비엇갈림 교통류가 이용하는 차로수를 따로 생각해야 한다.

일반적으로 엇갈림 교통류는 교통류를 혼란시키고 비엇갈림 교통류에 비해 도로 사용면적이 넓다. 도로의 사용면적은 교통량과 엇갈림하기 위한 차로 변경횟수에 따라 다르게 되며 차로 변경횟수는 엇갈림구간의 형태에 따라 달라지므로, 엇갈림구간의 분석에는 엇갈림구간의 교통량과 형태가 중요함을 알 수 있다.

실제로 엇갈림구간을 통과하는 차량들은 상호 견제작용에 의해 모든 교통류가 대체로 같은 통행속도를 갖게 될 때까지 균형을 이루려고 노력한다. 그러나 이미 설명한 대로 엇갈림구간의 형태에 의해 엇갈림 교통류가 그 움직임에 제한을 받게 되는 경우 엇갈림 교통류는 원하는 만큼의 도로 사용면적을 확보하기 힘들기 때문에 균형을 이룬 때에 비해 엇갈림 교통류의 통행속도가 떨어지게 된다. 이러한 상태로 운영되는 엇갈림구간에 대해 '제한된 운영'을 갖는다고 한다.

따라서 엇갈림구간의 총 차로수는 엇갈림구간의 운영상태를 결정하는 데 필요한 입력자료가 된다. 그러나 우리나라의 분석방법에서는 엇갈림 교통류의 속도 예측단계에서 운영상태분석보다 직접적인 속도 예측식을 사용하고 있기 때문에 운영상태분석은 의미가 없게 되었다.

4) 엇갈림구간의 서비스수준 효과척도

엇갈림구간의 서비스수준 산정을 위해 처음 연구단계부터 지속적으로 평균속도를 사용해 왔다.

$$S_{nw} \text{ 또는 } S_w = 30 + \frac{S_D - 30}{1 + W_{nw}(\text{또는 } W_w)} \quad \cdots\cdots (7.5)$$

$$W_{nw} = 0.145(1+VR)^{0.91}(V/N)^{1.04}/L^{1.15} (\text{비엇갈림 교통류})$$

$$W_w = 0.128(1+VR)^{2.00}(V/N)^{1.18}/L^{1.20} (\text{엇갈림 교통류})$$

여기서,
S_{nw}= 비엇갈림 교통류의 평균속도(km/시)
S_w= 엇갈림 교통류의 평균속도(km/시)
S_D= 본선의 설계속도(km/시)
W_{nw}= 비엇갈림 교통류를 위한 엇갈림계수
W_w= 엇갈림 교통류를 위한 엇갈림계수
VR= 엇갈림 교통량비(V_w/V)

V_w= 엇갈림 교통량(승용차/시)
V = 엇갈림구간의 전체 교통량(승용차/시)
N = 엇갈림구간의 전체 차로수
L = 엇갈림구간의 길이(m)

비엇갈림 교통류의 평균속도는 고속도로 기본구간의 평균속도보다 다소 떨어지며, 엇갈림 교통류의 평균속도는 비엇갈림 교통류의 평균속도보다 10~15km/시 정도 떨어진다. 또한 엇갈림구간의 교통량과 길이가 속도에 미치는 영향은 비엇갈림 차량보다는 엇갈림 차량의 경우가 더 크며, 엇갈림 교통량비(VR) 역시 이와 비슷한 영향을 미친다.

엇갈림구간의 교통량 계산시에는 고속도로 기본구간의 승용차환산계수를 적용해야 하며, 식(7.5)에서 산출된 속도와 다음의 [표 7-7]의 서비스수준표에 따라 엇갈림구간의 서비스수준을 결정한다. 또한 [표 7-7]의 서비스수준표를 적용할 때에는 다음과 같은 한계 값을 고려하여야 하며, 이를 넘어서는 경우는 적용상의 주의를 요한다.

1) 엇갈림 교통량 비(VR(max)) = 0.50(N=3, 본선 차로수 = 2인 경우)
= 0.45(N=4, 본선 차로수 = 3인 경우)
= 0.40(N=5, 본선 차로수 = 4인 경우)

2) 엇갈림구간의 차로당 최대교통량(V(max)/N)
= 2,000승용차/시/차로

3) 최대엇갈림 교통량(V_w(max)) = 2,800승용차/시

다음의 [표 7-7]은 엇갈림구간의 서비스수준표이다.[1)]

[표 7-7] 엇갈림구간의 서비스수준표

서비스수준	비엇갈림 교통류의 속 도(km/h)	엇갈림 교통류의 속도(km/h)	
		연결로 엇갈림	주 엇갈림
A	≥94	≥82	≥87
B	≥86	≥75	≥80
C	≥78	≥67	≥72
D	≥68	≥58	≥63
E	≥50	≥47	≥50
F	<50	<47	<50

7.2.2 엇갈림구간의 용량분석과정

1) 교통 및 도로특성 자료의 입력

분석대상 엇갈림구간의 도로 및 교통조건을 조사한다. 도로조건에는 본선 설계속도, 접근방향별 차로수, 차로폭 및 엇갈림 형태가 있으며, 교통조건에는 방향별 15분교통량, 중차량구성비 등이 있다. 이 때 엇갈림 교통량과 비엇갈림 교통량을 구분해서 표시해야 하며, 교통량은 첨두시간계수를 고려하여 첨두시간 승용차 교통량으로 환산해서 표시해야 한다. 승용차환산계수는 고속도로 기본구간의 값을 사용하는 것이 일관성 측면에서 바람직하다.

2) 엇갈림 교통류와 비엇갈림 교통류의 평균속도 산출

입력자료를 식(7.5)에 대입하여 엇갈림/비엇갈림 교통류의 평균속도를 구한다.

3) 서비스수준의 결정

산출된 두 속도로 [표 7-7]과 비교해 보아 이 구간의 엇갈림 차량과 비엇갈림 차량의 서비스수준을 판별한다. 비엇갈림 차량과 엇갈림 차량의 서비스수준이 다를 경우 나쁜 것이 이 구간의 운행상태를 좌우한다. 또한 결정된 서비스수준이 분석대상 구간의 상하류 본선의 서비스수준보다 두 단계 이상 낮을 경우는, 엇갈림구간이 고속도로에서 병목구간으로 작용하고 있는 것으로 판단할 수 있다. 따라서 이에 대하여, 엇갈림구간 길이를 늘이거나 차로수 증설을 포함한 엇갈림 형태의 변경 그리고 보다 근본적으로는 엇갈림이 발생하지 않게 이 구간을 입체화하는 등의 개선방안을 제시할 수 있다.

[예제 7-3] 설계속도 100 km/시인 왕복 8차로 고속도로에 다음 조건에 맞는 엇갈림구간을 설치하려 할 때 엇갈림구간의 적정길이를 결정하라.

설계조건: 설계 서비스수준 C, 평지

교통수요: 본선 4,500 대/시, 유입 600 대/시, 유출 800 대/시

기　　타: 버스 5%, 트럭 15%, 첨두시간계수 0.92

풀이 우선 도로 및 교통조건과 설계조건은 대부분이 설정되어 있으므로, 이를 간단히 도식화하면 다음과 같은 연결로 엇갈림 형태가 된다.

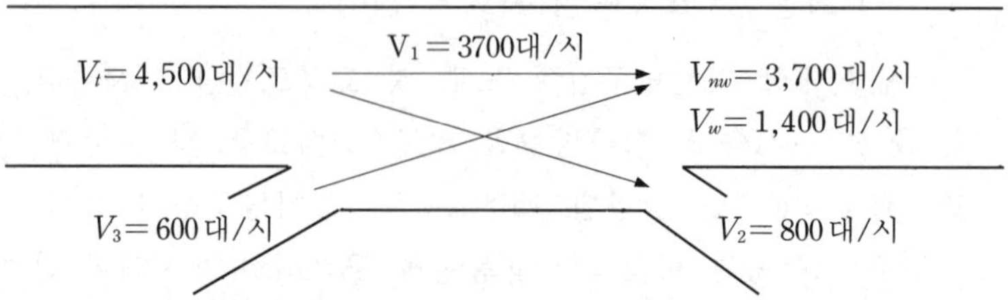

다음으로 첨두시간계수, 중차량 구성비, 승용차환산계수([표 7-3])으로 방향별 1시간 교통수요를 첨두시간 승용차 교통량으로 환산하며, 차로당 교통량(V/N), 엇갈림 교통량 비(V/R)를 계산한다.

$$V_{nw} = 3{,}700 \times (0.80 + 0.05 \times 1.3 + 0.15 \times 1.5)/0.92$$
$$= 4{,}384 \text{ (승용차/시)}$$

$$V_w = 1{,}400 \times (0.80 + 0.05 \times 1.3 + 0.15 \times 1.5)/0.92$$
$$= 1{,}659 \text{ (승용차/시)}$$

$$V = V_{nw} + V_w = 6{,}043 \text{ (승용차/차로)}$$
$$VR = V_w/(V_{nw} + V_w)$$
$$= 0.27$$

$$V/N = 6{,}043/5 = 1{,}209 \text{ (승용차/차로)}$$

엇갈림 교통량비, 차로당 교통량 등도 한계값을 넘지 않으므로 차로당 교통량과 엇갈림 교통량비 그리고 설계 서비스수준에 대해 식(7.5)를 사용하여 구하면 된다. $VR = 0.27$, $V/N = 1{,}209$, $S_w = 67$([표 7-7]에서), $SD = 100$에서 최소엇갈림 길이(L)는 317 m이다. 이 길이는 설계 서비스수준 C를 유지할 수 있는 최소의 길이임에 유의해야 한다.

참고로 식(7.5)에서 엇갈림구간의 최소길이(L)를 구하는 변형된 식은 다음과 같다.

$$L = [0.128(1 + VR)^{2.00}(V/N)^{1.18}(S_w - 30)/(S_D - S_w)]^{0.833} \quad \cdots\cdots \ (7.5)'$$

7.3 고속도로 연결로구간

연결로란 두 도로 사이의 연결을 주 목적으로 하는 도로 또는 도로 구간을 말한다. 일반적으로 연결로는 다음과 같은 세 가지 요소로 구성된다.

- 연결로-고속도로 접속부(이하 '연결로 접속부')
- 연결로 자체
- 연결로-가로 접속부

본 절에서는 연결로 자체와 연결로 접속부에 대한 용량분석절차를 설명하기로 한다.

이 분석절차는 고속도로 이외의 시설, 즉 고속도로에 준하는 도로나 다차로 또는 2차로 도로와의 접속부를 분석할 때에도 개략적으로 적용할 수 있다.

위의 세 가지 요소 중에서 고속도로의 운영에 가장 큰 영향을 주는 것이 바로 연결로 접속부인데, 도로면에 대한 두 개 교통수요의 경쟁적 상충이 발생하여 차량이 고속으로 합류, 분류하는 곳이다. 특히, 이 구간에서는 고속도로 기본구간보다 많은 차로변경이 발생하며 전체적으로 불안정한 교통류를 형성하여 그로 인한 사고의 위험이 큰 구간이다.

연결로 자체는 그 자체로서는 운영상의 제한요소가 된다고 보기 어렵다. 또한 비신호 평면교차로와 모양이 흡사한 연결로-가로 접속부는 합류 및 분류가 발생하나 혼란 정도에 있어 연결로 접속부보다 훨씬 낮다고 할 수 있다.

서비스수준을 분석하기 위한 효과척도로는 접속부 확인점에서 연결로에 접속되는 차로에서의 교통량으로 하였으며, 이는 차로변경 등의 접속부 운행특성이나 국내 운전자의 운전습관 등을 고려한 것이다.

7.3.1 연결로 접속부의 특성

다음은 연결로 접속부 용량분석에 있어서의 일반적 고려사항이다.

- 연결로 접속부의 분석에서는 고속도로 기본구간과 같이 15분교

통량을 1시간으로 환산한 승용차 교통량을 이용한다.

- 연결로 접속부에서 승용차환산계수는 고속도로 기본구간의 값을 사용하며, 그 밖에 중차량이나 차로폭 보정계수도 고속도로 기본구간의 값을 적용한다.
- 본 절은 독립된 연결로 접속부 즉, 독립 진입 연결로와 진출 연결로의 분석에 적용할 수 있다.
- 연결로 접속부의 운행특성은 진출입 차량과 그에 대한 본선 차량의 반응으로 규정되는데, 연결로에 접속되는 차로에 분석의 초점을 둔다.

7.3.2 연결로 접속부의 형태

연결로 접속부는 형태상 크게 두 가지로 분류될 수 있다. 그 첫째는 합류부로서 이곳은 고속도로 본선 차량과 진입 차량이 도로권의 확보를 위해 상호 작용하는 곳이다. 둘째가 분류부인데, 진출 차량이 연결로에 접속되는 차로로 집중되어 분류를 예비 및 시행함으로써 차량의 차로변경이 심한 지역이다. 또한 근접 연결로의 형태 및 배열순서에 따라 운영상태가 달라질 수 있으며, 두 개의 연속된 연결로를 고려대상으로 한다면, [그림 7-5]와 같은 형태 및 배열법 사례가 나타난다. 이 중 가장 많은 형태는 (C)형태로서 주요 인터체인지에서 발생하며 용량분석에서는 두 개의 독립된 연결로로 생각한다.

다음은 연결로 접속부에서의 통행특성을 설명하고 있다.

[그림 7-5] 연결로의 형태 및 배열[1)]

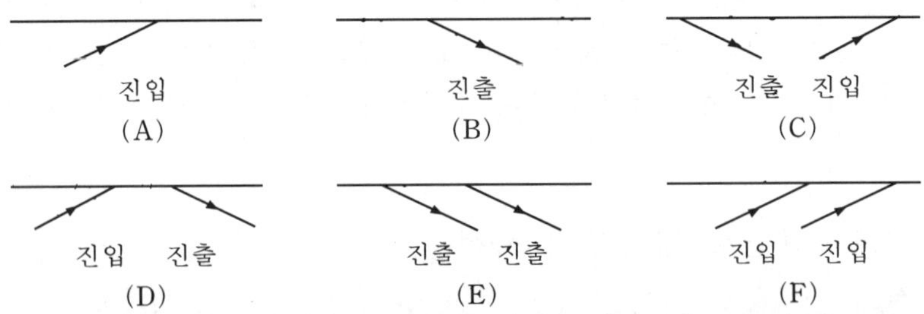

1) 진입 연결로의 합류과정

진입 연결로의 합류과정은 대개 간격찾기, 속도조정, 합류와 합류 후 운행 등의 단계를 거친다. 우선 연결로 차량은 본선 교통류를 방해하지 않고 본선에 진입할 수 있는 간격을 찾는다. 따라서 접속차로 차량들간의 간격은 연결로에서 본선으로 진입할 수 있는 용량과 관계가 있다. 주어진 간격 중에서 진입하기에 적절한 간격을 선택하며 그 간격에 진입하기 위한 자신의 계획된 경로를 따라 진입하며, 진입한 후 정상적인 합류가 아닌 경우 본선 차량과 연결로 차량은 약간의 속도조정을 해야 한다.

2) 진출 연결로의 분류과정

진입의 경우는 본선 차량과 연결로 진입 차량간의 상호 작용을 고려해야 하므로 다소 복합적이나, 진출 연결로의 분류과정은 대부분 진출차량의 의사결정을 따르므로 비교적 단순하다. 또한 본선의 통과차량은 본선에서 진출하려는 차량이 감속할 경우 마찰을 피해 감속이나 차로변경 등을 할 수 있지만, 그 정도에 있어서는 진입 연결로만큼 심한 편은 아니다.

진출 차량은 진출부에 대한 예고 표지판을 보고서 진출을 위하여 상황을 인지한다. 인지과정이 정상적으로 이루어졌을 경우 진출하려고 하는 차량은 연결로가 접속되어 있는 차로쪽으로 차로를 변경하며 분류를 위해 감속을 해야 한다. 감속은 테이퍼식인 경우 주로 본선에서 이루어지나 평행식인 경우 대부분 감속차로에서 이루어진다. 진출을 위한 바깥 차로로의 차로변경 조작과 감속이 적절히 수행되었을 경우 진출하려는 차량은 계획한 경로를 따라 분류를 실행한다.

3) 본선 주행 차량의 반응

연결로를 진출입하는 차량에 대한 본선 주행 차량의 반응은 크게 감속과 차로변경이 있다. 차로변경의 대부분은 본선의 고속차량이 연결로의 저속차량과의 마찰을 피하기 위한 것인데, 차로변경을 하지 않으면 감속이 불가피해지기 때문이다.

연결로 합류부나 분류부에서 발생하는 마찰을 피하기 위한 본선 차량의 차로변경은, 그 정도에 있어서 일반적으로 고속도로 기본구간의 차로변경보다 더 잦다고 할 수 있다. 연결로 접속부에서 본선 차량의 속도 감속의 정도도 분류부보다는 합류부에서 더 크게 나타나며, 분류부의 경우 거의 영향을 받지 않는다.

7.3.3 연결로의 용량 특성

연결로의 용량은 연결로 합류부, 연결로 자체, 연결로 분류부의 세 곳에서 생각해 볼 수 있다. 합류부와 분류부의 용량은 고속도로 기본구간에서의 한 개 차로용량을 초과할 수 없으며, 연결로 자체의 용량은 직접적인 영향이 없는 것으로 보는 것이 일반적이다.

일반적으로 연결로 접속부의 용량은 진출부의 상류지점과 진입부의 하류지점의 최대통과 교통량과 관계가 있다. 이 개념은 기본구간의 분

[그림 7-6] 연결로의 확인점[1)]

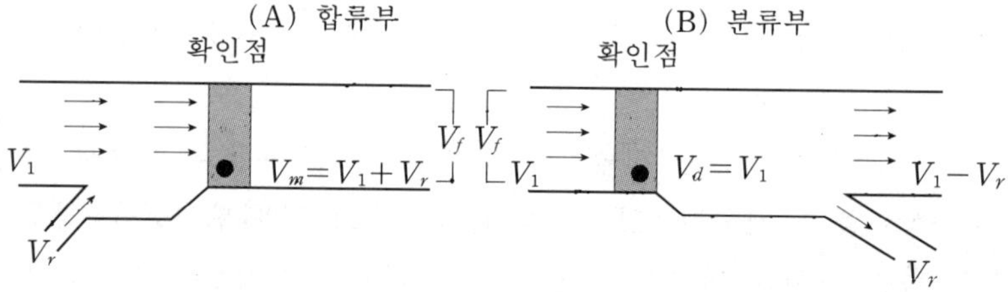

[표 7-8] 1차로 연결로의 최대서비스교통량* (단위: 승용차/시)

서비스수준	연결로 설계속도(km/h)				
	30	40	50	60	70
A	(A)	(B)	(B)	(B)	≥ 700
B	(B)	(B)	≥ 800	≥ 900	≥1,000
C	≥ 950	≥1,150	≥1,250	≥1,300	≥1,400
D	≥1,250	≥1,400	≥1,600	≥1,700	≥1,800
E	≥1,500	≥1,650	≥1,800	≥1,900	≥2,000
F	—	—	—	—	—

* 2차로 연결로의 경우 연결로 설계속도의 범위별로 표의 값에 1.7(≤30 km/시), 1.8(≤50 km/시), 1.9(≤60 km/시), 2.0(≤70 km/시 이상)을 곱하여 적용함.

석개념과 크게 다르지 않다. 즉, 합류부나 분류부의 용량은 결국 연결로 접속부의 분류 직전 또는 합류 직후 구간의 용량에 지배를 받는다는 가정하에 이 구간의 용량을 산정할 수 있으며, 서비스수준도 이와 같은 시각에서 판단해야 한다.

분류부의 분류 직전 구간, 합류부의 합류 직후 구간에서 관찰할 수 있는 교통량은 실제로 연결로를 통해 볼 때 가장 많은 교통량이 된다. 따라서 이 두 곳을 연결로 용량분석의 확인점(check point)이라고 한다. [그림 7-6]은 연결로의 확인점을 도시한다.

한편 고속도로 본선 중에서 길어깨쪽에 인접하여 합·분류부의 영향을 가장 많이 받게 되는 차로를 접속차로라 한다. 접속차로의 교통량 추정은 연결로 용량산정과정의 가장 중요한 사항이 되고 있다.

이미 언급한 대로 연결로 자체의 용량은 큰 의미가 없지만, 연결로 차로수 산정을 위해 다음 [표 7-8]을 이용할 수 있다.[1)]

연결로의 서비스수준은 그러면 어떻게 결정할까? 우리나라 연결로 접속부의 서비스수준은 연결로 접속차로의 교통량으로 결정하여 다음 [표 7-9]와 같이 제시하고 있다.

[표 7-9] 연결로 접속부의 서비스수준표[1)] (단위: 승용차/시/차로)

서비스수준	합류부와 분류부의 최대서비스교통량		
	합 류 부	분 류 부	고속도로 기본구간
A	≥ 650	≥ 700	≥ 750
B	≥1,050	≥1,100	≥1,150
C	≥1,450	≥1,500	≥1,550
D	≥1,800	≥1,850	≥1,900
E	≥2,200	≥2,200	≥2,200
F	—	—	—

7.3.4 용량분석과정

1) 도로의 기하구조 및 교통특성자료 입력

설계를 시행할 때는 기하구조의 기본형태를 가정하고 추정된 교통량을 본선과 연결로에 배정해야 한다. 대부분의 경우 연결로의 기하구조는 본선의 설계조건과 균형을 이루게 설계하여야 하는데, 연결로의 차로수나 형식 등도 이와 부합되어야 한다. 교통특성 자료의 입력에 대해서는 파악된 연결로의 진출입 교통량과 본선의 교통량 모두 첨두시간계수(PHF)와 승용차환산계수(PCE)를 이용하여 첨두시간 승용차 교통량으로 환산하여야 한다. 승용차환산계수와 첨두시간계수는 고속도로 기본구간의 값과 같은 값을 적용한다.

2) 확인점 교통량의 예측

확인점 교통량의 예측식은 다음의 [표 7-10]과 같다.

[표 7-10] 확인점의 접속차로 교통량 예측식[1)]

	구 분	예 측 식
진입	4차로 고속도로 6차로 고속도로 8차로 고속도로	$V_1 = 0.412V_f - 0.085V_r$ $V_1 = 0.305V_f - 0.152V_r$ $V_1 = 0.233V_f - 0.201V_r$
진출	4차로 고속도로 6차로 고속도로 8차로 고속도로	$V_1 = 0.336V_f + 0.763V_r$ $V_1 = 0.215V_f + 0.692V_r$ $V_1 = 0.167V_f + 0.631V_r$

주) V_1 = 본선의 접촉차로 교통량(승용차/시)
V_r = 연결로 교통량(승용차/시)
V_f = 진출입 직전의 본선 교통량(승용차/시)

3) 서비스수준의 판정

[표 7-9]를 통해 연결로의 서비스수준을 판정한다. 연결로 접속부와 같은 지점의 운행상태는 고속도로 전체의 그것과 균형을 이루는 것이 바람직하다.

가장 바람직한 운행상태는 합류부와 분류부의 서비스수준이 본선의 서비스수준과 같은 정도로 운행되게 하는 것이다.

[예제 7-4] 설계속도 100km/시인 왕복 4차로 고속도로를 설계하고 있다. 평지이고 PHF = 0.89인 조건에서 다음 그림과 같은 교통수요를 가지는 진입 연결로 접속부의 서비스수준을 판정하라.

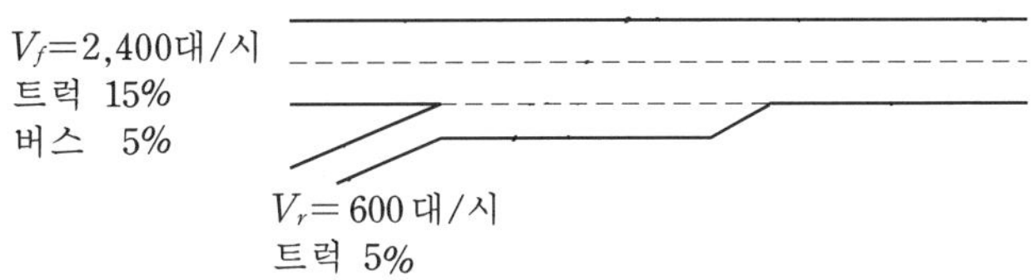

풀이 기하구조와 교통수요는 이미 파악되었으므로 교통수요는 첨두시간계수와 승용차환산계수를 이용하여 첨두시간 승용차 교통량으로 환산해야 한다.

$$V_f = 2{,}400 \times (0.8 + 0.05 \times 1.3 + 0.15 \times 1.5)/0.89$$
$$= 2{,}939 \text{ 승용차/시}$$
$$V_r = 600 \times (0.95 + 0.05 \times 1.5)/0.89$$
$$= 691 \text{ 승용차/시}$$

다음으로 합류부의 접속차로 교통량(V_1)을 추정하면 [표 7-10]에서

$$V_f = 2{,}939,\ V_r = 691 \text{ 이므로}$$
$$V_1 = 0.412 \times 2{,}939 - 0.085 \times 691$$
$$= 1{,}152 \text{ 승용차/시}$$

따라서 확인점의 합류 교통량(V_m)$=V_1+V_r=$1,843 승용차/시이며, 합류부의 서비스수준은 [표 7-9]에서 D가 된다.

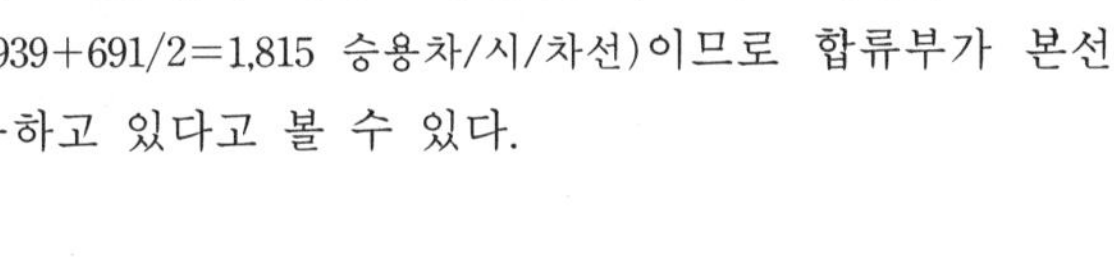

비교를 위하여 합류 전후의 개략적인 서비스수준을 기본구간의 기준으로 판정해 보면, 합류 전은 C수준(2,939/2=1,470 승용차/시/차선), 합류 후는 D수준(2,939+691/2=1,815 승용차/시/차선)이므로 합류부가 본선의 병목구간으로 작용하고 있다고 볼 수 있다.

7.4 양방향 2차로 도로

2차로 도로는 한 방향당 1차로만이 확보되는 도로시설로서 주로 지역간의 연결도로 역할을 수행한다. 2차로 도로는 차로변경이 되지 않으므로 저속차량을 앞지르기 위해서는 반대편 방향으로 진입하여야 하

는 이른바 추월(passing)과정이 포함됨으로써 다른 형태의 도로시설과는 매우 다른 운영상 특징을 나타낸다.

2차로 도로의 교통운영상 특징은 다음과 같다.

1) 교통흐름의 분석과정이 매우 복잡하다.
2) 교통류의 상태는 추월거리가 얼마만큼 확보되었는가에 따라 결정된다.
3) 용량상의 문제보다는 안전문제가 더욱 강조된다.
4) 교통량-밀도-속도와의 기본관계식이 고속도로에서처럼 분명하게 나타나지 않는다.

7.4.1 양방향 2차로 도로의 특성

2차로 도로의 운행특성을 분석하기 위한 효과척도에는 지체차량비율, 평균통행속도, 교통량 대 용량비(v/c)의 세 가지가 있으며, 도로운행상태를 나타내는 서비스수준 기준을 결정하는 데 이러한 효과척도를 이용한다. 일반지형의 경우, 서비스수준 기준은 일차적인 효과척도로 지체차량비율을 이용하고, 이차적인 효과척도로 평균통행속도와 교통량 대 용량비를 이용한다. 그리고 특정구배구간에서는 평균오르막속도를 효과척도로 이용한다.

또한 2차로 도로의 용량 및 서비스수준 산정에 중요한 요소로는 평균통행속도(average travel speed), 지체시간백분율(percent time delay), 추월금지구간백분율(percentage of no-passing zone)이다. 평균통행속도란 일정도로구간을 주행하는 교통류의 평균속도로서 평면곡선이나 종단구배 등 도로의 기하구조 및 주변환경을 반영한 속도이다.

지체시간백분율은 차량군 내 차량들이 겪게 되는 지체시간을 대상도로구간의 전체 통행시간에 대한 백분율로 표시한 것이다. 이 때 지체시간은 저속차량에 의해 차량군 내에서 주행하는 시간을 말하며 차량군은 차두간격이 4초 이하인 경우를 말한다.[1] [그림 7-7]은 2차로 도로에서 볼 수 있는 평균통행속도와 지체시간백분율 및 교통량의 관계를 도시하고 있다.

[그림 7-7]은 2차로 도로의 이상적인 조건하에서 얻어진 것이며

[그림 7-7] 양방향 2차로 도로의 교통량-지체차량비율 관계 곡선[1)]

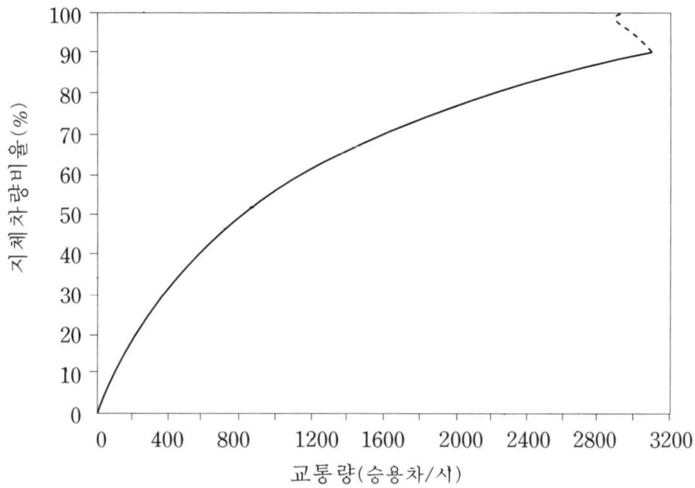

그 조건들은 다음과 같다.

1) 평 지

2) 설계속도는 80km/시 이상이어야 한다.

3) 100% 추월가능구간

4) 차로폭은 3.5m 이상이어야 한다.

5) 길어깨폭은 1.5m 이상이어야 한다.

6) 회전 교통량이 없고 교통통제시설이 없음

7) 50/50 방향별 분포를 갖는다.

8) 교통류는 승용차로만 구성되어야 한다.

2차로 도로는 진행차량과 대향차량이 중앙선을 사이에 두고 동시에 주행하는 독특한 운행특성 때문에, 대향차량의 방해가 있으면 저속차량을 추월할 수 없으므로, 항상 교통류 속에 차량이 채워지지 않는 공간이 생긴다. 따라서, 2차로 도로의 용량은 다차로 도로 2개 차로의 용량보다 작다. 이상적인 조건에서 2차로 도로 용량은 양방향을 합하여 3,200 승용차/시/양방향이다. 이 용량은 대향차량의 영향을 고려한 것이므로, 이러한 영향이 없는 다차로 도로의 2개 차로의 용량인 4,400승용차/시/2차로보다 작은 값이다.

2차로 도로에서는 교통량의 방향별 분포에 따라 속도와 지체차량비율의 차이가 발생하며, 교통류 특성에도 변화가 발생한다. 용량이 발생하는 조건은 방향별 분포가 50/50일 때이므로, 이 때를 이상적인 조건으로 정의한다. 그러나 지방부 2차로 도로의 방향별 분포는 대부분 55/45~70/30의 범위에 포함된다. 관광도로에서 방향별 분포는 80/20 정도로 높게 나타나며, 휴일이나 다른 첨두시간에는 더욱 높게 나타난다.

2차로 도로의 추월가능구간 빈도는 도로설계의 조건과 예상되는 교통조건을 규정하는 데 이용된다. 추월가능구간은 추월가능 표시가 되어 있는 구간이나 추월시거가 450 m 이상인 도로구간을 말한다. 2차로 도로 추월가능구간의 일반적인 범위는 30~80% 정도이며, 심하게 구불구불한 산지부 도로는 거의 0%에 가깝다.

7.4.2 서비스수준의 산정절차

2차로 도로에서 서비스수준을 산정하는 방법은 일반지형과 특정 구배에 대한 두 가지 방법으로 구분되어 사용되고 있다.

1) 일반지형에서의 서비스수준 산정절차

이 방법은 대상 도로구간에서의 서비스수준을 결정하거나 한 서비스수준에서의 허용 가능한 교통량을 결정하기 위해 사용된다. 이 방법에서 고려하는 요인들은 도로의 기하구조, 지형 및 교통량이다. 기하구조 자료에는 차로폭, 길어깨폭 등의 횡단면, 추월금지백분율을 중심으로 한 종단면, 그리고 양방향 시간당 교통량, 첨두시간계수, 방향별 분포, 트럭 혼입률 등이다.

2차로 도로 일반지형에서 서비스수준에 대한 서비스교통량은 다음과 같이 표시된다.[1)]

$$SF_i = 3,200 \times (v/c)_i \times f_d \times f_w \times f_{HV} \qquad \cdots\cdots (7.6)$$

여기서,

SF_i = 서비스수준 i 에서, 주어진 교통조건 및 도로조건에서의 양방향 교통량(대/시)

$(v/c)_i$ = 서비스수준 i 에서 교통량 대 용량비([표 7-11])

f_d = 방향별 분포 조정계수([표 7-12])

f_w = 차선폭 및 측방여유폭 보정계수([표 7-13])

f_{HV}= 중차량 보정계수

평지일 경우,

$$f_{HV}=1/[1+P_T(E_T-1)+P_B(E_B-1)] \quad \cdots\cdots (7.7)$$

여기서,
P_T= 트럭의 구성비(%/100)
P_B= 버스의 구성비(%/100)
E_T= 트럭의 승용차환산계수([표 7-14])
E_B= 버스의 승용차환산계수([표 7-14])

구릉지, 산지일 경우,

$$f_{HV}=1/[1+P_{HV}(E_{HV}-1)] \quad \cdots\cdots (7.8)$$

여기서,
P_{HV}= 중차량 구성비(%/100)
E_{HV}= 중차량의 승용차환산계수([표 7-14])

한편 위 식들에서 필요로 하는 값들이 [표 7-11]에서 [표 7-14]까지에 나와 있다.[1]

한편 구릉지 및 산지의 서비스수준 **E**에서의 교통량 대 용량비가

[표 7-11] 2차로 도로 일반지형의 서비스수준

서비스 수준	지체 차량 비율 (%)	평균 통행 속도* (km/시)	교통량 대 용량비(v/c)**							
			평 지						구릉지	산 지
			추월가능구간 백분율(%)							
			0	20	40	60	80	100		
A	≤ 35	≥ 90	0.11	0.12	0.13	0.14	0.15	0.16	0.13	0.12
B	≤ 50	≥ 85	0.20	0.22	0.23	0.25	0.26	0.27	0.22	0.21
C	≤ 65	≥ 80	0.34	0.36	0.38	0.40	0.42	0.44	0.36	0.33
D	≤ 80	≥ 70	0.61	0.63	0.65	0.66	0.68	0.70	0.57	0.52
E	<100	≥ 50	1.00	1.00	1.00	1.00	1.00	1.00	0.90	0.80
F	100	< 50	—	—	—	—	—	—	—	—

* 평균통행속도는 5 kmph 단위로 조정한 것임.
** 일반국도에서는 교통량 대 용량비(v/c)만 적용할 것

[표 7-12] 2차로 도로 일반지형의 방향별 분포 보정계수

방향별 분포	50/50	60/40	70/30	80/20	90/10	100/0
보 정 계 수	1.00	0.94	0.88	0.81	0.75	0.69

[표 7-13] 2차로 도로 일반지형의 차로폭 및 측방여유폭 보정계수

측방여유폭(m)		차 선 폭(m)							
		≥ 3.50		≥ 3.25		≥ 3.00		≥ 2.75	
고속국도	일반국도	A-D	E	A-D	E	A-D	E	A-D	E
≥ 1.5	–	1.00	1.00	0.93	0.94	0.84	0.87	0.70	0.76
≥ 1.0	≥ 1.5	0.92	0.97	0.85	0.92	0.77	0.85	0.65	0.74
≥ 0.5	≥ 1.0	0.81	0.93	0.75	0.88	0.68	0.81	0.57	0.70
≥ 0.0	≥ 0.0	0.70	0.88	0.65	0.82	0.58	0.75	0.49	0.66

[표 7-14] 2차로 도로 일반지형의 승용차환산계수

차량구분	지 형		
	평 지	구 릉 지	산 지
트 럭	1.9	3.5	5.5
버 스	1.6		

주) 구릉지, 산지는 중차량(트럭과 버스)의 승용차환산계수임

1.00이 되지 않는 이유는 평지 이상 조건의 용량 3,200승용차/시/양방향에 대한 비로 나타내었기 때문이다.

[예제 7-5] 첨두시간 교통량이 1,500대인 평탄지형 2차로 도로구간의 교통 및 도로특성이 다음과 같을 때 서비스수준을 결정하라.

차로폭: 3.25m

길어깨폭: 1.8m

추월금지구간 백분율: 20%

방향별 분포: 60/40

중차량 혼입률: 트럭 10%, 버스 1%

$PHF = 0.95$

풀이 먼저 각종 보정계수를 정하자.

$f_d = 0.94$ ([표 7-12]에서)

$$f_w = \begin{cases} 0.93\text{: 서비스수준 A-D} \\ 0.94\text{: 서비스수준 E} \end{cases} \quad \text{([표 7-13]에서)}$$

다음으로 [표 7-14]로부터 승용차환산계수를 결정하면 다음과 같다.

$E_T = 1.9,\ E_B = 1.6$

따라서 중형차 보정계수 f_{HV}는 다음과 같다.

$$f_{HV} = \frac{1}{1 + 0.1(1.9-1) + 0.01(1.6-1)} = 0.91$$

한편 [표 7-11]에서 각 서비스수준에서의 v/c 비를 산출하면 다음과 같다.

v/c (서비스수준 A) = 0.15
v/c (서비스수준 B) = 0.26
v/c (서비스수준 C) = 0.42
v/c (서비스수준 D) = 0.68
v/c (서비스수준 E) = 1.00

식(7.6)로부터 각 서비스수준에서의 서비스교통량을 구하면

$SF_A = 3{,}200(0.15)(0.94)(0.93)(0.91) = 382$
$SF_B = 3{,}200(0.26)(0.94)(0.93)(0.91) = 662$
$SF_C = 3{,}200(0.42)(0.94)(0.93)(0.91) = 1069$
$SF_D = 3{,}200(0.68)(0.94)(0.93)(0.91) = 1731$
$SF_E = 3{,}200(1.00)(0.94)(0.94)(0.91) = 2573$

설계 서비스교통량은 $\dfrac{1500}{0.95} = 1579$ 이므로
서비스수준은 $SF_C < 1579 < SF_D$, 즉 D이다.

2) 특정 구배구간에 대한 서비스수준 산정절차

특정 구배구간의 교통류는 구배와 구배길이에 따라 그 특성이 다르다. 특정 구배구간의 교통류는 중차량의 주행성능에 의해 지배된다고 볼 수 있다. 중차량의 주행성능을 가장 잘 나타내는 것은 오르막속도이다. 그러므로 특정 구배구간의 교통류에 대한 효과척도는 평균오르막속도가 사용된다. 평균오르막속도를 효과척도로 한 특정 구배구간의 서비스수준은 [표 7-15]에 포함되어 있다.

특정 구배구간의 서비스교통량 산정은 일반지형의 서비스교통량 산정과정과 같지만, 특정 구배구간의 용량은 쉽게 구할 수 없다. 그 이유

는 속도가 조사구간의 구배와 구배길이에 따라 변하기 때문이다. 따라서 특정 구배구간의 용량은 식(7.9)를 이용하여 각 속도(서비스수준)에 따라 서비스교통량을 계산하고, 식(7.11)의 용량상태의 속도와 교통량의 관계곡선을 그림으로 나타내면 두 곡선은 교차하게 된다. 이 교점이 분석하는 특정 구배구간의 용량이다([예제 7-6] 참조).

특정 구배구간의 분석방법을 이용하여 계산된 양방향 최대통과 교통량이 2,300대/시를 초과하면 일반지형의 서비스교통량 산정방법을 사용해야 한다. 또한 식(7.11)은 평균오르막속도가 60km/시 이하일 때만 적용해야 한다.

2차로 도로 특정 구배구간에서, 차량들이 상향구간을 주행할 때는 구배에 의한 영향을 크게 받으나, 하향구간을 주행할 때는 구배에 의한 영향을 크게 받지 않는다. 따라서 특정 구배구간의 용량을 분석할 때는 상향구간을 운행하는 차량의 평균오르막속도를 이용한다.

복합 구배구간인 경우에는 평균구배를 이용하여 분석할 수 있다. 특히 2차로 도로 특정 구배구간의 서비스교통량 분석에서 고려해야 할 사항을 나열하면 다음과 같다.

1) 2차로 도로에서는 상향구배가 차량운행에 미치는 영향이 다차로 도로에서보다 더 크다.
2) 특정 구배구간의 서비스교통량은 구배 및 구배길이 등의 조건에 따라 달라진다.
3) 용량상태가 발생하는 평균속도는 30~60km/시 범위인데, 추월가능구간 백분율, 구배, 구배길이 등의 도로조건에 의해 결정된다.
4) 비, 눈, 얼음과 같은 환경적인 요인과 차량사고, 정차 등 운행상 발생하는 제반 상황은 고려하지 않는다.

특정 구배구간의 서비스교통량 산정식은 다음과 같다.

$$SF_i = 3,200 \times (v/c)_i \times f_d \times f_w \times f_{HV} \qquad \cdots\cdots (7.9)$$

여기서,

SF_i= 주어진 도로 및 교통조건에서 서비스수준이 i일 때의 양방향 교통량(대/시)

$(v/c)_i$= 서비스수준 i일 때의 교통량 대 용량비([표 7-15])

f_d= 방향별 분포 보정계수([표 7-16])

f_w= 차선폭과 측방여유폭 보정계수([표 7-17])
f_{HV}= 중차량 보정계수

$$f_{HV}=1/[1+P_{HV}(E_{HV}-1)] \quad \cdots\cdots (7.10)$$

여기서,
P_{HV}= 중차량 구성비(%/100)
E_{HV}= 중차량의 승용차환산계수([표 7-18])

$$S_c=30+5.7(Vc/1{,}000)^2 \quad \cdots\cdots (7.11)$$

여기서,
S_c= 용량상태의 평균오르막속도(km/시)
V_c= 용량상태의 양방향 교량(m/시)

다음은 위 식의 보정계수들에 대한 값이다.

[표 7-15] 2차선 도로 특정 구배구간의 서비스수준과 교통량 대 용량비

구 배 (%)	구 배 길 이 (km)	서 비 스 수 준						
		A	B	C	D	E		
		평 균 오 르 막 속 도 (km/시)						
		90	80	70	60	50	40	30
3	0.3	0.27	0.57	0.81	1.00	1.00	1.00	1.00
	0.5	0.26	0.57	0.81	1.00	1.00	1.00	1.00
	0.8	0.25	0.56	0.80	1.00	1.00	1.00	1.00
	1.0	0.25	0.55	0.79	1.00	1.00	1.00	1.00
	1.5	0.24	0.53	0.77	0.99	1.00	1.00	1.00
	3.0	0.21	0.48	0.74	0.96	0.98	1.00	1.00
4	0.3	0.25	0.56	0.81	1.00	1.00	1.00	1.00
	0.5	0.25	0.56	0.80	1.00	1.00	1.00	1.00
	0.8	0.24	0.55	0.79	1.00	1.00	1.00	1.00
	1.0	0.24	0.55	0.79	0.99	1.00	1.00	1.00
	1.5	0.22	0.51	0.77	0.96	0.98	1.00	1.00
	3.0	0.19	0.46	0.73	0.92	0.95	1.00	1.00
5	0.3	0.24	0.56	0.80	1.00	1.00	1.00	1.00
	0.5	0.23	0.55	0.79	0.99	1.00	1.00	1.00
	0.8	0.21	0.53	0.78	0.97	1.00	1.00	1.00
	1.0	0.20	0.53	0.78	0.96	1.00	1.00	1.00

	1.5	0.17	0.50	0.75	0.93	0.97	1.00	1.00
	3.0	0.13	0.45	0.71	0.88	0.93	1.00	1.00
6	0.3	0.23	0.53	0.78	0.98	1.00	1.00	1.00
	0.5	0.21	0.52	0.77	0.97	1.00	1.00	1.00
	0.8	0.17	0.50	0.75	0.95	1.00	1.00	1.00
	1.0	0.15	0.49	0.74	0.95	0.98	1.00	1.00
	1.5	0.11	0.46	0.70	0.91	0.96	1.00	1.00
	3.0	0.06	0.41	0.65	0.85	0.91	1.00	1.00
7	0.3	0.21	0.52	0.77	0.97	1.00	1.00	1.00
	0.5	0.18	0.50	0.76	0.95	1.00	1.00	1.00
	0.8	0.13	0.46	0.73	0.91	1.00	1.00	1.00
	1.0	0.12	0.44	0.71	0.90	0.98	1.00	1.00
	1.5	0.08	0.40	0.67	0.86	0.95	1.00	1.00
	3.0	0.04	0.35	0.61	0.79	0.90	0.98	1.00
8	0.3	0.19	0.50	0.74	0.94	1.00	1.00	1.00
	0.5	0.15	0.46	0.72	0.92	1.00	1.00	1.00
	0.8	0.10	0.41	0.68	0.87	0.99	1.00	1.00
	1.0	0.07	0.38	0.65	0.85	0.97	1.00	1.00
	1.5	0.02	0.33	0.60	0.79	0.92	1.00	1.00
	3.0	—	0.27	0.53	0.70	0.85	0.97	1.00
9	0.3	0.17	0.48	0.72	0.92	1.00	1.00	1.00
	0.5	0.13	0.44	0.69	0.88	1.00	1.00	1.00
	0.8	0.08	0.39	0.63	0.83	0.97	1.00	1.00
	1.0	0.05	0.36	0.59	0.79	0.95	1.00	1.00
	1.5	—	0.29	0.50	0.71	0.90	1.00	1.00
	3.0	—	0.20	0.39	0.60	0.81	0.96	1.00
10	0.3	0.15	0.45	0.69	0.90	1.00	1.00	1.00
	0.5	0.12	0.42	0.66	0.86	0.98	1.00	1.00
	0.8	0.07	0.36	0.61	0.80	0.94	1.00	1.00
	1.0	0.04	0.32	0.58	0.77	0.92	1.00	1.00
	1.5	—	0.24	0.47	0.70	0.87	0.97	1.00
	3.0	—	0.13	0.34	0.58	0.81	0.91	1.00

[표 7-16] 2차로 도로 특정 구배구간의 방향별 분포 보정계수

상향구배 교통량 백분율(%)	100	90	80	70	60	50	40	30
보정계수	0.58	0.64	0.70	0.78	0.87	1.00	1.20	1.50

[표 7-17] 2차로 도로 특정 구배구간의 차로폭 및 측방여유폭 보정계수

측방여유폭 (m)		차 로 폭(m)							
		≥ 3.50		≥ 3.25		≥ 3.00		≥ 2.75	
고속국도	일반국도	A–C	D–E	A–C	D–E	A–C	D–E	A–C	D–E
≥ 1.5	–	1.00	1.00	0.93	0.94	0.84	0.87	0.70	0.76
≥ 1.0	≥ 1.5	0.92	0.97	0.85	0.92	0.77	0.85	0.65	0.74
≥ 0.5	≥ 1.0	0.81	0.93	0.75	0.88	0.68	0.81	0.57	0.70
≥ 0.0	≥ 0.0	0.70	0.88	0.65	0.82	0.58	0.75	0.49	0.66

[표 7-18] 2차로 도로 특정 구배구간의 서비스수준과 승용차환산계수

구 배 (%)	구 배 길 이 (km)	서 비 스 수 준						
		A	B	C	D	E		
		평 균 오 르 막 속 도 (km/시)						
		90	80	70	60	50	40	30
3	0.3	2.7	2.4	2.2	2.0	1.9	1.8	1.8
	0.5	3.1	2.7	2.5	2.3	2.1	1.9	1.8
	0.8	4.5	3.2	2.8	2.6	2.3	2.0	1.9
	1.0	6.2	3.6	3.0	2.8	2.5	2.2	2.0
	1.5	9.8	6.5	4.8	3.4	2.9	2.5	2.3
	3.0	14.7	11.0	8.8	6.6	4.8	3.0	2.6
4	0.3	3.1	2.6	2.3	2.2	2.1	2.0	1.9
	0.5	3.3	2.9	2.6	2.4	2.3	2.1	2.0
	0.8	4.8	3.6	3.1	2.8	2.5	2.3	2.1
	1.0	7.0	4.7	3.5	3.0	2.6	2.4	2.2
	1.5	13.6	8.0	5.9	4.2	3.1	2.7	2.5
	3.0	19.8	15.5	9.9	7.2	5.5	3.9	3.0
5	0.3	3.5	3.3	2.9	2.6	2.4	2.1	2.0
	0.5	4.7	3.8	3.3	3.0	2.6	2.3	2.1
	0.8	6.3	5.4	4.7	3.8	3.0	2.6	2.3
	1.0	10.7	7.0	5.8	4.4	3.2	2.7	2.4
	1.5	17.1	12.8	9.6	7.3	4.4	3.4	2.8
	3.0	24.4	20.1	13.5	9.7	7.1	5.2	3.9
6	0.3	4.0	3.6	3.0	2.7	2.5	2.3	2.1
	0.5	6.8	5.5	4.8	4.2	2.9	2.6	2.3
	0.8	9.8	7.9	6.3	5.4	3.9	3.0	2.6
	1.0	14.5	11.6	8.1	6.4	4.3	3.2	2.9

	1.5	21.6	17.9	13.7	9.9	6.5	3.8	3.2
	3.0	29.1	24.7	17.8	14.0	10.2	6.1	5.3
7	0.3	5.3	4.3	3.8	3.5	2.6	2.4	2.2
	0.5	8.7	7.3	6.3	4.8	3.7	2.7	2.4
	0.8	14.0	11.8	9.9	7.5	5.0	3.4	2.8
	1.0	17.8	14.6	11.7	8.4	5.5	3.8	3.1
	1.5	25.3	21.5	16.4	11.0	8.8	5.3	3.8
	3.0	33.8	29.2	22.1	16.9	13.3	8.4	6.4
8	0.3	7.6	6.4	5.7	4.8	3.5	2.8	2.4
	0.5	11.3	9.8	8.5	6.5	4.7	3.4	2.7
	0.8	17.118.0	13.4	11.5	9.0	6.5	4.3	3.1
	1.0	21.5	18.1	13.8	11.3	7.8	5.0	3.4
	1.5	29.7	25.3	19.0	15.9	11.4	7.4	5.0
	3.0	—	34.9	27.8	21.2	15.5	11.6	8.2
9	0.3	9.8	8.4	7.0	5.6	4.4	3.5	2.9
	0.5	13.6	11.0	9.7	7.4	5.7	4.3	3.3
	0.8	22.7	15.9	13.1	10.9	8.2	6.1	3.7
	1.0	27.1	21.4	14.8	12.2	9.7	7.5	4.6
	1.5	—	30.6	22.9	17.5	13.9	9.8	7.0
	3.0	—	39.5	33.1	25.7	19.8	15.2	11.8
10	0.3	11.9	10.7	8.7	6.4	5.2	4.2	3.3
	0.5	15.5	13.5	11.8	8.7	6.6	5.1	4.0
	0.8	27.0	19.9	15.3	12.5	9.4	7.2	5.5
	1.0	31.6	25.5	20.4	15.7	12.8	9.6	6.9
	1.5	—	35.1	28.6	23.3	18.1	13.9	9.1
	3.0	—	48.8	39.9	32.0	27.3	22.0	15.6

[예제 7-6] 1,000m 구간이 7%의 특정 구배로 된 지방지역 2차로 도로가 있다.

이 도로가 아래와 같은 조건을 가질 때 다음에 답하라.

(1) 이 구배구간의 서비스수준은?

(2) 15분 첨두시간 교통량이 통과할 때 기대되는 평균오르막속도와 이 구배구간의 용량은?

도로조건: 설계속도 80km/시, 차로폭 3.3m, 측방여유폭 1.3m

교통조건: 방향별 교통량 분포 60/40, 트럭 20%, 버스 5%,

PHF = 0.85, 첨두시간 교통량 500대/시

풀이 (1) 서비스수준: 첨두시간 교통량(V)을 첨두시간 환산교통량으로 환산한 교통량(V_p)과 서비스교통량을 비교하여 구한다.

$$V_p = V/\mathrm{PHF} = 500/0.85 = 588\text{대/시}$$
$$SF_i = 3{,}200 \times (v/c)_i \times f_d \times f_w \times f_{HV}$$
$$f_{HV} = 1/[1 + P_{HV}(E_{HV} - 1)]$$

현재의 첨두시간 환산교통량(588대/시)은 서비스수준 C의 최대통과교통량(454대/시)보다는 크고 서비스수준 D의 값(771대/시)보다는 작으므로, 이 구간의 서비스수준은 D이다.

서비스 수준	속 도 (km/시)	$(v/c)_i$	f_d	f_w	f_{HV}	E_{HV}	SF_i
A	90	0.12	0.87	0.75	0.19	17.8	48
B	80	0.44	0.87	0.75	0.23	14.6	206
C	70	0.71	0.87	0.75	0.27	11.7	400
D	60	0.90	0.87	0.88	0.35	8.4	771
E	50	0.98	0.87	0.88	0.47	5.5	1,128
	40	1.00	0.87	0.88	0.59	3.8	1,446
	30	1.00	0.87	0.88	0.66	3.1	1,617
참 고		[표 7-15]	[표 7-16]	[표 7-17]	식(7.10)	[표 7-18]	식(7.9)

(2) 평균오르막속도와 용량: 앞의 결과를 용량상태의 속도-교통량 곡선에 표시하면 〈그림〉과 같다. 이들 각 점을 연결한 곡선($\widehat{CD}$)과 용량상태의 속도-용량 곡선($\widehat{AB}$)과의 교점에서 이 구배구간의 평균오르막속도(42 km/시)와 용량(1,420대/시)을 산출할 수 있으며, 현재 첨두시간 환산교통량(588대/시)이 통과할 때의 평균오르막속도는 그림에서 보는 바와 같이 64 km/시로 추정할 수 있다.

7.5 신호교차로

신호교차로에서의 서비스수준은 도로망 전체의 운영에 많은 영향을 준다. 따라서 신호교차로에서 서비스수준을 정확히 산정하는 것은 도로의 계획, 설계, 운영 및 정책결정의 단계에서 매우 중요한 사항이 된다. 일반적으로 신호교차로에서의 서비스수준 산정시 고려되는 것은 교통류 특성, 기하구조 및 신호체계이며 신호교차로의 교통류와 그 외

〈그림〉 특정 구배구간의 서비스수준 분석 및 용량 계산 예

2차로 도로 특정 구배구간의 분석 제1쪽

1. 일반사항

조사지점: ______________________

조사시간: ________ ~ ________ 조사자: ____________

2. 도로조건

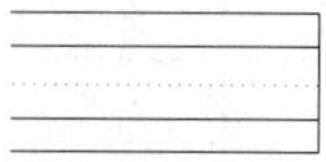

1.3 m 설계속도: ______ km/시

6.6 m 구배길이: 1000 m

1.3 m 구 배: 7 %

3. 교통조건

교통량(양방향): 500 대/시 방향별 분표: 60/40

첨두시간 환산교통량 차량 구성 비율(%)

=교통량/첨두시간계수 (트럭: 20%, 버스: 5%)

588 = 500 / 0.85 첨두시간계수: 0.85

4. 서비스수준 분석

$SF_i = 3{,}200 \times (v/c)_i \times f_d \times f_w \times f_{HV}$, $f_{HV} = 1/[1 + P_{HV}(E_{HV} - 1)]$

서비스 수 준	오르막 속 도 (km/시)	$SF_i = 3{,}200 \times (v/c)_i \times f_d \times f_w \times f_{HV}$						f_{HV}	f_{HV}
		SF_i	3,200	[표 7-15]	[표 7-16]	[표 7-17]	식(7.10)		[표 7-18]
A	≥ 90	48	3,200	0.12	0.87	0.75	0.19	0.25	17.8
B	≥ 80	206	3,200	0.44	0.87	0.75	0.23	0.25	14.6
C	≥ 70	400	3,200	0.71	0.87	0.75	0.27	0.25	11.7
D	≥ 60	771	3,200	0.90	0.87	0.88	0.35	0.25	8.4
E	≥ 50	1,128	3,200	0.98	0.87	0.88	0.47	0.25	5.5
	≥ 40	1,446	3,200	1.00	0.87	0.88	0.59	0.25	3.8
	≥ 30	1,617	3,200	1.00	0.87	0.88	0.66	0.25	3.1

5. 결과 첨두시간 환산교통량: 588 대/시, 서비스수준: D

2차로도로 특정 구배구간의 분석	제 2쪽

6. 서비스 교통량과 속도 그림

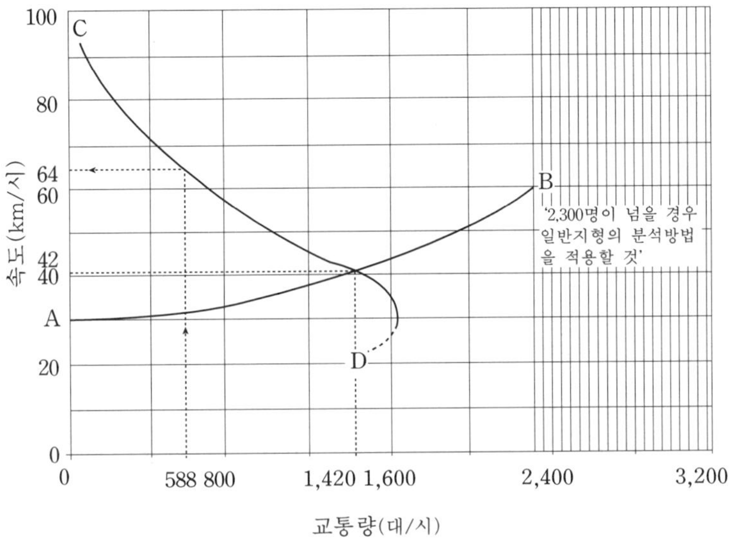

7. 서비스수준 분석

서비스수준	서비스 교통량(대/시)	현장조사 교통량(대/시)	기 타
A	48	588	
B	206		
C	400	서비스 수준	
D	771	A B C Ⓓ E F	
E	1,128	용량(대/시)	
	1,446	1,420	
	1,617		

신호교차로의 서비스수준 산정에서 중요한 것은 회전 교통량에 대한 사항이다.

신호교차로의 용량분석은 1시간 단위를 대상으로 실시함을 원칙으로 한다. 따라서 1시간 동안 계속 녹색신호를 받는다는 가정하에서 포화 교통류율을 산정하고, 여기에 각 접근로의 방향별 유효녹색시간비를 곱하여 분석대상 이동류의 용량을 산정하여 교차로 전체의 임계포화도를 파악한다. 이러한 용량분석과정을 수행한 후 주요 효과척도로써 지체를 산정하고 산정된 지체를 이용하여 서비스수준을 결정한다. 일반적으로 신호교차로에서의 용량은 교차로 전체를 대상으로 하는 것이 아니고 각 접근로를 기준으로 하므로 기타 도로시설과는 달리 신호교차로에서 교통량이 많고 적음은 서비스수준과 밀접한 관계를 유지하지는 않는다.

본 절에서는 신호교차로의 용량분석에 관련한 사항을 상세히 살펴본다.

7.5.1 신호교차로 용량분석의 개요

1) 이상적인 조건

신호교차로의 이상적 조건은 기본 포화교통류율로 차량의 소통이 이루어질 수 있는 신호교차로 상황을 설명한다. 다시 말하여 신호교차로의 직진 교통류가 계속 녹색신호만을 받는다고 생각할 수 있는 조건하에서 차량이 기본 포화교통류율로 통과할 수 있는 신호교차로의 조건을 이상적 조건으로 정의한다.

그러나, 대부분의 현실적인 신호교차로 상황은 이러한 이상적인 조건을 만족하지 못한다. 따라서 이러한 경우의 포화교통류율은 현장에서 직접 조사하거나 기본 포화교통류율에 이러한 현실적인 조건을 감안한 각종 보정계수를 적용하여 산정하게 된다.

신호교차로의 이상적 조건은 다음과 같다.[1)]

- 차로폭 — 3.0 m/차로 이상
- 구배 — 0%
- 교통류는 모두 승용차로 구성될 것
- 교차로 정지선에서 75m 이내에 버스정류장이 없을 것
- 교차로 정지선 75m 이내에 차량의 주·정차 및 건물로의 진·출입로가 없을 것

2) 신호체계

교차로에서의 신호운영체계는 실지로는 매우 복잡하고 다양한 형태로 운영되고 있으나 신호시간(신호주기, 신호현시)의 가변성에 따라 고정

식과 교통대응식(또는 감응식)으로 구분된다.

고정식은 신호시간 즉, 주기, 현시, 녹색신호 연동값이 일정기간 동안 변하지 않고 사전에 정해진 신호기간 계획에 따라 교통류를 제어하는 신호운영방식이다. 교통대응식은 교통수요에 따라 신호시간이 변화하는 방식으로서 독립교차로만을 제어하는 방식과 **Network** 전체를 제어하는 방식이 있다.

본 절에서는 주로 고정식 신호체계를 대상으로 한다.

3) 교차로 기하구조

신호교차로의 구조로서 신호교차로의 운영에 영향을 미치는 요소는 다음과 같다.

- 신호교차로 접근로수: 3지, 4지 및 다지 교차로
- 접근부의 각 방향별 교통류: 직진, 좌회전 및 우회전 교통류
- 각 방향별 차로수
- 접근부 주변의 교통상황: 차량의 주·정차, 버스정류장, 진·출입로 교통상황
- 접근로의 이용상황: 일방통행, 전용차로, 가변차로선, 횡단보도, 교통섬 등 도류시설
- 접근로의 기하구조: 차로폭, 구배, 회전곡선반경

4) 신호교차로의 용량 및 서비스수준 개념

신호교차로와 다른 도로시설과의 용량분석과정상의 차이는 신호주기에 따른 영향을 감안해야 한다는 것이다. 신호주기가 고려되기 이전 상태에서 신호교차로를 통과할 수 있는 최대통과 차량대수를 포화교통류율이라고 하며 이는 고속도로의 경우 차로당 최대통과교통량과 유사한 개념이라 할 수 있다.

그러나 이 값은 이론적인 것으로서 현실적으로는 이 값에 도달할 수 없다. 그 이유는 정지선에 대기하고 있던 차량들이 녹색신호가 켜지자마자 포화교통류율로 교차로를 통과할 수 없으며, 신호주기는 다른 접근로와 배분해서 사용해야 하기 때문이다. 일반적으로 전자의 경우 출발지체시간에 따른 보정을 해야 하고 후자의 경우 유효녹색신호시간

비율로 보정을 하게 된다.

포화교통류율은 정지하였던 차량이 녹색신호가 켜진 후 어느 정도의 시간이 지난 후 일정한 비율로 교차로를 통과하는 안정된 상태를 이룰 때 1시간 동안의 통과량에 해당하는 교통량을 의미한다. 따라서, 신호교차로에서의 용량은 이러한 포화교통류율로써 녹색신호시간 동안 통과할 수 있는 교통량이므로, 포화교통류율에 녹색신호시간 비율을 곱하여 결정할 수 있다.

$$c_i = s_i \times (g/C)_i \qquad \cdots\cdots (7.12)$$

여기서,
c_i=신호교차로 이동류 i의 용량
s_i=이동류 i의 포화교통류율
$(g/C)_i$=이동류 i의 유효녹색신호시간 비율

신호교차로 이동류 i의 포화교통류율은 직접 현장에서 측정하거나 다음의 관계식에서 산정할 수 있다.

$$s_i = s_o \times N \times f_w \times f_g \times f_{HV} \times f_{LT} \times f_{RT} \times f_{bb} \times f_p \qquad \cdots\cdots (7.13)$$

여기서,
s_i=이동류 i의 포화교통류율(vphg)
s_o=이동류 i의 기본 포화교통류율=2,200 pcphgpl
N=이동류 i의 차로수
f_w=차로폭 보정계수([표 7-21] 참조)
f_g=구배 보정계수([표 7-22] 참조)
f_{HV}=중차량 보정계수(식(7.18))
f_{LT}=좌회전 보정계수([표 7-24] 참조)
f_{RT}=우회전 보정계수(도로용량편람 참조)
f_{bb}=버스정류장 방해 보정계수([표 7-26] 참조)
f_p=주차보정계수([표 7-27] 참조)

신호교차로 용량 c_i가 결정되고 나면 교통량과 비교해서 교통량 대 용량비를 다음과 같이 구한다.

$$X_i = (v/c)_i = v_i/[s_i \times (g/C)_i] \qquad \cdots\cdots (7.14)$$
$$= v_i C/s_i g_i = (v/s)_i/(g/C)_i$$

여기서,
X_i=이동류 i의 v/c비
v=교통량
s_i=이동류 i의 포화교통류율
g_i=이동류 i에 대한 유효녹색신호시간

또한 신호교차로의 용량분석에 있어 v/c의 산정은 각 이동류별로 산정하며, 교차로 전체의 v/c를 산출하는 것은 무의미하다. 왜냐하면 신호교차로에서는 현시의 설정에 따라 여러 이동류가 동시에 처리될 수 있기 때문이다. 따라서 임계이동류의 개념이 도입되었다. 임계이동류란 같은 현시를 받는 이동류 중 가장 큰 v/c비를 나타내는 이동류를 의미하며 교차로 임계 v/c비는 현시별 임계이동류의 v/s비의 합을 의미하는 다음의 관계식으로 부터 결정하다.

$$X_c=\sum_i (v/s)_{ci}\times[C/(C-L)] \quad \cdots\cdots (7.15)$$

여기서,
X_c=교차로 임계 v/c비
$\sum_i (v/s)_{ci}$=임계이동류(ci) v/s비의 합계
C=신호주기(초)
L=신호주기 내의 총 손실시간(초)

교차로 임계 v/c는 교차로 전체의 포화상태 여부를 판단하는 지표가 된다. 임계 v/c비가 1.00을 넘지 않은 경우 이 신호교차로의 신호운영상태는 정상적인 교통흐름을 제공할 수 있는 것으로 보며, 임계 v/c비가 1.00을 넘으면 정상적인 교통흐름이 어렵다고 보게 된다. 따라서 이런 경우에는 신호주기의 배분을 달리하거나, 교차로 기하구조를 개선하는 등의 조치가 필요하게 된다.

이상의 과정을 통해 용량산정에 필요한 변수 값들이 결정되고 나면, 다음 식을 이용해서 신호교차로의 지체시간을 산출한다.

$$d_{adj}=(PF\times d) \quad \cdots\cdots (7.16)$$

$$\begin{aligned} d\ &=d_1+d_2 \\ &=\frac{0.38C(1-u)^2}{1-ux}+173\times[(x-1)+\sqrt{((x-1)^2+12x/Q)}] \end{aligned}$$

$$\cdots\cdots (7.17)$$

여기서,

d_{adj}=분석대상 이동류 i의 연동에 대해 보정된 차량당 평균정지지체(초)

PF=연동 보정계수([표 7-29] 및 [표 7-30] 참조)

d=분석대상 이동류 i의 연동이 고려되지 않은 차량당 평균정지지체(초)

d_1=균일지체

d_2=임의지체

u =g/C 비

x =v/c 비

Q =용량(c, vph)

C =신호주기(초)

식(7.16)은 신호교차로의 연동에 대한 보정과정이다.

다음은 신호교차로의 서비스수준을 산정하는 단계이다. 신호교차로의 서비스수준은 다음의 [표 7-28]에 제시된 기준에 의해 결정된다. 다른 도로시설의 분석의 경우 서비스수준 **E**는 용량(v/c=1)을 표시하지만, 신호교차로에서는 반드시 v/c 비와 지체 또는 서비스수준이 일치하지는 않는다. 즉, 신호교차로의 지체는 신호조건이 g/C 비, v/c 비가 1.0을 초과해도 서비스수준이 항상 **F**로 나타나는 것은 아니다. v/c비가 1.0을 초과해도 신호주기가 짧고 g/C 비가 크며 연동이 잘되는 경우 서비스수준이 C, D를 나타낼 수도 있다. 반대로 v/c 비가 0.7~0.8 정도이더라도 신호주기가 길고, 신호의 연동이 좋지 않은 경우 지체가 크게 되므로 서비스수준은 **F**로 나타날 수도 있다.

7.5.2 신호교차로의 용량 및 서비스수준 산정절차

1) 자료의 입력과정

자료 입력과정은 분석을 수행하는 데 필요한 입력자료를 조사하고 분석에 이용할 수 있도록 정리하는 과정이다. 분석에 이용되는 자료는 다음과 같다.

1) 기하구조 자료

방향별 차로수 ………………………………………… N

차 로 폭……………………………………………… m

구　　배……………………………………………… ±%

좌·우회전 곡선반경 ………………………………… m

상류부 교차로와의 간격…………………………… m

교차로 주변 버스 정류장 및 주차위치 ………… m

횡단보도 위치 ……………………………………… m

전용 좌·우회전 차로의 존재 여부

2) 교통조건 자료

방향별 교통량 ……………………………………… vph

차종별 교통량(중차량 비율) ……………………… vph(%HV)

첨두시간계수………………………………………… PHF

버스정류장 정차대수 ……………………………… vph

버스정유장 승하차 활동지역구분………………… 상·중·하

주차 활동 대수……………………………………… vph

3) 신호조건 자료

신호체계 구분 ……………………………………… 고정식 및 감응식

신호주기……………………………………………… 초

각 방향별 이동류별 신호현시 …………………… 초

유효녹색신호시간 및 비율………………………… 초, 비율

최소녹색신호시간…………………………………… 초

신호주기에 대한 녹색신호 연동값의 비율……… %

유효녹색시간=녹색신호시간+진행연장시간−출발손실시간

$$\text{최소녹색신호시간, } G_p = (4\sim7) + \left(\frac{\text{횡단보도길이}}{1.2} - \text{황색신호시간}\right) \quad \cdots\cdots (7.18)$$

2) 이동류의 구분

신호교차로의 분석은 접근부의 교통흐름인 직진, 좌회전, 우회전을 독립된 한 개씩의 흐름으로 보아 생각한 이동류(movement)의 개념을 통해 이루어진다. 이동류를 구분하기 위해서는 각 이동류가 독립된 차로를 갖고 전용현시를 유지하면서 운영될 때 가장 정확한 결과를 얻을 수 있다. 그러나 신호교차로의 운영은 동시 신호인 경우가 많고, 특히 차로의 이용이 전용화되어 있지 않고 공용차로를 쓰는 때가 많기 때문에 이동류의 결정은 쉽지 않다.

다음의 과정은 이동류를 결정하는 요령이다.

1) 직진과 좌회전이 분리신호와 분리차로로 이용될 때: 직진과 좌회전을 독립적으로 고려하여 각 1개씩의 이동류로 한다.
2) 직진과 좌회전이 공용차로에서 동시 신호로 처리될 때: 직진과 좌회전을 같은 이동류로 생각하여 분석한다. 이 때 만약 좌회전에 대해 1개 전용차로와 1개 공용차로로 확보될 수 있으면, 공용차로를 좌회전 이동류로 생각하여 2개 좌회전 차로가 있는 것으로 분석한다. 또한 만약 접근로의 차로수가 3차로 이상이고, 이 중 1개 차로에 대해 동시 좌회전 처리를 하는 경우 좌회전의 영향은 없는 것으로 하여 직진 1개의 이동류라고 본다.
3) 직진과 우회전이 공용차로로 처리될 때: 우리나라의 경우 대개 이 조건에 대해 직진 이동류로만 고려한다. 만약 우회전 교통량 비율이 직진 교통량과 비교하여 상당히 높거나, 보행자 교통량이 많게 되면 독립 우회전 신호를 고려할 수 있으나 이러한 경우가 많지 않으므로 큰 의미는 없다.

다음의 [표 7-19]는 이동류 구분의 적용 예이다.[1)]

신호교차로에서의 이동류를 결정한 경우 같은 이동류로 분류되었더라도 차로별로 동일한 교통량을 보이지 않는다. 차로별로 동일한 이용을 보이지 않는 경우 운영분석은 보다 세밀한 분석을 위해서 차로이용계수를 이용해 이러한 이동류내 차로별 교통량의 차이를 보정하는 것이 바람직하다. 그러나 일반적인 분석을 위해서는 보정하지 않을 수도 있으며, 또한 차로이용률은 이동류의 v/c 비가 0.9를 넘는 경우 거의 차

[표 7-19] 이동류 구분의 예

차 로 수	차로별 이동류	이동류 구분의 예
2 차 로	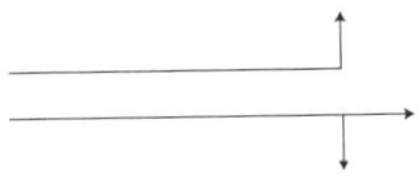	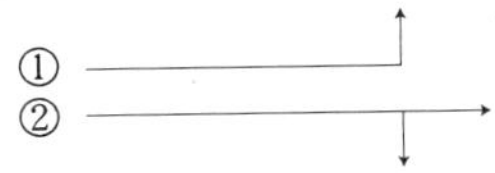
	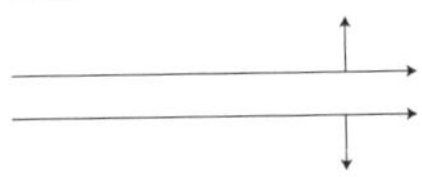	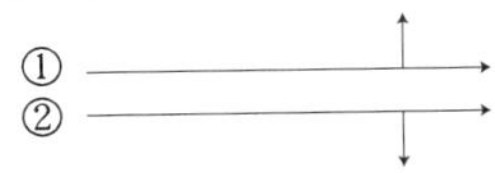
3 차 로	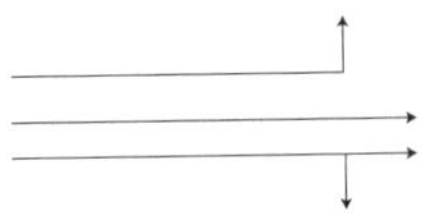	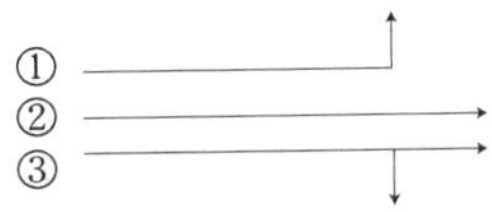
	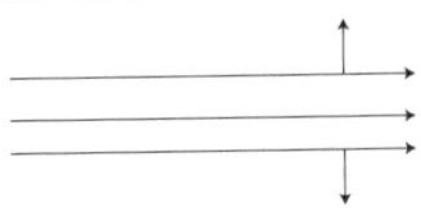	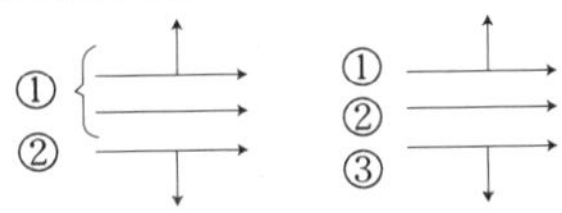
4 차 로 이 상	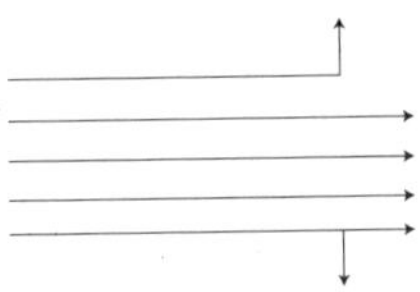	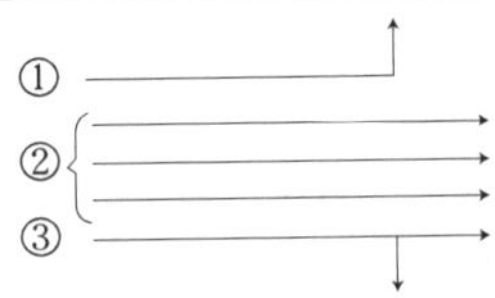
	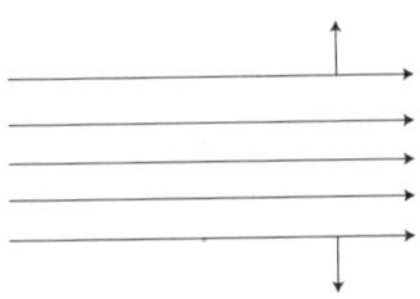	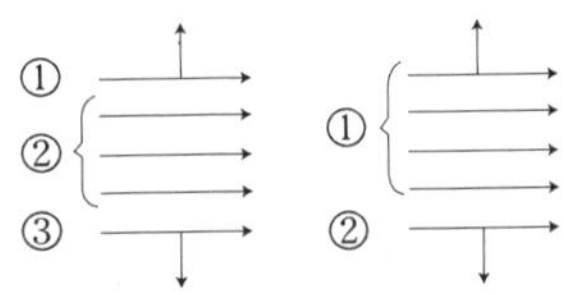
	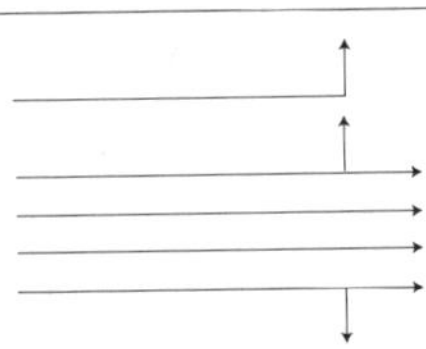	또는 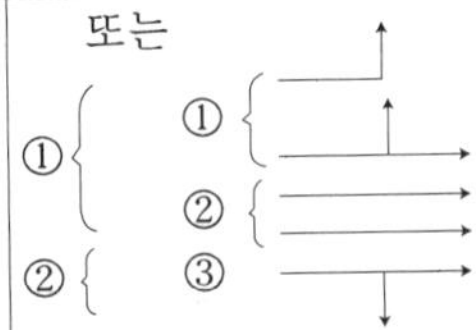
	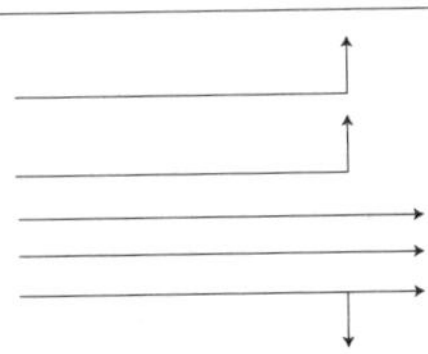	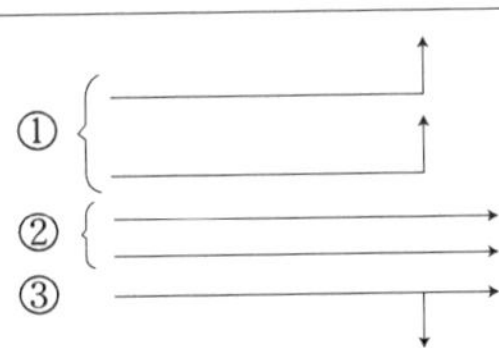

이가 적거나 없을 경우가 많다. 한편 차로이용률의 차이에 대한 보정은 이동류내 직진 이동류에 대해서만 보정한다. 동시신호 체계에서 직진과 좌회전 공용차로, 직진과 우회전 공용차로는 보정대상이 되지 않는다.

표 [7-20]은 차선이용에 따른 계수표이다.[1)]

$$V = V_p \times U \qquad \cdots\cdots (7.19)$$

여기서,
V_p=첨두교통량
U=차로이용계수

[표 7-20] 차로이용 계수(U)

구 분 (직진차로수)	v/c비(a)		설 계 수 준(b)	
	0.9 미만	0.9 이상	서비스수준 C, D	서비스수준 E
2 차 로	1.02	1.00	1.02	1.00
3 차 로	1.10	1.05	1.10	1.05
4차로 이상	1.15	1.08	1.15	1.08

3) 포화교통류율의 보정

식(7.13)은 포화교통류율을 구하는 식으로서, 이에 필요한 보정계수들 다음의 [표 7-21]부터 [표 7-27]까지 이용해서 구한다.

① 차로폭 보정계수

[표 7-21] 차로폭 보정계수(f_w)

차 로 폭	2.6m 이하	2.7m~2.9m	3.0m~3.4m	3.5m 이상
차로폭 보정계수	0.88	0.94	1.00	1.00

② 종단구배 보정계수

[표 7-22] 구배 보정계수(f_g)

구 배	−6% 이하	−3%	0%	+3%	+6% 이상
구배 보정계수	1.00	1.00	1.00	0.96	0.93

주) 구배의 중간값은 보간법을 사용한다.

③ 중차량 보정계수

중차량 보정계수는 각 차종의 승용차환산계수를 기본 개념으로 하여 다음의 관계식에 의하여 산정한다.

$$f_{HV}=\frac{100}{100+\sum_{i}P_i(E_i-1)} \qquad \cdots\cdots (7.20)$$

여기서,
f_{HV}=중차량 보정계수
P_i=차종 i의 실교통량에 대한 혼입비율(%)
E_i=차종 i의 승용차 환산계수(PCE)

[표 7-23] 중차량 보정계수 산정을 위한 차종구분과 승용차 환산계수

차 종 구 분		승용차 환산계수
소형차(승용차)	승용차, 지프	1.0
소 형 버 스	봉고, 25인승 미만의 승합차	1.2
소 형 트 럭	2.5톤 미만의 화물차	1.2
대 형 버 스	25인승 이상의 승합차	1.8
대 형 트 럭	2.5톤 이상의 화물차, 특수차*	2.0
소 형 차	승용차, 지프	1.0
소 형 중 차 량	2.5톤 미만 트럭, 25인승 미만 승합차	1.2
대 형 중 차 량	2.5톤 이상 트럭, 25인승 이상 승합차	1.9

* 특수차(트레일러, 건설중기 등)의 승용차 환산계수는 2.5
참고) 차종구분을 소형차와 대형차로 구분할 경우 대형차의 PCE의 2.0

④ 좌회전 보정계수

좌회전 보정계수의 산출은 신호교차로의 용량분석에서 핵심적 사항이다.

신호교차로의 기본 포화교통류율은 직진 승용차 교통류를 대상으로 결정되었으므로 좌회전 교통류에 적용시 발생하는 포화교통류율의 차이를 좌회전 보정계수로써 보정한다.

교차로에서의 좌회전 포화교통류율은 좌회전 기하구조 형태, 곡선반경의 영향 등에 의해 감소되는 것으로 알려져 있다. 즉, 회전하는 이동류에서 운전자는 핸들을 조작하여 회전하여야 하고 회전 이동류 사이의 상충발생 가능성도 높아 직진 이동류에 비해 운전상의 더 많은 주의를 기울여야 하기 때문에 이의 영향으로 포화교통류율이 감소하는 것이다.

우리나라의 신호교차로 용량분석에서 좌회전 보정계수는 독립 좌회전 신호가 있는 경우와 비보호로 좌회전이 이루어지는 2가지 경우로 나누어 생각한다.

(가) 보호 좌회전

[표 7-24] 보호좌회전 보정계수(f_{LT})

구 분		좌 회 전 보 정 계 수
전용 1개 차로	↰	1.00
전용 2개 차로	↰ ↰	0.95
공용 1개 차로	↰↑	1.00
공용 2개 차로	↰ ↰↑	0.98

주) 3개 차로 이상의 좌회전의 보정계수는 전체에 대해 0.91.

(나) 비보호 좌회전

비보호 좌회전을 포함하는 교차로에서 좌회전 보정계수는 비보호 좌회전 차로 그룹별로 일련의 수식을 사용하여 계산하여야 한다. 이러한 수식들은 대향 교통량(V_o)과 임계차간시간(critical gap)에 따른 비보호 좌회전 교통량(V_L), 직진 포화교통량, 좌회전 용량 등의 상호 작용에 의해 산출되어 지며 좌회전 보정계수를 결정하는 수식에 포함된 변수는 다음과 같다.

C =신호주기(초)

g =유효녹색신호시간(초)

N_T =당해 접근로의 차로수(전용좌회전 차로는 제외)

V_T =접근 총 교통량

V_L =실제 좌회전 교통량

E_{LE}=직진환산계수($V_L \geq D_L$인 전용차선에서)

E_{LS}=공용차선에서 직진환산계수($V_L < D_L$인 공용차선에서)

S_L =좌회전 포화교통량(전용차로 또는 $V_L \geq D_L$인 공용차로에서)

D_L =실제 좌회전 용량

S_{TH}=공용차로에서 직진포화교통량

D_{TH}=공용차로에서 직진용량

[표 7-25] 비보호 좌회전의 직진환산계수(E_{LE}: 직진 2차로)*

V_o / g/C	200	400	600	800	1000	1200	1400	1600	1800	2000
0.3	1.9	3.4	6.1	11.3	21.1	39.5	74.5	—	—	—
0.4	1.7	2.5	3.9	6.1	9.7	15.4	24.5	39.5	63.6	—
0.5	1.5	2.1	3.0	4.3	6.1	8.8	12.8	18.6	27.1	39.5
0.6	1.4	1.8	2.5	3.4	4.5	6.1	8.3	11.3	15.4	21.1
0.7	1.4	1.7	2.9	2.8	3.7	4.7	6.1	8.0	10.4	13.5

* 대향차로가 편도 2차로인 교차로(비보호 좌회전 전용차로가 있는 경우)
V_o는 대향 직진 교통량

한편 비보호 좌회전은 좌회전 전용차로의 설치 여부 및 그 형태에 따라 여러 가지 경우로 세분화될 수 있으며 각각에 대한 좌회전 보정계수가 별도로 제시되어져 있다. 그러나 그 세부내용는 너무 복잡하기 때문에 여기서 설명하는 것보다는 직접 도로용량편람[1]의 해당 부분을 참고하는 것이 바람직하다고 본다. 다만 가장 대표적인 경우인 좌회전 전용차선에서 발생하는 비보호 좌회전의 경우(Case Ⅰ)에 대한 보정계수표는 다음 [표 7-25]와 같다.[1]

⑤ 우회전 보정계수

먼저 전용 우회전의 포화교통류율은 직진의 신호운영과 관계 없으며 이 차로에서는 직진이 이용할 수 없으므로 우회전 보정계수(f_{RT})는 0.0이다. 한편 우회전과 직진이 함께 이루어지는 공용 우회전 차로에 대한 보정계수는 비보호 좌회전 보정계수에서와 같이 너무 복잡하고 방대한 내용이므로 도로용량편람을 참고로 해서 결정하는 것이 좋겠다.

⑥ 버스정류장 방해 보정계수

[표 7-26] 버스정류장 방해 보정계수(f_{bb})

시간당 버스정차 대수	버스정류장이 주행 차로에 설치된 경우				버스 정차대가 설치된 경우(우회전 전용차로에 버스정류장이 설치된 경우도 포함)
	승·하차 활동* / 버스정류장위치	소	중	대	
10 ~ 30	30m이하	0.94	0.91	0.87	0.99
	30~70m	0.97	0.96	0.94	
	50~75m	0.99	0.98	0.97	

30	30m이하	0.88	0.83	0.74	
~	30~50m	0.94	0.91	0.87	0.98
50	50~75m	0.98	0.97	0.95	
50	30m이하	0.77	0.68	0.52	
~	30~50m	0.89	0.84	0.76	0.97
100	50~75m	0.95	0.94	0.90	
100	30m이하	0.62	0.46	0.20	
~	30~50m	0.81	0.73	0.60	0.95
150	50~75m	0.92	0.89	0.84	
150	30m이하	0.47	0.25	—	
~	30~50m	0.73	0.62	0.44	0.92
200	50~75m	0.89	0.85	0.78	
200	30m이하	0.32	—	—	
~	30~50m	0.66	0.52	0.28	0.90
250	50~75m	0.86	0.81	0.71	
250	30m이하	—	—	—	
~	30~50m	0.58	0.41	—	0.88
300	50~75m	0.83	0.76	0.65	
300	30m이하	—	—	—	
~	30~50m	0.51	0.30	—	0.86
350	50~75m	0.80	0.72	0.59	
350	30m이하	—	—	—	
이상	30~50m	0.43	0.20	—	0.84
	50~75m	0.77	0.68	0.52	

* 대: 버스 이용인원 많음. 시장, 백화점, 버스터미널, 주요 전철역에 의한 환승지점 등.
중: 버스 이용인원 중간, 일반적인 업무지구, 상업지구, 전철역 주변 등.
소: 버스 이용인원 적음, 일반적인 주택지역, 기타.

⑦ 주차 보정계수

[표 7-27] 주차 보정계수(f_p)

시간당 주차대수	주차불허 지역	주차허용지역				
		0대	10대	20대	30대	40대
f_p	1.00	0.90	0.85	0.80	0.75	0.70

4) 임계이동류의 결정 및 분석

주어진 신호현시에서 가장 큰 v/c비를 나타내는 이동류가 임계이동류가 된다. 한편 임계이동류는 다음 두 가지 경우로 나누어 설명할 수 있다.

1) 신호현시가 중첩되지 않는 경우

각 현시별로 높은 v/c비를 갖는 이동류가 임계이동류가 된다.

2) 신호현시가 중첩되는 경우의 임계이동류 결정방법

주어진 현시마다 이동류가 분리된 경우 임계이동류의 파악은 간단하지만 이동류가 현시를 중첩하여 이용하는 경우는 주의하여야 하며 기본원칙은 중첩되는 이동류 중 v/c비가 큰 경우의 이동류가 임계이동류가 된다. 다음 [그림 7-10]은 현시가 중첩되는 경우의 임계이동류 파악의 한 예이다.

여기서는 좌회전 수요가 동·서 및 남·북방향으로 일정하지 않을 때 신호시간의 효율성을 위해 분리신호 사이에 신호의 중첩을 준 것이다. 즉 동서방향의 도로상에서 EB LT의 v/c비 혹은 WB LT의 v/c비 중 큰 이동류에 의해서 현시 1A와 현시 1B에 중첩하여 신호시간을 결정할 수 있고 또한 **EB TH/RT**의 v/c비 혹은 **WB TH/RT**의 v/c비 중

[그림 7-8] 임계이동류 결정방식(a)

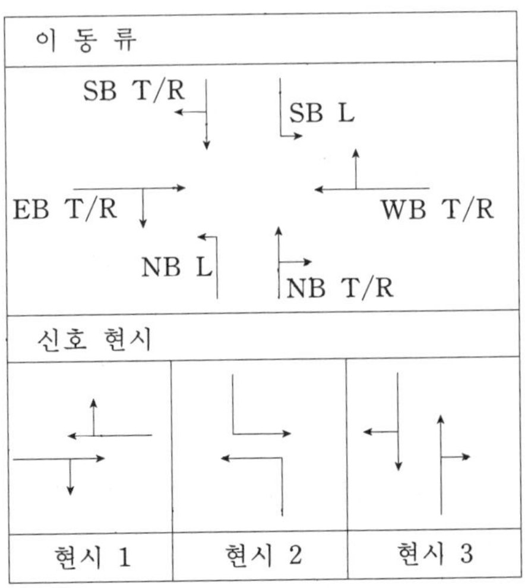

[그림 7-9] 임계이동류 결정방식(b)

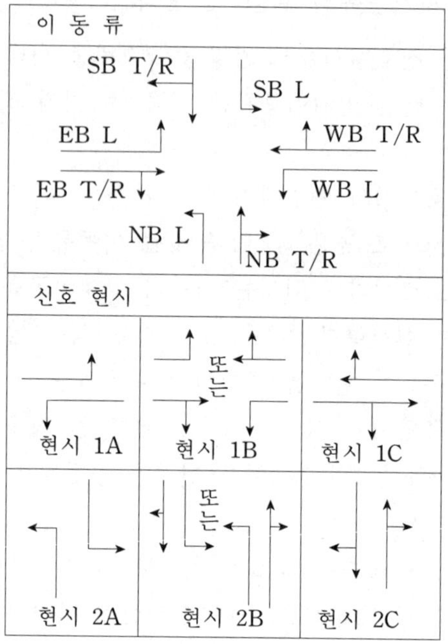

높은 이동류에 대해 현시 1B와 현시 1C에 중첩하여 사용할 수 있다.

그러므로 동서방향의 임계이동류 결정에 대한 가능한 조합은 다음과 같다.

EB TH/RT+WB LT 또는 WB TH/RT+EB LT

남·북 방향의 도로도 똑같은 임계이동류 결정원칙을 따르면 임계이동류의 가능한 조합의 결과는 다음과 같게 된다.

NB TH/RT+SB LT 또는 SB TH/RT+NB LT

따라서 교차로 전체에 대한 임계이동류는 다음 중의 하나가 되게 될 것이다.

EB TH/RT+WB LT 또는 NB TH/RT+SB LT
EB TH/RT+WB LT 또는 SB TH/RT+NB LT

WB TH/RT+EB LT 또는 NB TH/RT+SB LT
WB TH/RT+EB LT 또는 SB TH/RT+NB LT

이렇게 임계이동류가 결정되면 임계이동류의 v/s비의 합으로부터 교차로 전체의 임계 v/c비(X_c)를 결정하여 교차로의 용량상태를 파악한다.

$$X_c = \Sigma(v/s)_i \times [C/C(C-L)] \quad \cdots\cdots (7.21)$$

여기서,
X_c=임계 v/c비
$\Sigma(v/s)_i$=임계 이동류 i의 v/s의 합
C =신호주기
L =교차로에서의 손실시간의 합

임계 v/c비가 1.0을 넘는 경우는 교차로의 용량수준이 포화에 도달하여 한 개 이상의 이동류가 과포화에 도달한 것이다. 그러므로 이 값은 교차로의 설계, 신호주기, 현시시간 등이 수요 교통량에 적절하지 않음을 의미한다.

5) 서비스수준 분석과정

신호교차로의 서비스수준은 다음 [표 7-28]의 서비스수준 결정기준에 의한다.[1)]

물론 차량당 평균정지지체는 이미 언급한 식(7.16) 및 식(7.17)에 의해 결정한다. 단 신호교차로에서의 지체는 연속적인 차량의 흐름이 어느 정도 원활한가에 의해 크게 지배를 받는다. 가령 교차로가 거의

[표 7-28] 신호교차로의 서비스수준 산정표

서비스\수준	차량당 평균정지지체(초)
A	5초 이상
B	15초 이하
C	25초 이하
D	40초 이하
E	60초 이하
F	60초 초과

[표 7-29] 감응신호의 연동보정계수(PF)

신호등 종류	진행방향	v/c비	도착형태*				
			1	2	3	4	5
감응 신호	직진	≤0.6	1.54	1.08	0.85	0.62	0.40
	우회전	0.8	1.25	0.98	0.85	0.71	0.50
	동시신호좌회전	1.0	1.16	0.94	0.85	0.78	0.61
반감응 신호	주방향도로	≤0.6	1.85	1.35	1.00	0.72	0.42
	직진·우회전	0.8	1.50	1.22	1.00	0.82	0.53
	동시신호좌회전	1.6	1.40	1.18	1.00	0.90	0.65
	부방향도로	≤0.6	1.48	1.18	1.00	0.86	0.70
	직진·우회전	0.8	1.20	1.07	1.00	0.86	0.89
	동시신호좌회전	1.6	1.12	1.04	1.00	0.98	1.00
분리신호 좌회전			1.00	1.00	1.00	1.00	1.00

* 도착형태는 가장 불량한 때가 1이고 가장 양호한 때가 5이다.

용량상태로 운영되어 교통량이 많아도 교통류가 연속적으로 잘 진행하도록 신호의 연동이 잘 맞춰진 경우 개별 차량이 느끼는 지체는 그렇게 크지 않으며 반대로 교차로 운영이 용량상태 이하로 운영되어 교통량이 그렇게 많지 않아도 교차로간의 신호연동이 좋지 않은 경우 개별 차량은 상당히 큰 지체를 느끼는 경우가 있다. 이러한 교차로간의 신호연동을 고려한 교차로에서의 지체는 앞에서 계산한 독립교차로의 정지지체에 감응식 신호인 경우는 [표 7-29]에서 제시하는 바와 같이 v/c비와 차량의 도착형태에 의해 감응신호의 연동보정계수를 적용하고 고정신호인 경우는 [표 7-30]에 의해 v/c비와 링크길이, 주기에 대한 신호연동값의 비에 의해 연동보정계수를 결정한다. 그리고 분리신호 좌회전은 도착형태와 무관하게 보정계수를 1.0으로 한다.

[표 7-30] 고정신호의 연동 보정계수(PF)

포화도 (v/c)	0.6					0.8					1.0				
Offset(%)길이 \ Link길이	250m 이하	350m 이하	450m 이하	550m 이하	600m 미만	250m 이하	350m 이하	450m 이하	550m 이하	600m 미만	250m 이하	350m 이하	450m 이하	550m 이하	600m 미만
0	.899	1.308	1.524	1.548	1.379	1.048	1.284	1.416	1.443	1.367	.953	.974	1.006	1.050	1.105
5	.701	1.035	1.230	1.288	1.208	.856	1.071	1.205	1.258	1.230	.864	.885	.919	.965	1.024
10	.565	.824	.993	1.073	1.062	.716	.903	1.032	1.101	1.112	.798	.818	.852	.898	.958
15	.484	.671	.809	.899	.940	.623	.778	.894	.972	1.011	.755	.772	.803	.848	.907
20	.452	.569	.673	.764	.841	.572	.690	.789	.867	.926	.730	.843	.770	.812	.868
25	.463	.515	.582	.665	.763	.559	.637	.713	.787	.858	.724	.731	.753	.790	.842
30	.512	.501	.530	.598	.705	.579	.615	.665	.728	.804	.733	.734	.750	.781	.827
35	.591	.524	.513	.561	.665	.626	.620	.642	.690	.765	.756	.750	.759	.783	.822
40	.695	.577	.528	.550	.642	.697	.649	.640	.670	.739	.790	.777	.778	.795	.825
45	.818	.655	.570	.563	.634	.786	.698	.658	.667	.725	.833	.813	.807	.815	.837
50	.953	.753	.634	.597	.640	.889	.763	.693	.679	.722	.884	.857	.843	.842	.855
55	1.094	.866	.717	.648	.658	1.000	.840	.742	.705	.730	.941	.907	.885	.876	.879
60	1.236	.988	.814	.713	.687	1.115	.926	.802	.743	.748	1.001	.961	.932	.914	.907
65	1.372	1.114	.920	.791	.725	1.229	1.018	.872	.791	.775	1.062	1.017	.981	.955	.939
70	1.496	1.239	1.032	.877	.772	1.337	1.111	.948	.847	.810	1.122	1.073	1.032	.998	.973
75	1.602	1.357	1.145	.968	.825	1.434	1.201	1.027	.911	.853	1.179	1.128	1.082	1.042	1.008
80	1.684	1.462	1.255	1.062	.883	1.516	1.286	1.107	.979	.901	1.232	1.180	1.131	1.086	1.043
85	1.735	1.551	1.358	1.155	.944	1.577	1.362	1.186	1.051	.955	1.277	1.227	1.177	1.127	1.078
90	1.750	1.617	1.448	1.246	1.008	1.614	1.424	1.261	1.124	1.014	1.314	1.267	1.217	1.165	1.111
95	1.723	1.654	1.523	1.329	1.072	1.620	1.470	1.329	1.198	1.076	1.340	1.299	1.252	1.199	1.140

주) v/c비는 주어진 v/c비에 대해 보간법 적용. 좌회전과 링크길이 600m 이상은 1.0을 사용. offset의 %는 신호주기÷연동값.

[예제 7-7] 다음은 우리나라에서 가장 많이 나타나는 신호교차로에 대한 용량분석과정을 나타내고 있다. 이 신호교차로의 서비스수준을 결정하시오.

〈자료 정리과정〉

신호교차로의 분석과정(자료의 정리)

1. 일반사항　　　　　　　　조사기간: ________ ~ ________
   교차로명: ________　　　　조사자: ________　지점특성: 동시신호 4현시

2. 첨두교통량 및 기하구조
   - 교통량
   - 차로수, 차로폭,
   - 버스정류장
   - 좌우회전 대기차로
   - 주차시설
   - 상류부 교차로와의 거리

EB	400m
WB	400m
NB	200m
SB	200m

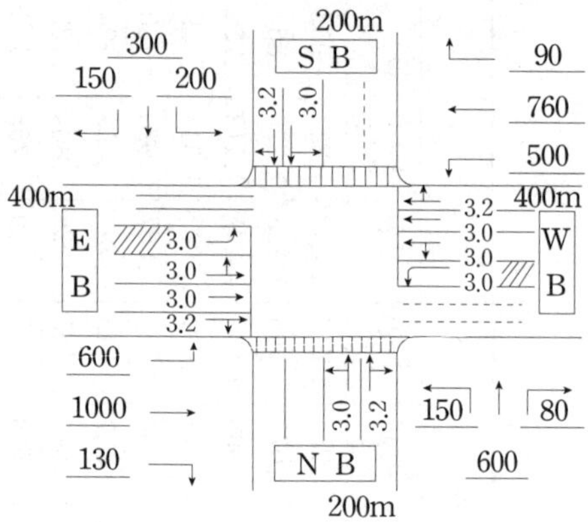

3. 교차로 주변상황

접근부	구배 (%)	중차량비(%) 소/대	주차활동대수 (대/시)	버스정차 (%)	PHF	좌회전 차로 곡선반경	좌회전 차로 공유비(%)	우회전 차로 곡선반경	우회전 차로 공유비(%)	도착형태 또는 연동값비
EB	+3	7/7	—	—	0.95	20		20	30	30%
WB	−3	7/7	—	—	0.95	20		20	30	30%
NB	—	7/7	—	—	0.95	20		15	30	30%
SB	—	7/7	—	—	0.95	20		15	30	30%

4. 신호조건

현시		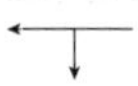	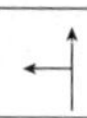	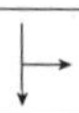				
시간	G=32 Y+R=3	G=35 Y+R=3	G=37 Y+R=3	G=24 Y+R=3	G= Y+R=	G= Y+R=	G= Y+R=	G= Y+R=

주기= 130 초　　　　　　조사기간: ~

운영방식=고정식 방식

풀이

〈교통량 보정과정〉

신호교차로의 분석과정(교통량 보정)											
① 구분	② 이동류	③ 시 간 교통량 (vph)	④ 첨두 시간 계수 (PHF)	⑤ 첨 두 교통량 (vph) ③÷④	⑥ 이동류 구 분	⑦ 차로 수	⑧ 이동류 교통량 (vph)	⑨ 차로 이용 계수	⑩ 환 산 교통량 (vph) ⑤×⑨	⑪ 공용차로 회전비율 (%) (좌·우)	비 고
EB	좌회전	600	0.95	632	═	2	632	1.00	632		
										1684	
	직진	1,000	0.95	1,052	- - -	1	1,052	1.00	1,052		
	우회전	130	0.95	137	—	1	137	1.00	137		
WB	좌회전	500	0.95	526	═	2	526	1.00	526		
										1326	
	직진	760	0.95	800	- - -	1	800	1.00	800		
	우회전	90	0.95	95	—	1	95	1.00	95		
NB	좌회전 }										
	직진	750	0.95	790	→	1	790	1.00	790		
	우회전	80	0.95	84	—	1	84	1.00	84		
SB	좌회전 }										
	직진	500	0.95	526	→	1	526	1.00	526		
	우회전	150	0.95	158	—	1	158	1.00	158		

〈우회전 보정계수 산정과정〉

<table>
<tr><th colspan="7">우회전 보정계수(f_{RT}) 계산을 위한 분석과정표</th></tr>
<tr><th colspan="3">내 용</th><th>EB</th><th>WB</th><th>NB</th><th>SB</th></tr>
<tr><td colspan="3">교차도로 차로수
우회전 곡선반경
S_{RT}</td><td>3
20
1,725</td><td>2
20
1,725</td><td>3
15
1,758</td><td>3
15
1,758</td></tr>
<tr><td colspan="3">횡단 보행자수
f_p</td><td>중
0.6</td><td>중
0.6</td><td>—</td><td>—</td></tr>
<tr><td colspan="3">$C/g/g_p/g_c$</td><td>130/32/15/27</td><td>130/25/15/40</td><td>130/37/0/35</td><td>130/24/0/28</td></tr>
<tr><td colspan="3">V_R</td><td>137</td><td>95</td><td>84</td><td>158</td></tr>
<tr><td colspan="3">$V'_R=\dfrac{V_R(g-f_p \cdot g_p)}{C-(g_c-f_p \cdot g_p)}$</td><td>34</td><td>19</td><td>33</td><td>37</td></tr>
<tr><td colspan="3">$F=f_w \cdot f_g \cdot f_p \cdot f_{HV} \cdot f_{bb}$</td><td>0.89</td><td>0.93</td><td>0.93</td><td>0.93</td></tr>
<tr><td colspan="3">$D_R=S_{RT} \cdot (g-f_p \cdot g_p) \div C \times F$</td><td>272</td><td>197</td><td>465</td><td>301</td></tr>
<tr><td rowspan="8">조건 및 계산식</td><td colspan="2">$V'_R \ge D_R$이면 $f_{RT}=0.0$</td><td></td><td></td><td></td><td></td></tr>
<tr><td rowspan="7">$V'_R \ge D_R$ 이면</td><td>V_{TH}
E_L
V_L
N</td><td>1,052
1.0
632
4</td><td>800
1.0
526
4</td><td></td><td></td></tr>
<tr><td>K_1 계산
K_2 계산</td><td>49.5
47.7</td><td>69.8
47.7</td><td></td><td></td></tr>
<tr><td>$K_1 \ge K_2$ — E_{RT}계산</td><td>1.28</td><td>1.28</td><td>1.25</td><td>1.25</td></tr>
<tr><td>$K_1 \ge K_2$ — f_{RT}계산</td><td>0.91</td><td>0.94</td><td>0.93</td><td>0.88</td></tr>
<tr><td>$K_1 < K^2$ — E_{RT}계산</td><td></td><td></td><td></td><td></td></tr>
<tr><td>$K_1 < K^2$ — f_{RT}계산</td><td></td><td></td><td></td><td></td></tr>
</table>

주) C: 신호주기, g: 녹색신호시간, g_p: 횡단보도 신호시간
g_C: 우회전이 불가능한 현시의 신호시간
V_{TH}: 접근부의 직진 수요교통량, V_R: 접근부의 우회전 수요교통량
E_L: 좌회전의 직진 환산계수(보호 좌회전인 경우=1.0, 비보호 좌회전인 경우는 $3N$)
V_L: 접근부의 좌회전 수요교통량, N: 접근부의 총 차로수
(좌회전 보호 분리신호가 운영되는 경우는 차로수 N에서 전용좌회전 차로는 제외하고 V_L을 무시하여도 됨)

계산식) $K_1=(V_{TH}+E_L \cdot V_L) \div V'_R$, $K_2=(f_p \cdot g_p \cdot N)/0.82+2{,}200 \cdot (N-1)/S_{RT}$

$K_1 \ge K_2$이면 $E_{RT}=2{,}200 \div S_{RT}$

$f_{RT}=[2{,}200F-(V'_R \cdot E_{RT} \cdot C)/g] \div 2{,}200F$

$K_1 < K_2$이면 $E_{RT}=2{,}200 \div S_{RT}+(f_p \cdot g_p-0.82 \cdot K_1/N) \div (1.63 \cdot V'_R)$

$f_{RT}=[2{,}200F-(V'_R \cdot E_{RT} \cdot C)/g] \div 2{,}200F$

횡단보도가 없는 경우 $V'_R \ge D_R$ 여부만 검토하고 $V'_R < D_R$이면 $K_1 \ge K_2$인 경우에 해당함.

〈포화교통류율 보정과정〉

신호교차로의 분석과정(포화 교통류율 보정과정)													
이동류		이동류 구 분	① 기본포화 교통류율 (pcphgpl)	② 차로수 (N)	③ 보 정 계 수							④ 보정포화 교통류율 (vphg) ①×②×③	비고
					차선폭 f_w	구배 f_g	중차량 f_{HV}	버스정류장 f_{bb}	주차 f_p	좌회전 f_{LT}	우회전 f_{RT}		
EB	좌회전	—	2,200	2		0.96	0.93			0.98		3,849	
	직진	—	2,200	1		0.96	0.93					1,964	
	우회전	—	2,200	1		0.96	0.93				0.91	1,787	
WB	좌회전	—	2,200	2			0.93			0.98		4,010	
	직진	—	2,200	1			0.93					2,046	
	우회전	—	2,200	1			0.93				0.94	1,923	
NB	좌회전	—	2,200	1			0.93			1.00		2,046	
	직진	—	2,200	1			0.93				0.93	1,903	
	우회전												
SB	좌회전	—	2,200	1			0.93			1.00		2,046	
	직진	—	2,200	1			0.93				0.88	1,800	
	우회전												

〈용량분석과정〉

신호교차로의 분석과정(용량분석과정)										
이 동 류		이동류 구 분	① 환 산 교통량 (vph)	② 보정포화 교통류율	③ v/s비 ①÷②	④ g/C비	⑤ 이동류 용 량 (vph) ②×④	⑥ v/c비 ①÷⑤	임 계 이동류	비 고
EB	좌회전		632							
				1,684						
	직진		1,052	7,600	0.22	0.25	1,900	0.89		
	우회전		137							
WB	좌회전		562							
				1,326						
	직진		800	7,979	0.17	0.19	1,516	0.87		
	우회전		95							
NB	좌회전									
	직진		790	3,949	0.20	0.28	1,106	0.71		
	우회전		84							
SB	좌회전									
	직진		526	3,846	0.14	0.18	692	0.76		
	우회전		158							

신호주기 (C)= 130 초

$\underset{\text{이동류}}{\Sigma}(v/s)=0.22+0.17+0.20+0.14=0.73$

총 손실시간 (L)=12 초

$$X_c=\frac{\Sigma(v/s)\times C}{C-L}=0.80$$

〈서비스수준 분석과정〉

신호교차로의 분석과정(서비스수준 분석과정)												
이동류		환 산 교통량 (vph)	① 균 일 지 체				⑤ 임의지체		③	④	이동류 서비스 수 준	접근로 지 체 (서비스 수 준)
			v/c비	g/C비	주기 (초)	균일 지체 (초/대)	이동류 용량 (vph)	임의 지체 (초/대)	연동 보정 계수 (PF)	이동류 평균정 지지체 (초/대) (①+②)×③		
EB	좌회전	632										27.8 (D)
			1,684									
	직진	1,052	0.89	0.25	130	35.7	1,900	4.0	0.70	27.8	D	
	우회전											
WB	좌회전	526										29.7 (D)
			1,326									
	직진	800	0.87	0.19	130	38.8	1,516	4.2	0.69	29.7	D	
	우회전											
NB	좌회전											18.8 (C)
	직진	790	0.71	0.28	130	32.0	1,106	2.2	0.55	18.8	C	
	우회전											
SB	좌회전											24.5 (C)
	직진	526	0.76	0.18	130	38.5	692	4.5	0.57	24.5	C	
	우회전											

교차로 지체 = 26.3 초, 교차로 서비스수준 D

■ 주

1) 건설교통부, 「도로용량 편람」, 1992.
2) "TRB Special Report 209," *Highway Capacity Manual*, 1985.
3) "TRB Special Report 87," *Highway Capacity Manual*, 1965.
4) "NCHRP 159," *Weaving Areas Design and Analysis*, 1975.

■ 익힘문제

1. 도시지역 평지에서 고속도로를 서비스수준 C로 운행되도록 설계하고자 한다. 이 구간의 교통특성 추정결과는 다음과 같다. 중방향 설계시간 교통량(DDHV)이 5,000대/시이며 트럭 20% 버스 5%, 그리고 **PHF**=0.90. 이러한 고속도로 구간은 몇 차로로 설계하여야 하는가?
2. 설계속도 100km/시인 왕복 8차로 고속도로의 평지인 구간에 연속된 유출-유입 연결로를 400m 간격으로 설치하려 할 때 **PHF**는 0.92, 중차량은 19%(버스 7%, 트럭 12%)이며 교통수요는 다음 그림과 같다면 이 구간의 서비스수준은?

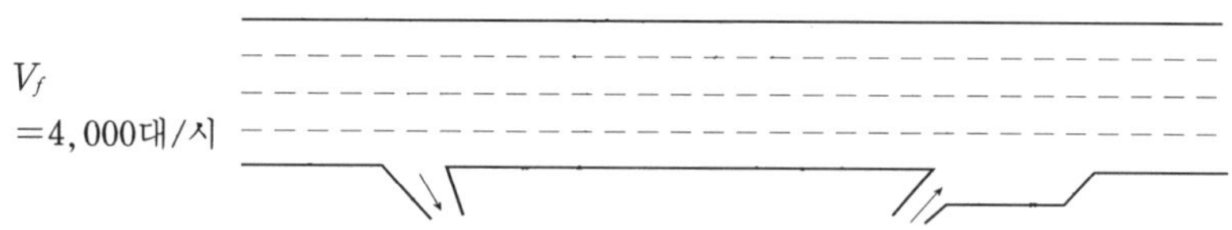

3. 5%의 종단구배를 가진 3km의 2차로 도로가 있다. 이 도로구간에서 최소 80km/시의 속도를 유지하기 위한 최대시간당 교통량을 다음 조건에 근거하여 결정하라.

   차로폭: 3.25m　　　　방향별 분포: 60/40

   길어깨폭: 2m　　　　중차량 혼입률: 트럭 10%, 버스 5%

   추월금지구간 백분율: 50%
4. 비보호 좌회전으로 운영되는 교차로의 어느 한 접근로는 2개의 직진 차로(한 개의 차로는 우회전과 공용)과 한 개의 비보호 좌회전 차로로 이루어져 있으며 교통량은 V_{TH}=800vph, V_R=150vph, V_L=250vph이고, 대향직진 교통량 V_O=600vph일 때 다음 물음에 답하라(C=100초, g=40초, f_w=1.0, f_g=1.0이며 대향차로는 비보호 좌회전을 하지 않는다고 가정).

   (1) 좌회전 전용차로에서 좌회전이 충분히 해소되는가?

   (2) 전용차로의 교통량비(v/s ratio)는 얼마인가?

   (3) 직진 포화교통량을 구하라.

   (4) 좌회전 보정계수를 구하라.

제 8 장

도로시설물의 기하구조 설계

도로공학에서 기하구조의 설계란 응력개념에 의한 구조물의 설계라기보다는 도로시설물의 위치, 크기, 종류 등을 합리적으로 결정하는 것을 의미한다. 기하구조 설계의 기본대상이 되는 것은 운전자, 차량, 도로 등 교통의 주요소에 대한 특성이다. 차량 주행의 안전성을 확보한다는 의미에서 최소정지시거를 주로 고려하고 그 밖에도 도로시설의 건설공사비 등 외적 요인도 고려하게 된다. 도로시설물의 기하구조 설계에 있어서 가장 중요한 것은 첫째, 교통류가 자연스럽게 처리될 수 있어야 하며, 둘째, 교통사고가 발생치 않도록 설계되어야 한다는 것이다. 이를 위해서는 설계 개념이 가급적 일관성 있게 유지되어야 하며 운전자가 느끼는 속도변화의 감각과 자연스럽게 조화를 이루는 것이 요구된다.

이 장에서는 도로 기하구조 설계에 필요한 여러 가지 사항을 체계적으로 설명키로 한다.

8.1 도로의 기능상 구분

도로의 기능상 구분에 대해서는 이미 3장에서 상세히 설명한 바 있다.

현재 우리나라의 도로 구분은 「도로의 구조 · 시설기준에 관한 규정」에 의해 이루어지고 있으며 제3조(도로의 구분)에 의해 다음과 같이 정해져 있다.

> 제3조(도로의 구분)　① 도로는 자동차 전용도로와 일반도로로 대별하고, 일반도로는 그 도로가 존재하는 지역과 기능에 따라 다음

표와 같이 구분한다.

구 분	지 방 부	도 시 부
자동차전용도로	고속도로	도시고속도로
일반도로	주간선도로 보조간선도로 집산도로 국지도로	주간선가로 보조간선가로 집산가로 국지가로

② 도로법에 규정된 국도, 지방도, 군도가 각각 지방부에 위치할 경우 그 기능에 따라 다음 표와 같이 구분할 수 있다.

기 능 분 류	구 분
주간선도로	국 도
보조간선도로	국도 또는 지방도
집산도로	지방도 또는 군도
국지도로	군 도

③ 도로법에 규정된 것 이외의 도로에 대한 시설기준은 그 도로의 설치목적과 기능에 따라 이 시설기준을 준용할 수 있다.

이와 같은 우리나라 도로의 구분은 1990년도에 개정한 「도로의 구조 · 시설기준에 관한 규정」[1)]에 의거한 것이다. 종래의 우리나라 도로설계기준이었던 도로구조령은 도로의 위치와 접근 통제 유무에 따라서 種개념을 도입하고 관할 행정부서와 교통량의 정도에 따라 級을 세분하여 적용한 것으로서 설계속도나 교통량을 포함할 수 없었다. 또한 설계속도는 행정부서에 의해 영향을 받을 수 없다는 점에서 적용상 어려움이 있었다. 개정된 도로의 구조 · 시설기준에 관한 규정은 미국의 도로설계 지침서인 「A Policy of Geometric Design of Highways and Streets」에서 제시하고 있는 도로의 기능상 분류방법과 맥을 같이하고 있다. 앞으로 본 서에서는 도로의 구조 · 시설기준에 관한 규정을 줄여서 「도로시설기준령」이라고 한다.

8.2 도로의 설계기준

도로의 설계는 여러가지 설계기준에 의해 정해지는데 설계기준은 위에서 설명한 도로의 기능상 구분에 의해 주로 결정된다. 도로의 설계기준은 도로의 전반적인 시설수준을 결정하는 골격이 된다. 도로의 기하구조는 대개의 경우 몇 개의 선택할 수 있는 대안 중에서 현실적으로 가장 설득력 있는 대안을 택하는 과정이라고 볼 수 있기 때문에 설계기준을 정하여 해당 도로의 윤곽을 결정하는 것은 매우 중요한 사항이다. 다음은 설계기준의 설정에 영향을 미치는 요소들이다.

- 도로의 기능상 구분
- 교통량 및 혼입률
- 설계속도
- 지　형
- 서비스수준
- 공 사 비
- 안 전 성
- 사회적 혹은 환경적 요인

이러한 요소들은 독립적으로 반영되는 것이 아니고 한 요소가 다른 요소를 간접적으로 반영하는 경우가 많다. 설계기준의 설정에 영향을 미치는 요소들 중 서비스수준, 교통량, 설계속도 및 설계차량이 매우 중요한 요소가 된다. 이러한 요소들은 차량특성, 운전자특성 및 도로특성과 관계를 갖고 있기 때문에 이같은 특성들을 잘 반영하도록 해야 한다. 다음은 도로의 설계기준에 대한 설명이다.

8.2.1 설계시간교통량(DHV: Design Hourly Volume)

설계시간교통량은 도로설계에 사용되는 장래 시간교통량으로서 해당 도로의 장래 일평균 교통량에 대한 백분율에 의해 결정된다. [그림 8-1]은 1년 중의 비교적 높은 시간당 교통량을 조사하여 일평균 교통량에 대한 백분율을 표시한 것으로서 수평축에는 가장 많은 시간 교통량으로부터의 순서를 표시한다. [그림 8-1]에서 보면 일평균 교통량의

[그림 8-1] 시간교통량과 일평균 교통량에 대한 백분율의 관계

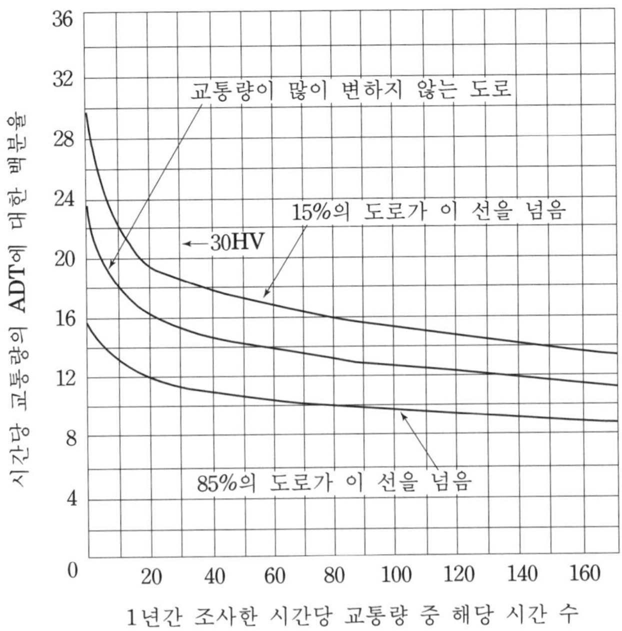

12%를 나타내는 시간교통량은 1년 조사 결과를 통해 볼 때 20시간 동안만 초과했고 나머지 시간에는 12%보다 낮은 교통량을 나타낸 것으로 해석된다. 또한 이 그림을 자세히 살펴보면 0에서 25번째 시간까지는 백분율이 크게 변화하지만 30번째 시간을 넘어서게 되면 백분율이 거의 변화하지 않는 것을 알 수 있다. 따라서 30번째 시간을 설계시간교통량으로 선택하며 이렇게 선택한 30번째 시간의 일평균 교통량에 대한 백분율은 지방부 도로인 경우 대체로 12~18% 사이에 있게 되고 도시부 도로인 경우 8~12%에 있게 된다.

그러나 계절별 교통량의 변화가 심한 도로의 경우 30번째 시간을 획일적으로 사용하는 것에는 문제가 발생할 수 있다. 즉, 몇 번째 시간을 택할 것인지에 대한 결정을 하기 위해서는 교통혼잡이 너무 자주 발생치 않으며 동시에 경제적인 투자효과가 보장될 수 있는 방법을 택해야 할 것이다.

8.2.2 설계속도(Design Speed)

도로시설기준령에 의하면 설계속도가 다음과 같이 설명된다.[1]

1) 설계속도란 차량의 주행에 영향을 미치는 도로의 물리적 형상을 설계하며 이들을 상호 연관시키기 위해 정해진 속도이다.
2) 도로의 설계요소 기능이 충분히 발휘될 수 있는 조건하에서 평균적으로 운전자가 도로의 어느 구간에서 쾌적성을 잃지 않고 유지할 수 있는 속도이다.

다음의 [표 8-1]은 우리나라의 설계속도표이다.[1]

한편 미국의 「A Policy on Geometric Design of Highways and Streets」[2]에 의하면 설계속도는, 기후 등 외적 요건이 양호한 상태에서 운전자가 도로의 기하구조에 의해서만 그 속도를 변화시킨다고 생각할

[표 8-1] 설계속도의 설정기준

구		분	설계속도*(단위: km/시)
지방부	고속도로	평지부	120
		산지부	100
	주간선도로	평지부	80
		산지부	60
	보조간선도로	평지부	70
		산지부	50
	집산도로	평지부	60
		산지부	50
	국지도로	평지부	50
		산지부	40
도시부	도시고속도로		100
	주간선가로		80
	보조간선가로		60
	집산가로		50
	국지가로		40

* 단, 지형상황 등을 고려하여 20km/시까지 감한 값까지 적용할 수 있다.

때, 어느 일정구간을 통해서 관찰한 최대안전속도를 말한다. 따라서 설계속도는 도로의 형태, 지형 및 인접지역의 개발 정도에 영향을 받게 된다. 기술적으로 볼 때 중요한 것은 설계속도가 운전자들이 해당 도로를 주행하면서 스스로 예측하는 속도와 크게 다르지 않아야 한다는 것이다. 또한 해당 도로를 사용하는 운전자들의 평균통행길이가 반영되어져야 하며 통행길이가 길면 설계속도가 높게 설정되어야 한다. 일반적으로 설계속도는 약 30~120 km/시에 걸쳐 10 km/시 간격으로 결정된다.

8.2.3 설계차량(Design Vehicle)

설계차량은 도로상에서 볼 수 있는 모든 형태의 차량들을 대표할 수 있도록 몇 개의 대표 차량을 정한 것으로서 설계차량의 중량, 제원 및 성능 등은 해당 도로의 기하구조를 결정하는 데 기초가 된다. 해당 도로의 설계차량으로 선택된 차량형태는 그 도로를 비교적 빈번히 통과하는 차량 중 가장 대형차량을 택하게 된다.

[그림 8-2] 설계차량의 제원(단위: m)

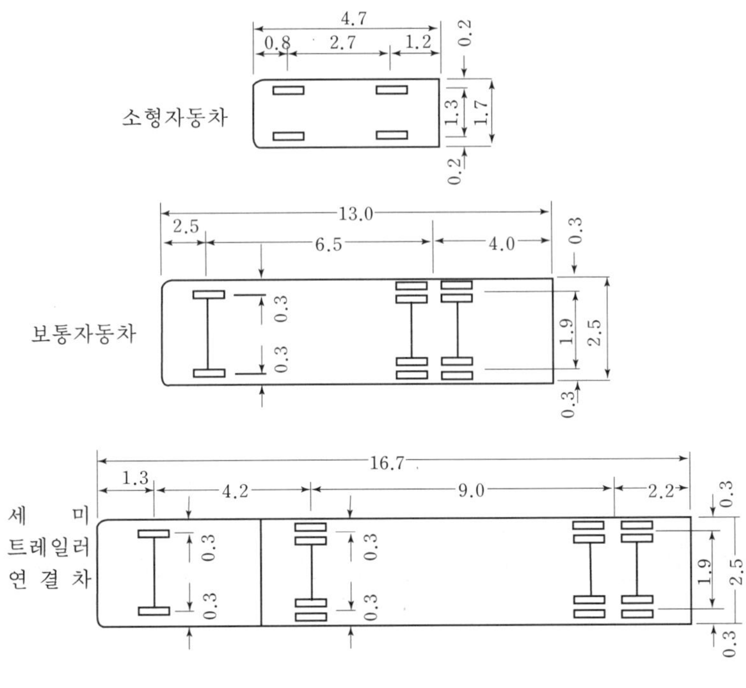

[표 8-2] 우리나라의 설계차량 제원표

제원(단위: m) 자동차종별	길 이	폭	높 이	축 거	앞내민 길 이	뒷내민 길 이	최소회 전반경
소형자동차	4.7	1.7	2	2.7	0.3	1.2	6
보통자동차	12	2.5	3.8	6.5	1.5	4	12
세미트레일러 연 결 차	16.7	2.5	3.8	전축거 4.2 후축거 9.0	1.3	2.2	12

1) 앞내민길이: 차량의 전면으로부터 앞바퀴 축의 중심까지의 거리를 말한다.
2) 뒷내민길이: 뒷바퀴 축의 중심으로부터 차량의 후면까지의 거리를 말한다.
3) 축거: 앞바퀴 축의 중심으로부터 뒷바퀴 축의 중심까지의 거리를 말한다.

[그림 8-3] 미국의 설계차량 기준(단위: 피트)

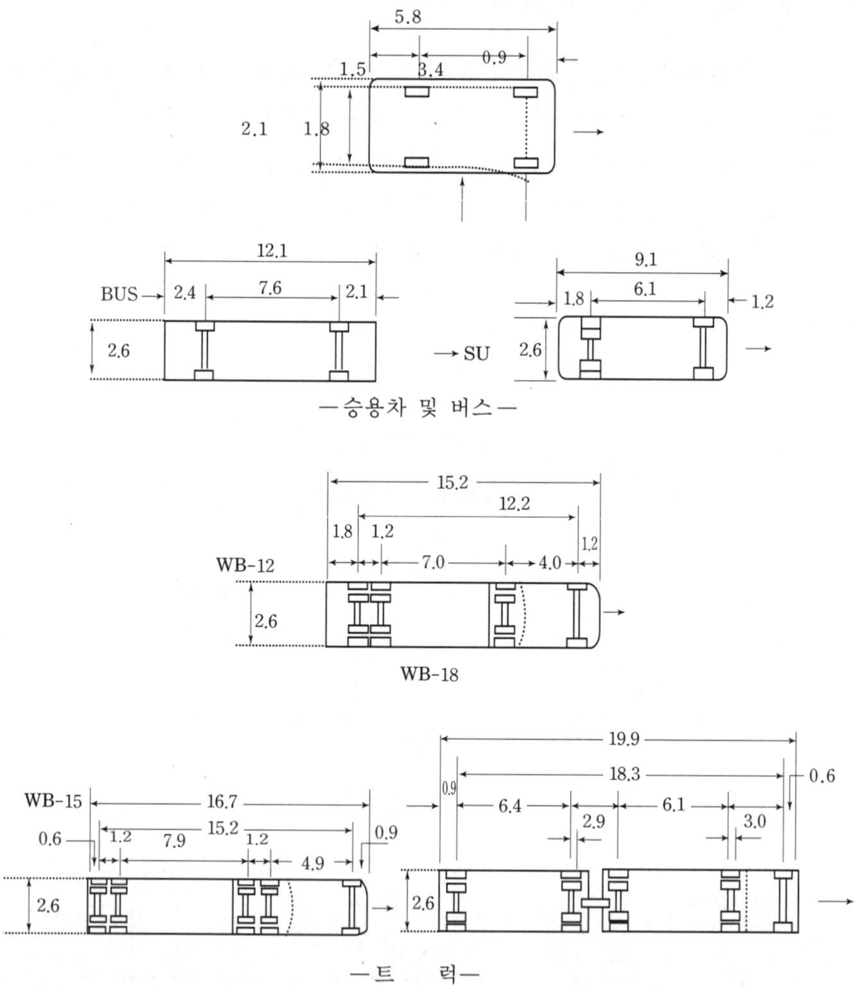

도로시설기준령에서 규정하고 있는 설계차량은 [표 8-2]와 같다. 이들을 그림으로 표시하면 [그림 8-2]와 같다.

한편 미국의 「A Policy on Geometric Design of Highways and Streets」에서 규정하고 있는 설계차량은 [그림 8-3]과 같다.

8.2.4 시거(Sight Distance)

시거란 운전자가 주행중에 전방을 볼 수 있는 거리이다. 주행중에 운전자는 최소정지시거를 확보해야 설계속도로 주행한다고 가정했을 때 갑자기 나타난 장애물과 충돌하지 않고 정지할 수 있게 된다. 물론 시거가 많이 확보되면 운전자는 좋겠지만 예산상의 제약 등으로 무한정 길게 할 수는 없으며, 도로의 설계시 평균적인 운전기술을 가진 운전자가 안전하게 정지할 수 있는 최소한의 길이를 설계요소로 하고 있다.

한편 2차로 도로에서는 편도 1차로의 흐름이므로 저속차량이 존재하는 경우 고속차량들은 중앙선을 넘어 반대편 차로를 주행한 후 원래 주행차로로 복귀함으로써 저속차량에 의한 차량지체시간을 감소시킬 수 있다. 이에 필요한 거리를 앞지르기시거라고 한다.

또한 일반도로상에서 운전자들은 교통안내표지를 통해 공식적인 교통정보를 전달받게 되는데, 이 경우 충분한 거리를 두고 교통안내표지를 설치해야 운전자들이 순응할 수 있다. 이를 위한 이격거리를 판단시거라고 한다.

마지막으로 무신호교차로 등에서 직진이나 좌회전 차량은 상충 이동류 속의 차량들간 차간간격(gap)이 어느 정도 확보되었을 때 교차로를 통과할 수 있다. 이에 필요한 거리를 교차로시거라고 한다.

이렇듯 시거는 여러 형태가 있으며 도로의 기하구조 설계과정에서 가장 중요한 고려요소가 된다.

본 절에서는 시거의 산출과정 및 적용에 대해 살펴본다.

1) 정지시거

정지시거는 전방의 동일차로상에 고장차 등의 장애물을 인지한 경우에 제동을 걸어서 정지하기 위해 필요한 길이이며, 그 길이 이상의 시거를 모든 종류의 도로상에서 확보하지 않으면 안 되는 설계요소이다.

정지시거의 최소값은 제3장에서 이미 설명한 차량의 제동거리에 운전자의 반응시간 동안 차량이 주행한 거리인 空走距離를 합해서 산출한다.

$$D=\frac{V}{3.6}t+\frac{V^2}{2g\cdot(f\pm G)\cdot(3.6)^2}=0.694V+\frac{V^2}{254(f\pm G)^2} \quad \cdots\cdots (8.1)$$

D: 정지시거(m)
V: 속도(km/h)
t : 반응시간(초)
g : 중력가속도(9.8m/sec^2)
f : 타이어와 노면의 종방향 마찰계수
G: 종단구배(%/100)

식(8.1)에서 최소정지시거의 산출에 필요한 입력변수의 값들은 다음과 같다.

속도=설계속도
반응시간=2.5초
종방향마찰계수=0.28~0.44의 범위이며 설계속도에 따라 변한다.

[표 8-3] 우리나라의 최소정지시거표

설계속도(km/h)	f	$0.694V$	$\frac{V^2}{254f}$	계산치(m)	기준치(m)
120	0.28	83.3	202.6	285.9	280
100	0.29	69.4	135.9	205.3	200
80	0.30	55.5	84.1	139.6	140
70	0.31	48.6	62.3	110.9	110
60	0.32	41.6	44.3	85.9	85
50	0.34	34.7	29.0	63.7	65
40	0.37	27.8	17.0	44.8	45
30	0.44	20.8	8.1	28.9	30
20	0.44	13.9	3.6	17.5	20

최종적으로 얻은 우리나라 최소정지시거의 값은 [표 8-3]과 같다.[1)]

2) 앞지르기시거(추월시거)

양방향 2차로 도로에서는 저속차량이 주행하는 경우 뒤따르는 자동차가 저속차량을 앞지르기하면서 고속주행을 하게 되나, 실제로 대향차의교통량이 많다든가 도로의 선형이 불량하든가 하게 되면 앞지르기가 불가능한 경우가 많다. 따라서 반대편에서 주행하는 차량이 없다면 양방향 2차로 도로를 주행하는 자동차에 앞지르기의 기회를 주기 위하여 충분한 시거가 확보되는 구간을 둘 것을 규정하고 있으므로 양방향 2차로 도로의 선형설계에 있어서 앞지르기시거를 고려하지 않으면 안 된다.

① 앞지르기시거의 계산

양방향 2차로 도로에서 앞지르기를 하기 위하여 충분한 앞지르기 시거가 확보되어야 하나, 보통은 경제적인 면을 고려하여 최소한도의 앞지르기시거를 취하고 있다. 이 경우 앞지르기하는 차량은 대향차로상에 있고 추월당하는 차의 후단위치로부터 대향하는 차량으로 인하여 앞지르기가 불가함을 인지하면 앞지르기를 멈추고 원래의 차로로 되돌아간다고 생각한다. 다음의 [그림 8-4]는 앞지르기시거의 산출을 위한 것이다.

다음은 앞지르기시거의 산출과정을 단계별로 설명한 것이다.

1) 앞지르기하려는 차량이 앞지르기가 가능하다고 판단하고 가속하

[그림 8-4] 앞지르기시거

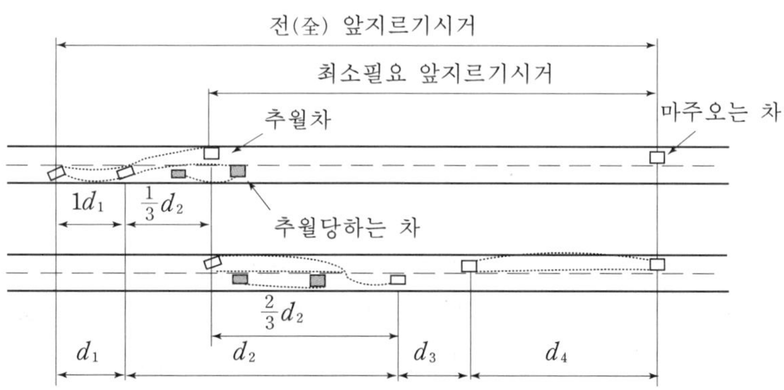

면서 반대방향 차로로 진입하기 직전까지의 주행하는 거리로서 d_1으로 표시한다.

$$d_1 = \frac{V_0}{3.6} \cdot t_1 + \frac{1}{2} \cdot a t_1^2$$

V_0: 앞지르기당하는 차량의 속도(km/h)
a: 평균가속도(m/sec²)
t_1: 가속시간(sec)

실측에 의하여 t_1을 2.9~4.5초 사이로 한다.

2) 앞지르기 개시부터 완료할 동안에 앞지르기하는 차량이 반대방향 차로를 주행하는 거리, d_2

$$d_2 = \frac{V}{3.6} \cdot t_2$$

V: 앞지르기하는 차량이 대향차로에 있을 때의 속도(km/h)
=설계속도
t_2: 앞지르기 시작에서 완료시까지의 시간(sec)
t_2는 주행속도에 따라 다른데 대개 9.3~10.4sec로 한다.

3) 앞지르기 완료한 경우에 있어서 앞지르기한 차량과 대향차량과의 차두간 여유거리는 d_3로서 30~100m를 적용하도록 한다.

4) 앞지르기를 완료할 때까지 대향차량의 주행거리, d_4

앞지르기하는 차량이 대향차로에 진입하여 앞지르기를 완료하기까지의 주행시간을 고려하면 안전하며 이 시간은 t_2의 $\frac{2}{3}$ 정도이다. 또한 대향차량의 속도는 설계속도로 가정하므로 앞지르기하는 차량의 속도와 동일하다.

$$d_4 = \frac{2}{3} d_2$$

따라서 앞지르기시거(passing sight distance)는 상기 d_1, d_2, d_3, d_4의 합계이며 최소필요 앞지르기시거는 $\frac{2}{3} d_2$, d_3 및 d_4를 합한 값으로 한다. [표 8-4]은 우리나라 도로의 시설기준령에서 제시하고 있는 최소

[표 8-4] 앞지르기시거

V (km/h)	V_0 (km/h)	d_1			d_2		d_3	d_4	D^*
		a	t_1	d_1	t_2	d_2			
100	85	0.66	4.5	106.7	11.4	316.7	80	211.1	502
80	65	0.65	4.2	81.6	10.4	231.1	60	154.1	368
60	45	0.63	3.7	50.6	9.5	158.3	40	105.5	251
50	37.5	0.62	3.4	39.0	9.0	125.0	30	83.3	197
40	30	0.61	3.1	28.8	8.5	94.4	25	62.9	151
30	20	0.60	2.9	18.6	8.0	66.7	20	44.5	109
20	10	0.60	2.7	9.7	7.6	42.2	15	28.1	71

* D: 최소필요 앞지르기시거

앞지르기시거이다.[1)]

일반적으로 앞지르기시거가 충분히 확보되어 있지 않으면 저속차량에 의한 교통류 전체의 지체도가 커진다. 그러나 도로를 설계하는 경우에 있어서 앞지르기시거는 매우 길기 때문에 도로의 모든 구간에서 이를 확보한다는 것은 매우 어려우며 또한 비경제적인 설계가 된다. 그러므로 지형, 도로의 설계속도, 공사비 등을 고려하여 앞지르기 구간의 길이와 빈도를 적절히 정하여 운전자가 극도로 불쾌하지 않으면서도 경제성을 갖도록 설계하여야 한다.

3) 판단시거

도로 전방에서 벌어지고 있는 상황이 매우 복잡하여 운전자에게 분명하게 정보를 전달하려면 판단시거(**decision sight distance**)를 확보해 주어야 한다. 판단시거는 운전자가 예측하지 못했던 장애물이나 교통정보를 인식하고 그 위험성을 판단하여 적절한 주행경로를 선정하여 안전하게 그 지역을 통과할 수 있게 하기 위해 필요한 거리이다.[2)]

판단시거는 운전자들이 매우 복잡한 상황을 보고 단순히 정지하는 동작이 아니고 적절한 주행동작을 선정하는 데 필요한 시간을 반영해야 하기 때문에 최소정지시거보다는 매우 길다.

우리나라의 도로시설기준령에서는 아직도 판단시거를 제시하고 있지 않으나 향후 이에 대한 적극적 고려가 필요하다. 다음 [표 8-5]는 미국의 판단시거기준이다.

[표 8-5] 미국의 판단시거 값

설 계 속 도 (km/h)	판 단 시 거(*m*)				
	A	B	C	D	E*
50	75	160	145	160	200
60	95	205	175	205	235
70	125	250	200	240	275
80	155	300	230	275	315
90	185	360	275	320	360
100	225	415	315	365	405
110	265	455	335	390	435
120	305	505	375	415	470

* A~E는 운전자가 봉착하게 되는 상황을 표시한다.
A: 지방지역 도로에서 정지함.
B: 도시지역 도로에서 정지함.
C: 지방지역 도로에서 속도/주행경로/방향 전환함.
D: 도시외곽 도로에서 속도/주행경로/방향 전환함.
E: 도시지역 도로에서 속도/주행경로/방향 전환함.

4) 교차로시거

교차로시거(intersection sight distance)는 차량 상호간 교차가능성에서 발생하는 상충을 감안하여 운전자에게 분명한 시야를 확보해 주기 위해서 정립된다. 평면교차로가 신호등이나 무신호로 운영될 때 교차로로 접근하는 차량의 운전자는 상충가능성이 있는 다른 차량 움직임을 방해 없이 볼 수 있어야 하며, 이 거리는 접근차량의 속도와 운전자의 반응시간 등에 영향을 받게 된다. 따라서 기본적으로 평면교차로에서의 시거란 일단정지 표지에 정지하고 있던 차량이, 다른 쪽에서 접근하는 차량을 보면서 안전하게 그 교차로를 통과하는 데 필요한 거리를 의미한다.

다음의 [그림 8-5]는 교차로의 최소정지시거 산출을 위한 개략도이다.[2] 그러나 사실상 평면교차로 시거산출을 위해서는 [그림 8-5]를 이용하여 여러 종류의 가정과 차량움직임에 대한 세밀한 해석이 필요하며, 그 경우의 수도 상당히 많은 편이다. 따라서 교차로시거 산출을 위해서는 각자 해당 참고문헌을 통해 살펴보는 것이 좋다.

[그림 8-5] 평면교차로에서의 시거 산출 개략도

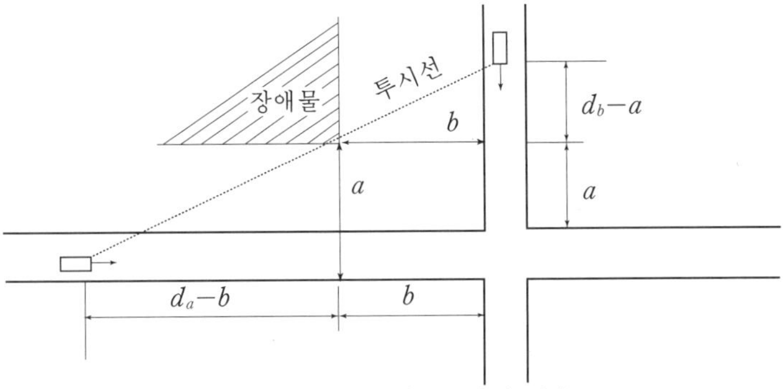

—무신호교차로 또는 양보표지인 경우—

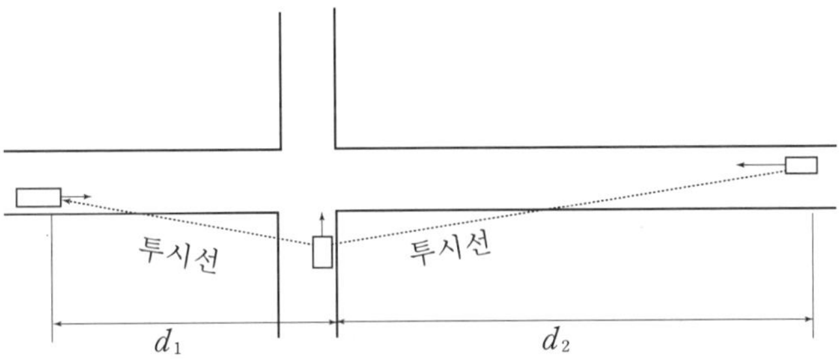

—일단정지 표지인 경우—

[예제 8-1] A Vehicle (#1) making a left turn into a 48 kmph design speed arterial requires a perception-reaction time of 2 seconds prior to commencing movement and then accelerates at 5.3kmph/second to 48 kmph. The vehicle (#2) coming from the right travels at a constant 48 kmph and is to get no closer to Vehicle #1 than 12 m. Each vehicle is 5 m long. For the conditions above and the dimensions shown on the sketch, how far in advance of the center of the right lane of the intersecting street must the approaching vehicle be seen?
Assume: level grade, J=2″, 도달속도=설계속도

풀이 위 경우를 그림으로 표시해 보자.

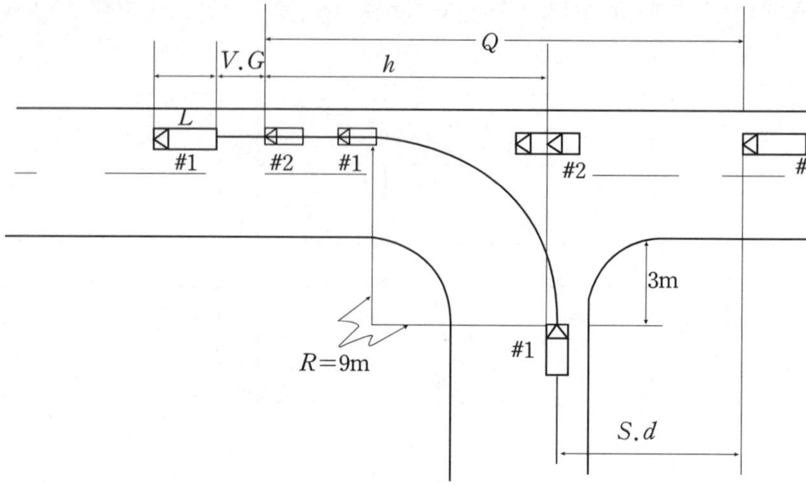

P: 차량 1이 주도로의 속도를 얻는 데까지 주행한 거리
Q: 차량 2가 차량 1이 주도로 속도를 얻기까지 주도로에서 주행한 거리
$V.G$: 차량 1, 2간 최단차간간격(12m)
L: 설계차량길이(5m)

$Q=h+S.d$이므로 $S.d=Q-h$이다.
Q를 구하려면 먼저 P를 알아야 한다.

step 1) $P=\dfrac{V^2}{2a}=\dfrac{48^2\left(\dfrac{1}{3.6}\right)^2\left(\dfrac{\text{m}}{\text{sec}}\right)^2}{2(5.3)\left(\dfrac{1}{3.6}\right)\left(\dfrac{\text{m}}{\text{sec}}\right)}(\text{sec})=60.4\text{m}$

차량 1이 P를 주행하는 데 걸리는 시간 $t_a=\sqrt{\dfrac{(60.4\text{m})(2)(\text{sec})}{(5.3)\left(\dfrac{1}{3.6}\right)\left(\dfrac{\text{m}}{\text{sec}}\right)}}=9.1''$

step 2) $Q=\dfrac{1}{3.6}V(2+9.1)=\dfrac{1}{3.6}(48)(11.1)=148\text{m}$

step 3) $h=P-(5+12)-\dfrac{\pi(9)}{2}+9=38.3\text{m}$

step 4) $S.d=Q-h=148-38.3=109.7\text{m}$

5) 시거의 적용

위에서 제시한 정지시거와 추월시거는 차량의 안전 주행에 있어 매우 중요한 사항이므로 도로의 설계과정에서 충분히 반영되어야 한다.

안정성을 점검하기 위해서 시거는 도로의 종단선형은 물론 평면선형에서도 세밀히 분석되어야 한다. 종단선형에서는 종단곡선이, 평면선형에서는 포장단으로부터 장애물까지의 거리가 문제가 된다. 도로구조령에서는 운전자의 눈높이와 장애물높이를 1.0m와 15cm로 규정하고 있으며 추월시거에 대해서는 별도의 기준을 제시하지 않고 있다.

6) 종단선형에서의 시거 검토

종단선형에서의 시거는 이미 언급한 대로 종단곡선 때문에 고려하게 되며 [그림 8-31]부터 [그림 8-34]까지 종단곡선에 의해 운전자의 시거가 제한을 받게 되는 여러 가지 경우를 나타내고 있다. [그림 8-6]은 종단곡선에서의 시거를 산정하는 방법을 도시하고 있다.

[그림 8-6] 종단곡선에서의 시거 검토 예[2)]

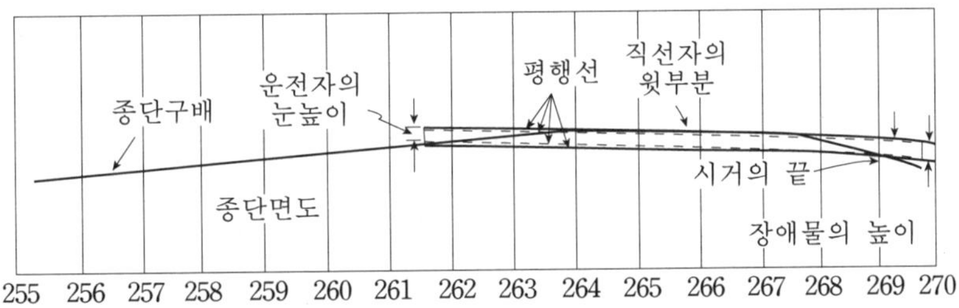

7) 평면선형에서의 시거 검토

평면선형에서 운전자가 전방을 볼 수 있는 거리는 장애물의 위치, 절토부의 위치 및 기타 시야를 방해하는 물체에 의해 결정된다. 평면선형에서의 시거를 점검하기 위해 일반적으로 고려하는 것은 [그림 8-7]과 같이 시거가 곡선의 길이보다 짧은 경우에 대한 것이 대부분이었으나 보다 세밀한 시거의 점검을 위해서 다음과 같은 방법이 제안되었다. 즉, 실무자의 입장에서는 한 도로구간의 시거는 종단선형뿐 아니라 평면선형에서도 함께 고려되어 입체적인 관점에서 검토해야 하므로 평면곡선 부근에서의 운전자 위치에 따라 다음 세 가지 경우를 생각한다.

① Tangent-To-Curve

운전자는 곡선 전방의 직선부에 위치하고 투시선의 끝은 곡선부상

[그림 8-7] 평면곡선에서의 시거 검토[2)]

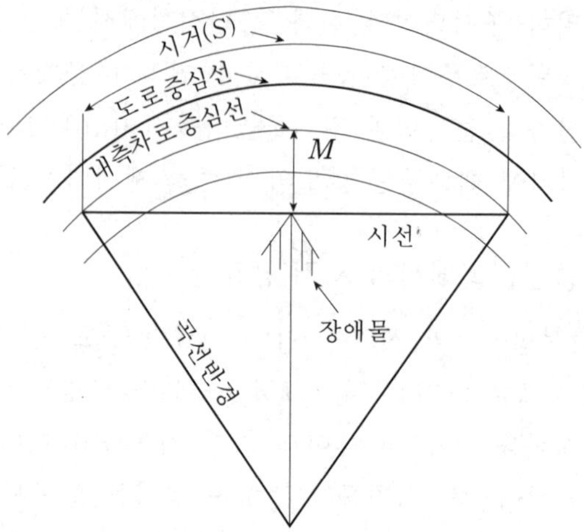

에 존재한다. [그림 8-8]은 이러한 상황을 나타내고 있다. 이때 최소시거를 확보하기 위해서 중앙종거 m 이내에는 장애물이 없어야 하므로 일련의 계산과정을 통해 m을 구해야 한다.

먼저 [그림 8-8]에서 다음의 식을 얻는다.

[그림 8-8] Tangent-to-Curve의 경우

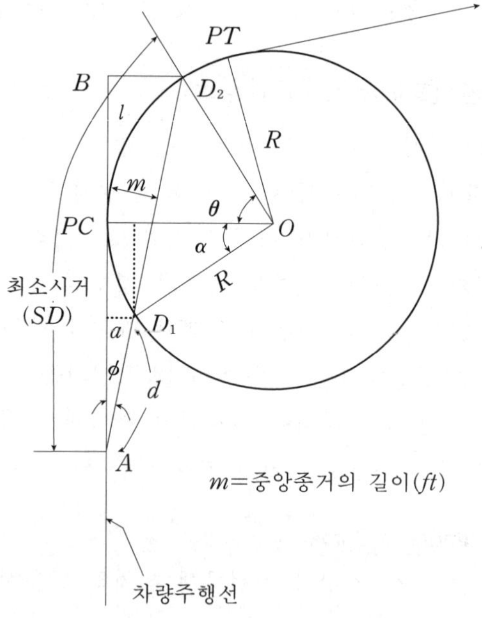

$$X\text{축}:\ R-R\cos\alpha-d\sin\phi=0 \qquad \cdots\cdots (8.2)$$

$$Y\text{축}:\ \overline{A\cdot PC}-R\sin\alpha-d\cos\phi=0 \qquad \cdots\cdots (8.3)$$

식(8.2), (8.3)에서

$$R^2\sin^2\alpha=(d\cos\phi-\overline{A\cdot PC})^2 \qquad \cdots\cdots (8.4)$$

$$R^2\cos^2\alpha=(d\sin\phi-R)^2 \qquad \cdots\cdots (8.5)$$

따라서

$$\begin{aligned}
&R^2(\sin^2\alpha+\cos^2\alpha)=(d\cos\phi-\overline{A\cdot PC})^2+(d\sin\phi-R)^2\\
&\therefore\ R^2=(d^2\cos^2\phi-2d\cos\phi\cdot\overline{A\cdot PC}+\overline{A\cdot PC}^2)\\
&\qquad\quad +(d^2\sin^2\phi-2R\cdot d\cdot\sin\phi+R^2)\\
&\qquad =d^2(\cos^2\phi+\sin^2\phi)+(\overline{A\cdot PC}^2+R^2)\\
&\qquad\quad -(2\overline{A\cdot PC}\cdot d\cdot\cos\phi+2R\cdot d\cdot\sin\phi)\\
&\qquad =d^2+\overline{A\cdot PC}^2+R^2-(2\overline{A\cdot PC}\cdot d\cdot\cos\phi+2R\cdot d\cdot\sin\phi)
\end{aligned} \qquad \cdots\cdots (8.6)$$

따라서

$$2\overline{A\cdot PC}\cdot d\cdot\cos\phi+2R\cdot d\cdot\sin\phi=d^2+\overline{A\cdot PC}^2$$

$$\therefore\ d^2-(2\overline{A\cdot PC}\cdot\cos\phi+2R\sin\phi)d+\overline{A\cdot PC}^2=0 \qquad \cdots\cdots (8.7)$$

식(8.7)의 해는

$$d=\frac{(2\overline{A\cdot PC}\cdot\cos\phi+2\mathrm{R}\sin\phi)+\sqrt{Z}}{2} \qquad \cdots\cdots (8.8)$$

여기서,

$Z=(2\overline{A\cdot PC}\cdot\cos\phi+2R\sin\phi)^2-4\overline{A\cdot PC}^2$

식(8.8)의 해는 [그림 8-8]의 $\overline{AD_1}$을 표시한다. 일단 $\overline{AD_1}$을 결정하고 나면 곡선에서 투시선까지의 거리를 산정해야 하는데 이는 다음 식에 따라 결정된다.

$$\theta=\frac{SD-\overline{A\cdot PC}}{R}\ \text{(radians)} \qquad \cdots\cdots (8.9)$$

여기서,

SD=시거

따라서

$$R\cos\alpha = R - \overline{AD_1}\cdot\sin\phi$$

$$\therefore\quad \cos\alpha = 1 - \left(\frac{\overline{AD_1}}{R}\right)\sin\phi \qquad \cdots\cdots (8.10)$$

$$\therefore\quad \alpha = \cos^{-1}\left\{1 - \left(\frac{\overline{AD_1}}{R}\right)\sin\phi\right\} \qquad \cdots\cdots (8.11)$$

$\delta = \alpha + \theta$ 이므로

$$m = R\left(1 - \cos\frac{\delta}{2}\right) \qquad \cdots\cdots (8.12)$$

② Curve-to-Curve

이는 [그림 8-7]에서 설명한 바와 같으며 운전자의 시거가 평면곡선 내에 있는 경우이며 8.4.1절 '1) 단곡선'에서 자세히 설명되어진다.

③ Tangent-To-Tangent

이는 차량이 곡선 전방의 직선부에 투시선의 종점이 곡선 후방의 직선부에 위치하는 경우로서 [그림 8-9]와 같은 형태가 된다. 이 경우에 가장 어려운 문제는 지점 X와 Y를 결정하는 것인데 다음과 같은 복잡한 과정을 거쳐 얻을 수 있다.

1) 곡선의 중심각 θ를 구한다.

$$\theta = \frac{l}{R}\ \ \text{(radians)}$$

$$\begin{cases} x = R\sin\theta \\ y = R(1-\cos\theta) \end{cases} \qquad \cdots\cdots (8.13)$$

2) 직선거리 $\overline{PT\cdot B}$를 구한다.

$$\begin{cases} a = \overline{PT\cdot B}\cdot\sin\theta \\ b = \overline{PT\cdot B}\cdot\cos\theta \end{cases} \qquad \cdots\cdots (8.14)$$

3) 각 ϕ를 구한다.

[그림 8-9] Tangent-To-Tangent의 경우[5)]

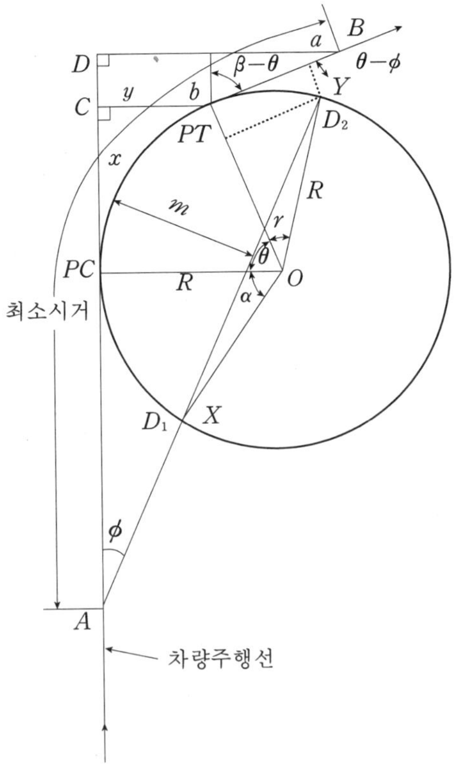

$$\tan\phi = \frac{DB}{AD}$$

$$\therefore \quad \phi = \tan^{-1}\left(\frac{DB}{\overline{A \cdot PC} + \overline{D \cdot PC}}\right) \qquad \cdots\cdots (8.15)$$

4) 각 α를 구한다.

$$\mathrm{R} \cdot \cos\alpha = R - \overline{AD_1}\sin\phi$$

$$\therefore \quad \alpha = \cos^{-1}\left(1 - \frac{\overline{AD_1}}{R}\sin\phi\right) \qquad \cdots\cdots (8.16)$$

5) 각 γ를 구한다. 이는 운전자가 지점 B에 있고 투시선의 종점이 A에 있다고 생각한 후 1)~4) 단계를 그대로 수행하면 된다.

$$\eta = (90 - \phi) - (90 - \theta) = \theta - \phi \qquad \cdots\cdots (8.17)$$

$$\therefore \quad \overline{BD_1}=\frac{(2\overline{B\cdot PT}\cos\eta+2R\sin\eta+\sqrt{Z})}{2}$$

$$\overline{BD_2}=\frac{(2\overline{B\cdot PT}\cos\eta+2R\sin\eta)-\sqrt{Z}}{2}$$

여기서,

$Z=(2\overline{B\cdot PT}\cos\eta+2R\sin\eta)^2-4\overline{B\cdot PT}^2$

$$\therefore \quad \overline{BD_2}\sin\eta=R(1-\cos\gamma)$$

$$\therefore \quad \gamma=\cos^{-1}\left(1-\frac{\overline{BD_2}\sin\eta}{R}\right) \qquad \cdots\cdots (8.18)$$

6) 곡선에서부터 투시선까지의 거리를 구한다.

$$\delta=\theta+a+\gamma$$

$$\therefore \quad m=R\left(1-\cos\frac{\delta}{2}\right) \qquad \cdots\cdots (8.19)$$

[예제 8-2] 길이가 2000ft인 종단곡선이 $G_1=+5\%$와 $G_2=-2\%$인 종단구배지를 연결시키고 있을 때 운전자의 눈높이를 1.2m로 하고 장애물의 높이를 1.3m로 하여 시거를 계산하라.

풀이 $A=|G_2-G_1|=|-2-5|=7\%$

S<L인 경우 8.5.4절의 식(8.53)에 의해

$$2,000=\frac{(7)S^2}{100\left(\sqrt{2\left(\frac{1.2}{0.3048}\right)}+\sqrt{2\left(\frac{1.3}{0.3048}\right)}\right)^2} \qquad \therefore \quad S=968(\text{ft})\cong 295\text{m}$$

968<2,000이므로 시거는 968ft(295m)이다.

S≥L인 경우 8.5.4절의 식(8.59)에 의해

$$2,000=2S-\frac{200\left(\sqrt{\left(\frac{1.2}{0.3048}\right)}+\sqrt{\left(\frac{1.3}{0.3048}\right)}\right)^2}{7} \qquad \therefore \quad S=1,234\,\text{ft}$$

1,234<2,000이므로 S≥L인 조건에 맞지 않는다. 따라서 이 종단곡선의 시거는 968ft(295m)이다.

[예제 8-3] 한 평면곡선의 내측 차로 중심으로부터 6m지점에 장애물이 놓여져 있다. 이 곡선의 반경이 100m이고 차로폭이 3.6m일 때 평면시거를 구하라.

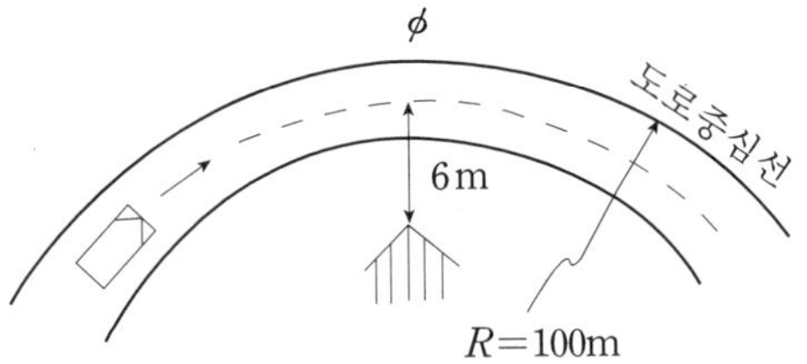

풀이 $m=R\left(1-\cos\frac{\theta}{2}\right)=\left(100-\frac{3.6}{2}\right)\left(1-\cos\frac{\theta}{2}\right)=6$

$\therefore \quad 1-\cos\frac{\theta}{2}=0.061 \qquad \therefore \quad \frac{\theta}{2}=\cos^{-1}(0.939)$

따라서

$\theta=40.23° \rightarrow \frac{\pi(40.23)}{180}=0.702(\text{radian})$

시거는 곡선길이 방향이므로 $l=R\theta$에 의해

$l=(100-1.8)(0.702)=(98.2)(0.702)=68.9m$

[예제 8-4] 양방향 2차로 도로의 평탄지 곡선부에서 곡선반경이 200m이고 포장단으로부터 곡선 안쪽으로 4.5m 지점에 운전자의 시야를 방해하는 장애물이 놓여 있다. 차로의 폭이 3.5m라면 이 곡선부에서 운전자가 안전하게 주행할 수 있는 속도를 구하라. 단, 마찰계수는 0.6이고 인지-반응시간은 2.5초이다.

풀이 $m=R(1-\cos\frac{\theta}{2})=(200-1.8)(1-\cos\frac{\theta}{2})=4.5+1.8$ 이므로

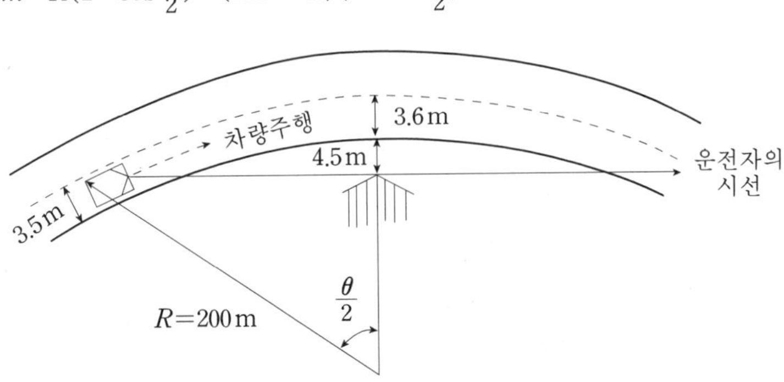

$$\cos\frac{\theta}{2}=1-\frac{6.3}{198.2}=0.9682$$

$$\therefore\quad \frac{\theta}{2}=\cos^{-1}(0.9682)=14.49°$$

$$\therefore\quad \theta=29.98°\rightarrow\frac{\pi(28.98)}{180}=0.506(\text{radian})$$

따라서 이 곡선부에서의 시거 SD는 다음과 같다.

SD는 $R\theta=(198.2)(0.506)=100.29\text{m}$

이 거리에서 차량이 안전하게 정지할 수 있는 속도 V는

$$SD=\left(\frac{V}{3.6}\right)\cdot(t_{P/R})+\left(\frac{V^2}{254(f\pm G)}\right)$$

$$100.29=\left(\frac{V}{3.6}\right)(2.5)+\left(\frac{V^2}{254(0.6\pm 0)}\right)$$

따라서

$$V^2+105.83V-15,234.196=0$$

이 식을 풀면

$$V=81.38\simeq 81(\text{km/h})$$

8.3 도로횡단면의 설계

도로의 횡단면이란 차량의 진행방향에 직각이 되도록 절단했을 때 나타나는 절단면으로서 기하구조에서 고려해야 할 사항은 차로, 길어깨 및 중앙분리대가 포함된다. 이 외에도 방호책, 연석, 배수거, 보도 및 측면 구배지 등의 부속 시설물도 포함시킬 수 있으나 이들은 도로의 기하구조라고 보기는 어렵다. [그림 8-10]은 4차로 도로의 횡단면으로서 보도의 유무에 따라 구분한 것이다. 이들 구성요소들의 폭의 축소 혹은 생략 등이 도로의 기능상 구분, 설계속도 및 주변지역의 개발 정도에 따라 결정된다.

도로횡단면의 구성시 다음 사항을 고려한다.

- 포함된 구성요소
- 구성요소들의 폭

[그림 8-10] 도로횡단면의 구성요소[1)]

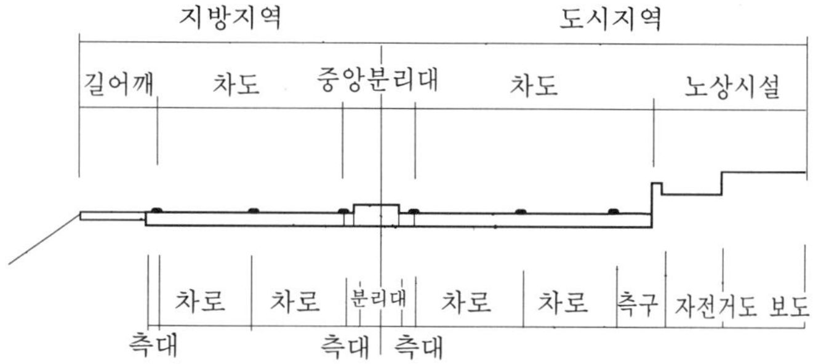

(A) 식수대가 없는 경우

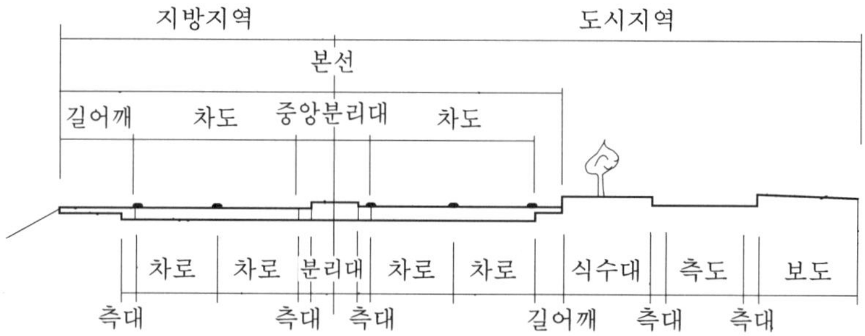

(B) 식수대가 있는 경우

- 자전거도로 및 보도의 분리 여부
- 출입제한 및 접근관리계획
- 환경보호시설의 설치 여부

횡단 구성요소는 다음과 같다.

- 차　　도
- 차　　로
- 중앙분리대
- 길 어 깨
- 정 차 대
- 자전거도
- 자전거 보행자도
- 보　　도
- 식 수 대
- 측　　도

- 측 대
- 측 구

8.3.1 차도 및 차로

차로의 폭은 반대편방향 차량과의 엇갈림, 추월 또는 평행주행 등에 대하여 충분한 여유를 갖는 것이어야 한다. 도로시설기준령에서 제시하고 있는 차로의 최소폭은 설계속도에 따라 결정된 것으로서 [표 8-6]에 나타나 있다.

한편 미국의 「A Policy on Geometric Design of highways and Streets」에서 제시하고 있는 차로의 폭은 12피트(3.6m)가 이상적인 것으로 보고 있다. 차로의 폭은 도로의 용량이나 교통사고발생률 등에 지대한 영향을 미치는 것으로 분석되고 있으므로 적정한 차로폭을 결정하는 것은 도로설계에 있어 매우 중요한 사항이다.

[표 8-6] 우리나라 차로폭의 최소치

설계속도(단위: km/시)	최소차로폭*(단위: m)
80 이상	3.5
60~80	3.25
60 미만	3.0

* 회전차로(좌회전, 우회전, U회전)는 부득이한 경우 차로폭을 2.75m로 할 수 있다.

8.3.2 길 어 깨

길어깨란 도로의 주요구조부를 보호하거나 차도의 효용을 유지하기 위하여 차도, 보도, 자전거도에 접속하여 설치하는 띠 모양의 도로부분을 말한다. 길어깨의 필요성은 다음과 같이 설명된다.

1) 차도, 보도, 자전거도 또는 자전거 보행자도에 접속하여 도로의 주요구조부를 보호한다.
2) 고장차가 본선차도로부터 대피할 수가 있어 사고와 교통의 혼란을 방지하는 역할을 한다.

3) 측방여유폭으로서 교통의 안전성과 쾌적성에 기여한다.

4) 노상시설을 설치하는 공간이 된다.

5) 유지작업이나 어떤 경우에는 지하매설물에 대한 공간이 된다.

6) 특히 절토부 등에서는 곡선부의 視距가 증대되기 때문에 교통의 안전성이 높다.

7) 길어깨에서 集水를 하면 포장단에서 集水하는 것보다 차도 포장 내부로 雨水의 침수가 적으므로 배수 면에서도 좋다.

8) 유지가 잘 되어 있는 길어깨는 도로의 미관을 높인다.

9) 보도 등이 없는 도로에서는 보행자 등의 통행부분으로도 된다.

길어깨는 고장난 차들이 일시 정차할 수 있으나 정차하고 있는 차량이 주행차량의 진로에 영향을 주지 않도록 해야 한다. 도로시설기준령에서 제시하고 있는 차도 우측 길어깨의 폭은 [표 8-7]과 같다. 단, 오르막로나 고가도로 등 부득이한 경우에는 하단의 값을 사용할 수 있다.

한편 중앙분리대가 설치되어 있는 경우에는 중앙분리대에 접하는 쪽에는 길어깨를 설치하지 않지만 중앙분리대를 설치하지 않고 양방향

[표 8-7] 차도 우측 길어깨의 최소폭

설계속도 (단위: km/시)	구 분	차도 우측에 설치하는 최소 길어깨폭*(단위: m)
80 이상	고 속 도 로 도 시 고 속 도 로 일 반 도 로	3.0 2.0 2.0
80~60	일 반 도 로	1.75
60~50	일 반 도 로	1.25
50 미만	일 반 도 로	1.0

* 지형상 부득이한 경우에는 0.75m, 교량, 터널, 고가도로, 지하차도는 0.5m로 축소할 수 있다.

[표 8-8] 좌측 길어깨의 최소폭

설계속도 (단위: km/시)	구 분	차도 우측에 설치하는 최소 길어깨폭*(단위: m)
80 이상	자 동 차 전 용 도 로 일 반 도 로	1.0 0.75
80 미만		0.5

[그림 8-11] 길어깨의 구성형태

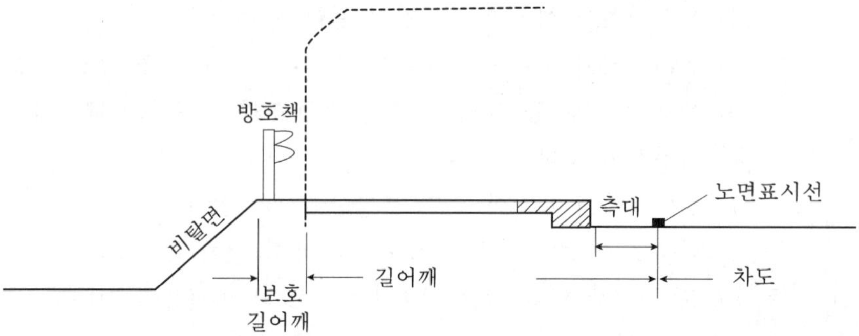

분리된 도로에 대해서는 각 방향의 도로에 좌측 길어깨를 설치하지 않으면 안 된다. 좌측 길어깨에서는 차량들이 정류하는 경우가 거의 없기 때문에 우측 길어깨폭에 비해 적은 값을 취한다. 도로시설기준령에서 제시하고 있는 좌측 길어깨폭은 [표 8-8]과 같다.

[그림 8-11]은 길어깨의 구성형태이다.

8.3.3 중앙분리대

중앙분리대는 양방향으로 분리된 도로에서 방향별로 분리하는 데 사용되는 도로의 띠 모양 부분을 말하며 중앙분리대의 폭은 양방향 도로 안쪽 차로의 끝부분 사이이다. 중앙분리대의 설치목적은 다음과 같다.

1) 차로에서 이탈한 차량들에 대한 복귀기회를 제공한다.
2) 양방향 교통류를 분리한다.
3) 긴급한 경우 차량에 대한 정차기회를 제공한다.
4) 좌회전이나 U-turn 차량이 대기할 수 있는 공간을 확보한다.
5) 횡단보행자에게 공간을 확보해 준다.
6) 반대편 차량으로부터의 현광을 방지한다.
7) 도로의 유지 보수 작업에 원활한 운영을 확보한다.

일반적으로 중앙분리대는 분리대와 측대로 구분한다. 분리대란 線石 등의 공작물로 턱을 지게 한 부분을 말하며 측대는 분리대와 안쪽 차로간의 부분을 말한다. 중앙분리대의 폭은 측방여유폭, 방호책, 식수, 교각 등의 시설을 고려하여 적정한 수치를 택하여야 한다.

[그림 8-12] 중앙분리대의 구성형태

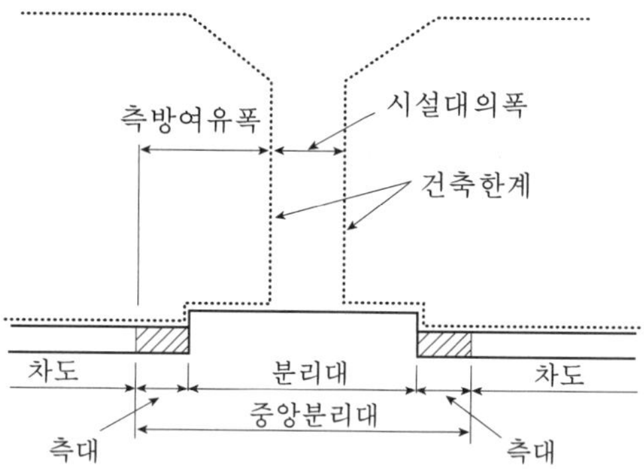

다음의 [그림 8-12]는 중앙분리대의 구성형태이다.

중앙분리대는 폭이 넓을수록 그 기능이 높아진다. 그러나 우리나라처럼 국토가 좁은 나라에서 중앙분리대폭을 넓게 하는 데는 한계가 있다. 따라서 보통은 폭을 적게 하고 대신 차도면보다 높게 분리대시설을 갖추게 된다. 또한 자동차 전용도로에서는 중앙분리대 높이를 차도·면과 같이 유지하되 대신 분리대용 방호시설을 설치하고 측대를 여유 있게 두는 방식도 많이 사용되고 있다. 중앙분리대의 표준폭은 고속도로 3.0m, 도시 고속도로 2.0m, 일반도로 1.5m로 하고 있다. 도로시설기준령에서 중앙분리대 폭은 [표 8-9]와 같다.

[표 8-9] 중앙분리대의 폭

구분	중앙분리대의 최소 폭(단위: m)
고속도로	3.0
도시고속도로	2.0
일반도로	1.5

[그림 8-13] 연석의 형태

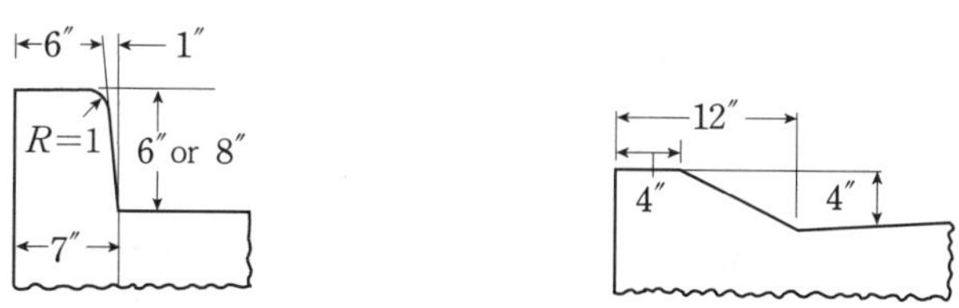

(A) Barrier 형식 (B) Mountable 형식

한편 위에서 설명한 중앙분리대를 높여 설치하는 경우 차도면과의 높이 차이를 확보하기 위해 연석(緣石: Curb)을 사용한다.

緣石에는 mountable과 barrier의 두 형식이 있는데 대개 전자는 넓은 중앙분리대에 사용하여 후자는 좁은 중앙분리대에 사용한다. [그림 8-13]은 mountable 연석과 barrier type 연석의 형태이다.

8.3.4 측 대

측대란 길어깨의 한 부분으로서 차도 외측선과 연접하도록 설치하여 다음과 같은 역할을 감당한다.

1) 차도의 외측을 일정폭으로 명료하게 하여 운전자의 시선을 유도함으로써 안전성을 증대시킨다.
2) 주행상 필요한 측방 여유폭의 일부를 확보함으로써 차도의 효용을 유지한다.
3) 차도를 이탈한 자동차 특히 속도가 높은 자동차의 안전성을 향상시킨다.

[그림 8-11]에서 길어깨와 측대의 관계를 알 수 있다. 한편 중앙분리대에 분리대를 공작물로 설치하는 경우도 측대를 설치할 수 있으며 [그림 8-12]를 통해 그 형태를 알 수 있다. 측대의 폭은 50cm 이상으로 한다.

[그림 8-14] 보도의 설치형태

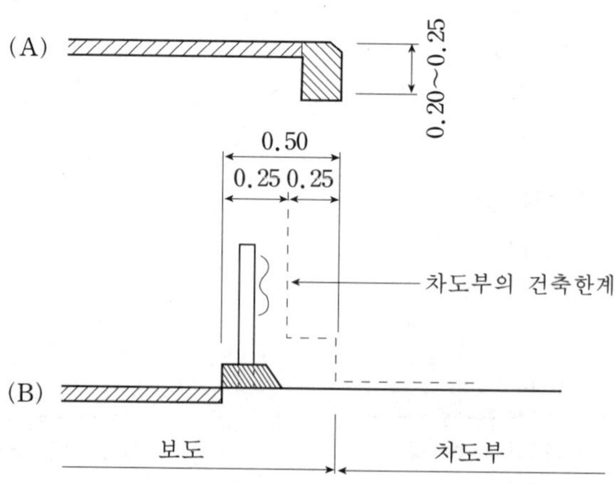

8.3.5 보　　도

보행량이 많아 보행자 안전을 도모할 때 보도를 독립적으로 설치한다. 일단 보도를 설치할 경우 보도는 연석, 방호책 등으로 차도와 분리시킨다. 방호책으로 분리할 때는 시설물 설치에 필요한 폭인 0.5m만큼의 보도폭이 확보되어야 한다. 또한 보도폭이 좁고 차도의 양측에 여유가 없을 경우 보도의 높이를 차도보다 약 20cm 정도 연석을 통해 높게 함으로써 안전성을 제고해야 한다. [그림 8-14]는 보도의 설치형태를 도시한다.

[그림 8-15] 측도의 설치 예

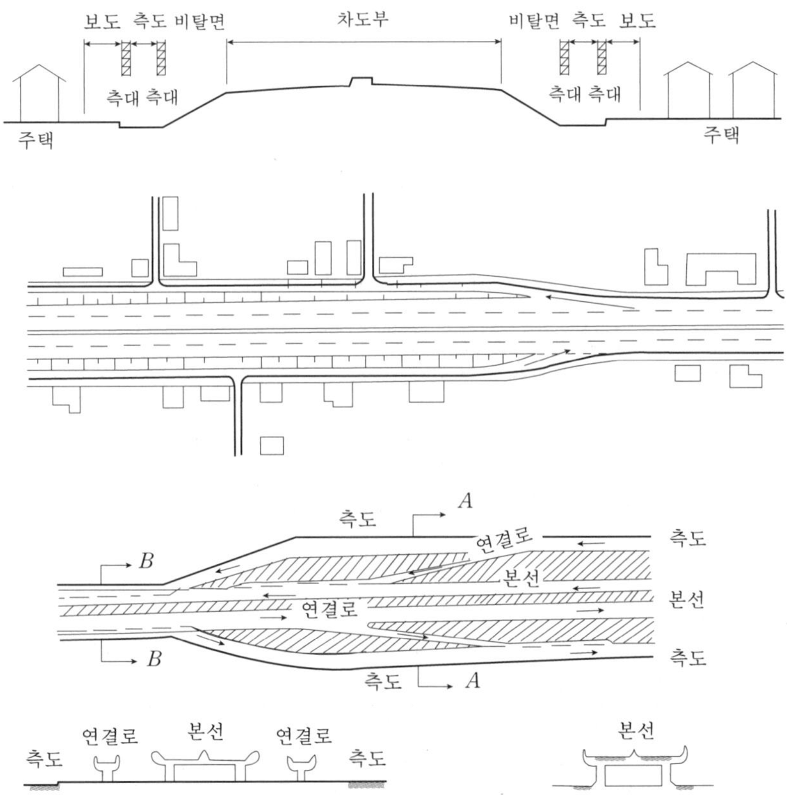

8.3.6 측도(Frontage road)

측도는 차로수가 4차로 이상인 지방지역도로 또는 도시지역도로에서의 연도의 출입이 방해되는 경우에 필요에 따라 설치된다. 측도는 일반적으로 선형, 구배 등이 제한된 높은 규격의 도로에 필요로 하는 경우가 많으므로 계획교통량이 비교적 많은 4차로 이상의 자동차 전용도로 또는 간선도로에 필요에 따라 설치한다. 또한 자동차 전용도로의 경우에는 유출입이 특정 지역에 제한되므로 도로연변의 토지이용을 높이기 위해서 측도를 설치하는 한편 일방통행으로 운영하여 자동차의 고속주행과 함께 토지이용도를 높이는 효과를 추진하는 것이 바람직하다. 특히 자동차 전용도로가 도시지역을 통과할 경우에는 교통의 분산이나 합류를 위해 측도가 대단히 유용하다.

8.3.7 표준횡단면의 구성

지금까지 제시한 횡단구성의 폭은 설계를 위한 최소폭에 불과하다.

도로의 폭, 횡단면 구성요소의 조합 및 횡단구성요소의 폭등이 도로기술자, 도로관리자에 의해서 다종 다양하게 구성되는 경향이 있으므

[표 8-10] 도로 횡단구성면의 표준

도로구분		해당 도로	설계속도 (km/h)	차로폭 (m)	중앙분리대 (m)	길어깨(m)		측대 (m)	보도 (m)
						우측	좌측		
지방지역	고속도로	고속국도 자동차전용도로	100~120	3.5	3.0	3.0	1.0	0.5	
	주간선도로	국도	60~80	3.25~3.5	1.5	1.75	0.75	0.25	1.5
	보조간선도로	국도, 지방도	50~70	3.0~3.25		1.25 1.75	0.5	0.25	1.5
	집산도로	지방도, 군도	50~60	3.0		1.25	0.5	0.25	1.5
	국지도로	군도	40~50	3.0		1.0	0.5	0.25	1.5
도시지역	도시고속도로		80~100	3.5	2.0	2.0	1.0	0.5	
	주간선도로		80	3.25~3.5	1.5			0.25	3.0
	보조간선도로		60	3.0~3.25				0.25	3.0
	집산도로		50	3.0				0.25	2.25
	국지도로		40	3.0				0.25	1.5

로 도로관리의 합리화, 양호한 도시경관의 확보라는 관점으로 도로폭의 표준화가 필요하다. 즉 도로기능에 따라 표준적인 횡단구성 및 폭을 표시하여 가능한 도로구분에 따라 그 기준을 준용하는 것이 여러 가지 측면에서 합리적이라고 본다. 다음은 도로시설기준령에서 제시하는 표준폭이다.

8.3.8 도로의 건축한계

건축한계라 함은 도로 위에서 차량이나 보행자의 교통안전을 보호하기 위하여 어느 일정한 폭, 일정한 높이범위 내에서는 장애가 될만한 시설물을 설치하지 못하게 하는 공간확보의 한계이다. 따라서 건축한계에서는 교각이나 교대는 물론 조명시설, 방호울타리, 신호기, 도로표지,

[표 8-11] 차도 및 보도 등의 건축한계(제13조관련)

1. 차도의 건축한계

접속하여 길어깨가 되어 있는 차도		접속하여 길어깨가 설치되어 있지 아니한 도로의 차도	차도 중에 분리대 또는 교통섬과 관계가 있는 부분
터널 및 길이 100미터 이상인 교량을 제외한 부분	터널 및 길이 100미터 이상인 교량		
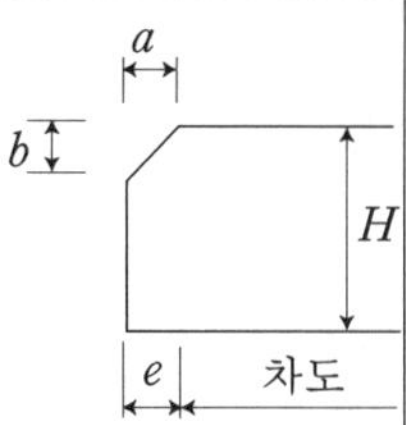	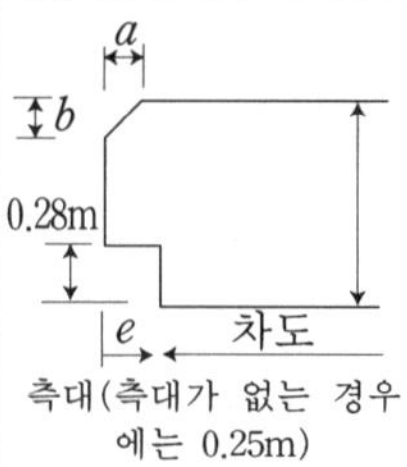	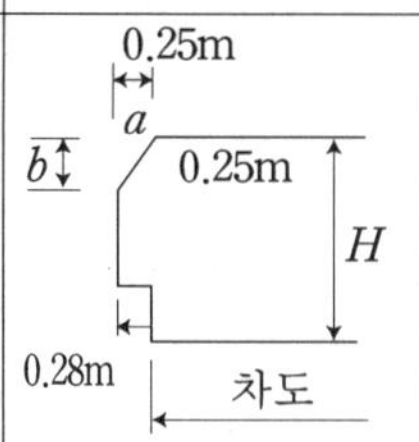	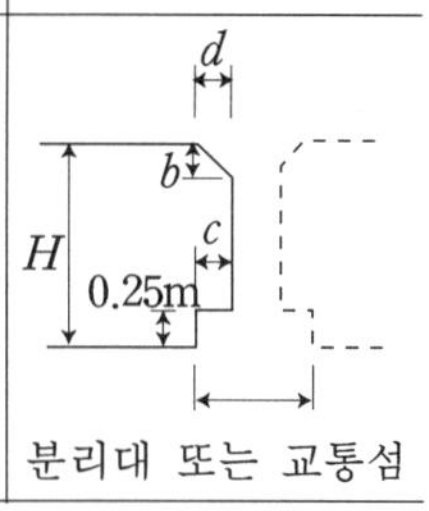

(비고) H(통과높이): 4.5미터. 다만, 집산도로 또는 국지도로에 있어서는 지형상황등으로 인하여 부득이하다고 인정하는 경우에는 4.2미터(대형자동차의 교통량이 현저히 적고, 당해 도로 인근에 대형자동차가 우회할 수 있는 도로가 있는 경우에는 3미터)로 할 수 있다.

a 및 e: 차도에 접속하는 길어깨의 폭. 다만, a가 1미터를 초과하는 경우에는 1미터로 한다.

b: H(4.0미터 미만인 경우에는 4.0미터)에서 4.0미터를 뺀 값

c 및 d: 분리대와 관계가 있는 것에 있어서는 도로의 구분에 따라 각각 다음 표에 정하는 값으로 하고, 교통섬과 관계가 있는 것에 있어서는 c는 0.25미터, d는 0.5미터로 한다.

(단위: 미터)

구 분	c	d
고 속 도 로	0.25 이상 0.5 이하	0.75 이상 1.0 이하
도시고속도로	0.25	0.75
일 반 도 로	0.25	0.5

2. 보도 및 자전거도 등의 건축한계

노상시설을 설치하지 아니한 보도 및 자전거도 등	노상시설을 설치하는 보도 보도 및 자전거도 등
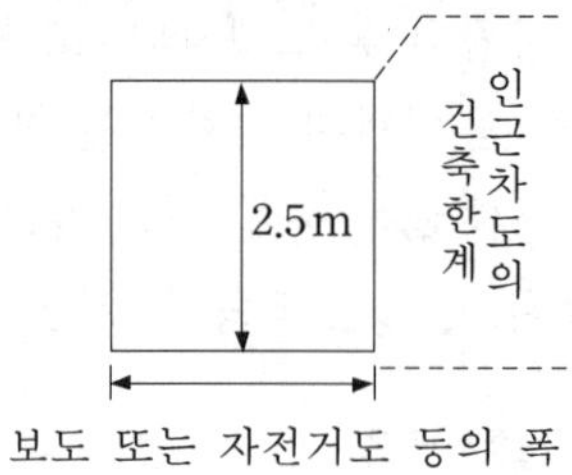	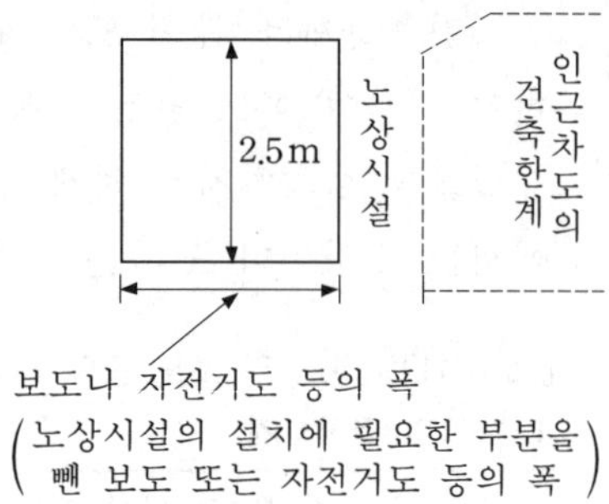

가로수, 전주 등의 각종 관련시설조차 설치할 수 없다. [표 8-11]은 도로의 건축한계에 대한 현행 도로시설기준령의 값들이다.

8.4 평면선형의 설계

도로의 선형은 도로의 중심선이 입체적으로 그리는 연속된 형상으로서 평면적으로 본 도로중심선의 형상을 평면선형, 종단면으로 본 도로중심선의 형상을 종단선형이라 한다. 도로의 선형은 해당 도로의 설계속도에 주로 좌우된다. 가장 공사비가 적게 소요되는 선형설계는 당연히 지형에 따라 자연스럽게 설계하는 것이지만 차량의 안전 주행을 위해서는 설계속도에 따른 최소설계기준을 만족시켜야 하므로 지형을 그대로 따르는 것은 실제적으로 곤란하다.

도로의 선형설계에서 가장 중요한 사항은 첫째, 일정구간의 도로선형은 갑작스런 변화를 갖지 않기 위해 일관성 있는 기준에 의해 설계되어야 한다는 점이며, 둘째, 평면선형과 종단선형은 서로 보완할 수 있도록 입체적인 형상이 안전하고 효율적으로 구성되어야 한다는 점이다. 그러나 이러한 원칙이 지켜지는 도로를 설계하기 위해서는 상당히 폭넓은 지식과 합리적인 판단, 그리고 치밀한 분석과정이 필요하다.

도로설계이론은 철도궤도의 설계이론에서 많은 부분을 착안해서 개발되어 왔다. 1930년대 미국의 활발했던 도로설계분야 연구는 이후의 교통분야 전반에 걸쳐 많은 영향을 끼쳤으며, 현대의 설계이론은 그 결과를 토대로 한 것이 많다.

본 절에서는 도로의 평면선형 설계이론을 우리나라 도로시설 기준령을 기반으로 해서 설명한다.

8.4.1 평면곡선

도로의 평면선형은 직선부와 평면곡선으로 이루어져 있다. 일반적으로 평면곡선은 단곡선으로 되어 있고 평면곡선의 최소곡선반경은 도로의 설계속도, 편구배 및 노면의 마찰계수에 따라 정해진다. 이 4가지 도로의 설계요소는 상호 직접적인 관계를 이루고 있으며, 평면곡선에서의 차량 주행특성을 이해하는 데 필수적인 고려사항이 된다.

[그림 8-16] 평면곡선부에서의 차량 움직임

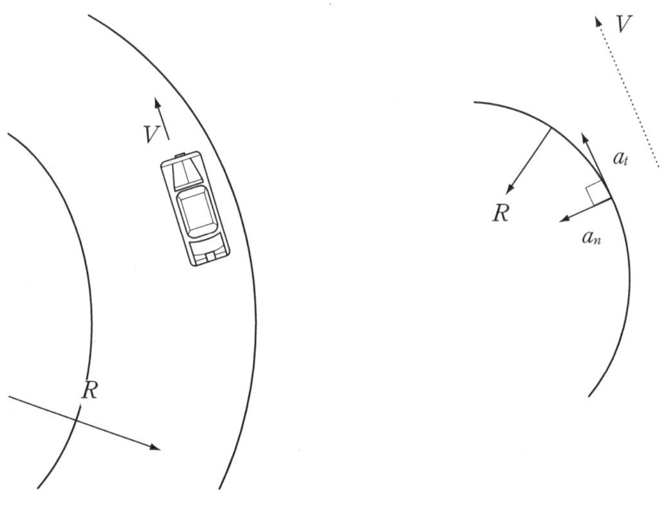

다음의 [그림 8-16]을 통해 평면곡선구간에서의 차량 움직임과 설계요소간 관계를 살펴본다.

[그림 8-16]에서 보듯이 곡선구간에서 차량의 속도는 곡선의 접선방향이며 차량의 가속도는 접선방향과 수직방향으로 구성된다. 접선방향 가속도는 다음 식으로 표시된다.

$$a_t = \frac{dv}{dt} \qquad \cdots\cdots (8.20)$$

한편 수직방향 가속도는 다음과 같다.

$$a_n = \frac{V^2}{R} \qquad \cdots\cdots (8.21)$$

여기서,
R=곡선의 반경

이 두 식에서 알 수 있듯이 만약 곡선구간에서 차량의 속도가 변화하지 않는다면 접선방향 가속도는 없어지게 되고 수직방향의 가속도만 남게 된다.

한편 접선방향과 수직방향으로 작용하는 힘을 각각 F_t, F_n으로 표시하면 **Newton**의 제2법칙에 의해 다음 식이 얻어진다.

$$\Sigma F_t = m\left(\frac{dv}{dt}\right)$$

$$\Sigma F_n = m\frac{V^2}{R} \qquad \cdots\cdots (8.22)$$

여기서,
m=차량질량

[예제 8-5] 곡선반경 R=150m인 평면곡선구간을 중량 1ton의 차량이 80km/시의 속도로 주행하고 있다. 이 차량이 2.5m/sec²으로 감속하고 있을 때 이 차량에 작용하는 힘을 구하라.

풀이 이 차량에 작용하는 접선방향 힘과 수직방향 힘은 다음과 같다.

$$F_t = ma_t = \left(\frac{W}{g}\right)a_t = \left(\frac{1,000}{9.8}\right)(-2.5) = -255.10\,\text{N}$$

$$F_n = ma_n = \left(\frac{W}{g}\right)\left(\frac{V^2}{R}\right) = \left(\frac{1,000}{9.8}\right)\left(\frac{80^2}{150}\right)\left(\frac{1}{3.6}\right)^2$$

$$= 335.94\,\text{N}$$

따라서 이 차량에 작용하는 힘 F는 다음과 같다.

$$F = \sqrt{F_t^2 + F_n^2} = 421.82\,\text{N}$$

위의 식(8.22)에서 보여지는 ΣF_n이 곧 차량이 평면곡선을 주행할 때 발생하는 원심력이다. 이 힘으로 인해 평면곡선을 주행하는 차량은 곡선바깥쪽으로 밀려나는 힘을 받게 된다.

원심력을 대항하기 위해 도로의 설계에서는 세 가지를 고려할 수 있다. 우선 첫째는 노면의 마찰계수를 어느 정도 값으로 유지한다. 둘째는 곡선반경을 되도록 크게함으로써 원심력의 크기를 작게한다. 셋째로 편구배를 설치한다. 이들 세 가지 방법의 역학적 관계에 대해 좀더 상세히 살펴보도록 한다.

차량이 곡선을 주행할 때 수직방향으로 작용하는 힘은 차량의 타이어와 노면 사이에서 발생하는 마찰력뿐이다. 이 마찰력은 곡선에서 원심력에 의한 차량의 미끄러지려는 힘에 대항하는 것이다. 일반적으로 도로설계에 있어서 곡선부에서 미끄러지려는 힘이 상당히 크기 때문에 마찰력으로만 해결하기는 어렵다. 따라서 도로의 바깥쪽을 안쪽에 비해 높임으로써 이른바 편구배를 설치하게 되는데 이 편구배를 고려했을 경

[그림 8-17] 편구배가 설치된 곡선부에서의 차량상태

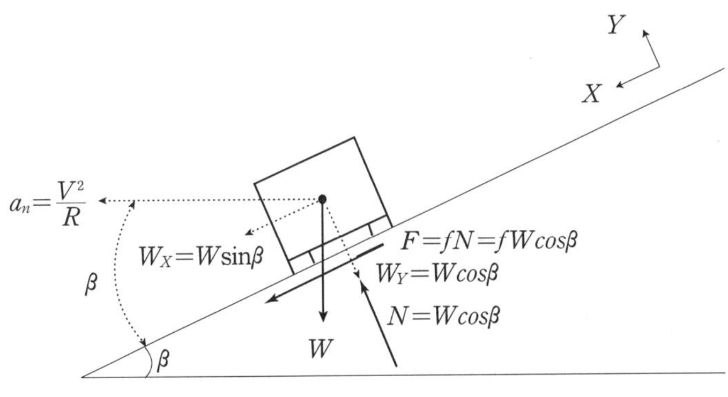

우 차량의 상태를 표시한 것이 [그림 8-17]이다.

[그림 8-17]에서 Y방향을 보면 차량의 중량이 수직응력에 의해 균형을 이루며 이는 원심력과 상관 없으므로 여기에서는 고려할 필요가 없다. 원심력에 관련하여 X방향은 **Newton**의 제2법칙에 의해 다음과 같이 표시된다.

$$W\sin\beta + fW\cos\beta - ma_n\cos\beta = 0$$

$$\therefore \quad W\sin\beta + fW\cos\beta - \left(\frac{W}{g}\right)\left(\frac{V^2}{R}\right)\cos\beta = 0$$

이를 $W\cos\beta$로 나누면

$$\tan\beta + f - \left(\frac{1}{g}\right)\left(\frac{V^2}{R}\right) = 0$$

$\tan\beta$=편구배=e로 표시하면

$$e + f = \left(\frac{V^2}{gR}\right) \quad \cdots\cdots (8.23)$$

g=9.8m/sec^2, v는 km/시로 보통 표시하므로 위 식은 다음과 같이 쓸 수 있으며 이는 평면곡선에서 속도의 기본식이 된다.

$$e + f = \left(\frac{V^2}{127R}\right) \quad \cdots\cdots (8.24)$$

여기서,
V=속도(km/시)
R=곡선반경(m)
e=편구배
f=마찰계수

[예제 8-6] 한 차량이 곡선반경 R=300m인 평면곡선을 100km/시의 속도로 주행하고 있다. 이 도로에서의 마찰계수가 0.2일 때 이 평면곡선에서 차량이 미끄러지지 않기 위한 편구배를 결정하라.

풀이 식(8.23)에 의해

$$e=\left(\frac{V^2}{gR}\right)-f=\left(\frac{100^2}{127\times 300}\right)-0.2=0.06$$

위에서 도로의 평면곡선상에서 원심력 때문에 생기는 차량의 미끄러짐에 관해 살펴보았다. 평면곡선을 주행하는 차량이 갖게 되는 또 한 가지의 위험부담은 차량의 무게중심이 차량폭에 비해 너무 높아서, 원심력 때문에 발생하는 회전모멘트를 이겨내지 못하고 전도하는 것이다. 이를 평면곡선에서의 차량전도(**overturn**)라고 하며 여기서 이 차량전도의 발생과정을 살펴보자.

[그림 8-18]은 곡선구간에서의 차량의 전도를 나타낸다. 차량의 전도를 검토하기 위해서는 원심력 크기를 포함하여 차량의 무게중심으로부터 차량의 외측 타이어간 거리에 따른 모멘트와 차량중량에 따른 모멘트 크기를 비교해야 한다. 즉, 차량전도시점에서의 모멘트를 A점에서 구해보면 다음과 같다.

[그림 8-18]에서 원심력 ma_n은 노면에서부터 차량중심까지의 거리를 모멘트의 팔로 하여 시계방향으로 차량을 전도시키려 하고, 이 모멘트는 차량의 중량과 노면 마찰력에 의한 반대 모멘트에 의해 저항을 받는다. 따라서 전도가 발생하려면 다음과 같은 식이 성립해야 한다.

$$\bar{X}W\cos\beta+\bar{Y}W\sin\beta<\left(\frac{\bar{Y}}{e}-\bar{X}\right)\sin\beta\, ma_n$$

[그림 8-18] 차량전도시의 힘의 작용상태

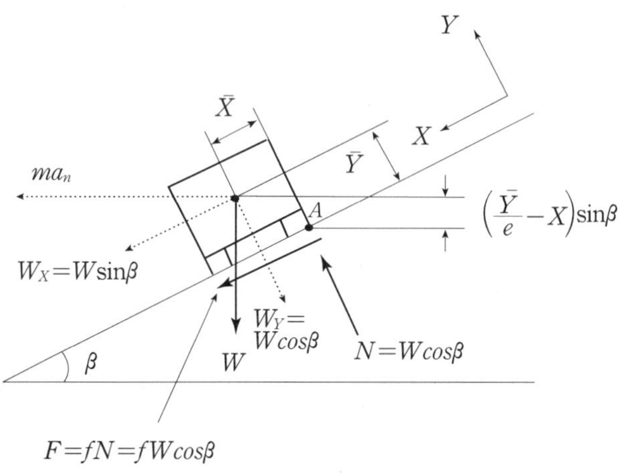

$$=\left(\frac{\bar{Y}}{e}-\bar{X}\right)\sin\beta\left(\frac{W}{g}\right)\left(\frac{V^2}{R}\right)$$

양변을 Wcosβ로 나누면

$$\bar{X}+\bar{Y}\cdot e<\left(\frac{\bar{Y}}{e}-\bar{X}\right)(e)\left(\frac{V^2}{gR}\right)=(\bar{Y}-e\bar{X})\left(\frac{V^2}{gR}\right)$$

$$\therefore\quad \left(\frac{V^2}{gR}\right)>\frac{\bar{X}+e\bar{Y}}{\bar{Y}-e\bar{X}} \qquad \cdots\cdots (8.25)$$

따라서 만약에 좌변이 우변보다 크게 되면 차량이 전도할 가능성이 커지게 된다. 즉 속도가 높거나 곡선반경이 작을 때, 혹은 우변 분모에서 볼 때 차량의 높이가 차량의 폭에 비해 상당히 높은 값을 갖게 될 때 이같은 현상이 일어날 수 있다.

[예제 8-7] 무게중심의 타이어로부터 $\bar{X}$는 1m, $\bar{Y}$=1.5m 떨어진 차량이 R=200m 곡선반경을 가진 평면곡선을 주행하고 있다. 이 평면곡선의 편구배가 0.05이고 마찰계수가 0.2라고 할 때 이 차량이 미끄러지거나 전도하지 않기 위한 속도를 구하라.

풀이 식(8.24)에 의해 미끄러질 때의 속도를 구하면

$$V=\sqrt{127\times200\times(0.05+0.2)}$$
$$=79.7\,(\text{km/시})$$

식(8.25)에 의해 전도할 때의 속도를 구하면

$$V=\sqrt{127\times200\times\left(\frac{1.0+0.05\times1.5}{1.5-0.05\times1.0}\right)}$$
$$=137.2\,(\text{km/시})$$

따라서 구하는 속도는 이 둘 중 작은 속도인 79.7km/시이다.

사실상 도로의 평면선형 설계란 최소곡선반경 및 편구배를 결정하는 작업이라고 볼 수 있으며 직선부, 즉 곡선반경이 무한대인 지점으로부터 어느 일정 곡선반경을 갖는 단곡선까지의 차량주행을 원활하게 처리하기 위한 과정이라고 볼 수 있다. 이를 위해 식(8.24)에 따라 평면

[표 8-12] 평면곡선의 최소반경

설계속도(단위: km/시)	최소곡선반경(단위: m)
120	710
100	460
80	280
70	200
60	140
50	90
40	60
30	30
20	15

곡선에서의 최소곡선반경을 계산하면 바람직한 최소곡선반경이 산출될 수 있으나 실제로는 편구배와 마찰계수를 적정하게 고려해야 하고, 설계속도의 80~90%를 택하여 차량의 주행속도로 생각하면 더욱 안전한 도로설계가 된다.

우리나라 도로시설기준령에서는 최소곡선반경을 [표 8-12]와 같이 규정하고 있다.

[예제 8-8] 신설되는 A-B 구간의 도로상에 최소곡선반경을 구하고자 한다. 설계속도를 90 km/시로 계획하고, 유사시설 조사결과에 따라 편구배를 0.06, 마찰계수를 0.33으로 설정하기로 했다면 A-B 구간 도로의 최소곡선반경은?

풀이

$$R=\frac{V^2}{127(e+f)}$$

$$=\frac{90^2}{127(0.06+0.33)}$$

$$=164\,\mathrm{m}$$

[예제 8-9] 한 차량이 20 km/시의 속도로 달리기 시작하여 30 m 평탄지 직선구간을 지난 후 곡선반경 60 m의 평면곡선을 95 m 주행하였다면 이때 이 차량의 속도를 구하고 전체 주행시간과 주행거리를 구하라. 단, 평면곡선의 편구배는 0.06이며 곡선상에서와 직선구간에서의 가속도는 각각 2.36 m/sec^{2}와 1.47 m/sec^{2}이다.

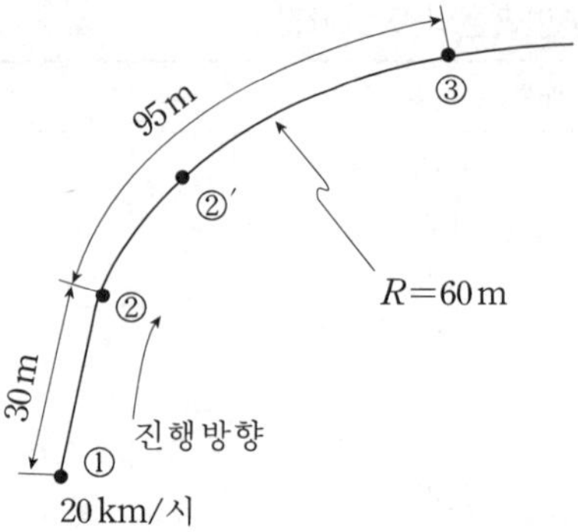

풀이 문제에서 제시한 조건을 그림으로 표시하자. 여기서 ②는 곡선의 시점이며 ②′는 곡선에서의 속도를 갖기 시작하는 점이다.

우선, $\tan\beta=0.06$이고

$F=fN=fw\cos\beta=f(mg)\cos\beta=ma$이므로

$a_{②}=f_{②}g\cos\beta$

$$\therefore\quad f_{②}=\frac{a_{②}}{g\cos\beta}=\frac{2.36}{9.8\times cos(\tan^{-1}0.06)}=0.24\text{이다.}$$

따라서, 평면곡선상에서 차량의 속도는 다음과 같다.

$$V=\sqrt{127R(e+f_{②})}=\sqrt{127(60)(0.06+0.24)}=47.8\,km/\text{시}$$

주행시간을 구하기 위해 다음 과정을 거친다. 먼저 직선구간 통과 후의 차량속도는

$$d_{①\text{-}②}=\frac{V_{②}{}^{2}-V_{①}{}^{2}}{2a_{①}}\text{으로부터}$$

$$30=\frac{V_{②}{}^{2}-(20)^{2}}{2\times1.47\times3.6^{2}}\qquad\therefore\quad V_{②}=39\text{km/시}$$

또한 직선구간 통과시간은 다음과 같이 얻을 수 있다.

$$d_{②\text{-}②}=V_{①}t_{①\text{-}②}+\frac{1}{2}a_{①}t^{2}{}_{①\text{-}②}=V_{①}t_{①\text{-}②}+\frac{1}{2}\Delta Vt_{①\text{-}②}$$

$$=\frac{V_{①}+(V_{①}+\Delta V)}{2}t_{①\text{-}②}=\frac{V_{①}+V_{②}}{2}t_{①\text{-}②}\text{에서}$$

$$30=\frac{1}{2}(20+39)\left(\frac{1}{3.6}\right)t_{①\text{-}②}\qquad\therefore\quad t_{①\text{-}②}=3.66(\text{초})$$

곡선에 진입하여 곡선의 속도 47.8km/시에 도달하는 지점까지의 거리는

$$d_{②\text{-}②'}=\frac{(47.8)^{2}-(39)^{2}}{2\times2.36\times3.6^{2}}=12.5\text{m}$$

곡선부의 나머지 길이는

$$d_{②'-③}=95-12.5=82.5\,\text{m}$$

한편 곡선의 속도 47.8km/시에 도달하기까지의 주행시간과 나머지 구간의 시간은 다음과 같다.

$$12.5=\left(\frac{39+47.8}{2}\right)\left(\frac{1}{3.6}\right)t_{②-②'} \qquad \therefore \quad t_{②-②'}=1.04(\text{초})$$

$$82.5=(47.8)\left(\frac{1}{3.6}\right)t_{②'-③} \qquad \therefore \quad t_{②'-③}=6.21(\text{초})$$

따라서,

$$\text{전체 주행시간 } T=t_{①-②}+t_{②-②'}+t_{②'-③}$$
$$=3.66+1.04+6.21\cong 10.91(\text{초})$$

$$\text{전체 주행거리 } D=d_{①-②}+d_{②-②'}+d_{②'-③}$$
$$=30+12.5+82.5=125\,\text{m}$$

1) 단곡선(Simple Curvez) 또는 Circular Curves

[그림 8-19]는 단곡선을 나타내고 있다. 단곡선은 일반적으로 곡선반경에 의해 표시하는데 단곡선의 각 부분에 대한 계산과정은 다음과 같다.

1) 접선장(T)

$$T=R\tan\frac{\varDelta}{2} \qquad \cdots\cdots \ (8.26)$$

2) 장현의 길이(C)

$$C=2R\sin\frac{\varDelta}{2} \qquad \cdots\cdots \ (8.27)$$

3) 외선장(E)

$$E=R\sec\frac{\varDelta}{2}-R=R\left(\frac{1}{\cos\frac{\varDelta}{2}}-1\right) \qquad \cdots\cdots \ (8.28)$$

4) 중앙종거(M)

[그림 8-19] 단곡선의 각 명칭

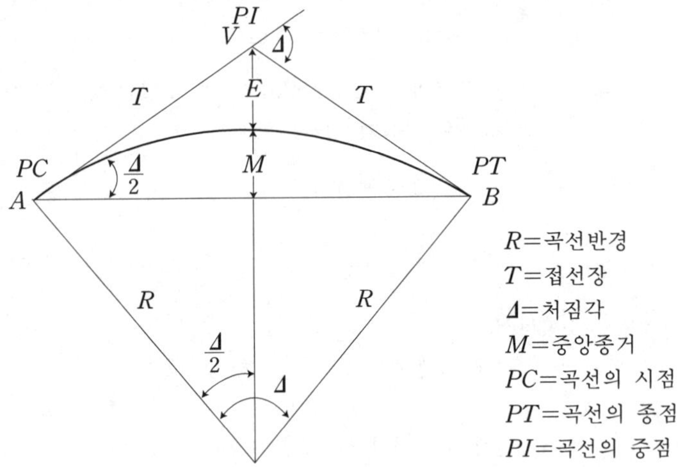

$$M = R - R\cos\frac{\Delta}{2} = R\left(1 - \cos\frac{\Delta}{2}\right) \qquad \cdots\cdots (8.29)$$

5) 곡선장(L)

$$L = \frac{R\Delta\pi}{180} \text{ 단, } \Delta\text{는 도} \qquad \cdots\cdots (8.30)$$

[예제 8-10] 다음과 같은 설계속도 80km/시인 도로구간에서 PC, PT의 위치를 station으로 표시하시오(1station=100m).

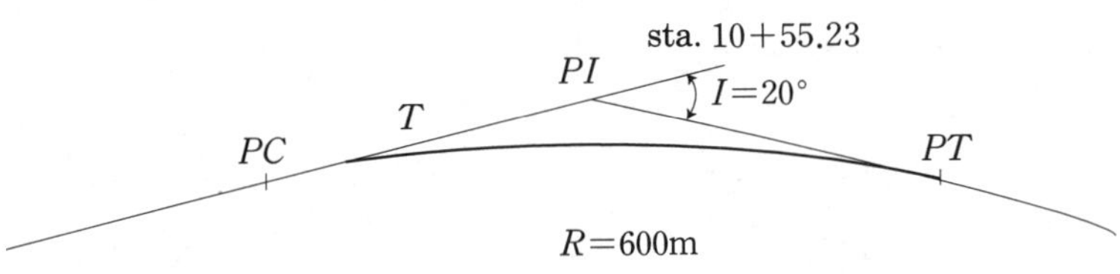

풀이 $PC = PI - T$

$T = R\tan\frac{I}{2}$

$PT = PC + L$

$L = RI(\text{radians})$

$= \frac{RI\pi}{180}$ (degree)

$R=600$, $I=20°$, PI station$=10+55.23$를 대입하면

station $PC=9+49.43$

$PT=11+58.87$

[예제 8-11] 2개의 도로가 반경 300m인 단곡선으로 연결되어 있으며 PC(point of curve)가 Sta. 155+45(100m 간격)에 위치하고 중심각 35°로 교차되어 있을 때 다음을 구하라. 단, 말뚝의 간격은 30m로 한다.

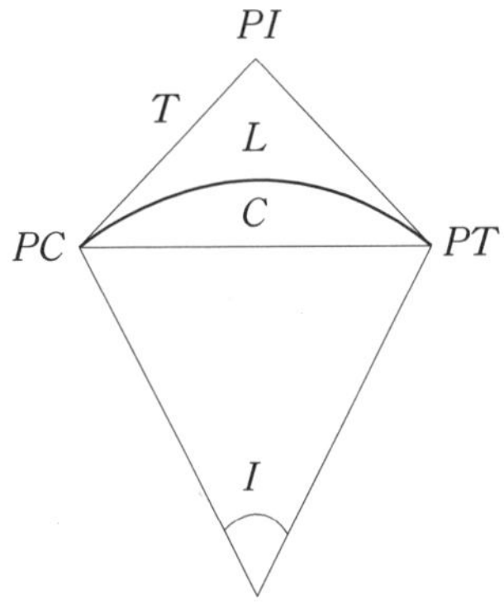

(1) 곡선장(L)은?

(2) 접선장(T)은?

(3) 외선장(E)은?

(4) 중앙종거(M)는?

(5) 장현(C)은?

(6) 처짐각은?

풀이

(1) 곡선장(L)의 공식: $L=R\times I\times \pi/180=300\times 35°\times \pi/180=183.26$(m)

(2) 접선장(T)의 공식: $T=R\times \tan I/2=300\times \tan 35°/2=94.59$(m)

(3) 외선장(E)의 공식: $E=R\times(\cos^{-1} I/2-1)=300\times(\cos^{-1} 17.5-1)$

$=14.56$(m)

(4) 중앙종거(M)의 공식: $M=R-R\times \cos I/2=300-300\times \cos 17.5°$

$=13.89$(m)

(5) 장현(C)의 공식: $C=R\times 2\times \sin I/2=300\times 2\times \sin 17.5°=180.42$(m)

(6) 처짐각: 먼저 vpc와 첫번째 지점(station)의 거리를 구하면 Sta. 155+00에 말뚝이 있으므로 155.60-155.45=15(m)이다. 따라서 좌측의 처짐각은 $X_1/35°=15/183.26$, 따라서 $X1=2.865°$이다. 우측 처짐각을 구하기 위

하여 PT(point of tangent)를 구하면 $PC+L=155.45+1.8326=157.2826$이므로 PT와 마지막 지점(station)과의 거리는 $157.2826-157.10=18.26$(m)이다. 위와 같은 방식으로 우측의 처짐각을 구하면 $X_2/35° =18.26/183.26$, 따라서 $X_2=3.4873$이다.

2) 복합곡선(Compound curves)

복합곡선은 같은 방향으로 달리는 2개 이상의 곡선이 서로 연결되어 있는 것을 말한다. [그림 8-20]은 복합곡선의 예를 나타내며 복합곡선은 평면교차로, 인터체인지 내의 **ramp**부, 혹은 지형이 아주 좋지 않은 도로에서 차량주행이 자연스럽게 이루어지게 하기 위하여 사용된다. 일반적으로 두 곡선 사이의 부자연스러운 차량주행을 방지하기 위하여 두 곡선간의 곡선반경비는 1.5:1을 넘지 않아야 하며 곡선의 길이가 너무 짧지 않도록 유의해야 한다.

[그림 8-20]에서

$$\Delta=\Delta_1+\Delta_2 \quad \cdots\cdots (8.31)$$

$$t_1=R_1\tan\frac{\Delta_1}{2} \quad \cdots\cdots (8.32)$$

$$t_2=R_2\tan\frac{\Delta_2}{2} \quad \cdots\cdots (8.33)$$

$$\frac{VG}{\sin\Delta_2}=\frac{VH}{\sin\Delta_2}=\frac{t_1+t_2}{\sin(180-\Delta)}=\frac{t_1+t_2}{\sin\Delta} \quad \cdots\cdots (8.34)$$

[그림 8-20] 복합곡선의 각 부분 명칭

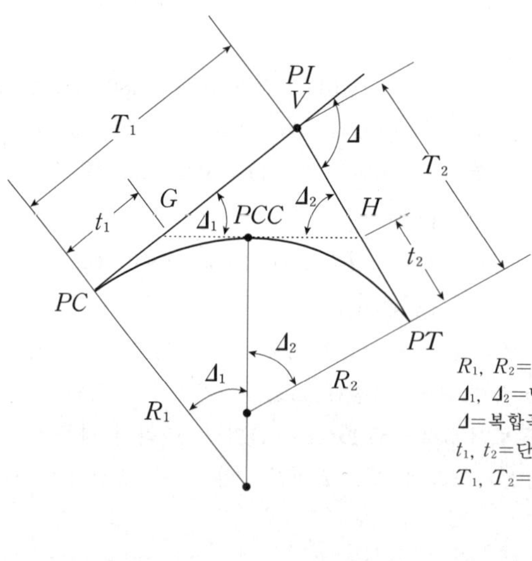

R_1, R_2=복합곡선을 구성하는 단곡선들의 반경
Δ_1, Δ_2=단곡선들의 처짐각
Δ=복합곡선의 처짐각
t_1, t_2=단곡선들의 접선장
T_1, T_2=복합곡선의 접선장

$$T_1 = VG + t_1 \qquad \cdots\cdots (8.35)$$
$$T_2 = VH + t_2 \qquad \cdots\cdots (8.36)$$

여기서,
R_1, R_2=복합곡선을 구성하는 단곡선의 반경
Δ_1, Δ_2=단곡선의 처짐각
t_1, t_2=단곡선의 접선장
T_1, T_2=복합곡선의 접선장
Δ=복합곡선의 처짐각

복합곡선을 설계하기 위해서 각 단곡선의 곡선반경 및 처짐각 중 하나는 미리 알아야 하며 일반적으로 Δ_1이나 Δ_2는 설계도면에 의해 얻어진다.

[예제 8-12] 지형상의 조건으로 인하여 도로를 복합곡선으로 연결하려고 한다. 첫번째 곡선반경(R_1)은 300m이며 두 번째 곡선반경(R_2)은 200m이다. 그리고 복합곡선의 PCC(point of compound curve)는 Sta. 120+15지점(100m 간격)에 위치한다. R_1의 편기각은 34°이며 R_2의 편기각은 26°이다. 이러한 조건하에서 다음을 구하라. 단 말뚝의 간격은 30m로 한다.

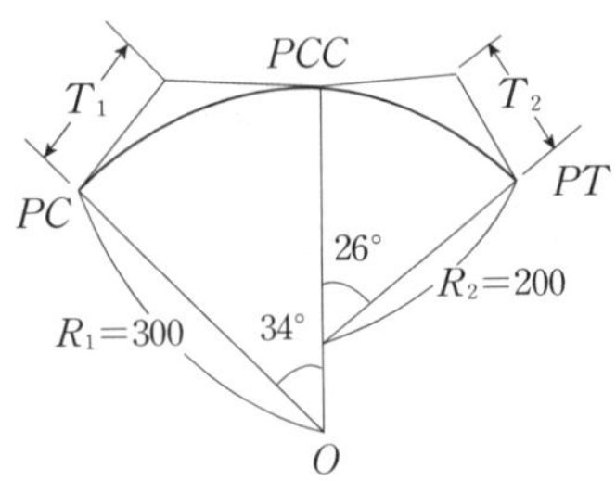

(1) 곡선장(L)은?
(2) 접선장(T)은?
(3) PC(point of curve)는?
(4) PT(point of tangent)는?
(5) 처짐각은?

풀이 (1) L_1의 곡선장은 $R_1 \times I_1 \times \pi/180° = 300 \times 34° \times \pi/180 = 178.02$(m)
L_2의 곡선장은 $R_2 \times I_2 \times \pi/180° = 200 \times 26° \times \pi/180° = 90.76$(m)
(2) T_1의 접선장은 $R_1 \times \tan(I_1/2) = 300 \times \tan(34°/2) = 91.72$(m)
T_2의 접선장은 $R_2 \times \tan(I_2/2) = 200 \times \tan(26°/2) = 46.17$(m)

(3) PC의 위치는 $PCC-L_1$=Sta. 120+15−1.7802=Sta. 118+37

(4) PT(point of tangent)의 위치는 $PCC+L_2$=Sta. 120+15+0.9076
=Sta. 121+06

(5) R_1의 처짐각은

$D/2=(180°\times30)/(\pi\times2\times300)=2.865°$

$l_1=118.60-118.37=23(\mathrm{m})$

R_1의 좌측 처짐각은 $(23\times34°)/(2\times178.02)=2.196°$

$l_2=120.15-120.00=15(\mathrm{m})$

R_1의 우측 처짐각은 $(15\times34°)/(2\times178.02)=1.432°$

R_2의 처짐각은

$D/2=(180°\times30)/(\pi\times2\times200)=4.297°$

$l_1=120.30-120.15=15(\mathrm{m})$

R_2의 좌측 처짐각은 $(15\times26°)/(2\times90.76)=2.149°$

$l_2=121.06-210.90=16(\mathrm{m})$

R_2의 우측 처짐각은 $(16\times26°)/(2\times90.76)=2.292°$

3) 배향곡선(Reverse curves)

배향곡선은 같은 곡선반경을 가진 2개의 단곡선이 서로 반대방향으로 진행하며 연결된 경우를 말한다. [그림 8-21]은 배향곡선의 각 부분을 나타내고 있다. 만약 d와 D를 알고 있는 경우 곡선반경 R과 Δ_1,

[그림 8-21] 배향곡선의 각 부분명칭

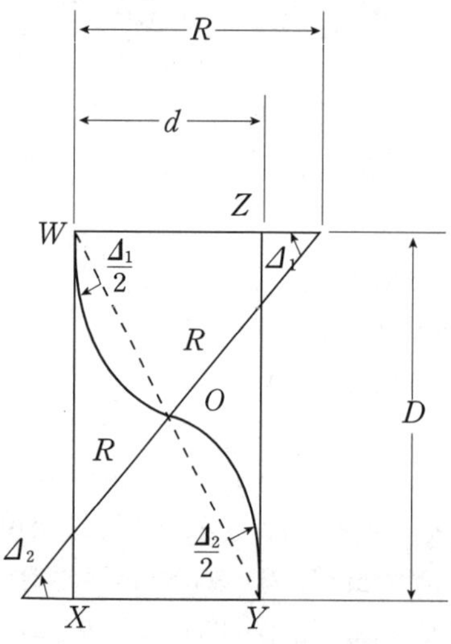

R=단곡선의 곡선반경
Δ_1, Δ_2=단곡선의 처짐각
d=접선장간의 거리
D=접선간의 거리

Δ_2를 알아야 배향곡선을 설치할 수 있게 된다.

$$\Delta=\Delta_1=\Delta_2$$

$$\angle OWX=\frac{\Delta_1}{2}=\frac{\Delta_2}{2} \quad \cdots\cdots (8.37)$$

$$\angle OYZ=\frac{\Delta_1}{2}=\frac{\Delta_2}{2} \quad \cdots\cdots (8.38)$$

WOY는 직선이므로

$$\tan\frac{\Delta}{2}=\frac{d}{D} \quad \cdots\cdots (8.39)$$

$$d=R-R\cos\Delta_1+R-R\cos\Delta_2=2R(1-\cos\Delta)$$

$$\therefore \quad \mathrm{R}=\frac{d}{2(1-\cos\Delta)} \quad \cdots\cdots (8.40)$$

만약 d와 R을 알고 있다면

$$\cos\Delta=1-\frac{d}{2R} \quad \cdots\cdots (8.41)$$

$$D=d\tan^{-1}\left(\frac{\Delta}{2}\right) \quad \cdots\cdots (8.42)$$

일반적으로 배향곡선은 많이 사용되지 않는데 그 이유는 도로선형이 급격히 변화함으로써 운전자들이 차량주행에 곤란을 겪기 때문이다. 따라서 배향곡선을 사용하기보다는 두 개의 단곡선 사이에 충분한 길이의 직선부를 삽입하거나 다음에 설명하는 완화곡선을 사용하는 것이 더욱 바람직하다.

4) 완화곡선(Transition curves)

완화곡선은 곡선과 직선부 사이 혹은 곡선반경이 현저히 다른 두 개의 서로 인접한 곡선 사이에 설치하는 곡선이다. 완화곡선을 사용하게 되면 차량주행시 원심력의 증감을 적절히 조절할 수 있으므로 보편적으로 활용되고 있는 추세이다. 완화곡선의 최소길이는 보통 'Shortt의 식'이라고 불리는 1909년에 개발된 다음 식에 의해 결정된다.

$$L=\frac{0.0702V^3}{RC} \qquad \cdots\cdots (8.43)$$

여기서,
L=완화곡선의 최소길이(m)
V=속도(kmph)
R=곡선반경(m)
C=원심력의 가속도 변화율(m/sec^3)(=보통 1-3)

이 완화곡선은 대부분의 경우 원곡선의 진·출입부에서 사용된다. 이는 다음 절에서 설명하게 될 원곡선의 편구배 설치와 관계 있는 것으로서 부드러운 원심력 조절을 위해 사용되고 있다. 완화곡선은 편구배의 접속설치를 위한 **superelevation runoff** 길이와 같게 하여 그 구간에 설치하는 것이 보통이다. 완화곡선의 종류로는 클로소이드(**clothoid**), 3차 포물선 등이 있는데, 클로소이드는 대표적인 완화곡선으로서 도로설계에 많이 이용되고 있다. [그림 8-22]는 클로소이드곡선을 도시하고 있다. 일반적으로 곡선반경이 무한대인 직선과 R인 단곡선을 직접 이은 평면선형에서는 직선과 단곡선이 만난 점에서 운전자가 급격히 핸들을

[그림 8-22] 클로소이드곡선의 적용 예[3)]

IP_{20}	20		Y	13.10	10.16
K_{NO}	20-1	20-2	Lc	43.980	
IA	85°19'36"		CL	194.293	
R	80,000	80,000	D	115,692	111.764
L	80,000	70,313	S	79,115	69,711
ΔR	3,304	2.557	W	76,081	
X_M	39,669	34,931	A	80	75
X	78,023	68,967			

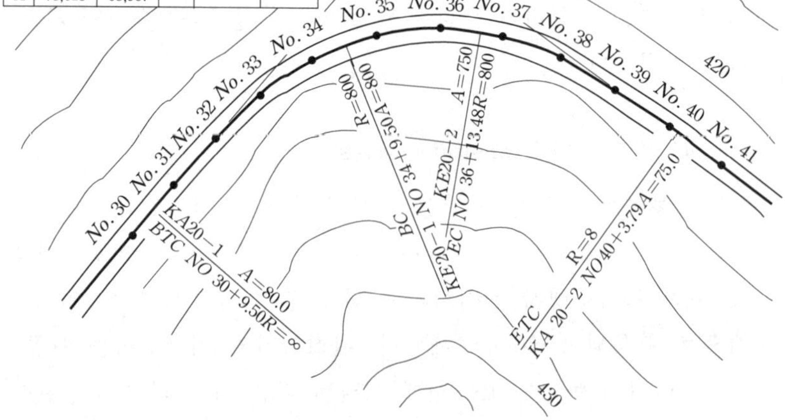

[그림 8-23] 클로소이드 곡선 적용의 예

조작하지 않으면 안 된다. 이를 피하기 위해서 직선과 곡선이 만나는 곳에 어느 조건을 만족시키는 길이 L의 클로소이드곡선을 삽입하면 핸들 조작이 부드러워진다. 클로소이드곡선의 길이 L을 결정하기 위해서는 이 곡선의 특성을 이해해야 한다. 즉, L과 단곡선의 곡선반경 R, 그리고 클로소이드곡선의 파라메타 A간에는 다음 관계가 성립하며 이를 클로소이드의 기본식이라 한다.

$$A^2 = R \cdot L \qquad \cdots\cdots \ (8.44)$$

다음의 [그림 8-23]은 클로소이드 곡선 '적용 전후'의 개선상태를 도시한다.

8.4.2 편 구 배

평면곡선에서 원심력에 대항하기 위하여 도로면의 바깥쪽을 안쪽보다 높였을 때 곡선의 바깥부분과 안쪽부분간의 기울기를 편구배라고 한다. 한편 평면곡선이 시작되는 부근에서는 곡선의 전방에서부터 차량진입을 원활하게 하기 위해 다음과 같은 과정을 거치게 된다.

1) 도로의 직선부 횡단구배(normal crown)의 바깥쪽 차로의 횡단구배를 어느 정도 길이 내에서 0으로 한다.
2) 안쪽 차로는 도로의 정상 횡단구배를 유지하고 바깥쪽 차로는 계속 기울기를 높여 정상 횡단구배가 되게 한다.
3) 바깥 차로와 안쪽 차로의 횡단구배가 모두 정상 횡단구배가 된

[표 8-13] 2차로 도로에서의 superelevation runoff 길이

superelevation Rate in %	L-Length of Runoff(m)for Design Speed(km/h)of:									
	30	40	50	60	70	80	90	100	110	120
	3.6m lanes									
2	20	25	30	35	40	50	55	60	65	70
4	20	25	30	35	40	50	55	60	65	70
6	30	35	35	40	40	50	55	60	65	70
8	40	45	45	50	55	60	60	65	70	75
10	50	55	55	60	65	75	75	80	85	90
12	60	65	65	75	80	90	90	95	105	110
	3.0m lanes									
2	20	25	30	35	40	50	55	60	65	70
4	20	25	30	35	40	50	55	60	65	70
6	25	30	30	35	40	50	55	60	65	70
8	35	35	40	40	45	50	55	60	65	70
10	40	45	45	50	55	60	65	70	75	75
12	50	55	55	60	65	75	75	80	85	90

[표 8-14] 도로시설기준령에서 완화구간의 최소길이[1)]

설계속도(단위: km/h)	완화구간의 최소길이(단위: m)*
70	40
60	35
50	30
40	25
30	20
20	15

* 완화구간: 직선부 횡단구배가 해당 곡선 편구배로 변화하는 데 필요한 길이
단, 3차로, 4차로, 6차로 이상의 도로인 경우에는 해당 값에 1.2, 1.5, 2.0배만큼의 값을 적용한다.

후 계속하여 구배를 높여 최대편구배가 되도록 한다.

도로의 진행방향으로 1)에 해당하는 길이를 tangent runout이라 하고 2)~3)에 해당하는 길이를 superelevation runoff라 한다. 이들 길이는 설계속도, 편구배 및 차로폭에 의해 결정되며 [표 8-13]은 AASHTO가 제시한 2차로 도로에서의 superelevation runoff 길이이다.

한편 차로수가 4~6인 경우 superelevation runoff 길이는 [표 8-13]에서 제시된 값의 1.5 및 2.0배를 각각 사용토록 한다. 또한 계산상 superelevation runoff 길이가 비록 매우 적은 값을 나타낸다 하더라도 갑작스런 핸들조작을 방지하기 위해 최소한 superelevation runoff 길이가 30~80m 정도 되도록 유지해야 한다. 만약 직선과 곡선의 연결을 원활히 하기 위해 완화곡선을 사용한다면 superelevation runoff은 완화곡선으로 처리되어야 한다. 그러나 완화곡선의 최소길이를 구하는 식 (8.43)은 [표 8-13]에서 제시된 값에 못미치는 경우가 많다. 이런 때 완화곡선의 길이는 [표 8-14]에서 제시된 값에 따라야 한다. [표 8-14]는 우리나라 도로시설기준령에서 제시하고 있는 완화구간의 길이이다. 이 길이는 곡선으로 진입하는 차량 운전자의 핸들조작에 필요한 최소한의 소요시간을 2초로 해서 산정한 것이다.

8.4.3 편구배의 설치

그러면 실제 편구배는 곡선의 진입과 진출부에서 어떻게 설치할까? 우선 편구배 설치를 위해서는 다음 네 가지 사항을 먼저 결정해야 한다.

- 해당 곡선에 적용할 편구배 값
- 완화구간의 길이
- 편구배의 설치기준선
- 곡선 시점(PC)의 위치

다음은 이들 네 가지 요소에 대한 설명이다.

1) 해당 곡선의 편구배 값

평면곡선에서의 기본식은 다음과 같았다.

$$R = \frac{V^2}{127(e+f)}$$

그런데 최소곡선반경을 구하기 위해서는 다음과 같이 생각할 수 있다.

$$R_{min} = \frac{V^2}{127(e_{max}+f_{max})} \quad \cdots\cdots (8.45)$$

e_{max}, 즉 최대편구배값은 해당 지역의 지역특성에 따라 결정되는 것이 보통이며 통상적으로 그 존재범위는 0.04~0.10이다. 인접지역이 상당히 개발되어 교통혼잡의 우려가 상존하거나, 동절기 온도가 내려가 노면이 동결

[표 8-15] 우리나라 도로시설기준령의 최대편구배 값

구 분		최대 편구배(%)
지 방 지 역	적설한냉지역	6
	기 타 지 역	8
도 시 지 역		6

[그림 8-24] 곡선반경과 편구배의 관계

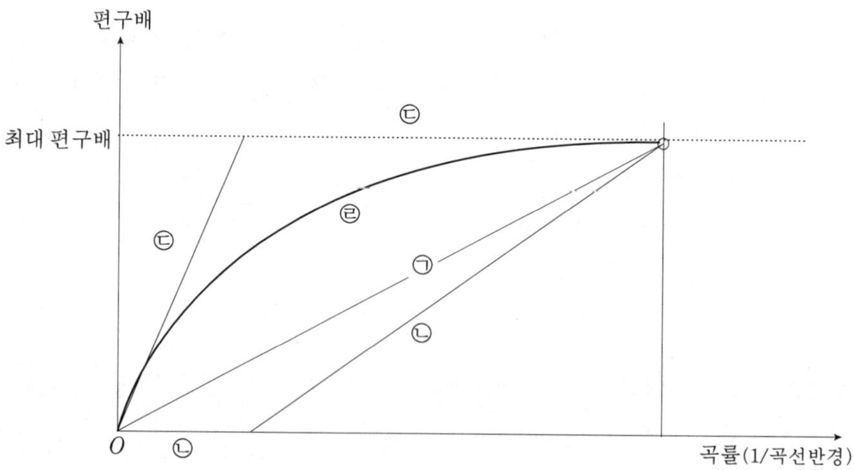

할 우려가 있을 때 편구배를 너무 크게 하면 주행시 안전이 위협받게 될 것이다. 이러한 관점에서 우리나라의 도로시설기준령에서 제시하는 최대 편구배 값은 다음 [표 8-15]와 같다.

문제는 [표 8-15]에서 제시된 최대편구배 값은 평면곡선에 쓸 수 있는 현실적 최대값, 즉 곡선반경이 최소값이 되고 노면 마찰계수가 매우 작을 때 쓰는 값에 불과하고 실제로는 곡선반경이 최소곡선반경보다는 크기 때문에 항상 e_{design}을 결정해 주어야 한다. 이를 위해 우리나라 도로시설기준령에서는 다음과 같은 원칙을 제시하고 있다.

[그림 8-24]에서 보면 곡선반경이 작아질수록 편구배는 최대편구배

[표 8-16] 곡선반경에 따른 편구배(imax=0.06)

곡선반경	설 계 속 도(Km/h)								
R(m)	20	30	40	50	60	70	80	100	120
7,000	*NC*	*NC*	*NC*	*NC*	*NC*	*NC*	*NC*	*NC*	*NC*
5,000	*NC*	*NC*	*NC*	*NC*	*NC*	*NC*	*NC*	*NC*	*NC*
3,000	*NC*	*NC*	*NC*	*NC*	*NC*	*NC*	*NC*	*NC*	*NC*
2,000	*NC*	*NC*	*NC*	*NC*	*NC*	*NC*	*NC*	0.022	0.026
1,500	*NC*	*NC*	*NC*	*NC*	*NC*	*NC*	0.020	0.029	0.032
1,000	*NC*	*NC*	*NC*	*NC*	*NC*	0.023	0.029	0.039	0.039
700	*NC*	*NC*	*NC*	0.021	0.028	0.034	0.042	0.054	0.060
500	*NC*	*NC*	0.020	0.028	0.035	0.043	0.050		
300	*NC*	0.021	0.031	0.040	0.042	0.056	0.060		
200	*NC*	0.026	0.037	0.046	0.048	0.060			
150	*NC*	0.035	0.045	0.055	0.055				
100	0.026	0.042	0.053	0.060	0.060				
70	0.033	0.048	0.059						
50	0.039	0.055	0.060						
30	0.046	0.060							
20	0.059								
15	0.060								

NC: 직선부 횡단구배 적용구간

를 향해 커진다. 즉 ㉠, ㉡, ㉢, ㉣, 각 방법은 편구배가 0에서 최대값까지 변화하는 동안 편구배와 곡선반경을 어떻게 관련시킬 것인가를 여러 가지 방식으로 제시하고 있는데 우리나라에서 채택한 방식은 ㉣방식이다. 참고로 ㉡방식은 도시지역 도로의 설계에서 많이 사용되고 있다. ㉣방식에 의해 다음의 표가 만들어져 곡선반경별 설계편구배 값 결정에 사용되고 있다.

[표 8-16]은 최대편구배가 0.06일 때 곡선반경별 설계편구배 값이다.

2) 완화구간의 길이

완화구간의 길이는 운전자가 편구배 설치부분으로 주행해 갈 때 불쾌감이나 위험을 전혀 느끼지 않도록 주행쾌적성을 확보하기 위해 마련된다(물론 그 최소길이는 핸들조작을 위한 2초간 주행거리이다). 따라서 주행쾌적성 확보 관점에서 볼 때 차량이 곡선방향 횡방향으로 들려 올라가는 비율이 중요하며, 이를 편구배 접속 설치비율이라고 한다. 이 값은 설계속도에 따라 결정되며 우리나라에서 사용하는 값은 [표 8-17]과 같다.

결국 편구배 설치를 위한 완화구간의 길이는 다음과 같다.

$$Ls = \frac{\bar{W} \cdot e_{\text{design}}}{q} \quad \cdots\cdots (8.46)$$

여기서,
Ls= 편구배 설치길이(m)
$\bar{W}$= 도로중심선에서 포장단까지의 폭(m)
q= 편구배 접속 설치비율

[표 8-17] 편구배 접속 설치비율[1)]

설계속도(단위: km/h)	편구배 접속 설치비율
120	1/200
110	1/200
100	1/175
80	1/150
60	1/125
50	1/115

[그림 8-25] 편구배의 설치 방법

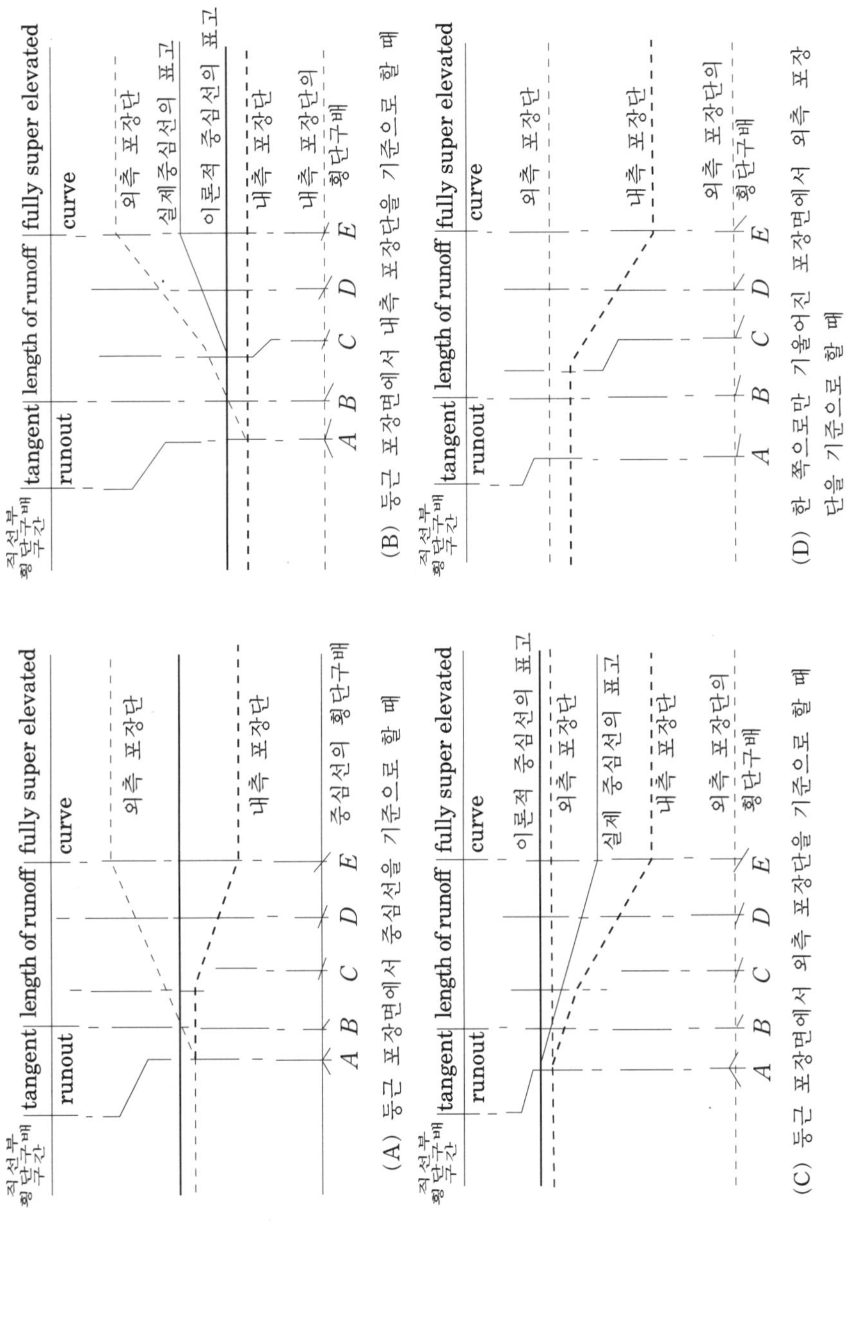

3) 편구배의 설치 기준선

실제 도로상에서 편구배를 설치하기 위해서는 다음 네 가지 방법이 사용되고 있다.

1) 도로중심선 표고를 기준으로 하여 양측차로 표고를 결정하는 방법
2) 안쪽 차로를 기준으로 하여 도로 전체 표고를 결정하는 방법
3) 바깥쪽 차로를 기준으로 하여 도로 전체 표고를 결정하는 방법
4) 한쪽 방향으로만 횡단구배가 설치된 도로를 바깥쪽 차로를 기준으로 하여 도로 전체 표고를 결정하는 방법

실무에서 가장 많이 사용하는 편구배 설치방법은 1)방법이며 [그림 8-25]는 위 네 가지 방법을 그림으로 표시한 것이다.

4) 곡선 시점의 위치

평면선형의 직선부에서 완화곡선 없이 원곡선으로 접속하는 경우, 즉 완화구간으로 접속하는 경우 곡선 시점의 위치는 다음과 같이 결정한다.

- 직선과 원곡선의 접속인 경우 직선구간에 완화구간 길이의 $\frac{2}{3}$, 곡선구간에 $\frac{1}{3}$을 설치한다.
- 원곡선과 원곡선의 접속인 경우 두 원에 완화구간 길이의 각각 $\frac{1}{2}$씩을 위치시킨다.

이를 그림으로 표시하면 다음의 [그림 8-26]과 같다.

[그림 8-26] 평면곡선 시점의 위치

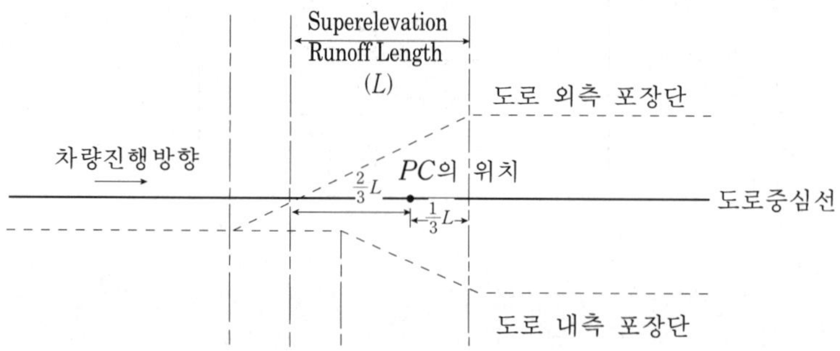

[예제 8-13] 도로의 한 평면곡선이 다음과 같은 요소로 구성된 경우 이 곡선의 지점 AA, BB, CC, PC, DD에서 표고를 구하라.

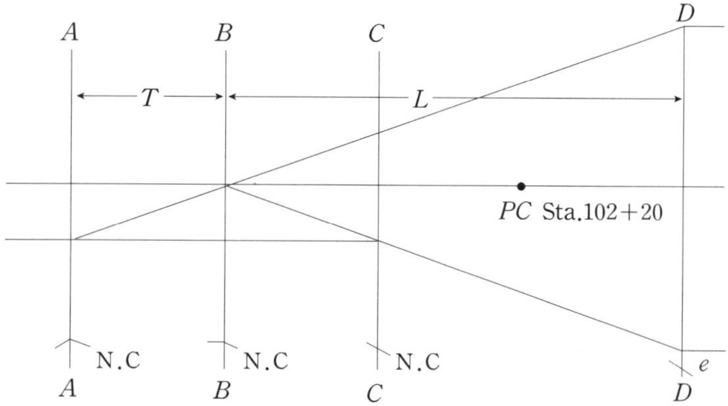

종단구배=0%, AA의 표고=100.00m, 설계속도=80km/시
2차로 도로, 차로폭=3.5m
Normal Crown Slope=0.015, e=0.06
편구배 설치비율=$\frac{1}{150}$, PC= Sta. 102+20

풀이 주어진 조건에 의하면 편구배 설치비율이 1/150이므로

$$\frac{0.06\times3.5}{L}=\frac{1}{150} \qquad \therefore\ L\cong 32\text{m}$$

$$\frac{0.015\times3.5}{T}=\frac{1}{150} \qquad \therefore\ T\cong 8\text{m}$$

따라서 문제에서 제시한 각 지점의 표고는 다음과 같이 산출할 수 있다.

〈곡선부에서의 표고 산출 예〉

지 점	포장 좌단의 표고(m)	포장 우단의 표고(m)
AA	$100-(3.6\times0.015)=99.95$	$100-(3.5\times0.015)=99.95$
BB	$100-(3.5\times0.0)=100.00$	$100-(3.5\times0.0)=100.00$
CC	$100+(0.06\times3.5\times32^{8})=100.05$	$100-\left(0.06\times3.5\times\frac{8}{32}\right)=99.95$
PC*	$100+\left(0.06\times3.5\times\frac{2}{3}\right)=100.14$	$100-\left(0.06\times3.5\times\frac{2}{3}\right)=99.86$
DD	$100+(0.06\times3.5)=100.21$	$100-(0.06\times3.5)=99.79$

* PC는 BB로부터 $\frac{2}{3}L$ 되는 지점에 설치한다.

8.4.4 평면곡선부의 확폭

1) 자동차의 조향작동과 회전반경

일반적으로 자동차의 후차륜은 후차축에 직각으로 장치되어 있으므로 자동차 주행중에 방향전환은 전차륜으로 행해진다.

[그림 8-27]에서 보는 대로 자동차 전륜의 각축 중심선의 연장이 후륜축 중심선의 연장과 자동차가 회전하려 하는 반경의 중심점과 만나도록 즉, 전륜의 각축이 각각 상이한 각도 α, β로 전향하는 것으로 되어 있다. 따라서 연결봉의 암(Arm)도 서로 평행으로 되지 않고 어떤 각도를 가지고 그 방향의 교점이 0에서 만나고 있다.

그 결과 전차축, 연결봉 및 연결봉의 암이 이루는 사변형은 평행사변형이 되지 않고 사다리꼴이 되므로 핸들을 조작하면 점선과 같은 평행부분이 없는 사변형이 되어 내측 차륜축쪽이 많이 진향되어 자동차의 회전이 원활하게 된다.

[그림 8-27] 자동차의 조향조작과 회전반경

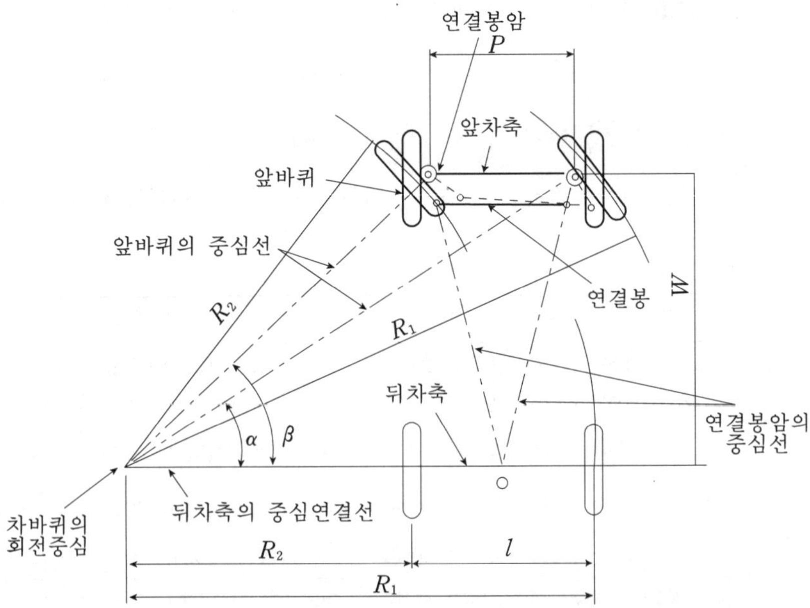

2) 차륜 및 차체의 궤적

자동차가 곡선부를 주행하는 경우에는 전륜과 후륜은 상이한 궤적을 그린다. 따라서, 곡선부에서 전후차륜이 도로를 벗어나지 않기 위해서는 직선부에서의 차륜폭 l 에 W_0만큼을 여분으로 고려하지 않으면 안 된다.

그런데 이상은 차축에 대한 것이고, 차량의 실제크기를 고려한다면 w_0가 아닌 w_0'를 취하지 않으면 안 된다.

[그림 8-28] 차바퀴 및 차체의 궤적

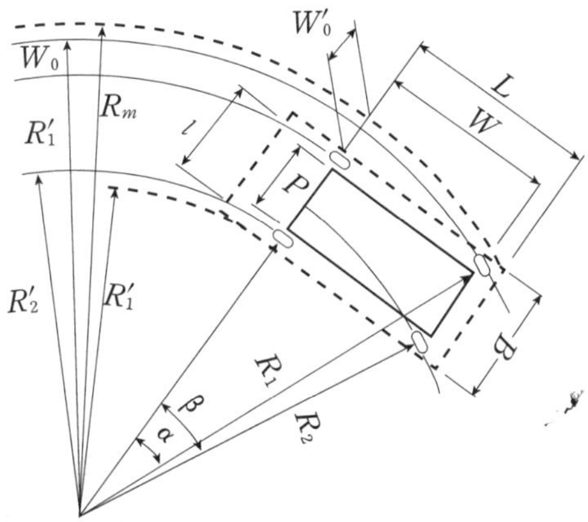

[표 8-18] 우리나라 도로시설기준령에서 제시한 곡선부 확폭량[1] (단위: 미터)

자동차 전용도로 주간선 도로 보조간선도로		집산도로 국지도로		차로당 최소 화 폭 량
곡선반경	계 산 치	곡선반경	계 산 치	
150이상 250미만	0.22~0.37	100이상 150미만	0.27~0.40	0.25
100이상 150미만	0.37~0.56	55이상 100미만	0.40~0.72	0.50
70이상 100미만	0.56~0.80	40이상 55미만	0.72~0.99	0.75
50이상 70미만	0.80~1.12	30이상 40미만	0.99~1.33	1.00
		25이상 30미만	1.33~1.60	1.25
		20이상 25미만	1.60~2.01	1.50
		18이상 20미만	2.01~2.25	1.75
		15이상 18미만	2.25~2.77	2.00

주) 6차로 이상 도로에서 확폭은 내측(곡선 중심에 가까운 쪽을 말한다) 2차로에만 적용하되, 그 중 바깥쪽 차로에는 0.8배에 해당하는 값을 확폭한다.

3) 평면곡선부의 확폭량

주간선도로와 보조간선도로에 대해서는 세미트레일러 연결차를 대상으로 하고 기타의 도로에 대해서는 중·대형 자동차를 대상으로 해서 확폭량을 산정한다.

규격에 따라서 설계차량을 다르게 한 것은 일반적으로 도로의 수송수요는 높은 규격의 도로일수록 대형차가 통행하는 기회도 많을 것으로 생각되기 때문인 것이다.

8.5 종단선형의 설계

8.5.1 종단구배

도로의 縱斷線形은 차량의 진행방향에 따라 도로를 절단하였을 때 나타나는 도로표면의 형상을 말하며 직선구간과 포물선으로 구성되어 있다. 직선구간에 대한 설계규정은 최대종단구배 이외에는 포물선과의 조합을 합리적으로 하여야 한다는 등 비교적 단순한 규정에서 그치고 있는 반면 곡선부에 대한 설계는 종단곡선이 포물선이기 때문에 차량 안전주행을 위해 여러 가지 기준이 제시되어 있다. [표 8-19]는 우리나

[표 8-19] 우리나라의 최대종단 값[1]　　(단위: 퍼센트)

설계속도 (km/h)	종단구배	
	표준	부득이한 경우
120	3	—
100	3	5
80	4	6
70	4	6
60	5	7
50	6	9
40	7	10
30	8	11
20	10	13

라 도로시설기준령에서의 최대종단구배율이다.

8.5.2 종단구배구간의 제한길이

종단구배가 급하고 그 길이가 길어지면 트럭 등 중차량은 그 구간을 어느 정도 주행하고 나면 가속할 수 없게 되며, 이는 곧 교통안전성을 위협하게 된다. 이 경우 처음 진입한 지점에서부터 가속이 불가능한 지점(도로공학에서는 이 때의 속도를 트럭의 엉금엉금 기는 속도(**crawl speed**)라고 있음)까지의 길이를 종단구배의 제한길이라고 한다.

[그림 8-29] 속도-구배길이에 따른 트럭 성능 곡선(감속)—300lb/HP

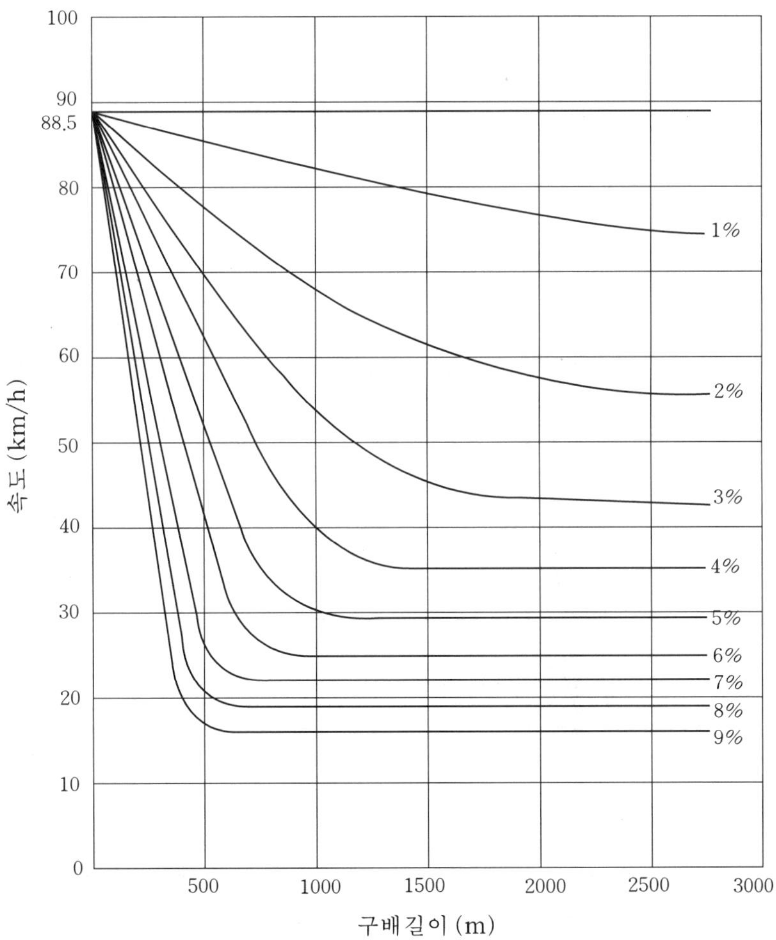

종단구배의 제한길이 이상으로 종단구배가 계속될 때 교통운영상의 효율성을 유지하려면 오르막 차로를 설치하여야 한다.

종단구배의 제한길이는 다음의 트럭 성능곡선에 따라 결정할 수 있다.

8.5.3 종단곡선 변화비율

자동차가 종단구배 변화부분을 통과할 때는 운동량의 변화에 의한 충격을 최대한 감소시키고 운전자의 시거를 확보하기 위하여 종단곡선을 삽입할 필요가 있다. 종단곡선은 평면 선형과 적절한 조합을 이루어 입체적

[그림 8-30] 속도-구배길이에 따른 트럭 성능곡선(가속)-300lb/HP

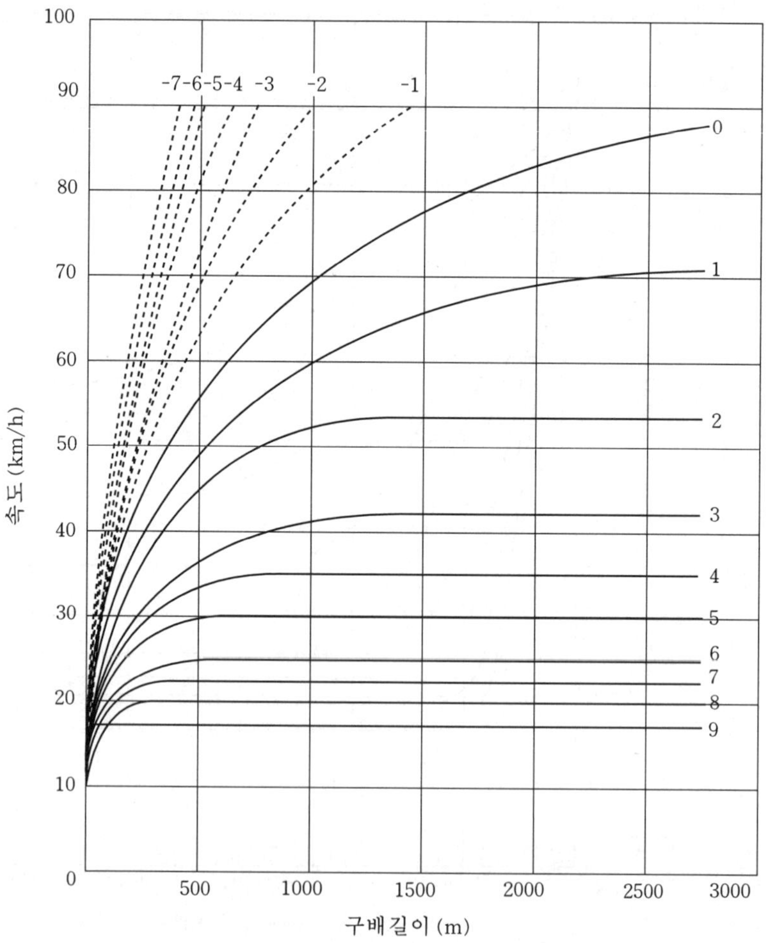

인 시각효과가 양호하도록 해야 하고 종단곡선의 길이를 되도록 길게 취하는 것이 바람직하다. 설계기준에서 규정하고 있는 최소종단곡선 길이를 만족시키는 데서 그치는 것보다는 항상 도로의 선형이 운전자에게 자연스럽게 느껴지도록 최대한의 노력을 기울여야 한다.

종단곡선에서는 곡선반경이 지점에 따라 계속해서 변화하기 때문에, 설계요소로서 곡선반경을 택할 수 없다. 그 대신 이와 비슷한 기능을 수행하는 설계요소로서 종단곡선 변화비율을 사용하며, 이는 다음과 같이 결정한다.

[표 8-20] 우리나라 도로의 최소종단곡선 변화비율[1)]

설계속도 (단위: km/시)	곡 선 형	최소종단곡선 변화비율 (단위: m/%)
120	볼록곡선	190
	오목곡선	70
100	볼록곡선	100
	오목곡선	50
80	볼록곡선	50
	오목곡선	35
70	볼록곡선	30
	오목곡선	25
60	볼록곡선	20
	오목곡선	20
50	볼록곡선	10
	오목곡선	12
40	볼록곡선	5
	오목곡선	7
30	볼록곡선	3
	오목곡선	4
20	볼록곡선	1
	오목곡선	2

$$K = \frac{L}{A} \qquad \cdots\cdots (8.47)$$

이 식에서 보는 대로 종단곡선 변화비율은 종단구배 변화에 필요한 종단곡선 길이로서 그 값이 크면 완만한 곡선이 된다.

[표 8-20]은 우리나라의 최소종단곡선 변화비율이다.

8.5.4 종단곡선의 최소길이

종단곡선의 길이는 종단구배의 변화량 A와 설계속도에 의해 결정된다. 종단곡선은 볼록곡선과 오목곡선으로 크게 나누어지는데 볼록곡선은 **crest curve**라고 한다. 오목곡선은 **sag curve**라고 하며 [그림 8-31]은 볼록곡선과 오목곡선의 각종 형태를 나타내고 있다.

종단곡선의 설계에 있어서 종단곡선의 중점은 종단구배의 교차점에 설치하는 것이 보통이다. 따라서 직선부와 곡선부의 차이는 종단곡선의 시점에서부터 수평거리의 제곱으로 표시되며 종단곡선에서의 중점에서

[그림 8-31] 종단곡선의 여러 형태[2)]

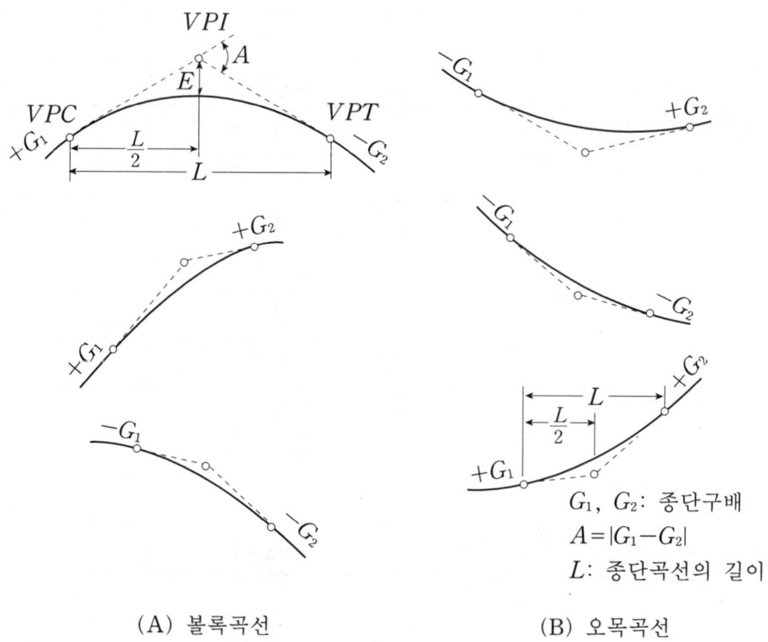

이 값은 다음과 같이 표시한다.

$$E=\frac{AL}{800} \qquad \cdots\cdots (8.48)$$

여기서,
L=종단곡선의 길이(m)
$A=|G_2-G_1|$(%)

종단곡선에서 최소길이를 결정할 때 중요한 것은 시거를 확보해야 한다는 점이므로 시거에 의한 최소길이를 계산해 보면 다음과 같다.

1) 볼록곡선의 경우

1) 시거가 종단곡선 길이보다 짧은 때($S<L$): 시거의 시작과 끝, 즉 운전자와 장애물이 모두 종단곡선 안에 있는 경우를 고려한 것으로 [그림 8-32]와 같이 나타낼 수 있다. [그림 8-32]에서

$$e=k\left(\frac{L}{2}\right)^2 \qquad \cdots\cdots (8.49)$$

$$h_1=k(d_1)^2,\ h_2=k(d_2)^2 \qquad \cdots\cdots (8.50)$$

식(8.49), (8.50)에서

$$\frac{4(d_1)^2}{L^2}=\frac{h_1}{e},\quad \frac{4(d_2)^2}{L^2}=\frac{h_2}{e} \qquad \cdots\cdots (8.51)$$

그런데 $e=\frac{AL}{800}$이므로 시거는 다음과 같이 표시된다.

$$S=d_1+d_2=(\sqrt{2h_1}+\sqrt{2h_2})\times\sqrt{\frac{100L}{A}} \qquad \cdots\cdots (8.52)$$

따라서 종단곡선의 최소길이 $L_{\min}$은 다음과 같다.

$$L_{\min}=\frac{S^2A}{100(\sqrt{2h_1}+\sqrt{2h_2})^2} \qquad \cdots\cdots (8.53)$$

[그림 8-32] 두 점이 모두 종단곡선 안에 있을 때(볼록곡선)[4]

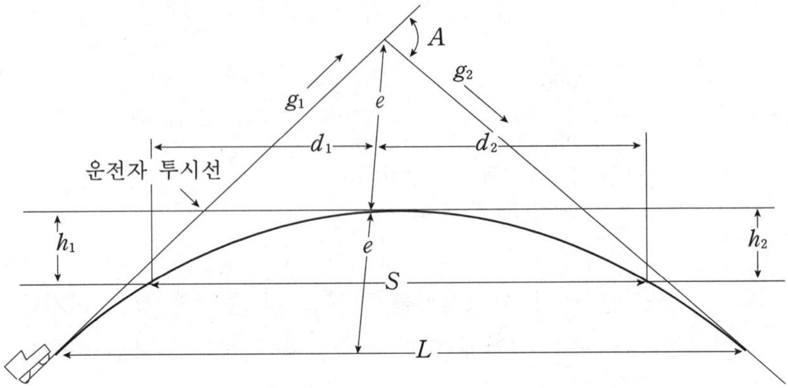

2) 시거가 종단곡선 길이보다 길거나 같을 때($S \geq L$): [그림 8-33]은 이에 해당하는 경우를 그림으로 표시한 것이다. [그림 8-33]에서 시거를 최소로 하기 위해서는 g_1과 g_2가 같은 양이어야 하므로

$$S=\frac{L}{2}+100\left(\frac{h_1}{g_1}+\frac{h_2}{g_2}\right) \qquad \cdots\cdots (8.54)$$

식(8.54)를 L에 대해서 미분하게 되면

$$\frac{h_1}{(g_1)^2}-\frac{h_2}{(g_2)^2}=0$$

$$\therefore \quad g_2=\sqrt{\frac{h_2}{h_1}}\times g_1 \qquad \cdots\cdots (8.55)$$

또한

$$A=g_2+g_1=\left(\sqrt{\frac{h_2}{h_1}}+1\right)g_1=\left(\frac{\sqrt{h_1}+\sqrt{h_2}}{\sqrt{h_1}}\right)g_1 \qquad \cdots\cdots (8.56)$$

따라서

$$g_1=\frac{\sqrt{h_1}}{\sqrt{h_1}+\sqrt{h_2}}\times A$$

[그림 8-33] 시거가 종단곡선 길이보다 긴 경우(볼록곡선)[4)]

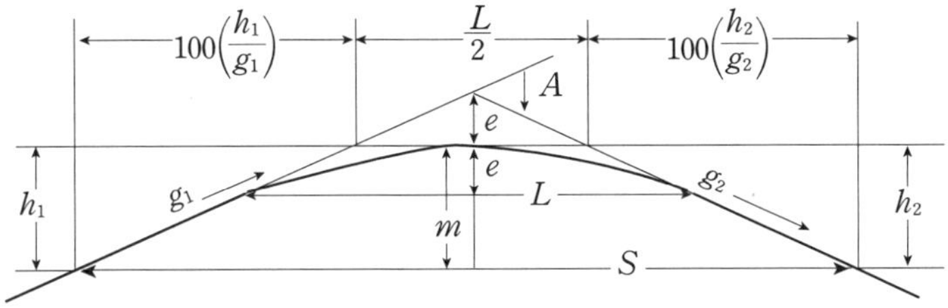

$$g_2 = \frac{\sqrt{h_2}}{\sqrt{h_1}+\sqrt{h_2}} \times A \qquad \cdots\cdots (8.57)$$

식(8.54), (8.57)에서

$$S = \frac{L}{2} + \frac{100(\sqrt{h_1}+\sqrt{h_2})^2}{A} \qquad \cdots\cdots (8.58)$$

따라서 종단곡선의 최소길이는 다음과 같다.

$$L_{\min} = 2S - \frac{200(\sqrt{h_1}+\sqrt{h_2})^2}{A} \qquad \cdots\cdots (8.59)$$

2) 오목곡선의 경우

오목곡선의 최소길이를 결정하기 위해서는 차량 전조등의 시거, 운전자의 쾌적성, 도로면의 배수 및 기타 미관상 문제 등을 고려하여야 한다. 이 중에서 차량 전조등의 시거가 가장 중요하다고 볼 수 있으므로 이에 대해서 검토하면 다음과 같다.

1) 시거가 종단곡선 길이보다 짧은 경우($S<L$): 보통 차량의 전조등은 도로면으로부터 0.5~0.6m에 위치하고 전조등은 1° 정도 위로 경사지게 비친다고 생각한다. [그림 8-34]에서 B'는 전조등이 비치는 도로면의 위치이다. 먼저 곡선의 종점과 시점간의 표고차는 다음과 같다.

$$DB = \frac{A}{100}\left(\frac{L}{2}\right) \qquad \cdots\cdots (8.60)$$

[그림 8-34] 시거가 종단곡선 길이보다 짧은 경우(오목곡선)

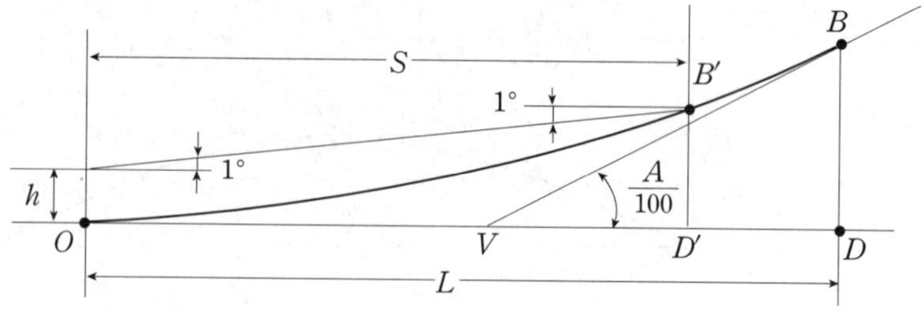

$$D'B' = \left(\frac{S}{L}\right)^2 DB = \left(\frac{S}{L}\right)^2 \frac{AL}{200} = \frac{S^2 A}{200L} \quad \cdots\cdots (8.61)$$

한편 전조등을 기준으로 $D'B'$표고를 계산하면

$$D'B' = h + (\tan 1°)S = h + (0.0175)S \quad \cdots\cdots (8.62)$$

식(8.61), (8.62)에서 h는 0.6m로 생각하면

$$L_{\min} = \frac{S^2 A}{120 + 3.5S} \quad \cdots\cdots (8.63)$$

2) 시거가 종단곡선 길이보다 길거나 같은 경우($S \geq L$): [그림 8-35]에서 $D'B'$의 위치에 관한 식은 다음과 같다.

$$D'B' = \frac{A}{100}\left(S - \frac{L}{2}\right) \quad \cdots\cdots (8.64)$$

$$D'B' = h + (0.0175)S = 0.6 + 0.0175S \quad \cdots\cdots (8.65)$$

[그림 8-35] 시거가 종단곡선 길이보다 긴 경우(오목곡선)[4)]

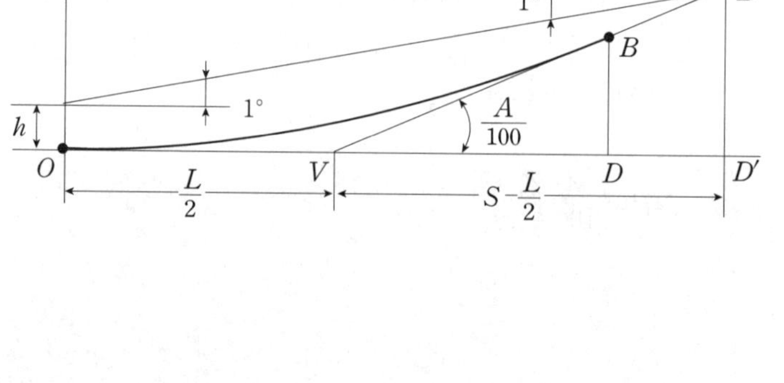

[그림 8-36] 볼록곡선 최소종단곡선 길이

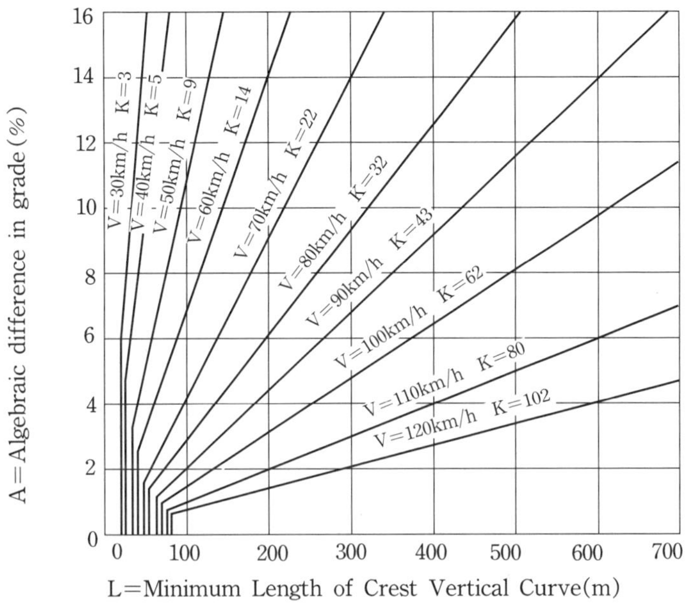

[그림 8-37] 오목곡선 최소종단곡선 길이

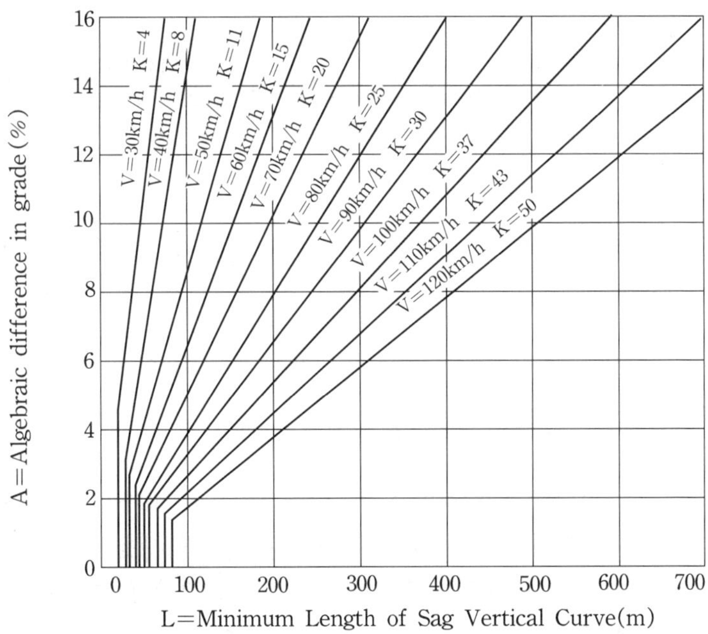

식(8.64), (8.65)에서 종단곡선의 최소길이는 다음과 같이 표시된다.

$$L_{\min}=2S-\frac{120+3.5S}{A} \qquad \cdots\cdots \ (8.66)$$

이와 같은 사항을 종합하여 종단곡선의 최소길이를 결정하는 데 매번 이 계산과정을 거치는 것은 복잡한 일이므로 **AASHTO** 등 외국에서는 도표를 작성하여 실무자들이 쉽게 이용토록 하고 있다. [그림 8-36]와 [그림 8-37]은 블록곡선과 오목곡선에 대한 **AASHTO**의 최소종단곡선 길이 산정표이다.

[예제 8-14] 설계속도가 80km/시, A=4%인 블록 종단곡선의 최소길이를 최소정지시거가 만족되도록 구하라.

풀이 먼저 설계속도 80km/시인 때의 최소정지시거를 구하면 [표 8-3]에 의해 140m가 된다. 따라서 이 값을 식(8.53)과 식(8.59)에 대입하고 운전자 눈높이 1.0m와 장애물 높이 15cm를 대입하면 종단곡선의 최소길이 $L_{\min}$은 다음과 같다.

(1) $S<L_{\min}$일 때

$$L_{\min}=\frac{S^2A}{100(\sqrt{2h_1}+\sqrt{2h_1})^2}=\frac{(140)^2(4)}{100(\sqrt{2(1.0)}+\sqrt{2(0.15)})^2}$$
$$\cong 204\,\text{m}$$

(2) $S\geq L_{\min}$일 때

$$L_{\min}=2S-\frac{200(\sqrt{h_1}+\sqrt{h_2})^2}{A}=2(140)-\frac{200(\sqrt{1.0}+\sqrt{0.15})^2}{4}$$
$$=184\text{m}$$

따라서 이 종단곡선의 최소길이는 204m이다.

3) 종단곡선에서의 표고

종단곡선의 길이는 측량한 값이므로 해수면을 기준으로 하여 수평방향으로 나타낸다. [그림 8-31]은 종단곡선을 나타내는 것으로 종단곡선의 시점을 VPC, 종점을 VPT, 중점을 VPI로 표시한다. 종단곡선의 중점 VPI에서 연직으로 직선을 그으면 이 선은 종단곡선의 길이 L을 양분한다. 그러나 종단곡선 중 가장 높은 위치를 나타내는 점이 반드시 VPI에서 연직으로 내린 직선상에 위치하지는 않는다.

[그림 8-31]에서 이 종단곡선의 종단구배 변화값 A는 다음과 같다.

$$A = |G_2 - G_1| \qquad \cdots\cdots (8.67)$$

종단곡선에서 A에 대한 종단곡선 길이의 비를 K로 표시하며 이는 다음과 같다.

$$K = \frac{L}{A} \qquad \cdots\cdots (8.68)$$

종단곡선의 접선과 종단곡선간의 표고차를 **Offset**이라고 하며 이는 포물선의 특성에 의해 다음과 같이 표시된다.

$$y = 4E\left(\frac{x}{L}\right)^2 \qquad \cdots\cdots (8.69)$$

여기서,
$x = VPC$에서부터의 수평거리
E = 종단곡선의 외선장 = $\frac{AL}{800}$

따라서 종단곡선상의 점 P에 대한 표고는 다음과 같이 표시할 수 있다.

$$ELE_P = ELE_{VPC} + G_1 \cdot x + y$$
$$= \begin{cases} ELE_{VPC} + G_1 \cdot x - \dfrac{Ax^2}{2L}: \text{ 볼록곡선} \\ ELE_{VPC} - G_1 \cdot x + \dfrac{Ax^2}{2L}: \text{ 오목곡선} \end{cases} \qquad \cdots\cdots (8.70)$$

볼록종단곡선에서 최고 높은 표고를 나타내는 점과 오목종단곡선에서 최저표고인 점의 위치를 알아내는 것은 배수의 관점에서 매우 중요하다. 이들 위치를 알아내기 위해서 임의의 점 P에 대한 표고를 x에 대해 미분하면 다음과 같다.

$$\frac{d(ELE_P)}{dx} = G_1 - \frac{A}{L} \cdot x \qquad \cdots\cdots (8.71)$$

식(8.71)이 0이 되는 점이 찾고자 하는 지점이므로

$$G_1 - \frac{A}{L} x = 0$$

$$\therefore \quad x = \frac{G_1 \cdot L}{A} \qquad \cdots\cdots (8.72)$$

따라서 종단곡선의 시점 VPC로부터 수평방향으로 x되는 지점에서 최고 높은 표고를 나타내게 된다.

[예제 8-15] 다음과 같은 종단곡선에서 VPC, VPI, VPT와 VPC로부터 30 m, 50 m 지점에서의 표고를 구하라. 또한 이 곡선 중 최고 높은 표고를 갖는 지점에서의 표고를 구하라. 단, VPI의 표고는 648.64 m이다.

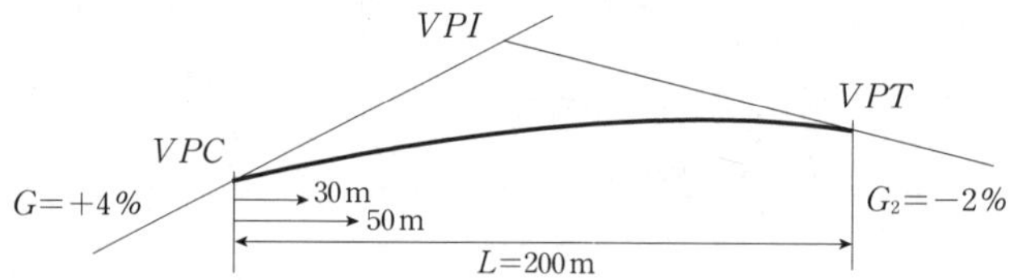

풀이 $A = |-2-4| = 6\%$

최고점의 위치는 식(8.72)에 의해 $x = \frac{(4)(200)}{6} = 133.3\text{m}$

〈표〉 종단곡선에서의 표고 산출 예

지 점	VPC로부터의 거리 x	표 고 (m)
VPC	0.00	$648.64 - \left(\frac{1}{2}\right)(200)(4)\left(\frac{1}{100}\right) = 644.44$
VPI	100.00	$644.64 + (4)(1) - (6)(1)^2/(2\times2) = 647.14$
VPT	200.00	$644.44 + (4)(1) - (6)(2)^2/(2\times2) = 642.64$
30m 지점	30.00	$644.64 + (4)(0.3) - (6)(0.3)^2/(2\times2) = 645.71$
50m 지점	50.00	$644.64 + (4)(0.5) - (6)(0.5)^2/(2\times2) = 646.27$
최고점	133.33	$644.64 + (4)(1.33) - (6)(1.33)^2/(2\times2) = 647.31$

다음의 각 지점에서의 표고를 식(8.70)에 의해 산출한 값이다.

[예제 8-16] +5%와 −5% 종단구배지가 만나는 지점에 30m 길이의 교량을 설치코자 한다. 이 도로구간에서 운전자들이 필요한 최소정지시거는 450m이며 교량에서 최소한 2%의 구배가 유지되어야 한다면 이 종단곡선의 중점은 교량의 중점으로부터 어느 만큼의 거리상에 있는가?

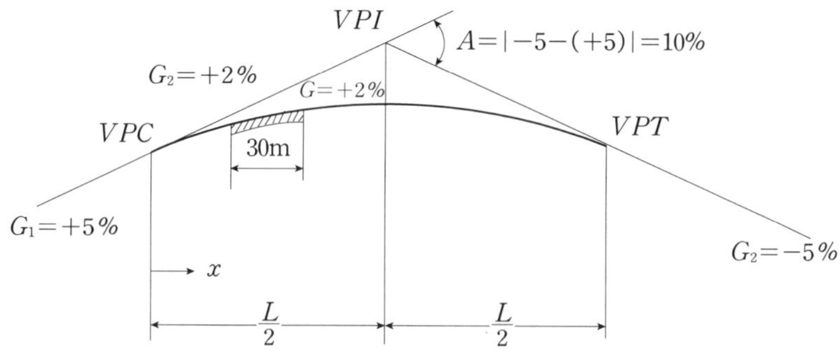

풀이 이 종단곡선의 길이는 문제의 조건에 의해 최소한 450m이어야 한다. 따라서 $L=450\,\text{m}$이고 곡선의 중점 VPI까지의 거리 x_1은

$$x_1=\frac{L(G_1-0)}{|G_1-G_2|}=\frac{(450)(5-0)}{10}=225\,\text{m}$$

종단구배가 +2%가 되는 곳에서 교량이 끝나게 되므로 그곳의 거리 x_2는

$$x_2=\frac{(450)(5-2)}{|G_1-G_2|}=135\,\text{m}$$

따라서 교량의 중점으로부터 종단곡선의 중점까지의 거리 x_3는

$$x_3=x_1-x_2+\frac{30}{2}=225-135+15=105\,\text{m}$$

[예제 8-17] (1) 한 차량이 80km/시의 속도로 달리고 있다. 운전자의 인지/반응시간이 1초라고 할 때 마찰계수가 0.3인 평탄지 도로에서의 최소정지시거를 구하라.

(2) (1)번 문제에서 운전자가 음주로 인해 인지/반응시간이 5초로 길어졌다면 이 운전자에 대한 최소정지시거는 얼마인가?

(3) 만약 (2)번 문제에서 이 운전자가 −3% 종단구배지를 주행한다면 최소정지시거는 얼마인가?

풀이 (1) 최소정지시거

$$MSSD=\left(\frac{1}{3.6}\right)V(t_{P/R})+\frac{V^2}{254(f\pm G)}$$

$$=\left(\frac{1}{3.6}\right)(80)(1.0)+\frac{80^2}{254(0.3+0)}=106.2\,\text{m}$$

(2) $MSSD=\left(\frac{1}{3.6}\right)(80)(5.0)+\frac{80^2}{254(0.3+0)}=195\,\text{m}$

(3) $MSSD=\left(\frac{1}{3.6}\right)(80)(5.0)+\frac{80^2}{254(0.3-0.03)}=204.4\,\text{m}$

8.6 평면교차로의 설계

평면교차로는 2개 이상의 도로가 서로 교차하거나 합해지는 경우에 생겨나는 공유도로부를 말한다. 평면교차로의 주된 설치목적은 통행경로를 바꾸는 데 있다. 방향이 다른 교통흐름이 동일한 시점에 교차로상의 한 점을 서로 점유함으로써 발생하는 상충(conflict)현상은 교차로의 고유한 특성 중의 하나이다. 따라서 교차로 설계에서는 상충을 효과적으로 처리할 수 있는 설계방안을 수립하는 것이 중요하며 운전자들로 하여금 상충의 가능성을 깨달아 미리 대비할 수 있도록 하는 설계기법이 중요하다. 또한 일반적으로 평면교차로의 용량은 단일구간의 절반이라고 보아야 하므로 도시 교통망의 효율적 교통흐름을 위해서 평면교차로의 역할은 매우 중요하다.

이 절에서는 평면교차로 설계에 관련된 제반 사항을 설명한다.

8.6.1 상충의 유형

교차로의 상충에는 기본적으로 같은 방향에서 발생하는 분류상충 및 합류상충이 있고 직각 방향으로 발생하는 교차상충, 그리고 엇갈림 상충의 4가지로 고려할 수 있다. 교차로설계의 공학적 개념은 기본적으로 이와 같은 상충에 관한 해결방안을 도출하는 데 주안점을 두게 된다. 바람직한 교차로설계란 상충의 횟수를 최소화하여 운전자들로 하여

[그림 8-38] 평면교차로에서의 상충유형

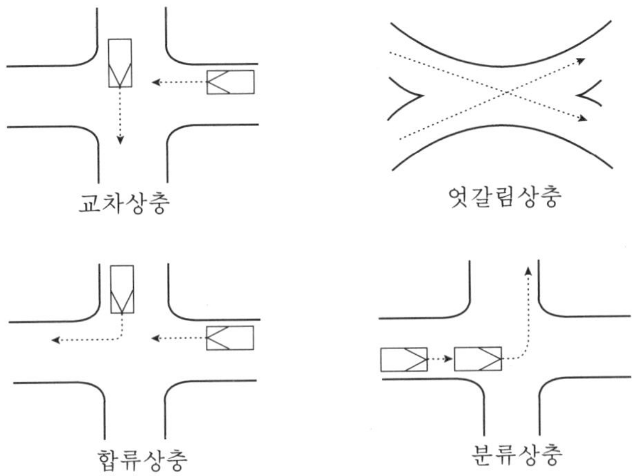

금 한 시점에서 되도록 단순한 의사결정과정을 거치도록 유도하는 것이다. [그림 8-38]은 평면교차로에서의 상충유형을 도시하고 있다.

평면교차로의 상충 중에서 과연 어느 상충이 중요한지를 알기 위해서 상충의 형태, 상충이 포함하는 교통량, 상충이 발생하는 시기 및 위치, 그리고 상충 교통류의 평균속도 등이 분석되어야 한다. 예를 들어 교차로로 진입하고 있는 두 대의 차량은 서로 속도가 다른데 이를 상대속도라고 한다. 이 상대속도는 교차로설계에서 되도록 작게 유지되어야 하는데 상대속도가 작아야만 차량운전자들에게 판단시간을 많이 확보해 주게 된다. 한편 상대속도가 크지 않아야 연속해서 달리는 차량들은 차두간격을 작게 유지할 수 있으므로 평면교차로의 용량을 증대시킬 수 있게 된다.

8.6.2 평면교차로의 형태

교차로는 상충을 어떻게 처리하는가에 따라 평면교차로와 입체교차로로 구분할 수 있다. 평면교차로란 상충을 처리하기 위해 시간적 분리를 이용하는 것이고, 입체교차로는 1개 이상의 상충을 입체교차의 방법으로 분리하는 형태이다. 입체교차에 대해서는 8.7절에서 상세히 설명하기로 하고 여기서는 평면교차로에 대해서 설명한다.

평면교차로의 형태는 교차하는 도로의 수, 교차각 및 교차 위치에 따라 구분되는데 일반적으로 (i) 3지 교차로, (ii) 4지 교차로, (iii) 5지 이상 교차로, (iv) 로타리 교차로로 구분할 수 있으며 보다 상세한 평면교차로 형태는 [그림 8-39]에서 보는 바와 같다.

8.6.3 평면교차로 설계의 기준

평면교차로의 설계에는 다음과 같은 다섯 가지 기본요소가 고려되어야 한다.

1) 인적 요소

- 주행 습관
- 판단 능력
- 운전자의 기대치
- 반응시간
- 차량 주행경로에의 순응 정도
- 보행자의 특성

2) 교통류 요소

- 설계교통량
- 회전교통량
- 차량의 제원 및 회전궤적
- 보행량 및 버스 교통량
- 차량 속도
- 대중교통수단과의 연결성
- 교통제어에 관련된 사항

3) 기하구조 요소

- 주변 토지의 특성
- 종단선형
- 시 거

[그림 8-39] 평면교차로의 형태

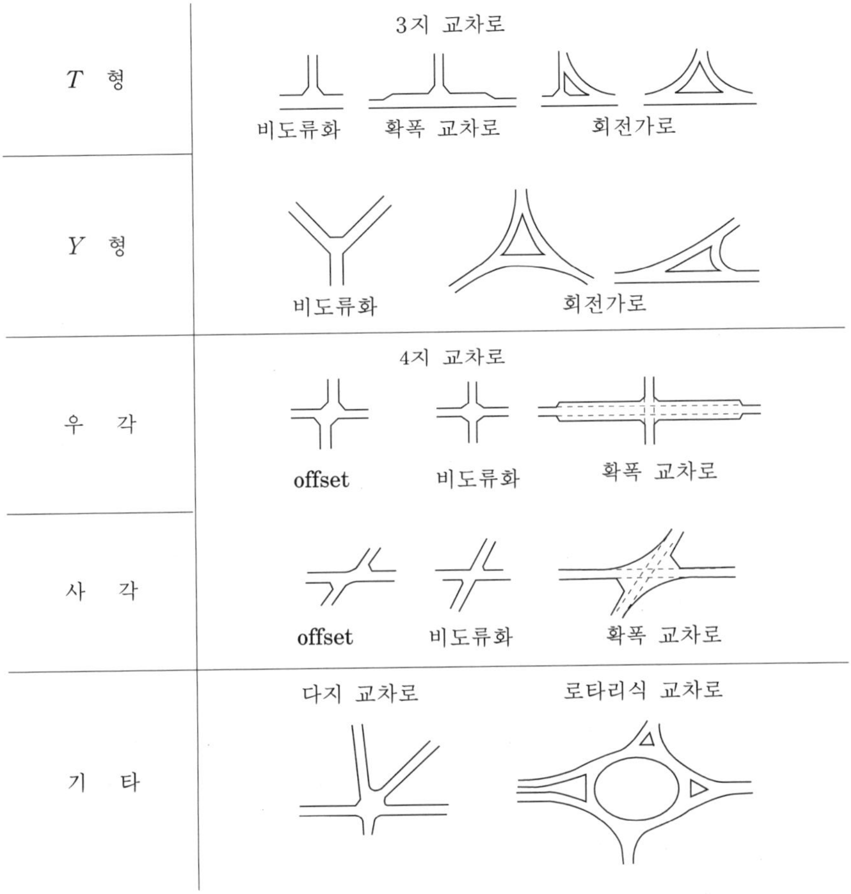

- 교 차 각
- 배 수
- 속도변화구간
- 교통통제시설
- 조명시설
- 안전시설

4) 경제적 요소

- 공 사 비

- 도로폭의 확보
- 연료소비

5) 환경 요소

- 소 음
- 공 해
- 생태계의 파괴 정도

8.6.4 평면교차로 설계의 기본원리

평면교차로를 전체적으로 보아 설계할 때는 종단구배, 시거, 교차각의 합리적인 처리 등 기하구조적인 관점이 주요사항이 되지만 실제로 평면교차로는 상충을 효과적으로 처리하는 것이 핵심이 되므로 교차로를 여러 부분으로 나누어 각 부분에 대해 상세히 고려하는 것이 필요하다. 평면교차로 설계에서 고려해야 할 기본원리는 다음과 같다.

1) 상충의 횟수를 최소화해야 한다. 교차로의 상충횟수는 교차로의 차로 수가 증가하면 급격히 늘어난다. 예를 들어 4지 교차로의 경우 32개의 상충이 발생하지만 6지 교차로의 상충횟수는 172에 이른다. 따라서 4지 교차로 이상의 평면교차로가 발생하는 경우 초과하는 접근로는 그 중요성에 근거해서 평면교차로로부터 단절시켜야 한다.
2) 상대속도를 작게 해야 한다. 상충이 발생하는 교통류간의 상대속도를 작게 하고 그 교차각도 되도록 30 이하로 유지되어야만 차량의 흐름이 연속적으로 이루어져 효과적인 평면교차로의 설계가 이루어진다. 상대속도는 교통류간의 속도 차이가 크거나 교차각이 클 경우에 생기게 되므로 교통통제시설을 통하여 적정한 속도를 유지하도록 해야 한다. [그림 8-40]은 두 개의 상충 교통류간에서 발생하는 상대속도를 도시하고 있다.
3) 기하구조와 교통통제 운영방법이 조화를 이루어야 한다. 상대속도가 적으면 교통통제시설의 필요성이 감소하게 된다. 그러나 상대속도가 높게 되면 감속표지나 일단정지 등의 표지를 설치하

[그림 8-40] 상충류간의 상대속도

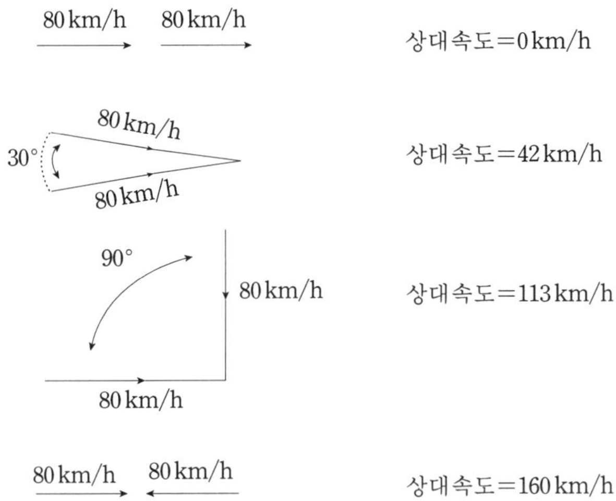

여 교통통제시설을 통해 속도를 규제해야 한다. 상대속도가 높을 경우 위험한 차량주행을 저지하기 위해 차량 진행경로에 교통섬을 설치하는 등의 방법으로 적극적인 속도규제방안을 시행해야 한다.

4) 적극적인 상충처리방법을 적용해야 한다. 상충을 처리하기 위한 방법에는 그 적극성에 따라 분류할 때 (i) 전혀 통제하지 않고 운전자들의 판단에 맡기는 방법, (ii) 교통표지나 신호등을 사용하는 방법, (iii) 엇갈림을 사용하는 방법, (iv) 교통섬에 의한 방법 등이 있다. 물론 적극적인 상충처리방법을 적용하는 경우 그만큼 효과적이고 안전한 도로 운영을 기대할 수 있지만 그 대신 많은 공사비가 소요된다. [그림 8-41]은 상충처리의 예이다.

5) 가급적 회전차로를 활용토록 한다. 교차로 내에서의 우회전 및 좌회전 차량은 교차로의 운영에 지대한 영향을 미친다. 따라서 회전 교통류를 효과적으로 처리하기 위해 회전차로를 독립적으로 설치하는 것이 바람직하다.

6) 분류나 합류가 여러 번 발생하지 않도록 한다. 교차로 내에서 상충을 겪게 되는 운전자의 입장에서 보면 상충 1회에 많은 집중력과 판단력이 소요되므로 한 주행경로에서 여러 번의 상충이

[그림 8-41] 분류교통류의 상충처리를 위한 개선 예

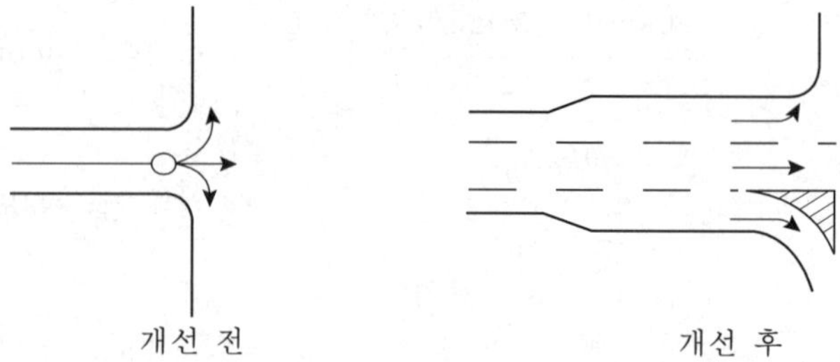

발생하지 않도록 해야 한다.

7) 상충은 서로 분리해야 한다. 상충의 위치가 근접해 있으면 위험성이 증가하고 차량 혼잡이 가중되므로 상충지점을 분리시켜야 한다. 또한 같은 지점에서 서로 다른 상충이 발생하는 것은 절대 억제해야 한다.

8) 가장 많은 교통량과 높은 속도를 갖는 교통류를 우선적으로 처리해야 한다.

9) 상충이 발생하는 지점을 최소로 유지해야 한다. 교차로의 면적이 너무 넓게 되면 운전자들은 혼동을 하게 되어 비효율적으로

[그림 8-42] 상층면적의 최소화 예

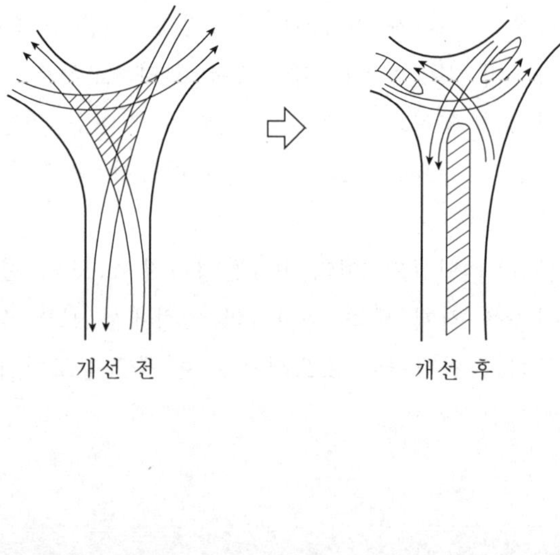

교차로가 운영된다. 교차로의 면적은 교차로의 교차각이 기울어져 있거나 여러 지선이 있는 경우 증가하며, 교차로가 넓게 되는 경우 도류화기법을 적극 활용해야 한다. [그림 8-42]는 상충면적을 최소한으로 유지하는 예이다.

10) 교통특성이 서로 다른 교통류는 분리시켜야 한다. 속도가 서로 다른 교통류가 뒤섞여 있는 경우 이들을 분리하여 생각하는 것이 바람직하다. 예를 들어 직진 교통과 좌회전 교통이 함께 흐르는 경우 좌회전 차로를 마련하여 교통류를 분리하는 것이 바람직하다. 이미 도시한 [그림 8-41]은 이러한 예이다.

8.6.5 평면교차로의 중심선 처리

평면교차로는 차량, 보행자 및 시설물이 복잡하게 얽혀 있는 지점으로서 교통사고의 위험성이 높고 교통운영상태가 저하할 우려가 많은 곳이다. 따라서 도로의 선형은 되도록 직선을 유지하도록 하여 일단 교차로에 진입한 운전자나 보행자들이 최소한의 시간을 가지고 교차로를 신속하고 안전하게 통과하는 것이 중요하다. 다음은 평면교차로의 중심선 설계에서 고려해야 할 사항들이다.

1) 평면선형

교차로의 형태에 상관없이 서로 교차하는 도로는 직각에 가깝도록 설계하는 것이 바람직하다. 예각으로 교차하는 도로는 회전부에 많은 도로부분이 소모되고 운전자의 시야를 확보하지 못하는 원인이 된다. 반면에 둔각으로 교차하는 경우 운전자는 한 쪽을 볼 수 없게 된다. [그림 8-43]은 교차로의 평면선형을 개선하는 방법을 도시한 것이다.

(A)와 (B)의 경우 예각 교차를 직각으로 바꾸는 것은 바람직하지만 이로 인해 차량의 주행속도가 높아져서 주도로의 주행속도와 대등하게 되면 교통사고 발생의 원인이 되므로 주의해야 한다.

(C)와 (D)는 교차하는 도로를 주도로와의 교차부에서 분리시키는 방법으로서 (C)의 경우 주도로를 횡단하는 통행은 주도로에서 좌회전을 해야 하므로 (D)방법에 비해 좋지 않은 설계가 된다. 따라서 (C)방

[그림 8-43] 평면교차로의 개선 예

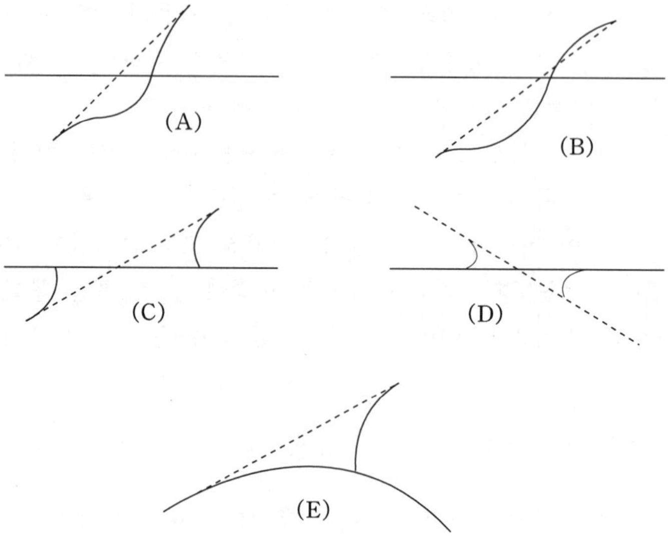

법은 주도로를 횡단하는 교통량이 많지 않은 경우에만 적용할 수 있다. (D)방법은 (C)방법과는 달리 주도로를 횡단하는 통행량이 주도로에서 우회전을 하게 되므로 (C)방법보다 우수한 방법이다. 주도로가 급한 곡선을 갖는 경우에 또 하나의 도로를 직선으로 연결하는 것은 매우 위험한 상태를 발생시키게 된다. 즉, [그림 8-43]의 (E)와 같은 경우 접속도로를 직선으로 연결시키기보다는 직각으로 연결시키는 것이 시거의 확보면에서 바람직하다.

2) 종단선형

교차로 부근에서는 항상 시거가 충분히 확보되도록 해야 하며 정지선에서 정지하고 있는 차량의 안전을 위해 종단구배는 최대한의 기준을 초과하지 않아야 한다. 일반적으로 종단구배가 3%를 넘게 되면 제동거리를 포함하여 도로설계에서 고려되었던 기준값들이 현저히 달라지게 되나 운전자들은 이러한 상황을 피부로 느끼지 못하므로 위험을 내포하는 경우가 많다. 따라서 교차로에서는 종단구배를 3% 이내에서 유지하는 것이 바람직하며 만약 공사비 관계상 3%를 넘는 경우 종단구배는 6%를 넘지 않도록 하되 종단구배의 증가와 관련된 제반 설계기준이 조정되어야 한다. 또한 교차로에서의 종단구배 변화는 주도로를 그대로 두고 접속도로를 조정하는 것이 바람직하나 속도가 그다지 높지 않은 경우 교차하는 두 도로의 횡단구배를 모두 평면으로 조정하여 교차시키는 수도 있다. 이 때 교차로의 배수가 중요하며 정상적인 횡단구배에서 평면으로 변화하는 과정이 점진적으로 수행되어야 한다.

8.6.6 평면교차로의 기하구조 설계

1) 설계차량

평면교차로의 설계는 평면교차로 시거를 확보할 수 있도록 해당 도로의 설계차량 제원 및 최소회전반경을 고려해서 이루어진다. 최소회전

[그림 8-44] 설계기준 차량 회전궤적도

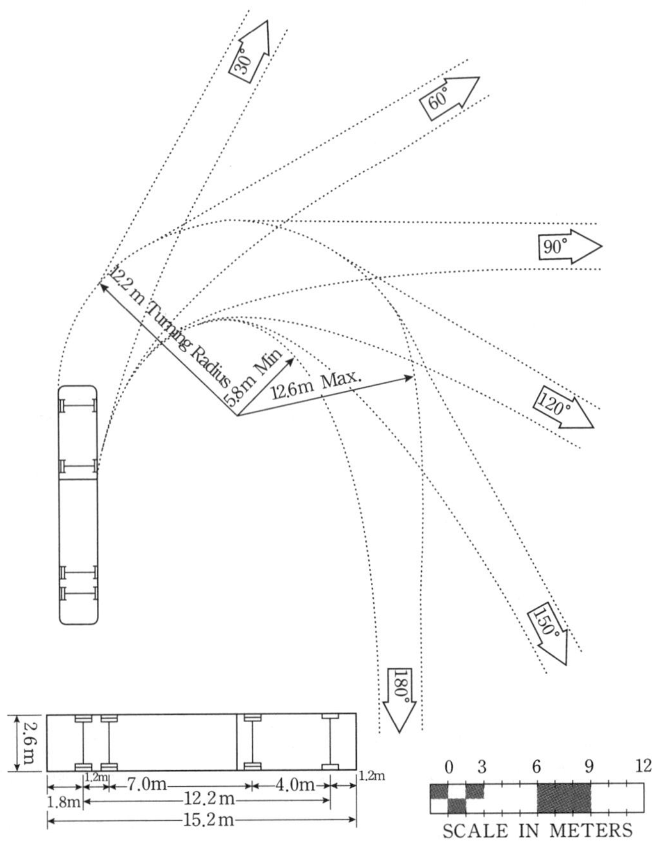

반경은 보통 중·대형자동차의 최소회전반경이 임계치가 되며 도로중심선을 침범하지 않도록 유의해야 한다. 또한 최소회전반경과 더불어 평면교차로에서는 교차하는 도로의 교차각에 따라 차량의 주행궤적이 크게 달라지게 되므로, 차량의 전륜과 후륜의 주행궤적을 고려한 '회전궤적도'(turning path templates)의 활용이 바람직하다.

[그림 8-44]은 미국 AASHTO 설계기준의 회전궤적도 예[2)]이다.

2) 평면교차로 시거

평면교차로 설계의 가장 중요한 점은 두 개의 서로 다른 교통류가 접근하고 있을 때 이들 상호간에 충분한 시간 이전에 서로의 존재를 인식하여 미리 각자의 통행권을 설정하여 둘 중 하나는 양보할 수 있는 시간을 확보해 주는 것이다. 이 과정에서 평면교차로 시거의 확보는 필수적인 요소가 되며, 또한 이는 평면교차로 설계 전반에 걸쳐 지배적 요소로 작용하게 된다. 운전자의 반응시간, 도로의 설계속도, 운전자의 눈높이, 장애물의 높이 등을 통해 평면교차로의 시거확보 여부를 검토하여 안전한 평면교차로 설계가 되도록 해야 한다.

3) 교차로내 곡선의 최소반경

평면교차로에서는 좌회전, 우회전 등을 위한 회전차로 설계가 이루어지므로 이들에 대한 최소곡선반경을 설정해야 차량의 안전주행을 도모할 수 있다. 교차로 외의 도로, 즉 단일로 구간의 중심선 설계시는 차량의 동력학적 관계식에 따른 곡선반경, 설계속도, 편구배, 횡방향 마찰계수 등의 관계가 설정되지만 평면교차로에서는 곡선반경 설정시 보행자의 영향, 교통섬의 기능, 교통제어시설의 영향, 도로의 폭원 등을 복합적으로 고려해야 한다. 우리나라의 도로시설기준령에서는 이에 대해 특별한 값을 제시하고 있지 않으나 외국의 경우 교차각에 따라 분명한 기준을 제시하고 있다. [표 8-21]은 미국 AASHTO기준이며 호주, 영국 등에서도 이와 유사한 값을 제시하고 있다.

위의 평면교차로내 최소곡선반경은 원곡선 1개로 구성된 단곡선에 대한 것이다. 이와는 달리 교차로내 곡선을 단곡선으로 하지 않고 복합곡선으로 처리하는 경우도 많으며, 이 경우 차량주행궤적이 보다 자연

스럽고 평면교차로의 면적을 감소시킬 수 있으며, 횡단보도의 길이가

[표 8-21] 교차로내 곡선의 최소반경[2)]

교차각(도)	설계차량	단 곡 선 반경(ft)	테이퍼를 설치한 단곡선		
			반경(m)	Offset(m)	테이퍼
30	P	18	—	—	—
	SU	30	—	—	—
	WB-12	45	—	—	—
45	P	15	—	—	—
	SU	23	—	—	—
	WB-12	36	—	—	—
60	P	12	—	—	—
	SU	18	—	—	—
	WB-12	28	—	—	—
75	P	11	8	0.6	10:1
	SU	17	14	0.6	10:1
	WB-12	—	18	0.6	15:1
90	P	9	6	0.8	10:1
	SU	15	12	0.6	10:1
	WB-12	—	14	1.2	10:1
105	P	—	6	0.8	8:1
	SU	—	11	1.0	10:1
	WB-12	—	12	1.2	10:1
120	P	—	6	0.6	10:1
	SU	—	9	1.0	10:1
	WB-12	—	11	1.5	8:1
135	P	—	6	0.5	15:1
	SU	—	9	1.2	8:1
	WB-12	—	9	2.5	6:1
150	P	—	6	0.6	10:1
	SU	—	9	1.2	8:1
	WB-12	—	9	2.0	8:1
180	P	—	5	0.2	20:1
	SU	—	9	0.5	10:1
	WB-12	—	6	3.0	5:1

[표 8-22] 우리나라 도로시설기준령에서 제시한 도류로 폭[1]　　(단위: m)

<table>
<tr><th>R</th><th>S</th><th>T</th><th>P</th><th>T+P</th><th>P+P</th></tr>
<tr><td>6</td><td rowspan="8"></td><td rowspan="10">6.0</td><td rowspan="3">3.5</td><td rowspan="10">9.0</td><td rowspan="16">8.0</td></tr>
<tr><td>7</td></tr>
<tr><td>8</td></tr>
<tr><td>9</td><td rowspan="20">3.0
8.5
3.0</td></tr>
<tr><td>10</td></tr>
<tr><td>11</td></tr>
<tr><td>12</td></tr>
<tr><td>13</td></tr>
<tr><td>14</td><td>9.5</td></tr>
<tr><td>15</td><td>8.5</td></tr>
<tr><td>16</td><td>8.0</td><td rowspan="2">5.5</td><td rowspan="15">7.5</td></tr>
<tr><td>17</td><td>7.5</td></tr>
<tr><td>18</td><td>7.0</td><td rowspan="4">5.0</td></tr>
<tr><td>19</td><td rowspan="3">6.5</td></tr>
<tr><td>20</td></tr>
<tr><td>21</td></tr>
<tr><td>22</td><td rowspan="2">6.0</td><td rowspan="9">4.5</td><td rowspan="13">6.0</td></tr>
<tr><td>23</td></tr>
<tr><td>24</td><td rowspan="7">5.5</td></tr>
<tr><td>25</td></tr>
<tr><td>26</td></tr>
<tr><td>27</td></tr>
<tr><td>28</td></tr>
<tr><td>29</td></tr>
<tr><td>30</td></tr>
<tr><td>31</td><td rowspan="4">5.0</td><td rowspan="4">4.0</td><td rowspan="4">7.0</td></tr>
<tr><td>32</td></tr>
<tr><td>34</td></tr>
<tr><td>36</td></tr>
<tr><td>38</td><td rowspan="4">4.5</td><td rowspan="7"></td><td rowspan="15">3.0</td><td rowspan="7"></td><td rowspan="15">6.0</td></tr>
<tr><td>40</td></tr>
<tr><td>45</td></tr>
<tr><td>50</td></tr>
<tr><td>55</td><td rowspan="6">4.0</td></tr>
<tr><td>60</td></tr>
<tr><td>70</td></tr>
<tr><td>80</td><td rowspan="8">3.5</td><td rowspan="8">6.5</td></tr>
<tr><td>90</td></tr>
<tr><td>100</td></tr>
<tr><td>110</td><td rowspan="5">3.5</td></tr>
<tr><td>120</td></tr>
<tr><td>130</td></tr>
<tr><td>140</td></tr>
<tr><td>150</td></tr>
</table>

주) S=세미트레일러연결차, T=중·대형 자동차, P=소형자동차

짧아지는 등의 이점이 있다. 복합곡선 설계에 관한 자세한 설명은 도로의 시설기준령을 참고하도록 한다.

4) 회전차로의 폭 및 편구배

회전차로의 폭은 회전차량을 신속히 처리한다는 것과, 교통섬과 함께 설치된 도류로(導流路)의 경우 보도쪽으로 주차한 차량이 있을 수 있다는 점에서 충분한 폭을 확보하는 것이 중요하다. 우리나라 도로시설기준령의 경우 그 축은 곡선반경 및 설계차량의 형태에 따라 [표 8-22]와 같이 제시되었다.

8.6.7 좌회전 차로의 설계

좌회전 차로는 평면교차로에서 좌회전 교통류를 효율적으로 처리함으로써 직진 교통류의 통과시간을 단축시키고자 설치되며 다음과 같은 기능을 제공한다.

1) 좌회전 교통류의 감속을 원만히 수행케 한다.
2) 좌회전 차량이 대기할 수 있는 공간을 확보함으로써 교통신호운영의 적정화를 꾀할 수 있게 한다.
3) 좌회전 교통류를 다른 교통류와 분리시킴으로써 평면교차로의 운영에 중요한 역할을 하는 좌회전 교통류의 영향을 최소화시킬 수 있다.

좌회전 차로의 설계에는 접근로의 테이퍼, 좌회전 차로의 테이퍼 및 길이, 좌회전 차로의 폭, 그리고 진출부의 테이퍼가 포함된다. 본 절에서는 이들 구성요소에 대해 설명하고 그 관계에 대해 알아본다.

1) 좌회전 차로 테이퍼

다음의 [그림 8-45]는 좌회전 차로를 도시하고 있다.

좌회전 차로 테이퍼는 좌회전 교통류를 직진 차로에서 좌회전 차로로 유도하는 기능을 갖는다. 이 테이퍼의 설계에는 좌회전 차량이 좌회전차로로 진입할 때 무리한 감속을 유발하지 않도록 해야 한다. 또한 테이퍼가 너무 완만하여 운전자들이 직진 차로와 혼동하지 않도록 하는

[그림 8-45] 좌회전 차로의 설계 제원[6)]

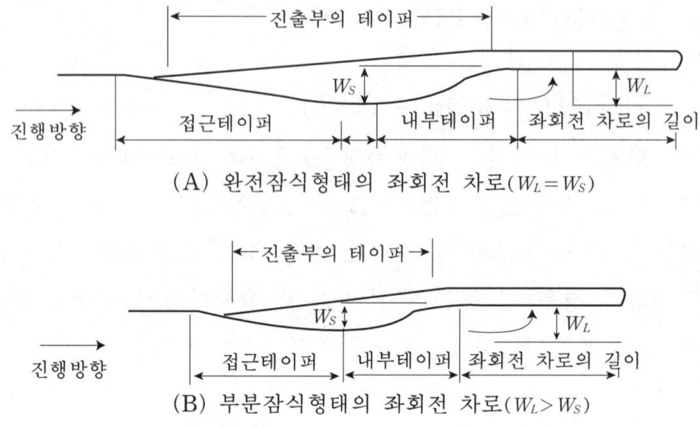

점이 충분히 고려되어야 한다.

접근로의 테이퍼와 좌회전 차로의 테이퍼가 충분히 설치되면 [그림 8-45] (A)에서 보는 것처럼 좌회전 차로는 완전히 테이퍼 부분에 의해 보호될 수 있으나 속도가 낮거나 공간의 제약을 받는 지역에서는 접근로의 테이퍼와 좌회전 차로의 테이퍼가 서로 겹쳐져서 충분히 좌회전 차로를 보호하지 못하게 된다. [그림 8-45] (B)는 부분적으로 보호된 좌회전 차로를 나타내고 있다.

테이퍼 길이는 최소한 30m가 유지되도록 해야 하며 고규격 도로인 경우 차량의 원활한 진입을 위해 감속길이를 추가로 고려할 수 있다.

2) 좌회전 차로의 길이

좌회전 차로는 좌회전 차량의 감속 및 정지를 위해 설치되며 그 길이는 속도, 교통량 및 교통통제시설의 형태에 따라 산출된다. 차로의 길이를 산출하는 데는 크게 두 가지 관점이 고려된다. 즉, 접근로에서의 속도가 별로 높지 않고 공간의 제약이 많은 경우 차량의 감속에 필요한 길이를 고려한 방법을 사용할 수 있으며, 교통량이 많은 경우 좌회전 교통량과 신호주기에 따른 길이를 산출하는 방법이 있다. 전자의 경우 좌회전 차로의 길이는 [그림 8-46]에 의해 산출한다. 또한 후자의 경우 다음 사항을 고려한다.

1) 좌회전 교통량

[그림 8-46] 교통량이 많지 않은 경우 좌회전 차로 길이의 산정방법

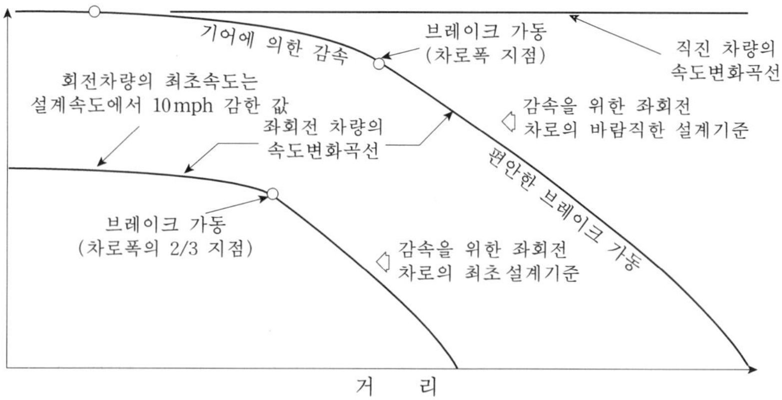

[표 8-23] 좌회전 차로의 최소 길이(교통량이 적은 경우)

테이퍼 / 속도(km/시)	전체 길이(m)	차로길이(m)	좌회전 차로 테이퍼
50	340	80	180
65	400	110	180
80	450	160	180
100	520	230	180

2) 직진 교통량

3) 차량 혼입률

4) 신호주기

[그림 8-46]에 의하여 좌회전 차로를 산출한 경우 그 길이는 [표 8-23]과 같다.

한편 교통량이 많을 때의 좌회전 차로 길이는 교통량과 신호주기를 고려하여 [그림 8-47]의 도표에 의해 결정한다.

3) 좌회전 차로의 폭

좌회전 차로의 폭을 결정하기 위해서는 속도, 교통량 및 차량 혼입률이 고려되어야 하며 일반적으로 3.5m의 차로폭이 바람직하나 부득이한 경우 이보다 작은 값을 사용할 수 있다. 그러나 2.7m 이하의 폭은 사용치 않아야 한다.

[그림 8-47] 교통량이 많을 때의 좌회전 차로 길이 산정표

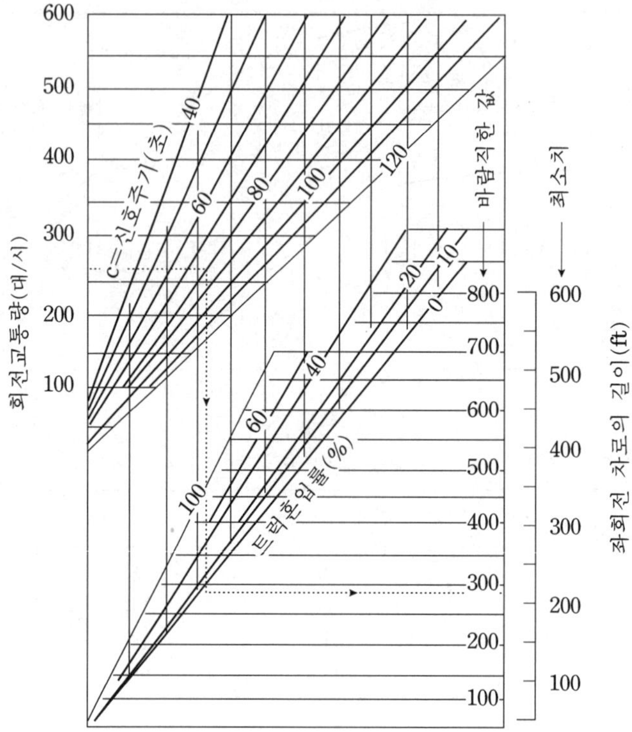

8.6.8 우회전 차로의 설계

우회전 차로의 설계시 교통량, 트럭혼입률, 용량에 대한 검토가 이루어져야 하며, 특히 보행교통량과의 상충을 고려해야 한다. 우회전 차로를 설치하기 위해서는 가감속차로를 함께 고려하는 것이 바람직하지만 현실적으로 불가능하다면 테이퍼를 통한 확폭에 의해 설치할 수도 있다.

다음은 우회전 차로 설계의 유형별 고려사항이다.

1) 단순 확폭에 의한 우회전 차로

우회전 교통량이 많은 주거단지 등에 설치한다. 적절한 곡선반경이 확보되어야 하며 테이퍼를 쓸 수도 있다. 설계속도가 60 km/h보다 낮은 도시지역 교차로에서는 보통 테이퍼를 쓰지 않고 원곡선을 통해 직접

[그림 8-48] 단순확폭에 의한 우회전차로 설치 예

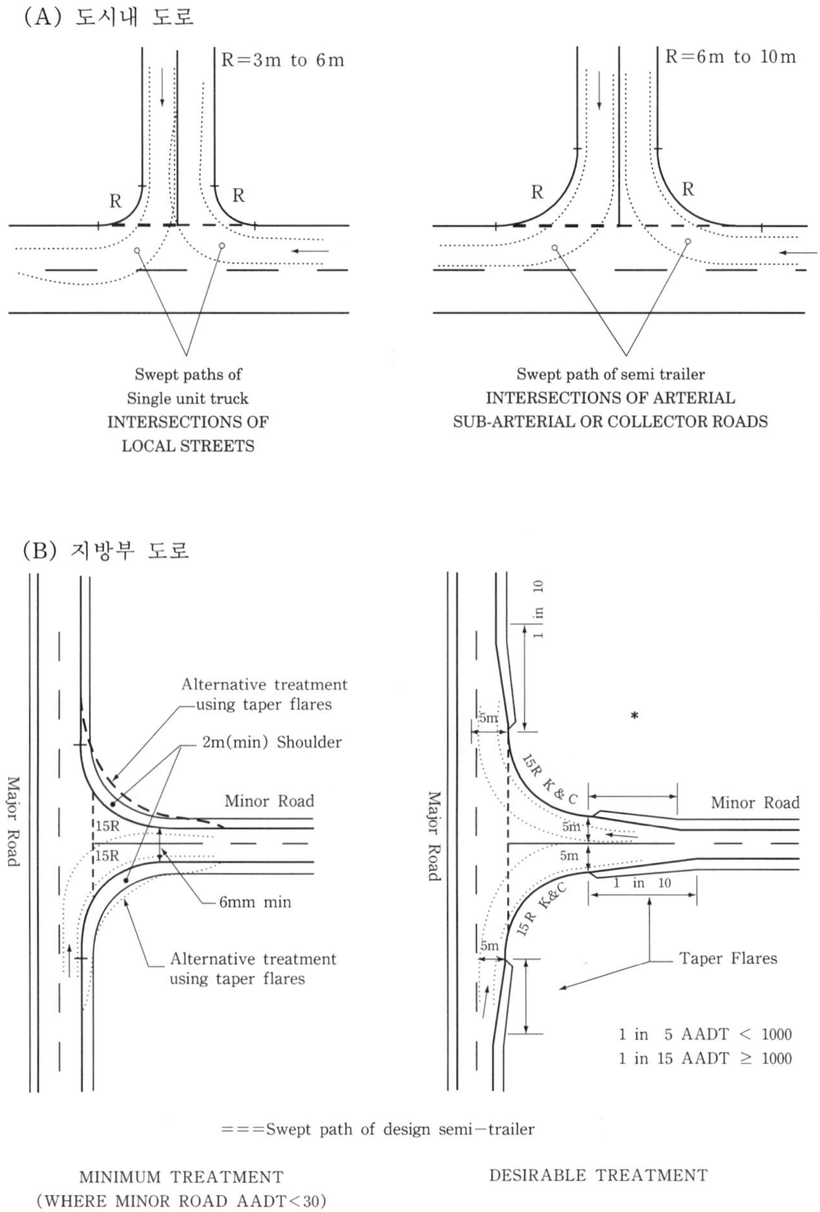

우회전할 수 있도록 한다.

[그림 8-48]은 단순확폭에 의한 우회전 차로 설치 예이다.[7]

[그림 8-49] 가감속 차로를 설치한 우회전 차로의 설계 예

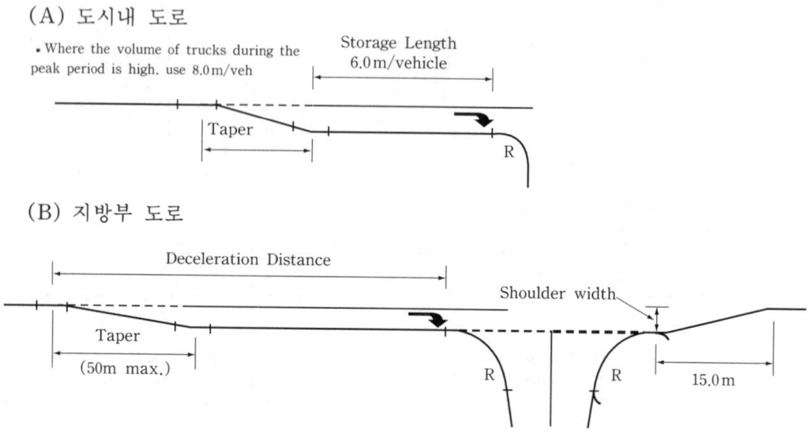

2) 가감속 차로를 통한 우회전 차로 설치

신호교차로, 우회전 교통량이 많은 교차로, 고규격 지방지역도로 등에서는 가감속 차로를 설치한 우회전 차로를 고려해야 한다. 이 때 우회전 차로의 길이는 충분히 길게 확보해야 직진 흐름을 방해하지 않게 된다.

테이퍼의 길이는 30m 정도가 보통이지만 부지가 좁거나 곡선상에 설치된 경우라면 생략할 수도 있다. [그림 8-49]는 가감속 차로를 설치한 우회전 차로의 설계 예이다.[7)]

8.6.9 導流化 설계

1) 도류화 설계의 원칙

평면교차로에서 상충을 효과적으로 처리하는 방법에는 導流化기법(channelization)이 있다. 도류화란 평면교차로에 진입하는 차량에 대해 진로를 명확히 제시함으로써 안전하고 신속한 통행을 보장하기 위해 사용되는 방법으로서 다음의 원칙에 따라 설치된다.

1) 바람직하지 않은 교통흐름은 억제되거나 금지되어야 한다. 일반적으로 바람직하지 않은 교통흐름을 억제하거나 금지하기 위해서는 교통섬이나 중앙분리대 등이 사용되나 이러한 방법으로도

[그림 8-50] 교통흐름을 억제하기 위한 도류화의 예[6)]

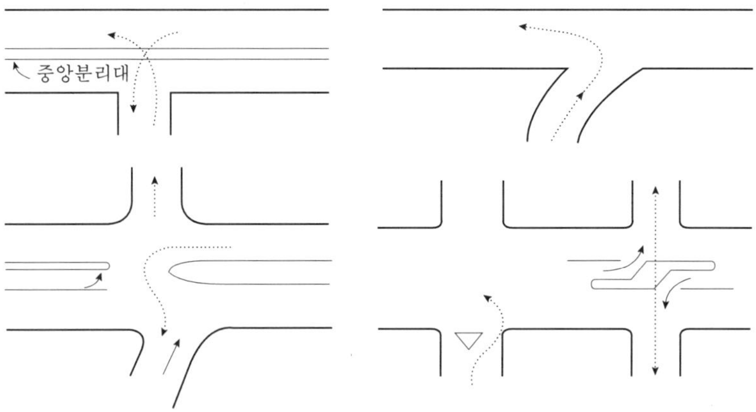

[그림 8-51] 차량의 진행경로를 표시하기 위한 도류화의 예[6)]

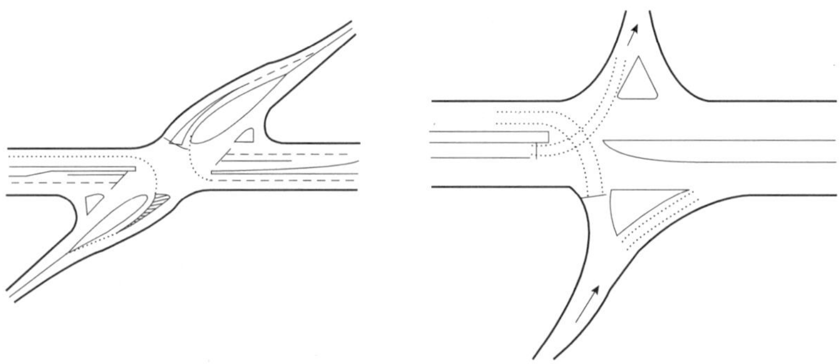

교통흐름의 억제가 불가능한 경우에는 도류화기법을 통하여 보완하게 된다. [그림 8-50]은 이러한 관점에서 설치된 도류화의 예이다.

2) 차량의 진행경로는 분명히 표시되어야 한다. 교차로 내에 진입한 차량들은 빠른 시간 내에 주어진 진행경로에 따라 통과하는 것이 중요하므로 기하구조, 교통섬 및 노면 표시 등의 방법을 통하여 차량의 진행경로를 분명히 표시하는 것이 좋다. 회전 차량들만을 위해 설치된 회전 차로에는 직진 차량이 진입하지 않도록 유도해야 하며 교통섬의 설치를 통해서 운전자들에 대한 혼돈을 최소화해야 한다. [그림 8-51]은 이러한 목적으로 설치

[그림 8-52] 차량의 본래 주행속도를 유지하기 위한 도류화의 예[6)]

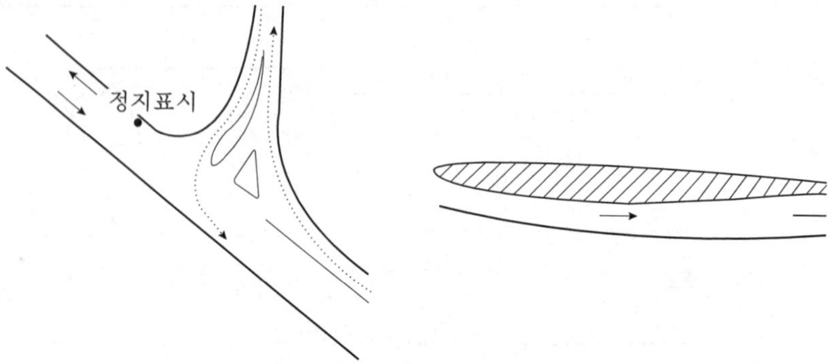

[그림 8-53] 상충을 분리시키는 도류화의 예

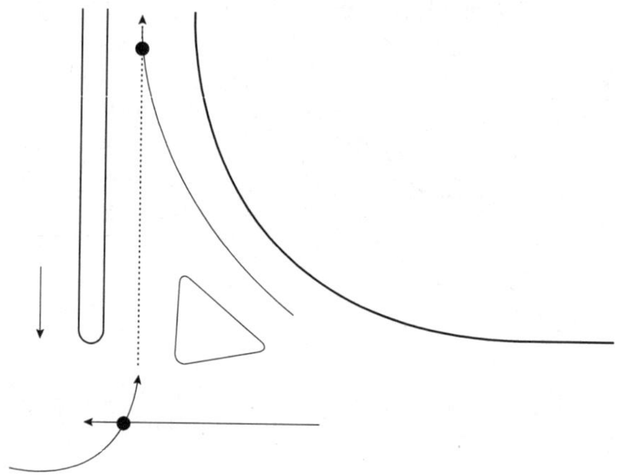

되는 도류화의 예이다.

3) 차량의 본래 주행속도는 되도록 유지되어야 한다. 도류화기법을 통해 차량이 교차로에 진입하기 전에 가졌던 주행속도를 계속 해서 유지할 수 있도록 해야 한다. [그림 8-52]에서 주도로로 진입코자 하는 좌회전 교통류에 대해 정지신호로 규제함으로써 주도로의 교통류는 안전하고 높은 주행속도를 유지할 수 있게 된다.

4) 상충이 발생하는 지점은 가능한 한 분리시켜야 한다. 교차로 내에서 상충이 발생하는 지점을 서로 분리시키는 것은 운전자들의

부담을 줄이는 좋은 방안이다. 회전차로, 교통섬 및 출입통제 등의 방법은 모두 상충을 분리시키는 데 사용될 수 있다. [그림 8-53]은 상충을 분리시키는 도류화를 보여 주고 있다. 상충을 분리할 경우에는 시간적인 관점에서 운전자들에게 최대한의 반응시간을 확보해 주는 데 노력해야 한다.

5) 교통류는 서로 직각으로 교차하고 비스듬히 합류해야 한다. 도로가 서로 직각으로 교차하게 되면 상충의 시간이 최소화되므로 상충에 노출될 가능성이 줄어들게 된다. 따라서 직각 교차의 경우 교통사고 위험성이 감소하고 사고가 나더라도 치사 정도가 최소화된다. 반면에 교통류가 합류하는 경우에는 근본적인 방향 전환이 요구되는 것이 아니고 단지 동일한 방향의 교통류와 혼합하는 과정만이 포함되므로 비스듬히 도로를 연결시키는 것이 바람직하다. [그림 8-54]의 위쪽 그림에서는 사각으로 교차하는 도로가 갖고 있는 문제점을 도시하고 있으며 아래의 그림에서는 우회전 교통류를 비스듬히 처리하여 효율적인 교통흐름을 추구한 예를 보여 준다.

6) 우선 순위가 높은 교통류의 처리가 우선적으로 이루어져야 한다. 평면교차로에 진입한 차량들이 교차로의 기하구조 등을 통하여 우선 처리되어야 할 교통류를 순간적으로 느낄 수 있도록

[그림 8-54] 직각 교차와 경사진 합류를 위한 도류화의 예

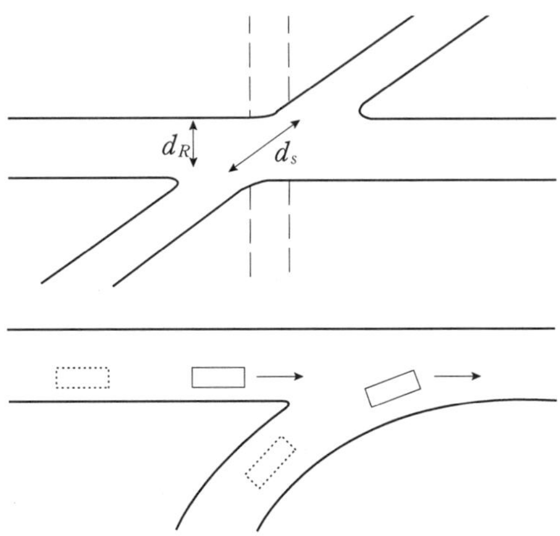

[그림 8-55] 우선순위가 높은 교통류를 처리하기 위한 도류화의 예

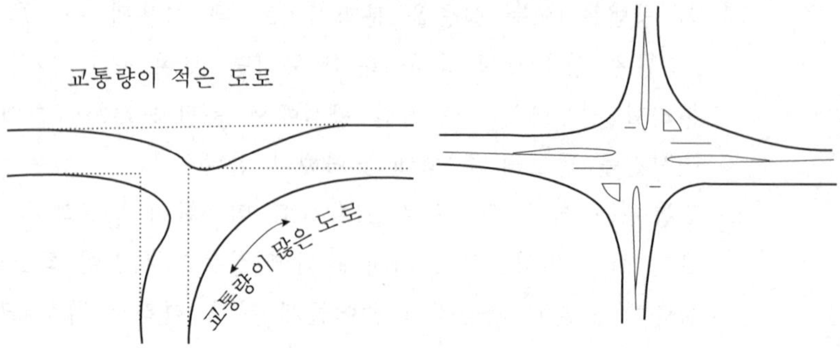

설계되는 것은 매우 중요한 사항이다. 우선 처리될 교통류란 교통량이 많거나 도로의 기능이 높거나 혹은 도로망의 체계에서 우월한 도로를 기준으로 설정하게 된다. [그림 8-55]는 우선 순위에 위한 교통류의 처리를 도시하고 있다.

7) 바람직한 교통통제기법이 충분히 활용될 수 있어야 한다. 도류화기법의 적용을 통하여 교차로 운영에 필요한 교통통제기법의 적용이 보완될 수 있고 또한 교통통제기법의 효과가 향상되어야 한다. 또한 회전 차로를 독립적으로 설치하는 경우 교통신호등이나 정지신호표지 등의 운영과 연계성을 가지고 설치되어야 한

[그림 8-56] 교통통제시설을 설치한 도류화의 예

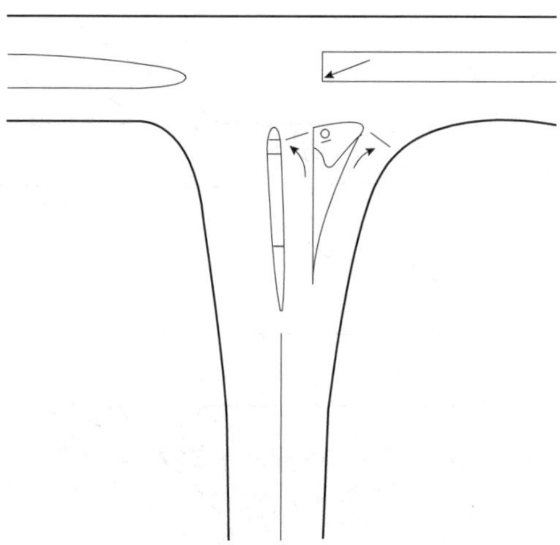

[그림 8-57] 속도변화를 갖는 교통류의 처리를 위한 도류화 예

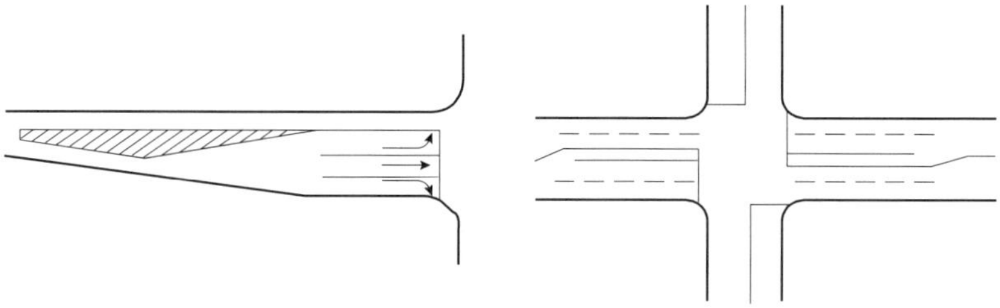

다. 따라서 교통섬을 설치하는 경우 신호등이나 교통표지를 교통섬 내에서 설치할 수 있어야 하며 이러한 교통통제시설들이 운전자의 시야에 들어오도록 해야 한다. [그림 8-56]은 독립적으로 좌회전 차로를 설치하는 방법과 교통섬에 교통표지판을 설치한 도류화기법을 나타내고 있다.

8) 직진차량은 되도록 속도변화를 갖지 않아야 한다. 이미 언급한 바와 같이 평면교차로에서는 속도의 차이가 현저히 나는 교통류들은 서로 분리되어 운영토록 하는 것이 좋다. 따라서 감속 차량이나 정지 차량 등은 되도록 직진 차량들의 흐름으로부터 분리되어야 하며 이렇게 함으로써 교차로 주위에서의 추돌사고를 방지할 수 있다. [그림 8-57]은 속도변화를 갖는 교통류의 처리기법이다.

9) 보행자에 대한 안전성을 높인다. 도류화를 통하여 보행자, 자전거 통행자 및 장애자들의 안전성을 높여야 한다. 보행자들은 차량에 비해 물리적으로 약한 입장에 처해 있으므로 차량의 흐름에 크게 방해가 되지 않는 한 보행자들의 안전성은 최대한 보장

[그림 8-58] 보행자들의 안전성을 높이기 위한 도류화의 예

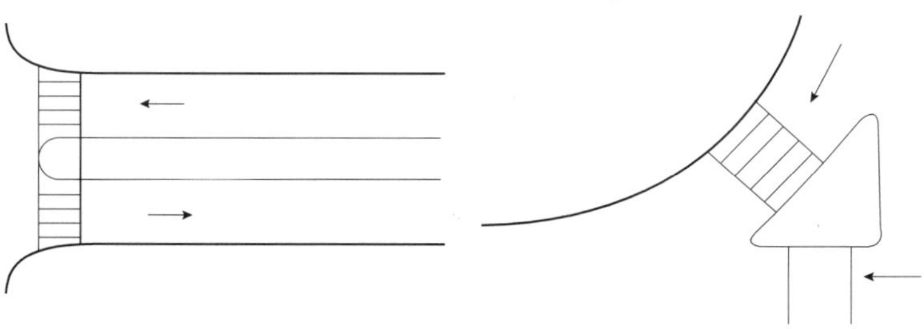

되어야 한다. [그림 8-58]은 보행자들의 안전성을 높이기 위한 도류화의 예이다.

2) 교통섬의 설계

도류화를 위해 물리적으로 설치한 평면교차로 내의 교통류 분리공간을 교통섬(**traffic island**)라고 한다. 교통섬은 (i) 차량의 주행로를 분명히 설정해 주고, (ii)교통흐름을 분리하며, (iii) 교통흐름을 억제하며, (iv) 보행자를 보호하고, (v) 교통통제시설을 설치할 수 있는 공간을 확보하는 등의 목적으로 설치된다. 교통섬의 설계를 위해서는 다음 사항을 고려해야 한다.

1) 교통섬의 형태를 결정한다.
2) 교통섬의 크기와 모양을 결정한다.
3) 교통섬의 위치를 결정한다.
4) 교통섬의 제원을 결정한다.

이러한 사항들은 교통특성, 차량특성 및 환경적 특성에 의해 달라지게 된다.

이같은 사항들을 구체적으로 살펴보면 다음과 같다.

① 교통섬의 형태

교통섬의 형태는 교통류의 특성, 공사비 및 유지보수 비용에 의해 결정된다. 교통섬에는 도색에 의한 방법과 턱이 지도록 설치하는 방법이 있는데 다음의 경우에 각각 사용한다.

㈎ 도색에 의한 교통섬

- 설계속도가 높은 지방부 도로에서 회전 차로를 분명히 표시하기 위해서
- 비교적 좁은 교차로에서 회전 차로를 턱이 진 교통섬에 의해 구분하고 싶으나 면적이 마땅치 않을 때
- 설계속도가 낮은 도로에서 반대편 교통흐름을 분리하고자 할 때
- 눈이 많이 와서 턱이 진 교통섬을 설치하기 곤란할 때
- 턱이 진 교통섬을 설치하기 전에 교통섬 설치효과를 알고 싶을 때

㈏ 턱이 진 교통섬

- 보행자를 차량으로 보호하고자 할 때
- 신호등이나 교통표지를 설치할 필요가 있을 때
- 특정 방향의 교통흐름을 금지하거나 억제하고 싶을 때
- 설계속도가 매우 높지 않은 도로에서 반대편 교통류의 교통량이 매우 많을 때
- 회전 차로 등 차량의 주행방향을 확실히 규정하고 싶을 때

② 교통섬의 설계 제원

교통섬은 설치 목적에 부합하도록 설계되어야 하는데 다음과 같은 사항을 고려해야 한다.

1) 차로나 회전 차로는 운전자들에서 자연스러운 주행을 유도해야 한다.
2) 교통섬의 설치 횟수는 최소한으로 유지되어야 한다.
3) 교통섬은 적정 크기를 확보해야 한다.
4) 교통섬은 시거가 확보되지 않는 지점이나 급한 평면곡선 내에는 설치할 수 없다.
5) 교통운영면으로 볼 때 회전차로가 설치되면 회전 교통류에는 독립적인 교통표지나 신호등 현시가 제공되어야 한다.

교통섬의 크기는 **AASHTO**에서 [표 8-24]와 같이 제시하고 있다.

한편 교통섬의 모서리 부분에 설치하는 곡선반경과 **offset**은 [그림 8-59]와 같이 제시되었다.

[표 8-24] 교통섬의 최소크기

	교통섬의 크기(m^2)	
	최 소	부득이한 경우
도 시 부	5	7
지방부 및 도시부 중 주요가로	7	10

[그림 8-59] 교통섬의 모서리 부분 곡선반경 및 Offset

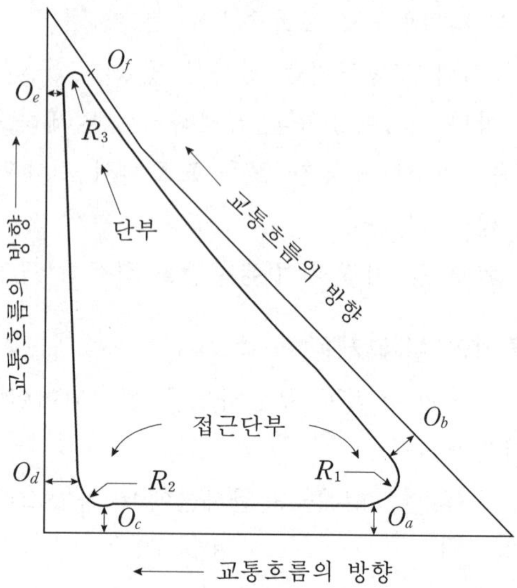

O_a	O_b	O_c	O_d	O_e	O_f
2′−6′	1′−3′	2′−3′	2′−6′	2′−3′	0′−1′

주) 1. 높은 수치는 설계속도가 높은 도로와 큰 교통섬에 적합함.
2. 길어깨가 있는 도로의 경우 offset은 길어깨의 바깥 끝 부분으로부터 잰 길이임.

교통섬 단부의 반경(ft)

R_1	R_2	R_3
2′−3′	2′−5′	1′−2′

8.7 입체교차로의 계획 및 설계

입체교차로란 두 개 이상의 도로가 평면에서 신호등 없이 교차하는 도로시설물이다. 입체교차로는 입체교차 전후 구간을 포함해서 교통처리에 대한 종합적인 검토가 이루어진 후 그 설치 여부를 결정한다.

입체교차로는 교통흐름을 연속적으로 유지하기 위한 것이므로 고속도로나 주간선도로와 같이 대규모 교통수요가 발생하는 도로시설물에서 많이 사용된다. 또한 입체교차로를 이용하는 교통흐름은 많은 경우 속도가 높기 때문에, 운전자들이 분명하고 알기 쉽게 전방 상황을 파악할 수 있도록 설계 일관성이 유지되며 교통표지 등 교통 운영시설물과의 조화를 이룰 수 있도록 설치해야 한다.

입체교차로는 시설규모가 큰 만큼 도시의 미관에 저해요소가 되고 또한 토지이용의 단절을 초래하므로 도시계획 단계에서부터 종합적인 고려가 이루어져야 한다.

입체교차로의 설계에서 가장 중요한 것은 지상구간 또는 교차하는 도로와의 소통을 가능케 하는 연결로의 설계라 할 수 있다. 이는 마치 평면교차로의 경우 회전 교통량 처리가 평면교차로 운영상태를 결정하는 것과 같은 이치라 할 수 있는데, 연결로의 경우 차량의 대기공간을 무시하고 설계하는 경우가 많은 점이 다르다.

입체교차로는 여러 가지 형태가 있는데 도시 내 지역에서는 연결로 없이 설치되는 단순입체교차로(지하도로, 고가도로)의 형태가 많고, 도시 외곽지역 및 지방지역에서 인터체인지(interchange)형태가 나타난다. 본 장에서는 단순입체교차로는 생략하고 주로 출입제한도로와 타 도로와의 연결, 또는 출입제한도로 상호 연결을 위해 설치되는 인터체인지의 설계에 대해 주로 설명한다.

8.7.1 인터체인지의 계획

1) 인터체인지의 배치 계획

인터체인지 배치 계획에 있어서는 지역계획 및 광역적인 교통운영 계획과의 관련을 바탕으로 경제효과 등을 고려하여 대략적으로 다음 기준에 따라 계획하도록 한다.

- 주요 간선도로와의 교차 또는 접근 지점
- 인구 30,000명 이상의 도시외곽지역 또는 인터체인지 세력권 인구가 50,000~100,000명 정도가 되도록 배치
- 중요한 항만, 비행장, 유통시설, 기타 중요한 지역을 통하는 도로와의 교차
- 인터체인지의 출입교통량이 30,000대/일 이하가 되도록 배치
- 인터체인지 간격이 최소 2km, 최대 30km가 되도록 배치
- 고속도로 본선과 인터체인지 마다에 걸리는 총비용 편익비가 극대가 되도록 배치

2) 인터체인지의 위치 선정

인터체인지의 위치는 그 지역 전체의 도시개발 및 향후 도로망의 설정과 관련해서 볼 때 매우 중요한 사항이다. 따라서 인터체인지 선정시 충분한 고려가 이루어져야 하며 다음의 단계별 검토과정이 요구된다.

① 입지조사

교통여건, 사회적 조건, 지형적 조건에 대해 충분한 검토를 수행한다. 교통상의 조건으로서는 인터체인지의 위치 및 연결로의 접속지점이 그 지역의 도로망에 대하여 적합한가를 알아보는 것이 목적이며, 그 지역의 도로망의 현황 및 교통량 등이 주된 조사항목으로 된다. 특히 자동차 전용도로의 인터체인지의 설치는 그 지역의 도로망의 교통배분을 크게 변화시킬 가능성이 있고, 현재의 도로에 상당한 부담을 주게 되는 경우도 있게 되므로 새로운 계획도로를 접속도로로 하는 것이 좋을 경우도 많다. 또, 그 지역의 도시계획, 지역계획을 조사하여 장래 지역교통의 상태를 파악해야 할 뿐 아니라 토지이용의 장래성을 알아야 한다.

② 접속도로의 조건

접속도로의 선택에 있어서는 다음 사항을 고려하여야 한다.

- 인터체인지 출입교통량에 대하여 충분한 도로교통용량을 가져야 한다.
- 시가지, 공장지대, 항만, 오락지 등의 주요 교통발생원과 단거리, 단시간에 연결되어야 한다.
- 인터체인지 출입교통량이 그 지역 도로망에 적정하게 배분되어 재래도로망에 과중한 부담을 주지 않도록 한다.

③ 타시설과의 관계

인접 인터체인지와의 간격은 [표 8-25]에 제시된 거리 이상이어야 한다.

인접 인터체인지 등과의 관계는 첫째로 교통운용상 필요한 거리이다. 바로 앞에 있는 인터체인지 등의 유입램프 합류점과 다음 번 인터

[표 8-25] 타시설과의 관계

시 설 의 명 칭		최 소 간 격	
		표 준	특 례
인 터 체 인 지 상 호 간		5km	2km
인터체인지와 휴게소	인터체인지가 근접해 있을 때 휴게소가 〃	5km 4km	2km 2km
인터체인지와 주차장	인터체인지가 근접해 있을 때 주차장이 〃	4km 4km	2km 2km
인터체인지와 버스정류장	인터체인지가 근접해 있을 때 버스정류장이 〃	3km 4km	1km 2km
인터체인지와 터널	인터체인지가 근접해 있을 때 터널이 〃	2km 4km	1km 2km

체인지의 유출램프 분류점과의 사이에는 엇갈림구간이 생기게 된다. 엇갈림에 필요한 구간길이는 교통류의 크기에도 달려있지만 최소 150~200m, 가능하면 가속차로, 감속차로의 합계 길이와 동일한 길이로 250~500m가 필요하다. 여기에 램프 길이를 더하면 인터체인지 중심간의 간격으로서는 최소 1km가 필요하게 된다. 그러나 도로이용자에게 적절한 정보를 제공하기 위하여는 각종 안내표지판을 설치하여 1km 전방에서부터 예고표지판을 설치한다는 것을 고려할 때, 지방지역에서는 2km의 최소간격이 필요하게 된다.

④ 유료도로의 요금징수방식

인터체인지를 계획, 설계함에 있어서는, 도로, 지형 등 일반적 조건 외에 관리·운용상의 조건에 대하여도 충분한 배려가 있어야 한다. 즉 유료도로로서 인터체인지의 형식선정에 있어서는, 당해 도로의 요금징수체계도 함께 고려하여 검토해야 한다. 유료도로의 요금징수방식으로서는 다음과 같은 종류를 생각할 수 있다.

- 전노선 균일요금제
- 구간별 균일요금제
- 인터체인지 구간별 요금제

8.7.2 인터체인지의 형식

인터체인지는 교차하는 도로의 교차부를 입체화하고 또한 이들 도로를 상호 연결하는 시설이므로 교차하는 본선차도와 이를 서로 접속하는 연결로로 구성된다.

인터체인지내 교통류의 결합관계를 살펴보면 거기에는 '분류', '합류', '엇갈림', '교차' 라고 하는 네 가지의 기본적인 형이 있으며 이들은 여러 가지 조합에 따라 인터체인지의 형식이 달라지게 된다.

한편 연결로는 인터체인지 형식을 결정하는 중요한 설계요소로서, 연결로의 기본형식은 크게 나누어 좌측 연결로와 우측 연결로로 구분되고, 통상적으로 좋은 설계를 위해서는 우측 연결로를 써야 한다.

[표 8-26]은 연결로의 기본형식을 나타낸다.

다음의 [그림 8-60]은 인터체인지의 여러 형태이다.

1) 3지 교차 인터체인지

3지 교차 인터체인지는 대체로 1개 이상의 입체교차와 일방통행으로 이루어지는 지선의 운영방식을 갖는다. 일반적으로 T형 인터체인지는 2개의 지선이 통과 교통을 처리하고 1개가 거의 직각으로 교차하는 형태이며 Y형 인터체인지는 3개 지선 모두 통과교통 위주이고 3번째 지선의 교차각이 작은 경우에 해당한다.

[그림 8-61]은 3지 교차 인터체인지의 형태를 도시하는데 (A), (B)는 잘 알려져 있는 트럼펫형 인터체인지이다. (A)와 (B) 중에서 어느 것을 선택할 것인지의 문제는 좌회전 교통량에 따라 결정하는데 교통량이 많은 방향을 직접 처리하고 적은 방향을 루프(loop)방식으로 처리한다. 트럼펫형 인터체인지에서 3번째 지선은 비스듬히 교차하는 것이 바람직한데 그 이유는 램프의 길이가 짧아지고 램프의 곡선반경이 커지며 회전 교통류의 회전각이 작아지기 때문이다. 트럼펫 인터체인지의 램프나 곡선은 인터체인지 시설물의 전방에서 그 곡선이 시작되므로 운전자에게 충분한 감속시간을 제공해 줄 수 있다. 또한 곡선이 완화곡선 형태를 갖게 되므로 운전자들은 자연스러운 주행궤적을 유지할 수 있다.

[표 8-26] 연결로 기본형식 및 특성

형 식 명	운 동 형 식		특징 및 적성
1. 우 직 결	본선차도의 우측에서 분류하여 그대로 우회전한다.	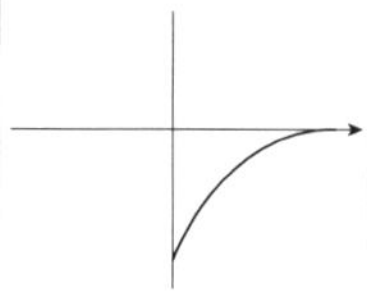 *R*−*R*	우회연결로의 기본형식으로 이 기본형식 이외의 변형은 원칙적으로 사용되는 일은 없다.
2. 루 프	일단 본선차도의 우측으로 나간 후 약 270° 회전하여 좌회전한다.	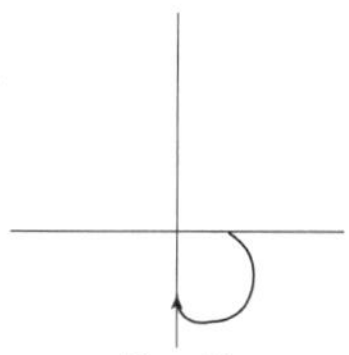 *R*−*R*	1. 새로운 입체교차 구조물을 설치하지 않고도 접속가능. 2. 채택되는 반경에 제약이 있으므로 주행하기 곤란. 3. 원하는 진행방향에 대하여 부자연한 주행궤적을 그리기 때문에 운전자에 혼란을 초래한다. 4. 설계속도가 낮게 억제되므로 교통용량이 적다. 5. 교통량이 적을 때에 이용된다.
3. 준직결형 연결로	일단 본선차도의 우측으로 나온 후 완만하게 좌측으로 방향을 전환하여 좌회전한다.	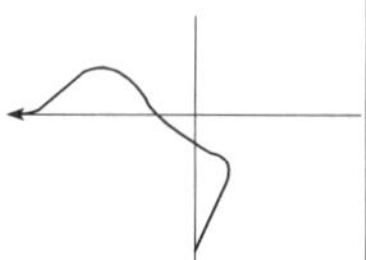 *R*−*R* 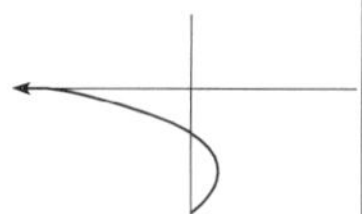 *R*−*L*	1. 주행궤적으로는 그다지 목적방향과는 어긋나지 않는다. 2. 비교적 큰 평면선형이 취해진다. 3. 입체교차 구조물이 필요하게 된다. 4. 좌측 유출이 원칙적인 고규격의 도로에 사용된다.
4. 직접연결형연결로	본선차도의 좌측에서 직접 분기하여 좌회전한다.	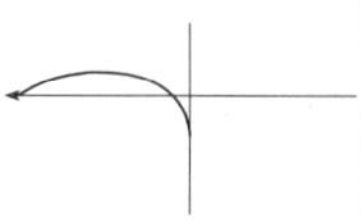 *L*−*R* 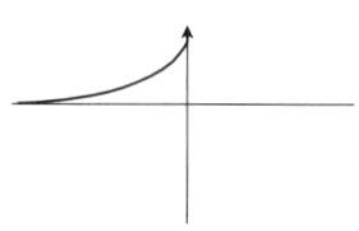 *L*−*L*	1. 보다 고속인 좌측 차로에서 분합류하므로 교통상 위험하다. 2. 본선차도의 좌우로 연결로가 존재하며 불필요한 엇갈림이 생긴다. 3. 고속도로 상호 접속과 같이 대량, 고속의 교통처리의 경우나 좌회전 교통이 주류인 때에 사용된다.

주) 1. 3갈래 교차의 경우는 본선에로의 합류, 또는 본선으로부터 분류부의 위치가 좌측이라면 준직결연결로, 우측이라면 직결연결로라 한다.
2. 표 중 *R*은 본선 우측의 분합류부, *L*은 본선 좌측의 분합류부가 있는 것을 나타낸다.

[그림 8-60] 인터체인지의 여러 형태

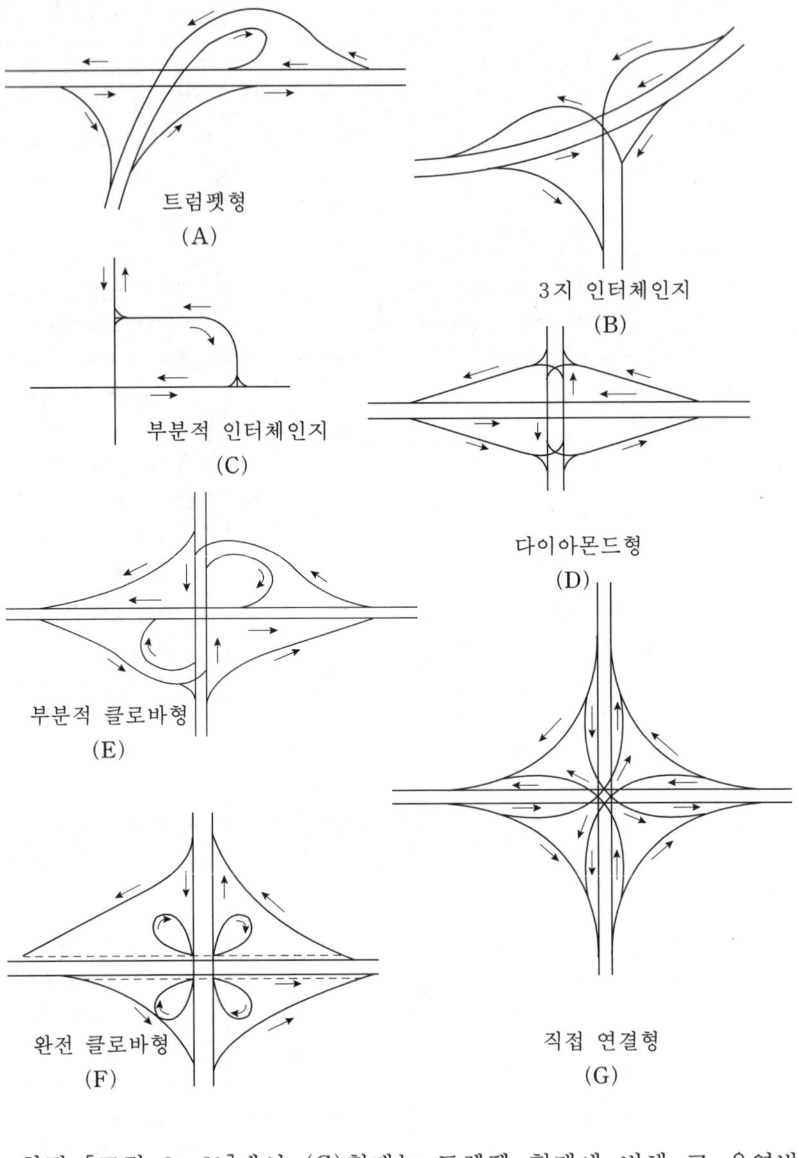

한편 [그림 8-61]에서 (C)형태는 트렘펫 형태에 비해 그 운영방식의 효율성이 떨어지며 특히 고속도로 내에서 엇갈림현상이 발생하여 좌회전 교통량이 많지 않은 경우에나 사용할 수 있다. 다만 (C)형태는 완전크로바형 인터체인지의 중간단계로 사용하는 경우에는 그 타당성이 인정된다. (C)형태에서는 엇갈림현상을 제거하기 위해 집분산도로를 설

[그림 8-61] 3지 교차 인터체인지의 형태

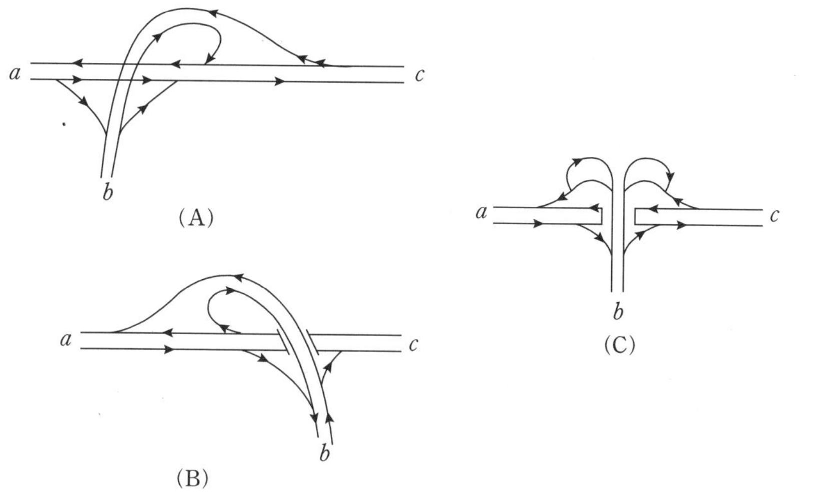

치한 것을 알 수 있다.

2) 4 지 교차 인터체인지

4 지 교차 인터체인지는 다음 다섯 가지 형태로 구분할 수 있다.

- 4분할지 중 한 군데에만 램프가 설치되는 인터체인지
- 다이아몬드형 인터체인지
- 완전클로바잎형 인터체인지
- 부분클로바잎형 인터체인지
- 직접연결 인터체인지

이들 형태의 특징을 설명하면 다음과 같다.

① 4 분할지 중 한 군데에만 램프가 설치되는 인터체인지

이러한 형태의 인터체인지는 교통량이 많지 않은 도로에서 적용할 수 있다. 이러한 형태의 인터체인지가 설치되는 대표적인 지점은 교통량이 적고 한쪽에 교통량을 발생시키는 시설물이 존재하는 경우로서 회전 교통량이 적고 트럭 등의 대형차량을 포함하지 않아야 한다. 이러한 형태의 인터체인지를 설계하는 경우 회전 차량을 효율적으로 처리하기 위해 도류화나 좌회전 차로의 적절한 설계가 요청된다. [그림 8-62]는 이러한 형태의 인터체인지를 도시하고 있다.

[그림 8-62] 4분할지 중 한 군데에만 램프가 설치되는 인터체인지

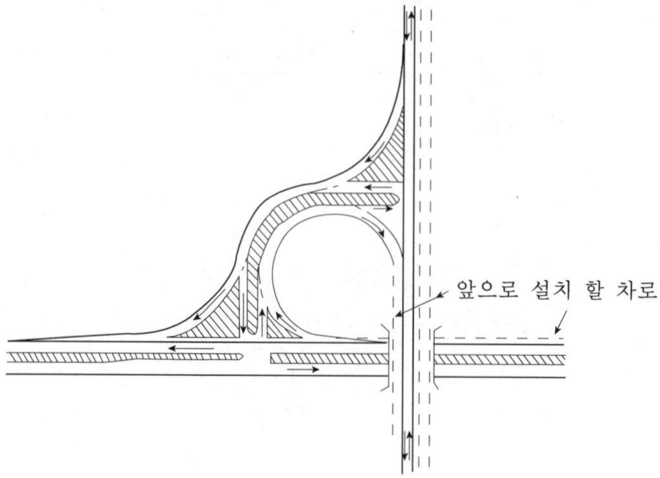

② 다이아몬드 인터체인지

개념적으로 간단하고 또 실제로 가장 많이 사용되는 인터체인지 형태로서 램프부는 주도로의 진행방향과 같은 방향을 따르며 좌회전 교통류는 횡단도로와 평면교차형태로 처리된다. 다이아몬드 인터체인지에서 모든 교통류는 비교적 높은 속도를 유지할 수 있을 뿐 아니라 좌회전 차량에 요구되는 추가 통행거리가 거의 없으며 도로의 건설을 위해 도로부지가 많이 필요하지 않는 등의 장점을 갖고 있다.

횡단도로의 교통량이 비교적 많은 경우 주도로에서 빠져나오는 램프부와 횡단도로간의 교통량을 효율적으로 처리하기 위해 교통신호등을 설치해야 할 필요성이 있다. 또한 램프부는 대개 1차로로 설치하지만 교통량이 많아지게 되면 2차로 이상으로 하는 것이 좋다. [그림 8-63]은 다이아몬드 인터체인지의 형태를 도시하고 있다.

다이아몬드 인터체인지의 설계에서 가장 중요한 것은 횡단도로상에서 램프부로 진입하는 좌회전 차량을 처리하는 방법이며 이를 위해 側道를 설치하는 경우가 많다. [그림 8-63]의 (B)는 측도를 설치한 경우이며 (A)는 (B)와는 달리 좌회전 차량을 횡단도로의 전방 및 후방 두 지점에서 처리하는 방식을 나타낸다. 따라서 인터체인지의 형태가 보다 단순하며 운전자들이 주행하기 편리하다. [그림 8-63]의 (C)는 인터체

[그림 8-63] 다이아몬드 인터체인지의 형태

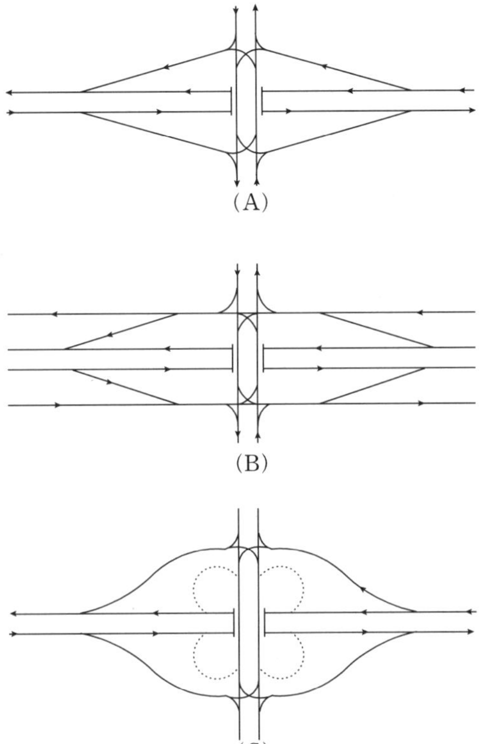

(A) (B) (C)

인지의 측도와 램프가 독립적으로 운영되는 형태로서 횡단도로의 교통량이 많고, U-turn 교통량이 많을 때 매우 유용하게 사용된다.

③ 완전클로바잎형 인터체인지

완전클로바잎형 인터체인지는 좌회전 차량을 처리하기 위해 루프 방식의 램프를 설치하는 인터체인지이다. 또한 4분할한 도로부의 모든 곳에 루프를 설치하는 것을 완전클로바형 인터체인지라 하며 네 곳 중 일부에만 설치된 경우를 부분클로바형 인터체인지라고 부른다. 완전클로바형 인터체인지는 이미 설명한 다이아몬드 인터체인지에 비해 공사비가 훨씬 많이 소요되므로 도시부에서 설치하기가 어렵고 도시 외곽부나 지방부에서 좌회전 교통류를 신속히 처리할 필요가 있는 지점에 대해 설치한다. [그림 8-64]는 완전클로바잎형 인터체인지의 유형이다. 완전클로바잎형 인터체인지의 단점들은 좌회전 차량들의 통행거리가 길

[그림 8-64] 완전클로바잎형 인터체인지의 형태

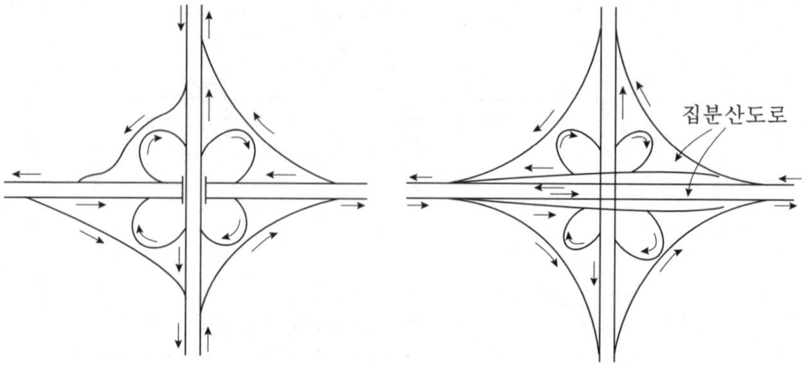

고 엇갈림의 발생하며 인터체인지 설치를 위해 많은 부지가 필요하다는 점이다.

④ 부분클로바잎형 인터체인지

완전클로바형 인터체인지 설계의 전반적인 특징을 이해하면서 다음은 부분클로바잎형 인터체인지의 특성을 살펴보기로 한다. 우선 부분클로바형 인터체인지의 설계시 다음과 같은 사항을 고려해야 한다.

1) 우회전 교통량의 진입 및 진출은 램프부에 의해 처리한다.
2) 주도로의 직진 교통량이 횡단도로 교통량에 비해 월등히 많은 경우 주도로에 우회전 교통량을 자연스럽게 진입시키는 데 최대의 노력이 기울여져야 한다.

이러한 관점에서 본다면 어떤 경우에는 상당히 복잡한 형태의 인터체인지가 설계될 수 있으며 회전하려는 운전자들은 진행방향에 혼돈을 느낄 수가 있다. 그러나 직진 교통류 우선 처리의 입장에서 설계되어야 한다. [그림 8-65]는 부분클로바잎형 인터체인지의 여러 가지 형태를 도시하고 있다. [그림 8-65]는 (A)나 (C)처럼 분할지에 설치된 램프부가 서로 인접해 있는 경우, 또는 (E)나 (F)에서처럼 대각선 위치에 있는 경우 주도로로 진입하는 회전 교통량이나 주도로에서 빠져나오는 회전 교통량은 우회전에 의해서 처리된다.

반면에 (B)나 (D)처럼 램프가 주도로의 한쪽에 몰려 있는 경우 좌회전 차량이 주도로에 직접 진입하는 지점이 네 군데나 생기게 되므로 이러한 형태는 바람직하지 않다.

[그림 8-65] 부분클로바잎형 인터체인지의 유형

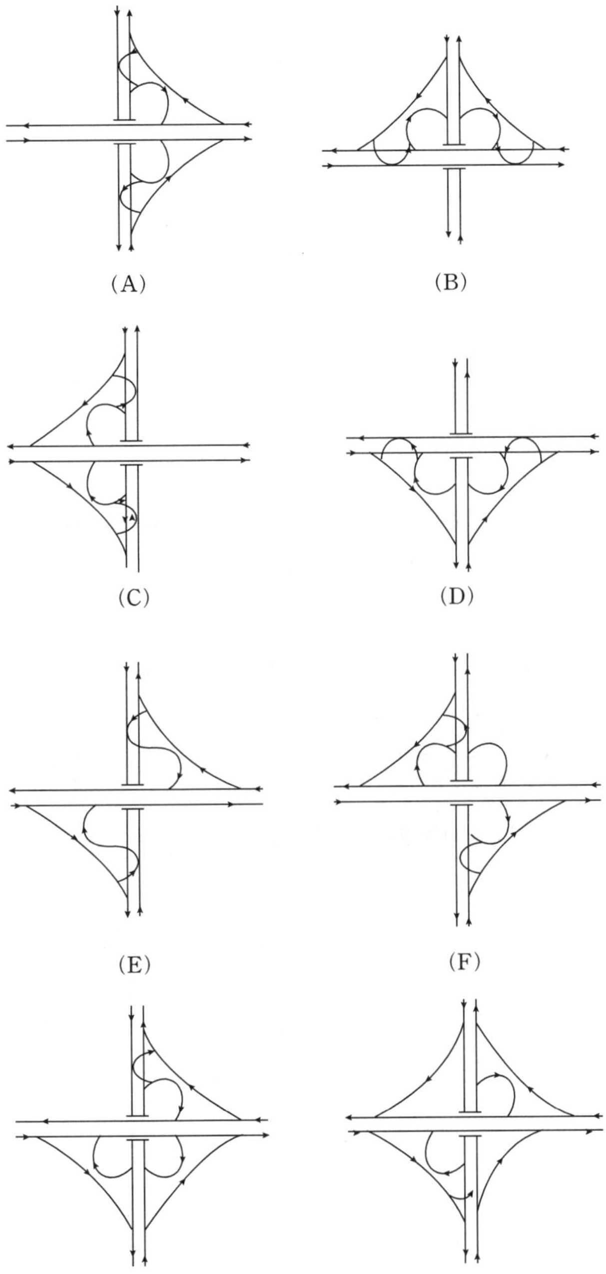

램프부가 서로 마주보는 대각선 위치에 설치된 경우 회전 차량들은 우회전으로 처리될 수 있으므로 매우 바람직하다. 또한 한 4분할지에 회전 교통량이 집중되어 있을 때 두 개의 램프부를 서로 대각선 위치에 해당하는 4분할지에 설치하게 되면 이상적이다. 회전 교통량이 두 개의 4분할지에 균등하게 분포되어 있는 경우에는 [그림 8-65]의 (A), (E) 및 (F)와 같은 형태를 사용할 수 있는데 그 중에서도 (E)와 같은 형태가 회전교통량을 인터체인지 시설물 전방에서 처리할 수 있다는 점에서 가장 우수한 방법으로 볼 수 있다. (F)와 같은 형태는 회전 교통량을 처리한다는 면에서는 동등한 효과를 가질지 모르나 회전 차량의 운전자들은 인터체인지 시설물을 지난 후에야 회전하게 되므로 회전 기회를 놓치기 쉽고 혼동을 야기할 수 있다.

3개의 4분할지에 램프를 설치하는 형태는 [그림 8-65]의 (G)에 해당된다. 이 경우에는 회전 교통류 8개 중에서 6개는 우회전을 통해 처리되고 나머지 2개의 회전 교통류는 주도로에서 빠져나온 우회전 교통류가 횡단도로로 좌회전하는 것과 횡단도로에서 좌회전한 후 주도로로 우회전해 들어가는 것이 있다. 따라서 인터체인지의 구조에 익숙지 못한 운전자들에게 다소 혼동을 줄 우려가 있으나 한 4분할지에 회전 교통류가 많지 않은 경우 바람직한 인터체인지 형태이다.

[그림 8-66] 직접연결 인터체인지의 기본적인 형태

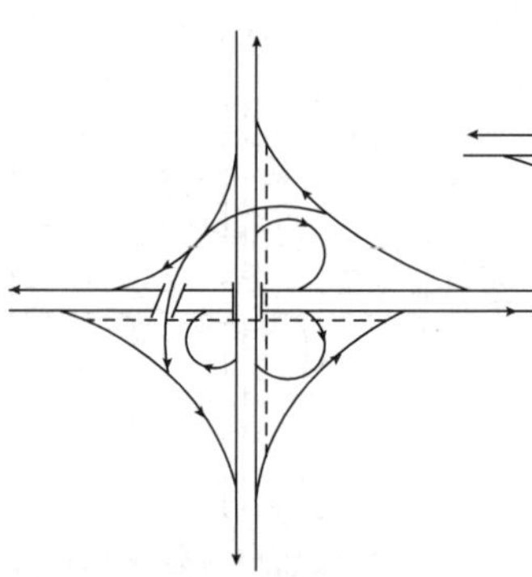

(A)

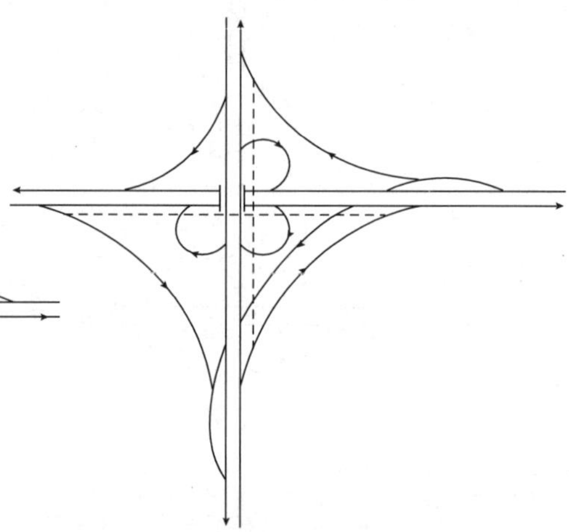

(B)

⑤ 직접연결 인터체인지

직접연결 인터체인지는 인터체인지 내의 주요 좌회전 교통류에 대한 통행거리를 최소화하고 속도와 용량을 증대시키며 엇갈림을 제거하는 목적으로 설치된다. 직접연결에 의해 인터체인지의 서비스수준은 향상되며 때로는 직접연결로의 차로수를 2 이상으로 하여 본도로의 용량을 그대로 유지하도록 한다. 일반적으로 2개 이상의 고속도로가 교차하는 경우 직접연결 인터체인지 형태가 사용되는데 이 때 회전 교통류 중의 한두 곳은 직진 통행류와 거의 같은 교통량을 갖게 된다.

직접연결 인터체인지의 형태는 대상 지역의 특성을 따르며 일반화된 형태가 없다. [그림 8-66]은 직접연결 인터체인지의 가장 기본적인 형태들이다.

[예제 8-18] 주간선도로 ㉮의 교통처리능력을 높이기 위해 ㉮도로와 ㉯도로를 입체적으로 분리시키고자 한다. 입체교차방식을 트럼펫형으로 택하여 모든 방향으로 통행이 가능하도록 하려면 램프의 접속을 어떻게 설계해야 하는가? 램프의 접속방법과 방향표시를 도해하라.

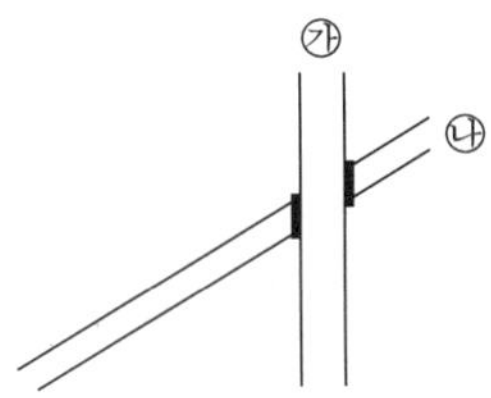

풀이

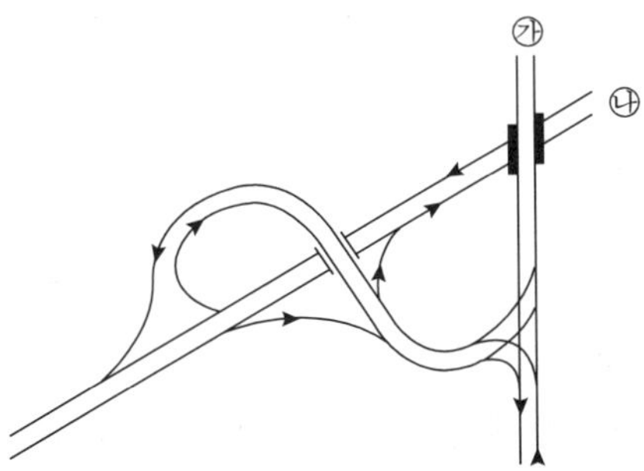

8.7.3 인터체인지의 設計기준

인터체인지 설계에 고려되는 것은 도로의 기능, 교통류 특성, 설계속도, 출입제한의 정도 등이 있는데 이 외에도 교통표지, 경제적 측면, 지형, 도로의 폭 등이 함께 고려되는 것이 바람직하다.

인터체인지의 설계에서 중요한 몇 가지 설계 개념을 살펴보면 다음과 같다. 첫째, 인터체인지에 설치하는 연결로는 되도록 동일한 설계 개념을 가져야 한다. 즉 인터체인지의 전방에 연결로를 설치한다든가 연결로에서는 어느 한도 이내의 속도를 규정한다든가 하는 등, 운전자들이 기대하고 있는 일반적 운영방식과 실제로 설치되는 인터체인지 특성은 서로 부합해야 한다. 둘째, 교통표지나 기타 운영시설 등에 의해 인터체인지의 운영방식이 아주 알기 쉽게 운전자들에게 전달되어야 한다. 아무리 잘 설계된 인터체인지 설계라 하더라도 교통표지 등에 의해 그 운영방식이 합리적으로 전달될 수 없다면 충분한 기능을 발휘하기 어렵게 된다. 셋째, 출입제한으로 통제되는 고속도로가 서로 인터체인지에 의해 연결되는 경우 모든 방향별로 연결로에 의해 방향별 접근이 가능해야 한다. 물론 회전 교통류가 극히 적은 경우 연결로를 생략할 수도 있겠으나 이 때에도 우회도로 시설 등의 활용을 통해 운전자들에게 최대한의 편의를 제공해야 한다.

1) 유출입 유형의 일관성(Uniformity)

일련의 입체교차가 설계되는 경우에는 각각의 입체교차는 물론 이들의 입체교차 연계시 유출입 유형이 일관성이 있도록 설계되어야 한다. 특히 주목해야 할 점은 유출연결로의 위치가 구조물의 전방과 후방에 섞여 있든지 또는 좌측과 우측에 유출입 연결로가 병합되지 않도록 하여야 한다.

좌측에 유입부가 있는 경우에는 유입교통량과 우측의 고속교통량과의 합류에 문제를 초래하고, 좌측에 유출연결로가 있는 경우에는 유출교통량의 차로변경에 문제점을 초래하므로 좌측연결로는 사용하지 않아야 한다.

노선의 연속성(route continuity)과 함께 유출입 유형의 일관성은 운전자의 주행과업(driving task)을 단순하고 용이하게 해 줌으로써 다음과 같은 장점을 갖게 된다.

- 차로변경을 줄인다.
- 도로안내표지를 단순하게 한다.
- 직진 교통과의 마찰을 줄인다.
- 운전자의 혼란을 줄인다.
- 운전자의 정보탐색 필요성을 줄인다.

[그림 8-67]은 연계된 일련의 입체교차에서 유출 유형에 일관성이 있는 형식과 없는 형식을 비교한 것이다. (A)는 유출 유형에 일관성이 없다. 즉 지점 A에서는 구조물 전에 유출부가 있고 지점 B, C, E에서는 구조물 후에 유출부가 있다. 또한 지점 A, B, C, E에서는 우측 유출로 설계되었으나 지점 D에서는 좌측 유출로 되어 있다. 반면에 (B)는 유출유형에 일관성이 있도록 설계된 것이다. 즉 모든 유출이 구조물 전방에서 이루어지도록 하였고 또한 모든 유출이 우측에서 이루어지도록 하였으며 이를 위해 집산연결로 형태를 도입한 것에 주목할 필요가 있다.

[그림 8-67] 입체교차에서의 유출부 일관성 개념[1)]

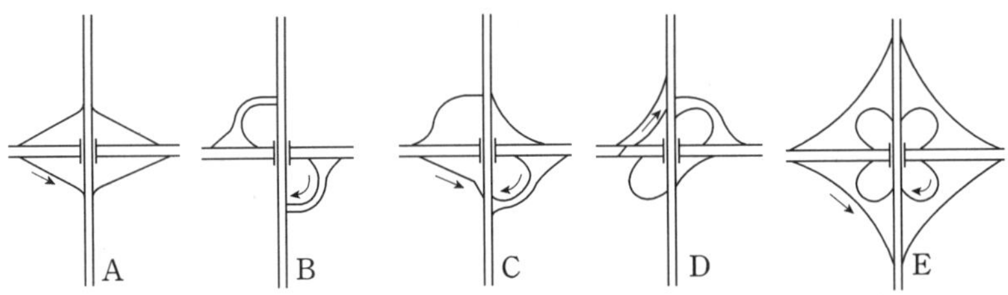

(A) 일관성 없는 설계

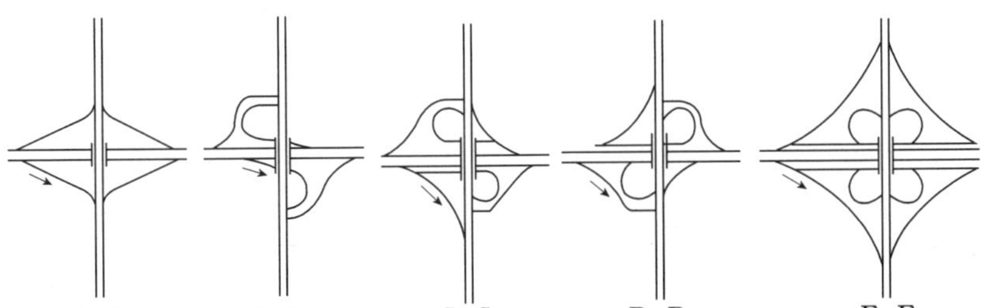

(B) 일관성을 유지한 설계

2) 기본차로수 및 차로수의 균형

① 기본차로수 유지의 원칙

자동차 전용도로 및 간선도로는 도로의 일관성을 유지하기 위한 기본차로수가 제공되어야 한다.

기본차로수란 교통량의 과다에 관계없이 도로의 상당한 거리에 걸쳐 유지되어야 할 최소차로수를 말하며 부가차로는 최소차로수에 포함되지 아니한다. 기본차로수는 설계교통량과 교통용량 및 서비스수준의 설정에서 정해진다.

② 차로수 균형의 원칙

기본차로수가 정해진 후에는 해당 도로와 연결로 사이에 차로수 균형이 이루어져야 하며 차로수 균형의 기본원칙은 다음과 같다.

- 분류부 본선의 차로수는 분류 이후 차로수 합에서 1을 감한 값과 같아야 한다.
- 합류부 본선의 차로수는 합류 이전 차로수 합에서 1을 감한 값과 같거나, 혹은 합류 이전 차로수 합과 같아야 한다.
- 차로의 감소는 한 번에 1차로보다 더 줄어서는 아니된다.

이상의 차로수의 균형원칙에 의거한 분·합류부의 차로의 배열이 [그림 8-68]에 제시되고 있다.

한편, [그림 8-69]는 기본차로수와 차로수의 균형원칙이 함께 만족되어야 하는 상황을 보여 주고 있다. 즉 그림 (A)는 차로수의 균형원칙

[그림 8-68] 차로수 균형의 원칙

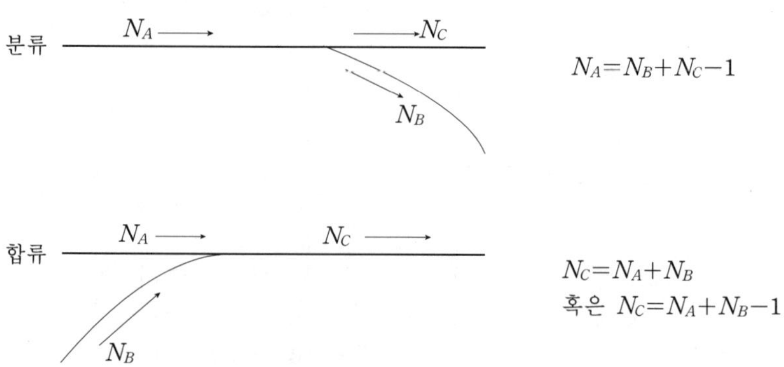

[그림 8-69] 기본차로수와 차로수 균형원칙의 조화

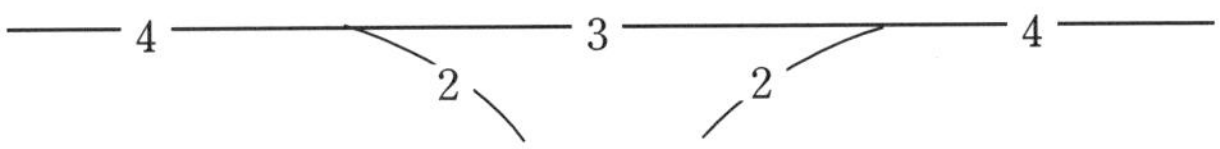

(A) 차로수의 균형적절, 기본차로수 위배 경우

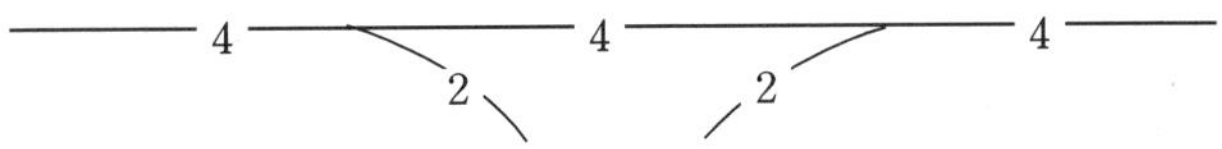

(B) 차로수의 균형위배, 기본차로수 적절한 경우

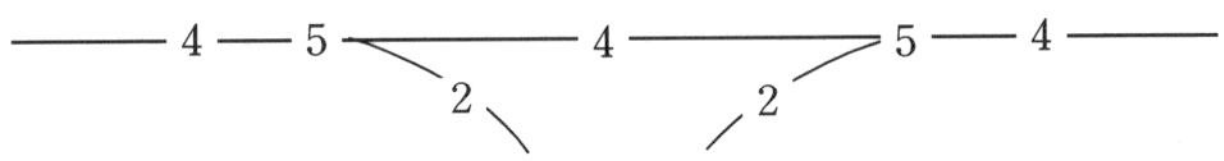

(C) 차로수의 균형과 기본차로수 모두 적절한 경우

은 준수되고 있으나 짧은 구간에서 기본차로수 4차로가 3차로로 줄어 적절치 못한 경우이다. 그림 (B)는 기본차로수는 만족하나 분류부와 합류부에서 차로수의 균형원칙이 지켜지고 있지 않는 경우이다. 그림 (C)는 기본차로수와 차로수의 균형원칙이 부가차로에 의거 공히 만족시키고 있음을 보여 주고 있다.

이 외의 인터체인지 개별적 구성요소에 대한 상세한 설계기준은 우리나라 도로설계기준령 해당편을 참고하면 좋다.

8.8 주차장의 설계

교통시설물의 기본체계는 차량, 도로 및 주차장의 세 가지로 구분할 수 있다. 이처럼 주차장은 교통시설물의 가장 중요한 요소 중의 하나이다. 주차장은 노상주차장, 노외주차장, 주차건물, 버스터미널, 택시정류장 등을 광범위하게 함축적으로 포함하고 있다. 또한 주차장은 운전자들이 차량을 타거나 떠나는 시간적 개념뿐 아니라 차량이 정지해 있을 공간을 설계에 반영해야 하므로 그 효율적 설계에는 공간과 시간을 동시에 고려해야 하는 복합적인 접근방법이 필요하다.

주차하는 사람들은 각 개인에 따라 서로 다른 주차장 이용 특성을 지닌다. 예를 들어 운전이 숙달된 사람은 주차장이 좁더라도 별 문제없이 설계자가 의도한 위치에 차량을 주차시킬 수 있으나 그렇지 않은 경우 주차장이 좁으면, 주차에 시간이 많이 걸리거나 심한 경우 도로상을 주행하는 차량에 방해가 되도록 주차하는 수가 있다. 또한 주차시간도 통행 목적과 관련하여 변화하며, 목적지로부터 주차장까지의 거리도 개인별 특성에 따라 다양하게 변한다.

주차장 설계시에는 이러한 여러 가지 특성들을 일련의 설계기준으로 체계화시켜서 적절한 설계대안을 마련해야 한다.

주차장의 설계에는 주차면적, 주차장의 위치, 주차장의 운영방식 등이 필수적으로 고려되어야 하며 각 운전자들의 특성, 주변지역의 주차수요 발생 특성, 주차장 공급 특성 등이 아울러 분석되어야 한다. 이 절에서는 주차장설계의 기본사항에 관해서 살펴보기로 한다.

8.8.1 주차수요의 추정

주차수요는 보통 토지이용특성 자료를 통해 산정하게 된다. 따라서 주차원단위 산출이 선행되어야 하며, 우리나라의 경우 주차장법에 의해 각 시도별로 주차장 설치기준을 정하여 주차수요를 산정토록 하고 있다. 다음의 [표 8-27]은 주차장법과 서울시 및 기타 광역시의 주차장 설치대수 산정기준을 보여 주고 있다.

한편 최근에는 장애인에 대한 배려가 사회적 관심사항이 되고 있다. 통상적으로 장애인 주차대수 산정은 미국의 경우 주차가능면수가 400이하일 때 전체의 2%를 할당하도록 하고 있다.[7] 특히 은행과 같은 서비스건물과 공공건물 및 백화점 등 불특정 다수가 이용하는 건물인 경우 장애인에 대한 주차장 설치의 필요성이 강조된다.

전통적으로 주차수요 추정방법은 다음의 네 가지로 대별할 수 있다.

첫째, 과거추세연장법으로서 과거 주차수요의 패턴과 증가경향을 토대로 하여 장래까지 연장시켜 장래 발생될 주차수요를 분석하는 방법이다.

둘째, 駐車原單位에 의한 방법으로서, 이 방법은 주차수요의 발생을 건물에 의존하여 각 건물의 용도에 따라 주차수요량을 산출하고, 이것

[표 8-27] 주차장 설치기준(서울. 부산. 대구. 인천. 대전)

시설물		주차장법		서울특별시		
				특정 지역		기타 지역
		설치대수 산정기준	설치대상제외 시설물	설치대수 산정기준	설치대상제외 시설물	
숙박시설	호텔·관광 호텔·가족 호텔·휴양 콘도미니엄	2객실당 1대+부대운동시설별 산정대수+기타 부대시설 면적 40m²당 1대	—	2객실당 1대+부대운동 시설별 산정대수+기타 부대시설 면적 40m²당 1대	—	주차장법적용
	기타	시설면적 150m²당 1대	상업지역: 시설면적 150m² 미만, 상업지역 이외 지역: 시설면적 500m² 미만	시설면적 150m²당 1대	상업지역: 시설면적 150m² 미만, 상업지역 이외 지역: 시설면적 300m² 미만	
의료시설	종합병원	3병상당 1대로 산정된 대수와 시설면적 120m² 당 1대로 산정된 대수 중 많은 대수	—	2병상당 1대로 산정된 대수와 시설면적 100m²당 1대로 산정된 대수 중 많은 대수		
	기타	시설면적 150m²당 1대	상업지역: 시설면적 150m² 미만, 상업지역 이외 지역: 시설면적 500m² 미만	시설면적 150m²당 1대	상업지역: 시설면적 150m² 미만, 상업지역 이외 지역: 시설면적 300m² 미만	
운동시설	골프장	1홀당 10대	—	1홀당 10대	—	
	골프연습장	1타석당 1대	—	1타석당 1대	—	
	옥외수영장	정원 15인당 1대	—	정원 15인당 1대	—	
	기타	상업지역: 시설면적 150m²당 1대 일반주거·준주거·준공업지역: 시설면적 200m²당 1대 기타지역: 시설면적 250m²당 1대	상업지역: 시설면적 150m² 미만, 상업지역 이외 지역: 시설면적 500m² 미만	상업·일반주거·준주거·준공업 지역: 시설면적 150m²당 1대 기타 지역: 시설면적 200m²당 1대	상업지역: 시설면적 150m² 미만, 상업지역 이외 지역: 시설면적 300m² 미만	

주) 특정 지역: 주차장 정비지구, 도시재개발 구역, 도시설계구역
기타 지역: 특정지역을 제외한 지역

을 용도별 주차발생 원단위화하여 장래의 용도별 건축연면적에 적용하여 주차수요를 구하는 방법이다.

셋째, 자동차 기·종점 조사에 의한 방법으로서, 이 방법은 자동차 기·종점조사 결과로부터 목표연도의 장래 자동차 통행량을 산출하고 기·종점에 주차가 발생한다는 가정하에 평균주차시간을 감안하여 주차수요량을 추계하는 방법이다.

넷째, 사람통행 실태조사에 의한 방법으로서, 이 방법은 최근 교통계획을 종합적으로 입안하기 위한 시도로 인간활동(human activity)을 중심으로 발생교통량을 추정하고, 이에 따른 교통수단분담률(modal split)을 통하여 얻을 수 있는 자동차 통행수를 기반으로 하여 주차수요를 추정하는 기법이다.

이상의 추정방법은 주차수요 추정결과의 이용목적에 따라 적용될 수 있다. 또한 주차수요분석의 공간적 범위에 따라서도 적용하는 방법의 유형이 달라질 수 있다.

1) 과거추세연장법

過去趨勢延長法은 개략적이고 단기적인 주차수요추정에 적합한 방법으로 실무자들이 이해하기 쉽고 적용이 편리한 장점이 있는 반면 너무 개괄적이므로 신뢰성이 떨어진다. 따라서 안정된 성장률을 나타내는 도시라든가 사회경제적 여건이 급격히 변하지 않는 도시지역에서는 개략적 계획의 목적으로 이용될 수 있다. 과거추세연장법은 도심지의 1개 지구 혹은 중소도시와 같은 지역에는 비교적 주차수요추정이 용이하나 역시 장래에 생겨날 불확실성을 전혀 고려하지 못하는 단점이 있다.

2) 주차원단위법

① 주차발생원단위법

駐車發生原單位法은 적용변수가 간단하며, 교통패턴이 크게 변하지 않는 상태하에서의 단기적 주차수요예측에 비교적 높은 신뢰성을 갖기 때문에 단기간 주차수요추정의 간편식으로 널리 쓰이고 있다. 이 방법은 개별적인 건물의 장래 주차수요를 추정하는 데 적합한 방법이기도 하다. 그러나 이 방법은 주차이용 효율을 정확히 산출하기가 힘들고, 장래에 주차발생원단위가 변하는 경우에 신뢰성이 떨어지는 약점을 내포하고 있다.

$$P=\frac{U\cdot F}{1,000e} \qquad \cdots\cdots (8.73)$$

여기서,

P = 주차수요(대)

U=피크시 건물연면적 1,000m²당 주차발생량(대/1,000m²)
F=계획건물 상면적(m²)
e=주차이용 효율

② 건물연면적원단위법

建物延面積原單位法에는 두 가지 방법이 있다. 첫번째 방법은 현재의 토지이용의 용도별 연면적과 총주차대수를 회귀분석에 의해 파라미터를 도출한 다음, 장래 목표연도의 증가된 연면적을 대입시켜 장래의 총주차수요를 추정하는 방법이다.

$$Y=a_0+a_1X_1+a_2X_2+\cdots+a_iX_i \qquad \cdots\cdots (8.74)$$

여기서,
Y=총주차대수
a_i=용도별 연면적원단위(파라미터)
X_i=용도별 연면적

두 번째 방법은 용도에 따른 연면적당 주차발생량을 구한 후 장래 용도별 연면적을 곱하여 장래 주차수요를 아래와 같이 산출하는 방법이다.

$$\text{장래 주차수요}=\hat{a}_1X_1+\hat{a}_2X_2+\cdots+\hat{a}_iX_i \qquad \cdots\cdots (8.75)$$

여기서,
$\hat{a}_i$ = i용도별 연면적원단위당 주차발생량
X_i= 장래 용도별 연면적

③ 交通量原單位法

사람통행 실태조사에 의한 승용차의 통행량패턴과 기·종점조사에 의한 승용차통행을 도심지내, 도시내, 도시내 지구간으로 구분하여 총주차대수와 관련시켜 일정한 지구의 주차수요를 구한다. 일단 차량통행에 의한 주차대수 원단위가 구해지면 장래 목표연도의 증가된 통행량에 이 주차원단위를 적용하면 주차수요가 추정될 수 있다. 교통량원단위법은 교통여건이 비교적 안정되어 있는 지역과, 지역 혹은 지구의 경계가 분명하여 동질적인 토지이용을 지닌 곳에 적합한 방법이다.

3) 자동차 기종점조사에 의한 방법

이 방법은 승용차의 기종점을 분석하여 주차수요를 추정하는 방법으로 두 가지 유형이 있다. 하나는 교통량원단위법과 같이 승용차의 기종점과 총주차대수와의 상관관계에 따라 주차수요를 분석하는 방법이고, 또 하나는 도심지 등과 같은 특정한 지구로 진입하는 모든 도로의 출입지점을 기점으로 설정하여 차량번호판을 기록한 후, 승용차 주차장소에서 조사원이 기록한 차량번호와 비교하여 주차수요를 분석하는 방법이다. 두 번째 방법은 일정한 시간에 도심지나 지구로 진입하는 차량의 수와 주차대수를 파악함으로써 차량유입대수와 주차대수간의 관계식이 성립되어 장래 차량유입대수에 의해 장래 주차수요가 추정되는 방법이다.

4) 사람통행에 의한 수요추정

① P 要素法

이 방법은 주차수요가 피크시 승용차 도착통행량과 주차장 용적률 이용효율 등의 변수에 따라 변화한다는 전제하에 정립된 방법이다. 이 방법은 原單位法보다 정밀화된 기법으로 여러 가지 지역특성을 포괄적으로 고려하여 추정하는 장점을 지니고 있다. 이 방법은 지구나 도심지와 같은 특정한 장소의 주차수요를 추정하는 데 적합한 방법이다.

그러나 P요소법은 우리나라 도시에 계절주차 집중계수에 대한 도시별 자료가 정리되어 있지 않고, 지역특성을 반영하는 지역주차 조정계수도 미비하여 현단계로서는 그 적용성이 약한 방법이다.

$$P=\frac{d\cdot s\cdot c}{s\cdot c}\times(t\cdot r\cdot p\cdot pr) \qquad \cdots\cdots (8.76)$$

여기서,
P = 주차수요(parking space demand: 면수)
d = 주간(07:00~19:00) 통행집중률(%)
s = 계절주차 집중계수(seasonal parking factor)
c = 지역주차 조정계수(locational adjustment factor)
o = 평균승차인원(인/대)
e = 주차이용 효율(%)

t=1일 이용인구(인)
r=피크시 주차집중률(%)
p=건물 이용자 중 승용차 이용률(%)
pr=승용차 이용자 중 주차차량비율(%)

② 사람 通行調査에 의한 需要推定

사람통행에 의한 주차수요추정법은 가구설문조사와 같은 방법에 의해 얻어진 起終點調査表에 의해 통행발생량을 예측하고 이를 각 교통수단으로 분류하여 승용차의 유입통행량을 토대로 하여 추정하는 방법이다. 이러한 과정을 거쳐 일단 주차수요가 추정되면 주차원단위에 의한 건물용도별로 추정된 주차수요와 비교해 본다. 비교한 결과 상호간 과다한 차이가 발생되면 사람통행실태에 의한 주차수요 방법을 다시 점검하여 문제점을 분석하거나 건물용도별 주차수요 추정과정이 적절한지를 파악하여 합리적인 수준의 주차수요가 도출되었다고 판단되면 이를 최종적인 주차수요추정치로 확정짓는다. 이렇게 결정된 주차수요은 현재의 주차용량과 장래의 가능한 주차공급면수를 고려해야 하는데 여기서 현재의 주차시설현황, 가로용량, 空閑地, 주차장 정비지역, 재개발지역 등 모든 변수를 감안한 가용할 수 있는 주차공급량과 비교하여 재정 및 실행계획을 수립하게 된다.

[예제 8-19] 시내 백화점들의 주차특성을 조사한 결과 주차발생원단위가 4.72(대/1000 m^2/시), 주차이용효율이 80.5, 신축 후 주차대수의 연평균증가율이 3%로 나타났다. 신축 예정인 어느 백화점의 건물연면적(상면적)이 22,350 m^2일 때 목표연도(5년 후)의 주차수요를 원단위법에 의해 산출하시오.

풀이 $P = U \cdot F / 1000 \cdot e$

$$= \frac{4.72 \times 22,350}{1,000 \times 0.805}$$

$$= 131$$

목표연도 주차대수 $= 131 \times 1.03^5 = 152$대

[예제 8-20] 어느 대도시에 위치한 호텔들의 주차특성을 조사한 결과가 아래 표와 같다.

구 분	특 성 치
주간통행집중률(%)	60
계절주차집중계수	1.1
지역주차집중계수	1.1
평균승차인원(인/대)	1.8
주차이용효율(%)	80
건물 이용자 중 승용차 이용률(%)	45
승용차 이용자 중 주차차량비용(%)	95

신축예정인 A호텔의 1일 이용인구가 12,500명이고, 피크시 주차집중률이 10.1%로 예측되었다면 이 호텔이 확보해야 할 주차대수는 얼마인가?

풀이
$$P(\text{주차수요}) = \frac{d \cdot c \cdot s}{o \cdot e} \times (t \cdot r \cdot p \cdot pr)$$
$$= \frac{0.6 \times 1.1 \times 1.1 \times 0.45 \times 0.95 \times 12,500 \times 0.101}{1.8 \times 0.8}$$
$$\fallingdotseq 272\text{대}$$

8.8.2 주차공간의 계획 및 설계기준

1) 노상주차장의 설계

노상주차장(on-street parking)은 도로의 차로와 보도 사이에 설치된 주차장을 말하며 노상주차장의 설계시는 차량주행에 방해를 주지 말아야 함과 동시에 도로주변 건물이나 시설물의 운영에 지장이 되지 않도록 하는 것이 중요하다.

[그림 8-70]은 노상주차장 설계의 여러 가지 유형이다. [그림 8-70]에서 알 수 있듯이 평행주차방식이 도로 길이당 주차대수가 가장 적으며 각도주차방식인 경우 각도가 클수록 많은 주차수요를 처리할 수 있다. 반면에 각도주차방식은 평행주차방식에 비해 차로를 주행하는 차량들에 많은 지장을 주게 되며 교통사고의 발생 확률이 높다. 이러한 이유로 각도주차방식은 도로의 폭이 넓고 속도가 비교적 낮은 도로에 제한적으로 사용하고 있으며 그 외의 경우 평행주차방식을 많이 사용한다.

주차면의 크기는 설계차량 크기와 밀접한 관련이 있으며, 도로의

[그림 8-70] 노상주차장의 유형

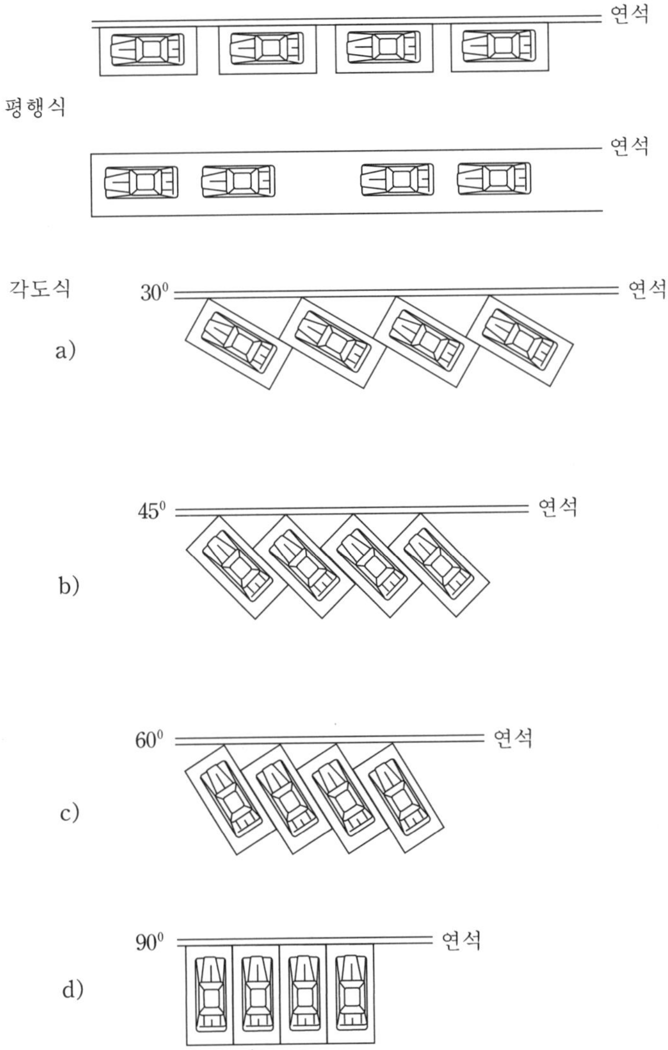

연석에 주차하는 경우에 대한 주차면 폭, 길이, 간격 등 설계요소를 [그림 8-71]에 제시하고 있다.

일반적으로 도시지역 노상주차장이 평행주차방식을 사용하면 운전자들을 매우 편리해진다. 평행주차방식은 진행교통류에 대한 충격이 적을 뿐 아니라 차지하는 차도폭도 매우 좁아서 각도주차방식보다 유리하다. 그러나 평행주차방식은 각도주차방식에 비해 주차면수가 상대적으로 적게 확보된다는 단점이 있으며 90° 주차방식과 비교하면 절반밖에 확보할 수 없다. 또한 평행주차방식은 각도주차방식에 비해 진출입이 상당히 곤란하기 때문에 주차하는 시간이 상대적으로 길어진다는 단점이 있다. 따라서 각도주차방식과 평행주차방식간의 선택은 다음과 같은 사항을 고려해서 이루어진다.

- 도 로 폭
- 교통량, 트럭혼입률, 평균속도
- 설계차량 크기
- 주차 회전율
- 토지이용패턴
- 도로의 기능구분

한편 인접차로에 대한 침범 정도는 다음의 [그림 8-72]와 같은 회전궤적도에 따르는 것이 좋다.[7)]

[그림 8-71] 노상주차장의 폭과 크기[7)]

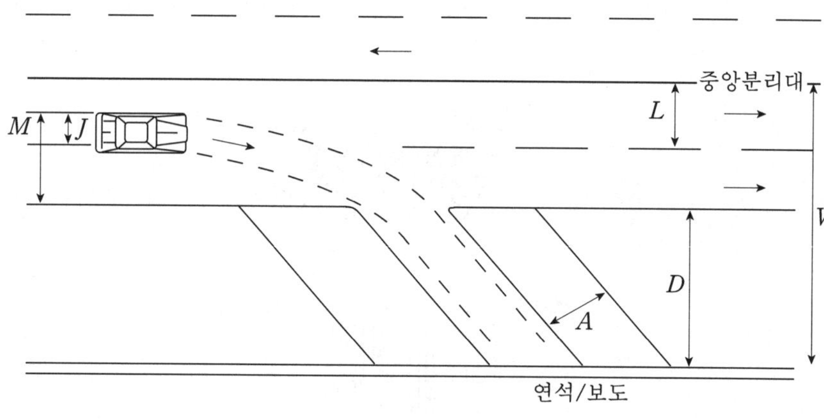

	주차면 설계요소					편도 1차로		편도 2차로	
각도	A	D	M	D+M	D+M−J	L	M	L	M
0	2.3	2.3	3.0	5.3	2.8		16.3		9.8
30	2.5	4.5~4.9	2.9	7.4~7.8	4.9~5.3	3.5	8.4~8.8	7.0	11.9~12.3
45	2.5	5.1~5.6	3.7	8.8~9.3	6.3~6.8		9.8~10.3		13.3~13.8
60	2.5	5.3~6.0	4.6	9.9~10.6	7.4~8.1		10.9~11.6		14.4~15.1
90	2.5	4.8~5.4	5.8	10.6~11.2	8.1~8.7		11.6~12.2		15.1~15.7

[그림 8-72] 회전 궤적도

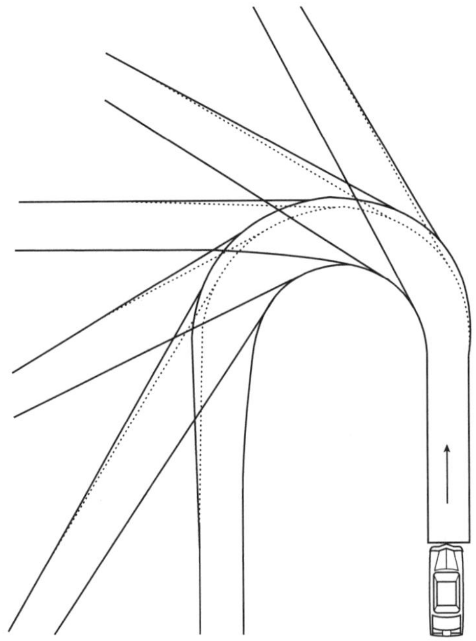

또한 주차면적이 점차 부족해짐에 따라 연석쪽뿐 아니라 중앙분리대쪽으로도 노상주차장을 설치하는 나라들이 생겨나고 있다. 중앙분리대쪽에 노상주차장을 설치하면 중앙분리대 공간을 효율적으로 사용할 수 있고, 블록 단위로 설치한다면 횡단 보행자들에게 편안한 공간을 확보해 줄 수 있는 이점이 있다. [그림 8-73]은 중앙분리대쪽에 설치한 노상주차장의 예이다.

[그림 8-73] 중앙분리대쪽에 설치한 노상주차장의 예

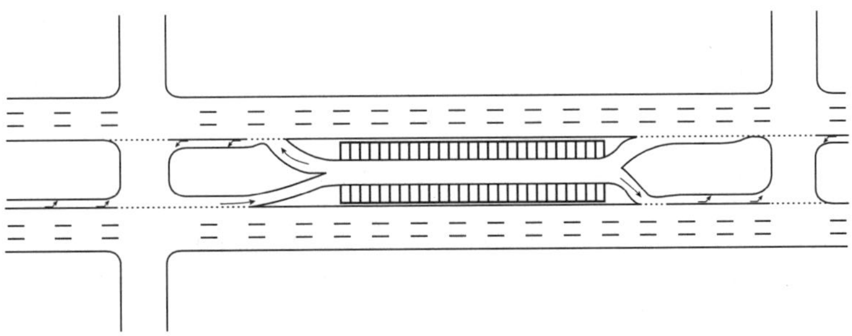

2) 노외주차장의 설계

노상주차장을 설치함으로써 교통망에 미치는 교통지체효과가 지대해지고, 고밀도 토지이용패턴에 따라 주차비용이 극도로 많아지게 되면 노외주차장 건설을 고려하게 된다.

노외주차장의 입지는 원칙적으로 주요 접근 동선과 교통유발시설이 위치한 지역 사이에 설치되어야 한다. 따라서 노외주차장은 백화점이나 공항 등 대규모 교통유발시설쪽 블록에 설치되어야 하고, 간선도로에 의해 단절된 위치는 보행자로 하여금 간선도로를 횡단하도록 하기 때문에 바람직하지 않다.

또한 노외주차장은 유발 교통량이 크기 때문에 진출입구의 위치를 적절히 결정해야 한다. 가장 바람직한 진출입구 위치는 주요 접근 동선의 결과에 의해 접근하는 쪽에 진입구를 설치하고, 진출구는 분리시켜 진출동선과 일치시키는 것이다. 또한 진출입구는 인접한 평면교차로의 회전동선과 겹치지 않도록하며, 노외주차장 내부에서 충분한 대기공간을 확보해야 한다. [그림 8-74]는 노외주차장의 바람직한 위치를 나타낸 것이다.

① 설계기준

노외주차장(**off-street parking**)은 도로와 연결된 진입로를 통해 주차차량을 유도하여 많은 양의 주차차량을 한 군데에 집합 처리하는 방식을 갖는 주차장 형태를 의미한다. 노외주차장의 설계에서는 주차장으로 진입하기 위해 감속하는 차량들을 효과적으로 처리할 수 있는 진입로의 위치, 수 등의 제원을 결정하는 것이 중요하며 동시에 진입로는 주차하고자 하는 차량들의 수요를 충분히 수용할 수 있어야 한다.

[그림 8-75]는 전형적인 노외주차장의 형태이다. 노외수차장의 설계에서는 주어진 주차장 면적을 통해 최대주차면을 산출해 내는 것이 중요하다. 그러나 이러한 목적만을 이루기 위해 주차장 설계를 복잡하게 한다면 오히려 차량의 주차시간이 증가하여 주차장의 효율성이 저하되므로 주의해야 한다. 노외주차장 설계시 주요한 사항은 주차면의 폭과 길이, 통행로의 폭, 주차각 및 회전반경 등이다.

[그림 8-74] 노외주차장의 위치

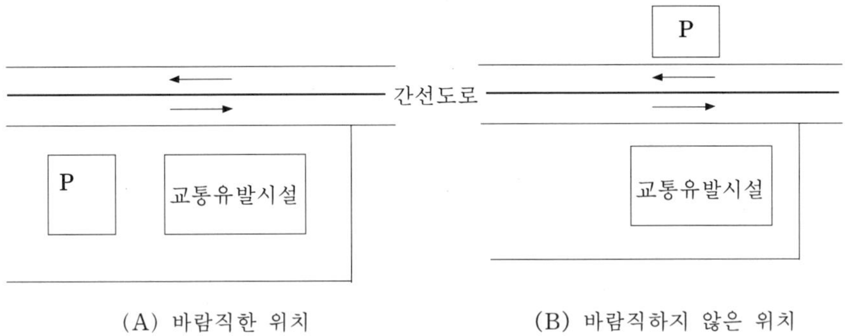

[그림 8-75] 전형적인 노외주차장의 형태

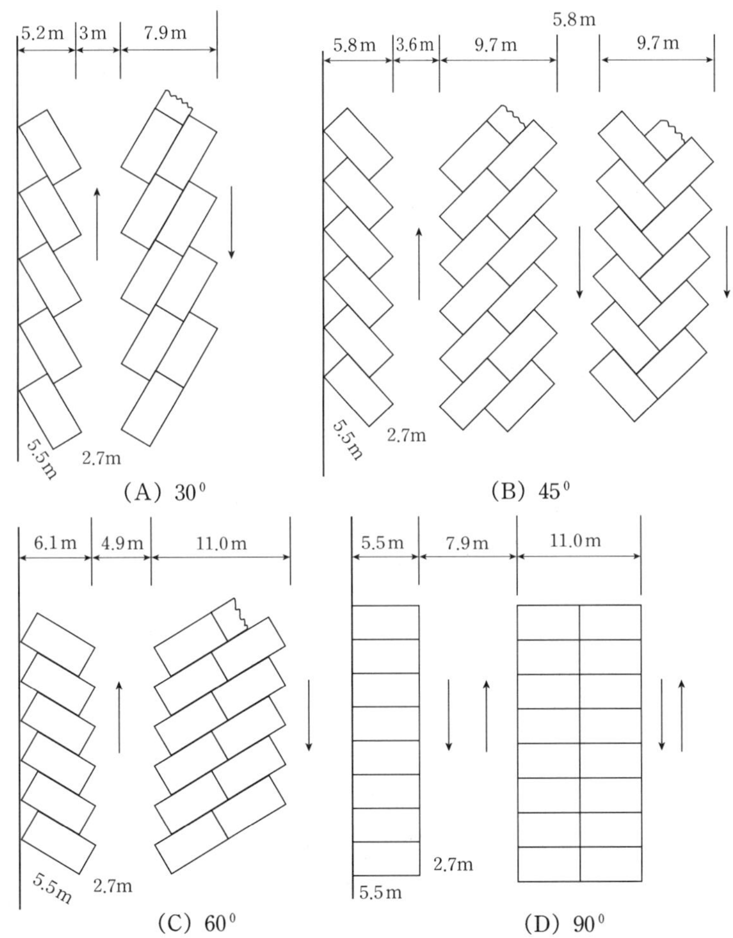

노외주차장의 주차면 크기는 우리나라의 경우 2.3미터×5.0미터를 기준으로 하고 있다. 한편 주차열간에 확보되어야 할 통로의 폭은 통로를 일방통행으로 할 것인지 아니면 양방통행으로 할 것인지에 따라 다르게 나타나며 우리나라에서는 전자의 경우 3.5미터, 후자의 경우 6.5미터를 기준으로 하고 있다. 이 외에도 주차공간에서 진출입동선과의 연결성을 확보하기 위한 용도로 주차장내부의 순환도로가 필요하다. 통상적으로 주차통로의 길이는 100미터 이하로 하는 것이 바람직하며, 만약 50대 이상의 주차공간을 서비스하고 있다면 순환도로의 개념으로 설계되는 것이 바람직하다. 내부 순환도로로 설계될 경우 일방통행일 때 3.5미터, 양방통행일때 6.5미터, 1차로 추가시마다 3.0미터를 추가하면 된다.

[그림 8-76]은 주차장 내부 순환도로와 주차통로와의 관계를 도시한다.

[그림 8-76] 주차장 내부순환도로와 주차통로와의 관계

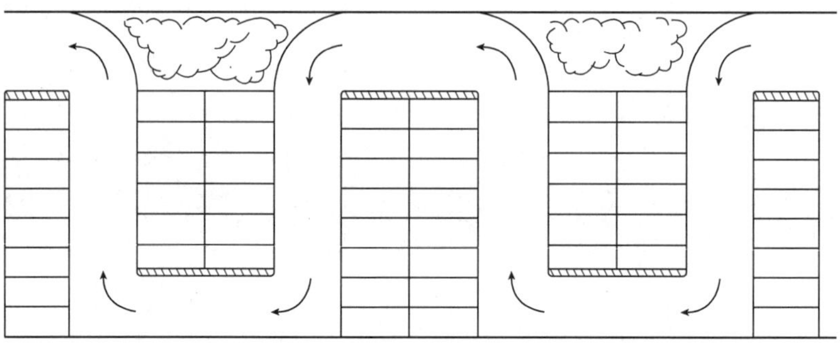

② 주차면 배치계획

다음으로 주차장 내부의 주차면 배치계획에 대해 살펴보자. 주어진 면적에 대한 주차면 확보수는 주차장 내부의 순환도로계획, 주차면의 크기, 통로계획, 주차건물인 경우 기둥의 배치 등에 따라 결정된다. 호주에서는 통상적으로 필요한 차량 1대당 주차공간 소요량은 노외주차장에 대해 [표 8-28]과 같이 제시하고 있다.[7]

불규칙한 배치나 종단구배가 너무 급한 경우는 주차공간 소요량을 크게 한다. 주차면은 직각사각형이므로 양방향으로 된 주차통로와 직각

[표 8-28] 차량 1대당 주차공간 소요량 (단위: m^2)

주 차 각(도)	소 요 량
평행식	27
30	34
45	30
60	27
90	23

주차방식으로 설계하면 가장 많은 주차대수를 확보할 수 있을 뿐 아니라, 운전자들이 빈 주차면을 찾는 데 편리하게 된다.

주차통로를 일방으로 하게 되면 각도주차방식이 좋고 인접한 주차통로는 반대방향으로 설계해야 한다. 물론 직각주차방식을 일방주차통

[그림 8-77] 주차열 배치 예

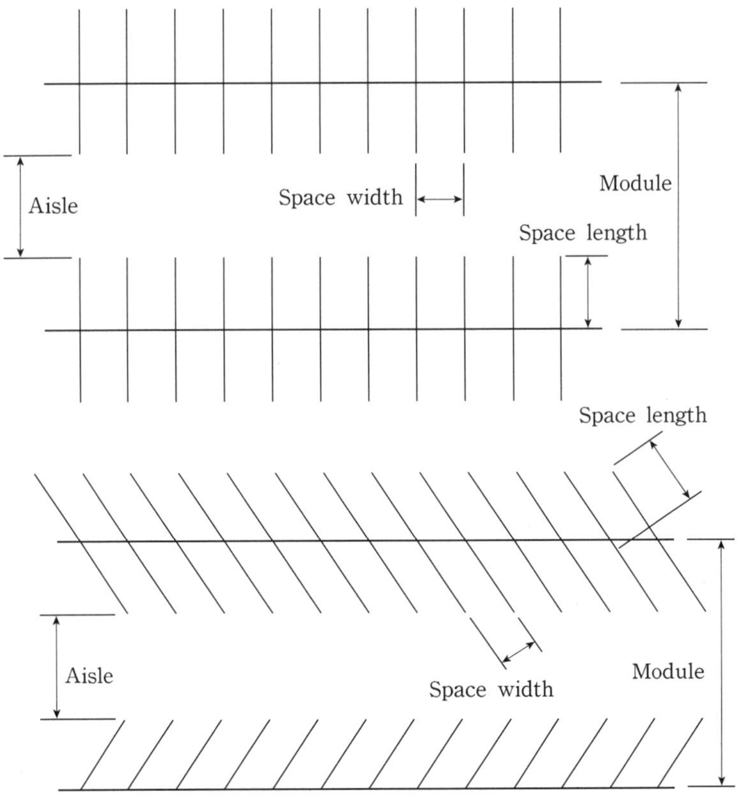

로와 연결시킬 수도 있으나 주차장 내부의 흐름이 원활하지 못하게 될 뿐 아니라, 일방통행에 순응하지 않는 운전자들을 억제할 수 있는 통로 형태가 되지 못한다. 일반적으로 주차열의 방향은 주차부지의 길이방향을 따르면 효용성이 높아지게 되는 것을 기억할 필요가 있다.

[그림 8-77]은 주차열의 배치계획을 도시하고 있다.

주차모듈의 구성원칙은 1개의 주차통로가 양쪽으로 주차열을 서비스하도록 구성하는 것이며, 이러한 원칙이 만족되지 않으면 비효율적 배치계획이 된다.

일단 주차통로의 끝에 도달한 운전자는 주차장 진출입구와 연결된 내부순환도로에 연결되며, 이 때 좌회전을 필요로 하는 경우 최소회전반경과 함께 회전시의 확폭을 고려해서 곡선반경을 결정한다. 또한 각도주차방식에서 각도가 예각이 되면 주차열간에서 유턴이 곤란해지기 때문에 유의한다. 또한 주차열의 끝부분에는 교통섬을 통해 물리적으로 구분함으로써 주차면과 주차장 내부순환도로와의 구분이 용이해지며 불법주차행위도 억제할 수 있게 된다.

3) 주차빌딩의 설계

주차빌딩(parking garage)은 대규모 교통유발시설물의 막대한 주차수요를 처리하거나 도심업무지역 등과 같이 주차공간을 확보하기 지극히 어려운 경우에 건설한다. 주차빌딩의 설계는 층별 평면계획의 관점에서 보면 노외주차장과 같겠지만 층간 연결을 위한 주차램프의 고려가 포함되어야 하므로 입체적인 시각에서 조명할 필요가 있다. 또한 보행자들의 보행거리를 엘리베이터를 기준으로 해서 최소화시킬 수 있는 방안을 마련해야 하고, 주차빌딩에서부터 인접한 간선도로로 진입하거나 진출하는 차량들의 처리계획이 합리적으로 마련될 수 있도록 설계해야 한다. 주차빌딩은 램프의 설치방식에 따라 램프식, 경사식, 기계식으로 구분하는데 어느 방식을 선택할지는 토지가격에 따라 결정하게 된다.

[그림 8-78]은 주차빌딩의 여러 형태 및 동선체계이다.

[그림 8-78] (A) Excluded internal out-way system

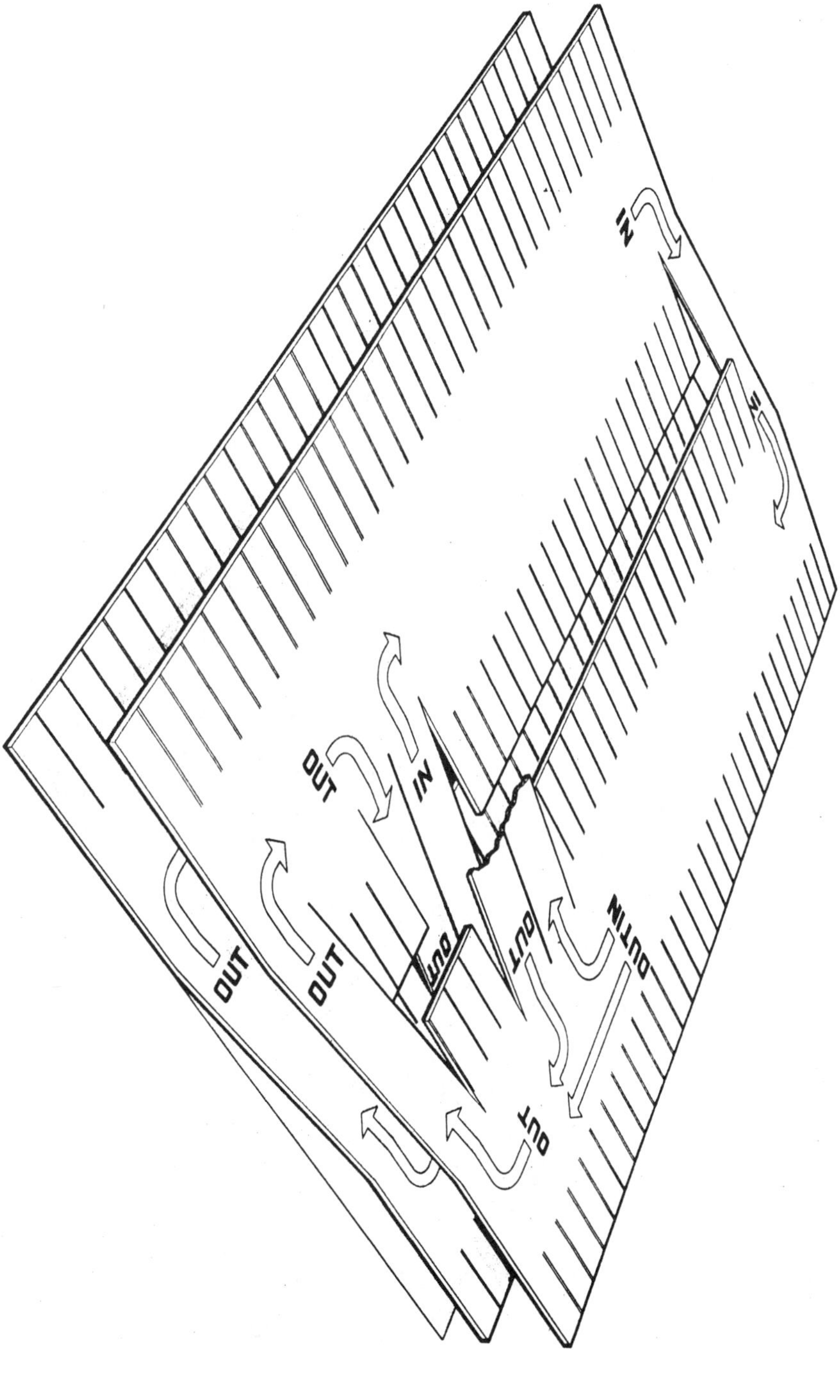

[그림 8-78] (B) Included internal out-way system

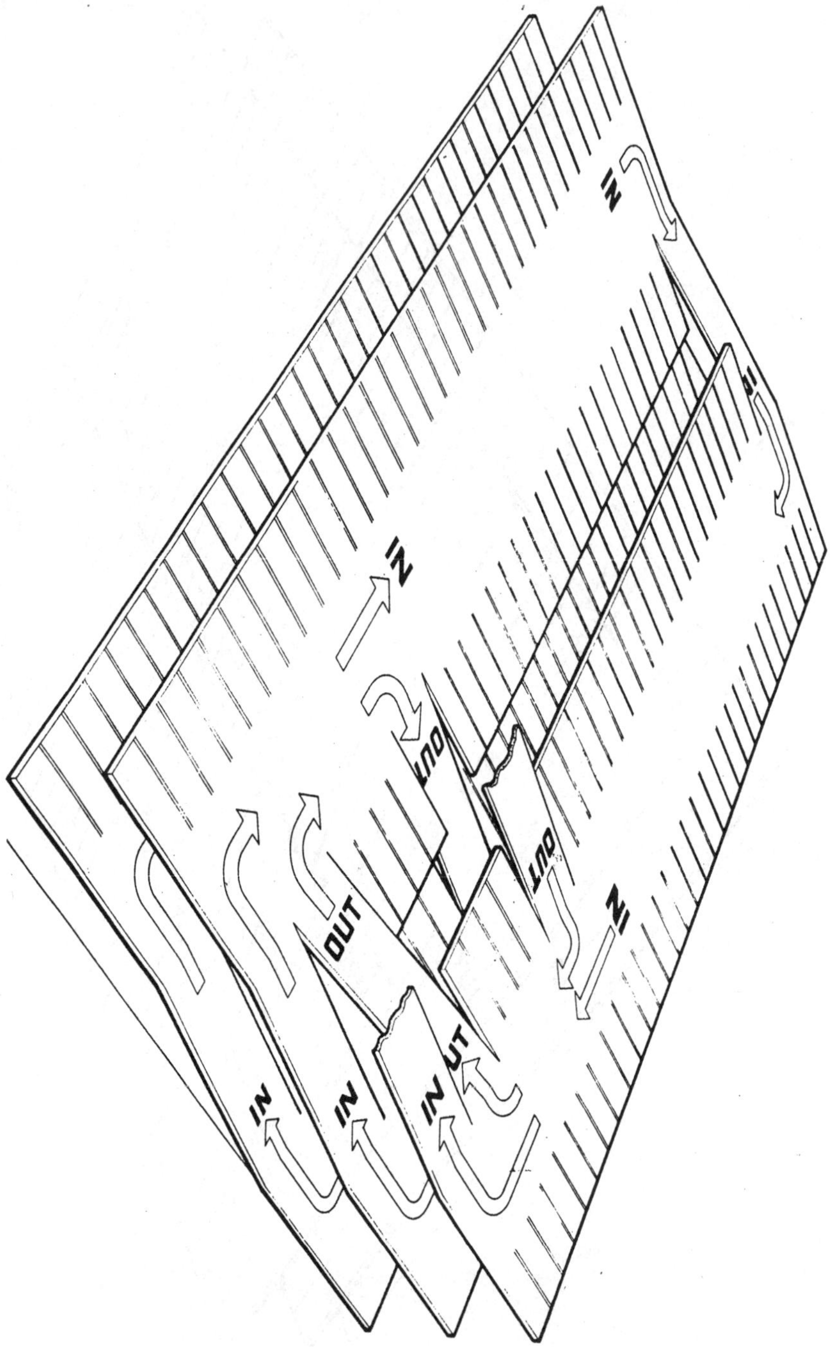

[그림 8-78] (C) Symmetrical warped-slab system

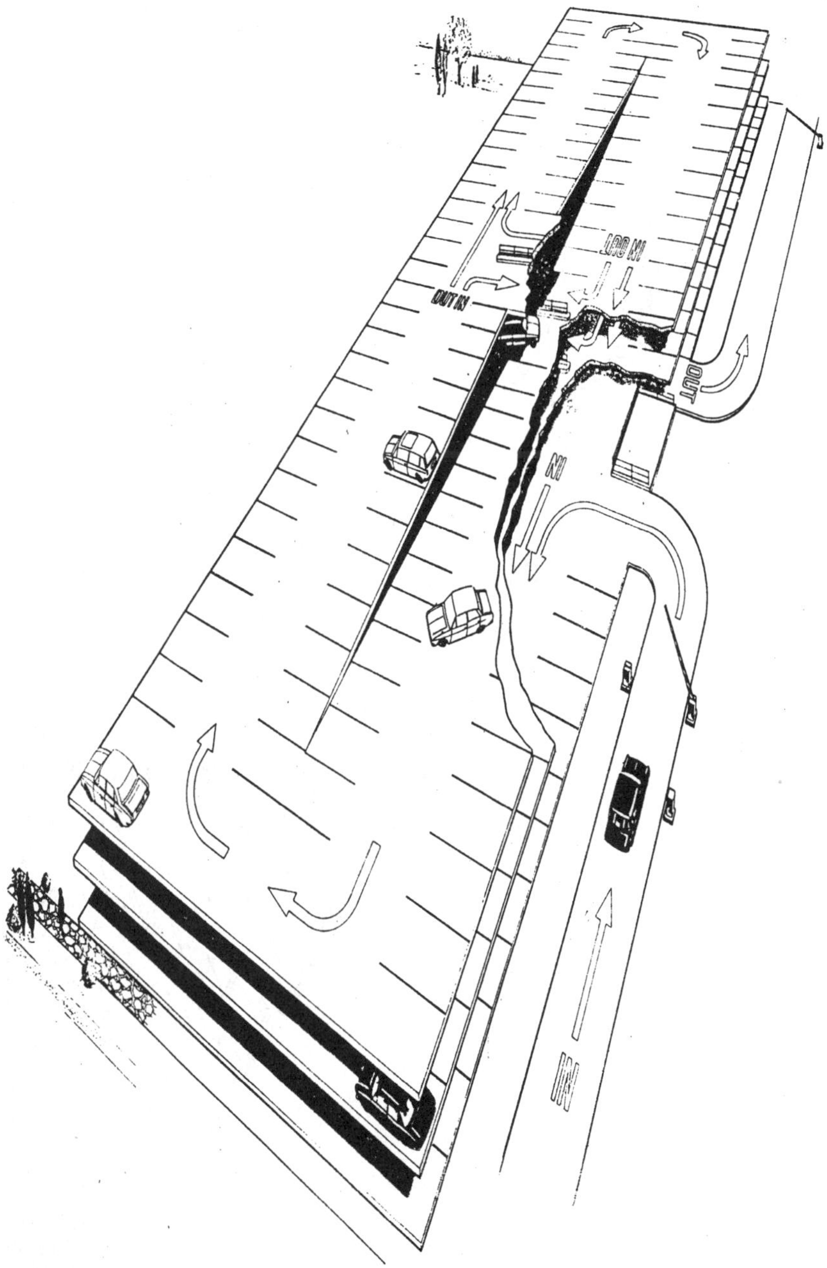

[그림 8-78] (D) Express-exit system

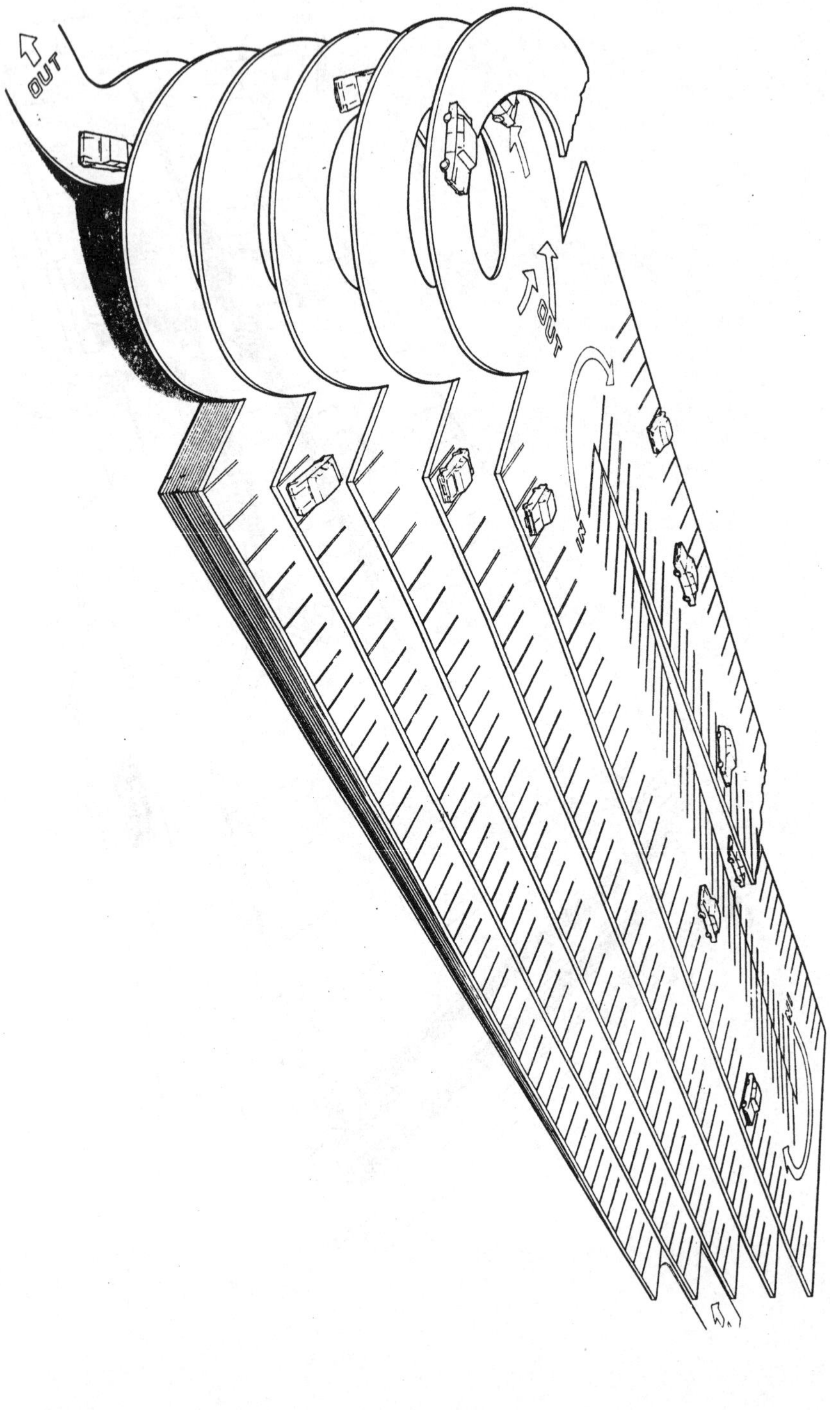

■ 주

1) 건설교통부, 「도로의 구조 · 시설기준에 관한 규정 해설 및 지침」, 1990.
2) AASHTO, *A Policy on Geometric Design of Highways and Streets,* 1994.
3) 건설연구사, 「Clothoid 이론과 실제」, 1974.
4) Hickerson, T.F., *Route Location and Design*, McGraw-Hill, 1964.
5) Jaisung Choi, *A computerized Methodology for Highway Deficiency Analysis and Project Development,* The University of Wisconsin-Madison, Ph.D Thesis, 1987.
6) NCHRP Report 279, *Intersection Channelization Design Guide,* 1985.
7) NAASRA, *Guide to Traffic Engineering Practices,* Sydney, 1988.

■ 익힘문제

1. 설계속도(Design Speed)를 기준으로 한 도로설계의 한계점과 그 개선책을 논하라.
2. 설계일관성(Design Consistency)이 의미하는 바와 설계일관성을 유지하기 위한 방안을 검토하라.
   (Hint: 용량, 주행속도, (교통)안전, 시거, 평면곡선, 곡선반경 등)
3. 최소종단곡선 길이 산출에 사용된 다음의 식들을 증명하라.
   1) 식(8.48)
   2) 식(8.53)
   3) 식(8.59)
   4) 식(8.63)
   5) 식(8.66)

제 9 장

교통수요의 이해

9.1 교통수요란?

9.1.1 교통수요의 개념

교통계획을 수립하기 위해서는 먼저 장래의 교통수요를 추정하지 않으면 안 된다.

교통수요는 교통서비스나 교통시설 등 교통체계를 이용하는 규모 혹은 정도라고 정의할 수 있으며, 수요는 보통 수치로 표현된다. 일반적으로 교통에 대한 욕구는 도시공간상에서 일어나는 사회경제활동으로부터 일어나게 되는데, 사회경제활동의 다원성과 복잡성으로 인하여 다양한 교통수요가 일어나게 된다. 따라서 이같이 복잡한 사회경제활동에서 파생되는 교통수요를 이해하려면 체계적이고 과학적인 모형이 필요하다.

교통수요는 보편적으로 통행량으로 나타나는데, 이 통행량은 도로의 차량대수나 버스의 승객수일 수도 있고 화물의 물동량(톤) 등의 형태로 나타나게 된다. 어느 교통시설(도로 혹은 지하철)에서의 통행량은 이 교통시설의 서비스 특성과 교통수요의 상호 작용에 의해 파생된다. 교통시설의 서비스 특성을 공급특성이라고 부르기도 하는데, 이 서비스 특성이 통행량에 영향을 미치게 된다. 그러므로 교통수요와 교통량은 서로 다른 현상이기 때문에 혼동해서는 안 될 것이다.

그러면 수요는 무엇인가? 경제학적으로 논하자면 수요는 여러 가격수준에 따른 어떤 물건(품목)의 소비수준을 나타내는 수요함수(demand function)라고 말할 수 있다. 그러므로 교통수요는 여러 비용수준(통행비용 등)에 따라 나타나는 통행량이라고 하는 정의가 가능하게 된다. 비용수준은 시간비용과 운행비용을 포괄적으로 나타낸 개념이라고 하겠다.

9.1.2 통행의 구성요소

1) 통행의 요소

통행(trip)은 어떠한 교통수단을 이용하든 반드시 기점(origin)과 종점(destination)을 갖게 마련이다. 각 기점과 종점간의 통행에는 항시 통행목적이 있게 마련이다. 이 통행은 출발지와 목적지를 각각 포함하는 교통존(traffic zone)을 기반으로 하며 그 양단의 유출 및 유입을 통행단(trip end)이라고 부른다.

교통수요의 모형화, 분석, 예측을 위해 [그림 9-1]에서와 같이 총통행량을 통행목적, 통행시간, 출발지, 목적지, 이용한 교통수단, 선택한 노선 등 단계별로 나누어 볼 필요가 있다. 이같이 통행의 요소를 구분하게 되면 계획가나 분석가가 이해하기 쉽고, 교통수요를 추정하기 위해서는 이러한 요소들을 재결합시키면 되기 때문에 분석작업이 보다 수월해지게 된다.

[그림 9-1]에서 첫번째 등장하는 통행요소가 통행목적인데 일반적으로 통행은 여러 가지 목적을 위해 수행된다. 통행목적은 또한 출근, 등교, 업무, 퇴근, 친교, 오락 등으로 구분되며 이러한 통행목적의 분석결과는 현재 통행패턴을 설명해 줄 수 있을 뿐 아니라 장래의 통행예측을 하는 데 활용된다. 이 모든 통행목적별 통행을 합하면 1일 총통행량 V_T가 된다.

두 번째 요소는 통행시간대로서 통행이 이루어진 시간을 말하는 것이다. 도시교통의 특징은 출·퇴근시간대에 몰리는 현상이 나타나므로 예컨대 출근시의 통행량을 분석하려면 08 : 00~09 : 00 시간대의 통행을 살펴보면 된다. 또한 통행목적에 따라 24시간 중 몇 개의 시간대로 나누어 분석할 수도 있다. 여하튼 모든 통행목적을 위해 모든 통행시간대에 일어난 통행을 합하면 1일 총통행량이 된다.

세 번째 요소는 통행의 공간적 분포(spatial distribution)로서 통행의 공간적 배분형태는 교통시설의 규모와 위치에 많은 영향을 미친다. 통행의 공간적 패턴을 분석하는 기초적인 작업으로서 전지역을 여러 개

[그림 9-1] 도시교통 통행량의 단계별 구분

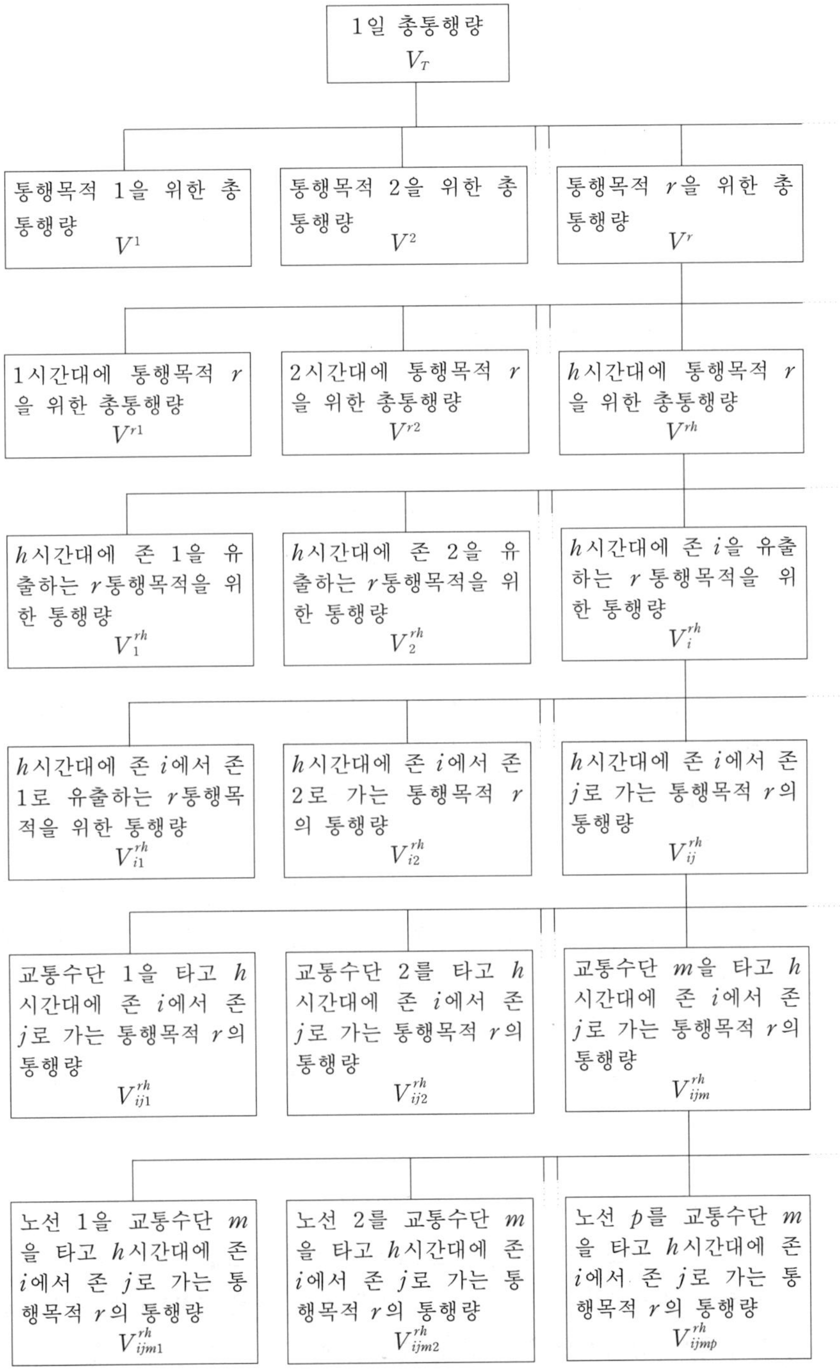

의 교통존(traffic zone)으로 나누게 된다. 교통존이 설정되면 각 통행의 유출존과 유입존을 밝혀야 하는데, 즉 하나의 통행목적을 위해 어느 특정한 시간대에 일어나는 통행량의 공간적인 분포현황을 분석하는 단계가 된다. 이를 분석하는 과정이 [그림 9-1]에서 세 번째와 네 번째 단계가 된다. 통행의 공간적 배분패턴을 분석하기 위하여 O-D표가 구축되어 이용된다. 1일 총통행량을 지금까지 살펴본 요소들로 표시하면 아래와 같다.

$$V_{12}=\sum_{r}\sum_{h}V_{12}^{rh} \quad \cdots\cdots (9.1)$$

위의 식은 존 1에서 존 2로, 통행목적 r을 수행하기 위하여 h시간대에 통행하는 통행량의 총합계가 된다. 그러므로 업무통행을 1로 설정한다면 1일 총업무통행은 다음과 같다.

$$V_{12}^{1}=\sum_{h}V_{12}^{1h} \quad \cdots\cdots (9.2)$$

다섯 번째 요소는 이용하는 교통수단으로서 승용차, 버스, 지하철, 택시 등으로 구분하여 존간의 통행을 분석하는 단계이다.

여섯 번째 요소는 노선선택의 과정으로서 도시고속화도로, 간선도로 등 선택하는 노선을 분석하는 단계이다. 그러므로 어느 노선을 택하여 어느 교통수단을 타고, 어느 시간대에 출발존에서 목적하는 존까지 가는 어느 목적을 가진 통행량이 도출될 수 있다. 위에서 살펴본 모든 통행요소를 결합시켜 모든 존쌍(zone pair)에 대하여 분석하면 어느 특정한 노선에 부하되는 통행량을 구할 수 있는데, 이 통행량은 도로의 용량과 비교하여 용량을 초과하는지의 여부를 결정할 수 있는 틀을 제공해 준다.

2) 요소를 이용한 장래 통행수요분석

위에서 고려한 통행의 요소를 염두에 두고, 계획가들은 기법, 사회경제적 변수, 기타 변수 등을 이용하여 관측된(조사된) 통행요소들에 최대한으로 근접하도록 모형을 개발하게 된다. 다시 말하면 현재 일어나고 있는 통행패턴을 가장 잘 묘사할 수 있는 모형을 정산(calibration)한다고 할 수 있다. 정산의 개념은 조사된 자료를 활용하여 현재의 통행패턴을 설명할 수 있도록 모형을 정교화하는 작업이라고 하겠다.

일단 현실을 가장 잘 설명하는 모형이 개발되면 이 모형의 변수만 조정하여 10년 내지 20년 후의 교통수요를 추정할 수 있게 된다. 이러한 과정을 거쳐 추정된 장래의 교통수요는 장래의 교통시설건설 및 교통체계 개선대안 등에 없어서는 안 될 귀중한 자료가 된다.

3) 교통수요추정의 대상

교통수요추정의 대상을 파악하고 이해하는 것이 교통수요를 추정하기 전에 선행되어야 한다. 수요예측의 대상은 다원적이고 복합적이기 때문에 다양하게 나타날 수 있으나 아래와 같이 교통체계, 공간규모, 기간, 통행목적, 통행의 유형, 단위로 나누어 살펴볼 수 있다.

1) 교통체계
- 교통주체: 사람, 화물
- 교통수단: 도보, 자전거, 승용차, 버스, 화물차, 전철, 항공, 선박
- 교통시설

  네트워크: 교통망, 도로망, 철도망, 버스노선망, 화물노선망

  노선: 도로, 철도, 버스노선, 항로, 항공노선

  지구·지점: 역, 터미널, 항만, 공항, 주차장, 교차로

2) 공간규모: 국토, 지역, 도시, 지구, 교통축

3) 기간: 장기, 중기, 단기

4) 통행목적: 출근, 등교, 업무, 쇼핑, 친교, 귀가

5) 통행의 유형: 통행발생량, 통행유출·유입량, 통행배분량, 교통수단별 통행량, 통행배정량, 유발통행량, 전환통행량

6) 단위
- 시간단위: 피크시, 시, 일, 주, 월, 년, 주말, 휴일
- 통행량단위: 트립, 인, 대, 톤, PCU(승용차 환산계수), 인-km, 톤-km, 대-km, 인/시, 톤/시

9.1.3 교통수요 추정과정

교통수요추정은 장래의 교통체계에서 발생될 수요를 현재의 시점에서 예측하는 작업으로서 교통계획을 수립하는 데 귀중한 자료가 된다. 장래의 수요(혹은 통행량)는 장래의 교통체계에서 어떠한 문제가 발생되는가를 미리 진단할 수 있기 때문에 교통문제의 심각성을 가늠할 수 있고, 어느 지점 혹은 구간에 교통시설개선이 요구되며 어느 지역에 새로운 교통시설이 필요한가를 예측할 수 있는 토대를 마련해 준다. 교통계획의 목적은 장래의 토지이용패턴에 따라 교통체계를 설계하는 것이기 때문에 장래의 토지이용패턴을 신뢰성 있게 추정하는 일이 교통계획의 관건이 된다고 하겠다.

교통수요 추정과정은 일반적으로 [그림 9-2]과 같이 개념화가 가능하다. [그림 9-2]의 왼편에는 기준연도, 즉 현재의 통행패턴을 현실과 가장 가깝게 그려내는 단계로서 현재의 토지이용과 교통체계를 토대로 하여 통행발생, 통행분포, 교통수단선택, 통행배분모형을 적용하여 현재의 통행패턴을 가장 잘 묘사해 낼 수 있는 모형을 개발하는 단계이다. 이러한 모형개발 단계를 흔히 정산(calibration)이라고도 칭하는데 정산단계가 교통수요 추정과정에서 가장 시간이 많이 소요되는 단계라고 할 수 있다.

이렇게 해서 현실 관측치와 가장 근접한 모형이 개발되면 이 모형들을 일단 선정하여 장래 교통수요추정의 모체가 되는 모형으로 삼는

[그림 9-2] 교통수요 추정과정

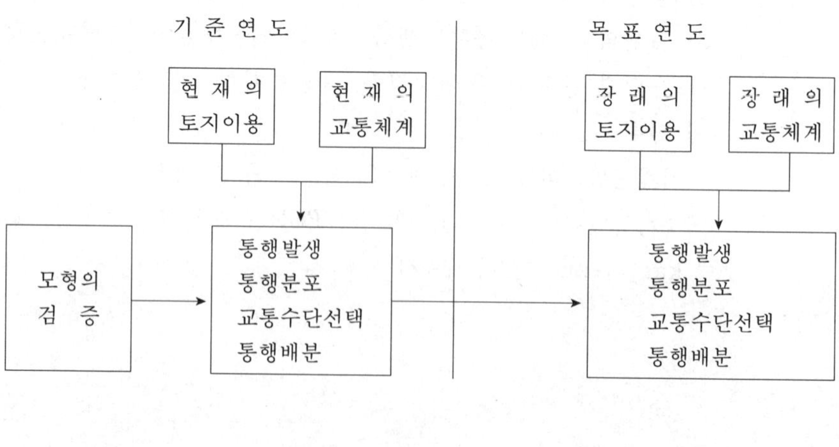

[그림 9-3] 단계적 교통수요 추정과정

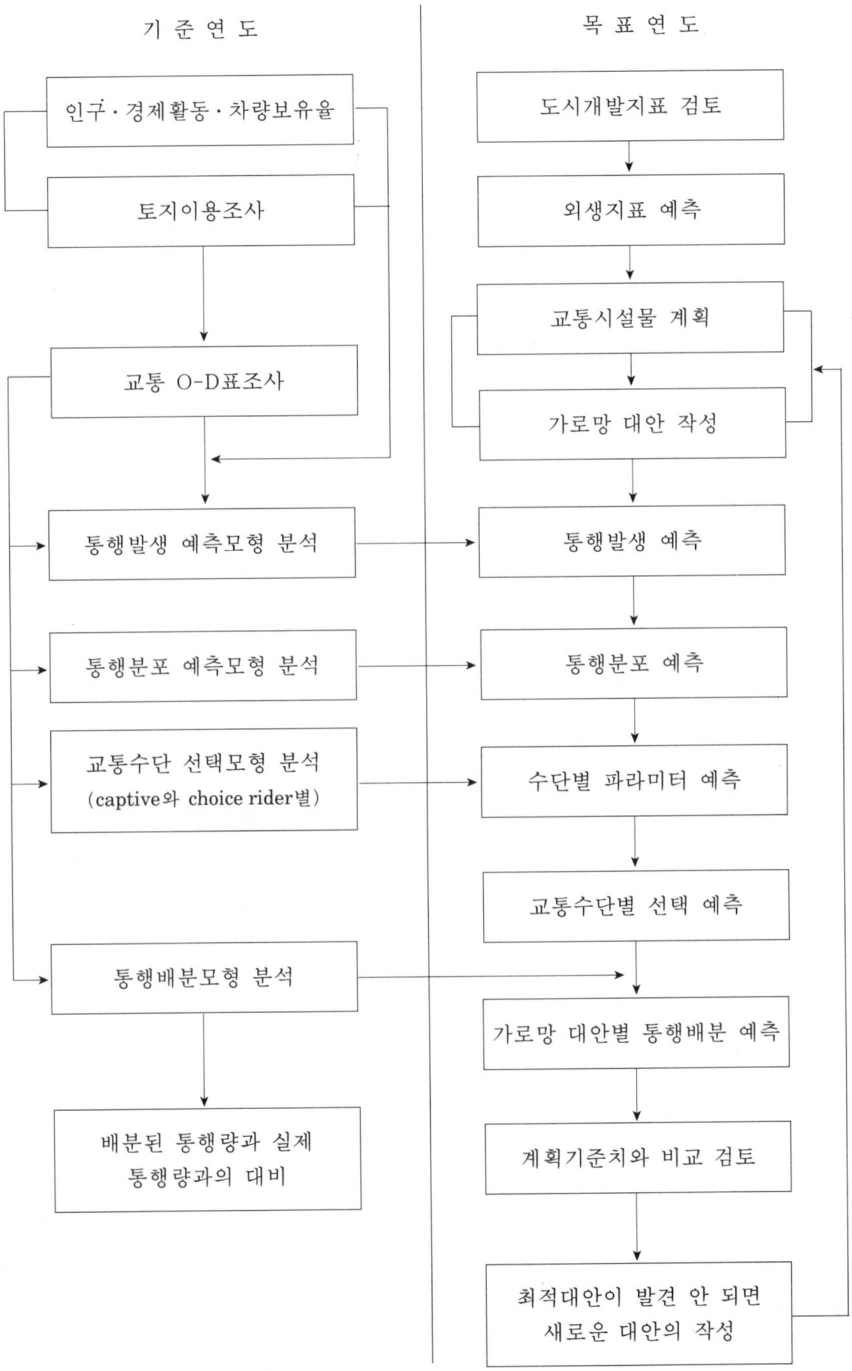

[그림 9-4] 토지이용 및 교통모형

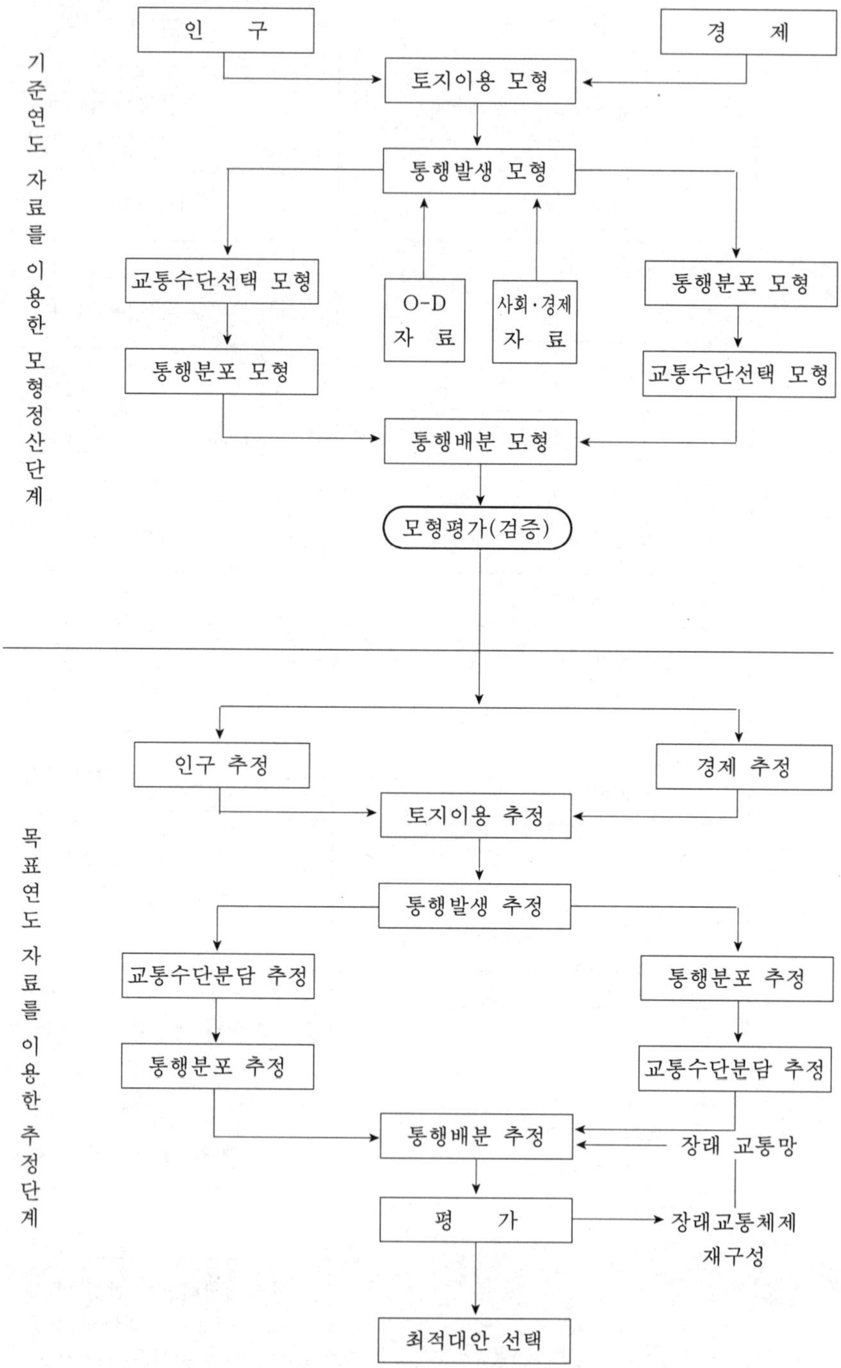

다. 물론 최종적 모형을 선택하기까지에는 여러 차례에 걸친 모형검증 단계를 거쳐야 한다.

모체가 되는 모형이 설정된 후에는 [그림 9-2]의 오른편 목표연도 교통수요 추정단계로 넘어가게 된다. 목표연도의 교통수요추정은 기준연도에서 개발한 모형의 변수에다가 장래의 토지이용과 인구, 자동차 보유대수, GRP 등의 사회경제적 지표를 대입하여 산출하게 된다. 그러므로 장래 교통수요 추정단계에서 가장 중요한 것은 해당 도시(혹은 지역)의 장래에 형성될 토지이용패턴과 사회경제적 여건변화를 신뢰성 있게 추정하는 작업이 된다. [그림 9-3]은 단계적인 교통수요 추정과정을 나타내고 있다.

Paquette(1982) 등의 학자들도 교통수요 추정과정을 [그림 9-4]와 같이 기준연도와 목표연도로 나누어 설명하고 있는데, 이들의 추정과정은 인구모형과 경제모형을 택하여 토지이용모형을 우선적으로 정립한 후, 현재자료에 의한 교통모형을 도출한다. 일단 모형이 도출되면 이 모형이 현실을 얼마나 신뢰성 있게 묘사해 내는가에 대한 검증을 거치게 된다. 모형검증단계를 거쳐 가장 우수한 모형이 최종적으로 탄생되면 이 모형으로 장래 교통수요를 추정하여 장래 가로망의 통행배분이 도출된다. 그 다음에는 장래 교통체계대안을 설정하여 각 대안별로 다시 모형을 적용시켜 통행배분을 한 후 그에 따른 비용·편익항목을 설정하여 대안별 평가를 실시한다. 대안별 평가를 행하여 최적안이 선택되면 교통계획은 일단 종료된다고 할 수 있다.

9.2 수요추정기법의 유형

9.2.1 개략적 수요추정방법

개략적 수요추정방법은 단기적인 교통계획이나 지구와 같은 소규모 지역 등 구체적이고 미시적인 분석이 필요하지 않거나 자료를 쉽게 구할 수 없는 경우에 이용할 수 있는 기법이다. 교통수요를 추정하려면 많은 비용과 시간이 필요하기 때문에 수요분석에 필요한 예산과 시간이 여의치 않을 때에는 단순한 수요추정기법에 의존할 수밖에 없다. 또한 개략적 수요추정방법은 선택해야 할 대안이 많은 경우에 대안들을 몇 개의 중요한 대안으로 선택의 폭을 좁히는 데 필요하다고 하겠다.

한국 도시교통 여건과 같이 교통분석시에 고려해야 할 제반 변수들이 급격히 변화하는 상황에서는 교통수요에 필요한 자료를 충분히 수집하기가 그다지 용이하지가 않다. 이는 과거의 자료가 축적되어 있지 않을 뿐 아니라 수집해야 할 자료의 양이 방대하기 때문으로 풀이할 수 있다. 따라서 짧은 시간에 적은 예산으로 수요추정을 하려면 개략적 기법을 동원해야 하는 경우가 종종 발생한다.

개략적 수요추정방법에는 과거추세연장법과 수요탄력성법이 이용되고 있다

1) 과거추세연장법

과거추세연장법은 과거의 연도별 교통수요를 토대로 하여 도면상에서 미래의 목표연도까지 연장시켜 수요를 추정하는 간단한 방법이다. 이 방법은 교통분야뿐만 아니라 경영이나 경제분석에서도 널리 쓰이고 있는 기법이다. 그러나 이 방법의 가장 큰 약점은 분석가의 임의성 문제이다.

분석가의 주관적인 관점이나, 가치관에 따라서 과거의 추세가 임의적으로 연장되어 추정되기 때문에 수요예측이 분석가마다 달라질 수 있다. 가령 어떤 분석가는 S곡선이나 로지스틱(logistic)곡선을 적용하는가 하면 어떤 분석가는 직선을 적용하는 등 다양하게 교통수요를 추정할 수 있다.

[예제 9-1] 어느 전철구간에 있어서 승객의, t_0년부터 t_8년까지의 이용추세가 아래 그림과 같다.

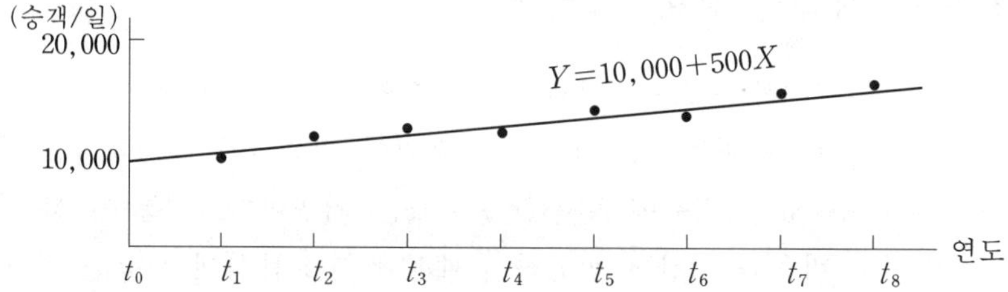

연도별 이용승객을 기초로 하여 직선식을 구하니 $Y=10,000+500X$가 도출되었다고 할 때, t_{14}년의 전철승객수를 구하라.

풀이 Y가 승객수이고 X가 경과연도이다. 따라서 t_0년은 X가 0이며 t_{14}년은 14이다. 따라서 X에 14을 대입하면 17,000이 되어 t_{14}년의 전철승객수요는 17,000명에 이른다.

2) 수요탄력성법(Elasticity Model)

과거추세연장법에서는 수요에 미치는 영향을 변수에 내재시킬 수 없는 단점이 있으나 수요탄력성법에서는 교통수요에 긍정적 혹은 부정적인 영향을 미치는 사항을 변수에 내재시켜 분석할 수 있다. 따라서 수요탄력성법은 과거추세연장법보다는 정밀화된 수요추정방법이라 하겠다.

수요탄력성의 단위추정식은 식(9.3)과 같이 표시되며, 교통체계의 변수 변화에 따른 수요민감성을 추정하는 단위로서 나타낼 수 있다.

$$\mu=\left(\frac{\partial V}{V_0}\Big/\frac{\partial P}{P_0}\right) \quad \cdots\cdots (9.3)$$

여기서 $(\partial V/\partial P)$는 P에 대한 V의 편미분(partial derivative)이다. 이 수요탄력치는 한 개 점에 대한 수치이므로 수요곡선상의 점마다 탄력치가 다르게 된다. 따라서 교통체계의 한 변수가 1% 변함에 따른 수요의 퍼센티지 변화율을 나타내는 현탄력성법(arc elasticity)이 수요추정에 보다 광범위하게 적용되고 있다. 현탄력성은 식(9.4)와 같이 표현된다.

$$\mu_a=\left(\frac{\Delta V}{V_0}\Big/\frac{\Delta P}{P_0}\right) \quad \cdots\cdots (9.4)$$

$$\mu_a=\left(\frac{\Delta V}{\Delta P}\Big/\frac{V_0}{P_0}\right)$$

[예제 9-2] 지하철공사의 경험에 의하면 〈그림〉과 같은 지하철요금과 승객수요간의 관계가 도출된다고 한다. 이같은 관계를 이용하여 수요탄력성

〈그림〉 지하철 요금과 승객수요간의 관계

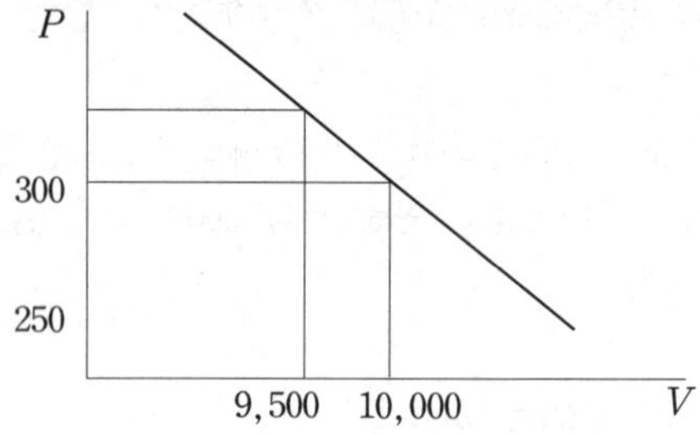

을 구하여라.

풀이 $\mu=\left(\frac{\Delta V}{\Delta P}\cdot\frac{P_0}{V_0}\right)$

$$\mu_1=\left(\frac{9,500-10,000}{300-250}\cdot\frac{250}{10,000}\right)=-0.25$$

$$\mu_2=\left(\frac{10,000-9,500}{250-300}\cdot\frac{300}{9,500}\right)=-0.315$$

이 예제에서 보면 요금이 250원일 때 10,000명의 승객이 지하철을 이용하고, 요금이 300원으로 인상되면 9,500명의 승객이 지하철을 이용

[표 9-1] 보행자 밀도와 이동성

수요모형	가격에 대한 교통량의 수요탄력성	수요탄력성치
$V=ap^b$	$\frac{\partial V}{\partial P}=a\cdot b\cdot p^{b-1}$ $\mu=\frac{\partial V}{\partial P}\cdot\frac{P}{V}=\frac{aP^{b-1}\cdot P}{aP^b}=b$	b
$V=a+bP$	$\frac{\partial V}{\partial P}=b$ $\mu=b\cdot\frac{P}{a+bP}=\frac{bP}{a+bP}=\frac{1}{1+\frac{a}{bP}}$	$\frac{1}{1+\frac{a}{bP}}$
$V=a+b\cdot\ln P+gP$	$\frac{\partial V}{\partial P}=\frac{b}{P}+g$ $\mu=\left[\frac{b}{P}+g\right]\cdot\frac{P}{a+b\cdot\ln P+gP}$ $=\frac{b+gP}{a+b\cdot\ln P+gP}$	$\frac{P}{a+b\cdot\ln P+gP}$

한다. 위에서 구한 현탄력성치와 같이 두 지점의 요금에 대한 수요탄력치는 각각 −0.25와 −0.315가 된다. 수요을 추정하기 위해서는 두 개의 탄력치 중 어느 것을 적용하여도 무방하다.

보편적으로 수요모형에 의해 수요탄력성치를 산출하게 되는데 [표 9-1]과 같은 3개의 수요모형에 있어서 가격에 대한 교통량의 수요탄력성치를 도출할 수 있다.

[예제 9-3] 다음과 같은 수요함수가 있다고 가정하자.

$$V=100P^{-0.5}$$

$P=0.25$일 때 수요는 얼마인가? 탄력성을 이용하여 가격이 20% 인상되는 경우(즉 $P=0.30$), 수요는 얼마나 변화하는가를 구하여라. 또 이는 합리적인가? P의 계수에 대하여 올바른 부호를 사용하였는가? 이제는 $P=0.30$을 식에 직접 대입시켜 구하여라. 수요에 관한 식에서 구한 수요와 탄력성을 이용하여 구한 수요를 어떻게 비교할 수 있는가? 왜 그러한가?

풀이 $V=100P^{-0.5}$

$P=0.25$일 때 $V=100P^{-0.5}=100\cdot 0.25^{-0.5}=200$

$\mu=-0.5$일 때 $\Delta P=20\% \Rightarrow \Delta V=\mu\cdot\Delta P$

$\Delta V=-0.5\times 20\%=-10\%$

$V'=V-0.1V=200-0.1(200)=180$

이는 합리적이다. P의 계수는 음(−)이어야 한다. 왜냐하면 가격인상은 승객수를 감소시키기 때문이다.

또한 $P=0.30$을 식에 직접 대입하면,

$$V=\frac{100}{\sqrt{0.30}}=\frac{100}{0.548}=182.5$$

식에서 구한 수요와 탄력성을 이용하여 구한 수요는 다르다. 왜냐하면 어떤 지점이건, 탄력성에 의한 것은 곡선 그 자체가 아니라 tangent값에

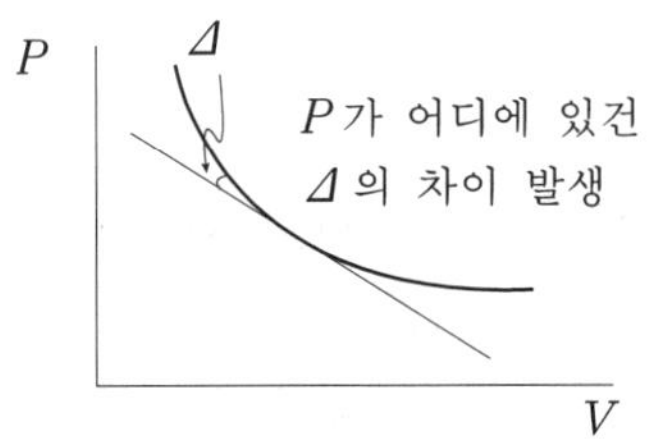

따른 것이기 때문이다.

[예제 9-4] 위의 예제에서 제기된 문제를 선형수요함수식에서 생각해 보기로 하자. 먼저 P의 변화로 인한 수요의 변화를 선형수요함수식에서 구하여진 탄력성을 이용하여 구한다. 다음은 변화된 P의 값을 선형수요식에 대입시켜 구한다. 선형수요함수식에서 구한 수요와 탄력성을 이용하여 구한 수요는 어떻게 비교할 것인가? 왜 그러한가?

풀이 선형수요함수식의 경우에는 식에서 구한 수요와 탄력성을 이용하여 구한 수요는 항상 같다. 왜냐하면 직선이므로 탄력성은 같게 된다. 이를 분석적으로 나타내면 다음과 같다.

$V=a+bP$

P_{old}, P_{new}=변화 전 및 후의 가격

V_{old}, V_{new}=변화 전 및 후의 수요

μ_{old}=변화 전의 탄력성이라고 하면,

$V_{old}=a+bP_{old}$, $\mu_{old}=\left(\dfrac{bP_{old}}{a+bP_{old}}\right)$이 된다.

$$\begin{aligned}V_{new} &\cong V_{old}+\Delta V=V_{old}+\mu_{old}V_{old}\frac{\Delta P}{P_{old}}\\ &=V_{old}+\left(\frac{bP_{old}}{a+bP_{old}}\right)(a+bP_{old})\left(\frac{P_{new}-P_{old}}{P_{old}}\right)\\ &=V_{old}+b(P_{new}-P_{old})=a+bP_{new}\end{aligned}$$

이것은 직접적인 대입에 의해서 구할 수 있게 된다. 따라서 선형모형에 대해서는 동일한 결과를 나타낸다.

수요탄력성은 직접수요탄력성(direct demand elasticity)과 간접 혹은 교차탄력성(indirect or cross elasticity)으로 구분된다. 직접수요탄력성은 분석하고자 하는 교통수요에 직접 영향을 미치는 변수를 고려하는 방법으로, 버스요금이나 버스통행시간과 버스통행수요간에는 직접적인 수요탄력성이 산출된다.

간접 혹은 교차탄력성은 한 교통수단의 변수가 다른 수단수요에 영향을 미칠 때 교차탄력성이 존재한다고 할 수 있다. 예로서 택시에 의한 출근 통행시간이 증가함에 따라서 택시승객이 지하철로 전환되어 지하철의 수요가 어느 정도 증가한다면 이를 교차탄력성의 개념으로 추정

할 수 있다. 이같은 관계를 택시통행시간에 대한 지하철수요의 교차탄력성이라고 일컫는다.

[예제 9-5] $V_1=10-6P_1+5P_2$와 같은 수요모형이 있다고 가정하자. 여기서 V와 P의 1과 2는 교통수단을 나타내는 부호로서 1을 택시, 2를 지하철이라고 하자. P_1은 일반화된 통행비용이다. 여기서 지하철의 통행비용에 대한 택시의 승객수요의 교차탄력성을 구하여라.

풀이 $V_1=10-6P_1+5P_2$

$$\frac{dV_1}{dP_2}=5$$

$$\mu=\frac{dV_1}{dP_2}\cdot\frac{P_2}{V_1}=\frac{5P_2}{10-6P_1+5P_2}=\frac{1}{1-\dfrac{6P_1}{5P_2}+\dfrac{2}{P_2}}$$

[예제 9-6] $V_1=9P_1^{-0.6}P_2^{0.3}$과 같은 모형의 지하철 통행비용에 대한 택시의 승객수요의 교차탄력성을 구하여라.

풀이 $V_1=9P_1^{-0.6}\ P_2^{0.3}$,

$$\frac{dV_1}{dP_2}=9(0.3)\ P_1^{-0.6}P_2^{-0.7}$$

$$\mu=\frac{(0.3)9P_1^{-0.6}P_2^{-0.7}P_2}{9P_1^{-0.6}P_2^{0.3}}=0.3$$

[예제 9-7] $V_1=10-6P_1+5P_2$ 모형에서 만약 $P_1=1$, $P_2=1$이라고 가정할 때 지하철의 요금이 50% 증가하면 택시의 승객수요에 얼마만큼의 영향을 미치는가를 분석하여라.

풀이 $P_1=1$, $P_2=1$ 일 때 $\mu=\dfrac{1}{1-\dfrac{6}{5}+2}=\dfrac{5}{9}$

V_1의 %변화$=\dfrac{5}{9}\times P_2$의 %변화

$=\dfrac{5}{9}\times 50\%=28\%$($V_1$ 증가)

[예제 9-8] $V_1=9P_1^{-0.6}P_2^{0.3}$ 모형에서 지하철의 요금이 30% 증가되면 택시의 승객수요에 어느 정도 영향을 미치는가를 분석하여라(여기서 V_1,

P_1, P_2의 초기치에 대한 가정이 불필요한 것은 V_1, P_1, P_2의 값에 상관 없이 $\mu=0.3$으로 일정한 탄력성 모형이기 때문이다).

풀이 V의 %변화$=0.3\times P_2$의 %변화$=0.3(30)\%=9\%$(V_1증가)

탄력성을 산출하는 방법은 크게 세 가지로 구분된다. 첫째 방법은, 일정기간의 교통정책변수의 변화가 얼마만큼의 교통수요변화를 초래하였는지를 파악하기 위해 실질적인 경험이나 혹은 실험사업(demonstration project)에 의해 산출하는 방법이다.

둘째 방법은, 시계열자료(time-series data)에 의해 회귀분석을 통해 산출하는 방법이다. 마지막 방법은, 수요모형에 의해 수요탄력성을 산출하는 방법이다. 위의 세 가지 방법 중 첫번째 방법이 가장 널리 사용되고 있다. 이는 첫번째 방법이 다른 방법보다 자료를 구하기 쉽고 정책적 시험이 가능하기 때문이다.

9.2.2 직접수요모형(Direct Demand Model)

직접수요모형은 통행발생, 통행분포, 수단선택의 세 가지 과정을 하나의 수학적 공식에 의해 동시에 추정하는 방법으로 도시교통모형과정(urban transportation modelling process)과 같은 연속적인 분석단계를 거치지 않고 같은 변수로서 통행자의 여러 가지 형태를 찾아내려고 시도한 모형이다. 이러한 직접수요모형에는 두 가지의 대표적인 모형이 존재하는데, 추상수단모형(abstract model)과 통행수요모형(travel demand model)이 그것이다.

1) 추상수단모형(Abstract Model)

이 모형은 Quandt와 Baumol(1966)에 의해 모형화된 직접수요모형의 전형적인 형태로서 미국 북동부 Northeast Corridor Project(Washington과 Boston간) 연구를 위해 개발되었다. 이 모형의 특징은 몇 가지 설명변수에 의해 통행발생, 통행분포, 수단선택을 추정하는 방법이다. 이 모형은 최적교통수단(best mode)의 속성(attributes)을 기준으로 설정하고, 고찰하고자 하는 교통수단의 속성을 상대적인 관점에서 비교·분석하는 방법이다. 추상수요모형은 사회경제변수 이외에도 분석하고자 하는 모든 교통수단의 통행시간과 통행비용을 설명변수(혹은 독립변수)로 하여 존간 통행을 산출하는 방법이다. 모형의 형태는 아래와 같다.

$$T_{ijm} = aP_i^b P_j^c Q_i^d Q_j^e f(t_{ijm}) f(c_{ijm}) f(h_{ijm}) \qquad \cdots\cdots (9.5)$$

T_{ijm}=존 i와 존 j간의 수단 m을 이용하는 통행량
P, Q=존 i와 존 j간의 교류의 정도(예로서 인구, 고용 등)
t_{ijm}=수단 m을 이용하는 존 i, j간 통행의 상대적인 통행시간
c_{ijm}=수단 m을 이용하는 존 i, j간 통행의 상대적인 통행비용
h_{ijm}=수단 m을 이용하는 존 i, j간 통행의 상대적인 주기(배차간격, 통행횟수의 주기 등)와 신뢰성
a, b, c, d, e=상수

위의 모형으로 존 i, j간의 통행량과 선택한 교통수단뿐만 아니라 설명변수들이 교통수단 및 교통수단간에 미치는 영향을 분석할 수 있다. 이 모형의 장점을 두 가지로 요약해 보면, 첫째, 이 모형은 교통수단의 함수로서 총교통수요가 구해질 수 있고, 둘째, 새로운 서비스 특성을 구할 수 있으므로 새로운 교통수단(현재 존재하지 않는)의 수요를 추정할 수 있어 장래 교통대안을 평가할 수 있는 자료를 제공해 줄 수 있다.

이 모형의 단점은 모든 교통수단의 속성이 고려되지 않고, 최적교통수단(best mode)의 속성에 준거하여 분석하고자 하는 교통수단을 비교하기 때문에 최적교통수단 이외의 다른 교통수단의 여건변화가 분석하고자 하는 교통수단의 수요에 영향을 미칠 수 없는 문제점이 있다. 이같은 단점을 극복하기 위하여 변수를 조정하거나, 시계열분석이나 더미변수(dummy variable)를 사용하는 방법이 제안되고 있다. 또 한 가지 단점으로 집단화된 자료(aggregate data)를 사용하므로 통행자의 개별적·행태적 측면의 고찰이 미흡한 점이다.

2) 통행수요모형(Travel Demand Model)

직접수요모형의 또 한 가지 형태는 Charles River Associates(1968)에 의해 개발된 모형으로 t시간대에 교통목적 P를 위해 교통수단 m을

이용하여, 존 i와 존 j간의 왕복통행량을 구하는 모형이다. 교통수요는 유출존과 유입존의 인구, 고용, 건물상면적과 같은 사회·경제변수와 소득, 자동차보유, 가구규모 등과 같은 개인 특성에 관련된 변수를 독립변수(independent variables)로 하여 추정된다. 또한 교통수요는 분석대상의 교통수단 m과 대안적인 교통수단의 통행시간, 통행비용, 서비스수준과 같은 통행저항(travel impedance)에 의해 결정된다. 이 모형은 식(9.6)과 같이 된다.

$$\begin{aligned} T(i,\ j/p_0,\ m_0)=f[&S(i/p_0),\ A(j/p_0),\ t(i,\ j/p_0,\ m_0),\\ &C(i,\ j/p_0,\ m_0),\ t(i,\ j/p_0,\ m_a)\\ &C(i,\ j/p_0,\ m_a)] \end{aligned} \qquad \cdots\cdots (9.6)$$

$T(i,\ j/p_0,\ m_0)$=수단 m_0를 이용하여 목적 p_0를 수행하기 위한 존 i, j간의 왕복통행량

$S(i/p_0)$=존 i에 거주하는 통행자의 통행목적과 관련된 사회경제 변수

$A(i/p_0)$=유입존 j의 사회경제 및 토지이용 변수

$t(i,\ j/p_0,\ m_0)$=교통수단 m_0를 이용하여 목적 p_0를 수행하기 위한 존 i, j간의 왕복통행시간 변수

$C(i,\ j/p_0,\ m_0)$=교통수단 m_0를 이용하여 목적 p_0를 수행하기 위한 존 i, j간의 왕복통행비용 변수

$t(i,\ j/p_0,\ m_0)$=대안적 교통수단(a=1, 2, 3, …, n)을 이용하여 목적 p_0를 수행하기 위한 존 i, j간의 왕복통행의 통행시간요소

$C(i,\ j/p_0,\ m_0)$=대안적 교통수단(a=1, 2, 3, …, n)을 이용하여 목적 p_0를 수행하기 위한 존 i, j간의 왕복통행의 통행비용요소

[예제 9-9] 다음 식은 두 가지 서비스수준에 대한 변수를 가진 **McLynn** 모델의 결과이다.

$$M_i=\frac{t_i^{a1i}C_i^{a2i}}{\sum_{t=1}^{m} t_i^{a2m}C_i^{a2m}} \qquad \cdots\cdots (9.7)$$

a_{1i}=교통수단 i에 대한 시간의 지수

a_{2i}=교통수단 i에 대한 비용의 지수

M_i=교통수단 i의 분담률

t_i=교통수단 i에 의한 통행시간

C_i=교통수단 i의 비용

위의 모델에 의하여 모든 교통수단의 서비스수준에 대한 함수로서의 각 교통수단에 의한 통행량을 계산할 수 있다. 이 모델의 탄력성은 다음과 같다.

$$\mu(j)_{ii}=a_{ji}(1-M_i)$$

이 때 $\mu(j)_{ii}$는 서비스수준 j를 가진 교통수단 i의 분담률에 대한 탄력성을 의미한다.

또 교차탄력성은 다음과 같다.

$$\mu(j)_{ik}=a_{jk}(1-M_k)$$

이 때 $\mu(j)_{ik}$는 교통수단 k가 서비스수준 j를 가질 때 교통수단 i의 분담률에 대한 교차탄력성을 의미한다.

두 가지 교통수단, 즉 승용차와 대중교통에 대하여 모델을 적용하여 계산한 결과, 다음과 같은 지수를 구하였다(T는 대중교통, A는 승용차).

$$a_{1A}=-1.64$$
$$a_{2A}=-0.8$$
$$a_{1T}=-0.1$$
$$a_{2T}=-1.0$$

(1) 모델에 대한 식을 나타내어라.

(2) 탄력성과 교차탄력성을 구하여라(수단간 분담률은 승용차 0.5, 대중교통 0.5이다).

풀이 (1) $$M_A=\frac{t_A^{-1.64}C_A^{-0.8}}{t_A^{-1.64}C_A^{-0.8}+t_T^{-0.1}C_T^{-1.0}}$$

$$M_T=\frac{t_T^{-0.1}C_T^{-0.1}}{t_A^{-1.64}C_A^{-0.8}+t_T^{-0.1}C_T^{-1.0}}$$

(2)

교통수단	승용차 시간	승용차 비용	대중교통 시간	대중교통 비용
승 용 차	−0.82	−0.4	0.05	0.5
대중교통	0.82	0.4	−0.05	−0.5

[예제 9-10] 귀하를 여러 가지의 교통정책대안 중에서 가장 우수한 대안을 선택해야 하는 의사결정자 혹은 계획가라고 가정하자. 위의 [예제 9-9]에서 개발된 모형에 의해 산출된 탄력성 결과치를 활용하여 귀하는 현명

한 판단을 내려야 한다. 현재 아래와 같은 교통정책대안을 고려중에 있다. 또한 현재 운행되고 있는 대중교통체계는 손익분기점의 사태에 있으나 내년부터는 정치·행정적인 이유로 인해 시교통국에서 이윤을 내려고 계획하고 있다(이 시의 대중교통체계는 공영체계임).

① 전면적인 서비스 감소. 이는 3%의 비용감소를 가져오나, 평균 10%의 통행시간 증가를 가져온다.

② 전면적인 서비스의 증가. 이는 3%의 비용증가를 가져오나, 평균 14%의 통행시간 감소를 가져온다.

③ 현재의 요금 200원을 250원으로 인상.

④ 현재의 요금을 150원으로 인하. 요금 인하로 인하여 증가된 승객을 수송하는 데에는 비용이 전혀 발생하지 않는다. 현재의 수단간 분담률은 승용차 0.5, 대중교통 0.5이다.

(1) 각 대안이 승객수에 미치는 영향은 무엇인가(즉, 각 대안별 수단간 분담률의 변화). 예를 들어 대중교통의 통행시간이 10% 증가하면, $\mu(1)_{TT}$가 0.05일 때 대중교통수단 분담률은 0.5% 감소한다. 즉, $0.5-0.5(0.005)=0.4975$로서 이는 새로운 수단분담률이 된다.

(2) 어느 대안이 가장 타당한가?(총통행이 일정하고 비용, 수입을 근거로 할 때)

(3) 도시주차국은 대안 ④의 경우에는 주차료를 인상시켜야 한다고 주장한다. 이는 승용차의 통행비용이 70% 증가하는 것을 의미한다. 이 경우 지금까지의 대안선택결과를 변경하여야 하는가?

풀이 (1) ① $\varDelta t_T = 10\%$

수단분담률의 변화 $= -0.05(10\%) = -0.5\%$

② $\varDelta t_T = -14\%$

수단분담률의 변화 $= -0.05(-14\%) = 0.7\%$

③ $\varDelta Ct_T = 25\%$

수단분담률의 변화 $= -0.5(25\%) = -12.5\%$

④ $\varDelta Ct_T = -25\%$

수단분담률의 변화 $= -0.5(-25\%) = 12.5\%$

(2) 여러 가지 방법이 생각될 수 있으나 수입/비용비율을 사용하였다. 총통행량이 일정하다고 가정하면, $\varDelta M_i$는 수입의 변화를 나타낸다. $r=$원래의 수입, $c=$원래의 비용, $r/c=1$이라고 가정하면,

① 변화된 수입 $= r-0.005r$, 변화된 비용 $= c-0.03c$

$$R = \frac{r-0.005r}{c-0.03c} = \frac{0.995r}{0.97c} = 1.026$$

② $R = \dfrac{r + 0.007r}{c + 0.03c} = \dfrac{1.007r}{1.03c} = 0.978$

③ $R = \dfrac{(r - 0.125r)(1.25)}{c} = (0.875)(1.25) = 1.094$

④ $R = \dfrac{(r + 0.125r)(0.75)}{c} = (1.125)(0.75) = 0.844$

따라서, 대안 ③이 가장 타당하다.

(3) 요금인하의 영향 = 12.5%

주차료인상의 영향 = (0.4)(70%) = 28%

복합된 영향 = 40.5%

$R = \dfrac{(r + 0.405r)(0.25)}{c} = (1.405)(0.75) = 1.054$

역시 대안 ③이 가장 타당하다.

9.2.3 4단계추정법

교통수요추정에서 전통적으로 가장 많이 사용되어 오면서 도시교통모형과정의 골격을 이루고 있는 방법이 4단계추정법이다. 이 방법은 그동안 다양한 도시교통 여건에 적용되었을 뿐 아니라 세계 대부분의 도시도 이 방법을 광범위하게 사용하고 있다. 이 방법은 [그림 9-5]에서 보는 것과 같이 통행발생, 통행분포, 교통수단선택, 통행배분의 4단계로 나누어 순서적으로 통행량을 구하는 기법이다. 우선 인구, 사회경제적 지표, 토지이용계획 등의 장래 지표에 의해 대상지역의 존별 통행유출량과 통행유입량을 구하게 되는데, 통행유출량(trip production)과 통행유입량(trip attraction)이 바로 통행발생량이 된다.

통행발생량이 산출되면 통행의 출발지와 목적지를 연결시켜 주는 통행분포의 단계로서 교통존간을 이동하는 통행을 밝혀 내는 과정이라고 하겠다. 통행분포가 된 후에는 교통수단 선택단계에 이르는데, 교통수단 선택은 배분된 통행을 이용하는 교통수단으로 분류시키는 과정이다. 교통수단 선택이 수행된 다음에는 4단계모형의 마지막 단계인 통행배분 단계에 이른다. 통행배분은 교통수단별 통행량을 각 존간의 개개의 노선(route)에 부하시키는 작업이 된다.

이를 이해하기 쉽게 도식화하면 [그림 9-6]과 같다.

[그림 9-5] 4단계추정법의 요소와 각 요소의 추정모형

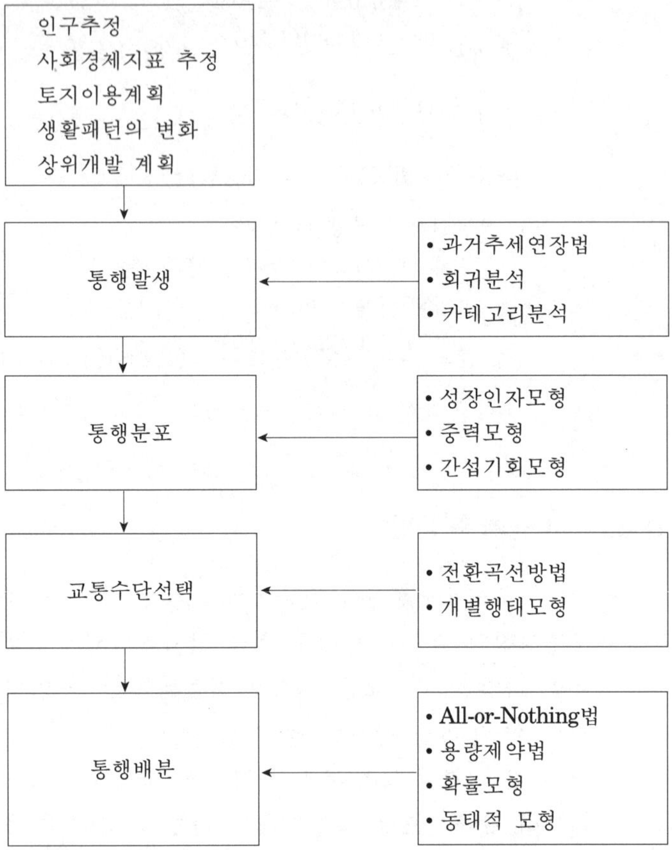

1) 통행발생(trip generation)은 각 존에서 유출되는 통행과 각 존으로 유입되는 통행이다. i존에서 유출되는 통행량을 나타낸 것은 통행발생의 좌측 그림이고, j존으로 유입되는 통행량은 우측 그림이 된다.

2) 통행분포(trip distribution)는 기종점, 즉 O-D 통행을 추정하는 단계로서 통행의 출발지와 목적지를 연결시켜 주는 작업이 된다. 그림에서 T_{ij}는 i존에서 j존으로 가는 통행량이다.

3) 교통수단선택(modal split)은 O-D, 즉 기종점상에서 선택가능한 교통수단(승용차, 버스, 택시 등) 중 통행자가 각 교통수단을 이용할 비율을 추정하는 단계이다.

[그림 9-6] 4단계추정법의 과정

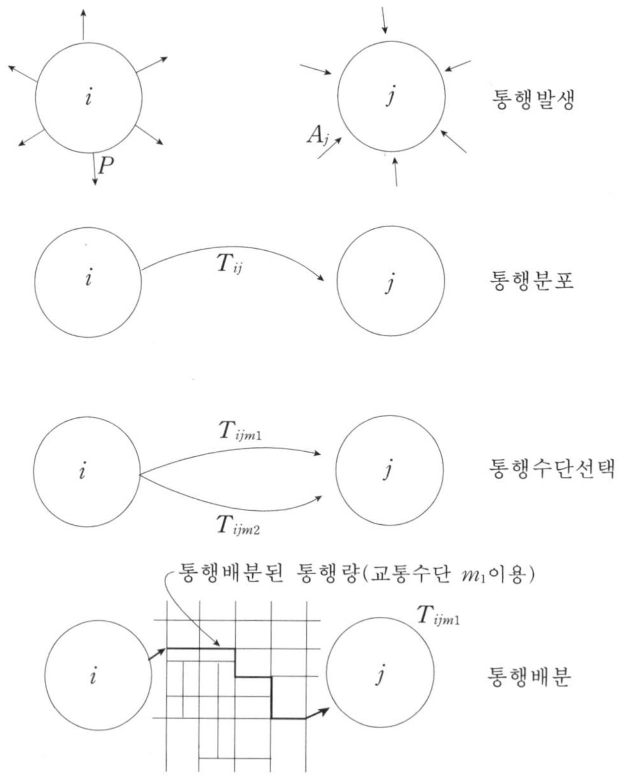

4) 통행배분(trip assignment)은 교통수단별 O-D 통행을 구체적으로 가로망상의 하나의 노선에 부하(혹은 배정)시키는 단계이다.

4단계추정법은 현재 교통 여건을 지배하고 있는 교통체계의 메커니즘이 장래에도 크게 변하지 않는다는 기본적인 가정을 토대로 하고 있다. 예컨대 현재의 통행자의 통행행태나 통행패턴이 장래에도 그대로 존속된다는 가정이다. 교통에 변화가 일어난다면 교통 자체에서 형성된 변화라기보다는 인구나 기타 사회활동체계라는 외생적인 영향에 의해 일어난다는 관점에서 장래 통행량을 예측하는 것이다. 따라서 4단계추정방법은 각 단계별로 도출되는 분석결과에 대한 적절성을 검증하면서 순서적으로 추정해 가는 장점을 지니고 있다.

한편 4단계추정법의 약점으로는, 첫째, 과거의 일정한 시점을 기초로 하여 구한 자료로서 모형화하기 때문에 장래를 추정하는 데 경직성을 드러낸다. 즉 어느 시점의 고정적인 모형이므로 그 모형의 구조가 시간에 따라 변하지 않는다는 가정을 토대로 하고 있다. 둘째, 어느 시점의 자료를 토대로 하여 통행발생, 통행분포, 교통수단선택, 통행배분의 작업을 별개로 거치게 되므로 4단계를 거치는 동안 계획가나 분석가의 주관이 강하게 스며들 여지가 있다. 셋째, 총체적 자료(aggregate data)에 의존하기 때문에 통행자의 총체적·평균적 특성만 산출될 뿐 행태적 측면은 거의 무시된다.

9.3 4단계추정법

9.3.1 통행발생(Trip Generation)

도시의 전지역이나 지구 등지에서 어느 시간에 주거지나 직장 등의 주변에서 일어나는 단거리 이동을 제외한, 사람 또는 차량의 통행량을 통행발생이라 하고 그 총량을 통행발생량이라 일컫는다. 통행발생량은 일반적으로 대상지역의 1일 통행량을 기본으로 하여 산출하는데, 목적에 따라서는 한 달 혹은 일 년을 기준으로 하여 통행량을 집계하는 경우도 있다.

통행발생량은 어느 특정한 도로나 노선에 국한되지 않고 교통존 혹은 대상지역 전체에서 발생되는 통행량이 된다. 또한 통행발생량은 통행자의 속성(직업, 연령, 성별, 차량보유 여부 등)으로 구분할 뿐만 아니라 통행목적(등교, 출근, 업무, 여가, 친교 등)으로도 분류한다. 통행발생은 통행유출과 통행유입으로 구분되는데, 통행유출(trip production)은 기점이 되는 존(origin)에서 다른 존으로 나가는 통행을 말하고, 통행유입(trip attraction)은 다른 존으로부터 종점이 되는 존(destination)으로 들어오는 통행을 말한다. 즉 대상지역을 구성하고 있는 각각의 교통존에 기점을 가진 사람 또는 차량의 통행을 통행유출이라고 부른다. 다시 말하면 교통존에서 밖으로 나가는 통행을 통행유출이라고 한다. 일정한 시간(기간)의 통행유출의 총량을 통행유출량이라고 한다.

한편 각각의 교통존에 종점을 가진 통행을 통행유입이라고 부른다.

[표 9-2] 일반적인 통행 O-D표

O \ D	1	2	3	……………… j ………………	합 계
1	T_{11}	T_{12}	T_{13}	T_{1j}	P_1
2	T_{21}	T_{22}	T_{23}	T_{2j}	P_2
3	T_{31}	T_{32}	T_{33}	T_{3j}	P_3
⋮ i ⋮	⋮ T_{i1} ⋮	⋮ T_{i2} ⋮	⋮ T_{i3} ⋮	⋮ T_{ij} ⋮	⋮ P_i ⋮
합 계	A_1	A_2	A_3	A_j	Z

다시 말하면 다른 지역으로부터 어느 특정한 교통존으로 들어오는 통행을 통행유입이라고 한다. 또한 일정한 시간의 통행유입의 총량을 통행유입량이라고 한다.

[표 9-2]에서 보는 것과 같이 우측에 P_i로 표시된 것이 통행유출량이고, 아래에 A_j로 표시된 것이 통행유입량이 된다. 보편적으로 통행유출량의 총합은 통행유입량의 총합과 같다. 통행유출·유입량은 교통의 전체적인 흐름이라기보다는 각 교통존의 교통수요를 파악하려는 의도에서 도출되는 수치로서 각 존의 교통특성, 사회경제적인 요인, 토지이용, 고용조건, 지형 등과 같은 존의 제반 특성에 의해 결정된다.

1) 증감률법

이 방법은 현재의 통행유출·유입량에 장래의 인구, 자동차 보유대수 등 사회경제적 지표의 증감률을 곱하여 장래의 통행유출·유입량을 구하는 기법이다. 따라서 이 방법은 해당 지역의 성장이나 발전의 정도에 따라 통행량이 비례하여 증감하는 것을 기본 전제로 한다.

증감률법을 식으로 표시해 보면 다음과 같다.

$$t_i' = t_i \cdot F_i \quad \cdots\cdots (9.8)$$

$$F_i = (P_i'/P_i) \text{ 혹은 } (M_i'/M_i) \quad \cdots\cdots (9.9)$$

$$F_i = (P_i'/P_i) \cdot (M_i'/M_i) \quad \cdots\cdots (9.10)$$

t_i'=장래 통행량

t_i = 현재 통행량
P_i' = 장래 인구
P_i = 현재 인구
M_i' = 장래 자동차 보유대수
M_i = 현재 자동차 보유대수
F_i = 증감률

증감률은 인구증감률(P_i'/P_i) 또는 자동차증감률(M_i'/M_i)을 개별적으로 적용할 수도 있고, 식(9.9)처럼 인구증감률에 자동차증감률을 곱하여 사용할 수도 있다. 이 방법은 분석적인 방법이라기보다는 개괄적이고 단순한 방법이라고 하겠다.

2) 원단위법

원단위법은 유출·유입통행량과 해당 지역의 특성을 나타내는 여러 가지 지표(사회경제적·토지이용적 지표)간의 상관관계를 구하여 이것으로부터 목표연도 장래의 통행량을 예측하는 방법이다. 원단위는 일정한 단위시간(일반적으로 24시간)과 단위지표(단위인구, 단위면적, 단위통행자)를 토대로 하여 '통행량'을 추정한다. 원단위법에 의한 추정은 일반적으로 다음과 같은 절차를 거친다.

1) 해당 지역 각 존의 통행유출·유입량을 인구, 통행인구, 토지이용 면적, 가구규모, 승용차 보유대수 등의 지표로 나누어 통행목적, 통행시간대별로 산출한다.
2) 각 존의 분석결과를 해당 지역 전존에 걸쳐 통행목적, 통행시간대별로 집계하여 지역의 교통존을 반영하는 평균원단위값을 구한다.
3) 토지이용계획, 장래 자동차 보유대수, 장래 인구 등의 장래 예측치로부터 존의 장래 인구, 존의 장래 토지이용면적, 존의 장래 자동차 보유대수 등의 예측치를 구한다.
4) 2)에서 구한 평균원단위에 3)의 존별 장래 예측치를 곱하여 통행목적별, 시간대별 등의 통행유출·통행유입량을 구한다.

도시 외곽의 주거지역인 어느 교통존에서 도심지로 유입되는 장래 1일 총목적통행의 유입량을 원단위법에 의해 구하고자 장래 통행자를

[표 9-3] 직업별 통행발생 원단위 및 장래 통행지수

구 분	통행발생 원단위	장래 통행자의 수
대학생	0.9	50명
중고등학생	1.2	800명
초등학생	0.9	1,800명
사무직고용자	0.9	200명
도매업고용자	1.3	100명
소매업고용자	1.1	50명

직업별로 분류해 보니 [표 9-3]과 같았다. 각 목적통행에 따른 직업별 원단위가 [표 9-3]과 같이 설정되었다고 하면 이 교통존에서 도심지로의 유입통행량은 다음과 같은 절차에 의해 산출된다.

1) 주거지→출근통행유입량

0.9×사무직고용자수+1.3×도매업고용자수+1.1×소매업고용자수=0.9×200+1.3×100+1.1×50=365

2) 주거지→등교통행유입량

0.9×대학생수+1.2×중고등학생수+0.9×초등학생수
=0.9×50+1.2×800+0.9×1,800=2,625

3) 1일 총통행유입량

1)+2)=2,990

3) 회귀분석법(Regression Analysis)

회귀분석법은 종속변수(의존변수)가 하나 혹은 여러 개의 설명변수(독립변수)와 어떻게 연관되어 있는가를 밝혀 내는 통계적인 방법이다. 가장 간단한 예로서 2개의 변수가 있을 때 그 일반식은 다음과 같다.

$$Y=\alpha+\beta X \qquad \cdots\cdots (9.11)$$

Y=종속변수
X=설명변수
α=회귀상수
β=회귀계수

최소자승법을 이용하여 식(9.11)의 α, β를 구하면 식(9.12)와 (9.13)과 같다.

$$\beta = \frac{n\Sigma XY - \Sigma X \Sigma Y}{n\Sigma X^2 - (\Sigma X)^2} \quad \cdots\cdots (9.12)$$

$$\alpha = (\Sigma X)/n - \beta(\Sigma X)/n \quad \cdots\cdots (9.13)$$

n=표본수(존의 수)
Y=종속변수 Y의 조사된 값(각 존에 대하여 하나의 값)
X=설명변수 X의 조사된 값(각 존에 대하여 하나의 값)

회귀분석법은 통행유출·유입량과 해당 지역의 사회경제적·토지이용적 특성을 나타내는 변수 사이의 관계를 나타내는 회귀식을 구하고 이 식에 의해 장래 유출·유입량을 추정하는 방법으로 아래와 같은 절차에 의해 추정된다.

1) 각 존별로 조사된 인구, 자동차 보유대수, 건물의 연면적 등의 설명변수(독립변수)와 통행목적별, 시간대별로 구분하여 조사된 통행유출·유입량을 관계시켜 해당 지역 전체의 회귀식을 구한다.
2) 존별 인구, 자동차, 건물연면적 등의 장래 변화와 상위계획 등을 감안하여 장래(목표연도)의 존별 인구, 자동차 보유대수, 건물연면적 등을 추정한다.
3) 1)에서 구한 회귀식의 설명변수에 2)에서 산출한 예측치를 대입하여 존별로 통행 목적별, 시간대별 통행유출·유입량을 구한다.

회귀분석법은 가구설문조사와 같은 통행조사에 기초를 두어 정산되며 설명변수의 예측치를 회귀식의 설명변수에 적용하여 통행유출·유입량을 구하는 방법으로서 현재와 장래 사이에는 설명변수와 독립변수의 구조적인 관계가 변하지 않는 것으로 가정하고 있다. 현실적으로 도시개발, 토지이용계획, 교통사업 등에 의해 지역특성이 변하므로 모형의 신뢰성이 떨어지는 경우도 있다. 그러나 이와 같은 외생적인 영향을 회귀식에 내재화하여 예측치를 조정하는 것도 가능하다.

회귀분석법에 의해 통행유출과 통행유입을 추정해 보면 아래와 같은 같은 식이 도출될 수 있다. 이 공식들은 출근통행의 통행유출과 통행유입을 추정하는 공식이다. 출근통행유출은 주거지역과 같은 통행존에서 유출하는 통행을 분석하게 되므로 인구가 중요한 독립변수가 된다. 출근통행유입은 도심지와 같은 업무·상업지구로 들어오는 통행을

[표 9-4] 존별 교통발생량 및 차량보유대수

구 분 \ 존	1	2	3	4	5	6
존별 통행발생량(Y)	30	50	130	90	40	20
존별 통행보유대수(X)	5	20	40	30	10	10

분석하게 되므로 도심지의 고용자수가 중요한 독립변수가 된다.

출근통행유출량=8.2+0.24×존의 인구수
출근통행유입량=32.5+0.76×존의 고용자수

간단한 예를 들어 설명해 보기로 하자. 주거지역에서의 존별 1일 통행발생량은 존별 차량보유대수의 함수라고 가정한다. 연구대상지역은 6개의 존으로 구분되며 자료조사결과는 다음과 같다. 회귀분석모형의 목적은 [표 9-4]와 같이 조사된 자료의 X와 Y의 관계를 일반화시킬 수 있는 수학적 모형을 도출하는 것이다. [그림 9-7]에서 각 점을 살펴보면, 차량보유대수가 적으면 통행발생량이 적고, 차량보유대수가 많으면 통행발생량이 많아 그 일반적인 관계는 비례적임을 알 수 있다. 최소자승법에 의해 α와 β의 값을 구하여 X와 Y의 관계를 구하면 식 (9.14)와 같다.

$$\hat{Y} = 2.69 + 2.99X \qquad \cdots\cdots (9.14)$$

하나의 종속변수와 둘 이상의 설명변수의 관계를 밝히는 데에는 다중선형 회귀분석이 적합하다. n개의 설명변수를 가지고 있는 일반식은

[표 9-5] 최소자승법에 의해 회귀선을 구하기 위한 값

존 번호	X	X^2	$(\Sigma X)^2$	Y	XY
1	5	25		30	150
2	20	400		50	1,000
3	40	1,600	$(115)^2$	130	5,200
4	30	900		90	2,700
5	10	100		40	400
6	10	100		20	200
합계	115	3,125	13,225	360	9,650

[그림 9-7] 존별 통행발생량과 차량보유 대수간의 관계

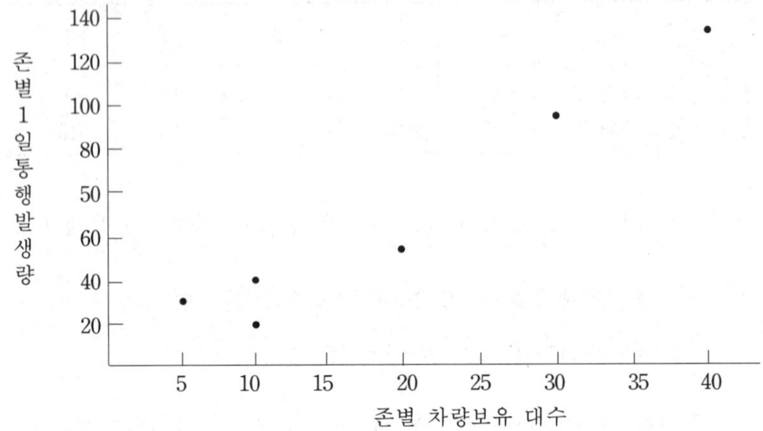

식(9.15)과 같다.

$$Y = \alpha + \beta_1 X_1 + \beta_2 X_2 + \cdots + \beta_n X_n \qquad \cdots\cdots (9.15)$$

$X_1 \cdots X_n$ = 설명변수(독립변수)
α = 회귀상수
$\beta_1 \cdots \beta_2$ = 회귀계수(파라미터)

4) 카테고리분석법(Category Analysis)

카테고리분석법은 교차분류법(cross classification)이라고도 부르는 통행발생모형 중의 하나이다. 카테고리분석법은 가구당 통행발생량과 같은 종속변수를 소득이나 자동차 보유대수 등의 설명변수들에 의해 교차분류시켜 도출해 내는 단순하고 이해하기 쉬운 모형이라고 하겠다. 카테고리분석법이 종속변수와 설명변수간 회귀식의 형태에 관하여 별도의 가정이 필요 없는 회귀분석방법이라고도 말하고 있다. 카테고리분석법은 통행발생과 토지이용에 관련된 변수간의 비선형적 관계를 다루게 되므로 가정도 훨씬 적어진다.

그 동안 일반적으로 알려진 카테고리분석법의 장점은 다음과 같다.

1) 이해의 용이성

2) 자료이용의 효율성

3) 검증과 변수조정의 용이성

4) 추정의 정확성

5) 교통정책에 대한 민감성

6) 다양한 교통연구의 유형에 적용성

7) 다른 지역에의 이전성

카테고리분석법을 적용하여 통행발생량을 추정하려면 [그림 9-8]과 같은 4단계의 과정을 거치게 된다. 가장 우선적으로 해야 할 작업은 어떻게 등급 구분을 할 것인가에 대한 설정을 하는 일이다. 예컨대 어느 지역의 교통연구에서는 가구규모를 6등급, 차량보유대수를 3등급, 가구소득을 6등급으로 구분하였다고 하자. 등급 구분이 된 후에는 가구설문조사에 의하여 모든 가구를 위에서 설정한 등급의 조합에 따라 분류시킨다. 이 경우는 모두 가구가 108개 조합(6 × 3 × 6) 중의 하나에 포함된다.

세 번째 단계에서는 108개 조합 각각에 대한 평균통행발생률을 산출한다. 마지막 단계에서는 존별 통행발생량을 산출하는데 각 조합의 가구수와 조합의 통행발생률을 곱하고 108개에 대한 것을 전부 더함으로써 산출될 수 있다.

카테고리분석법을 간단한 예를 들어 설명해 보기로 한다. 가구 규모는 3인 이하와 4인 이상의 2등급, 소득수준은 상·중·하의 3등급, 교통수단은 버스·택시·승용차의 3등급으로 구분한다. 이같이 18개의 조

[그림 9-8] 카테고리분석법의 적용절차

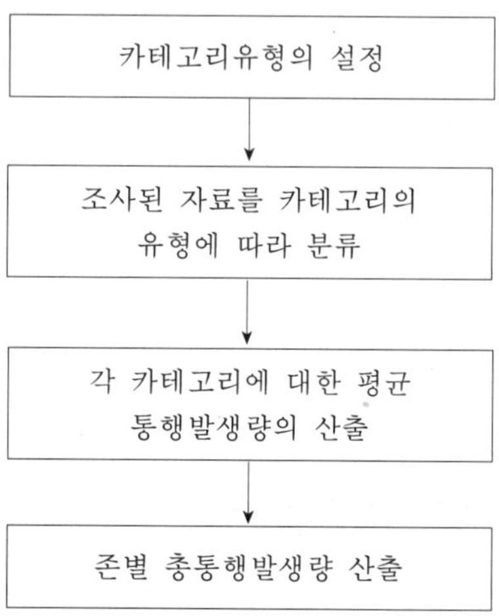

[표 9-6] 소득 수준과 교통수단의 분류

소득 수준 / 이용교통수단	가구당 월평균 소득수준					
	하		중		상	
	3인 이하	4인 이상	3인 이하	4인 이상	3인 이하	4인 이상
버 스	2.6	3.3	2.9	3.5	3.2	4.0
택 시	0.4	0.7	1.8	2.2	2.3	2.7
승 용 차					2.3	3.5

합에 대하여 1일 평균통행발생량을 구하면 [표 9-6]과 같이 나타난다. [표 9-6]을 토대로 하여 어느 특정한 존의 통행발생량을 구하고자 다음과 같은 가상적인 존을 설정해 보았다. 이 존의 소득 수준별, 교통수단 이용별, 가구규모별 카테고리분석에 의한 가구의 수가 아래와 같이 도출되었다고 할 때 이 존에서 발생되는 총통행량을 구하는 절차는 아래와 같다.

- 저소득, 택시, 3인 이하 가구규모: 400
- 저소득, 택시, 4인 이상 가구규모: 300
- 중소득, 버스, 3인 이하 가구규모: 300
- 중소득, 택시, 3인 이하 가구규모: 500
- 고소득, 버스, 3인 이하 가구규모: 100
- 고소득, 버스, 4인 이상 가구규모: 200
- 고소득, 승용차, 4인 이상 가구규모: 300
- 고소득, 택시, 3인 이하 가구규모: 200

[표 9-6]의 평균통행발생률과 위의 카테고리별 가구수를 곱하여 합하면 이 존의 총통행발생량이 산출된다.

$$(400\times 0.4)+(300\times 0.7)+(300\times 2.9)+(500\times 1.8)+(100\times 3.2)$$
$$+(200\times 4.0)+(300\times 3.5)+(200\times 2.3)=4,770$$

9.3.2 통행분포(Trip Distribution)

4단계모형의 첫단계인 통행발생에서는 각 교통존의 통행유출량과

[표 9-7] 현재의 O-D표

O \ D	1 ……… j ……… n	계
1	t_{11} ……… t_{1j} ……… t_{1n}	p_1
⋮	⋮ ⋮ ⋮	⋮
i	t_{i1} ……… t_{ij} ……… t_{in}	p_i
⋮	⋮ ⋮ ⋮	⋮
n	t_{n1} ……… t_{nj} ……… t_{nn}	p_n
계	a_1 ……… a_j ……… a_n	z

주) t'_{ij}: O-D간 통행유출·유입량으로 i는 유출, j는 유입을 나타내는 방향표시.
P_i: 통행유출 $P_i=\sum_{j=1}^{n} t'_{ij}$
A_j: 통행유입 $A_j=\sum_{i=1}^{n} t'_{ij}$
z: 현재 통행량의 합계

통행유입량을 분석하였다. 4단계모형의 두 번째 단계인 통행분포에서 첫단계에서 구해진 통행유출량과 통행유입량을 연결시키는 작업이 행해진다. 즉 어느 존에서 유출된 통행량을 모든 존에 분포시키는 것이라 할 수 있다. 다시 말하면 통행자가 어느 곳으로 통행하는가를 추정하지 않으면, 첫단계에서 도출된 존별 통행유출과 통행유입량은 무의미하게 된다.

[표 9-7]은 현재의 존간 통행량의 개념을 도식화한 것으로 통행분포시 우선적으로 현재의 존간 통행량과 존별 유출·유입통행량 자료를 구해야 한다. 현재의 존간 통행량과 존별 유출·유입통행량이 구해졌으

[표 9-8] 장래의 O-D표

O \ D	1 ……… j ……… n	계
1	t'_{11} ……… t'_{1j} ……… t'_{1n}	p_1
⋮	⋮ ⋮ ⋮	⋮
i	t'_{i1} ……… t'_{ij} ……… t'_{in}	p_i
⋮	⋮ ⋮ ⋮	⋮
n	t'_{n1} ……… t'_{nj} ……… t'_{nn}	p_n
계	A_1 ……… A_j ……… A_n	z

주) t'_{ij}: 장래 O-D간 통행유출·유입량으로 i는 유출, j는 유입을 나타내는 방향표시.
P_i: 장래 유출통행량 $P_i=\sum_{j=1}^{n} t'_{ij}$
A_j: 장래 유입통행량 $A_j=\sum_{i=1}^{n} t'_{ij}$
Z: 장래 통행량의 합계

며 [표 9-8]의 P_i와 A_j, 즉 존별 유출·유입통행량을 산출해야 하는데 이는 장래 통행추정모형에 의해 도출된다(회귀모형이나 성장률법 등에 의함). 통행분포는 장래의 통행유출·유입량을 각 존쌍(zone pair)별로 분포시키는 작업이라고 할 수 있다.

1) 성장률법(Growth Factor Model)

통행분포방법 가운데 이해하기 쉽고 적용이 용이한 방법이 성장률법이다. 성장률법의 종류는 균일성장률법, 평균성장률법, 프라타법, 퍼네스법의 네 가지로서 개략적으로 장래 교통분포량을 추정하고자 할 때 이용된다. 이 방법의 단점은 현재의 통행자의 통행형태가 장래에도 똑같다는 가정에서 출발하기 때문에 사회경제활동이 급격히 변하는 지역이나 도시에서는 그 적합성이 떨어진다 하겠다.

① 균일성장률법(Constant Factor Method)

균일성장률법은 가장 단순화된 성장률법으로 예측된 장래의 통행량을 현재의 통행량으로 나눈 값, 즉 균일성장률을 현재의 통행량에 곱하여 장래의 통행분포량을 추정하는 방법이다. 이러한 관계를 식으로 표시하면 식(9.16)와 같다.

$$t'_{ij}=t_{ij}\times F \qquad \cdots\cdots (9.16)$$

t_{ij}는 현재의 존 i와 존 j간의 통행량이고 t'_{ij}는 장래의 존 i와 존 j간의 통행량이다. F는 예측된 장래의 통행량을 현재의 통행량으로 나눈 값으로서 평균성장률이 된다.

[예제 9-11] 현재의 존간 통행표가 〈표 1〉과 같고 장래의 존별 통행유

〈표 1〉 현재의 존간 통행량

O \ D	1	2	3	계
1	3	4	7	14
2	1	4	3	8
3	6	5	2	13
계	10	13	12	35

〈표 2〉 장래의 존별 통행유출·유입량

O \ D	1	2	3	계
1				37
2				15
3				29
계	20	36	25	81

출·유입량이 〈표 2〉와 같다고 할 때 장래의 존간 통행을 균일성장률법으로 분포시켜라.

풀이 장래 통행유입이나 통행유출의 합을 현재의 통행유입이나 통행유출로 나누어 성장률을 구하면 81/35=2.3이 된다. 이 증가율을 장래의 존쌍에 똑같이 적용시키면 〈표 3〉과 같은 O-D표가 산출된다.

$$F=\frac{\text{장래총통행량(예측치)}}{\text{현재총통행량}}=\frac{81}{35}=2.3$$

$t'_{11}=3\times2.3=7$
$t'_{12}=4\times2.3=9$
$t'_{13}=7\times2.3=16$

$t'_{21}=1\times2.3=2$
$t'_{22}=4\times2.3=9$
$t'_{23}=3\times2.3=7$

$t'_{31}=6\times2.3=14$
$t'_{32}=5\times2.3=13$
$t'_{33}=2\times2.3=5$

〈표 3〉 장래의 존별 통행분포량

O \ D	1	2	3	계
1	7	9	16	32
2	2	9	7	18
3	14	12	5	31
계	23	30	28	81

② 평균성장률법(Average Factor Method)

평균성장률법은 각 존마다 통행유출량, 통행유입량에 대한 성장률을 각각 구하여 현재의 각 존별 유출량, 유입량에 이 성장률을 곱하여 장래의 통행분포량을 구하는 방법으로 균일성장률법보다는 훨씬 정밀한 접근방법이라 하겠다.

$$t'_{ij}=t_{ij}\frac{(E_i+F_j)}{2} \quad \cdots\cdots (9.17)$$

$$E_i=\frac{P_i}{p_i} \qquad (i=1,\ 2,\ \cdots,\ n) \quad \cdots\cdots (9.18)$$

$$F_j=\frac{A_i}{a_i} \qquad (i=1,\ 2,\ \cdots,\ n) \quad \cdots\cdots (9.19)$$

P_i=존 i의 장래 통행유출량
p_i=존 i의 현재 통행유출량
A_i=존 j의 장래 통행유입량
a_i=존 j의 현재 통행유입량

E_i=유출량의 성장률
F_j=유입량의 성장률

먼저 E_i와 F_j의 값을 각 존별로 구하고 현재의 존간 통행량(t_{ij})에 E_i와 F_j의 평균치를 곱하여 t'_{ij}, 즉, 각 존의 장래 통행량을 산출한다. 산출된 O-D표의 통행유출량과 유입량을 초기에 추정된 유출량 및 유입량과 비교한다. 대부분의 경우 이들 값들은 일치하지 않는다. 따라서 다시 한번 반복작업을 실시하는데 방법은 처음과 동일하다. 두 번째 반복작업에 의해 산출된 결과를 검토하여 근사치가 구해지지 않을 경우 세 번째, 네 번째의 반복작업을 계속한다. 일반적으로 E_i와 F_j의 변화가 적으면 적을수록 좋은 결과를 도출했다고 할 수 있다.

[예제 9-12] 현재의 O-D와 장래의 통행유입·유출량이 〈표 1〉, 〈표 2〉와 같다고 할 때, 평균성장률법을 이용하여 장래의 존간 통행량을 분포시켜라.

〈표 1〉 현재의 O-D

O \ D	1	2	3	계
1	3	3	2	8
2	3	4	6	13
3	5	1	5	11
계(A_j)	11	8	13	32

〈표 2〉 장래의 통행유입·유출량

O \ D	1	2	3	계
1				20
2				37
3				19
계	30	20	26	76

풀이 1회) $E_1=P_1/p_1=20/8=2.50$ $F_1=A_1/a_1=30/11=2.70$

$E_2=P_2/p_2=37/13=2.80$ $F_2=A_2/a_2=20/8=2.50$

$E_3=P_3/p_3=19/11=1.70$ $F_3=A_3/a_3=26/13=2.00$

$t'_{11}=t_{11}(E_1+F_1)/2=8$
$t'_{12}=t_{12}(E_1+F_2)/2=8$
$t'_{13}=t_{13}(E_1+F_3)/2=5$

$t'_{21}=t_{21}(E_2+F_1)/2=8$
$t'_{22}=t_{22}(E_2+F_2)/2=11$
$t'_{23}=t_{23}(E_2+F_3)/2=14$

$t'_{31}=t_{31}(E_3+F_1)/2=11$
$t'_{32}=t_{32}(E_3+F_2)/2=2$

〈표 3〉 1회 산출된 O-D

O \ D	1	2	3	계
1	8	8	5	21
2	8	11	14	33
3	11	2	9	22
A_j	27	21	28	76

$t'_{33}=t_{33}(E_3+F_3)/2=9$

가급적 E_i와 F_j가 1에 가까워질 때까지 반복작업을 계속한다.

반복) $E_1{}^{(1)}=P_1/p_1{}^{(1)}=20/21=0.95$ $F_1{}^{(1)}=A_1/a_1{}^{(1)}=30/27=1.11$

$E_2{}^{(1)}=P_2/p_2{}^{(1)}=37/33=1.12$ $F_2{}^{(1)}=A_2/a_2{}^{(1)}=20/21=0.95$

$E_3{}^{(1)}=P_3/p_3{}^{(1)}=19/22=0.86$ $F_3{}^{(1)}=A_3/a_3{}^{(1)}=26/28=0.93$

$t'_{11}{}^{(2)}=t'_{11}(E_1{}^{(1)}+F_1{}^{(1)})/2=8$
$t'_{12}{}^{(2)}=t'_{12}(E_1{}^{(1)}+F_2{}^{(1)})/2=8$
$t'_{13}{}^{(2)}=t'_{13}(E_1{}^{(1)}+F_3{}^{(1)})/2=5$

$t'_{21}{}^{(2)}=t'_{21}(E_2{}^{(1)}+F_1{}^{(1)})/2=9$
$t'_{22}{}^{(2)}=t'_{22}(E_2{}^{(1)}+F_2{}^{(1)})/2=11$
$t'_{23}{}^{(2)}=t'_{23}(E_2{}^{(1)}+F_3{}^{(1)})/2=14$

$t'_{31}{}^{(2)}=t'_{31}(E_3{}^{(1)}+F_1{}^{(1)})/2=11$
$t'_{32}{}^{(2)}=t'_{32}(E_3{}^{(1)}+F_2{}^{(1)})/2=2$
$t'_{33}{}^{(2)}=t'_{33}(E_3{}^{(1)}+F_3{}^{(1)})/2=8$

〈표 4〉 장래의 통행유입·유출량

O \ D	1	2	3	P_i
1	8	8	5	21
2	9	11	14	34
3	11	2	8	21
A_j	28	21	27	76

$E_1{}^{(2)}=P_1/p_1{}^{(2)}=20/21=0.95$
$E_2{}^{(2)}=P_2/p_2{}^{(2)}=37/34=1.09$
$E_3{}^{(2)}=P_3/p_3{}^{(2)}=19/21=0.91$

$F_1{}^{(2)}=A_1/a_1{}^{(2)}=30/28=1.07$
$F_2{}^{(2)}=A_2/a_2{}^{(2)}=20/21=0.95$
$F_3{}^{(2)}=A_3/a_3{}^{(2)}=26/27=0.96$

〈표 5〉 1회 산출된 O-D

O \ D	1	2	3	P_i
1	8	8	5	21
2	9	11	14	34
3	11	2	8	21
A_j	28	21	27	76

$t'_{11}{}^{(3)}=t'_{11}{}^{(1)}(E_1{}^{(2)}+F_1{}^{(2)})/2=8$
$t'_{12}{}^{(3)}=t'_{12}{}^{(1)}(E_1{}^{(2)}+F_2{}^{(2)})/2=8$
$t'_{13}{}^{(3)}=t'_{13}{}^{(1)}(E_1{}^{(2)}+F_3{}^{(2)})/2=5$

$t'_{21}{}^{(3)}=t'_{21}{}^{(1)}(E_2{}^{(2)}+F_1{}^{(2)})/2=9$ $t'_{31}{}^{(3)}=t'_{31}{}^{(1)}(E_3{}^{(2)}+F_1{}^{(2)})/2=11$

$t'_{22}{}^{(3)}=t'_{22}{}^{(1)}(E_2{}^{(2)}+F_2{}^{(2)})/2=11$ $t'_{32}{}^{(3)}=t'_{32}{}^{(1)}(E_3{}^{(2)}+F_2{}^{(2)})/2=2$

$t'_{23}{}^{(3)}=t'_{23}{}^{(1)}(E_2{}^{(2)}+F_3{}^{(2)})/2=14$ $t'_{33}{}^{(3)}=t'_{33}{}^{(1)}(E_3{}^{(2)}+F_3{}^{(2)})/2=8$

$E_1{}^{(3)}=P_1/p_1{}^{(3)}=20/21=0.95$ $F_1{}^{(3)}=A_1/a_1{}^{(3)}=30/28=1.07$

$E_2{}^{(3)}=P_2/p_2{}^{(3)}=37/34=1.09$ $F_2{}^{(3)}=A_1/a_2{}^{(3)}=20/21=0.95$

$E_3{}^{(3)}=P_3/p_3{}^{(3)}=19/22=0.91$ $F_3{}^{(3)}=A_1/a_3{}^{(3)}=26/27=0.96$

E_i와 F_j값의 변화가 없으므로 계산을 중지하고 〈표 5〉를 최종값으로 채택한다.

③ 프라타(Fratar)법

프라타(**T. J. Fratar**)에 의해 개발된 프라타법은 현재까지 살펴본 두 가지 방법보다 개념적으로 진일보된 방법으로 더 많은 계산이 요구된다. 이 방법의 원리는 존 i와 존 j 사이의 통행량은 E_i와 F_j에 비례하여 증가한다는 것이다. 현재 통행량을 이와 같은 두 개의 성장률로 곱하면 존 i에서 유출되는 통행량이 장래 추정량보다 많아지므로 아래와 같은 절차에 의해 보정하여 분포통행량을 예측하는 방법이다.

$$t'_{ij}(i)=t_{ij}\cdot E_i\cdot F_j\left(\frac{\sum_{j=1}^{n}t_{ij}}{\sum_{j=1}^{n}t_{ij}\cdot F_j}\right) \qquad \cdots\cdots (9.20)$$

$$t'_{ij}(j)=t_{ij}\cdot E_i\cdot F_j\left(\frac{\sum_{i=1}^{n}t_{ij}}{\sum_{i=1}^{n}t_{ij}\cdot E_i}\right) \qquad \cdots\cdots (9.21)$$

식(9.20)과 (9.21)에서 편의상 괄호 안의 식을 L_i, L_j로써 간략화하면 식(9.22)과 같이 된다.

$$L_i=\frac{\sum_{j=1}^{n}t_{ij}}{\sum_{j=1}^{n}t_{ij}\cdot F_j},\ L_j=\frac{\sum_{i=1}^{n}t_{ij}}{\sum_{i=1}^{n}t_{ij}\cdot E_i} \qquad \cdots\cdots (9.22)$$

L_i와 L_j는 위에서 언급한 과다추정을 보정해 주기 위한 수단으로서 식(9.23)처럼 궁극적으로 L_i와 L_j의 합을 2로 나눈 값을 성장률과 현재 교통량에 적용하여 장래통행량을 구하게 된다.

$$\begin{aligned} t'_{ij}&=\{t'_{ij}(i)+t'_{ij}(j)\}/2 \\ &=t'_{ij}\cdot E_i\cdot F_j\frac{L_i+L_j}{2} \end{aligned} \qquad \cdots\cdots (9.23)$$

프라타법이 평균성장률법보다 수렴의 속도가 빠르다고 할 수 있다. 그러나 빠른 수렴에 도달하려면 그만큼 계산량이 증가되므로 컴퓨터를 이용하면 수월하다. 프라타법이 평균성장률법보다 우월한 것은 L이라는 보정식의 도입인데, L보정식은 존 사이의 통행량을 다른 존의 상대

[그림 9-9] 프라타모형의 과정

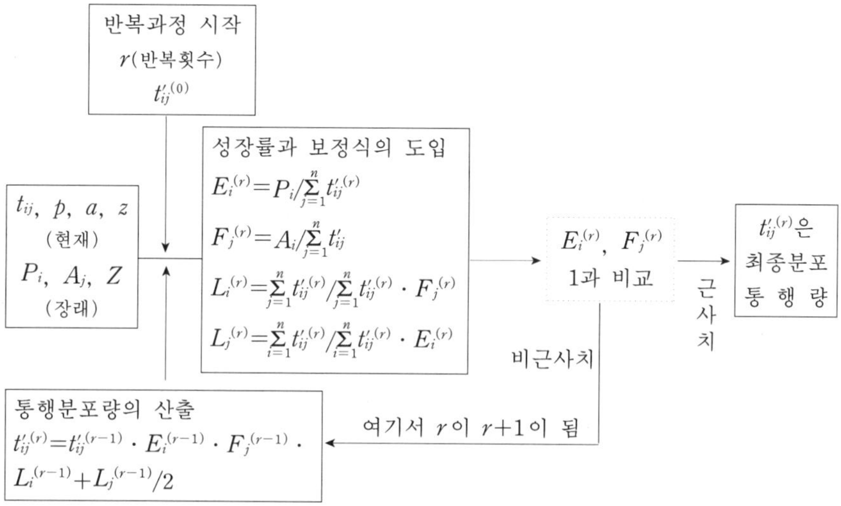

적 흡인력에 의하여 수정해 줄 수 있기 때문이다. 프라타법의 산출과정은 [그림 9-9]에 도식화되어 있다.

[예제 9-13] 현재의 O-D와 장래의 통행유입·유출량이 〈표 1〉, 〈표 2〉와 같다고 할 때, 프라타법을 이용하여 장래의 존간 통행량을 구하여라.

〈표 1〉 현재의 O-D

O \ D	1	2	3	P_i
1	3	3	2	8
2	3	4	6	13
3	5	1	5	11
A_j	11	8	13	32

〈표 2〉 장래의 통행유입·유출량

O \ D	1	2	3	P_i
1				20
2				38
3				20
A_j	30	21	27	78

$E_1=2.50$ $E_2=2.92$ $E_3=1.82$ $F_1=2.73$ $F_2=2.63$ $F_3=2.08$

보정계산식은 다음과 같다.

$$L_i:\ L_1=\sum_{j=1}^{3} t_{1j}/(\sum_{j=1}^{3} t_{1j} \cdot F_j),\ L_2=\sum_{j=1}^{3} t_{2j}/(\sum_{j=1}^{3} t_{2j} \cdot F_j),\ L_3=\sum_{j=1}^{3} t_{3j}/(\sum_{j=1}^{3} t_{3j} \cdot F_j)$$

$$L_j:\ L_1=\sum_{i=1}^{3} t_{i1}/(\sum_{i=1}^{3} t_{i1} \cdot E_i),\ L_2=\sum_{i=1}^{3} t_{i2}/(\sum_{i=1}^{3} t_{i2} \cdot E_i),\ L_3=\sum_{i=1}^{3} t_{i3}/(\sum_{i=1}^{3} t_{i3} \cdot E_i)$$

풀이 $L_i : L_1=8/(3\times2.73+3\times2.63+2\times2.08)=0.395,\ L_2=0.417,\ L_3=0.413$
$L_j : \hat{L}_1=11/(3\times2.50+3\times2.92+5\times1.82)=0.434,\ \hat{L}_2=0.381,\ \hat{L}_3=0.411$

1회) 주어진 조건을 산술식에 대입하면

$t'^{(1)}_{11}=t_{11}E_1F_1(L_1+\hat{L}_1)/2=9$
$t'^{(1)}_{12}=t_{12}E_1F_2(L_1+\hat{L}_2)/2=8$
$t'^{(1)}_{13}=t_{13}E_1F_3(L_1+\hat{L}_3)/2=4$

같은 식에 의하면

$t'^{(1)}_{21}=10$ $t'^{(1)}_{31}=10$
$t'^{(1)}_{22}=12$ $t'^{(1)}_{32}=2$
$t'^{(1)}_{23}=15$ $t'^{(1)}_{33}=8$

〈표 3〉 1차 반복 과정에 의한 O-D

O \ D	1	2	3	P_i
1	9	8	4	21
2	10	12	15	37
3	10	2	8	20
A_j	29	22	27	78

이상의 1차반복과정에 의한 O-D 표는 〈표 3〉과 같다.

이들 유출량과 유입량의 합을 장래 추정량과 비교하면 다음과 같다.

$E_1^{(1)}=20/21=0.95$
$E_2^{(1)}=38/37=1.03$
$E_3^{(1)}=20/20=1.00$

$E_1^{(1)}=30/29=1.03$
$E_1^{(1)}=21/22=0.96$
$E_1^{(1)}=27/27=1.00$

〈표 4〉 1차 반복 과정에 의한 O-D

O \ D	1	2	3	P_i
1	9	7	4	20
2	10	12	15	38
3	10	2	8	20
A_j	30	21	27	78

2회) 위와 동일한 방법으로 2차 반복과정을 실시하면, 초기에 추정된 장래 배분교통량과 같은 통행유출량과 통행유입량이 구해진다. 구하여진 결과는 〈표 4〉에 나타나는 바와 같다. E와 F가 1에 수렴하므로 〈표 3〉과 〈표 4〉의 결과가 유사해진다.

2) 중력모형(Gravity Model)

중력모형은 물리학으로부터 유추된 개념을 모형화한 것으로서 인간의 공간적 이동행태가 뉴턴의 중력법칙(Newton's law of Gravity)과 동일하다는 전제에서 출발한다.

즉, 두 장소간의 교통량 교류는 두 장소의 토지이용에 의한 활동량의 곱에 비례하고 한 장소에서 다른 장소로 통행하는 데에 따른 교통불편성(시간의 개념으로 볼 수 있음)에 반비례한다는 것이다. 중력모형의 기본 식은 식(9.24)와 같다.

$$t_{ij}=kP_iA_jf(Z_{ij}) \quad \cdots\cdots (9.24)$$

k=상수
P_i, A_j=통행유출지와 유입지의 흡인성을 나타내는 지표
$f(Z_{ij})$=통행비용, 시간, 거리로 표시되는 통행에 대한 저항함수

여기서 $f(Z_{ij})$ 함수는 다음과 같이 세 가지 모형으로 구분할 수 있다.

$$f(Z_{ij})=Z_{ij}^n \quad \cdots\cdots (9.25)$$
$$f(Z_{ij})=e(-\lambda Z_{ij}) \quad \cdots\cdots (9.26)$$
$$f(Z_{ij})=e(-\lambda Z_{ij})\times Z_{ij}^n \quad \cdots\cdots (9.27)$$

식(9.25)는 기본식으로 보편적으로 이용되고 있으며, 식(9.26)은 지수함수로 대치시킨 것이다. 식(9.27)은 **Tanner**(1961)에 의해 개발된 함수로서 기본식이 장거리와 단거리의 통행을 추정하는 데 있어서 신뢰성 있는 결과를 도출하지 못하기 때문에 이같은 점을 보완하기 위해 개발된 것이다. 그의 연구결과에 의하면 λ의 값은 0.2, n의 값은 1로 각각 추정되었다. 즉 Z_{ij}가 증가함에 따라 $e(-\lambda Z_{ij})$의 효과는 감소되고 반면에 Z_{ij}^n의 효과는 증가된다는 논리이다. 식(9.25)를 기본식으로 하여 상수, 토지이용 활동량, 통행에 대한 저항 등에 의하여 여러 가지로 변형시켜 교통특성과 통행패턴에 따라 활용할 수 있다.

① 제약 없는 중력모형

$$t_{ij}=kP_iA_j/f(Z_{ij}) \quad \cdots\cdots (9.28)$$

여기서,
$k=\sum_i\sum_j t_{ij}^s/\sum_i\sum_j t_{ij}^m$
$\sum_i\sum_j t_{ij}^s$=조사된 O-D표의 존간 총통행량
$\sum_i\sum_j t_{ij}^m$=모형상의 O-D표의 존간 총통행량
P_i=존 i에서 유출되는 총통행유출량, 즉 $\sum_j t_{ij}$
A_j=존 j로 유입되는 총통행유입량, 즉 $\sum_i t_{ij}$

여기서 k는 모형상의 O-D표의 존간 총통행량이 조사된 O-D표의 존간 총통행량과 일치되는 것을 조정하나, 모형상에서 행과 열의 통행량이 합쳐져서 존간 유출량·유입량이 추정된 결과를 보면 조사된 존간 유출량·유입량과 대개의 경우 일치하지 않는다. 유출량·유입량이 이렇게 같지 않으므로 제약되지 않은 모형이라고 부른다.

② 통행유출량 제약모형

$$t_{ij}=k_i P_i A_j / f(Z_{ij}) \qquad \cdots\cdots \ (9.29)$$

여기서,

$k_i=[\Sigma A_i / f(Z_{ij})^{-1}]$

k_i를 사용하여 존 i의 총통행유출량을 도출하여 조사된 존 i의 총통행량과 일치시키기 때문에 통행유출량 제약모형이라고 부르며 여기서 $\sum_j t_{ij}$는 P_i와 같다. 다시 말하면 통행유출량 제약모형은 k_i라는 상수가 각 통행유출존마다 포함되어 있어서 이들이 O-D표의 예의 각각의 존의 통행량을 합하였을 때 추정된 통행유출량의 합은 조사된 존간 통행유출량과 일치하게 된다. 따라서 통행유출량을 꼭 같게 묶어 놓는다 하여 유출량 제약모형이라 일컫는다. 그러나 O-D표의 행의 추정된 통행유입량은 조사된 통행유입량과 반드시 일치되지 않는다.

③ 이중제약모형

$$t_{ij}=k_i k_j P_i A_j / f(Z_{ij}) \qquad \cdots\cdots \ (9.30)$$

여기서,

$k_i=[\Sigma k_j A_j / f(Z_{ij})]^{-1}$

$k_j=[\Sigma k_i P_i / f(Z_{ij})]^{-1}$

이중제약모형은 각 통행유출존(k_i)과 각 통행유입(k_j')에 상수를 적용하여 O-D표상의 총 i-j 쌍(모형 O-D표의 행렬의 합)이 조사된 O-D표의 행렬의 합과 같게끔 묶어 놓는 방법이다. 즉 모형 O-D표의 총통행유출량·총통행유입량과, 조사된 O-D표의 총통행유출량·총통행유입량을 각각 일치시킨다 하여 이중제약모형이라 일컫는다.

④ 미국 도로국의 중력모형(The Bureau of Public Roads)

$$t_{ij}=k_i P_i A_j F_j \qquad \cdots\cdots (9.31)$$

여기서,

$k_i=[\sum_j A_j F_{ij})^{-1}]$

$F_{ij}=i-j$ 존쌍(zone pair)의 공간적 분리의 지역 전체에 대한 영향을 나타내는 저항계수로서 통행시간에 준거한다.

미국 도로국 중력모형은 경험적으로 도출된 저항계수(friction factors)로서 통행저항(impedence), 수학적 함수를 대치시키는 역할을 한다. 이는 통행저항을 도출하기 힘들기 때문에 계산과정을 단순화시켜 보려는 의도로 해석할 수 있다. 이 모형은 통행유출량 제약모형으로서 존간 통행유입량의 추정이 조사된 존간 통행유입량과 반드시 일치하지 않는다.

[예제 9-14] A. M. Voorhees나 미국 도로국에서 사용하는 모형과 유사한 식(9.32)와 같은 중력모형과 기준연도와 목표연도의 O-D표와 존간 통행시간이 〈표 1〉~〈표 4〉와 같다.

〈표 1〉 기준연도의 통행량표

O \ D	1	2	3	P_i
1	258	219	243	720
2	220	139	181	540
3	202	152	141	495
A_j	680	510	565	1,755

〈표 2〉 기준연도의 통행시간표(분)

O \ D	1	2	3
1	3	6	9
2	7	4	12
3	8	11	4

$$t_{ij}=\frac{A_i F_{ij} K_{ij}}{\sum_{j=1}^{n} A_j F_{ij} K_{ij}} \qquad \cdots\cdots (9.32)$$

〈표 3〉 목표연도의 유입과 유출량

O \ D	1	2	3	P_i
1				1,015
2				727
3				648
A_j	925	651	814	2,390

〈표 4〉 목표연도의 통행시간표

O \ D	1	2	3
1	3	7	11
2	8	5	14
3	9	13	5

P_i=i존에서 발생되는 통행량
A_j=j존으로 유입되는 통행량
F_{ij}=통행거리 · 시간으로 표시되는 통행에 대한 저항계수
K_{ij}=존과 존간의 조정계수

〈표 1〉~〈표 4〉의 기준연도의 존간 통행량, 통행시간표, 목표연도의 통행유출 · 통행유입을 이용하여 목표연도의 존간 통행량을 구하라.

풀이 우선 다음 면의 〈그림 1〉와 같은 과정을 설정해 보기로 한다.

반복과정상에서 분포결과와 실측치의 비교는 이전 단계의 F_{ij}와 통행분포결과 나타나게 되는 F_{ij}와의 비교를 통하여 구해진다. F_{ij}(기존치)≒F_{ij}(조정치)가 될 때까지 반복실행 최종 F_{ij}를 산출한다.

① 존간 조정계수 K_{ij}를 1로 가정하고, F_{ij}를 1로 가정했으므로 우선 기준연도의 존간 통행량표를 $t_{ij}=P_i\frac{A_j}{\Sigma A_j}$식으로 배분시켜 보면 〈표 5〉와 같이 정리된다.

$$T_{11}=720\times\frac{680}{1,755}=279$$

$$T_{12}=720\times\frac{510}{1,755}=209$$

$$T_{23}=540\times\frac{565}{1,755}=174$$

$$T_{31}=495\times\frac{680}{1,755}=192$$

⋮

〈표 5〉 첫번째 존간 통행분포

O \ D	1	2	3	P_i
1	279	209	232	720
2	209	157	174	540
3	192	144	159	495
A_j	680	510	565	1,755

② 첫번째 통행분포량이 산출된 후에는 〈표 6〉에서처럼 시간을 5분 간격으로 나누어 존쌍을 구분하여 합치고(계산치) 이를 실측치의 합과 비교한 후, 실측치를 계산치로 나누어 두 번째 F_{ij}값을 구한다.
두 번째 F_{ij}값을 가지고 다시 통행분포를 하게 되는데 존간 분포통행량이 〈표 7〉과 같이 구해진다.

〈표 6〉 시간대별 존 분류 및 두 번째 F_{ij}값

시간구분(分)	시간대의 존쌍	실측치	계산치	F'_{ij} (초기치)	F'_{ij}
0.1~5.01	1-1, 2-2, 3-3	538	595	1	0.904*
5.1~10.0	1-2, 1-3, 2-1, 3-1	884	842	1	1.050
0.1~15.0	2-3, 3-2	333	318	1	1.047

* F''_{ij}=538(실측치)/595(계산치)×1(F_{ij})=0.904

〈그림 1〉 중력모형에 의한 통행분포과정

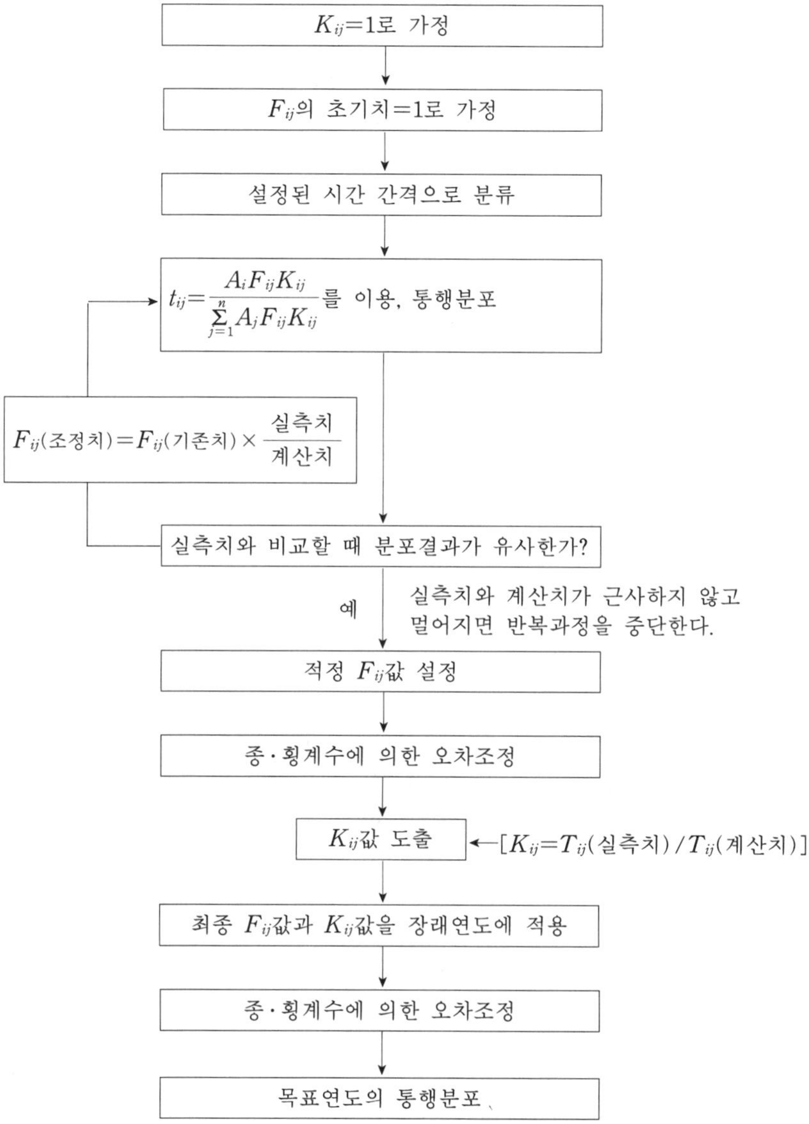

$$T_{1j}=\frac{720(P_1)\times A_j\times F''_{ij}}{(680\times 0.904)+(510\times 1.050)+(565\times 1.050)}$$

$$T_{2j}=\frac{540(P_2)\times A_j\times F''_{ij}}{(680\times 1.050)+(510\times 0.904)+(565\times 1.048}$$

$$T_{3j}=\frac{495(P_2)\times A_j\times F''_{ij}}{(680\times 1.050)+(510\times 1.047)+(565\times 0.904}$$

$$T_{11}=\frac{720\times680\times0.904}{1,743.47}=254$$

$$T_{23}=\frac{540\times565\times1.047}{1,766.595}=181$$

$$T_{32}=\frac{495\times510\times1.047}{1,758.73}=150$$

〈표 7〉 두 번째 F_{ij}값에 의한 통행분포

O \ D	1	2	3	P_i
1	254	221	245	720
2	218	141	181	540
3	201	150	144	495
$A\sigma$	680	510	565	1,755

③ 세 번째 F_{ij}값을 구하기 위하여 〈표 8〉과 같이 F_{ij}값을 도출한다.

〈표 8〉 세 번째 F_{ij}값

시간구분(分)	시간대의 존쌍	실측치	계산치	F''_{ij}	F'''_{ij}
0.1 ~ 5.0	1-1, 2-2, 3-3	538	539	0.904	0.902*
5.1 ~10.0	1-2, 1-3, 2-1, 3-1	884	885	1.050	1.049
0.1 ~15.0	2-3, 3-2	333	331	1.047	1.053

* 538/595×0.904=0.902

새로 구해진 F_{ij}값이 1에 근사하는지의 여부를 알아보기 위하여 다시 통행분포시켜 본다. 새로운 F_{ij}값에 의해 구해진 통행분포량을 〈표 9〉와 같이 정리한다.

$$T_{1j}=\frac{720(P_i)\times A_j\times F'''_{ij}}{(680\times0.902)+(510\times1.049)+(565\times1.049)}$$

$$T_{2j}=\frac{540(P_i)\times A_j\times F'''_{ij}}{(680\times1.049)+(510\times0.902)+(565\times1.053)}$$

$$T_{3j}=\frac{495(P_i)\times A_j\times F'''_{ij}}{(680\times1.049)+(510\times1.053)+(565\times0.902)}$$

$$T_{12}=\frac{720\times510\times1.049}{1,741.035}=221$$

$$T_{21}=\frac{540\times680\times1.049}{1,768.285}=218$$

$$T_{32}=\frac{495\times510\times1.053}{1,759.98}=151$$

〈표 9〉 세 번째 F_{ij}값에 의한 통행분포

O \ D	1	2	3	P_i
1	254	221	245	720
2	218	141	181	540
3	201	150	144	495
A_j	680	510	565	1,755

〈표 9〉에 도출된 계산치를 토대로 하여 시간대별 존쌍을 합한 것과 실측치의 시간대별 존쌍을 합한 수치를 비교하여 네 번째 F_{ij}값을 〈표 10〉처럼 구한다.

〈표 10〉 네 번째 F_{ij}값

시간구분(分)	시간대의 존쌍	실측치	계산치	F'''_{ij}	F''''_{ij}
0.1 ~ 5.0	1-1, 2-2, 3-3	538	537	0.902	0.904
5.1 ~ 10.0	1-2, 1-3, 2-1, 3-1	884	885	1.049	1.048
0.1 ~ 15.0	2-3, 3-2	333	333	1.055	1.055

위의 F_{ij}값을 구하기 위한 반복과정을 살펴본 결과, F_{ij}값의 변화가 미세한 변화를 나타내고 계산치가 실측치에 근사하게 되므로 F''''_{ij}값이 이 존의 통행거리 · 시간의 특성을 나타내는 적정치로 판단된다. 이에 따라 F''''_{ij}의 값을 장래연도에 적용시키는 최종치로 확정한다.

④ 그 다음 과정은 〈표 11〉 및 〈표 12〉와 같은 종계수와 횡계수에 의해 통행분포량을 조정해 주는 작업이 된다. F''''_{ij}에 의한 통행분포를 해 보면 일반적으로 계산치와 실측치가 맞지 않는다. 따라서 종계수·횡계수 조정에 의해 오차를 없애줌으로써 〈표 13〉의 최종통행거리·시간에 따른 현재의 최종통행분포량이 결정된다.

〈표 11〉 종계수에 의한 조정표

O \ D	1	2	3
1	254	221	245
2	218	140	182
3	201	151	143
실측치	680	510	565
계산치	673	512	570
종계수	1.0104	0.9961	0.9912

〈표 12〉 횡계수에 의한 조정표

O \ D	1	2	3	실측치	계산치	횡계수
1	256	220	243	720	719	1.0014
2	220	139	180	540	539	1.0019
3	203	150	142	495	495	1

〈표 13〉 기준연도의 최종통행분포

O \ D	1	2	3	P_i
1	256	220	243	719
2	220	139	180	539
3	203	150	142	495
A_j	679	509	565	1,753

⑤ 기준연도의 최종통행분포표가 완료되었으면 존과 존간의 특성을 반영시키기 위한 K_{ij}값을 산출해야 한다. K_{ij}값은 실측치를 계산치로 나눔에 따라 구해진다.

$$K_{ij}=\frac{T_{ij}(\text{실측치})}{T_{ij}(\text{계산치})}$$

$$K_{11}=\frac{258}{256}=1.008$$

$$K_{22}=\frac{139}{139}=1.000$$

$$K_{31}=\frac{202}{203}=1.995$$

$$\vdots$$

〈표 14〉 존간의 K_{ij}값

O \ D	1	2	3
1	1.008	0.996	1.000
2	1.000	1.000	1.006
3	0.995	1.013	0.993

⑥ 지금까지 구한 F_{ij}값과 K_{ij}값을 가지고 식(9.32)를 이용하여 장래 통행을 분포시킨다. 여기서 유의해야 할 사항은 장래 연도의 통행시간의 증가에 따라 시간 분류가 달라진다. 즉, 이것은 F_{ij}의 적용치가 바뀐다는 뜻이다. 이 점을 고려해서 장래 통행분포를 중력모형의 공식에 따라 계산해 보자.

우선 식(9.32)의 분모항 $\sum_{j=1}^{n}A_jF_{ij}K_{ij}$를 Z_{ij}로 설정하고, 시간대별 새로운 존쌍을 정리하면 〈표 15〉와 같이 된다.

〈표 15〉 시간대별 새로운 존쌍

시간별 분류	시간대의 존쌍*	F''''_{ij}
0.1~ 5.0	1-1, 2-2, 3-3	0.904
5.1~10.0	1-2, 2-1, 3-1	1.048
0.1~15.0	1-3, 2-3, 3-2	1.055

* 장래 통행시간 증가에 따라 새로운 시간대로 바뀐 존쌍임.

$$T'_{1j}=\frac{P'_1\times A'_j\times F''''_{1j}\times K_{1j}}{Z_1}$$

$$T'_{2j}=\frac{P'_2\times A'_j\times F''''_{2j}\times K_{2j}}{Z_2}$$

$$T'_{3j}=\frac{P'_3\times A'_j\times F''''_{2j}\times K_{3j}}{Z_3}(P'_1=1,015,\ P'_2=727,\ P'_3=648)$$

$$Z_1=(925\times 0.904\times 1.008)+(651\times 1.048\times 0.996)+(814\times 1.055\times 1.000)$$
$$=2,381.18$$

$$Z_2=(925\times 1.048\times 1.000)+(651\times 0.904\times 1.000)+(814\times 1.055\times 1.006)$$
$$=2,421.83$$

$$Z_3=(925\times 1.048\times 1.995)+(651\times 1.055\times 1.013)+(814\times 0.904\times 0.993)$$
$$=2,390.99$$

$$T_{11}=\frac{1,015\times925\times0.904\times1.008}{2,381.18}=359$$

$$T_{12}=\frac{1,015\times651\times1.0148\times0.996}{2,381.18}=290$$

$$T_{22}=\frac{727\times651\times0.904\times1.000}{2,421.83}=177$$

$$T_{32}=\frac{648\times651\times1.055\times1.013}{2,390.99}=189$$

〈표 16〉 목표연도의 통행분포

O \ D	1	2	3	P_i
1	359	290	366	1,015
2	291	177	259	727
3	261	189	198	648
A_j	925	651	814	2,390

〈표 17〉 종계수에 의한 조정표

O \ D	1	2	3
1	359	290	366
2	291	177	259
3	261	189	198
실측치	925	651	814
계산치	911	656	823
종계수	1.0154	0.9924	0.9891

〈표 18〉 횡계수에 의한 조정표

O \ D	1	2	3	실측치	계산치	횡계수
1	365	288	362	1,015	1,015	1.000
2	295	176	256	727	727	1.000
3	265	188	196	648	649	0.9984

〈표 19〉 목표연도의 최종통행분포

O \ D	1	2	3	P_i
1	355	288	362	1,015
2	295	176	256	727
3	265	188	196	649
A_j	925	652	814	2,391*

* 통행발행량의 합이 예측 O-D표의 총통행발생량과 일치하지 않는 것은 소수점 이하 반올림 과정과 소수점 이하 수치의 처리과정에서 유발된 것으로 컴퓨터를 이용할 경우보다 정밀한 값을 도출할 수 있다.

따라서 〈표 19〉의 목표연도의 최종통행분포표가 구하고자 하는 목표연도의 존간 통행량이 된다.

3) 간섭기회모형(Intervening Opportunity Model)

간섭기회모형은 1930년대 오하이오주 클리블랜드시의 주거이동패턴에 관한 연구시 **Stouffer**(1940)에 의해 최초로 적용되었다. 이 모형의 정산은 목적지에서의 기회를 나타낼 수 있는 일정한 변수를 설정하는데, 주로 출근통행이나 쇼핑통행과 같은 통행목적별 사회경제적 변수를 택한다. 이 모형은 쉽게 말해서 통행유입량(**trip attraction**)을 구하는 방법인데, 회귀분석과 같은 모형에 의해 통행유입량을 산출하려면 여러 설명변수들의 설명력이 약하므로 하나의 변수인 기회(opportunity)로써 통행 유입량을 산출하는 방법이다.

각 출발지(출발존)별로 목적지(목적존)까지의 기회를 거리, 통행시간, 일반화된 통행비용(C_{ij})의 변수로 서열화시킨 후, 기회를 모든 목적존에 걸쳐 누적시키는 함수 $V(j)$를 도출한다. 이같은 과정을 각 유출존에 대해 반복하게 된다. 이와 같은 작업이 끝나면 가구설문조사 등에 의해 분석된 통행자료에 의해 목적지 선택비율(π_{ij})을 구하여 이로부터 모든 목적존을 향하는 출발지에서의 통행의 누적비로서 확률배분함수 $P[V(j)]$를 구하게 된다.

이같은 원리에 의해 단순한 회귀분석방정식과 같은 식이 아래와 같이 도출된다.

$$P[V(j)]=1-e^{-LV(j)} \qquad \cdots\cdots (9.33)$$

이로부터 기회의 공간적 분포 $V(j)$가 알려져 있고 비례상수 L의 값이 정산으로부터 얻어질 경우 통행선택확률함수 $P[V(j)]$를 얻는 것이 가능하다. j번째 목적지의 선택비율 π_{ij}는 $P[V(j)]$함수를 이용하면 다음과 같이 계산될 수 있다.

$$\begin{aligned}\pi_{ij}&=P[V(j)]-P[V(j-1)]\\&=e^{-LV(j-1)}-e^{-LV(j)}\end{aligned} \qquad \cdots\cdots (9.34)$$

그런데 식(9.34)상에서 $P[V(j)]$는 j의 범위설정이 불분명하다. 이를 보완하기 위해서는 모형의 확률구조가 목적지 선택모형 $P[V(j)|V(J)]$이 되도록 변형되어야 하는데 이는 목적지 선택이 j번째 목적지에 도달할 때까지의 발생비율을 의미한다. Baye의 이론을 사용하여 Ruiter(1967)는 다음의 수정식을 이끌어냈다.

$$P[V(j)|V(J)]=\frac{1-e^{-LV(j)}}{1-e^{-LV(J)}} \qquad \cdots\cdots (9.35)$$

식(9.34), (9.35)를 이용하여 아래와 같은 선택모형을 얻을 수 있다.

$$\pi_{ij}=\frac{e^{-LV(j-1)}-e^{-LV(j)}}{1-e^{-LV(J)}} \quad \cdots\cdots (9.36)$$

여기서 i존에서 j존까지의 통행분포량 t_{ij}는 i존에서의 총유출통행량인 O_i에 식(9.37)의 확률함수를 곱하면 구할 수 있다.

$$t_{ij}=O_i\pi_{ij}=O_i\frac{e^{-LV(j-1)}-e^{-LV(j)}}{1-e^{-LV(J)}} \quad \cdots\cdots (9.37)$$

간섭기회모형은 중력모형보다 덜 정밀하다. 또한 간섭기회모형은 통행시간이 긴 존에 대해서는 통행량이 과대추정되고 통행시간이 짧은 존에 대해서는 과소추정되는 경향이 있다. 마지막으로 존의 순위에 영향을 미치지 않는 적은 통행시간 변화 등은 고려되지 않는 단점이 있다.

중력모형에 대한 예를 가지고 간섭기회모형을 간단히 설명해 보면 다음과 같다. 먼저 [예제 9-14]의 〈표 1〉의 기준연도 통행량과 〈표 2〉의 기준연도 통행시간표로부터 간섭기회모형을 이용하여 통행분포를 구하기 위해서는 각 기점 존에 대해서 종점 존까지의 순위를 구하여야 한다. 여기서 순위는 존간 통행시간을 이용하면 기점 1에 대해서는 존 1까지의 통행시간이 3분이므로 1순위, 존 2까지의 통행시간이 6분이므로 2순위, 존 3까지의 통행시간이 9분이므로 3순위가 된다. 마찬가지로 존 2, 3에 대해서도 순위를 구하고 각 순위에 따른 $V(j)$값을 찾으면 [표 9-9]와 같다.

위에서 구해진 존별 순위로부터 식(9.37)을 적용하여 각각의 통행량을 계산하기 위해서는 먼저 L값을 알아야 한다. 여기서 L을 4.5×1.0^{-5}

[표 9-9] 간섭기회모형에 대한 존의 순위 및 통행량

기 점 존		순위 및 $V(j)$		
1	순위	1	2	3
	$V(j)$	680	1,190	1,755
2	순위	2	1	3
	$V(j)$	510	1,190	1,755
3	순위	3	1	2
	$V(j)$	565	1,245	1,755

[표 9-10] 간섭기회모형을 적용한 계산결과

기점 존 i	종점 존 $V(j)$	O_i	$1-e^{-LV(j)}$	$e^{-LV(j-1)}$	$e^{-LV(j)}$	T_{ij}
1	1	720	0.07594	1	0.96986	286
1	2	720	0.07594	0.96986	0.94786	209
1	3	720	0.07594	0.94786	0.92406	226
2	2	540	0.07594	1	0.97731	161
2	1	540	0.07594	0.97731	0.94786	209
2	3	540	0.07594	0.94786	0.92406	169
3	3	495	0.07594	1	0.97490	164
3	1	495	0.07594	0.97490	0.94552	192
3	2	495	0.07594	0.94552	0.92406	140

이라고 하면 식(9.37)을 이용하여 존별 통행량은 다음과 같이 구한다.

$$
\begin{aligned}
t_{11} &= O_1\pi_{11} = O_1\frac{e^{-LV(1-1)}-e^{-LV(1)}}{1-e^{-LV(J)}} \\
&= 720\,\frac{1-e^{-0.000045\times 680}}{1-e^{-0.000045\times 1,755}} = 720\,\frac{1-0.96986}{0.07594} \\
&= 286
\end{aligned}
$$

마찬가지로 T_{12}, T_{13} 등을 순서대로 구하면

$$
\begin{aligned}
T_{12} &= 209 \\
T_{13} &= 226 \\
&\vdots
\end{aligned}
$$

[표 9-11] 간섭기회모형에 의한 최종 통행분포

O \ D	1	2	3	P_i
1	286	209	226	720
2	209	161	169	540
3	192	140	164	495
A_j	687	510	558	1,755
실측치	680	510	565	
종계수	0.99	1.00	1.01	

이를 요약하면 [표 9-10]과 같으며 존간 최종통행배분은 [표 9-11]과 같이 산출된다.

최종적인 통행분포량을 실측치와 비교하면 횡에 있어서는 동일하나 종에서는 약간의 차이를 보이고 있는데 이는 계속적인 정산과정을 통하여 L의 값을 찾음으로써 해결할 수 있다.

9.3.3 교통수단선택(Modal Split)

교통수단 선택모형은 승용차, 택시, 버스, 도보 등을 이용하는 통행자를 예측하는 모형으로 여러 가지 목적통행에 사용될 수 있다. 교통수단 선택모형은 승용차의 경우, 신도로건설이나 도로의 확폭 등 교통시설 투자사업에 필요한 교통량자료로서 이용될 수 있고, 대중교통수단의 경우 노선변경, 서비스조정, 요금 변화 등에 이용될 수 있는 준거를 제공해 줄 수 있다. 교통수단 선택모형에 필요한 자료는 통행자의 사회경제적인 변수와 교통비용에 대한 심리적인 행태, 경쟁관계에 있는 교통수단의 특성과 현재의 교통수단 분담패턴 등이다.

일반적으로 교통수단선택의 요인을 [표 9-12]와 같이 장소적 특성, 개인적 특성, 교통수단 특성의 세 가지로 구분하여 설명할 수 있다. 교통수단 선택모형은 도시교통계획에서 가장 핵심이 되는 과정 중의 하나로 각 교통수단의 선택과정이 과학적이고 정밀해야 한다. 1970년대 중반까지만 해도 구미에서는 전통적인 교통수단 선택모형이 적용되어 왔으나 그 이후부터 나타나기 시작한 행태모형(behavioral choice model)의 구조적인 장점 때문에 앞으로 행태모형이 여러 가지 교통연구에 활용될 전망이 크다. 또한 행태모형 자체로서 단기적인 교통정책의 실효성을 타진할 수 있어 점차적으로 실무에 적용되리라 본다. 행태모형의 이론적 배경은 다음 장에서 논의하기로 한다.

교통수단 선택모형은 크게 통행단모형(trip-end model)과 통행교차모형(trip-interchange model)의 두 가지로 나눌 수 있다. 그러나 기존에 적용된 모형을 면밀히 검토해 보면 [그림 9-10]처럼 네 가지 유형으로 구분된다. 다음과 같이 네 가지 교통수단 선택모형이 교통모형과정의 각기 다른 단계에 활용됨을 알 수 있다.

[표 9-12] 교통수단 선택요인

특성구분	요 인
장소적 특성	지 형 주거지의 위치 인구밀도 주차장의 유무 목적지까지의 거리 승용차 합승이 가능한 지역의 여부 각 교통수단으로의 접근성
개인적 특성	나 이 성 별 소 득 직 업 자가용 보유 여부 운전면허증 소지 여부 가 장 물건(수하물)
교통수단 특성	각 수단의 통행시간 및 통행비용 도로거리 대중교통 노선거리 편 리 성 안 전 성 쾌 적 성 신 뢰 성

1) 통행발생단계에서 함께 사용
2) 교통발생과 통행분포단계 사이에 사용(통행단모형)
3) 통행분포단계에서 함께 사용(중력모형·통행교차모형)
4) 통행분포와 통행배분단계 사이에 사용(통행교차모형)

1) 통행발생단계에서 함께 사용

첫번째 형태의 교통수단 선택모형은 회귀분석이나 카테고리분석법에 의해 예측이 가능한데, 이러한 기법은 통행발생량 추정단계에서 보편적으로 이용되고 있다. 이 모형은 1950년대에 영국과 미국에서 회귀분석을 활용하여 교통수단 선택을 추정하는 데 이용되었다. 독립변수는 주로 유출존에서의 자가용 보유 여부, 유출존부터 도심지까지의 거리,

유출존의 주거밀도, 유출존부터 대중교통수단 시설까지의 접근성이 사용되었다.

$$t_{pi(m)} = a_0 + a_1 X_{1i} + a_2 X_{2i} + \cdots + a_n X_{ni} \quad \cdots\cdots (9.38)$$

$$t_{aj(m)} = a_0 + a_1 X_{1j} + a_2 X_{2j} + \cdots + a_n X_{nj} \quad \cdots\cdots (9.39)$$

$t_{pi(m)}$=일정시간에 교통수단 m을 이용하여 존 i에서 유출된 통행량
$t_{aj(m)}$=일정시간에 교통수단 m을 이용하여 존 j에 유입된 통행량
$X_{1i} \cdots X_{1j}$=존 i와 존 j의 독립변수(혹은 설명변수)
a_0=회귀분석 상수
$a_1 \cdots a_n$=회귀계수(파라미터)

카테고리분석법은 가구를 소득, 자동차 보유, 가구원수로 분류하여 교통수단별 평균통행발생량을 추정하는 데 이용되었다. 각 교통수단의 존별 발생량은 이러한 변수에 따라 분류된 가구수에 평균통행횟수를 곱하여 예측되었으며, 존의 총통행발생량은 분류된 총가구수의 통행량을 합하여 구해진다.

[그림 9-10] 교통수단 선택모형의 적용단계

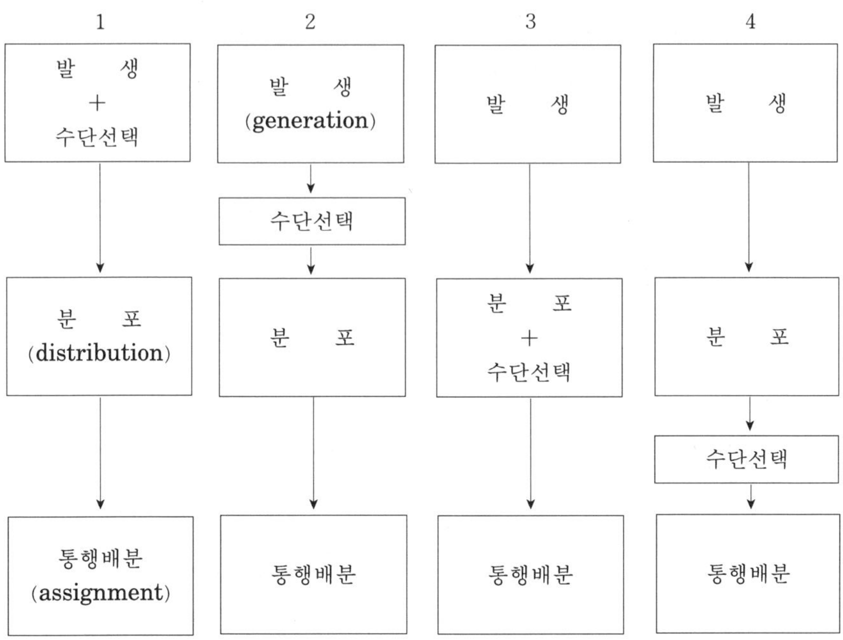

2) 통행발생과 통행분포단계 사이에 사용(통행단모형)

이 모형구조에서 교통수단 선택모형은 통행분포단계보다 앞서 적용되기 때문에 통행자가 어떤 목적지나 어느 경로를 택하는지 알 수 없다. 따라서 통행발생량 예측시에 사용된 사회·경제변수를 활용하여 교통수단을 선택해야 한다. 다시 말해서 이러한 교통수단 선택모형은 교통수단의 특성에 따른 통행자의 선택이 아니라 사회·경제변수에 따라 선택패턴이 결정된다고 하겠다.

이 모형이 사용된 주된 이유는 모형적용의 편리성과 통행자 행태에 관한 가설(**hypothesis**)을 정립할 수 있다는 점에 있다. 구체적으로 설명하자면 교통모형과정의 초기단계에서 대중교통선택 통행자를 미리 분석하여 제외해 버리면 고속도로(혹은 도로) 통행자만 남기 때문에 나머지 교통모형과정의 작업이 용이하다는 점으로 해석할 수 있다. 이는 1950년대와 1960년대의 미국의 교통계획이 고속도로 위주의 계획이었기 때문에 대중교통수단을 교통모형과정 초기에서 제외시켜 모형을 보다 단순화시켜 보려는 의도라 하겠다.

이를 그림으로 표시하면 [그림 9-11]과 같이 되는데, 현재까지 적용된 예를 살펴보면 도로이용차량에 대한 통행량분포와 도로통행분담에 주안점을 두었다고 할 수 있다.

UTMS(**urban transportation modeling system**)에 포함되어 있는 통행단모형은 주어진 통행유출존 i와 통행유입존 j의 통행발생량 t_i와 t_j가 추정되면 선택한 교통수단 m을 이용하여 통행유출·유입통행량, t_{im}과

[그림 9-11] 통행단모형의 모형과정

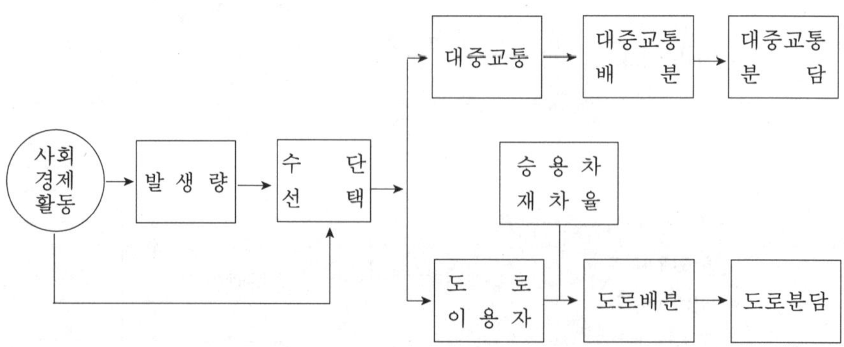

t_{jm}을 예측한다. 이를 전교통모형과정의 맥락에서 검토해 보면 [그림 9-12]와 같다.

통행단모형의 원리는 쉽게 말하자면 전환곡선(**diversion curve**)에 기초를 두고 있다. [그림 9-13]처럼 대중교통수단 선택이 존의 인구밀도와 자가용보유 수준의 함수로써 표시된다.

회귀분석을 적용하여 통행단모형을 사용한 예를 소개하기로 한다. 볼티모어 교통연구에서 이용된 회귀분석의 모형과 도출된 상수 및 매개변수는 식(9.40)과 같다.

$$T=1.29X_1-1.036X_2+0.529X_3+0.150X_4-102 \quad (R^2=0.93) \qquad \cdots\cdots (9.40)$$

T=대중교통수단을 이용하는 통행자수
X_1=유출존의 고용자
X_2=유출존의 자가용 승용차수
X_3=대중교통 서비스지표
X_4=유출존의 학생수

[그림 9-12] UTMS에 포함된 통행단모형

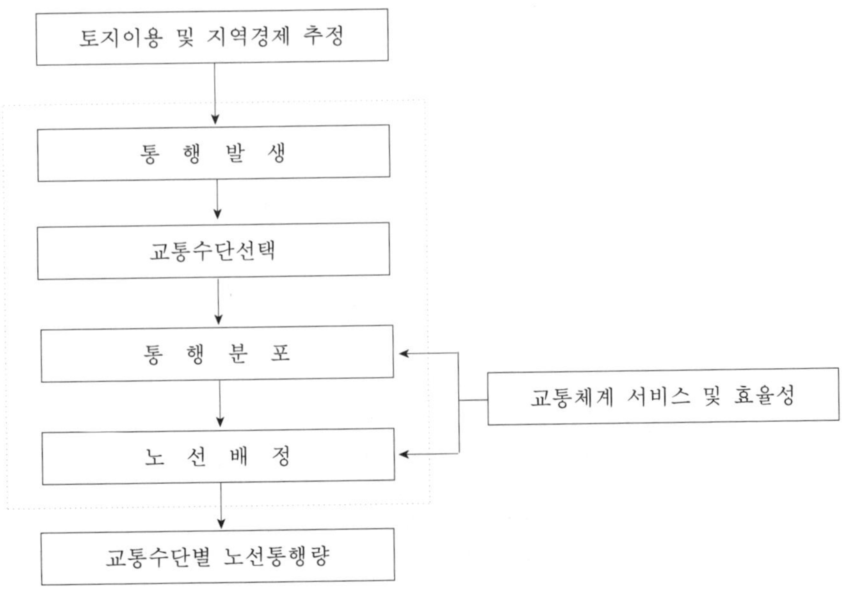

[그림 9-13] 토론토지역 통행단모형에 의해 추정된 대중교통수단 분담률

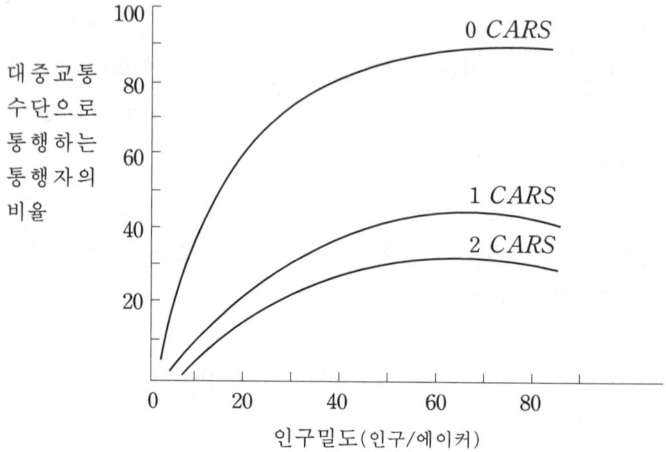

자료: Systems Planning Branch, *Modal Split: Toronto Area Regional Model Study*, Toronto: Ontario Ministry of Transportation and Communications, 1970.

또 한 가지의 통행단모형의 접근방법은 시카고지역 교통연구(CATS)에 적용된 모형으로서 이 방법은 통행발생모형의 결과를 받아 도심지, 타대중교통수단 통행, 자가용 통행에 대한 대중교통수단 통행량을 별도로 추정하였다. 여기서 다른 대중교통수단 통행과 자가용 통행에 대한 추정결과를 간섭기회모형을 이용하여 연구대상지역 전체에 배분시켰다. 이 연구결과, 대중교통수요에 많은 영향을 미치는 변수로는 토지이용, 통행자의 성별, 통행자의 직장에서의 위치(직급), 통행자의 자동차 운전능력 여부로 판명되었다.

마지막으로 **Puget Sound**지역의 교통연구모형을 소개하기로 한다. 이 연구에서는 접근도(accessibility)를 모형과정에 내재화시켜 주거지를 통행발생지로 하여 출근, 쇼핑, 여가, 기타의 4종류의 목적통행에 있어서 대중교통수단 분담을 추정하였다. 소득수준을 가구형태별로 분류시켜 포함시키고 식(9.41)과 같은 접근도모형을 구축하였다.

$$Q_i^k = \sum_j A_j F_{ij}^k \qquad \cdots\cdots (9.41)$$

Q_i^k=k교통수단을 이용한 접근도의 척도
A_j=존 j의 통행유입량
F_{ij}^k=k교통수단을 이용한 존 i와 존 j 사이의 통행시간 마찰계수

[그림 9-14] Puget Sound 전환곡선

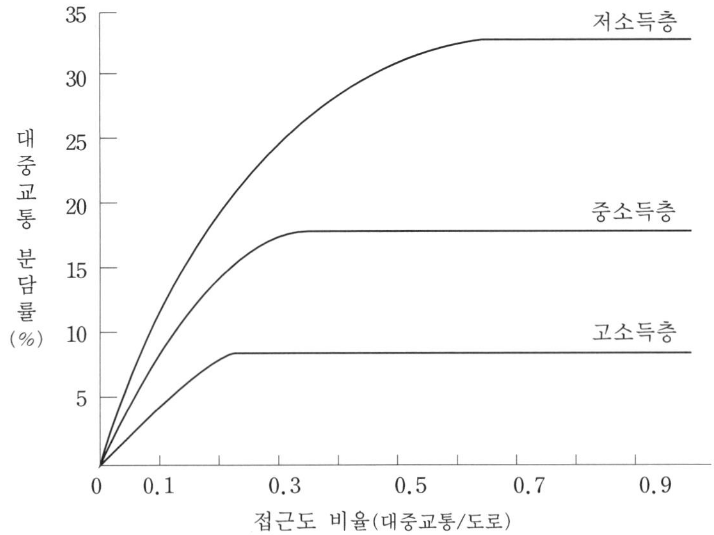

식(9.41)에 의하여 구해진 접근도 산출결과와 함께 각 소득수준별 대중교통 이용자를 추정하여 전환곡선을 [그림 9-14]처럼 도식화하였다.

3) 통행분포단계에서 함께 사용

① 중력모형

세 번째 교통수단 선택모형은 중력모형에 기초를 두면서 통행분포와 교통수단 선택을 동시에 추정하는 모형이다. 이 모형은 **Wilson**(1969)이 통행임피던스의 지수함수를 이용하여 중력모형을 수정하였고, 후에 다시 엔트로피 극대화방법을 적용하여 기존 모형의 문제점을 보완하였다.

$$\frac{t_{ij1}}{\sum_{m=1}^{2} t_{ij(m)}}=\frac{1}{1+\exp[-\beta(I_{ij(2)}-I_{ij(1)})]} \quad \cdots\cdots (9.42)$$

t_{ij1}=교통수단 1에 의한 존 i부터 존 j까지 통행량
$t_{ij(m)}$=교통수단 m에 의한 존 i부터 존 j까지 통행량
$I_{ij(n)}$=교통수단 n에 의한 존 i와 존 j간의 통행임피던스(n=1, 2)
β=중력모형에서 산출된 파라미터

(가) UMODEL

UTPS컴퓨터 프로그램에 포함되어 있는 UMODEL은 통행분포와 교통수단선택과정을 동시에 수행하는 동시선택모형이라고 할 수 있다. 이 모형은 통행분포에서 살펴본 중력모형을 변형시킨 것으로 다음과 같은 관계식이 성립된다.

$$t_{ijm}=P_i \cdot \frac{A_j \cdot e^{-\theta I_{ijm}}}{\sum_j\sum_m A_j \cdot e^{-\theta I_{ijm}}} \quad \cdots\cdots (9.43)$$

t_{ijm}=교통수단 m을 선택하여 존 i에서 j로 통행하는 통행량
P_i=통행유출(존 i)
A_i=통행유입(존 j)
e=2.71828
θ=통행목적별 파라미터
I_{ijm}=교통수단 m에 의한 i존와 j간의 임피던스로서(1.0×재차시간)+(2.5×접근시간)+(통행비용)/(0.33×교통수단 m을 이용하는 통행자의 소득)

(나) UMTA(Urban Mass Transportation Administration)모형

UMTA모형은 UMODEL과 거의 동일한 동시선택모형으로 중력모형에 그 원리를 두고 있다. 이 모형도 UMODEL처럼 존 i, j간의 통행시간을 쓰지 않고 임피던스를 사용하고 있다.

$$t_{ijm}=P_i \cdot \frac{A_j \cdot I_{ijm}^{-b}}{\sum_j\sum_m A_j \cdot I_{ijm}^{-b}} \quad \cdots\cdots (9.44)$$

I=통행임피던스
b=통행목적에 따른 통행임피던스의 지수

② 통행교차모형(Trip Interchange Model)

통행분포모형과 함께 사용되는 수단선택모형 중 가장 대표적인 모형이 통행교차모형이다. 이 모형은 통행단모형에 내재하는 구조적인 약점을 보완하려는 노력의 일환으로 개발되어 통행단모형에서 수단선택모형이 통행발생 후에 적용되던 것을 통행분포단계로 옮겨 통행단모형의 대중교통체계 변화에 민감하지 않은 약점을 보완하였다.

통행교차모형은 통행분포와 함께 사용되기 때문에 통행이 분포된 상태에서 교통수단의 서비스특성에 의해 교통수단선택을 추정하는 모형이다. 따라서 교통수단을 선택할 여지가 있는(choice riders) 통행자가 서비스변수, 즉 재차시간, 접근시간, 대기시간, 환승시간, 통행비용 등에 준거하여 교통수단을 선택하는 행위를 추정하는 것이다. 이러한 변수에 의해 통행교차모형은 교통수단 서비스수준의 차이 그리고 통행자의 사회경제적인 특성의 함수로서 교통수단 선택패턴을 추정하게 된다. 일반적으로 교통수단 분담패턴을 전환곡선을 이용하여 묘사하고 있다.

통행교차모형이 적용된 북미의 도시(워싱턴, 토론토, 필라델피아) 중에 토론토시에 적용된 통행교차모형을 소개하고자 한다. 토론토에 사용된 변수들은 상대적 통행시간, 상대적 통행비용, 상대적 통행서비스, 통행자의 경제적 수준 네 가지로서 식(9.45)와 같이 표시할 수 있다.

$$TTR=\frac{a+b+c+d+e}{f+g+h} \qquad \cdots\cdots (9.45)$$

a=대중교통수단 이용에 소요된 통행시간
b=대중교통수단간의 환승시간

[그림 9-15] 출근통행의 통행시간비율 전환곡선

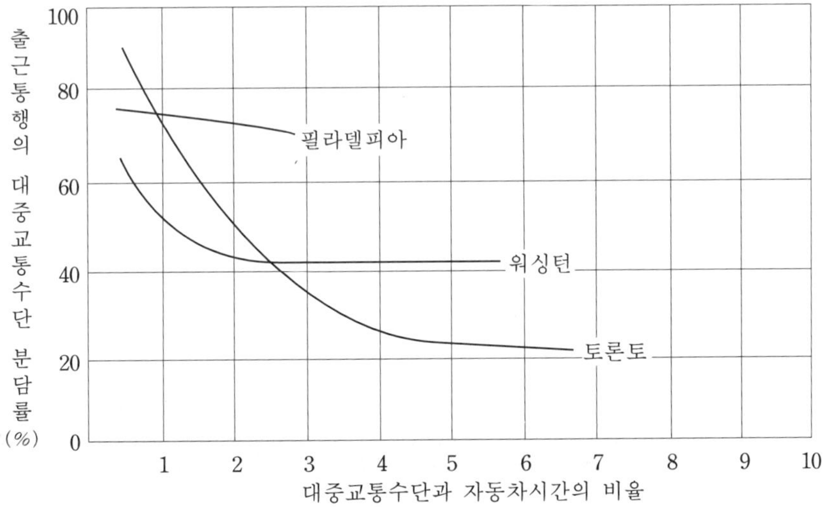

자료: U. S. Department of Transportation, *Federal Highway Administration*: *Modal Split*, Washington D.C., Oct. 1970.

c=대중교통수단을 위한 대기시간
d=대중교통수단을 타기 위해 걷는 시간
e=대중교통수단에서 하차하여 목적지까지 걷는 시간
f=자동차 운전에 소요되는 시간
g=목적지에서 주차 때문에 소요되는 시간
h=주차 후에 최종 목적지까지 가는 데 소요된 시간
TTR=대중교통수단에 소요된 시간 대 자동차에 소요된 시간의 비율(문전에서 문전까지 시간)

TTR의 출근통행에 관한 영향을 [그림 9-15]에서 볼 수 있다. 워싱턴, 토론토, 필라델피아 등 3개 도시의 결과로써 각 도시별 통행자의 특성을 엿볼 수 있다.

[그림 9-16] 토론토의 교통수단 선택곡선

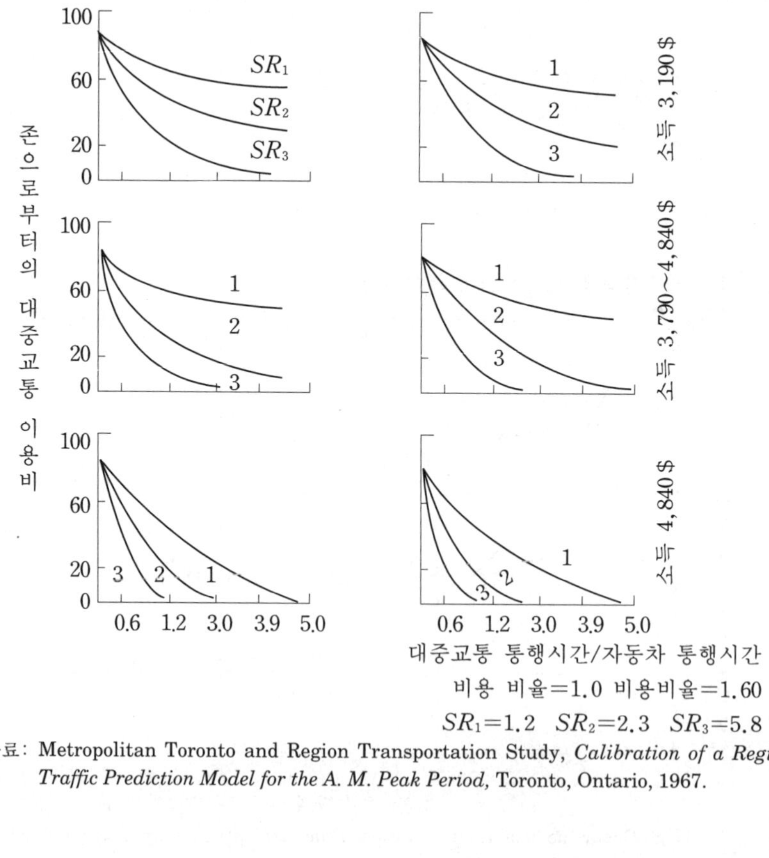

자료: Metropolitan Toronto and Region Transportation Study, *Calibration of a Regional Traffic Prediction Model for the A. M. Peak Period*, Toronto, Ontario, 1967.

$$CR=\frac{i}{(j+k+0.5l)/m} \quad \cdots\cdots (9.46)$$

i=대중교통수단 요금
j=휘발유 비용
k=자동차 엔진오일과 윤활유 교환비용
l=목적지에서의 주차비
m=평균자동차재차율
CR=대중교통의 통행비용 대 자동차 통행비용의 비율

$$SR=\frac{b+c+d+e}{g+h} \quad \cdots\cdots (9.47)$$

SR=대중교통수단 혹은 자동차 통행에 소요된 시간

이상과 같은 독립변수의 종속변수로서 교통수단 분담률을 도출할 수 있다. [그림 9-16]은 토론토시 출근통행에 적용한 결과를 전환곡선에 의해 도식화한 것으로 각 소득계층별 통행자집단에 따라 교통수단

[그림 9-17] 변경된 UTMS구조

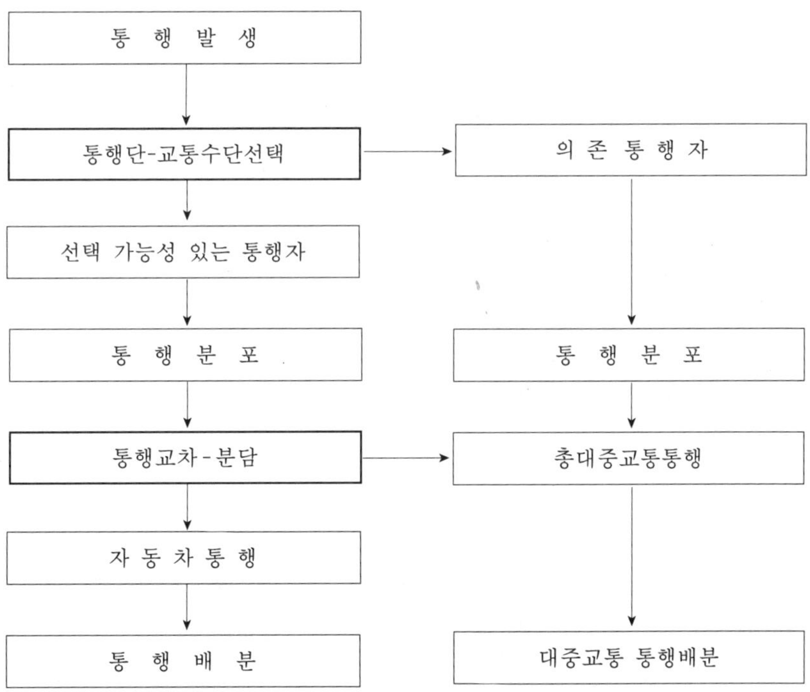

분담패턴이 변함을 알 수 있다.

통행교차모형이 교통수단 선택모형에 내재하는 약점을 보완하기 위하여 개발되었으나 교통수단 의존통행자(captive riders)에 대한 처리는 아직 미흡한 단계에 머무르고 있다. UTMS에서는 통행단모형과 통행교차모형을 모형체계상에 포함시켜 의존통행자의 문제를 해결하려고 시도하였다. [그림 9-17]에서 보는 바와 같이 교통수단 선택모형이 먼저 적용되어 교통수단 의존통행자를 추정하고, 나머지 교통수단 선택의 가능성이 있는 통행자는 통행교차모형을 이용하여 교통수단에 따라 분담하였다.

4) 통행분포와 통행배분단계 사이에 사용(통행교차모형)

이 방법은 여러 가지 교통수단 선택모형 중 가장 널리 사용되어 온 모형으로 특히 UTMS의 4단계 교통모형과정에 전통적으로 내재화되었던 접근방법이다. 이 방법을 보편적으로 통행교차모형으로 부르기도 한다. 이 방법에는 전환곡선과 회귀분석법이 적용되는데 개념적인 배경은 다른 모형과 같다.

전환곡선에 주로 사용되는 변수는 상대적 통행비용으로서 대중교통수단의 요금과 자동차 운행비용(휘발유, 엔진오일, 주차료)의 비율, 상대적 통행시간으로서 각 교통수단간의 문전에서 문전까지의 통행시간의 비율, 서비스비율로서 대중교통수단의 접근시간, 환승시간과 자동차의 주차소요시간, 자동차 탈 때와 내려서 최종목적지까지 가는 데 소요되는 시간과의 비율을 일컫는다. 또한 통행은 출근과 기타의 둘로 구분하였고, 통행자는 소득수준에 따라 다섯 계층으로 분류하였다.

한편, 회귀분석모형은 자동차 혹은 대중교통수단에 의해 존 i에서 존 j로 통행하는 통행량을 종속변수로 설정하였고, 독립변수는 주로 토지이용의 특성을 고려한 변수가 선택된다.

$$t_{ijm}/\sum_{m} t_{ijm} = a_0 + a_1 X_i + a_2 X_j + a_3 X_{ij} \qquad \cdots\cdots (9.48)$$

t_{ijm}=교통수단 m에 의한 존 i부터 존 j까지 통행량
X_i=유출 존 i의 토지이용변수
X_j=유입 존 j의 토지이용변수

[그림 9-18] 통행분포와 통행배분 사이에 적용된 교통수단 선택모형의 과정

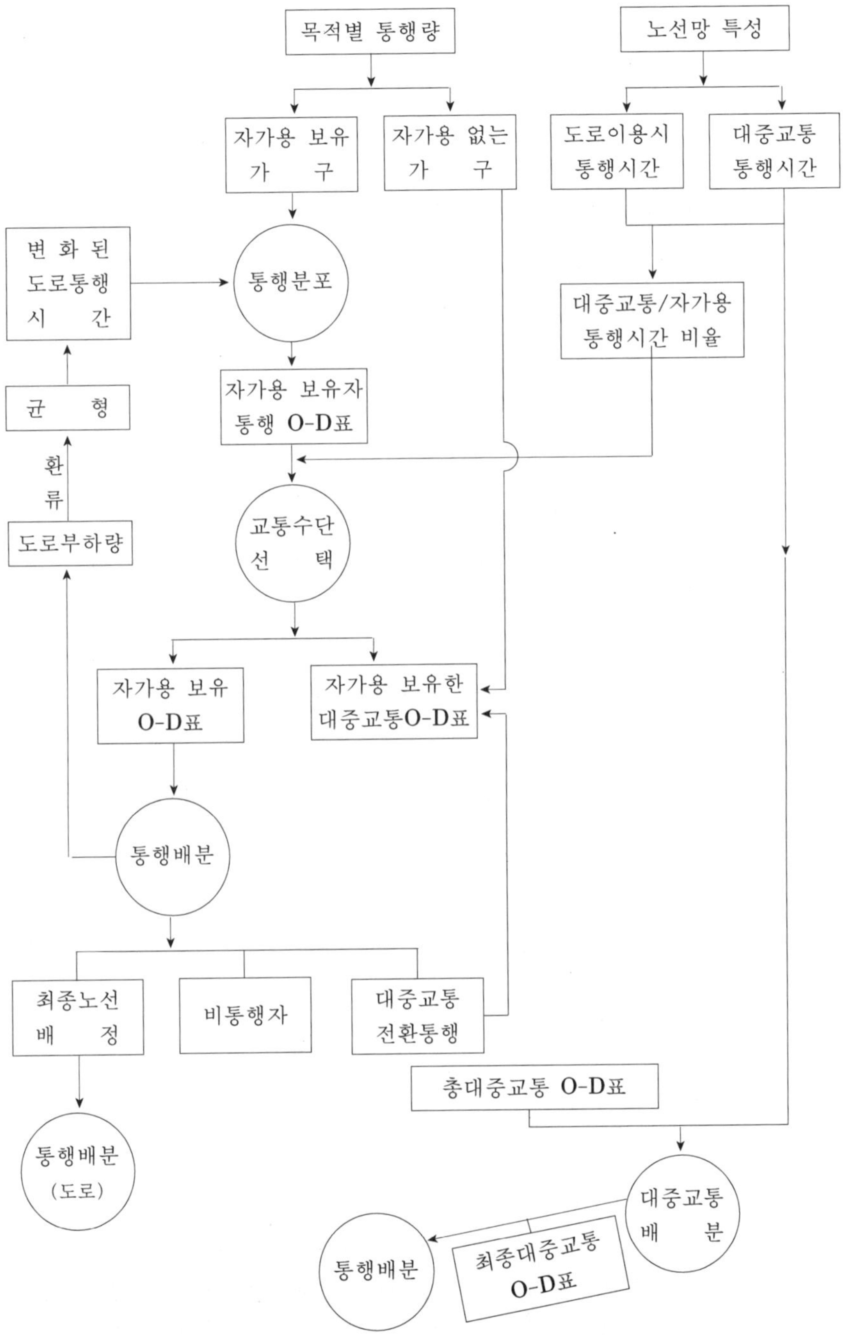

자료: R. Salter, *Highway Traffic Analysis and Design*, Addison-Wesley Publishing Co., 1979 참고.

X_{ij}=유출 존 i와 유입 존 j의 관계에 의한 토지이용행태변수
a=상수

통행분포와 통행배분단계의 사이에 사용하는 교통수단 선택모형의 위치와 교통수요 추정과정이 [그림 9-18]에 나타나 있다.

5) 개략적 교통수단 선택모형

교통요금이나 서비스수준(LOS)의 변화가 교통수단 분담구조에 미치는 영향을 분석하기 위한 간단하고 쉬운 방법들이 개발되어 왔다. 그 중에서도 점진적 탄력성분석법(incremental elasticity analysis)과 점진적 다항로짓모형(incremental multinominal logit model)이 대표적으로 활용되고 있다.

① 점진적 다항로짓모형

이 방법은 각 교통수단의 현재수요와 서비스수준관련 변수들의 변화폭을 알고 있을 때 간단히 장래의 수요추정을 해 볼 수 있는 모형이다. 이 모형은 서비스수준관련 변수 중 어느 특정한 변수의 변화량을 파악할 수 있을 때 이 변화량을 이용하여 교통수요를 추정할 수 있는 장점을 지니고 있다.

점진적 다항로짓모형(incremental multinominal logit model)의 형태는 다음과 같다.

$$P_k = \frac{P_k^0 \exp(U_k - U_k^0)}{\sum_k P_k^0 \exp(U_k - U_k^0)} \qquad \cdots\cdots (9.49)$$

여기서,
P_k: 교통수단 k의 새로운 분담률
P_k^0: 교통수단 k의 기존 분담률
$(U_k - U_k^0)$: 교통수단 k의 효용성의 변화폭

[예제 9-15] 어느 도시에 지하철, 버스, 승용차 3개의 교통수단이 존재하고, 교통수단 분담구조와 효용함수는 다음과 같다.

시정부에서는 지하철의 이용을 장려하기 위하여 지하철역에서의 승객대기시간을 현재 5분에서 2.5분을 줄이고, 버스정류장에서의 승객대기시간을

분 담 률	효 용 함 수
지하철(P_s)=40% 버 스(P_b)=30% 승용차(P_a)=30%	$U_k=-0.05IVTT-0.20OVTT-0.10C/I$ $IVTT$: 재차시간 $OVTT$: 대기시간 C: 통행비용(요금 등) I: 소득

현재 10분에서 15분으로 증가시키려고 한다. 이렇게 할 경우 예상되는 새로운 교통수단 분담률은 어떻게 변하게 될까?

풀이 $U_s-U_s^0=-0.20\times(2.5-5)=0.5$

$U_b-U_b^0=-0.20\times(15-10)=-1.0$

$$P_s=\left[\frac{0.4\exp(0.5)}{0.4\exp(0.5)+0.3\exp(-1.0)+0.3}\right]=0.6164$$

$$P_b=\left[\frac{0.3\exp(-1.0)}{0.4\exp(0.5)+0.3\exp(-1.0)+0.3}\right]=0.1031$$

$P_a=1-0.6164-0.1031=0.2805$

② 점진적 탄력성분석법

점진적 탄력성분석법은 서비스수준관련 변수의 변화에 따른 수요에 대한 영향을 개략적으로 살펴보는 데 유용한 방법이다. 이 모형은 기본적으로 다음 가정들을 기반으로 구축되었다.

1) 기존의 탄력성치가 존재(시계열자료 등에서 도출)하며
2) 탄력성치가 일정하고
3) 수요가 서비스 수준과 선형관계에 있으며
4) 기타 조건들이 종전과 동일하다.

서비스수준(LOS)에 대한 수요탄력성치는 아래 식(9.50)과 같다.

$$\mu_k=\frac{L_O}{V_O}\cdot\frac{\partial V}{\partial L}=\frac{L_O}{V_O}\cdot\frac{V-V_O}{L-L_O} \qquad \cdots\cdots (9.50)$$

여기서,
μ: LOS에 대한 수요탄력성
V: 어느 교통수단의 수요
L: 서비스수준(통행시간, 요금, 대기시간 등)

식(9.50)을 변형하는 경우 수요의 변화 $(V-V_o)$는 서비스 수준의 변화율$\left(\frac{L-L_o}{L_o}\right)$와 직접적으로 관련이 있음을 나타내는 식(9.51)을 도출할 수 있다.

$$V-V_o=\frac{\mu V_o(L-L_o)}{L_o} \qquad \cdots\cdots (9.51)$$

[예제 9-16] 어느 도심지의 주차요금에 대한 수요탄력성치가 −0.2이다. 이 지역의 피크시 한 시간당 주차요금이 3,000원인데 주차수요가 10,000대가 된다.

① 주차요금이 25% 인상될 때 수요의 감소량은 얼마나 될까?
② 수요탄력성치에 따라 수요가 얼마나 민감한지 살펴보자?

풀이 ① $V_o=10,000$, $\mu=-0.20$

$$\frac{(L-L_o)}{L_o}=0.25$$

$$V-V_o=-0.20\times 10,000\times 0.25$$
$$=-500$$

② 수요탄력성을 −0.4와 −0.1로 가정시 수요변화는 각각 1,000과 250이다.

$$V-V_o=-0.4\times 10,000\times 0.25=1,000$$
$$V-V_o=-0.1\times 10,000\times 0.25=250$$

즉, 수요의 변화량은 수요탄력성치의 절대값의 크기에 비례함을 알 수 있다.

[예제 9-17] 어느 도시의 가용교통수단은 버스, 택시, 승용차로 구성되어 있으며 각각 50%, 15%, 35%의 수단분담률을 담당하고 있다. 이 도시의 버스요금을 기존의 400원에서 500원으로 인상하려고 한다. 이 도시의 버스요금에 대한 수요의 탄력성치가 −0.15로 알려져 있고 현재 수요가 100,000(인/일)이다. 요금인상에 따른 버스수요의 변화량은 얼마나 될까?

풀이 $V_o=100,000$, $\mu=-0.15$

$$\frac{(L-L_o)}{L_o}=\frac{100}{400}=0.25$$

$$V-V_O=\mu\frac{V_O(L-L_O)}{L_O}=-0.15\times 100,000\times 0.25$$
$$=-3,750$$

9.3.4 통행배분(Trip Assignment)

통행배분은 4단계 교통수요 추정모형의 마지막 단계이다. 이 단계에서 통행발생, 통행분포, 수단선택과정을 통해서 도출된 시간대별(또는 일평균), 교통수단별, 통행목적별 기종점간 교통수요(O-D Matrix)를 구체적 교통망에 부하한다. 통행배분의 결과를 가지고 4단계 교통수요 추정과정 속에서 유일하게 수요추정치를 검증할 수 있다.

통행배분과정의 결과물은 분석대상 지역 내 교통망의 가로별 구간교통량 또는 교차로별 회전교통량의 형태로 나타나게 된다. 그렇기 때문에 스크린라인(screenline)상의 교통량 조사치와 수요추정과정을 통해서 도출된 해당 지점의 교통량 예측치를 비교·검토함으로써 교통수요 추정과정 전반을 검토할 수 있다.

통행배분과정의 목적은 크게 다음 두 가지로 나눌 수 있다.

1) 도로의 구간교통량과 교차로의 회전교통량 예측
2) 기종점간 교통량의 통행비용 추정

또한 통행배분과정을 통해서 도출된 결과물은 다음과 같은 사항에 유용하게 활용될 수 있다.

1) 통행배분과정을 통해서 산출된 교통량을 현재의 실제 교통량과 비교함으로써 기존 교통망의 결함 진단
2) 추정된 장래 존간 통행량을 기존 교통망에 부하시켜 봄으로써 기존 교통체계의 문제점 진단
3) 중·장기 계획목표연도의 존간 통행량을 중·장기 계획교통망에 부하함으로써 중·장기 교통계획의 문제점 진단 및 투자효과 평가
4) 여러 가지 교통체계대안의 검증
5) 교통사업의 투자우선 순위 결정
6) 도로계획에 필요한 설계시간 교통량, 설계시간 회전교통량 등의

[그림 9-19] 서울시 통행배정 예

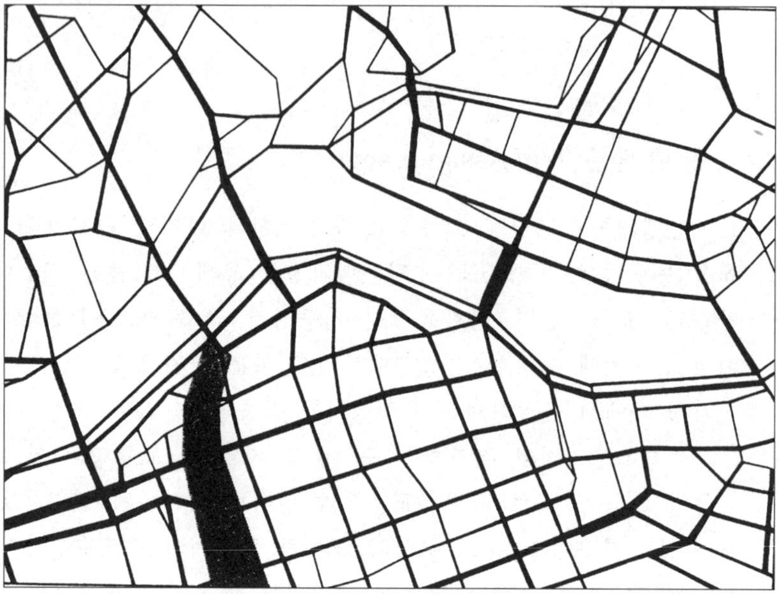

자료 제공

7) 교통망 내 교통류의 통행특성 도출(예로서 정지수, 대기행렬 내 지체시간, 연료소모량, 교차로 지체도 등)

8) 교통체계의 종합적인 평가(예로서 통행시간에 의한 교통정책의 효과평가, 소음측정 등을 통한 환경평가, 장래 통행비용을 통한 경제성 평가 등)

1) 교통망(Network)과 경로(Path)선택

① 교통망의 구성요소

통행배분을 수행하기 위해서는 대상지역의 기존 교통망 또는 장래계획 교통망을 과업의 특성에 맞도록 구성해야 한다. 교통수요 추정모형에 적용되는 교통망의 상세도는 km^2용량과 같이 거시적인 표현방법으로부터 교차로와 도로구간에 대한 상세표현에 이르기까지 매우 다양하다.

통행배분과정은 대개의 경우 컴퓨터에 의해서 수행되기 때문에 교통망은 몇 가지 특성기호를 통해서 정의될 수 있다. 다음은 교통망을 구성하는 요소에 대한 정의이다.

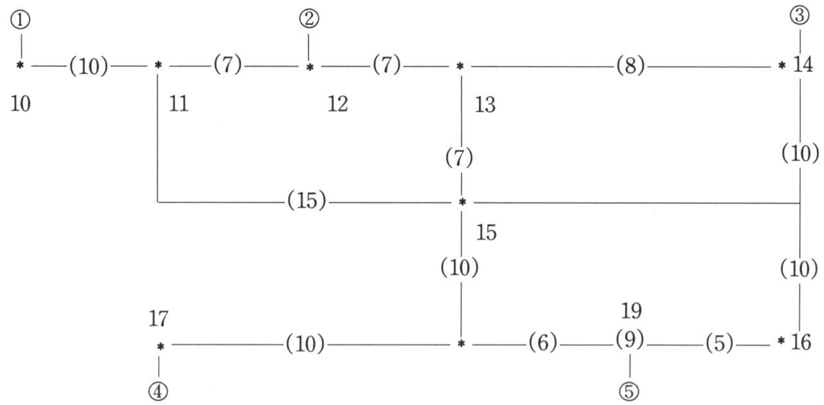

주) 원 속의 문자는 존 센트로이드, 일반숫자는 노드번호, ( )안의 수치는 링크의 통행시간임

1) 존 센트로이드(zone centroid): 통행의 기종점이 되는 지점으로서 1개의 존에 1개의 존 센트로이드가 존재한다. 대개의 경우 존의 지리적 중심에 위치하는 것이 일반적이지만 인구밀도 중심에 위치하는 경우도 있다. 4단계 교통수요 추정과정에서 존 센트로이드는 번호로 표현되는데 1번에서부터 중간에 번호가 건너뛰지 않도록 순차적으로 번호가 매겨지며 장래 개발예정지를 포함할 수 있도록 몇 개의 여유번호를 갖는다(그림에서 ①~⑤번).
2) 노드(node): 실제 교통망에서 교차로, 또는 도로구간에서 도로특성이 변화하는 경우(차선수 변화, 용량 변화, 설계속도 변화 등) 지점을 나타낸다. 노드 역시 존 센트로이드와 같이 번호가 매겨지며 이 때 첫번째 노드번호는 존 센트로이드 마지막 번호와 충분한 간격을 둔다. 노드번호는 중간에 번호가 연결되지 않아도 무방하다(10~20).
3) 링크(link): 노드와 노드를 연결하는 도로구간을 의미한다. 전구간에 걸쳐 동일한 도로특성을 갖도록 한다. 링크는 일방통행의 특성을 갖는데 링크 10-11과 링크 11-10은 상호 별개의 링크를 의미한다.
4) 더미링크(dummy link): 존 센트로이드와 도로망을 연결하는 가상의 링크로서(실제교통망에는 존재하지 않음) 용량은 무한대, 길

[그림 9-20] 교통망 구성 예

이와 통행시간이 0인 링크다(그림에서 링크 ①-10, 링크 ②-12 등).

5) 경로(path): 기·종점의 존 센트로이드와 이들을 연결하는 몇 개의 링크에 의해서 구성되는 통행로로서 일반적으로 기점과 종점을 연결하는 통행로다(그림에서 ①-10-11-12-13-14-③).

통행배정을 수행하기 위해서는 교통수요 추정과정을 통해서 도출된 O-D표와 더불어 교통망(network)에 관련된 자료가 필요하다. 교통망관련 자료에는 다음 항목이 포함된다.

1) 교통망 구성요소에 관련된 자료: 도로구간의 길이, 폭, 설계속도, 용량, 교차로의 형태
2) 도로구긴에 대한 교통량-속도 관계자료: 교통량-통행시간 함수
   교통망관련 자료는 통행배정시 **network impedance**(통행비용)를 구하기 위하여 필요하며, 경로를 설정하는 토대가 된다.

② 통행비용과 경로선택

통행배분과정에서 가장 중요한 단계는 통행의 기종점을 연결하는 최소비용경로를 선택하는 과정이다. 두 존을 연결하는 최소비용경로라

함은 통행자가 특정 경로에 대해서 인식하는 효용이 최대가 되는 경로를 말한다.

실제 통행자가 이용하는 경로와 모형을 통해서 도출된 최소비용경로가 서로 동일하다면 문제가 없지만, 컴퓨터에 입력된 자료의 분석을 통해서 제시하는 경로가 실제 통행자가 이용하는 경로와 서로 다르다면 통행배분결과는 엉뚱한 결과를 도출하게 된다. 따라서 교통망의 구성에서부터 입력자료의 선정, 경로선택 알고리즘 등의 일련의 분석과정이 교통현상을 최대한 적절히 반영할 수 있어야 한다.

일반적으로 운전자는 비용을 최소화하는 방향으로 노선을 선택한다. 실제로 두 존을 연결하는 경로를 선택함에 있어서 모든 운전자는 동일한 경로를 선택하지는 않는다. 이는 두 가지 요인에 의해서 발생하는데 첫째, 경로에 대한 인식비용의 차이, 둘째, 교통체증에 대한 인식비용의 차이 때문이다.

경로선택과정에서 가장 중요한 요소인 통행비용은 링크에 대한 교통량-통행비용 관계, 교차로에서 교통량-지체도 관계에 의해 산정할 수 있는데 대개의 경우 시간비용[1)]과 지불비용[2)]으로 구성된다.

일반적으로 통행비용은 통행량의 저항함수라고 한다. 다음은 일반적으로 사용되는 저항함수의 예를 나타낸 것이다.

(가) BPR함수[3)]

$$t_a = t_a^0\left(1+\alpha\left(\frac{V_a}{C_a}\right)^{\beta}\right) \quad (\alpha=0.15,\ \beta=4) \qquad \cdots\cdots (9.52)$$

여기서,

t_a: 주어진 교통량에 의해서 변화된 링크 a의 통행시간

t_a^0: 교통량이 0일 때 링크 a의 통행시간

V_a: 링크 a의 교통량

C_a: 링크 a의 용량

α, β: 파라미터

(나) Davidson함수

$$t_a = t_a^0\left(1+J\frac{V_a}{C_a - V_a}\right) \qquad \cdots\cdots (9.53)$$

㈐ 디트로이트 지역에 적용된 식

$$t_a = t_a^0\left(e^{\left(\frac{v_a}{C_a}-1\right)}\right) \qquad \text{단 } t_a \leq 5t_a^0 \qquad \cdots\cdots (9.54)$$

㈑ CATS 적용시

$$t_a = t_a^0\, 2^{\frac{v_a}{C_a}} \quad \text{또는} \quad t_a = t_a^0\, \frac{2^{\frac{v_a}{C_a}}+1}{2} \qquad \cdots\cdots (9.55)$$

기점존에서 종점존에 이르는 경로탐색과정은 링크별 초기통행비용 또는 교통량 배분결과 변화된 통행비용을 검색하는 과정을 수행하게 된다. 가장 일반적으로 활용되고 있는 최단경로 탐색과정은 기점존에서부터 연결되는 모든 링크에 대하여 순차적으로 총통행비용의 합이 최소가 되는 링크를 선택하는 과정을 종점존이 출현할 때까지 반복하는 방법이다.

최단경로 탐색과정은 대개 출발존으로부터 출발존을 제외한 모든 존(to the other zone)으로 연결되는 모든 경로를 탐색하기 때문에 경로탐색결과 작성된 도면은 나뭇가지 모양의 수형도(tree)가 된다.

[그림 9-21] 저항함수에 따른 교통량-통행시간의 관계

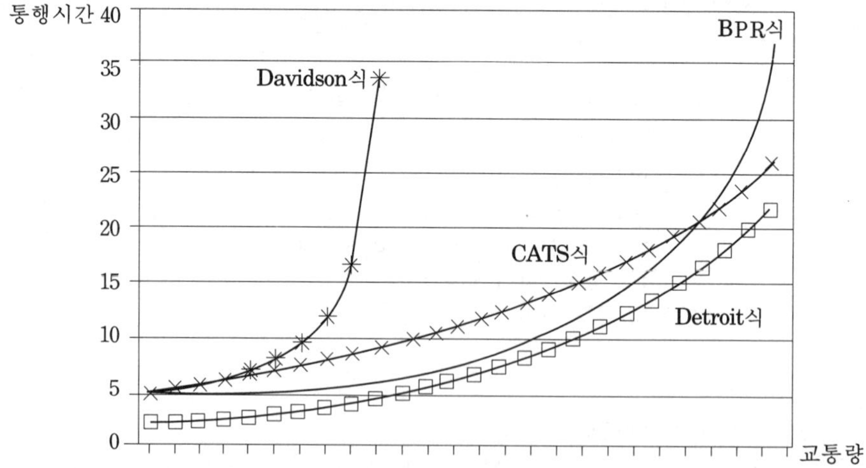

[그림 9-22] 기점존에서 여러 종점존으로의 최단경로 탐색결과

[예제 9-18] (최단경로 탐색문제) 다음 **network**로부터 존별 수형도(tree)를 작성하시오.

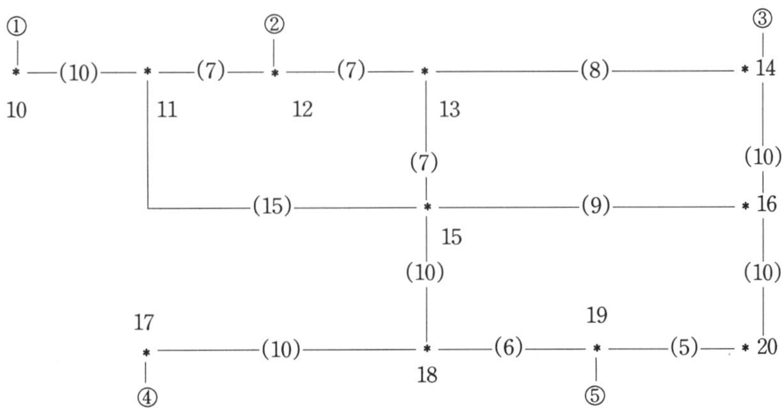

①~⑤: 존번호

10~20: 노드 번호

( ): 링크의 통행시간(분)

풀이 • 1존을 기점존으로 하는 수형도

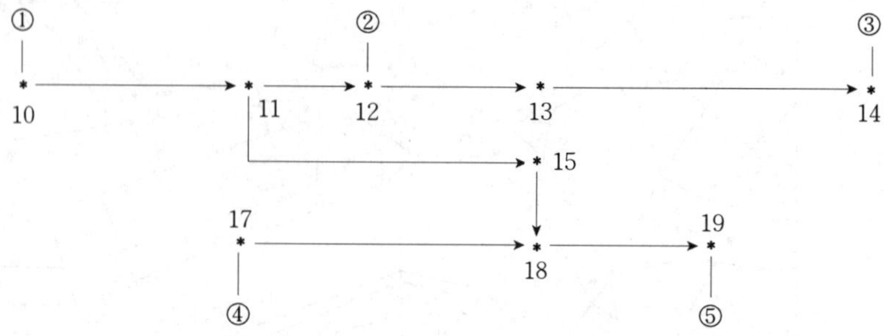

• 3존을 기점존으로 하는 수형도

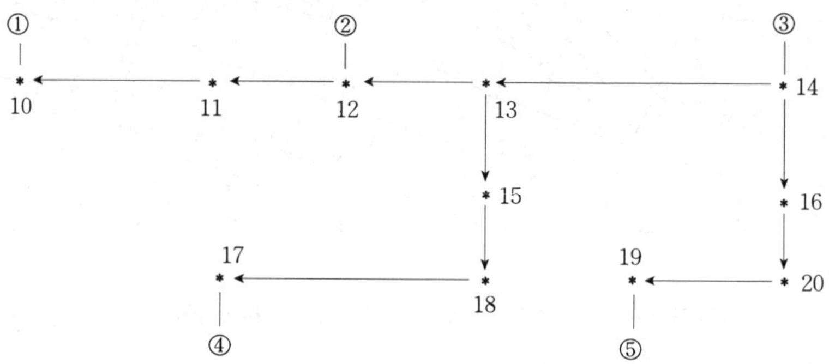

• 5존을 기점존으로 하는 수형도

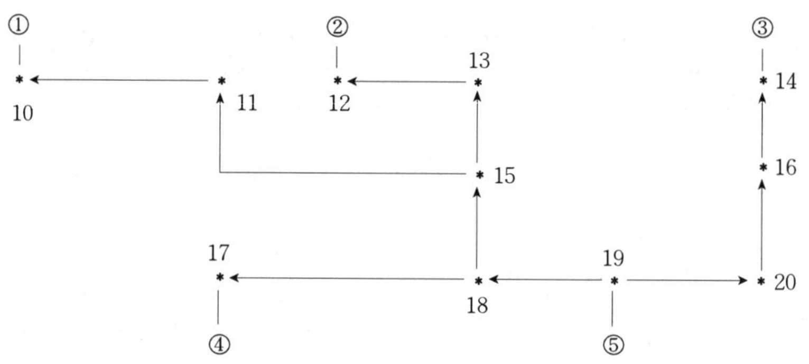

2) 통행배분기법의 유형 및 장단점

통행배분모형은 그 분류척도에 의해서 다양하게 구분할 수 있다. 우선 두 존간 통행수요가 단일경로에 부하되느냐, 다중경로에 부하되느냐에 의해 구분될 수 있다. 또한 도로용량을 고려하는가의 여부 또한 분류척도가 될 수 있다. 최근에는 첨단정보시스템에 의해서 그때그때 시간에 따라 운전자에게 최적노선에 대한 정보를 제공하기 위한 통행배분모형에 이르기까지 그 유형은 다양하다.

일반적으로 통행배분모형은 크게 다음과 같은 두 가지 방법으로 분류한다. 첫째는 도로의 용량을 고려하는가의 여부이고 둘째는 모형의 형태적 측면에서 정태적 모형, 동태적 모형, 확률모형에 의한 구분이다.

도로의 용량을 고려하는 통행배분모형은 교통량 배정결과가 교통량 증가에 따라 변화된 링크의 통행비용에 의해서 영향을 받게 되지만 링크용량을 고려하지 않는 모형에서는 초기에 검색된 존간 최소비용경로에 존간 통행량의 전량, 또는 일부를 부하한다.

정태적 모형은 통행비용을 최소화하는 방향으로 교통량을 부하하나, 모든 통행자에 의해서 인식된 통행비용이 동일하다는 가정을 전제로 하고, 시간대별 교통량의 변화를 고려치 않는다. 이에 비해서 확률모형은 인식된 통행비용이 모든 통행자에게 있어서 동일하지 않음을 가정

[표 9-13] 통행배분모형의 유형

구 분	링크용량을 고려하지 않는 모형	링크용량을 고려하는 모형
정태적 모형	All-or-Nothing법	• 반복배분법 (Iterative Assignment) • 분할배분법 (Incremental Assignment) • 평형배분법 (Equilibrium Assignment)
확률모형	• 다이알 모형 (Dial Model) • 로짓 모형 (Logit Model) • 프로빗 모형 (Probit Model) • 시뮬레이션 모형 (Simulation Model)	• 확률적 평형배분법 (Stochastic Equilibrium Assignment)
동태적 모형	• 확률적 다이나믹 모형 (Stochastic Dynamic Assignment)	• 이용자 평형 다이나믹 모델 (User Equilibrium Dynamic Model)

하고 있다. 그러나 대부분의 확률모형은 도로의 용량을 고려치 않고, 단지 초기 통행비용을 적용하여 노선의 선택확률을 구하고, 이에 따라 교통량을 배정한다. 동태적 모형은 시간변화에 따른 그때그때의 교통량의 변화를 고려하여 통행배분을 수행하기 때문에 기존 통행배분모형과는 근본적으로 다르다고 할 수 있다.

이러한 모형의 특성을 통해서 통행배분모형을 분류하면 [표 9-13]

[표 9-14] 통행배분모형의 장단점

모형의 유형	장 점	단 점
정태적 모형	• 고정된 경로비용을 토대로 교통량을 부하하기 때문에 최소비용경로 알고리즘을 적용하며 비교적 단순하게 적용할 수 있다. • 용량제약모형에서는 비교적 교통망을 적절히 반영하는 결과를 도출한다. • 비용량제약모형을 통해서 도출된 결과로 교통망의 결함을 파악할 수 있다.	• 인식된 경로비용이 고정되어 있음을 가정하기 때문에 운전자의 행태를 적절히 설명치 못한다. • 실제 도로상을 주행하는 운전자가 교통패턴에 따라서 경로를 변경하는 행위 등을 설명하지 못한다. • 링크교통량이 통행비용에 대해서 매우 민감하게 반응한다.
확률모형	• 다수의 대안적 경로에 교통량이 분산, 배정되므로 통행자의 행태를 고려할 수 있다. • 교통량이 산정된 확률을 토대로 배분되기 때문에 배정과정이 매우 단순하다. • 확률적 평형배분법의 경우 정태적 모형의 장점과 확률모형의 장점을 갖고 있다.	• 대개의 경우 초기 설정된 통행비용을 토대로 경로선택확률을 산정하기 때문에 도로용량에 대한 고려가 부족하다. • 대안적 경로를 선정하기 위한 객관적 척도나 알고리즘이 미흡하다.
동태적 모형	• 실제 상황에서 최적의 통행배분을 수행할 수 있고 배분결과가 곧바로 통행자에게 전달되기 때문에 상당한 편익을 발생한다. • 교통사고 등과 같이 예측불가능한 교통상황의 변화를 고려하여 통행배분을 수행할 수 있다. • 최적의 교통상태를 유지할 수 있다.	• 아주 짧은 시간 내에 통행배정을 수행할 수 있는 알고리즘의 개발이 요구되고 고성능 컴퓨터가 필요하다. • 모든 운전자와 중앙제어장치가 상호 완벽한 정보교환 시스템을 구축해야 하기 때문에 막대한 초기 비용이 필요하다.

과 같다. [표 9-13]에서 분류한 모형들은 각각 고유의 장단점을 갖고 있는데 이들을 표로써 나타내면 [표 9-14]와 같다.

3) 통행배분 기법의 특성

① 정태적 모형

㈎ All-or-Nothing법

All-or-Nothing 통행배분모형은 링크의 용량을 고려치 않는 정태적 모형으로서 기종점간 통행량의 전량을 최소비용경로에 배분하는 기법이다. 즉, 기점존 i와 종점존 j간 통행수요 t_{ij}는 존 i와 존 j를 연결하는 다수의 대안적 경로 가운데 통행비용이 가장 적게 소요되는 경로를 최적경로로 선택하고 이 경로에 두 존간 통행량의 전량을 부하한다.

All-or-Nothing 통행배분모형은 도로의 용량을 고려치 않기 때문에 개별링크에 대한 저항함수가 필요없다. All-or-Nothing 모형에서는 통행배분과정의 초기에 개별 링크에 대해서 부과된 통행시간이 통행비용이 된다. 따라서 기종점존을 연결하는 최소비용경로는 통행배분 초기단계에서 작성된 수형도를 통해서 도출되고 이 경로에 두 존간 통행량의 전량이 부하된다.

이 모형의 장점과 단점은 다음과 같다.

1) 장점

- 이론이 단순하기 때문에 이해하기 쉬워 통행배분의 개념을 쉽게 파악할 수 있다.
- 총교통체계의 관점에서 최적통행배분상태를 검토할 수 있다.

2) 단점

- 도로의 최대허용용량을 고려치 않고 통행량을 부하시키므로 실질적인 도로용량을 초과하는 경우가 발생된다.
- 통행자가 최소비용경로만 택하지 않을 뿐 아니라 대안적 경로도 종종 이용하고 있어 통행자의 행태적인 측면에 대한 고려가 미흡하다.
- 통행자는 통행시간의 길고 짧음에 따라 수시로 경로를 변경할 수 있기 때문에 통행자의 수요가 일정한 경로에 고정되어 있는 이 모형의 현실성이 약하다.

- 통행의 기종점존을 연결하는 다수의 대안적 경로 가운데 통행비용의 차이가 무시할 정도로 작은 경우에도 단일 경로에 통행량의 전량이 부하되기 때문에 통행배분결과가 링크비용에 대해서 매우 민감하다.

[예제 9-19] (All-or-Nothing법에 의한 통행배분) 다음 기종점간 통행량을 **All-or-Nothing**법을 이용하여 [예제 9-18]에 제시된 교통망에 부하하시오.

O \ D	1	2	3	4	5	P_i
1		100	50	70	50	270
2	40		60	30	70	200
3	50	40		60	30	180
4	70	120	90		30	310
5	50	20	30	80		180
A_j	210	280	230	240	180	1,140

풀이 • 1존을 출발존으로 하는 통행량의 통행배분결과

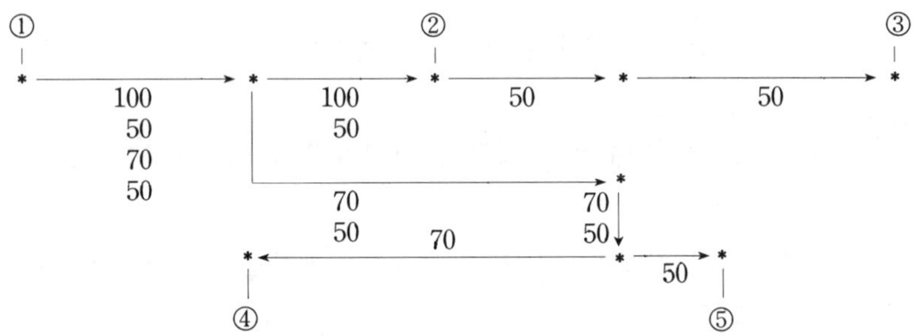

• 2존을 출발존으로 하는 통행량의 통행배분결과

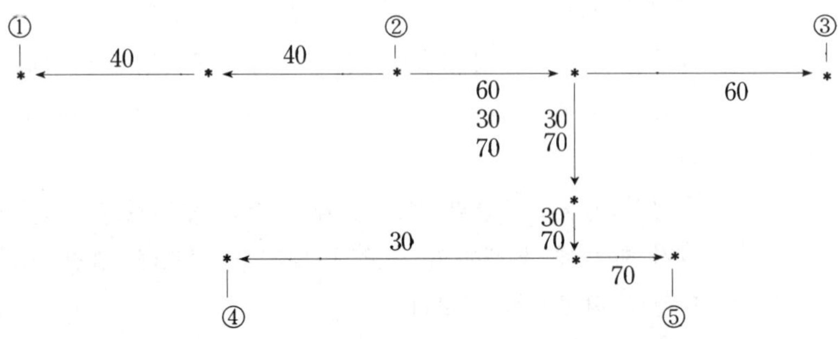

• 3존을 출발존으로 하는 통행량의 통행배분결과

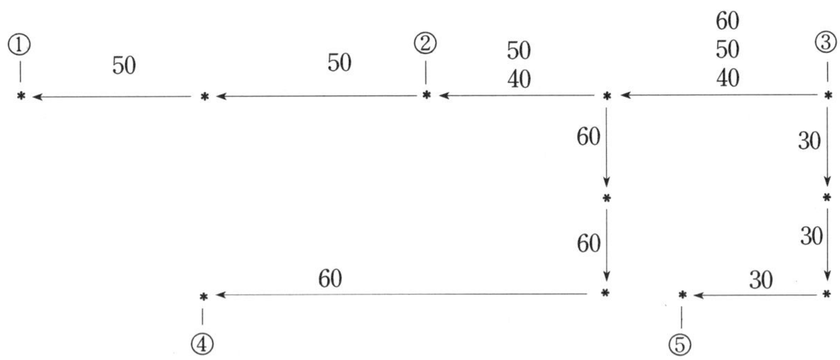

• 4존을 출발존으로 하는 통행량의 통행배분결과

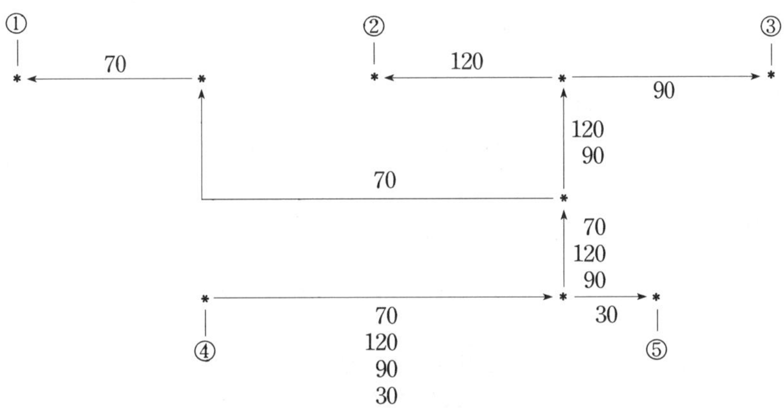

• 5존을 출발존으로 하는 통행량의 통행배분결과

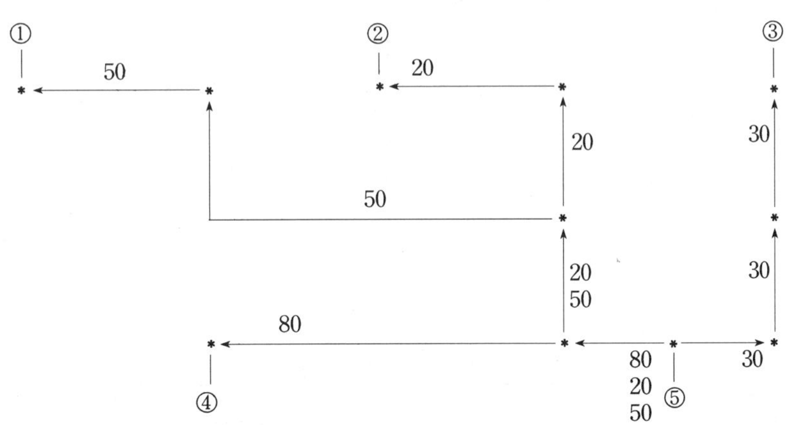

• 존간 통행량의 최종 통행배분결과

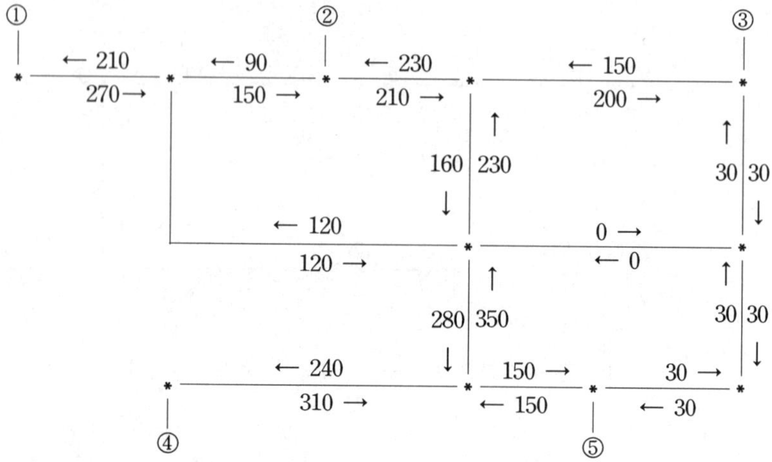

(나) 반복배분법(Iterative Assignment)

이 방법은 링크의 한정된 용량을 고려하기 때문에 단순용량제약법

[그림 9-23] 반복배분법 수행 알고리즘

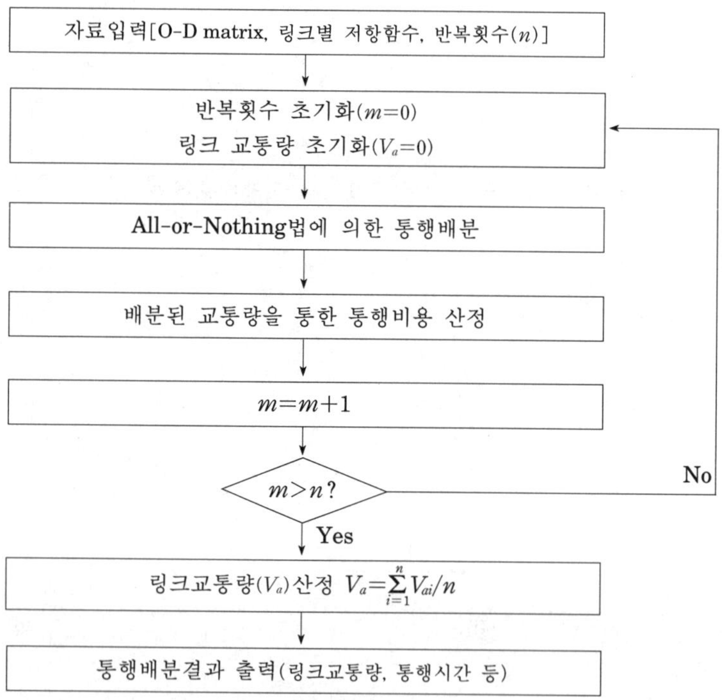

이라고도 한다. 또한 이 모형에서는 기종점간 통행량의 전량이 단일경로에 부하되기 때문에 개념상 **All-or-Nothing**기법의 일종으로 파악되기도 한다. **All-or-Nothing**법에 의해서 기종점간 통행량을 교통망에 부하하면 초기에 가정했던 링크의 통행비용은 부하된 교통량에 의해서 점차 증가하게 된다. 보다 현실적인 통행배분을 수행하기 위해서는 부하된 교통량에 의한 통행비용의 변화량을 고려해 주어야 하는데, 이를 위해서 개발된 모형이 반복배분법이다.

이 모형은 **All-or-Nothing**법에 의한 통행배분과 배분된 교통량을 통한 통행비용 산정과정을 반복적으로 수행한 후, 배분된 교통량의 평균값을 구함으로써 최종적인 통행배분결과를 도출한다. 반복배분법에 의한 통행배분과정은 [그림 9-23]과 같은 알고리즘을 수행함으로써 이루어진다.

[예제 9-20] (반복배분법 예제) 다음과 같이 두 존을 연결하는 3개의 대안경로가 있다. 개별 경로의 통행시간이 다음과 같을 때 반복배분법에 의해서 1존에서 2존으로의 교통량을 배분하시오. 통행저항함수는 주어진 조건과 같이 **BPR**함수를 이용한다(단 3회 반복함($n=4$)).

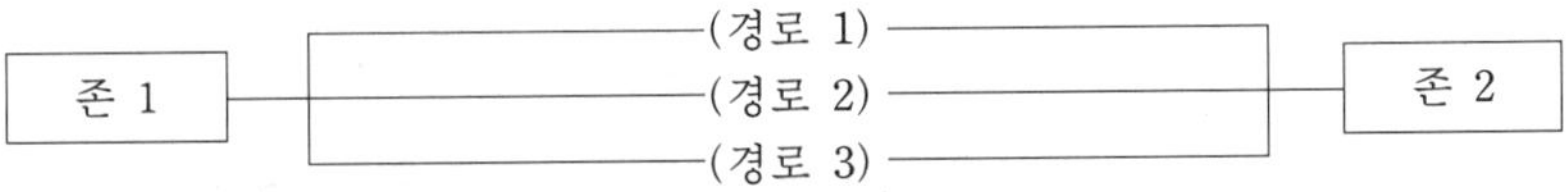

1존에서 2존으로의 통행량: 1,000통행

링크 통행시간 $S_a(V_a)=t_0[1+0.15(V_a/C_a)^4]$

링크 평균통행시간 $S'_a(V_a)=0.75t_0+0.25S_a(V_a)$

링크 평균통행시간 $S''_a=0.75S'_a+0.25S_a(V_a)$

…

경로 1: 용량 500 $t_0=15$분

경로 2: 용량 700 $t_0=13$분

경로 3: 용량 1,000 $t_0=20$분

풀이 • 초기해: 우선적으로 초기 통행시간 중에서 경로 2의 통행시간이 3개의 대안 경로 중에서 가장 작으므로 경로 2에 교통량을 전량 부하한다.

경로 2의 교통량$(V_2)=1,000$

경로 2의 통행시간 $S_2(V_2)=13[1+0.15(1,000/700)^4]=21.12$

• 1차 반복해

S'_a: 경로 1의 평균통행시간 $S'_1=0.75\times15+0.25\times15=15$

경로 2의 평균통행시간 $S'_2=0.75\times13+0.25\times21.12=15.03$

경로 3의 평균통행시간 $S'_3=0.75\times20+0.25\times20=20$

평균통행시간(S'_a) 중에서 경로 1의 통행시간이 가장 작으므로 경로 1에 교통량 배분

경로 1의 교통량$(V_1)=1,000$

경로 1의 통행시간 $S_1(V_1)=15[1+0.15(1,000/500)^4]=51.00$

• 2차 반복해

S''_a: 경로 1의 평균통행시간$=0.75\times15+0.25\times51.00=24.00$

경로 2의 평균통행시간$=0.75\times15.03+0.25\times13=14.52$

경로 3의 평균통행시간$=0.75\times20+0.25\times20=20$

2차 배정에 의해서 산정된 평균통행시간(S''_a) 중에서 경로 2의 통행시간이 가장 작으므로 경로 2에 교통량 배분

경로 2의 통행시간$=13[1+0.15(1,000/700)^4]=21.12$

• 3차 반복해

S'''_a: 경로 1의 평균통행시간$=0.75\times24+0.25\times15.00=21.75$

경로 2의 평균통행시간$=0.75\times14.52+0.25\times21.12=16.17$

경로 3의 평균통행시간$=0.75\times20+0.25\times20=20$

3차 배정에 의해서 산정된 평균통행시간(S'''_a) 중에서 경로 2의 통행시간

경로 / 반복횟수		경로1		경로2		경로3	
		교통량	통행시간	교통량	통행시간	교통량	통행시간
초기해 $S_a(V_a)$		0	15	1,000	21.12	0	20
1차반복	S'_a	1,000	15	0	15.03	0	20
	$S_a(V_a)$		51.00		13		20
2차반복	S''_a	0	24	1,000	14.52	0	20
	$S_a(V_a)$		15		21.12		20
2차반복	S'''_a	0	21.75	1,000	16.17	0	20
	$S_a(V_a)$		15		21.12		20
최 종 해		250	15.14	750	15.57	0	20

이 가장 작으므로 경로 2에 교통량 배분

경로 2의 통행시간$=13[1+0.15(1,000/700)^4]=21.12$

최종해 $V_1=1,000/4=250$ $t_1=15[1+0.15(250/500)^4]=15.14$

$V_2=3,000/4=750$ $t_2=13[1+0.15(750/700)^4]=15.57$

$V_3=0/4=0$ $t_3=20$

㈐ 분할배분법(Incremental Assignment)

분할배분법은 최소비용경로에 따라 존간 통행량(trip matrix)의 일정량을 우선적으로 배분한 후, 이를 기초로 하여 통행시간(통행비용)을 구하여 존간 새로운 수형도를 구축하고, 다시 일정한 양의 통행량을 배분하는 방법이다. 예로서 첫번째로 존간 통행량의 50%를 배분하여 통행시간을 구하고, 두 번째로 30%의 통행량을 추가하여 통행시간을 구하고, 마지막으로 20%를 다시 추가하여 배분한 후 통행시간을 도출하는 모형이다. 분할배분법에 의한 통행배분과정은 [그림 9-24]와 같다.

[그림 9-24] 분할배분법 수행 알고리즘

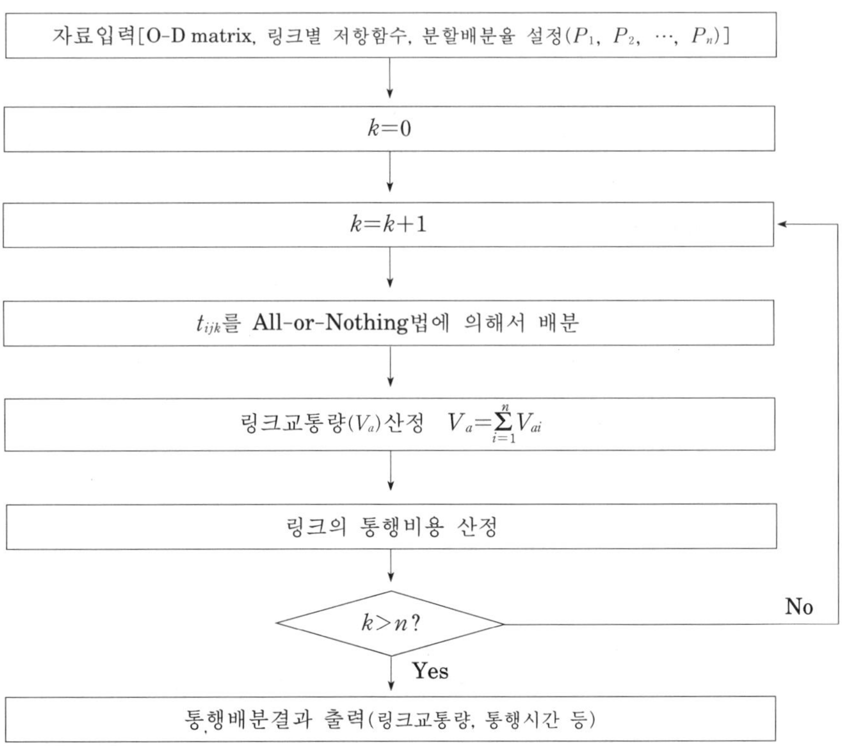

[예제 9-21] (분할배분법 예제) 주어진 교통망과 O-D표를 토대로 분할배분법에 의한 통행배분을 수행하시오.

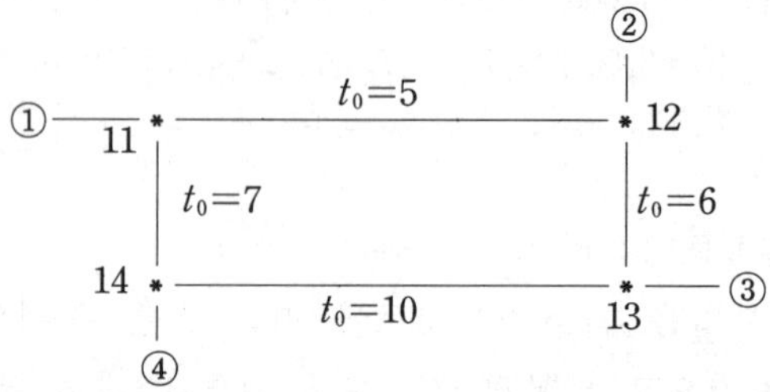

〈표 1〉 O-D자료 및 링크데이터

O \ D	1	2	3	4	P_i
1		500	700	400	1,600
2	500		200	500	1,200
3	700	200		300	1,200
4	400	500	300		1,200
P_i	1,600	1,200	1,200	1,200	5,200

Link Data

Link(11,12), (12,11) t_0: 5 용량 : 600

Link(11,14), (14,11) t_0: 7 용량 : 1,500

Link(12,13), (13,12) t_0: 6 용량 : 1,000

Link(14,13), (13,14) t_0: 10용량 : 2,000

용량제약함수 $t=t_0[1+0.15(V/C)^4]$

분할배분비율=1차 배정(50%), 2차 배정(30%), 3차 배정(20%)

풀이 • **Step 1**: 존별 최단경로탐색 및 1차 교통량 부하(존간 교통량의 50%)

1존에서 기타존으로의 통행배분

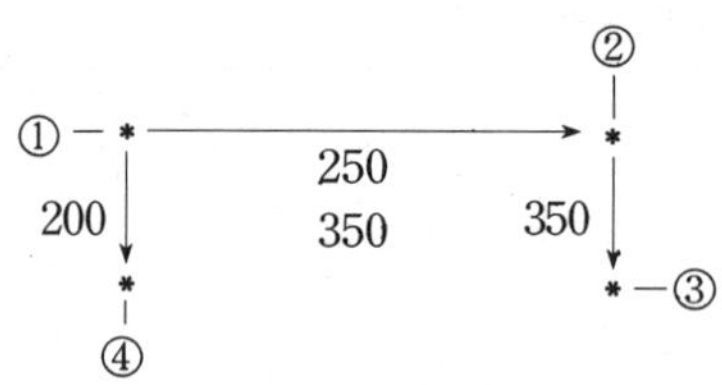

2존에서 기타존으로의 통행배분

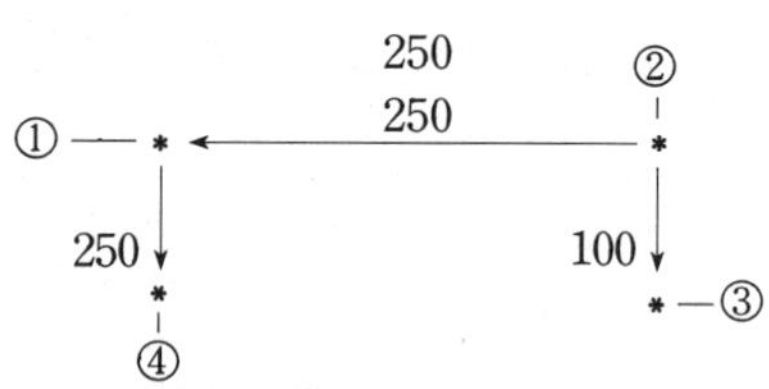

3존에서 기타존으로의 통행배분

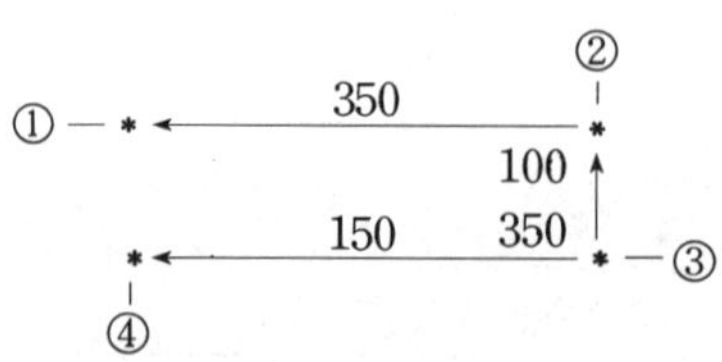

4존에서 기타존으로의 통행배분

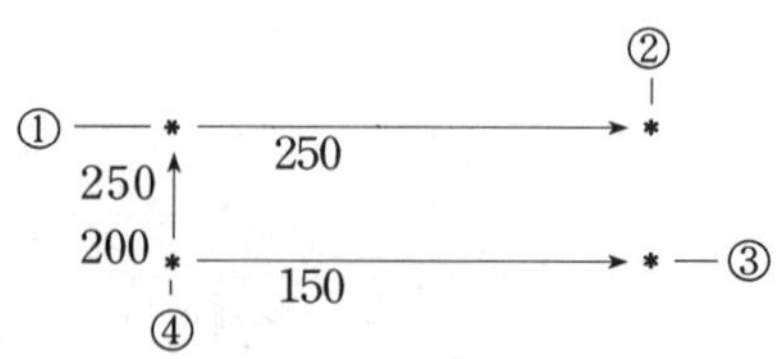

1차 교통량 배분결과

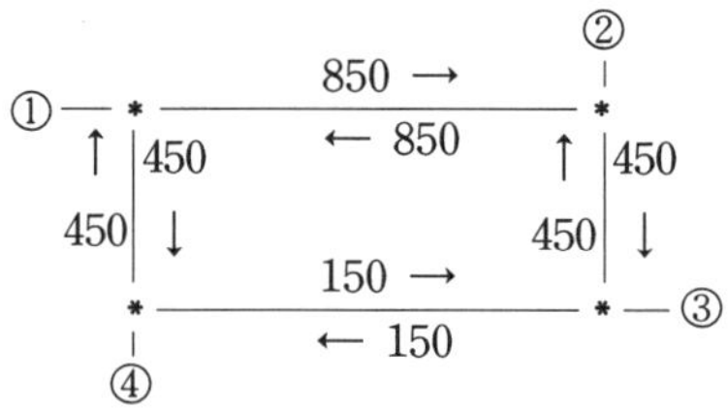

통행시간 산정

Link (11, 12) Link(12, 11) $t=5[1+0.15(850/600)^4]=8.0$

Link (11, 14) Link(14, 11) $t=7[1+0.15(450/1,500)^4]=7.00$

Link (12, 13) Link(13, 12) $t=6[1+0.15(450/1,000)^4]=6.04$

Link (13, 14) Link(14, 13) $t=10[1+0.15(150/2,000)^4]=10.00$

- **Step 2**: 2회 배분을 위한 존별 최단경로탐색 및 2차 교통량 부하(존간 교통량의 30%)

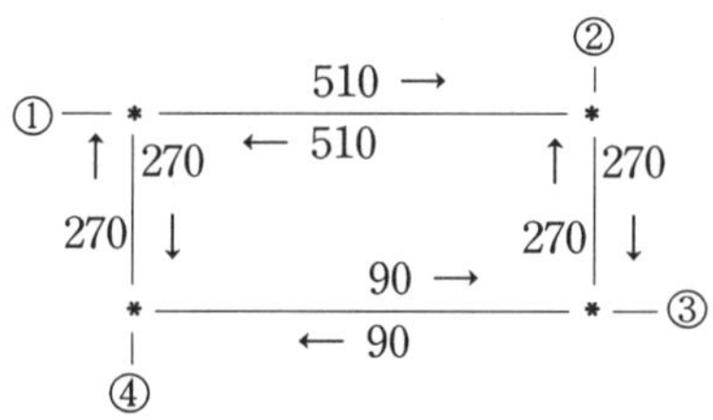

통행시간 산정

Link (11, 12) Link(12, 11) $t=5[1+0.15((850+510)/600)^4]=24.80$

Link (11, 14) Link(14, 11) $t=7[1+0.15((450+270)/1,500)^4]=7.06$

Link (12, 13) Link(13, 12) $t=6[1+0.15((450+270)/1,000)^4]=6.24$

Link (13, 14) Link(14, 13) $t=10[1+0.15((90+150)/2,000)^4]=10.00$

- **Step 3**: 3회 배분을 위한 존별 최단경로탐색 및 3차 교통량 부하(존간 교통량의 20%)

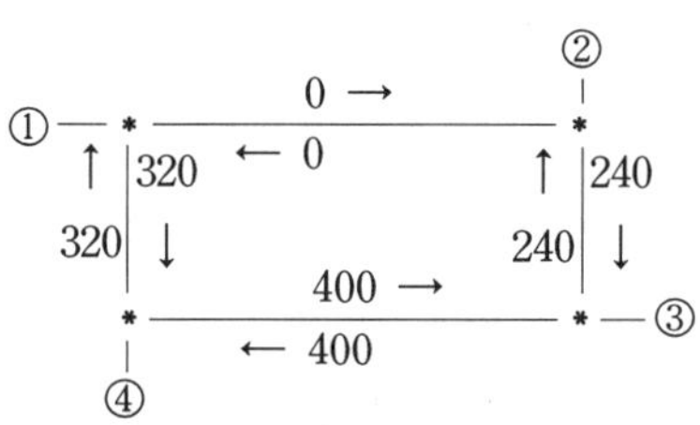

분할배분법에 의한 최종교통량 배분결과

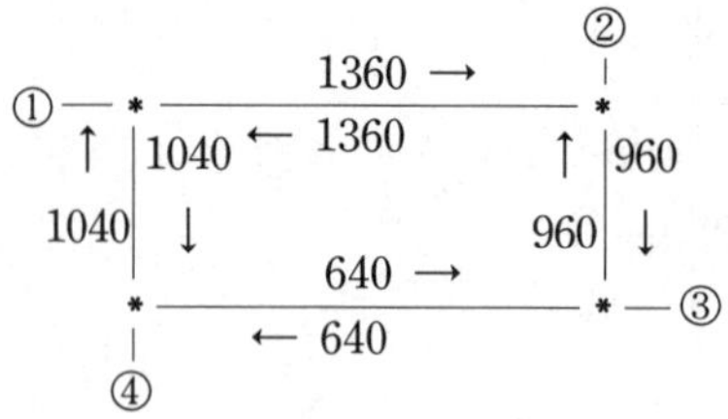

㈑ 평형배분법(Equilibrium Assignment)

평형배분법에는 크게 이용자평형배분법(user equilibrium)과 체계평형배분법(system equilibrium)의 두 가지가 있다. 이것은 최적화 조건(또는 평형조건)과 관련한 워드롭(Wardrop)의 가정에 의해서 구분되는데 다음은 평형배분법과 관련한 워드롭의 가정이다.

1) 이용자최적조건: 운전자는 본인이 가고자 하는 노선의 교통상태에 비추어 최선이라고 생각하는 노선을 독립적으로 선택한다.

2) 체계최적조건: 운전자는 노선 선택에 있어서 일반적으로 지역사회의 편익이 최대가 되는 선택행위를 한다.

1)과 같은 조건을 함수화한 것을 이용자 최적조건함수라고 하고, 2)의 조건을 함수화한 것을 체계최적조건함수라 한다. 워드롭은 교통망 내 모든 이용자가 경로 이용에 대해서 주체적으로 인식한다는 가정에서 출발하여 노선선택과정에서 이용자 형태와 관련하여 두 가지 원칙을 제안하였다.

1) 두 존을 연결하는 다수의 경로 가운데 이용되는 경로상에서의 통행비용은 이용되지 않는 경로상에서 인식되는 비용보다 같거나 작다.

2) 이용되는 모든 경로상의 평균통행비용은 가능한 한 최소값이다.

벡만(Beckmann)은 링크 a의 통행비용 C_a가 링크상의 통행량 V_a의 함수라 하면 통행비용은 교통량이 많아짐에 따라 증가하는 함수로 정의하였다. 벡만은 워드롭의 이용자 최적평형원칙을 만족시키는 교통량은 특정 함수를 최소화시키는 해와 같다고 정의했다. 이를 함수로 표현하면 식(9.56)과 같다.

$$C=\min\sum_{a}\int_{0}^{V_a} C_a(x)dx \qquad \cdots\cdots (9.56)$$

여기서,

$V_a=\sum_{i}\sum_{j}\sum_{r} T_{ijr}\delta_{ijr}$

V_a=링크 a의 통행량

$C_a(V_a)$ = 링크 a의 비용함수

T_{ijr}=기점존 i에서 종점존 j를 향하는 통행중에서 경로 r을 이용하는 통행

δ_{ijr}=존 i와 j를 연결하는 경로 r상의 링크라면 1, 그 외에는 0을 나타내는 가변수

위 식(9.56)은 워드롭의 첫번째 조건인 이용자 최적조건은 만족하지만 두 번째 조건인 체계최적은 만족시키지 못하고 있다. 체계최적 조건은 다음 식(9.57)의 조건함수를 통해서 구할 수 있다.

$$C=\min\sum_{ijr} V_{ijr}C_{ijr} \qquad \cdots\cdots (9.57)$$

여기서,

C: 교통망의 총통행비용

V_{ijr}: 경로 r을 이용하여 존 i에서 존 j로 향하는 교통량

C_{ijr}: 경로 r을 이용하는 존 i와 존 j간의 통행비용(교통량 V_r의 함수)

평형배분법에서 이용자 최적과 체계최적의 조건은 각각 평균통행비용과 한계통행비용의 관점에서 접근된다. 이용자 최적모형은 평균통행비용을 같게 함으로써 해를 도출하는 데 비해서 체계최적모형은 총통행비용을 최소화하는 관점에서 한계통행비용이 0이 되는 점에서 해를 도출할 수 있다. 이러한 두 가지 접근방법을 보다 자세히 살펴보자.

a. 이용자 평형배분법(User Equilibrium) 기점존과 종점존을 연결하는 2개의 대안적 경로 R_1과 R_2가 존재하고, 기점존에서 종점존으로의 통행수요가 T_{ij}라 할 때, 두 경로 사이에는 [그림 9-25]의 그래프같은 총교통량-통행비용관계 그래프가 존재할 수 있다. 기점존에서 종점존으로 가는 교통량이 경로 1에 배정됨에 따라서 경로 1의 통행비용은 증가하게 된다.

이같은 현상은 경로 2에서도 동일하게 발생한다. 따라서 통행자 가운데 일부는 자신의 통행비용을 최소화하기 위하여 경로 2를 선택하게

[그림 9-25] 이용자평형의 최적해

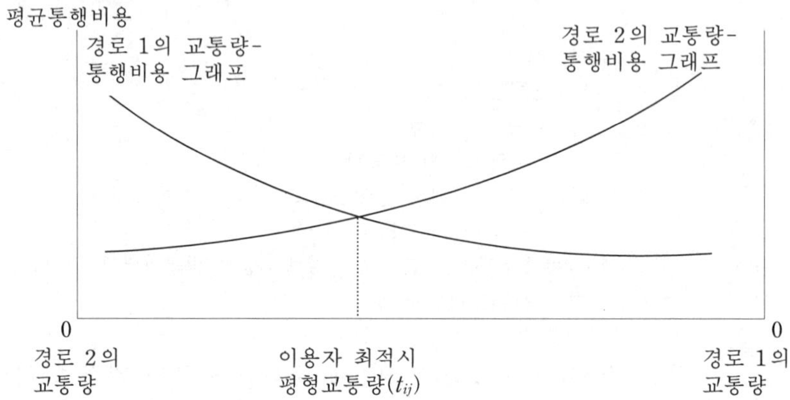

되고, 이 때 경로 1과 경로 2는 평균통행비용이 같아지는 조건으로 교통량이 배정된다. 즉 [그림 9-25] 그래프에서 평형교통량은 1번 경로에 t_{ij}가 배정되고 2번 경로에는 T_{ij}(총수요)$-t_{ij}$가 배정됨으로써 이용자 평형상태를 유지할 수 있다.

b. 체계최적 평형배분법(System Equilibrium) 한편 체계최적 평형배분법은 다음과 같은 이론적 배경하에서 접근하게 된다. 교통망의 교통량이 경로에 부하되면 부하된 교통량을 통해서 교통망의 총통행비용을 계산할 수 있다. 총통행비용은 링크별 교통량의 함수로 정의되므로 총통행비용을 최소가 되도록 하는 해가 존재하게 된다. 이러한 해는 교통량-통행비용 관계식을 통해서 한계통행비용을 이용하여 도출할 수 있다.

[그림 9-26] 체계최적의 최적해

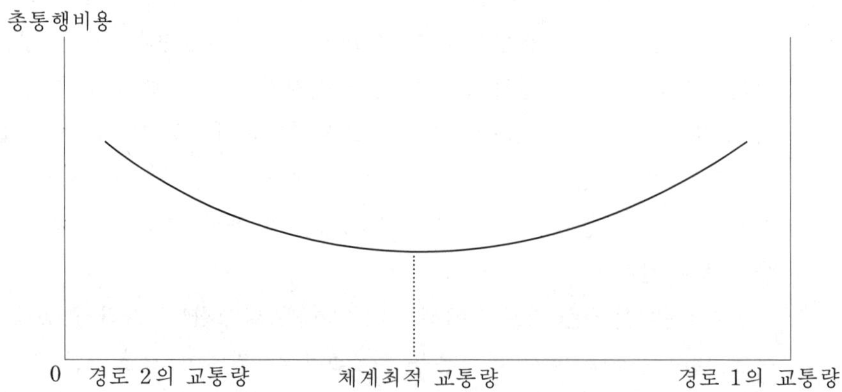

[그림 9-27] 평행배분 수행 알고리즘

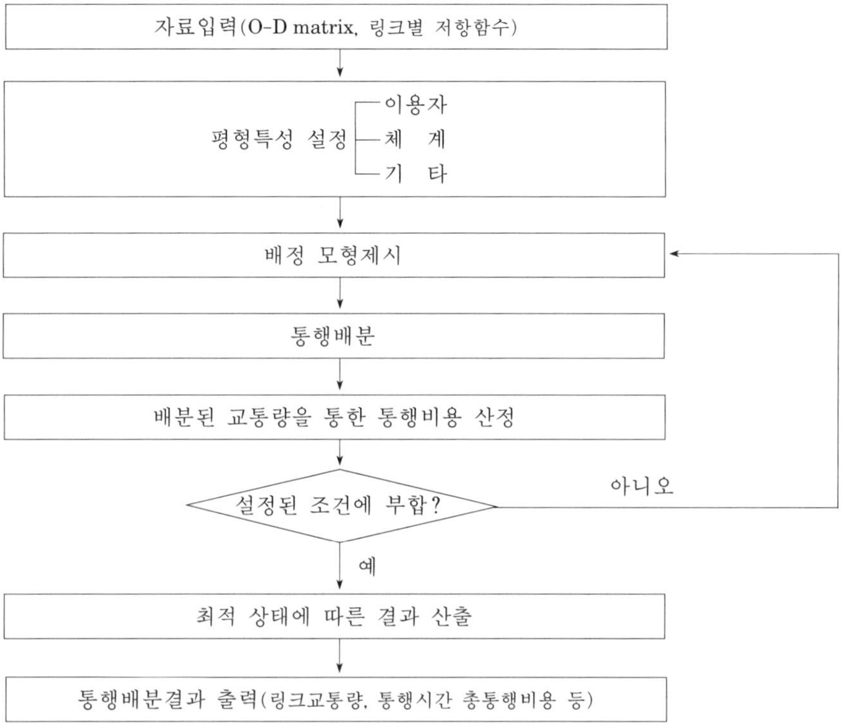

실제 통행배분을 수행하는 과정에서 평형배분법은 용량제약 통행배분모형을 수 차례에 걸쳐 반복 수행함으로써 얻어진다. 이를 위해서는 다음과 같은 조건이 충족되어야 한다.

1) 교통량내 모든 링크는 최소통행비용과 최대통행비용이 있어야 한다.
2) 모든 링크 α에 대해서 통행비용 함수 C_a는 교통량 V_a의 연속함수로 표현된다.

평형배분법에 의해서 통행배분을 수행하는 알고리즘은 [그림 9-27]과 같다. 용량제약 통행배분을 통해서 평형배분법의 수렴해를 구하기 위해서는 무엇보다도 반복횟수가 중요하다. 즉 반복횟수가 많을수록 도출된 결과는 참값에 더욱 수렴해 가기 때문이다. 그러나 현실적으로 반복과정을 무한이 늘려 간다는 것은 의미가 없을 뿐만 아니라 몇 번 반복해야 할지를 초기에 결정 할 수 없기 때문에 알고리즘의 정지룰이라는 것이 설정·적용된다.

즉 [그림 9-23]의 알고리즘과 같이 알고리즘 내부에 알고리즘 반복 횟수를 검색하는 과정 대신 통행배분결과를 검색함으로써 일정조건을 만족하면 통행배분을 완료하는 것이다. 따라서 통행배분결과는 통행배분 알고리즘 내에 어떠한 중지조건을 제시하는가에 따라서 커다란 차이를 갖게 된다.

[예제 9-22] (이용자 평형 통행배분 문제) 두 존을 연결하는 서로 다른 경로 p와 q가 존재한다. 두 존간 통행수요가 1,000통행이고 p경로와 q경로의 통행저항함수가 다음과 같이 주어져 있을 때 이용자 최적상태에서의 경로별 통행량과 평균통행비용을 도출하시오.

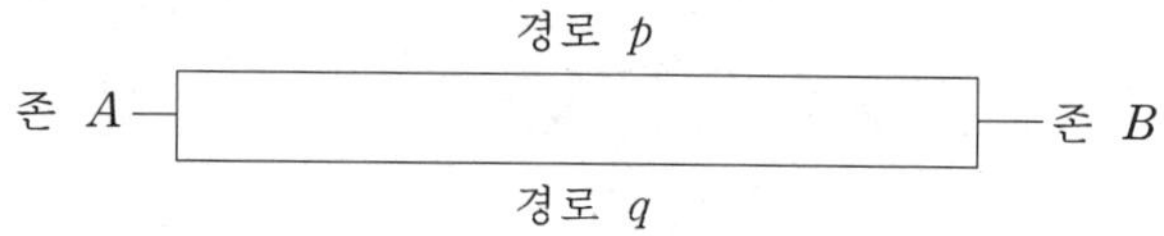

통행저항함수 **path** p: $t=10[1+0.15(V_p/700)^4]$

path q: $t=8[1+0.15(V_q/500)^4]$

풀이 경로 p의 교통량을 V_p, 경로 q의 교통량을 V_q라 하면

$$V_p+V_q=1{,}000$$

이용자 최적조건함수는 평균통행비용이 같아지는 해이므로 다음 그래프를 통해서 평형상태의 통행량을 구할 수가 있다.

다음 그래프에서 이용자 최적상태의 경로별 교통량은 평균통행비용이 같아지는 점, 즉 $t_p=t_q=t_e$가 되는 점이고 이 때 교통량 V_e를 구하면 된다. 따라서 평형상태의 교통량은 다음의 연립방정식의 해와 같다.

$$\begin{cases} 8[1+0.15(V_q/500)^4]=10[1+0.15(V_p/700)^4] \\ V_p+V_q=1{,}000 \end{cases}$$

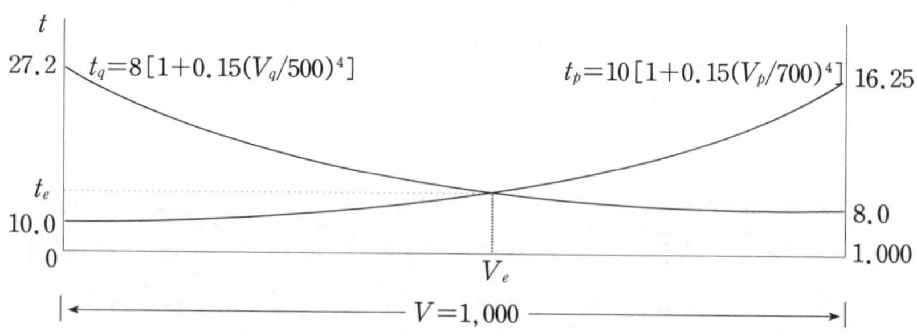

위 연립방정식으로부터 다음과 같은 근사해를 도출할 수 있다.

$$V_p=419,\ V_q=581$$

또한 평균통행비용은 통행저항함수로부터 다음과 같이 산정된다. 평균통행 비용의 차이는 교통량 산정시 소수점 이하를 반올림한 결과이다.

$$t_p=10.195,\ t_q=10.188$$

위의 통행배정 결과에서 두 경로상의 차량들 가운데 1대가 경로를 변경한다면 이 차량의 통행비용은 기존 경로를 이용할 때의 통행비용보다 증가하게 된다.

[예제 9-23] (체계최적과 이용자 최적문제) 두 존을 연결하는 2개의 대안적 경로가 존재하고 A존에서 B존으로의 통행 수요와 통행저항함수가 다음과 같이 주어졌을 때 체계최적조건을 만족하는 경로별 교통량을 구하시오. 또한 이용자 최적해를 구하고 상호 비교하시오.

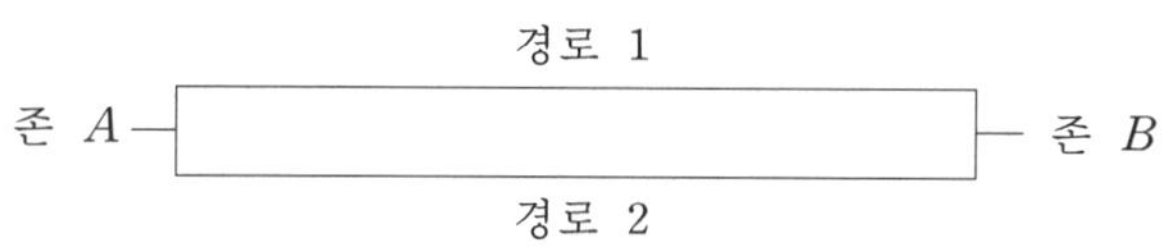

통행수요: 1,000(A존에서 B존으로)

통행저항함수: 경로1: $t_1=10+0.003(V_1)^2$(V_1: 링크 1의 교통량)

경로2: $t_2=20+0.0007(V_2)^2$(V_2: 링크 2의 교통량)

풀이 체계최적조건은 교통망의 총통행비용을 최소화하는 해이므로 다음의 연립방정식의 해와 같다.

$$\min TC=\min[V_1\times(10+0.003\times V_1^2)+V_2\times(20+0.0007\times V_2^2)]$$

$V_1+V_2=1{,}000$이므로 위 식을 경로 1의 교통량에 대해서 정리하면 다음과 같다.

$$\begin{aligned}\min TC=\min[&V_1\times(10+0.003\times V_1^2)\\&+(1{,}000-V_1)\times(20+0.0007\times(1{,}000-V_1)^2]\\&\min(0.0023V_1^3+2.1V_1^2-2{,}110V_1+720{,}000)\end{aligned}$$

위 식에서 총통행비용의 최소값을 구하기 위해서는 한계통행비용이 0이 되는 점을 찾아야 한다. 한계통행비용이 0이 되는 해를 구하는 과정은 다음과 같다.

$$TC'=0.0069\times V_1^2+4.2\times V_1-2{,}110$$

$TC'=0$이 되는 V_1은 근의 공식을 이용해 찾을 수 있는데 위 식은 $V_1=326.86$에서 근사해가 도출된다. 따라서 체계최적시의 경로별 교통량은 다음과 같다.

$$V_1=326.86$$

따라서 $V_2=1,000-326.86=673.14$

한편 이용자 최적조건은 평균통행비용을 같게 하는 해를 구함으로써 충족된다. 따라서 이용자 최적해는 다음의 연립방정식의 해를 구하면 된다.

$$t_1=t_2,\ V_1+V_2=1,000$$

따라서 $10+0.003V_1^2=20+0.0007V_2^2$

$$10+0.003V_1^2=20+0.0007(1,000-V_1)^2$$

$$0.0023V_1^2+1.4V_1-710=0$$

따라서 $V_1=\dfrac{(-1.4+\sqrt{1.4^2+4\times0.0023\times710})}{2\times0.0023}=329.2$

$$V_2=1,000-329.2=670.8$$

체계최적조건에 의한 통행배분결과와 이용자 최적조건에 의한 통행배분결과는 서로 커다란 차이점을 나타내고 있다. 여기서 교통망 내 총통행비용과 평균통행비용을 구하면 다음과 같다.

체계최적시 총통행비용과 평균통행비용

TC(총통행비용)$=326.86(10+0.003\times326.86^2)+673.14(20+0.0007\times673.14^2)$
$=335,002.1$

AC_1(경로 1의 평균통행비용)$=330.51$

AC_1(경로 2의 평균통행비용)$=337.18$

이용자 최적시 총통행비용과 평균통행비용

TC(총통행비용)$=329.2(10+0.003\times329.2^2)+670.8(20+0.0007\times670.8^2)$
$=335,026.0$

AC_1(경로 1의 평균통행비용)$=335.12$

AC_1(경로 2의 평균통행비용)$=334.98$

위에서 산정된 체계최적해는 워드롭의 제2가정(체계최적조건)은 만족하는 반면 제1가정(이용자 최적조건)은 만족시키지 못하고 있다.

즉, 체계최적해하에서 경로 2의 어떠한 통행자가 경로 1로 전환한다면 전환된 통행자는 자신의 통행비용을 감소시킬 수 있다. 위의 이용자 최적해에서 경로 1의 통행량이 체계최적해의 경로 1의 통행량과 비교해서 약 2.5통행이 많음에도 불구하고 평균통행비용이 체계최적시의 경로 2의 평균통행비용보다 작은 것은 이를 입증하고 있다. 이는 다시 말해서 워드롭의 제1조건(이용자 최적조건)을 충족시키지 못하고 있음을 나타내고 있다.

반면 이용자 최적해는 워드롭의 제1조건(이용자 최적조건)은 만족하고 있으나 제2조건(체계최적조건)은 만족하지 못하고 있다.

체계최적상태에서 교통망 내 총통행비용이 최소가 되므로 사회적 관점에서는 바람직한 결과라고 할 수 있다. 이러한 결과는 교통계획적 측면에서 시사하는 바가 크다.

가령 도시부 도로의 어느 교차로에서 회전을 금지시킴으로써 특정 존간 최소비용경로의 변화가 초래되고 이로써 체계최적해에 보다 가까워진 결과를 얻을 수 있다면 해당 교차로의 회전금지조치는 사회적으로 정당화될 수 있다.

② 확률적 통행배분모형

Van Vliet(1979)은 최소비용경로가 아닌 대안적 경로의 선택을 허용하는 통계적 통행배분기법을 생각했다. 그의 모형은 주어진 노선에 대하여 통행자가 인식하는 비용이 같지 않으며 대부분의 통행이 유입되는 가장 저렴한 노선을 포함한 기종점간 다수의 경로에 총통행량이 분산되는 것을 가정하였다.

확률적 통행배분모형은 교통망내 기종점을 연결하는 다수의 경로에 교통량을 분산배분하기 때문에 첫째, 통행배분결과가 비교적 신뢰성이 있고, 둘째, 링크의 통행 비용에 대해서 통행배분결과가 많은 영향을 받지 않기 때문에 기존의 결정론적 모형에 비해서 우수한 장점을 갖고 있다. 확률적 통행배분모형은 링크의 통행비용과 교통량이 상호 독립적임을 가정하기 때문에 지방부, 또는 비첨두시와 같은 비체증 교통상황에 적용하기 적합하다.

확률적 통행배분모형의 이론적 토대는 경제학적 효용이론이며 모형의 대부분은 개별행태모형에서 유래하였다. 따라서 확률적 통행배분모형은 엄밀한 의미에서 전통적 4단계 수요추정모형에 포함되지는 않는다.

노선의 유입 매력도는 대부분 교통망의 특성을 나타내는 변수들로서 구성되는데 통행시간, 지불비용 등이 이용되며 경우에 따라서는 통행자의 특성, 통행목적을 포함하기도 한다. 노선 r에 대한 통행비용은 식(9.58)에서와 같이 통행시간과 노선거리에 비례하는 함수로 나타낼 수 있다.

$$C_r=(a_1 \times t_r)+(a_2 \times d_r) \qquad \cdots\cdots \ (9.58)$$

여기서,
C_r: 노선 r의 통행비용
t_r: 노선 r의 차내통행시간
d_r: 노선 r의 거리
a_1, a_2: 계수

통행비용은 통행에 대한 저항값이므로 노선의 통행효용과 반비례 관계에 있다. 또한 통행자가 노선에 대해서 인식하는 효용은 측정가능한 효용과 측정불가능한 효용으로 구성되어 있다. 따라서 통행자 t가 노선 r에 대해서 인식하는 효용을 다음 식(9.59)와 같이 표현할 수 있다.

$$U_{rt}=V_{rt}+\varepsilon_{rt} \qquad \cdots\cdots \ (9.59)$$

여기서,
U_{rt}: 통행자 t가 노선 r에 대해서 인식하는 효용
V_{rt}: 통행자 t가 노선 r에 대해서 인식하는 측정가능 효용
ε_{rt}: 통행자 t가 노선 r에 대해서 인식하는 측정불가능 효용

위 식에서 측정가능 효용 V_{rt}는 노선특성변수를 도입하여 식(9.60)으로 전환할 수 있다.

$$V_{rt}=\sum_{l=0}^{L}(a_l \times X_{rtl}) \qquad \cdots\cdots \ (9.60)$$

여기서,
V_{rt}: 통행자 t가 노선 r에 대해서 인식하는 측정가능 효용
a_l: 계수
X_{rtl}: 노선 r의 특성변수(통행시간, 거리 등) 또는 통행자 속성변수

따라서 가용 노선집합 $M(r)$로부터 통행자 t가 노선 r을 선택할 확률은 식(9.61)과 같다.

$$\mathrm{P_r}(R)=\mathrm{P_r}[U_{rt}>U_{st},\ s\in M(t)] \qquad \cdots\cdots (9.61)$$
$$=\mathrm{P_r}[V_{rt}+\varepsilon_{rt}>V_{st}+\varepsilon_{st},\ s\in M(t)]$$
$$=\mathrm{P_r}[V_{rt}-V_{st}>\varepsilon_{st}-\varepsilon_{rt},\ s\in M(t)]$$

이상의 효용함수에 바탕을 둔 확률적 노선선택모형은 크게 이항노선선택모형과 다중 경로노선선택모형으로 나눌 수 있다. 이들을 보다 구체적으로 살펴보면 다음과 같다.

㈎ 이항노선선택모형(Binary Route Choice Model)

이항노선선택모형은 기점존과 종점존을 연결하는 다수의 경로 가운데 통행비용이 가장 적은 두 개의 대안적 경로를 선택한 후, 두 개의 노선간의 효용을 통해서 노선의 선택확률을 산정하고 산정결과를 토대로 통행량을 배분하는 모형이다. 전통적으로 노선선택모형에서 통행자들이 체증이 발생되는 노선에서 덜 혼잡한 노선이나, 통행속도가 빠른 노선으로 전환되는 노선선택행위를 다루어 왔다. 이 때 새로운 노선으로 전환되는 비율을 가리키는 곡선을 전환곡선이라 하였다. 이러한 전환곡선법은 이항노선선택모형의 대표적 형태라고 할 수 있다. 이 밖에도 이항노선선택모형에는 노선에 대한 인식비용의 분포에 따라서 이항유니폼모형, 이항프로빗모형, 이항로짓모형 등이 있다.

a. 이항유니폼모형(Binary Uniform Model) 노선에 대한 인식비용이 균일분포를 가정할 경우 이 때의 노선선택모형을 이항유니폼모형이라 한다. 노선의 평균통행비용 $\bar{C}$가 노선의 참평균비용이라면 특정 통행자에 의해서 인식된 통행비용은 $\bar{c}-k\sqrt{\bar{c}}$에서 $\bar{c}+k\sqrt{\bar{c}}$의 범위 내에서 균일분포를 갖는다. 여기서 k는 인식비용의 범위를 규정하는 확장변수로서 모형작성자에 의해서 선택된다.

대안적 노선 r_1과 r_2가 주어지고, 각각의 노선에 대한 인식비용 C_1과 $C_2(\bar{c}_1<\bar{c}_2)$가 도출되면 통행자가 노선 r_1을 선택할 확률은 식 (9.62)와 같다.

$$\mathrm{P_r}(r_1)=\mathrm{P_r}(U_1>U_2)=\mathrm{P_r}(C_1<C_2) \qquad \cdots\cdots (9.62)$$

식(9.62)은 $\bar{c}_2-k\sqrt{\bar{c}_2}>\bar{c}_1+k\sqrt{\bar{c}_1}$ 라면 $P_r(r_1)=1,\ P_r(r_2)=0$ 이고

$\bar{c}_2 - k\sqrt{\bar{c}_2} \leq \bar{c}_1 + k\sqrt{\bar{c}_1}$ 라면

각각 식(9.63)과 (9.64)로 나타낼 수 있다.

$$P_r(r_2) = (\bar{c}_1 + k\sqrt{\bar{c}_1} - \bar{c}_2 + k\sqrt{\bar{c}_2})^2 / 8k^2\sqrt{\bar{c}_1\bar{c}_2} \quad \cdots\cdots (9.63)$$

$$P_r(r_1) = 1 - P_r(r_2) \quad \cdots\cdots (9.64)$$

여기서,

U_1, U_2: 노선 r_1, r_2의 효용

C_1, C_2: 노선 r_1, r_2의 통행비용

$\bar{c}_1$, $\bar{c}_2$: 노선 r_1, r_2의 평균통행비용 또는 참통행비용

k: 이용자 선택 매개변수

b. 이항프로빗모형(Binary Probit Model) 이항노선선택모형에서 인식비용의 분포가 평균이 0이고 분산이 σr_1^2와 σr_2^2인 정규분포를 가정하고 이들 둘간의 상관계수가 $\rho r_1 r_2$라면 $\varepsilon r_2 - \varepsilon r_1$은 분산이 $(\sigma r_1 r_2)^2 = \sigma r_1^2 + \sigma r_2^2 - 2\rho r_1 r_2 \times \sigma r_1 \times \sigma r_2$이고 평균이 0인 정규분포를 따른다. 따라서 노선 r_1과 r_2를 선택할 확률은 식(9.65)와 같다.

$$P_r(r_1) = P_r(\varepsilon_{r2} - \varepsilon_{r1} > V_{r1} - V_{r2}) = \int_{-\infty}^{Z} \frac{1}{\sqrt{2\pi}} e^{(-t^2/2)} dt \quad \cdots\cdots (9.65)$$

$$P_r(r_1) = \Phi(Z), \ P_r(r_2) = 1 - P_r(r_2) \quad \cdots\cdots (9.66)$$

여기서,

ε_{r2}, ε_{r1}: 노선 r_1, r_2의 관측불가능한 효용

V_{r2}, V_{r1}: 노선 r_1, r_2의 관측가능한 효용

Z: $(V_{r1} - V_{r2}) / \sigma r_1 r_2$

C. 이항로짓모형(Binary Logit Model) 만약 개별 노선에 대한 인식비용의 오차항(관측불가능 효용)이 독립이고 웨이블 분포(Weibull Distribution)를 따른다면 이 때의 노선선택모형은 이항로짓모형이라고 하고 노선 r_1을 선택할 확률은 식(9.67)을 통해서 산정된다.

$$P_r(r_1) = \frac{e^{(\theta V r_1)}}{\sum_{i=1}^{2} e^{(\theta V r_i)}} \quad \cdots\cdots (9.67)$$

여기서,

θ: 로짓상수

Vr_i: 노선 r_i의 관측가능한 효용

식(9.67)에서 θ 값은 모형제작자가 선택하거나 프로그램 정산과정에서 도출된다. 이항노선선택모형에서 각각의 모형은 인식비용의 분포 또는 오차의 분포에 따라서 세분될 수 있으나, 공식이 단순하고 편리하게 이용할 수 있는 장점 때문에 로짓모형이 가장 폭넓게 이용되고 있다.

[예제 9-24] (이중경로 통행배분모형 문제) 존 A에서 존 B에 이르는 대안적 경로에 대해서 통행자가 인식하고 있는 통행비용이 일정치 않은 것으로 조사되었으며 이러한 경로별로 인식된 통행비용이 다음과 같이 주어졌을 때 경로별 통행량을 구하시오.

경로 1의 평균통행비용(인식된 비용의 평균) $\bar{C}_1=9$

경로 2의 평균통행비용(인식된 비용의 평균) $\bar{C}_2=10$

통행수요(A존에서 B존으로): 100

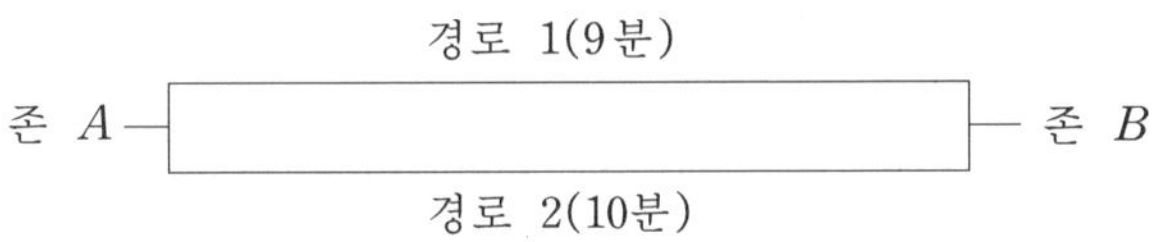

(1) 균일분포(단 $k=2.0$, $\sigma=8$)

(2) 정규분포(단 $K^2=0.971$)

(3) Weibull 분포(단 $\theta=1$)

풀이 (1) 인식비용의 분포가 균일분포라면 다음과 같이 균일분포시의 노선선택확률 산정식으로부터 경로별 선택확률을 구할 수 있다. 이 때 적용되는 모형은 이항균일모형이 된다.

$$\mathrm{P_r}(r_1)=(9+2\sqrt{9}-10+2\sqrt{10})^2/(8\times 2^2\sqrt{90})=0.422$$

$$\mathrm{P_r}(r_2)=1-0.422=0.578$$

따라서 경로 r_1의 교통량=42.2대

경로 r_2의 교통량=57.8대

(2) 경로에 대한 인식비용이 정규분포를 따른다면 다음과 같이 정규분포시의 노선선택확률 산정식으로 경로별 선택확률을 구할 수 있다. 이 때 작용되는 모형은 이항프로빗모형이다.

$$\mathrm{P_r}(r_1)=\int_{-\infty}^{Z}\frac{1}{\sqrt{2\pi}}e^{(-t^2/2)}dt=\Phi(Z)\text{에서}$$

$Z=(Vr_1-Vr_2)/\sigma r_1r_2$이므로

$$\sigma r_1r_2=\sqrt{\sigma r_1^2+\sigma r_1^2}=\sqrt{k^2\frac{C_1}{3}+k^2\frac{C_2}{3}}=\sqrt{0.971\frac{(9+10)}{3}}=2.47985$$

$$Z=-\bar{C}_1-(-\bar{C}_2)/\sigma r_1r_2=0.4032$$

$$\Phi(0.4032)=0.6190$$

따라서 경로 r_1의 교통량=62대
경로 r_2의 교통량=38대

(3) 경로에 대한 인식비용이 Weibull분포를 따른다면 이 때의 노선선택확률은 이항로짓모형을 통해서 산정할 수 있으므로 경로선택확률은 다음과 같다.

$$\Pr(r_1)=\frac{e^{-\bar{C}_1}}{(e^{-\bar{C}_1}+e^{-\bar{C}_2})}=\frac{e^{-9}}{(e^{-9}+e^{-10})}=0.731(\theta=1\text{을 가정했으므로})$$

따라서 경로 1의 교통량=73대
경로 2의 교통량=27대

(나) 다중경로 노선선택모형(Multinominal Route Choice model)

다중경로 노선선택모형은 수용가능노선[4]에 대한 정의, 범위, 평가방법 등에 있어서 기존 이항모형과 상이하다. 이항모형은 최단경로와 함께 제2의 대안경로만을 선정하여 통행배분을 수행하기 때문에 사실상 대안노선 선정에 어려움이 없다. 그러나 다중경로를 대상으로 통행배분을 수행하기 위해서는 무수히 많은 대안적 경로를 대상으로 하기 때문에 어떠한 기준을 통해서 대안경로의 수를 제약해야 할 뿐만 아니라 대안노선의 선택방법에 따라서도 서로 다른 노선이 대안으로 선정된다.

그러나 다중경로 노선선택모형은 이항노선선택모형으로부터 확장된 개념으로 파악되는데, 이는 대안노선의 선정방법과 대안노선의 수에 따른 차이점을 제외하면 노선 선택확률의 계산방법의 유사함에 근거한다. 이같은 다중경로 노선선택모형으로는 다항로짓모형, 다이알모형과 시뮬레이션기법 등이 활용되고 있다. 모형구조와 구체적인 활용은 아래에 나타나는 바와 같다.

a. 다항로짓모형(Multinominal Logit Model)   만약 특정 노드 i에서 j

로 향하는 개별 노선에 대한 인식비용이 독립적이고 로짓상수 θ를 갖는 와이블(Weibull)분포를 따른다면 n개의 대안노선으로부터 노선 r_1을 선택할 확률은 식(9.68)을 통해서 산출할 수 있다.

$$P_r(r_1)=\frac{e^{(\theta V r_1)}}{\sum_{i=1}^{n} e^{(\theta V r_i)}} \quad \cdots\cdots (9.68)$$

여기서,
θ: 로짓상수
V_{ri}: 노선 r_i의 관측가능한 효용
n: 대안 노선의 수

b. 다이알모형(Dial Model) 다이알 모형에서는 모든 대안노선의 이용확률이 0이 아님을 가정한다.[5] 대안노선에 대한 정의는 다음과 같다.

1) 기점에 대해서 도착노드보다 가까운 출발노드를 갖고 있으며 종점에 대해서 출발노드보다 가까운 도착노드를 갖고 있는 링크[6]로 구성된 노선
2) 기점에 대해서 도착노드보다 가까운 출발노드를 갖고 있는 링크로 구성된 노선

위 제약조건에 의해서 기점존과 종점존을 연결하는 수많은 노선대안 가운데 교통량이 부하될 대안노선을 도출한다. 추정된 존간 통행량은 다음 식(9.69)을 통해서 대안노선에 부하된다.

$$V_{ri}=T\times e^{[-\theta(C_r-C)]} \quad \cdots\cdots (9.69)$$

여기서,
V_{ri} : 노선 r_i에 부하될 교통량
T : 기점존에서 종점존으로의 총통행량
θ : 로짓상수
C_{ri} : 노선 r_i의 통행비용
C : 두 존간 최소통행비용경로의 통행비용

위 식에서 알 수 있듯이 두 존을 연결하는 대안경로의 교통량을 결정하는 데 강하게 영향을 미치는 것은 로짓상수 θ이다. 즉, $\theta=0$이라면

모든 대안노선에 부하되는 교통량은 동일하게 되는 반면 θ의 값이 커질수록 통행비용이 낮은 노선에 더 많은 교통량이 부하된다.

c. 시뮬레이션 기법(Simulation Method) 다중경로 노선선택모형은 결정론적(deterministic) 모형들이기 때문에 경로와 노선에 대한 인식비용을 조사치나 가정값으로 설정하고 이용확률을 계산한다. 이에 비하여 시뮬레이션기법은 개별 링크의 이용확률을 정확히 계산할 수 없을 때 적용할 수 있는 방법이다. 실제 통행배분과정에서 두 존을 연결하는 선택가능한 노선이 매우 다양할 수 있으며 이러한 대안노선을 제한하는 것은 신뢰성 있는 결과를 도출하는 데 있어서 장애요인이 된다. 이러한 문제점을 보완하기 위하여 시뮬레이션기법이 종종 활용되기도 한다.

Burrell(1968)은 개별 운전자가 최단경로를 선택하지만 불확실한 지식, 또는 링크비용에 대한 인식의 차이가 있음을 전제로 하여 모든 운전자에게 있어서 개별 링크에 대한 인식비용의 분포개념을 도입하였다.

버렐(Burrell)의 가정은 다음과 같다.

1) 개별 링크에 대한 인식비용의 평균값은 해당 링크의 관측된 통행비용으로 간주한다.
2) 운전자에게 있어서 서로 다른 링크에 대한 인식비용은 상호 독립적이다.

이상적 상황에서는 개별 운전자는 자신의 인식비용집합을 갖고 이를 토대로 노선을 선택한다. 그러나 실제 상황에서는 계산시간을 절감하기 위해서 동일존을 출발하는 모든 통행은 동일한 인식비용집합을 갖고 있다고 가정한다. 따라서 동일 기점에서 동일 목적지에 이르는 모든 통행량은 동일한 경로에 부하된다. 그러나 모든 기점은 독립적인 인식비용집합을 갖고 있기 때문에 기점존이 다른 경우에 선택된 경로는 서로 유사할 뿐, 동일한 노선을 선택하지는 않는다. 즉 A존의 수형도에서 i노드와 j노드를 연결하는 최단경로가 B존의 수형도에서는 그것과 유사하거나 또는 완전히 다를 수 있다.

시뮬레이션을 통한 통행배분과정은 다음과 같다.

1) 시뮬레이션 반복횟수를 설정하고 기점존 h에 대하여

• 개별링크 a에 대하여 적정 랜덤변수 Z_a를 선정하고 링크비용 C_a를 산정한다($C_a=\bar{C}_a+Z_a$).

- 링크비용집합 $\{C_a\}$를 이용해서 기점 h에서 모든 목적존에 이르는 최소비용경로를 결정하고 수형도를 작성한다.
- 수형도상에 **All-or-Nothing**법에 의해서 통행량을 배정한다.
- 개별링크 a에서 기존에 부하된 통행량과 현단계에서 부하된 통행량을 합산한다.

2) 반복과정을 통해서 부하된 교통량의 평균을 통해서 개별 링크의 교통량을 산정한다.

[예제 9-25] (다중경로 노선선택모형 예제) 두 존을 연결하는 3개의 대안적 경로가 존재하고 이들 경로들의 통행저항함수와 A존에서 B존으로의 통행수요가 1,000통행이라고 할 때, 다항로짓모형에 의한 경로별 통행량과 **Dial**모형에 의한 경로별 통행량을 산출하시오(단 로짓상수는 $\theta=0.7$로 정산되었다).

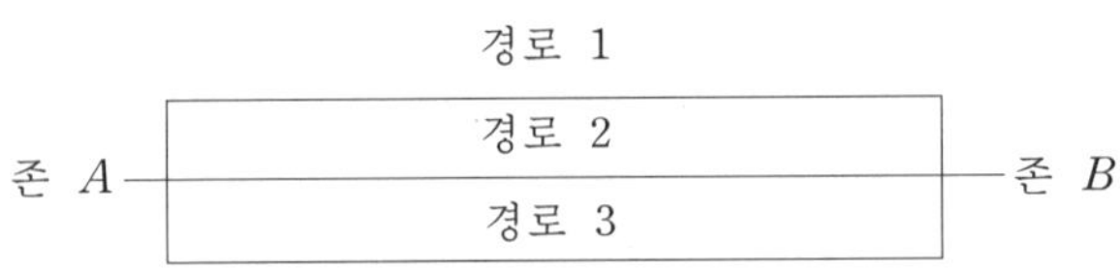

경로 1의 평균통행비용 $\bar{C}_1=10$
경로 2의 평균통행비용 $\bar{C}_2=15$
경로 3의 평균통행비용 $\bar{C}_3=17$

풀이 • 로짓모형의 해

$\bar{C}_1=10,\ \bar{C}_2=15,\ \bar{C}_3=17$이므로 경로별 선택확률은 다항 로짓모형식에 의해서 다음과 같이 도출된다.

$$\Pr(r_1)=\frac{\exp(0.7\times-10)}{\exp(0.7\times-10)+\exp(0.7\times-15)+\exp(0.7\times-17)}=0.9637$$

$$\Pr(r_2)=\frac{\exp(0.7\times-15)}{\exp(0.7\times-10)+\exp(0.7\times-15)+\exp(0.7\times-17)}=0.0291$$

$$\Pr(r_3)=\frac{\exp(0.7\times-17)}{\exp(0.7\times-10)+\exp(0.7\times-15)+\exp(0.7\times-17)}=0.007$$

따라서 경로 1의 교통량=964대
경로 2의 교통량=29대

경로 3의 교통량=7대

• 다이알 모형의 해

$\dot{C}_1=10$, $\dot{C}_2=15$, $\dot{C}_3=17$로부터 다이알 모형식을 이용하여 경로별 교통량을 구하면 다음과 같다.

$V_{r2}=1,000\times\exp[-0.7\times(15-10)]=30$대

$V_{r3}=1,000\times\exp[-0.7\times(17-10)]=7$대

$V_{r1}=1,000-30-7=963$대

㈐ 확률적 이용자 평형배분법(Stochastic User Equilibrium Assignment)

이용자 평형배분모형은 "모든 운전자는 각자 독립적으로 통행비용을 인식한다"라는 워드롭의 가정에 근거한다. 그러므로 평형배분모형에서는 원칙적으로 통행자의 노선변경을 허용하지 않는다. 이는 이용자 최적상태에서 통행자가 노선을 변경하게 되면 통행비용이 증가하기 때문이다. 이 경우에 모든 통행자는 주어진 선택가능한 노선에 대하여 완벽한 정보를 지니고 있다는 가정을 전제로 하고 있다.

위와는 대조적으로 통행자가 선택노선에 대한 완벽한 정보를 갖지 못하고 있음을 가정해 보자. 이 경우에 통행자가 개별 링크 또는 노선에 대하여 인식하는 비용은 당연히 같지 않게 된다. 따라서 인식비용의 통행자별 차이가 있을 때, 그 결과를 워드롭의 이용자 평형배분법을 통해서 도출된 결과와는 상당히 큰 차이를 보일 것이다.

아래 그림에서 보는 바와 같이 노선 r_1의 인식비용을 $\bar{C}_1$, 노선 r_2의 인식 비용을 $\bar{C}_2$, $Var(C_1)=Var(C_2)$라고 가정하고 Y축에 대안노선간의 통행비용의 차, X축에 노선 r_1을 선택할 확률로 설정하자.

이 그래프에 이용자 평형배분법에 의한 통행비용함수를 실선으로 표시하고, 노선에 대한 인식비용의 분산과 노선선택확률의 관계는 점선으로 표시할 수 있다.

경로의 통행비용에 대한 인식비용의 분산 σ가 0이라 함은 통행자가 인식하는 경로의 통행비용이 참값(또는 평균값)과 동일함을 의미하므로 경로선택확률은 정태적 평형배분법의 결과와 동일한 90%(점 D)가 된다. 그러나 실제로는 통행자마다 경로에 대하여 인식하는 통행비용이 같지 않을 수 있으며 이러한 경우에는 경로에 대하여 인식하는 통행비용의 분산이 0이 아닌 양수가 된다.

[그림 9-28] 확률적 평형배분의 해

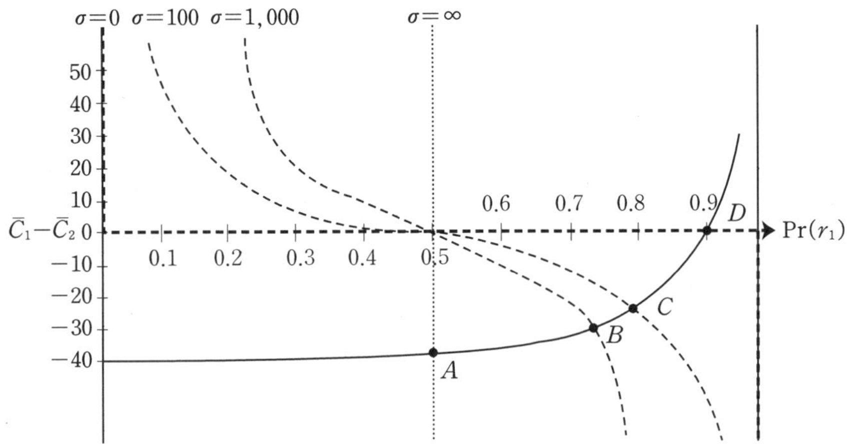

Pr(r_1): 노선 r_1을 선택할 확률
$\bar{C}_1-\bar{C}_2$: 대안노선간 통행비용의 차

[그림 9-28] 그래프에서 경로에 대한 인식비용의 분산 σ=100일 경우의 경로 r_1을 선택할 확률은 σ=0일 때 90%(점 D)와 비교하여 80%(점 C)로 감소한다. 경로에 대한 인식비용의 분산이 커진다 함은 통행자가 경로에 대해서 통행비용을 정확하게 예측하지 못함을 의미하기 때문에 실제로는 통행비용이 저렴한 노선이 있음에도 불구하고 저렴한 노선을 선택하지 못하는 통행자가 발생하게 된다.

[그림 9-28] 그래프에서 경로에 대한 인식비용의 분산 $\sigma=\infty$ 인 경우(경로에 대한 통행비용을 전혀 예측하지 못하는 경우)의 대안노선간 노선선택확률은 통행비용의 크고 작음에 관계없이 동일하게 선택된다(점 A).

위에서 살펴본 바와 같이 비용에 대한 통행자의 인식 정도가 서로 다르기 때문에 정태적 평형배분모형으로 통행자의 노선선택행위를 규명하는 데는 한계가 존재한다.

통계적 평형배분법은 이렇듯 운전자가 인식하는 비용이 같지는 않다는 사실을 모형에 수용하기 위해서 나타난 모형이다. 통계적 통행배분법은 **Daganzo**와 **Sheffi**(1977)의 노력에 의해서 개발되었는데 이 모형을 적용하기 위해서는 워드롭의 가정이 다음과 같이 조정되지 않으면 안 된다.

"통행자는 자신의 인식비용이 최소가 되는 노선을 선택한다. 따라서 독자적으로 노선을 변경함으로써 통행비용을 감소시킬 수 있다고 믿는 운전자가 없다."

통계적 평형배분법은 위에서 보는 바와 같이 통계적 기법과 정태적 평형배분법을 서로 합한 모형이기 때문에 학술적으로 개발된 모형은 종류가 다양하다. 그러한 다양성에도 불구하고 통계적 평형배분법의 일반적인 제약함수는 다음 식(9.70)과 같이 표현할 수 있다.

$$Tr_{ij}=T_{ij}\times \Pr(r_{ij}/C) \qquad \cdots\cdots (9.70)$$

그리고, $\bar{c}_{r_{ij}}=\sum_{a} c_a(V_a)\delta_{ar_{ij}}$

$$V_a=\sum_{ij}\sum_{r_{ij}} T_{r_{ij}}\delta_{ar_{ij}}$$

여기서,
Tr_{ij}: 경로 r을 통해서 기점존 i에서 종점존 j로 가는 교통량
T_{ij}: 기점존 i에서 종점존 j로 가는 교통량
r_{ij}: 기점 i, 종점 j를 연결하는 경로 r
C: 기점 i, 종점 j간의 통행비용
$\bar{c}_{r_{ij}}$: 기점 i, 종점 j를 연결하는 경로 r의 통행비용
$\delta_{ar_{ij}}$: 경로 r상에 링크 a가 있으면, 1, 그 외는 0

③ 동태적 통행배분모형(Dynamic Assignment Model)

통행배분모형 가운데 동태적 통행배분모형(dynamic assignment model)은 교통체증이 발생하는 교통망에서 시시각각 변화하는 교통패턴을 예측함으로써 교통망 내 통행비용을 저감하기 위하여 개발되었다. 이 모형에서는 "교통망 내 모든 운전자는 매순간의 교통상황에 대한 정확한 정보를 갖고 있고 새로운 정보를 연속적으로 얻음으로써 통행비용을 최소화하려고 노력한다"라는 가정을 전제로 하고 있다. 이같은 가정의 저변에는 "모든 차량에는 정보의 취득과 노선유도(route guidance)기능이 부여된 컴퓨터시스템(computer system)을 구비하고 있다"라는 전제

조건이 선결되어야 한다.

이러한 컴퓨터시스템은 중앙제어장치와 연결되어 정보를 받아들일 뿐만 아니라 차량의 현재 위치, 기종점, 출발시간 등의 자료를 전송한다. 차재컴퓨터시스템에서 보내온 정보가 중앙제어장치에 전송되면 중앙제어장치는 전송된 모든 자료를 분석함으로써 개별 차량에게 최적경로(노선)을 제공해 주게 된다. 이러한 통행배분기법은 IVHS(Intelligent Vehicle Highway System)의 개발과 함께 그 필요성이 더욱 증대되고 있는 추세이다.

기존의 통행배분모형에서는 시간의 동적인 개념이 존재하지 않았었다. 따라서 도로의 용량은 시간대·교통상황에 관계없이 고정적이며, 교통망에서의 최적상태와 존별 최단경로는 어느 일정 시간대 속에서 고정되어 있다고 볼 수 있다. 그러나, 동태적 모형에서는 도로의 용량, 교통량, 속도 등이 교통상황의 변화에 따라서 유동적이기 때문에 시간에 따라서 변화된 최적경로를 도출하게 된다.

동태적 모형개발을 위한 접근법으로는 컴퓨터 시뮬레이션기법, 수학적 프로그래밍기법, 최적화제어이론적 기법(이용자 최적화기법, 체계최적화기법) 등이 있다.

여기서는 이 가운데 그 동안 주로 연구되어 온 최적화제어이론적 기법 중 링크교통량 산정, 동태적 이용자 최적통행배분, 동태적 체계최적통행배분을 주로 살펴본다.

㈎ 링크교통량 산정

교통망을 방향성을 갖는 집합 $G(N, A)$라고 표현하자. 여기서 N은 노드의 집합이고 A는 링크(또는 아크)의 집합이다. 또한 노드집합에는 기종점과 교차로(노드)집합이 포함된다. 여기서 기점 노드원소 또는 교차로 노드원소를 k라 하고 종점 노드원소를 n이라고 표현하면 기점 노드 k에서 종점 노드 n에 이르는 경로는 p_{kn}으로 표시할 수 있다. 동태적 통행배정을 수행하기 위해서는 시간구간을 설정해야 하는데 이를 $[0, T]$라고 하고 $x_a(t)$는 시간, 구간 $[0, T]$ 사이의 아주 짧은 구간 t에서 링크 a를 주행하는 교통량이다. 집합 N과 A의 수를 각각 v, r이라고 하면 시점 t에서 개별 링크의 교통량은 $x_1(t)$, $x_2(t), \cdots, x_r(t)$가 된다.

시점 t에서 링크 a상의 교통량 가운데 종점존 n을 갖는 교통량을

$x_a^n(t)$라고 하면 링크 a상의 교통량 $x_a(t)$는 식(9.71)을 통해서 산출할 수 있다.

$$x_a(t)=\sum^{N} x_a^n(t) \quad \forall a \in A, \quad \forall t \in [0,\ T] \qquad \cdots\cdots (9.71)$$

여기서,
$x_a(t)$: 시간구간 t에서 링크 a의 교통량
$x_a^n(t)$: 시간구간 t에서 종점존 n을 갖는 링크 a의 교통량

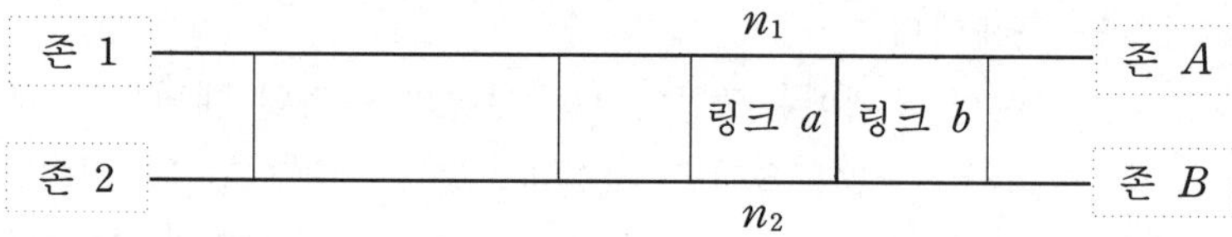

가령 위 그림에서 굵은 실선이 특정 시점에서 존 1, 2에서 존 A, B로의 최단경로라고 했을 때, 링크 $a(n_1 \rightarrow n_2)$는 존 B를 종점존으로 갖지만 존 A를 종점존으로 갖지는 않는다. 여기서 주의할 점은 링크b $(n_1 \rightarrow n_2)$와 링크 a는 명확히 구분됨에 유의해야 한다.

개별 링크에서 체증에 의한 효과를 적용하기 위해서 유출함수(exit function)를 도입한다. 유출함수를 도입하게 되면 교차로상에서 체증의 정도를 표현할 수 있다.

식(9.71)의 위 유출함수에서 링크 a상의 교통량 $x_a(t)$는 다시 종점존에 의해서 구분할 수 있다. 시간구간 t에서 종점존 n을 갖고 링크 a를 빠져나가는 차량의 수를 $g_a^n[x_a^n(t),\ x_a(t)]$라 표시하면 링크 a의 유출량(exit flow rate)은 다음 식으로 정리된다. 위 식에서 $x_a(t)$는 유출교통량이 시간구간 t에서 링크 a상의 교통량이어야 하는 조건을 표시하는 것이고, $g_a^n[x_a^n]$는 종점존이 n이며 링크 a를 빠져나가는 교통량을 의미한다.

$$g_a[x_a(t)]=\sum^{N} g_a^n[x_a^n(t),\ x_a(t)] \qquad \cdots\cdots (9.72)$$
$$\forall a \in A, \quad \forall t \in [0,\ T]$$

여기서,
$g_a^n[x_a^n(t),\ x_a(t)]$: 시간구간 t에서 종점존 n을 갖고 링크 a를 빠져나가는 교통량

$g_a[x_a(t)]$: 시간구간 t에서 링크 a의 유출 교통량

여기에서 **FIFO(First In-First Out)** 대기행렬이론을 적용하기 위하여 링크 a상의 차량군은 종점존에 관계없이 완전히 섞여 있음을 가정해야 한다. 이를 차량이 목적존에 관계없이 완전히 혼합되어 있기 때문에 차량의 유출시에 어느 방향으로 진행할지를 알 수 없음을 전제하고 있다. 따라서 다음 식(9.73)이 가정되어야 한다.

$$g_a^n[x_a^n(t),\ x_a(t)] = [x_a^n(t)/x_a(t)]g_a[x_a(t)] \qquad \cdots\cdots (9.73)$$
$$\forall a \in A, \quad \forall n \in N, \quad \forall t \in [0,\ T]$$

여기서,
$g_a^n[x_a^n(t), x_a(t)]$: 시간구간 t에서 링크 a를 이용하는 차량 가운데 n을 목적존으로 하고 링크 a를 빠져나간 교통량
$[x_a^n(t), x_a(t)]$: 시간구간 t에서 링크 a를 이용하고, 그 가운데 n을 목적존으로 한 교통량의 비율
$g_a[x_a(t)]$: 시간구간 t에서 링크 a의 유출 교통량

링크 a상의 존재교통량 $x_a(t)$를 시간 t로 미분하면 시점 t에서 교통량의 변화량이므로 이는 시간구간 t에서 링크 a의 유입량과 유출량의 차와 같다.[7)]

$$dx_a(t)/dt = x_a(t)' = u_a(t) - g_a[x_a(t)] \qquad \cdots\cdots (9.74)$$

여기서,
$u_a(t)$: 시간구간 t에서 링크 a에 유입된 교통량
$g_a[x_a(t)]$: 시간구간 t에서 링크 a에서 유출된 교통량

위 식(9.74)에서 링크 a의 유입량 $u_a(t)$는 식(9.74)와 같이 목적존에 따라서 세분화하여 표현할 수 있다.

$$u_a(t) = \sum^{N} u_a^n(t), \qquad \forall n \in A \qquad \cdots\cdots (9.75)$$

위 식(9.74)를 링크 a상의 교통량 가운데 n을 목적존으로 갖는 교통량에 대해서 세분화하여 표현하면 다음 식(9.76)으로 정리할 수 있다.

$$dx_a^n(t)/dt = x_a^n(t)' = u_a^n(t) - g_a^n[x_a^n(t),\ x_a(t)] \qquad \cdots\cdots (9.76)$$

$$\forall a \in A, \quad \forall n \in N, \quad \forall t \in [0,\ T]$$

위 식에서 $x_a^n(t)$를 상태변수라 부르고 $u_a^n(t)$를 제어변수라 한다.

초기시점 0에서 링크 a상의 교통량 가운데 n을 목적존으로 하는 교통량은 0과 같거나 클 수 있으므로 다음 식(9.77)이 성립한다.

$$x_a^n(0) = x_a^n \geq 0 \qquad \forall a \in A, \quad \forall n \in N \qquad \cdots\cdots (9.77)$$

$$x_a^n(t) = x_a^n + \int_0^t u_a^n(t)dt - \int_0^t g_a^n\ [x_a^n(t)',\ x_a(t)]dt$$

여기서,

$x_a^n(0)$: 초기시점 0에서 링크 a상의 교통량 가운데 존 n을 목적존으로 하는 교통량

$x_a^n(t)$: 시점 t에서 링크 a상의 교통량 가운데 존 n을 목적존으로 하는 교통량

$u_a^n(t)$: 시점 t에서 링크 a에 유입된 교통량 가운데 존 n을 목적존으로 하는 교통량

$g_a^n[x_a^n(t),\ x_a(t)]$: 시점 t에서 링크 a를 빠져나간 교통량 가운데 존 n을 목적존으로 하는 교통량

㈏ 동태적 이용자 최적통행배분(Dynamic User Optimal Assignment)

동태적 모형을 이용하여 이용자 최적을 구현하기 위해서는 이용자의 형태와 관련하여 다음과 같은 가정이 도입된다.

"만약 각각의 시점에서 모든 기종점에 대하여 이용되는 모든 경로의 단위시간 통행비용이 정의되고 그 순간 이용된 경로의 통행비용이 예측된 최소경로비용과 같다면 이 경우에 단위시간별로 변화하는 통행패턴은 동태적 이용자 최적이라 말할 수 있다."

상기 동태적 통행배분모형을 위하여 링크 a의 교통량을 토대로 이용자 최적조건함수를 도출하면 식(9.78)과 같다.

$$\min J = \sum_a \int_0^T \int_0^{x_a(t)} [D_a(w)dg_a(w)/dw]dw\ dt \qquad \cdots\cdots (9.78)$$

여기서,

$D_a(w)$: 시점 t에서 링크 a의 단위통행비용

$dg_a(w)/dw$: 존재교통량에 대한 유출교통량의 변화율

㈐ 동태적 체계최적통행배분(Dynamic System Optimal Assignment)

동태적 모형에서 체계최적조건은 시점 t에서 총통행비용을 최소화하는 해이다. 설정된 시간구별 체계최적해 도출하는 아래 식(9.79)와 같은 이산형 함수식으로 표현할 수 있다.

$$\min J=\sum_{i}^{I}\sum_{a\in A}C_a[x_a(i)] \qquad \cdots\cdots (9.79)$$

$$\begin{aligned}
\text{Subject to. }\; & x_a(i+1)-x_a(i)=u_a(i)-g_a(x_a(i)) \\
& \forall a\in A,\ i=0,\ 1,\ 2,\ 3,\ \cdots,\ I-1 \\
& S_k(i)+\sum_{a\in A(r)}g_a[x_a(i)]=\sum_{a\in B(r)}u_a(i) \\
& \forall a\in A,\ i=0,\ 1,\ 2,\ 3,\ \cdots,\ I-1 \\
& x_a(0)=R_a\geq 0,\ \forall a\in A \\
& u_a(i)\geq 0,\ \forall a\in A,\ i=0,\ \cdots,\ I \\
& x_a(i)\geq 0,\ \forall a\in A,\ i=0,\ \cdots,\ I
\end{aligned}$$

여기서,

$C_a(x_a(i))$: i번째 시간구간에서 링크 a의 존재교통량($x_a(i)$)에 대한 총통행비용 함수

$x_a(i)$: i번째 시간구간에서 링크 a의 존재교통량

$x_a(i+1)$: $i+1$번째 시간구간에서 링크 a의 존재교통량

$u_a(i)$: i번째 시간구간에서 링크 a에 유입된 교통량

$g_a[x_a(i)]$: i번째 시간구간에서 링크 a를 빠져나간 교통량

$S_k(i)$: i번째 시간구간에 시스템 k내의 교통량 증가

위에서 제시된 이산형 체계최적함수는 연속형의 체계최적함수로 전환될 수 있다. 이 결과 나타나게 되는 연속형의 동태적 체계최적조건함수는 다음 식(9.80)과 같이 표현된다.

$$\min J=\sum_{a\in A}\int_0^T C_a[x_a(i)]dt \qquad \cdots\cdots (9.80)$$

$$\begin{aligned}
\text{subject to. }\; & \frac{dx_a(t)}{dt}=x_a(t)=u_a(t)-g_a[x_a(t)], \\
& \qquad \forall a\in A,\ \forall t\in[0,\ T] \\
& S_k(t)+\sum_{a\in B(r)}g_a[x_a(t)]=\sum_{a\in B(r)}u_a(t) \\
& \forall k\in M,\quad \forall t\in[0,\ T] \\
& x_a(0)=R_a\geq 0,\ \forall a\in A
\end{aligned}$$

$$u_a(t) \geq 0,\ \ \forall a \in A,\ \ \forall t \in [0,\ T]$$

9.4 개별 행태모형(Disaggregate Behavioral Model)

9.4.1 개 념

1) 개별 행태모형이란?

개별 행태모형(disaggregate behavioral model 또는 individual behavior model)이란 교통수요를 추정함에 있어서 개인 또는 가구의 통행특성자료에 근거해서 교통수요를 추정하는 기법을 의미한다. 개별 행태모형은 기존의 전통적 4단계 교통수요 추정모형에 대해서 제기되는 각종 문제점을 극복하기 위해서 개발되었으며, 모형의 구조와 관련하여 다음과 같은 특성을 지닌다.

1) 개인의 통행특성자료에 근거해서 교통수요를 추정한다.
2) 효용이론에 근거해서 모델이 구축된다.
3) 관측불가능한 효용에 대해서 가정된 분포의 형태에 따라서 다양한 형태의 모형이 구축된다.
4) 4단계 교통수요 추정모델과 비교해서 여러 가지 과정을 동시에 수행할 수 있는 모델 구축이 가능하다.

일부 학자들은 모형이 이용하는 자료의 형태를 기준으로 해서 개별 행태모델을 비집계모형(disaggregate model)이라 하고, 4단계 추정모형을 집계모형(aggregate model)이라 정의함으로써 두 모형을 대조적으로 표현하기도 한다.

2) 개별 행태모형의 출현배경

과거 교통계획과정에서 교통수요 추정기법의 근간을 이루어온 전통적 4단계 교통수요 추정모형은 중·장기적 교통계획의 수립 또는 대안의 평가에는 유용하게 적용되었으나, 단기교통계획 또는 교통정책의 영향을 분석·평가하는 데에는 한계가 있었다. 기존의 전통적 4단계 교통수요 추정모형의 문제점은 다음과 같다.

1) 설명변수가 제약되어 있다.
2) 모델의 이론적 토대가 명확하지 않다.
3) 수요추정에 소요되는 비용이 크다.
4) 수요추정에 소요되는 시간이 오래 걸린다.
5) 존별 집계자료에 근거해서 개발된 모델이기 때문에 개발된 모델을 타존의 교통수요추정에 활용할 수 없다.
6) 수요관리정책 등과 같이 비물리적 교통계획대안에 대한 평가가 불가능하다.
7) 단계별로 활용하는 자료의 형태가 상이하기 때문에 오차의 누적현상에 의한 신뢰도 저하현상이 발생할 수 있다.

전통적 4단계 교통수요 추정모형의 문제점이 지속적으로 대두됨에 따라서 짧은 시간 내에 저렴한 비용으로 단기교통계획, 또는 교통정책과 같이 비물리적 교통계획 대안을 평가할 수 있는 모델의 개발이 시급히 요청되었다.

특히 교통문제의 심화, 교통시설 공급에 필요한 재원 및 가용 토지공간의 부족 등은 교통정책기조를 기존의 시설공급 위주의 교통정책에서 공급과 수요를 조절하는 정책으로 전환케 하였으며, 따라서 다양한 교통정책을 평가할 수 있는 모형의 필요성이 더욱 증폭되었다.

이러한 배경하에 개인의 통행행태에 근거한 개별 행태모형이 개발되었고, 지속적으로 개량되었다.

3) 개별 행태모형과 4단계 교통수요 추정모형의 차이점

개별 행태모형은 개인의 통행특성 자료를 토대로 교통수요를 추정하였다. 반면 4단계 수요추정모형은 모형의 이론적 배경이 개별 행태모형과 다르다. 따라서 존간 집계자료를 이용하여 교통수요를 추정하는 4단계 수요추정모형은 수집된 자료의 형태, 모형의 구조, 수요추정과정 등을 달리하는 경우, 예측결과가 상이하게 나타날 수 있다.

개별 행태모형은 효용이론에 근거하여 구축된 반면 전통적 4단계 교통수요 추정모형은 단계별로 명확한 이론적 구조를 갖지 못한다. 개별 행태모형과 기존의 전통적 4단계 수요추정모형을 비교하면 위의 [표 9-15]와 같이 차이점이 있다.

[표 9-15] 개별 행태모형과 4단계 교통수요 추정모형의 특징 비교

구분 \ 모형	개별 행태모형	4단계 수요추정모형
자료의 형태	• 개인의 통행행태관련 자료 [통행빈도, 목적지 선정빈도, 선택된 대안의 속성자료(통행시간, 통행비용), 개인의 속성자료(소득, 승용차보유 여부) 등]	• 존별 집계자료 [존별 인구, 취학아동수, 산업부문별 고용자수, 소득수준별-자동차보유대수별 가구수, 용도별 건물연면적 등]
이론적 배경	• 효용이론	• 특별한 이론이 없음
모델의 구조	• 확률모형	• 결정적 모형
변수의 속성	• 종속변수: 선택확률 • 독립변수: 개인의 행태관련 자료	• 종속변수: 통행량 • 독립변수: 존의 사회-경제 지표
모델의 활용성	• 타존에 적용가능	• 타존에 적용하기 곤란함
수요추정과정	• 수요추정과정의 통합 가능	• 수요추정과정의 통합에 한계

9.4.2 개별 행태모형의 형태

1) 변수설정

개별 행태모형은 앞에서도 언급한 바와 같이 통행자의 행태와 관련한 특성을 변수로 설정한다. 즉 모델은 통행자의 의사결정결과정을 종속변수로 하고, 의사결정에 영향을 미치는 요소를 독립변수로 하는 경우, 이들의 상관관계를 규정할 수 있다.

개별 행태모형의 종속변수는 선택확률로 표시되는데, 즉 특정 시간대에 통행을 할 확률, 특정 목적지로 향할 확률, 특정 교통수단을 선택할 확률, 특정 경로를 선택할 확률 등이 종속변수가 된다. 반면 독립변수는 앞에서 제시된 종속변수에 영향을 미치는 요소가 된다. 실제 예로 교통수단을 선택하는 문제에서 독립변수로는 수단별 통행시간과 요금(또는 차량운행비용) 등이 된다.

2) 모형의 이론적 배경

개별 행태모형의 이론적 배경은 심리학적 선택이론과 소비자 선택

이론에 근거한다.

이 가운데 모형의 정립과정은 소비자 선택이론인 효용극대화이론을 통해서 설명된다. 통행자가 어떠한 선택행위를 취할 때에는 선택된 대안에 대한 효용이 선택되지 않은 대안과 비교해서 크게 인지되었기 때문이다.

이러한 대안의 효용(U_i)은 객관적 입장에서 보면 관측가능한 효용(V_i)과 관측불가능한 효용(ε_i)으로 구성되어 있음을 알 수 있다. 즉

$$U_i = V_i + \varepsilon_i \qquad \cdots\cdots (9.81)$$

여기서,
V_i: 통행시간, 통행비용과 같이 관측이 가능한 효용
ε_i: 안락감, 개인의 선호도와 같이 관측이 불가능한 효용

개별 행태모형의 이해를 돕기 위해서 버스와 승용차의 두 가지 대안이 선택 가능하고 승용차가 25%의 수요를 분담하고 있는 가상 환경을 가정하자. 승용차에 대해서 인식되는 총효용이 모든 통행자에 대해서 동일하고 총효용의 크기가 버스에 대해서 인식되는 총효용보다 작다면 모든 통행자는 버스를 선택하고 승용차는 이용하지 않을 것이다. 그러나 수단분담률이 25%인 승용차 이용자는 버스보다는 승용차에 대해서 더 큰 효용을 느끼고 있기 때문에 버스라는 대안적 교통수단을 이용하지 않고 승용차를 이용하고 있다.

따라서 어떤 통행자 n이 승용차를 선택할 확률은 승용차에 대해서 인식하는 효용이 버스에 대해서 인식하는 효용보다 클 확률과 같다. 즉 다음과 같은 식으로 표현할 수 있다.

$$P_n(a) = \Pr(U_a > U_b) \qquad \cdots\cdots (9.82)$$

여기서,
$P_n(a)$: 통행자 n이 승용차를 선택할 확률
$Pr(U_a > U_b)$: 승용차의 효용이 버스의 효용보다 클 확률

식(9.81)을 식(9.82)에 대입하면 통행자 n이 승용차를 선택할 확률은 다음과 같이 전개된다.

$$P_n(a)=\Pr(V_a+\varepsilon_a>V_b+\varepsilon_b) \qquad \cdots\cdots (9.83)$$

$$P_n(a)=\Pr(V_a-V_b>\varepsilon_b-\varepsilon_a) \qquad \cdots\cdots (9.84)$$

총효용을 구성하는 인식가능한 효용(V_i)과 인식불가능한 효용(ε_i)이 산정될 수 있다면 대안의 선택확률은 쉽게 산정될 수 있다. 그러나 앞에서도 언급한 바와 같이 V_i는 관측가능한 효용이므로 산정될 수 있지만 ε_i는 관측이 불가능한 효용이므로 산정이 불가능하다. 따라서 ε_i가 일정한 분포를 이루고 있음을 가정한다.

3) 로짓모형의 도출

개별 행태모형의 도출과정을 쉽게 설명하기 위하여 승용차와 버스의 이항 선택환경을 가정하자. 통행자 n이 승용차를 선택할 확률은 식(9.85)와 같다.

$$P_n(a)=\Pr(V_a-V_b>\varepsilon_b-\varepsilon_a) \qquad \cdots\cdots (9.85)$$

식(9.85)에서 V_a-V_b는 관측가능한 효용의 차이므로 수치적 계산이 가능하고 상수적 의미를 갖는다. 따라서 승용차의 선택확률은 $\varepsilon_b-\varepsilon_a$에 의해서 결정된다.

현실적으로 관측불가능한 효용 ε_a, ε_b는 알 수 없을 뿐만 아니라 수치적 표현이 불가능하기 때문에 일정한 분포를 가정해야 된다. 즉 통행자들이 승용차, 또는 버스에 대해서 인식하는 선호도 또는 안락감 등은 수치로 표현할 수는 없지만 평균이 있을 뿐만 아니라 일정한 분포함수로서 설명할 수 있음을 가정한다.

가장 바람직한 것은 대부분의 사회현상을 설명할 수 있는 정규분포가 가정되어야 하겠지만 정규분포는 분포함수의 적분이 초등수학으로 불가능하기 때문에 수식의 전개과정이 용이하지 않고 개발된 모형의 활용 역시 매우 제약된다.

따라서 학자들은 ε_i가 정규분포와 유사한 웨이블(Weibull)분포를 가정한다. 부연 설명하면 ε_i의 분포를 정규분포로 가정해서 도출된 개별행태모형을 프로빗모형이라 하고 웨이블분포를 가정해서 도출된 모형을 로짓모형이라 한다. 대부분의 개별 행태모형은 로짓모형의 구조를 갖는다.

관측불가능한 효용 ε_i가 웨이블분포를 따른다고 가정하면 2항선택 개별 행태모형(2항 로짓모형)은 다음과 같은 형태를 갖는다.

$$P(a) = \frac{\exp(V_a)}{\exp(V_a) + \exp(V_b)} \quad \cdots\cdots (9.86)$$

식(9.86)은 이항로짓모형의 일반형이다. 반면 관측불가능한 효용 ε_i가 웨이블분포를 따른다는 전제하에서 이항로짓모형은 다항로짓모형로 확장될 수 있다.

$$P(i) = \frac{\exp(V_i)}{\sum_{i=1}^{n} \exp(V_i)} \quad (\text{단}, i=1, 2, 3, \cdots, n) \quad \cdots\cdots (9.87)$$

4) 로짓모형의 탄력성

탄력성이란 독립변수가 변화하였을 때 종속변수의 변화율을 나타낸 것이다. 로짓모형의 탄력성은 사회환경의 변화, 또는 교통정책의 시행에 의해서 변화된 조건에 대해서 특정 대안을 선택할 확률의 변화를 추정하는 데 중요한 도구가 된다.

승용차와 버스의 이항선택 로짓모형을 예로 들면 가솔린 요금의 인상은 승용차의 선택률을 낮출 뿐만 아니라 버스의 선택확률을 높이는

[그림 9-29] 관측불가능한 효용의 분포형태

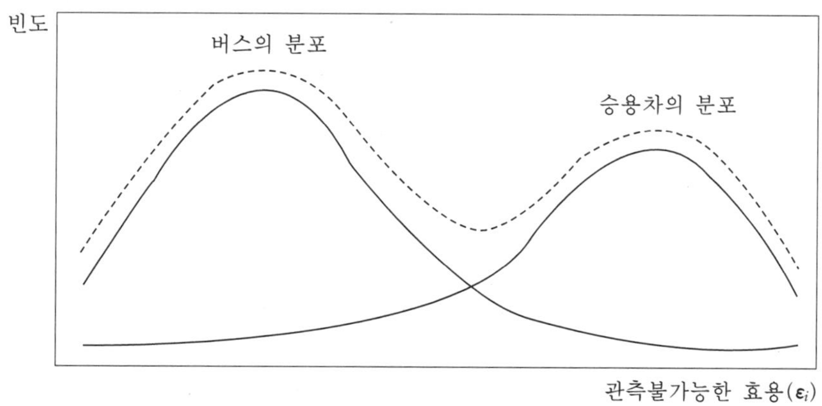

요인이 된다. 따라서 가솔린 요금 1%를 인상하였을 때 승용차 이용률의 변화를 추정하는 것은 교통정책을 평가하는 데 중요한 판단기준이 된다.

로짓모형의 탄력성은 직접탄력성과 교차탄력성으로 나누어서 분석할 수 있는데, 직접탄력성이란 대안 i의 독립변수의 변화율에 대한 대안 i의 종속변수(선택확률) 변화율이다. 반면 교차탄력성이란 대안 $j(j \neq i)$의 독립변수 변화율에 대한 대안 i의 종속변수(선택확률) 변화율이다.

관측가능한 효용(V_i)은 다음 식(9.88)과 같이 독립변수 X_{ik}의 함수로 나타낼 수 있다.

$$V_i=\theta_1 X_{i1}+\theta_2 X_{i2}+\theta_3 X_{i3}+\cdots+\theta_k X_{ik}+\cdots \qquad \cdots\cdots (9.88)$$

식(9.88)을 식(9.87)에 대입하는 경우 선택확률과 독립변수와의 상관관계를 나타내는 식(9.89)를 구할 수 있다.

$$P(i)=\frac{e^{\sum_k \theta_k X_{ik}}}{\sum_i e^{\sum_k \theta_k X_{ik}}} \qquad \cdots\cdots (9.89)$$

식(9.89)를 독립변수 X_{jk}에 대해서 미분하면, 식(9.90)이 얻어진다.

$$\frac{dP(i)}{dX_{ik}}=\frac{\theta_k \cdot e^{\sum_k \theta_k X_{ik}}\left(\sum_i e^{\sum_k \theta_k X_{ik}}\right)-e^{\sum_k \theta_k X_{ik}} \cdot \theta_k \cdot e^{\sum_k \theta_k X_{ik}}}{\left(\sum_i e^{\sum_k \theta_k X_{ik}}\right)^2} \qquad \cdots\cdots (9.90)$$

변수 X_{ik}에 대한 로짓모형의 탄력성치는 다음 식(9.91)과 같이 표현된다.

$$E_i dX_{ik}=\left(\frac{\delta P(i)}{P(i)}\right)/\left(\frac{\delta X_{ik}}{X_{ik}}\right)=\left(\frac{X_{ik}}{P(i)}\right)\times\left(\frac{\delta P(i)}{\delta X_{ik}}\right) \cdots\cdots (9.91)$$

(단, $V_i=\theta_1 X_{i1}+\theta_2 X_{i2}+\theta_3 X_{i3}+\cdots+\theta_k X_{ik}+\cdots$)

식(9.91)에 식(9.90)을 대입하면 아래 식(9.92)를 이끌어 낼 수 있다.

$$E_idX_{ik}=\frac{X_{ik}}{P(i)}\times\frac{\theta_k\cdot e^{\sum_k\theta_kX_{ik}}\left(\sum_i e^{\sum_k\theta_kX_{ik}}\right)-e^{\sum_k\theta_kX_{ik}}\cdot\theta_k\cdot e^{\sum_k\theta_kX_{ik}}}{\left(\sum_i e^{\sum_k\theta_kX_{ik}}\right)^2}$$

$$=\frac{X_{ik}}{P(i)}\times\frac{\theta_k\cdot e^{\sum_k\theta_kX_{ik}}}{\sum_i e^{\sum_k\theta_kX_{ik}}}\times\frac{\sum_i e^{\sum_k\theta_kX_{ik}}-e^{\sum_k\theta_kX_{ik}}}{\sum_i e^{\sum_k\theta_kX_{ik}}}$$

$$=\theta_kX_{ik}\frac{1}{P(i)}\times\frac{e^{\sum_k\theta_kX_{ik}}}{\sum_i e^{\sum_k\theta_kX_{ik}}}\times\frac{\sum_i e^{\sum_k\theta_kX_{ik}}-e^{\sum_k\theta_kX_{ik}}}{\sum_i e^{\sum_k\theta_kX_{ik}}}$$

…… (9.92)

$$=\theta_kX_{ik}\frac{\sum_i e^{\sum_k\theta_kX_{ik}}}{e^{\sum_k\theta_kX_{ik}}}\times\frac{e^{\sum_k\theta_kX_{ik}}}{\sum_i e^{\sum_k\theta_kX_{ik}}}\times(1-P(i))$$

$$=\theta_kX_{ik}(1-P(i))$$

여기서,
E_idX_{ik}: 대안 i의 독립변수 X_{ik}에 대한 대안 i의 직접탄력성
$\delta P(i)$: 독립변수 X_{ik}의 변화에 대한 대안 i의 선택확률의 변화량
$P(i)$: 대안 i의 선택확률
δX_{ik}: 대안 i의 선택확률에 영향을 미치는 독립변수의 변화량
X_{ik}: 대안 i의 독립변수
θ_k: 독립변수의 계수

같은 방법으로 로짓모형의 교차탄력성을 구하면 다음 식(9.93)와 같다.

$$E_idX_{jk}=-\theta_kX_{jk}P(i) \qquad \text{…… (9.93)}$$

(단, $\underset{j\neq i}{V_j}=\theta_1X_{j1}+\theta_2X_{j2}+\theta_3X_{j3}+\cdots+\theta_kX_{jk}+\cdots$ 이고)

여기서,
E_idX_{jk}: 대안 j의 독립변수 X_{jk}에 대한 대안 i의 교차탄력성
$\delta P(i)$: 독립변수 X_{jk}의 변화에 대한 대안 i의 선택확률의 변화량
$P(i)$: 대안 i의 선택확률

δX_{jk}: 대안 i의 선택확률에 영향을 미치는 독립변수의 변화량
X_{jk}: 대안 j의 변수값
θ_k: 독립변수의 계수

9.4.3 개별 행태모형의 활용방법

1) 개별 행태모형의 활용과정

개별 행태모형을 활용하기 위해서는 모형작성지침 정립, 설명변수 설정, 자료 수집, 정산, 모형의 검토, 선택확률의 계산, 집계과정이 순차적으로 수행되어야 한다.

- 모형구조의 선택: 모형에 포함될 선택대안의 선택(이항모형, 다항모형) 모형의 구조선택(로짓모형, 프로빗모형)
- 설명변수의 설정: 대안의 선택확률에 영향을 미치는 변수선정, 즉 효용함수의 독립변수 선정
- 자료수집: 통행자의 행태에 대한 설문조사 수행
- 정산: 정산기법(회귀분석법, 판별분석법, 최우추정법)에 의한 모형수립
- 모형의 검토: 합리성 검토, 통계적 검토, 모형의 적용 가능성 검토
- 집계: 모형을 통해서 모집단의 선택확률 추정

개별 행태모형의 활용을 승용차와 버스의 두 가지 대안이 존재하는 이항로짓수단 선택모형의 개발 및 적용과정을 통하여 알아보자.

① 모형구조의 선택

여기에서는 모형으로 승용차와 버스의 2항 교통수단 선택모형으로 구축하되 정산이 용이한 이항로짓모형을 선택한다. 따라서 이의 개략적 모형구조는 다음 식(9.94)와 같이 표현된다.

$$P(a): =\frac{e^{V_a}}{\sum_i e^{V_i}}=\frac{e^{\sum_k \theta_k X_{ak}}}{\sum_i e^{\sum_k \theta_k X_{ik}}} \qquad (\text{단, } i=a,\ b) \qquad \cdots\cdots (9.94)$$

$P(a)$: 승용차를 선택할 확률
$P(b)$: 버스를 선택할 확률$(1-P(a))$

[그림 9-30] 개별 행태모형의 활용과정

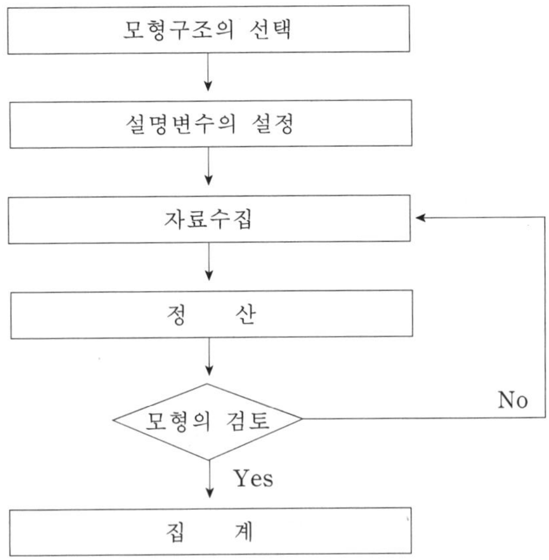

② 설명변수의 설정

교통수단선택에 영향을 미치는 변수로서 대안의 속성에 따른 변수와 통행자의 속성에 따른 변수를 선정하며 선정된 변수는 다음과 같다.

1) 대안의 속성에 따른 변수: 차내통행시간, 차외통행시간, 통행비용(요금 또는 차량운행비용)

2) 통행자의 속성에 따른 변수: 면허증 보유 여부, 승용차 보유 여부, 월평균 지출액

따라서 대안별 효용함수는 식(9.95)와 같이 정립될 수 있다.

$$V_i=\theta_1 I_i+\theta_2 O_i+\theta_3 C_i+\theta_4 L_i+\theta_5 A_i+\theta_6 E_i+C_i \quad \cdots\cdots (9.95)$$

여기서,
V_i: 대안 i의 효용
θ_k: 독립변수의 계수(k=1, 2, 3, …, 6)
I_i: 교통수단 i의 차내통행시간(*Ivtt*)
O_i: 교통수단 i의 차외통행시간(*Ovtt*)
C_i: 교통수단 i의 통행비용(*Cost*)
L_i: 면허증 소지 여부(*License*) 소지=1, 미소지=0
A_i: 승용차 보유 여부(***Auto-ownership***) 보유=1, 미보유=0
E_i: 월평균 지출액(***Expenditure***)
C_i: 상수

③ 자료수집: 통행자의 행태에 대한 설문조사 수행

선정된 독립변수 및 종속변수에 대해서 통행자를 대상으로 설문조사를 수행한다. 적정한 결과를 얻기 위해서 500~1,000개의 표본을 수집한다. 자료는 일반적으로 통행자가 실지로 선택한 결과를 토대로 한 실지선택자료 RP(revealed preference)를 주로 사용하나 통행자의 선호의식자료 SP(stated preference)도 종종 이용되고 있다.

④ 정 산

수집된 자료를 토대로 종속변수와 설명변수간의 관계를 규명한다. 종속변수와 설명변수의 관계를 규명하는 방법으로는 회귀분석법, 판별분석법, 최우추정법 등이 제시되고 있다.

㈎ 회귀분석법(Regression)

회귀분석을 위해서 식(9.96)과 같은 일반식을 구축할 수 있다.

$$P_{im}=\theta_0+\theta_1 X_{im1}+\theta_2 X_{im2}+\cdots+\theta_k X_{imk} \quad \cdots\cdots (9.96)$$

[표 9-16] 자료수집 예

표본번호	선택수단		차내통행시간(분)	차외통행시간(분)	통행비용(원)	면허증보유여부	자동차보유여부	월평균지출액(원)
1	승용차	1	15	2	2,000	1	1	350,000
	버 스							
2	승용차	1	40	1	3,400	1	1	250,000
	버 스							
3	승용차							
	버 스	1	35	10	600	1	1	150,000
…	승용차							
	버 스							
599	승용차							
	버 스	1	18	17	890	1	1	270,000
600	승용차							
	버 스	1	50	10	290	0	1	70,000

여기서,
P_{im}: 개인 m이 대안 i를 선택할 확률
θ_k: k번째 설명변수에 대한 계수
X_{imk}: 대안 i의 k번째 설명변수에 대한 개인 m의 변수값

모형의 정산방법으로서 회귀분석은 몇 가지 문제점을 안고 있는데 첫째로 위의 조사를 통해서 종속변수인 개인의 선택확률을 관측할 수 없다는 점이다. 이러한 문제점을 해결하기 위해서는 관찰단위를 계층별로 그룹핑하여 각 계층별 선택확률을 조사하고, 설명변수 역시 계층별 평균치를 활용하는 방법이 있다.

둘째로 회귀분석의 기본 개념은 설명변수와 종속변수간의 상관관계를 회귀계수 형태로 규명하는 것인데, 여기에는 종속변수가 연속형이라는 가정이 전제되어 있다. 반면 개별 행태모형의 정산과정에서 개인단위의 자료를 이용해야 하는 경우 종속변수가 이산형이므로 회귀분석의 기본개념에 위배된다. 또한 회귀방정식의 오차항에 관한 확률적 분포의 가정에 위배되기 때문에 회귀분석을 통해서 계수를 구했다 할지라도 이에 대한 적합도를 평가할 수 없게 된다.

(나) 판별분석법(Discriminant Analysis)

판별분석법은 인간의 선택이 각 대안이 갖는 비효용의 상대적 크기에 의해 결정된다는 가정하에 상대적 (비)효용함수인 판별함수를 통해서 계수를 추정하는 방법이다. 판별함수는 식(9.97)과 같은 형태를 지닌다.

$$Z_{im}=\lambda_1 X_{im1}+\lambda_2 X_{im2}+\cdots+\lambda_k X_{imk} \qquad \cdots\cdots (9.97)$$

여기서,
Z_{im}: 집단 i에 속한 개인 m의 상대적 비효용
X_{imk}: 집단 i에 속한 개인 m에 대한 k번째 변수의 값
λ_k: k번째 요소에 대한 가중계수

판별분석법에 의한 정산은 몇 가지 문제점을 안고 있다. 첫째 판별분석법에 의해서 추정된 계수의 의미설명이 어렵다. 둘째 판별함수의 정산과정에서 소속집단의 판별은 모든 개인이 어느 한 집단에 결정적으로 속한다는 가정에 근거하고 있으며 이는 확률적 선택의 가정과 대치

된다.

㈐ 최우추정법(Maximum Likelihood Method)

최우추정법은 종속변수가 이산형이고 독립변수가 연속형인 경우에 대해서 설명변수의 계수를 추정하는 방법으로서 가장 적합한 방법이다. 대안이 a와 b로 구성된 2항 로짓모형을 대상으로 최우추정법에 의해서 계수를 추정하는 과정을 보다 상세하게 설명하기로 하자.

로짓모형에서와 같이 개인 m이 대안 a 또는 b를 선택할 확률은 식(9.98)과 같다. 즉

$$P_m(a)=\frac{\exp(V_{am})}{\sum_i \exp(V_{im})} \text{ 이고, } P_m(b)=\frac{\exp(V_{bm})}{\sum_i \exp(V_{im})} \qquad \cdots\cdots (9.98)$$

$$V_{im}=\theta_0+\theta_1 X_{im1}+\theta_2 X_{im2}+\cdots+\theta_k X_{imk}$$

여기서,
$P_m(a)$: 개인 m이 대안 a를 선택할 확률
$P_m(b)$: 개인 m이 대안 b를 선택할 확률
V_{im}: 대안 i에 대한 m의 효용
θ_i: 파라미터($i=0,\ 1,\ \cdots,\ k$)
$i=a,\ b$

반면 조사자의 입장에서 개인 m이 대안 i를 선택한 결과를 관측할 수 있는 확률은 식(9.99)와 같이 표현된다.

$$f_m(i)=P_m(a)^{\delta_{am}}+P_m(b)^{\delta_{bm}} \qquad \cdots\cdots (9.99)$$

여기서,
$f_m(i)$: 개인 m이 대안 i를 선택하는 행위를 관측할 수 있을 확률
$P_m(a)$: 개인 m이 대안 i를 선택할 확률
$P_m(b)$: 개인 m이 대안 b를 선택할 확률
δ_{am}: 통행자 m이 a를 선택하면 1, 그렇지 않으면 0
δ_{bm}: 통행자 m이 b를 선택하면 1, 그렇지 않으면 0

최우추정법에 의해서 로짓모형의 효용함수의 계수를 추정하기 위해서는 우도함수(likelihood function)를 도입한다. 우도함수란 "현상은 가장 개연성 있는 확률의 표출이다"고 표현하는 함수로서 식(9.99)를 활용하여 다음 식(9.100)과 같이 정의된다.

$$
\begin{aligned}
L &= \prod_{m=1}^{M} f_m(i) = \prod_{m=1}^{M} \prod_{i} P_m(i)^{\delta_{im}} \\
&= \prod_{m=1}^{M} P_m(a)^{\delta_{am}} \times P_m(b)^{\delta_{bm}} \qquad \cdots\cdots \ (9.100) \\
&= \prod_{m=1}^{M} \left(\frac{\exp(V_{am})}{\sum_i \exp(V_{im})} \right)^{\delta_{am}} \times \left(\frac{\exp(V_{bm})}{\sum_i \exp(V_{im})} \right)^{\delta_{bm}} \\
&= \prod_{m=1}^{M} \left(\frac{\exp\left(\sum_k \theta_k X_{amk}\right)}{\sum_i \exp\left(\sum_k \theta_k X_{imk}\right)} \right)^{\delta_{am}} \times \left(\frac{\exp\left(\sum_k \theta_k X_{bmk}\right)}{\sum_i \exp\left(\sum_k \theta_k X_{imk}\right)} \right)^{\delta_{bm}}
\end{aligned}
$$

여기서,
L: 우도함수
M: 표본의 수
$P_m(i)$: 개인 m이 대안 i를 선택할 확률
i: 대안 a, b

개인 m이 대안 i를 선택할 확률이 타인의 대안선택확률에 대해서 독립이라고 가정하면 위의 우도함수는 어떠한 조사를 통해서 특정한 사건이 발생한 결과를 관측할 확률과 같다. 이를 구체적 예를 통해 살펴보자.

- 통행자의 수: 2인(m_1, m_2)
- 가용대안: 2(a, b)
- 통행자 m_1이 대안 a를 선택할 확률=0.7(대안 b를 선택할 확률은 0.3)
- 통행자 m_2이 대안 a를 선택할 확률=0.6(대안 b를 선택할 확률은 0.4)

이러한 경우 조사자가 관측을 통해서 각각의 통행자가 특정 대안을 선택한 결과를 얻을 확률은 다음과 같다.

- m_1, m_2 모두 대안 a를 선택하는 경우를 관측할 확률
  $P(a, a|m_1, m_2) = f_{m1}(a) \cdot f_{m2}(a) = (0.7^1 \times 0.3^0) \times (0.6^1 \times 0.4^0) = 0.42$
- m_1이 대안 a를 선택하고 m_2가 대안 b를 선택하는 경우를 관측할 확률
  $P(a, b|m_1, m_2) = f_{m1}(a) \cdot f_{m2}(b) = (0.7^1 \times 0.3^0) \times (0.6^0 \times 0.4^1) = 0.28$

- m_1이 대안 b를 선택하고 m_2가 대안 a를 선택하는 경우를 관측할 확률
  $P(b,\ a|m_1,\ m_2)=f_{m1}(b)\cdot f_{m2}(a)=(0.7^0\times 0.3^1)\times(0.6^1\times 0.4^0)=0.18$
- m_1, m_2 모두 대안 b를 선택하는 경우를 관측할 확률
  $P(b,\ b|m_1,\ m_2)=f_{m1}(b)\cdot f_{m2}(b)=(0.7^0\times 0.3^1)\times(0.6^0\times 0.4^1)=0.12$

조사를 통해서 수집된 자료에는 통행자별 대안선택결과(종속변수)와 더불어 효용함수의 독립변수들이 포함된다. 따라서 위에서 제시된 우도함수에서 분석가가 모르는 것은 독립변수의 계수뿐이다.

만약 모든 통행자가 합리적으로 행동함을 가정한다면, 즉 효용함수에 근거해서 도출된 개인의 대안별 선택확률에 근거해서 선택행위를 한다면 조사된 결과는 가장 발생확률이 높은 상황이라 할 수 있다. 따라서 위 우도함수를 극대화하는 계수값을 찾는 과정이 곧 로짓모형내 효용함수의 계수를 찾는 과정이다.

우도함수의 극대값을 찾기 위해서 다음 식(9.101)과 같은 과정을 취한다. 먼저 식(9.100)인 우도함수의 양변에 ln을 취하면 다음 식(9.101)과 같이 전개된다.

$$\begin{aligned}\ln L = L^* &= \sum_{m=1}^{M}\delta_{am}\ln P_m(a) = \sum_{m=1}^{M}\delta_{bm}\ln P_m(b) \\ &= \sum_{m=1}^{M}\sum_{i}\delta_{im}\ln P_m(i) = \sum_{m=1}^{M}\sum_{i}\delta_{im}\ln\left(\frac{e^{\sum_k \theta_k X_{ik}}}{\sum_i e^{\sum_k \theta_k X_{ik}}}\right)\end{aligned} \quad \cdots\cdots (9.101)$$

위 함수의 극대값을 찾기 위한 1차 조건은 θ_k에 대해서 미분하여 0이 되는 것이다. 또한 우도함수 L이 극대값을 갖기 위한 2차 조건은 2차 편도함수 $\partial^2 L/(\partial\theta_k)^2$가 음의 값을 가져야 한다. 따라서 다음 식(9.102)를 만족하는 θ_k를 구함으로써 로짓모형내 효용함수의 계수를 구한다.

$$\partial^2 L/(\partial\theta_k)^2 < 0\text{이고 } \frac{\partial L^*}{\partial\theta_k} = 0 \quad \cdots\cdots (9.102)$$

식(9.102)는 k(독립변수특성)에 대해서 비선형형태를 가지므로 해를 구하기 위해서는 수치해석적 방법이 필요하다. 이를 위해 **Newton-**

Raphson방법, 또는 일명 DFP법(Davidon-Fletcher-Powell) 등의 컴퓨터 프로그램이 개발되어 있다.

⑤ 모형의 검토: 합리성 검토, 통계적 검토, 모형의 적용가능성 검토

상기 600개의 자료에 대해서 최우추정법을 이용하여 다음과 같은 효용함수가 도출되었다고 가정하자.

$$V_a = 25.2 - 0.08\,I_a - 0.14\,O_a + 0.0003\,C_a + 0.00005\,L_a$$
$$+1.3\,A_a + 0.00004\,E_a$$
$$V_b = 15.2 - 0.08\,I_b - 0.14\,O_b + 0.0003\,C_b + 0.00004\,E_a$$

모형을 검토하는 데에는 먼저 도출된 모형의 형태를 기준으로 합리성 검토가 수행될 수 있다. 이러한 합리성 검토는 계수의 부호가 합리적인지를 검토하는 것으로 도출된 모형의 경우를 예로 들면 승용차의 효용함수 가운데 통행비용의 계수가 +의 부호로 도출된 것은 합리적이지 못하므로 위의 모형은 재검토되어야 한다.

이에 비해서 통계적 검정은 독립변수의 계수가 합리적인 경우에 도출된 모형이 통계적으로 유의한지를 검토하는 것으로 각각의 변수에 대한 t-value를 토대로 t검정을 수행한다.

모형의 전체적 검증은 우도함수를 통해서 도출된 값을 기준으로 해서 ρ^2을 이용해서 검정을 수행할 수 있다. 특히 통행자 개인의 선택확률은 관측불가능하기 때문에 R^2을 이용할 수 없으며 따라서 R^2과 유사한 개념의 ρ^2을 활용한다.

$$\rho^2 = 1 - \frac{\ln L(\bar{\theta})}{\ln L(0)} \qquad \cdots\cdots \ (9.103)$$

여기서,

$\ln L(\bar{\theta})$: 최우추정법을 통해서 도출된 계수 $\bar{\theta}$를 이용하여 산정한 우도함수의 ln값

$\ln L(0)$: 모든 계수가 0일 때 우도함수의 ln값

그러나 식(9.103)은 자유도가 고려되지 않았으므로 자유도를 고려하기 위하여 식(9.103)은 식(9.104)로 전개된다.

$$\rho^2 = 1 - \frac{\sum_m (A_m - 1)}{[\sum_m (A_m - 1) - K]} \frac{\ln L(\theta)}{\ln L(0)} \quad \cdots\cdots (9.104)$$

여기서,
A_m: 통행자 m의 가용대안 수
K: 변수의 총수

모형의 적용가능성은 도입된 변수가 장래에도 추정 가능한 변수인가에 달려 있다. 만약 장래에 추정이 불가능하다면 도출된 모형을 통해서 수요추정을 하는 것은 불가능하다.

⑥ 집　　계

개별 행태모형은 개인 또는 가구의 표본(sample)을 대상으로 수집한 자료에 근거해서 개인 또는 가구의 통행관련 선택확률을 추정하는 모형이다. 따라서 도출된 개별 행태모형을 이용해서 전체 교통수요를 추정하기 위해서는 모집단의 선택확률을 구해야 하는데 이러한 과정을 집계(aggregation)라 한다.

집계방법으로는 여러 가지 기법이 제시되고 있는데 단순한 방법(naive approach), 분류방법(classification), 표본방법(sampling) 등이 여기에 포함된다.

[그림 9-31]에서 나타난 단순한 방법(naive approach)은 모집단의 모든 통행자의 평균적 특성을 고려하여 집계하는 방법이다. 예로서 평균소득, 자동차 보유대수, 도로와 대중교통노선의 통행시간 및 통행비용의 차이 등의 평균변수가 적용되어 개별 행태모형을 통해 해당 지역의 대안선택확률을 추정하게 된다.

개략적인 수요탄력성치를 이용하는 것도 단순한 방법과 같은 접근방법이라 할 수 있다. 실질적으로 모집단의 각 가구별 수요탄력성치가 다르므로 지역 전체의 평균수요탄력성치는 개별 가구의 진정한 통행특성을 반영치는 못한다고 하겠다. 이같은 문제에도 불구하고 해당 지역에 하나의 수요탄력성치를 사용하는 것은 모집단의 평균통행특성을 산출하고자 하는 것이라고 볼 수 있다.

두 번째 방법은 분류방법(classification)으로서 해당 지역의 모집단을 몇 개의 집단이나 시장으로 분할(market segment)하여 추정하는 방

[그림 9-31] 집계방법 및 각 방법의 절차

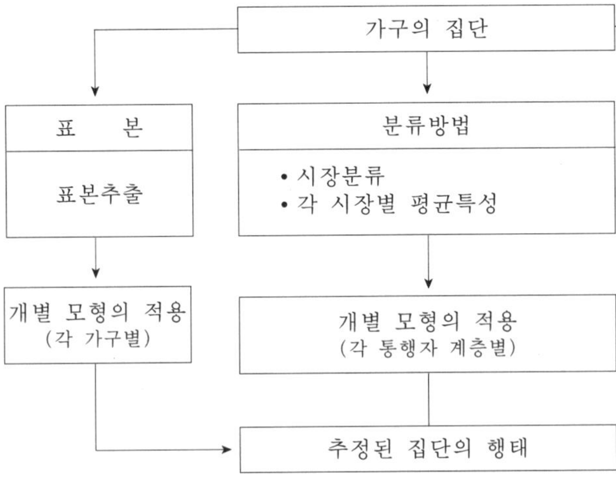

법이다. 각 시장의 평균특성을 개별 행태모형에 적용하여 각 시장 내의 통행자 행태를 추정하게 된다. 시장분류는 주로 자가용 승용차 보유, 소득계층, 가구의 규모, 각 교통존이나 동별로 집단을 분류하여 접근하게 된다. 따라서 각 시장(또는 교통존)의 평균적 특성들이 개별 행태모형에 적용되어 각 시장(또는 교통존)의 대안선택확률을 추정하게 된다.

세 번째 방법은 표본방법(**sampling**)으로서 해당 지역의 가구 중에서 표본을 추출하여 개별 행태모형을 적용, 표본 내의 각 가구의 선택확률을 추정하는 방법이다. 표본에 의해서 구해진 선택확률은 모집단 전체의 선택확률로 간주되고, 모집단 전체의 통행량은 표본으로부터 전수화시켜 산출하게 된다. 예를 들어 해당 지역의 모집단의 사회경제적 특성에 대한 확률분포(**probability distribution**)를 안다면 원하는 표본규모나 이러한 확률분포에 관한 통계적 관계식을 산출하기 위해 확률분포로부터 **Monte Carlo**표본추출을 할 수도 있다(물론 이같은 접근방법의 정확도나 신뢰도는 모집단 특성의 다원적인 분포를 얼마나 신뢰성 있게 확률분포화시켰느냐에 달려 있다고 하겠다).

전통적으로 활용되고 있는 4단계 추정방법에서는 존으로 해당 지역을 나누고, 여러 가지 사회경제적·입지적 특성에 의해 가구를 집단화시킨다. 이같은 접근방법은 바꾸어 말하면 분류방법(**classification**)에 의한 집계의 형태와 유사한 방법이라 하겠다.

9.4.4 비관련대안의 독립성(IIA Property)과 극복방안

1) 비관련대안의 독립성

비관련대안의 독립성(Independence of Irrelevant Alternative Property) 이란 로짓모형이 안고 있는 가장 큰 약점이다. 이는 기존의 대안집합 내에 새로운대안이 도입되면 새로 도입된 대안의 비관련 독립대안의 선택확률에 영향을 미치는 효과를 의미한다.

비관련대안의 독립성에 대해서 보다 구체적인 설명을 위해 다음의 환경을 가정해 본다.

특정 도시에서 교통서비스는 승용차와 버스에 의해서 이루어지고 있으며 이들간의 수단분담률은 각각 40%, 60%이다.

$$P(a)=\frac{\exp(V_a)}{\exp(V_a)+\exp(V_b)}=0.4$$

$$P(b)=\frac{\exp(V_a)}{\exp(V_a)+\exp(V_b)}=0.6$$

$$P(a)/P(b)=2/3,\ V_a=V_b+\ln\frac{2}{3}$$

여기서,
$P(a)$: 승용차의 선택확률
$P(b)$: 버스의 선택확률
V_a: 승용차의 효용
V_b: 버스의 효용

기존의 교통체계에 시정부는 지하철을 공급할 계획을 수립하였으며, 특히 공급되는 지하철의 효용(V_s)은 버스의 효용과 같은 수준을 유지토록 계획하고 있다. 지하철을 새로운 대안으로 설정하고 로짓모형을 이용하여 교통체계의 변화에 따른 장래 교통수단 선택확률을 추정하면 다음과 같은 결과를 도출하게 된다.

$$V_a=V_s+\ln\frac{2}{3}=V_b+\ln\frac{2}{3}\text{ 이므로}$$

$$P(a)=\frac{\exp\left(V_b+\ln\frac{2}{3}\right)}{2\exp(V_b)+\exp\left(V_b+\ln\frac{2}{3}\right)}=0.24\text{이고}$$

$$P(b)=P(s)=0.375\text{가 되고 } P(a)/P(b)=0.25/0.375=2/3$$

신설되는 지하철의 주 이용자는 기존에 버스를 이용하던 승객이 대부분이며, 승용차 이용자는 없을 수도 있다. 그럴 경우 지하철과 버스가 공통적으로 대중교통수단의 속성을 지니고 있기 때문에 이러한 추정은 설득력이 있다. 즉, 승용차 이용자에게 있어서 지하철은 비관련대안으로 분류될 수 있으며 장래 수단분담비의 구조는 기존에 2 : 3에서 2 : 1.5 수준으로 전환되어야 한다. 반면 로짓모형을 통해서 추정된 장래 수단분담구조에서 버스와 승용차의 수단분담비는 2 : 3으로 지하철이 공급되기 이전과 같다. 다시 말해서 장래 수단분담률의 추정치가 적절치 않음을 반증하고 있다.

비관련대안의 독립성 문제는 교통계획과정에서 수없이 출현한다. 가령 도시형버스와 승용차의 두 가지 수단이 존재하는 교통체계에 지하철의 건설 또는 좌석버스가 투입된다면 변화된 교통체계에서의 수단분담률은 어떻게 변화할 것인가는 지하철 건설의 타당성 또는 좌석버스 투입에 따른 경영상의 수지분석을 검토할 수 있는 가장 기초적인 자료가 된다는 점에서 매우 중요하다. 그러나 지하철과 좌석버스는 똑같이 대중교통수단의 성격을 지니면서도 기존의 교통체계에 미치는 영향은 매우 다르게 나타날 것이다.

비관련대안의 독립성은 이러한 상황에 대해서 로짓모형의 활용성을 제약하는 가장 큰 문제점이 되며 이에 대한 극복방안 역시 다각도로 제시되고 있다.

2) 비관련대안의 독립성 극복방안

비관련대안의 독립성 문제는 로짓모형의 활용을 제약하는 최대의 약점이다. 반면 로짓모형은 프로빗모형에 비해서 계산이 간편하고 모형의 도출이 용이하다는 장점이 있으며, 선택확률의 계산 역시 간편하다. 이러한 장점에 의해 로짓모형의 활용은 더욱 확대되고 있으며, 교통수요 추정과정에서 제기되는 선택문제에 가장 많이 적용되고 있다.

따라서 수많은 학자들이 로짓모형의 비관련대안의 독립성을 극복하기 위하여 노력하였으며, Ben Akiva, McFadden 등이 IIA속성을 극복할 수 있는 모형을 개발하였다.

Ben Akiva는 로짓모형의 IIA속성 극복방안으로서 결합로짓모형(Joint Logit Model)을 제안하였으며, McFadden은 Nested Logit 모형을 제안하였다.

승용차와 버스의 두 가지 교통수단으로 구성된 교통체계에 지하철이라는 새로운 대중교통수단이 도입되었을 경우에 대해서 수단선택확률의 계산과정을 위의 두 모델에 대해서 개념적으로 설명하면 다음과 같다.

① 결합로짓모형(Joint Logit Model)

기존의 교통시장이 승용차와 버스로 구성되어 있으므로 기존의 수단선택확률은 이항로짓모형을 활용하여 수단선택을 구할 수 있다. 반면 지하철이라는 새로운 대중교통수단이 건설되면 곧바로 다항로짓모형을 활용하여 선택확률을 계산할 경우 IIA 속성에 의해서 승용차 선택확률이 과소추정되는 반면 버스 선택확률은 과다추정되는 문제점을 안고 있다. 이러한 문제점을 해결하기 위해서 결합로짓모형은 다음과 같은 선택확률을 도입한다.

- 개인교통수단인 승용차 선택확률
- 대중교통수단인 버스 선택확률
- 대중교통수단인 지하철 선택확률

교통수단

개인교통수단	대중교통수단	대중교통수단
승용차	버스	지하철

위의 선택확률은 물론 다항로짓모형에 의해서 추정되지만 교통수단이 지닌 속성을 효용함수에 추가함으로써 대중교통수단의 속성과 개인교통수단의 속성을 고려하여 수단별 선택확률을 구할 수 있다. 따라서 각 수단별 효용함수에는 각각의 수단이 지닌 일반적 효용변수(통행시

간, 통행비용, 개인의 소득, 승용차 보유 여부)와 더불어 교통수단 특성변수(대중교통수단이 지니는 특성과 개인교통수단이 지닌 특성)를 포함함으로써 개인교통수단의 선택확률이 과소추정되고, 버스의 선택확률이 과다추정되는 문제점을 완화할 수 있다.

② Nested Logit Model

Nested Logit Model은 계층을 두고 각각의 수단선택확률을 구하는 과정을 수행한다. 즉 개인교통수단과 대중교통수단을 가용대안으로 설정하여 각각의 효용함수를 구하고 도출된 효용함수를 통해서 1차적으로 개인교통수단과 대중교통수단의 선택확률을 구한다.

다음으로 개인교통수단 가운데에서 가용한 교통수단의 선택확률과 대중교통수단 가운데에서 가용한 대안의 선택확률을 구하게 되는데, 가정된 교통시장에 대해서는 대중교통수단인 버스와 지하철에 대한 선택확률을 구하게 된다.

1차 로짓모형

- 개인교통수단의 선택확률
- 대중교통수단의 선택확률

2차 로짓모형

- 버스의 선택확률
- 지하철의 선택확률

따라서 각 수단별 선택확률은 2개의 이항로짓모형을 통해서 산정된다.

■ 참고문헌

1) Paquette, R., Ashford, N. and Wright, P., *Transportation Engineering-Planning and Design*, John Wiley & Sons, Inc., 1982.
2) Quandt, R. and Baumol, W., "The Demand for Abstract Transport Modes: Theory and Measurement," *Journal of Regional Science* 6(2), 1966.
3) Domencich, T. A., Kraft, G. and Valette, J. P., "Estimation of Urban Passenger Travel Behavior: An Economic Demand Model," *Highway Research Record* 238, 1968.
4) Manheim, M., *Foundation of Transportation System Analysis*, MIT Press, 1979.
5) Black, J., *Urban Transport Planning*, John Hopkins University Press, 1981.
6) Stopher, P. and Meyburg, A., *Urban Transportation Modeling and Planning*, Lexington Books, 1975.
7) Tanner, J. C., "Factors Affecting the Amount of Travel," *DSIR Road Research Technical Paper,* No. 51, H. M. S. O., 1961.
8) BPR, *Calibrating and Testing a Gravity Model for Any-Sized Urban Areas*, Washington D.C: Bureau of Public Roads, 1967.
9) Stouffer, S.A., "Intervening Opportunities: A Theory Relating Mobility and Distance," *American Sociological Review*, Vol. 5, No. 6, 1940.
10) Wilson, L. H., "The Use of Entropy Maximizing Methods in the Theory of Trip Distribution, Mode Split and Route Assignment," *Journal of Transport Economics and Policy* 3, 1969.
11) Papageorgiou, M., *Concise Encyclopedia of Traffic & Transportation Systems*, Pergamon Press, 1991.
12) Thomas, R., *Traffic Assignment Techniques*, Billing & Sons, Ltd., Worcester, 1991.
13) Sheffi, Y., *Urban Transportation Networks*, Englewood: Prentice-Hall, Inc., 1985.
14) Papacostas, C. S. and Prevedouros, P.D., *Transportation Engineering and Planning*, Englewood: Prentice-Hall, Inc., 1993.
15) Van Vliet, D. and Dow, P.C., "Capacity Restrained Road Assignment 1. The Convergence of Stochastic Methods," *Traffic Eng. and Control* 20,

1979.

16) Burrel, J.E., "Multiple Road Assignment and its Application to Capacity Restraint, Proceedings of 4th International symposium on the Theory of Traffic Flow," *Strassentahn and Strassenverhehrslectnick* 86, 1968.

17) Daganzo, C. and Sheffi, Y., "On Stochastic Models of Traffic Assignment," *Transportation Science* 11, 1977.

18) 박광배, 「빈도분석」, 성예사, 1992.

19) 교통개발연구원, "Stated Preference Data를 이용한 교통수단 선택, 모형 개발에 관한 연구," 「교통정보」, 1989.

20) 이상용, "Logit 모델의 이론적 기초: Random Utility Theory와 Discrete Choice 모델," 「교통정보」, 1990.

21) Polydoropoulou, A., "Modeling the Influence of Traffic Information on Driver's Route Choice Behaviour," *Mager of Science in Transportation at The MIT*, 1993.

22) Ben-Ahiva, M. & Lerman, S. R., *Discrete Choice Analysis*, 1987.

22) Ran, B. and Boyce, D., *Dynamic Urban Transportation Network Models*, Springer-Verlag, 1994.

■ 주

1) 시간비용＝통행시간×통행자의 시간가치.
2) 지불비용＝연료소모량×연료비＋Toll비용.
3) 미연방도로국의(FHWA)의 표준식이라고도 함.
4) 두 존을 연결하는 무수한 경로 가운데 교통량 배정이 고려되는 노선.
5) 두 존을 연결하는 무수히 많은 경로 가운데 교통량이 부하되는 노선은 대안노선으로 선정되고, 기타 경로는 노선선택확률이 0인 노선이 되어 대안노선 집합에 포함되지 않는다.
6) 링크는 방향성을 갖고 있으며, 링크에 연결된 노드는 출발노드와 도착노드로 구성되어 있기 때문에 출발노드가 기점에 가깝고, 도착노드가 종점에 가깝다. 이것은 링크가 출발존에서 도착존을 향하고 있음을 의미한다.
7) 시간구간 t는 [0, T] 사이의 아주 짧은 시간구간으로 가정했으므로 극한개념을 도입하면 시각개념으로 전환될 수 있음을 유의하자.

제10장

교통안전 분석기법

1988년을 기준으로 할 때 우리나라의 지난 10년간 교통사고 발생건수 증가율은 연평균 9.1%씩 증가하여 1988년 한 해 동안 교통사고 발생건수는 225,062건에 이르고 있다. 교통사고로 인한 사망자수는 1988년 한 해 동안만 해도 11,563명에 이르고 있어 지난 10년간을 통해 볼 때 연평균 8.5%의 증가율을 나타내고 있다. 한편 우리나라 자동차 1만 대당 사망자수는 1988년 기준으로 할 때 56.8인으로서 1978년의 133인에 비해서는 감소하였으나 아직도 세계 다른 나라와 비교해 볼 때 56.8인은 매우 높은 수치임을 [그림 10-1]을 통해서 알 수 있다.

이러한 교통사고의 각 통계 수치를 통해 볼 때 우리나라의 교통안전부문에 대한 개선노력이 지속적으로 추진되어야 할 것은 자명한 일이다. 일본 등 외국에서는 범국가적인 노력을 통하여 교통사고의 감소에 실효를 거둔 예가 있으므로 우리나라도 체계적인 교통사고 자료의 관리, 교통사고 개선방안의 수립, 교통시설 사용자에 대한 교육 등을 통하여 교통안전의 증진에 노력해야 한다.

이 장에서는 교통안전부문의 각 분석기법을 설명하고 안전시설의 설치개념에 대해서 설명키로 한다.

10.1 도로안전 분석기법

도로안전 분석기법이란 교통사고 자료와 도로의 기하구조 등 도로의 안전성을 점검할 수 있는 실무자료를 체계적으로 분석·정리하여 비정상적으로 높은 교통사고 발생률을 기록하는 도로지점을 발견해 내어

[그림 10-1] 세계 각국의 자동차 1만 대당 사망자수(1986년)

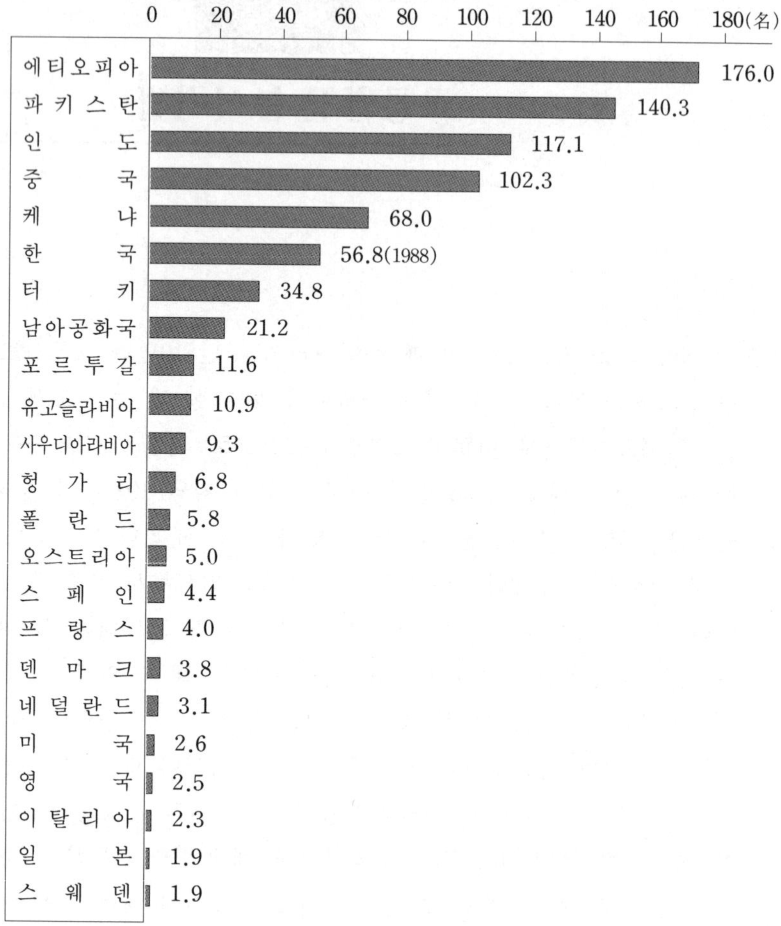

이에 대한 개선방안을 강구하여 시행한 후 그 효과를 반복하여 측정함으로써 전체적인 교통사고 감소방안을 수립하고자 노력하는 일련의 분석기법을 말한다.

일반적으로 도로안전 분석기법은 [그림 10-2]와 같은 단계로 구성되어 있다.

[그림 10-2] 도로안전 분석기법의 제 단계

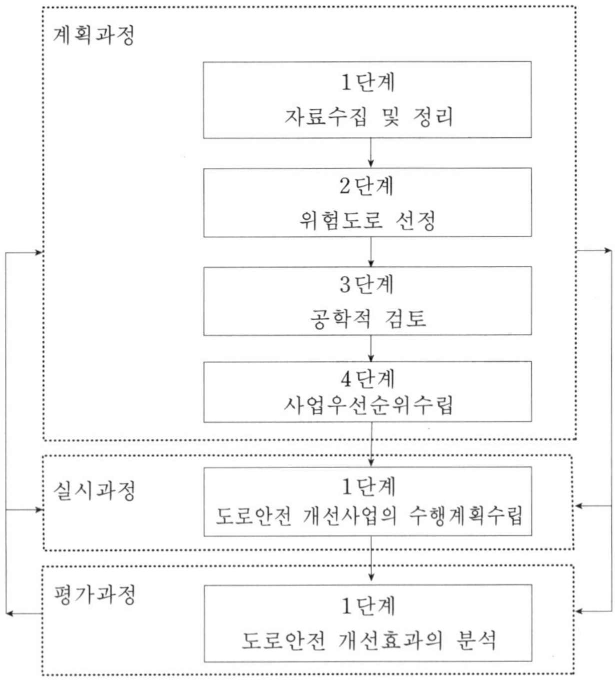

10.1.1 자료수집 및 관리

도로체계 및 철도평면교차 등 도로의 시설 자료와 교통사고 자료를 수집하여 관리함으로써 도로의 교통사고 이력을 파악하고 문제되는 지점의 특성을 분석하기 위해 실시된다. 자료수집을 위해서는 사고현황도와 도로현황도가 작성되어야 하며 그 외에도 교통특성 분석을 위한 교통자료가 필요하다. [그림 10-3]은 일반적으로 사용되고 있는 사고현황도를 도시하고 있고 [그림 10-4]는 도로현황도를 나타내고 있다.

이와 같이 수집된 교통사고 자료와 도로현황 자료는 코드화되어 전산처리되고 컴퓨터 안에 저장된다.

교통사고 자료는 다음과 같은 항목에 따라 정리된다.

1) 사고 정도(사망, 부상 및 대물사고)

2) 사상자수 및 치상 정도

3) 시간적 요소(시간, 요일, 계절, 월)

[그림 10-3] 사고현황도의 예[1)]

사직운동장 앞 4거리(사고현황)

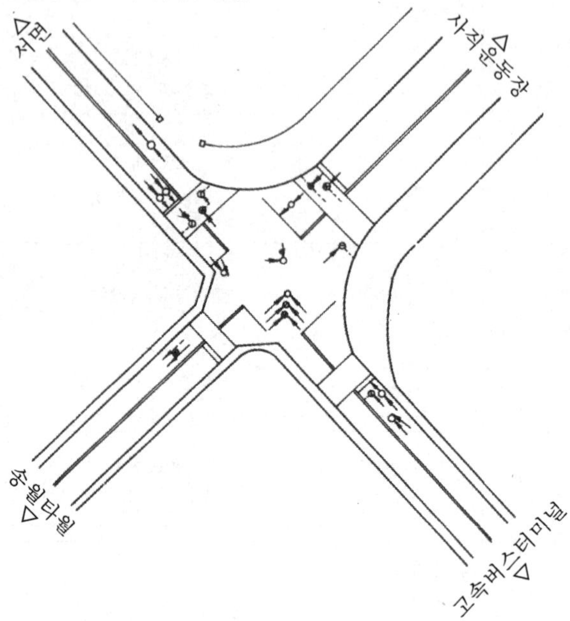

4) 기상(비, 맑음, 눈, 안개 등)
5) 환경조건(어둠, 포장상태, 가로등 설치상태, 공사 여부 등)
6) 운전자 특성(연령, 성별, 운전경력, 수입, 학력 등)

한편 도로현황 자료는 다음 항목에 따라 정리된다.

1) 위치(도시부, 지방부)
2) 기능(주간선도로, 보조간선도로, 집·분산도로 등)
3) 도로형태(2차로 도로, 고속도로, 다차로 도로, 신호등 교차로 등)
4) 관할 부서(건설교통부, 도, 시, 군 등)
5) 차 선 폭
6) 길어깨폭
7) 장애물의 위치
8) 시 거
9) 곡선반경
10) 편 구 배
11) 종단구배

[그림 10-4] 도로현황도의 예[1)]

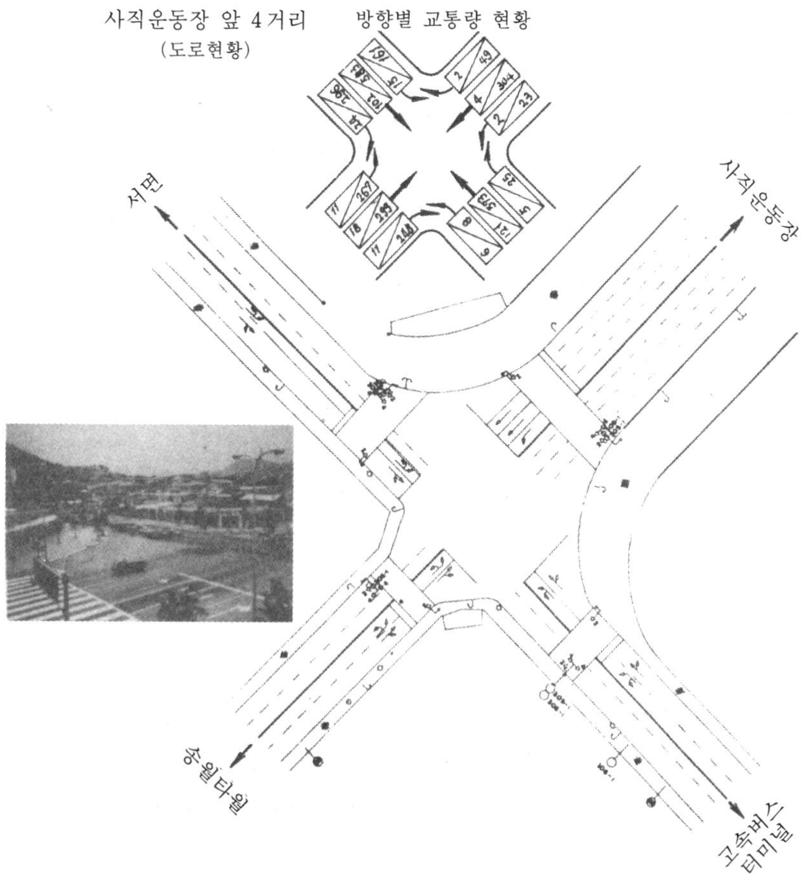

12) 기타 관련 사항

10.1.2 위험지점 및 원인 분석

교통사고 자료 및 도로현황 자료를 분석하여 평균교통사고율보다 높은 교통사고율을 나타내는 도로지점이나 구간은 위험도로로 선정되어 그 원인을 분석하게 된다. 위험도로 선정을 위해 사용되는 분석방법은 크게 나누어 다음 다섯 가지이다.

1) 교통사고 현황판에 의한 방법

위험도로 선정을 위해 사용되는 방법 중 가장 단순한 방법으로서 교통사고 현황판(accident spot map)에 교통사고 형태별로 핀(pin)의 색깔을 구분하여 핀을 꽂아 육안으로 보아 많은 교통사고를 나타내는 지점을 선정하는 방법이다. 이는 대상지역이 넓지 않을 때 유용하게 사용될 수 있다.

2) 교통사고건수에 의한 방법

교통사고건수에 근거하여 총사고건수가 많은 지점부터 배열하는 방법으로서 각 지점의 교통량을 반영하지는 않는다. 따라서 이 방법을 사용하면 교통량이 많은 도로를 위험도로로 선정하는 경향이 있다. 대개의 경우 이 방법을 통해 일단 위험하다고 생각되는 지점들을 선택하고, 이 지점들에 대해서 다른 방법을 사용하여 정확한 순위를 정하게 한다.

3) 교통사고율에 의한 방법

이 방법은 교통사고건수에 의한 방법이 교통량의 영향을 반영하지 못하는 단점을 보완하기 위해 사용되는 방법으로 교통사고율 AR을 다음 두 가지 방법으로 구한다.

① 교차로와 같이 한 지점에 대한 경우

$$AR = \frac{\text{교통사고건수} \times 1{,}000{,}000}{365 \times \text{연수} \times \text{일평균 교통량}} \quad \cdots\cdots \ (10.1)$$

② 산악지형과 같이 도로구간에 대한 경우

$$AR = \frac{\text{교통사고건수} \times 1{,}000{,}000}{365 \times \text{연수} \times \text{일평균 교통량} \times \text{도로구간의 길이}} \quad \cdots\cdots \ (10.2)$$

이 방법을 사용하게 되면 높은 교통량을 갖는 도로에 대한 불합리성을 해결할 수 있을지 모르나 비교적 적은 양의 교통량을 갖는 도로에 대하여 불합리한 결과를 유발시킬 수 있다. 예를 들어서, 지방부 2차선 도로의 교통사고율을 백만차량 통과당 2~3건이라고 하는 경우 한 지점의 길이가 1km이고 교통량은 300이며 1년에 교통사고 1건이 기록되었을 때 이 지점의 $AR=1\times1{,}000{,}000/365\times1\times300\times1=9.1$로 되어 1년에 사고 1건임에도 불구하고 위험한 도로로 선정될 가능성이 매우 높게 된다.

4) 통계적 교통사고율 분석방법

이 방법은 미국의 교통연구원(Transportation Research Board)이 발간한 **Synthesis of Highway Practice No. 91**의 「교통사고 분석체계」에 기술된 것으로 가장 합리적인 것으로 평가되고 있는 방법 중의 하나이다. 이 방법은 각 지점에서의 사고율을 산정하고 그 지점의 사고율이 유사한 조건을 갖는 도로에 대한 사고율보다 현저히 높은지의 여부를 검토하기 위한 통계적 검증절차에 근거하고 있다. 또한 통계적 검증절차는 교통사고가 발생하는 확률이 **Poisson** 분포에 따른다는 데서 출발한다. 각 지점에 대한 교통사고율은 3)에서 제시한 방법에 따르며 이 교통사고율이 과연 높은 것인지의 검토를 위해 다음과 같은 한계교통사고율을 산출한다.

$$R_c=R_a+K\sqrt{\frac{R_a}{M}}+\frac{1}{2}\cdot M \qquad \cdots\cdots (10.3)$$

여기서,
R_c=대상지역의 한계 교통사고율
R_a=유사한 도로에서의 평균 교통사고율
M=대상지역의 교통사고 노출량
$=\dfrac{(\text{일평균 교통량})(365)(\text{도로구간길이})(\text{연수})}{1{,}000{,}000}$
K=유의수준에 따른 계수로서 [표 10-1]에 그 값이 제시되어 있음

[표 10-1] 유의수준에 따른 확률계수[2)]

P	0.001	0.005	0.0075	0.050	0.075	0.100
K	3.090	2.576	1.960	1.645	1.440	1.282
적용도로		주요도로		일반도로		보조도로

따라서 R_c보다 AR이 크게 되면 그 지점은 위험도로로 선정한다.

5) 교통사고 피해 정도에 의한 방법

이 방법은 각 지점에서 피해가 가장 큰 교통사고를 기준으로 하여 각 교통사고를 대물피해사고로 환산하여 비교함으로써 위험도로를 선정하는 방법이다. 일명 대물피해환산법(equivalent property damage only)으로도 알려진 이 방법은 교통사고를 다음과 같이 환산한다.

① 지점에 대한 경우

$$S_e = \frac{[12(\text{사망사고건수}) + 3(\text{부상사고건수}) + \text{대물피해사고건수}] \times 10^6}{(\text{연수})(\text{일평균교통량})(365)} \quad \cdots\cdots (10.4)$$

② 도로구간에 대한 경우

$$S_e = \frac{[12(\text{사망사고건수}) + 3(\text{부상사고건수}) + \text{대물피해사고건수}] + 10^6}{(\text{연수})(365)(\text{일평균교통량})(\text{도로구간길이})} \quad \cdots\cdots (10.5)$$

[예제 10-1] 운전면허 소지자 29,531인의 지난 5년간 사고경력을 조사하였다. 전체 교통사고는 7;082건이다. 지난 5년간 3회 이상 교통사고를 일으킨 사람을 교통사고 상습자로 관리하고자 한다. 교통사고 상습자는 몇 명으로 추정되는가?

풀이 이 경우 Poisson분포가 가장 적합

$P(x) = \dfrac{m^x \cdot e^{-m}}{x!}$ 의 Poisson 확률분포식을 이용

$m = 7{,}082/29{,}531 = 0.2398 = 2.4$건

$$\begin{aligned} P(x \geq 3) &= 1 - P(x \leq 2) \\ &= 1 - \sum_{x=0}^{2} \frac{0.24^x \cdot e^{-0.24}}{x!} \\ &= 1 - (0.7866 + 0.1888 + 0.0227) \\ &= 0.0019 \end{aligned}$$

교통사고 상습자 $= 0.0019 \times 29531 = 56$ 인

[예제 10-2] 35km의 도로구간에서 3년 동안 150건의 교통사고가 발생하

였다. 조사결과 2년 동안 일평균교통량(ADT)이 6,000이고, 총사고건수 중 5%가 치명적인 사고이었다고 한다면

(1) 차량 1억대 · km당 총사고율

(2) 차량 1억대 · km당 치명적 사고발생률은 얼마인가?

풀이 (1) 1억대 · km당 사고율 $= \dfrac{\text{총사고건수} \times 100{,}000{,}000}{ADT \times 365 \times \text{연수} \times \text{도로구간}}$

$$= \frac{150 \times 100{,}000{,}000}{6{,}000 \times 365 \times 3 \times 35} = 65.2$$

(2) 1억대 · km당 치명적 사고율

$$= \frac{\text{치명사고율} \times \text{총사고건수} \times 100{,}000{,}000}{ADT \times 365 \times \text{연수} \times \text{도로구간}}$$

$$= \frac{0.05 \times 150 \times 100{,}000{,}000}{6{,}000 \times 365 \times 3 \times 35} = 3.26$$

[예제 10-3] 평균교통사고율이 3.5건/백만 차량 · km인 도로의 다음 5지점에 대하여 사고건수, 사고율, 통계적 교통사고율 분석방법 및 대물피해사고환산법에 의한 방법을 적용하시오(단, $K=1.96$).

지 점	조사 연수	구간 길이 (km)	일평균 교통량	대물피해	교통사고건수 부상 A	교통사고건수 부상 B	교통사고건수 부상 C	사망	소계
A	3	0.8	4,200	12	1	1	1	0	15
B	2	1.2	3,500	15	0	2	3	1	21
C	2.5	3.4	1,750	35	2	4	2	0	43
D	1.5	2.2	2,400	24	0	0	3	0	27
E	3	1.6	3,000	12	4	5	4	2	27

풀이 a) 교통사고 건수에 의한 방법: 문제에서 제시한 교통사고 조사자료는 조사기간과 조사구간길이가 서로 다르므로 먼저 동일한 조사기간/ 구간길이로 환산 후 비교해야 한다.

A지점: $\dfrac{15}{(0.8)(3)} = 6.25$ 건/km/년

B지점: $\dfrac{21}{(1.2)(2)} = 8.75$ 건/km/년

C지점: $\dfrac{43}{(3.4)(2.5)} = 5.06$ 건/km/년

D 지점: $\dfrac{27}{(2.2)(1.5)}=8.18$ 건/km/년

E 지점: $\dfrac{27}{(1.6)(3)}=5.62$ 건/km/년

따라서 B, D, A, E, C 지점 순으로 교통사고 위험성이 높다.

b) 교통사고율에 의한 방법: 각 지점에 대해 교통사고율을 계산하면 다음과 같다.

A 지점: $\dfrac{(15)(1{,}000{,}000)}{(365)(3)(4{,}200)(0.8)}=4.08$ 건/백만 차량 · km

B 지점: $\dfrac{(21)(1{,}000{,}000)}{(365)(2)(3{,}500)(1.2)}=6.85$ 건/백만 차량 · km

C 지점: $\dfrac{(43)(1{,}000{,}000)}{(365)(2.5)(1{,}750)(3.4)}=7.92$ 건/백만 차량 · km

D 지점: $\dfrac{(27)(1{,}000{,}000)}{(365)(1.5)(2{,}400)(2.2)}=9.34$ 건/백만 차량 · km

E 지점: $\dfrac{(27)(1{,}000{,}000)}{(365)(3)(3{,}000)(1.6)}=5.14$ 건/백만 차량 · km

따라서 D, C, B, E, A 지점 순으로 교통사고 위험성이 높다.

c) 통계적 교통사고율 분석방법: 각 지점에 대해 한계 교통사고율을 계산하면 다음과 같다.

A 지점: $3.5+1.96\sqrt{\dfrac{3.5}{M}}+0.5M=7.25$ 건/백만 차량 · km

($\because$ $M=\dfrac{(4{,}200)(365)(0.8)(3)}{1{,}000{,}000}=3.68$ 건/백만 차량 · km)

B 지점: $3.5+1.96\sqrt{\dfrac{3.5}{M}}+0.5M=7.13$ 건/백만 차량 · km

($\because$ $M=\dfrac{(3{,}500)(365)(1.2)(2)}{1{,}000{,}000}=3.07$)

C 지점: $3.5+1.96\sqrt{\dfrac{3.5}{M}}+0.5M=7.79$ 건/백만 차량 · km

($\because$ $M=\dfrac{(1{,}750)(365)(3.4)(2.5)}{1{,}000{,}000}=5.43$)

D 지점: $3.5+1.96\sqrt{\dfrac{3.5}{M}}+0.5M=7.10$ 건/백만 차량 · km

$$(\because\ M=\frac{(2,400)(365)(2.2)(1.5)}{1,000,000}=2.89)$$

E 지점: $3.5+1.96\sqrt{\frac{3.5}{M}}+0.5M=7.73$ 건/백만 차량 · km

$$(\because\ M=\frac{(3,000)(365)(1.6)(3)}{1,000,000}=5.26)$$

따라서 지점 A, B, E 지점은 b)에서 산출한 바 있는 평균교통사고율이 한계교통사고율보다 크므로 교통사고 위험성이 높다.

d) 대물피해사고 환산법에 의한 방법: 부상사고 A, B, C에 대한 가중치를 9.5, 3.5, 3.5로 각각 가정하자. 각 지점에 대한 대물피해사고 환산값은 다음과 같다.

A 지점: $9.5(\mathrm{F}+\mathrm{A})+3.5(\mathrm{B}+\mathrm{C})+PDO$
$=9.5(0+1)+3.5(1+1)+12=28.5$

여기에 조사기간과 도로구간 길이를 고려하면 다음과 같이 된다.

A 지점: $EPDO=\frac{28.5}{(0.8)(3)}=11.8(EPDO/\mathrm{km}/\text{년})$

같은 방법으로 B에서 E 지점의 $EPDO$를 계산하면 다음과 같다.

B 지점: $EPDO=17.5$
C 지점: $EPDO=8.8$
D 지점: $EPDO=10.5$
E 지점: $EPDO=20.9$

따라서 E, B, A, D, C 지점 순으로 교통사고 위험성이 높다. 이상에서 살펴본 바와 같이 적용방법에 따라 사고위험 순위가 다르게 분석되므로 적절한 사고분석 방법의 선정은 매우 중요한 사항이 된다.

10.1.3 기술적 검토

각 지점에 대한 개선안을 작성하기 위해 수집된 자료를 분석하여 위험한 도로의 원인을 제거하거나 그 효과를 감소시킬 수 있도록 기술적 검토를 수행한다. 다음은 부문별 검토사항이다.

[표 10-2] 교통사고 원인과 개선방안[3)]

사 고 원 인	개 선 사 항
교통사건에 부적합한 도로구조	· 차선폭의 재조정 · 노면표시 설치 또는 개량 · 등판차선(climbing lane)설치 · 중앙분리대(median)설치 · 노상주차 등의 장애요인 제거 · 도로정보판 설치
선형 불량	· 노면시설에 의한 선형 표시 · 커브 예고표지 설치
	· 시선유도표지(delineator 또는 chevron alignment sign)설치 · 도로의 재설계
시거(sight distance) 불 량	· 장애물 제거 · 예고표지 설치 · 시선유도표지 설치
노면의 미끄러움	· 노면 재포장 · 미끄럼방지포장 설치 · 배수시설 재조정 · 미끄럼주의표지 설치
안전시설 미비	· 안전시설 설치 또는 보완 – 교통표지(traffic sign) – 노면표시(marking) – 표지병(vertical marking) – 방호책(guard rail) – 반사경(reflex mirror) – 충격흡수시설(impact attenuation device) – 장애물 표적표시 · 연석(curb stone)시설 검토
보행자 횡단	· 횡단보도위치 재정리 또는 신설 · 횡단보도 노면표시 신설 또는 개량 · 횡단보도 예고 및 지시표지 신설 또는 개량 · 보행자 안전지대 설치 · 마찰계수가 높은 노면포장 · 입체횡단설치
야간사고	· 시선유도표지 설치 또는 개량 · 가로조명시설 신설 또는 증설 · 주의표지 설치 · 야간 강우시(降雨時)용 고반사도(高反射度)의 특수노면표시재료 설치 · 교통신호와 혼동가능한 네온사인 등의 제한
기 타	· 버스정차대(bus bay)위치 및 규모 조정 · 철도건널목의 입체교차시설 · 도로 부속구조물의 위치 및 규모 조정

1) 사고관련 부문

- 사고유형
- 사고현황
- 발생시간
- 사고피해 정도
- 사고환경 조건

2) 교통운영 부문

- 교 통 량
- 지체시간
- 상충의 형태 및 수
- 녹색시간/신호주기 비
- 현 시
- 속 도
- 용 량
- 차두간격
- 대기행렬 길이

3) 도로환경 부문

- 도로의 기하구조
- 포장상태
- 가로등 유무
- 시 거
- 미끄럼저항계수(skid resistance factor)
- 기상 상태

4) 철도와의 교차 부문

5) 기타 관련 부문

- 학교의 위치
- 교통관제시설

10.1.4 개선대안의 작성

일반적으로 개선대안을 작성하기 위해서는 조사된 교통사고 현황도에 의해 사고를 가장 효과적으로 감소시킬 수 있는 개선안을 작성하고 나서, 실제 대상 도로에 나가 개선안의 적합성을 실제 상황과 연관하여 검토한 후 한 지점에 보통 세 개 정도의 개선대안을 수립한다.

[표 10-2]는 교통사고 원인과 그 개선방안을 표시하고 있다.

10.1.5 사업 우선 순위의 결정

각 지점에 대한 개선대안을 작성한 후 실제 사업을 시행하기 위해 우선 순위를 결정한다. 이를 위해서는 사업시행을 위해 확보가능한 예산과 각 개선대안의 시행에 따른 편익 및 공사비 등이 분석되어야 한다. 편익계산을 위해서는 교통사고 감소로 인한 편익이 산출되어야 하므로 개선안에 따른 교통사고 감소건수와 그 형태, 그리고 교통사고 비용 등의 제반 사항이 고려되어야 한다.

1) 교통사고 감소건수의 산출

교통사고 감소건수를 산출하는 방법에는 교통사고 현황도에서 개선안에 의해 해당 교통사고가 더 이상 발생치 않는다고 생각하는 방법과, 전체 교통사고 발생건수의 어느 부분만큼이 감소된다고 생각하는 두 가지 방법이 있다. 전자의 경우 교통사고는 많은 우연성을 갖고 발생하므로 사고 현황도에 기록된 교통사고가 그 지점의 보편적 특성을 대표하지 못한다는 점에서 무리가 있으며 후자의 경우 교통사고 발생건수의 몇 %를 과연 감소량으로 보느냐 하는 데 異論이 있을 수 있다.

외국의 경우 교통사고 감소건수를 다음과 같이 산출하고 있다.

$$\text{교통사고 감소건수} = N \times \frac{ARF}{100} \times \frac{\text{개선 후 일평균 교통량}}{\text{개선 전 일평균 교통량}} \quad \cdots\cdots (10.6)$$

여기서,
N=개선하지 않았을 때의 교통사고 건수
ARF=교통사고 감소계수(%)

한편 한 지점에 여러 가지 개선기법이 적용되는 경우 각 개선기법이 기여하는 교통사고 감소효과를 모두 고려하기 위하여 다음과 같은 식을 적용한다.

$$\begin{aligned} ARF_m = {} & ARF_1 + (1-ARF_1)ARF_2 + (1-ARF_2)(1-ARF_2)ARF_3 \\ & + \cdots + (1-ARF_1)(1-ARF_2)(1-ARF_3)\cdots(ARF_m) \end{aligned} \quad \cdots\cdots (10.7)$$

여기서,

ARF_m=한 지점에 여러 가지 개선기법이 적용된 경우의 교통사고 감소계수

2) 교통사고 비용

교통사고에 의한 편익을 구하기 위해서는 교통사고 비용이 산출되어야 한다. 우리나라에서의 교통사고 비용은 '제6차 세계은행 도로개량사업 타당성조사'에서 적용한 값을 비롯하여 몇몇 연구 결과가 있다. [표 10-3]과 [표 10-4]는 교통사고 비용에 관한 자료이다.

[표 10-3] 우리나라의 교통사고 비용 (단위: 천원)

사고유형 \ 분류			직접사고 비용	보험행정 비용	교통경찰 비용	계
대물사고	차 량		540.7	49	15.2	604.9
	물 건		285	49	15.2	349.2
	소 계		381.4	49	15.2	445.6
대인사고	부 상	차 량	558	163	50.6	771.6
		중 상	4,385	211	65.5	4,661.5
		소 계	1,886	179.4	56.2	2,121.6
	사 망		30,134	260	80.8	30,474.8
	계		2,966.3	182.7	56.7	3,205.7

[표 10-4] 우리나라에서의 死傷別 평균교통사고 비용[4)] (단위: 원)

구 분	사상당 비용		사고당 비용	
	1985	1986	1985	1986
사 망	252,500	264,881	282,020	299,840
중 상	13,500	14,182	17,240	18,182
경 상	280	296	1,600	1,686
평 균	7,340	7,696	10,880	11,448

3) 공사비의 산출

공사비를 산출하기 위해서는 지형도, 횡단면도, 평면도, 종단면도

등을 통하여 개선방안에 따른 공사비를 산출해야 한다. 다음은 공사비 산출을 위한 각 공사 형태이다.

1) 토　공
2) 배 수 공
3) 구조물공
4) 포 장 공
5) 부대 시설공

4) 편익/공사비의 산출

각 개선안에 대한 교통사고 감소편익과 공사비를 비교한 후 편익/공사비를 산출하여 우선 순위결정에 기본자료로 사용한다.

5) 우선 순위의 결정

편익과 공사비가 여러 해 동안 계속해서 발생하게 되므로 각 대안에 대한 우선 순위를 결정하기 위해서는 편익과 공사비를 얼마만큼의 기간 동안 분석할 것인지를 결정하고 그 기간 동안에 발생하는 값들을 현재가치로 변환시킨 후 일반적인 경제성 분석기법을 적용한다. [그림 10-5]는 편익의 현재가치 환산과정을 도시한다.

여기서 r은 할인율을 의미하며 공공사업부문에 대한 할인율은 보통 13%로 하고 있다.

한편 공사비에 대해서도 편익과 동일한 과정을 거쳐 현재가치를 산출한다. 편익과 공사비를 비교하여 공사의 경제성을 분석하기 위한 경제성 분석기법에는 다음과 같은 방법이 있다.

1) 비용-효과 분석방법(cost-effectiveness method)

[그림 10-5] 편익의 현재가치 환산과정

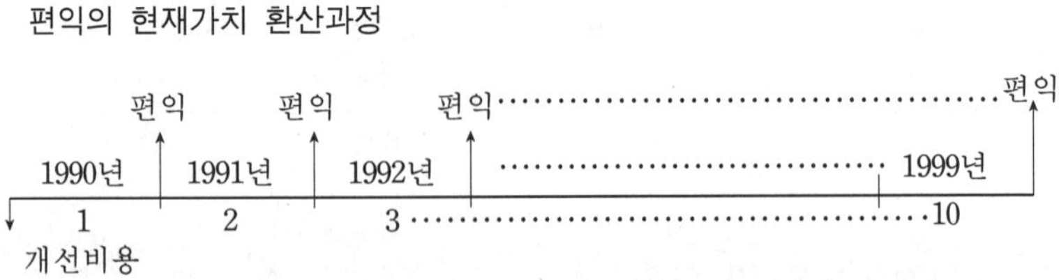

i 년도 편익의 현재가치 $PB_i = \frac{B_i}{(1+r)^n}$, 편익의 총 현재가치 $TB = \sum_{i=1}^{n} PB_i$

2) 편익/비용비에 의한 방법(B/C ratio method)

3) 회수율 분석방법(rate-of-return method)

4) 회수기간에 의한 방법(time-of-return method)

5) 순현재가치에 의한 방법(net present value method)

각 방법에 대한 상세한 설명은 경제학 이론 책자에 수록되어 있으며 여기서는 예제를 통해 설명키로 한다.

[예제 10-4] 야간에 사고발생률이 높은 도시교차로에 조명시설을 설치하는 도로안전개선책을 시행한다고 가정하여 다음 표에 초기비용, 운영유지비용의 순평가액, 예상되는 연간편익 등을 정리하였다. 예상되는 연간편익은 사업시행 후 3년 동안의 예상되는 사고빈도수와 사업을 행하지 않았을 경우 3년 동안의 예상되는 사고빈도수의 차를 연단위로 수정하여 얻었다. 편익의 단위는 연간 상해사고수의 감소치이다. 사업의 수명은 15년으로 정하고 잔존가치는 초기비용의 10%로 평가하였을 때 비용/효과비를 산출하라. 단, 조명시설의 수명은 15년으로 한다.

초기건설비용 (천 원)	순 운영유지비용(천 원)			이익(감소하는 상해사고수)		
	1989	1990	1991	1989	1990	1991
40,000	1,000	1,000	1,000	8	7	6

풀이

〈비용/효과비 산출표〉

1. 초기사업시행 비용 I: 40,000,000원
2. 사업시행 전의 연간 운영유지비용: 0원
3. 사업시행 후의 연간 운영유지비용: 1,000,000원
4. 연간 운영유지순비용: 1,000,000원
5. 연간 안전편익(사고감소치), $\bar{B}$: 7.0

사고유형		연간 예상편익
상해(1989)	—	8
(1990)	—	7
(1991)	—	6
		21/3=7

6. 시설물의 수명기간, N: 15 年

7. 잔존가치, T: 4,000,000원
8. 이자율, i: 10%=0.1
9. 연균등가비용은 자본 상환계수 CR과 감체기금계수 SF에 의해 다음과 같이 산출된다.

$$CR_n^i = 0.1315$$
$$SF_n^i = 0.0315$$
$$EUAC = I \cdot (CR_n^i) + K - T \cdot (SF_n^i)$$
$$= 40{,}000{,}000 \cdot (0.1315) + 1{,}000{,}000 - 4{,}000{,}000(0.0315)$$
$$= 6{,}134{,}000\text{원}$$

10. 연간편익

$\bar{B}$(5로부터)=7.0 방지된 상해사고/년

11. 비용/효과=$EUAC/\bar{B}$=6,134,000/7.0=876,286 원/상해사고 1건감소

[예제 10-5] 자동차의 미끄럼에 의해 발생되는 추돌사고의 수를 줄이기 위해 800m 도로구간에 미끄럼방지를 위한 포장을 하려고 한다. 예상비용은 200,000,000원, 수명은 10년이며 연간 순운영유지비용은 0이다. 이같은 포장에 의해 방지되는 傷害에 대한 3년 동안의 이익은 40,000,000원, 45,000,000원 50,000,000원이다. 이자율은 10%/년이다. 편익/비용비를 구하라.

풀이

〈편익/비용 산출표〉

1. 초기 사업수행비용, I : 200,000,000원
2. 사업시행 전의 연간 운영유지비용: 4,500,000원
3. 사업시행 후의 연간 운영유지비용: 4,500,000원
4. 연간 순운영유지비용, K : 0원
5. 연간 인전편익(사고감소치), $\bar{B}$

치명도	연간 예상편익
a) 사 망	—
b) 상 해	—
c) 재산피해사고	—

6. 사고비용

치명도	연간 예상편익

a) 사　망　　　　—
b) 상　해　　　　—
c) 재산피해사고　—

7. 연간 안전편익
　5a)×6a)=
　5b)×6b)=(40,000,000+45,000,000+50,000,000)/3
　5c)×6c)=
　　Total=45,000,000원
8. 시설물의 수명기간, n: 10년
9. 잔존가치, T: 0
10. 이자율, i: 0.1
11. 연균등가비용을 자본상환계수 CR과 감채기금계수 SF에 의해 결정한다.

$$CR_n^i=0.16275$$
$$SF_n^i=0.06275$$
$$\begin{aligned}EUAC&=I\cdot(CR_n^i)+K-T\cdot(SF_n^i)\\&=200{,}000{,}000\cdot(0.16275)+0-0\cdot(0.06275)\\&=32{,}550{,}000\text{원}\end{aligned}$$

12. 연균등가편익은 7에 의해
$$EUAB=\bar{B}=45{,}000{,}000\text{원}$$
13. $B/C=EUAB/EUAC=45{,}000{,}000/32{,}550{,}000=1.38$

10.1.6 사업시행

10.1.1부터 10.1.5절까지는 교통사고의 발생위험이 높은 지점을 발견하여 이에 대한 대응책을 수립하기 위한 계획단계로 볼 수 있으며, 계획단계에서 구체화된 내용을 실제로 수행하기 위해 세부 시행계획을 작성해야 한다.

1) 사업시행계획의 수립

사업시행계획은 사업기간 및 예산을 고려하여 수립하며 위험도로에 대한 개선방안이 그 근거가 된다. 계획을 수립할 때에는 여러 가지 제약조건을 고려해야 하며 교통량을 비롯한 교통특성도 반영되어야 한다.

또한 교통제어시설을 포함한 교통운영 담당부서와의 긴밀한 협력이 필요하며 노면표시, 도로 표지판, 교통 신호등 및 점멸등의 설치와 관련하여 부서간 협조체제가 이루어져야 한다.

2) 시 공

사업의 시행은 지역별 건설 담당부서 혹은 시공회사에 의해 행해진다. 일반적으로 포장면의 보수, 안전표지, 신호기 등의 개선사업은 비교적 간단하고 설계작업이 적은 반면 입체교차, 평면교차, 신호체계 분석작업 등에는 많은 시간과 인력이 동원되어야 한다. 따라서 대규모 사업은 중앙부서에서 담당하지 않고 하급기관에 위임하여 수행케 하는 것이 일반적인 관행으로 되어 있다.

10.1.7 사업의 평가

어느 공공사업이든 일단 시행된 사업에 대해서는 그 효과를 측정하여 사업시행에 의한 경제적 또는 사회적 가치를 공사비와 비교해볼 필요가 있다. 교통 안전성을 증진시키기 위해 시행되는 도로 개선사업의 경우 해당 사업에 의해 실제로 발생한 교통사고 감소 편익을 정량적 또는 정성적으로 분석함으로써 사업의 실효성을 검토하게 된다.

일반적으로 도로안전 개선사업에서는 교통사고 감소건수, 교통사고 감소율 및 감소피해 정도를 사업시행 후 2~3년 동안 관측하여 그 효과를 분석한다. 다음은 평가작업의 일곱 가지 단계이다.

1) 평가계획 수립
2) 자료수집 및 정리
3) 효과의 측정
4) 통계적 검증
5) 경제성 분석
6) 평가서 작성
7) Data Base의 구축

이렇게 하여 수행된 도로안전 개선사업의 평가결과는 향후 시행되는 사업에 반영되어야 하며 보다 합리적이고 효과적인 도로안전 개선기법의 개발에 활용된다.

[예제 10-6] [예제 10-5]와 같은 조건에서 회수율(rate of return)을 구하라.

풀이 회수율 i는 연속현재가치계수(SPW: sequential present worth)에 의해 다음과 같이 구할 수 있다.

$$I=(B-K)\cdot SPW_n^i-(T)\cdot PW_n^i$$

$$200{,}000{,}000=(45{,}000{,}000-0)\cdot SPW_{10}^i-(0)\cdot PW_{10}^i$$

$$200{,}000{,}000=(45{,}000{,}000)\cdot SPW_{10}^i$$

$$SPW_{10}^i=\frac{200{,}000{,}000}{45{,}000{,}000}=4.44$$

$$\left.\begin{aligned}SPW_{10}^{15}&=5.019\\ SPW_{10}^{20}&=4.192\end{aligned}\right)\text{를 찾을 수 있다.}$$

보간법에 의해 회수율, $i=16.5$이다.

[예제 10-7] 도시내 교차로에서 아래와 같은 사고감소가 예상된다.

기 간	사 고 형 태		
	접속도로관련 사고	추돌 사고	좌회전 사고
1977	14건 { 7 재산피해 7 상 해	16건 { 10 재산피해 6 상 해	12건 { 6 재산피해 7 상 해
1978	10건 { 9 재산피해 1 상 해	18건 { 13 재산피해 5 상 해	14건 { 6 재산피해 8 상 해
전체	24건 { 16 재산피해 8 상 해	34건 { 23 재산피해 11 상 해	26건 { 11 재산피해 15 상 해

〈사고형태별 예측 사고 감소건수〉

접속도로관련 사고 50% 감소	추돌 사고 10% 감소	좌회전 사고 25% 감소
12건 { 8 재산피해 4 상 해	3건 { 2 재판피해 1 상 해	7건 { 3 재산피해 4 상 해

한편 예상되는 초기 수행비용은 다음과 같다.

- 총비용: 20,715,000원
- 신호등 개선비용: 3,860,000원
- 노면 표시비용: 255,000원

- 유입로 표시비용: 1,600,000원
- 진입로 재포장비용: 15,000,000원

개선 전, 후의 ADT는 각 66,000과 72,600이다. 건설비용을 회수하기까지 소요되는 기간을 구하라.

풀이

〈회수기간 분석표〉

교통사고 비용은 다음과 같이 가정하자.

- 사 망 — 160,000,000원
- 상 해 — 6,200,000원
- 재산피해 — 870,000원

한편 교통사고 감소 편익은 **Roy Jorgensen**이 제안한 다음 식을 사용해 보기로 한다.

$$B=\frac{ADT_a}{ADT_b}\times(Q\cdot R_1+870\ R^2)$$

여기서,

B: 편익

ADT_a: 개선 후의 평균 일교통량: 72,600

ADT_b: 개선 전의 평균 일교통량: 66,000

R_1: 상해 및 사망의 감소 14

R_2: 재산피해 사고의 감소 13

$$Q=\begin{cases}5{,}500{,}000(\text{사망이 없을 때})\\ \dfrac{160{,}000{,}000+(I/F\times 6{,}200{,}000)}{1+I/F}=7{,}001{,}000(\text{사망 있을 때})\end{cases}$$

단, I/F: 상해자와 사망자의 평균비

2년 동안의 자료에 의한 회수기간은 다음 절차에 의해 계산한다.

2년간 사망이 없었으므로 $Q=5{,}500{,}000$

2년 동안의 편의 $B=1.1[(5{,}500{,}000)\cdot 14+(870{,}000)\cdot 13]$

$=1.1[(77{,}000{,}000)+(11{,}310{,}000)]=97{,}141{,}000$원

그러므로 연간 편익=48,570,500원

C: 총비용은 예제의 조건으로부터 20,715,000원

$$\therefore\ \text{회수기간}=\frac{C}{B}=\frac{20{,}715{,}000}{48{,}570{,}500}=0.426\text{년}=5.1\text{월}$$

10.2 안전시설

도로 선형의 설계수준이 높아지고 도로 선형에서의 차량 안전성이 높아짐에 따라 도로 주변을 구성하는 측면구배, 길어깨폭, 장애물까지의 거리 등의 적절한 설계수준 확보 역시 매우 중요한 사항이 되었다. 예를 들어 차선을 이탈한 차량들이 부딪치게 될 도로주변 고정장애물들을 얼마나 효과적으로 처리하느냐의 문제는 우리나라 1988년 교통사고 통계에 의하면 차량 단독으로 고정장애물에 충돌하여 발생하는 교통사고 건수가 전체 교통사고 건수의 약 5.1%에 해당하는 점과 이러한 형태의 교통사고로 인한 치상 정도가 다른 형태에 비해 매우 높다는 점을 생각할 때 그 중요성이 분명히 인식된다.

이 절에서는 차량 안전성 확보를 위해 설치되는 도로안전시설인 도로안전표지, 노면표시, 방호책, 조명시설 중 방호책에 대해 설명하고 도로안전표지와 노면표시는 제11장 교통제어시설에서 설명하기로 한다.

10.2.1 노변 방호책

방호책은 종방향 방호책과 횡방향 방호책으로 구분할 수 있으며 종방향 방호책은 노변 방호책과 중앙분리대 방호책으로 다시 구분할 수 있다. 한편 횡방향 방호책에는 충격 흡수시설이 포함된다.

1) 노변 방호책의 형태

노변 방호책에서 대표적인 것이 가드 레일(guard rail)이다. 노변 방호책은 그 자체가 위험물이기 때문에 차선에서 이탈한 차량이 방호책에 부딪치는 이상의 큰 충격을 갖는 경우에만 설치 필요성이 인정된다. 또한 방호책은 충격에 의한 피해를 최소화시키기 위해 설치되었지만 어느 정도의 충격은 발생할 수 있음을 전제로 하고 설치된다.

노변 방호책은 차량이 위험지역에 접근하는 것을 방지하고, 차선과 평행으로 설치되며, 차량이 최대 25° 각도로 부딪치는 것을 전제로 한다. 또한 노변 방호책은 한 쪽면이 차량에 부딪치는 것을 전제로 하고 있다.

노변 방호책을 구분하기 위해서는 보통 2개의 기준을 사용하고 있다. 첫째는 방호책의 강도에 의한 분류인데 연성, 반강성, 강성이 그것이다. 연성 방호책이란 차량이 방호책에 부딪치는 경우 약 2~5m의 처짐이 발생하는 유형을 말하며 강성 방호책은 전혀 처짐이 발생하지 않고 반강성 방호책은 이 두 가지 유형의 중간적인 특성을 갖는다.

노변 방호책을 구분하는 또 다른 기준은 적용 여부에 관한 것이다. 이 기준은 방호책을 실용화된 것들과 시험단계에 있는 것 그리고 연구개발단계에 있는 것으로 구분하는데 이에 대한 설명은 다음과 같다.

1) 실용화된 방호책: 실제규모의 현장충격시험에 적합한 것으로 판

[그림 10-6] 노변 방호책의 여러 형태[5]

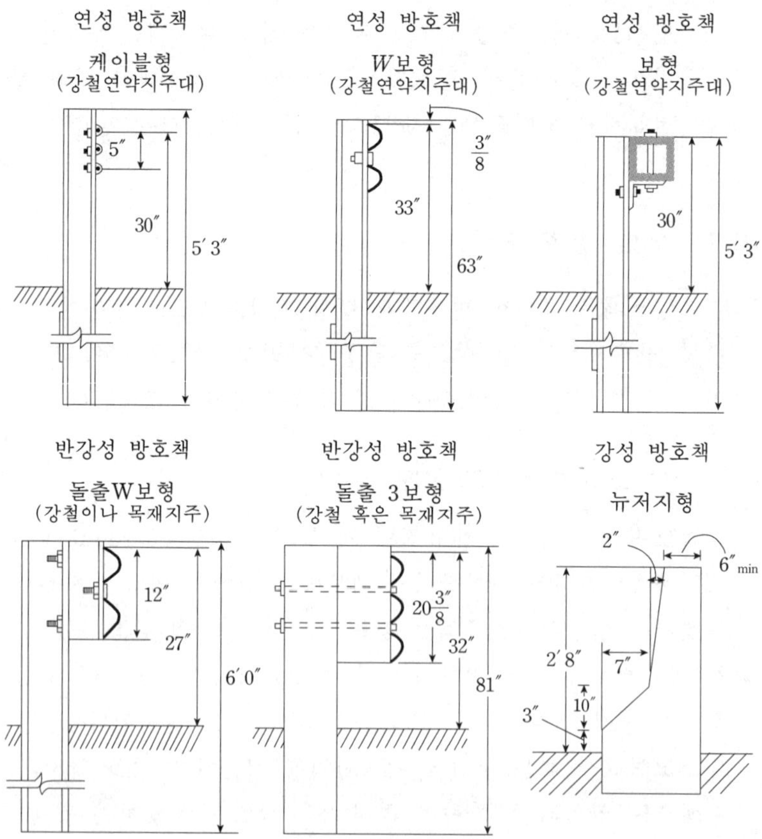

명된 방호책으로서 새로운 방호책을 설치하는 경우 반드시 실용화된 방호책을 설치해야 한다.

2) 시험단계에 있는 방호책: 실제규모 현장충격시험에서 적합한 것으로 판명되었으며 현장에서 우수한 기능을 나타낼 것으로 예상되는 방호책이다. 따라서 시험단계에 있는 방호책을 선택하는 경우 실제 현장에서 이들이 어떠한 충격흡수기능을 발휘할지에 대한 분석이 세밀히 수행되어야 한다.

3) 연구개발단계에 있는 방호책: 연구개발단계에 있는 방호책으로서 아직 실제규모의 현장충격시험이 수행되지 않은 상태에 있는 방호책을 말한다.

다음은 실용화된 방호책으로서 종방향 방호책에 대한 설명이다. [그림 10-6]은 종방향 방호책의 여러 형태를 도시하고 있다.

1) 강성 방호책: 이에 대표적인 것은 콘크리트 안전형 방호책으로서 [그림 10-6]의 우측 하단에 도시되어 있는 이른바 뉴저지형(New Jersey type) 방호책이다.

2) 반강성 방호책: [그림 10-6]의 하단에서 보는 바와 같으며 돌출형 W보형과 돌출 3보형 방호책은 방호책의 처짐을 방지하기 위해 강한 지주대를 갖고 있다. 또한 차량이 방호책에 부딪친 후 미끄러지면서 차량 타이어가 지주대에 박히는 것을 방지하기 위해 지주대와 보 사이에 **block**을 가지고 있다. 방호책의 처짐은 약 0.5~1.0m 정도를 유지해야 한다.

3) 연성 방호책: 연성 방호책에는 케이블형, W보형, 보형 방호책이 포함되며 [그림 10-6]의 상단에서 보는 바와 같다. 방호책의 처짐은 약 3.5m를 초과하지 않는다.

2) 노변 방호책의 설치방법

고정장애물에서 방호책까지의 거리는 방호책의 처짐량보다 커야 하며 만약 이 거리가 확보되지 않는 경우에는 고정장애물 주위에서 방호책의 강도를 높여야 한다. 이를 위해 다음과 같은 방법이 사용된다.

- 지주대의 간격을 좁힌다.
- 보다 강도 높은 연결 처리를 한다.

한편 차량이 방호책을 뚫고 통과하거나 방호책과 부딪친 후 그 위를 비행하지 않게 하기 위하여 차선의 끝부분으로부터 횡방향으로 방호책은 되도록 멀리 떨어진 지점에 설치되어야 한다. 이렇게 하면 방호책과 차선 사이의 공간에서 운전자들이 여유를 갖을 수 있으며 충격도 감소시킬 수 있다. 한편 이 공간은 고정장애물이 없는 평지로 되어야 한다.

도로의 측면구배가 너무 급하게 되면 차량이 방호책 위로 비행할 확률이 높아지게 되므로 이론적으로 볼 때 방호책은 도로 측면구배지의 정상부에 설치되는 것이 바람직하다. 도로의 연석도 차량으로 하여금 충격과 함께 튀어오르는 상태를 발생시키므로 되도록이면 연석과 방호책과의 거리는 충분히 띄워야 한다. 한편 방호책이 길어깨부와 측면구배지와의 교차지점에서 너무 근접해 있으면 방호책의 지주대가 충격에 의해 넘어지는 경우가 있으므로 최소한 0.5m 정도의 간격은 유지해야 한다.

다음은 방호책의 높이에 대해서 알아본다. 방호책의 높이를 적절히 하지 않으면 차량이 방호책에 부딪치고 나서 방호책 위를 비행하거나 차량 타이어가 방호책에 박히게 되므로 매우 조심해야 한다. 일반적으로 방호책의 높이는 설계차량의 bumper 높이를 고려하여 결정해야 하는데 일반적으로 0.7~0.8m가 보통이다.

방호책의 길이는 고정장애물의 위치, 크기와 형태에 따라 변화하며 그 길이를 정할 때 다음 사항을 고려해야 한다.

1) 차선을 이탈한 차량이 방호책 뒤로 접근하여 고정장애물에 충돌하지 않도록 방호책의 길이를 충분히 확보해야 한다.
2) 방호책과 방호책이 60m 정도의 거리를 두고 인접설치된 경우에는 서로 연결시키는 것이 좋다.
3) 고정장애물이나 위험지역을 지난 후 방호책은 충분한 거리에 걸쳐 연속적으로 설치되어야 한다.
4) 반대편 방향에서 중앙분리대를 통과하여 장애물로 접근할 가능성이 있는 경우 방호책의 길이는 이를 충분히 감안하여 설치되어야 한다.
5) 방호책이 시작하거나 끝난 지점으로부터 얼마간 떨어지지 않은 지점에 장애물이나 위험지역이 존재하는 경우 방호책을 연장시

[그림 10-7] 노변 방호책의 전이구간 설치 예

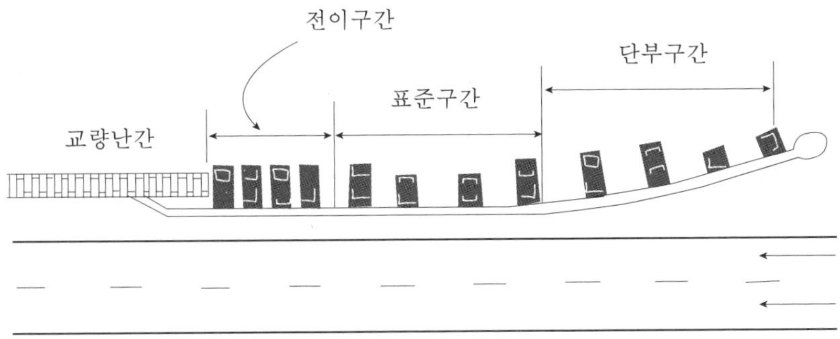

켜 차량 접근을 방지토록 한다.

한편 노변 방호책이 또 다른 방호책과 연결되거나 고정물체에 직접 연결되는 경우 전이구간을 설치하는 것이 바람직하다. [그림 10-7]은 전이구간 방호책의 설치 예이다.

10.2.2 중앙분리대 방호책

중앙분리대 방호책은 노변 방호책과 유사한 개념을 갖고 설치되며 다만 양방향에서 접근하는 차량들을 고려하고 있다는 점이 다를 뿐이다. 강성 중앙분리대 방호책 중에서 실제 사용되고 있는 것은 뉴저지형 뿐이며 그 형태는 [그림 10-6]에 이미 도시한 바 있다. 그 외에 반강성 중앙분리대 방호책에는 강성 지주대에 설치된 Blocked-out W-beams, 강성 지주대 위에 설치된 Blocked-out Thrie Beam 등 다섯 가지가 있으며, 연성 중앙분리대 방호책에는 강성 지주대 위에 설치된 2～3개의 케이블 형태 및 비교적 연성인 지주대 위에 설치된 2중 *W*보형이 있으나 연성 방호책은 차량 충격에 의해 많은 양의 처짐이 발생하므로 중앙분리대 방호책에서는 되도록 사용하지 않는 것이 좋다.

중앙분리대 방호책의 설치에 있어 가장 중요한 사항은 방호책의 끝부분 처리이다. 중앙분리대 방호책의 끝부분을 적절히 처리하지 않게 되면 이는 곧 차량통행에 위험요소로 작용하게 되므로 땅 속에 묻거나 그 끝을 차량 진행방향에 대하여 길게 벌려 놓는 방식을 택해야 한다. [그림 10-8]은 중앙분리대 방호책의 여러 가지 형태를 나타내고 있다.

10.2.3 충격흡수시설

충격흡수시설이란 차선을 이탈한 차량이 고정장애물에 직접 충돌하

[그림 10-8] 중앙분리대 방호책의 여러 형태[6)]

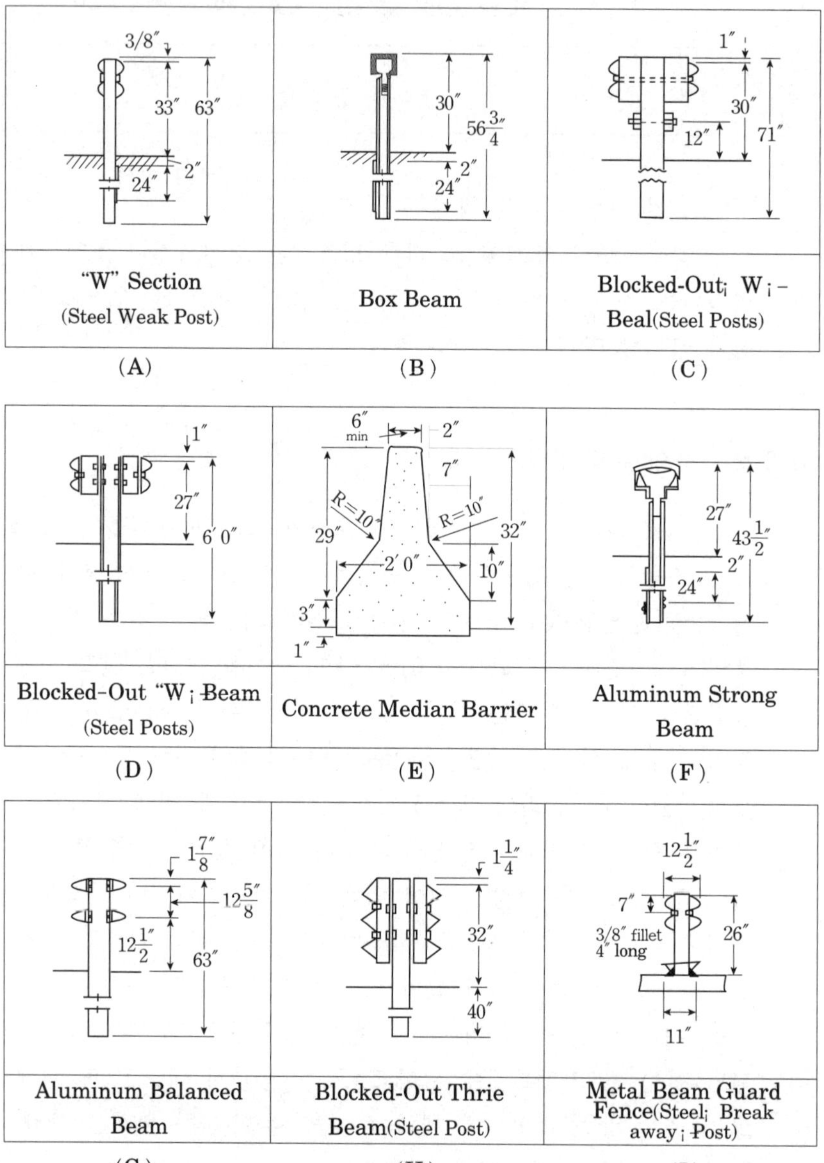

는 것을 막기 위해 차량의 충돌시 그 속도가 완만하게 줄어들도록 하거나 충돌 후 그 방향이 전환되도록 고안된 안전시설물을 말한다. 도로공학 분야에서 충격흡수시설은 **impact attenuation device** 혹은 **crash cushion**이라고 불리는데 실제적으로 미국의 경우 고속도로 진출부에서 가장 많이 볼 수 있으며 우리나라는 아직도 충격흡수시설의 활용이 보편화되어 있지 않다.

충격흡수시설은 다음 두 가지 설계 개념에 의해 설치된다.

1) 동적 에너지 개념에 의한 설계

이 개념은 차량의 충돌에서 발생하는 동적 에너지를 고정장애물 전방에 설치한 충격완화시설물에 의해 모두 흡수하려는 데서 출발한다.

[그림 10-9] 충격완화시설물의 설치 예(I)[7]

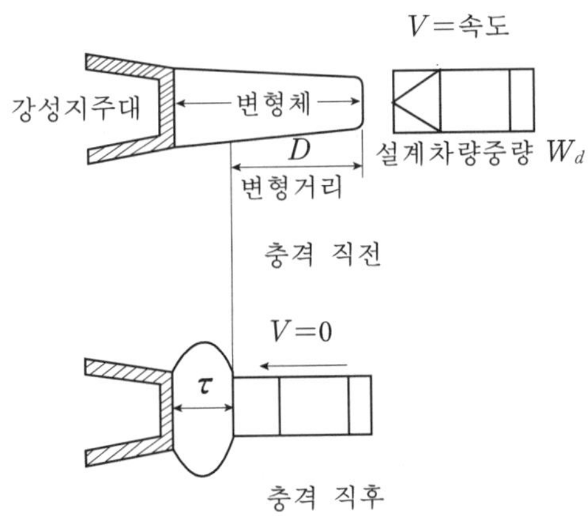

[그림 10-10] 대표적인 정지력과 충격거리의 관계(1ton 차량, 100km/시의 주행속도)[7]

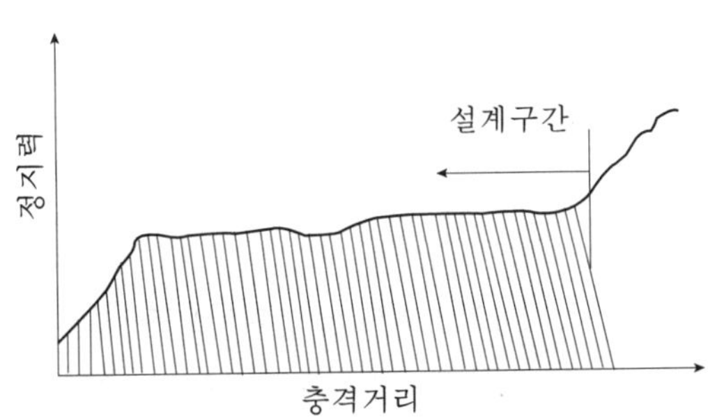

[그림 10-9]는 이 개념에 따라 설치된 충격완화시설물의 예이다.

일반적으로 정지력(stopping force)과 충격거리(crash distance)는 [그림 10-10]과 같은 관계를 나타낸다. 이 관계는 약 100 km/시로 달리고 있는 1 ton 차량을 3 m거리 내에서 정지시키고자 할 때 얻어진 것이다. 차의 중량과 속도변화에 따라 이 관계는 다소 변하게 되지만 대략적인 형태는 동일하다. 중량과 속도가 증가한 경우 설치물의 재료와 설치거리도 달라지게 된다. [그림 10-10]에서 사선부분은 충돌차량이 갖는 동적 에너지양을 나타내며 다음과 같이 표시된다.

$$E_{veh}=\frac{mV^2}{2}=\frac{WV^2}{2g} \qquad \cdots\cdots (10.8)$$

여기서,
m=차량의 질량
V=충격시의 속도
W=차량중량

한편 충격완화시설에 의해 감소하는 동적 에너지 양은 다음과 같다.

$$E_{device}=F_{stop}\times D \qquad \cdots\cdots (10.9)$$

여기서,
F_{stop}=정지력
D=충격완화시설의 변형거리

에너지 보전의 법칙에 따라 식(10.8)=식(10.9)이므로

$$\frac{WV^2}{2g}=F_{stop}\times D \qquad \cdots\cdots (10.10)$$

따라서

$$D=\frac{WV^2}{(F_{stop})(2g)} \qquad \cdots\cdots (10.11)$$

일반적으로 운전자가 상해를 입지 않고 견딜 수 있는 최대감속도는 중력가속도의 10배이다. 따라서 이 때의 충격완화시설물에 의한 설

[표 10-5] 충격완화시설의 최소설치거리

충격시 속도(km/시)	최소설치거리(m)
48	0.9
64	1.6
80	2.6
96	3.7
115	5.0
130	6.5

계정지력을 F_d라고 하고 설계차량의 중량을 W_d라고 하면 다음 식이 성립된다.

$$F_d = m \cdot a = 10 \cdot W_d \qquad \cdots\cdots (10.12)$$

따라서 F_{stop}이 F_d와 같을 때 충격완화시설의 최소설치거리 D_c는 식(10.11)과 식(10.12)에 의해 다음과 같이 결정된다.

$$D_c = \frac{V^2}{20g} \qquad \cdots\cdots (10.13)$$

식(10.13)에서 유의할 것은 산출된 충격완화시설의 최소설치거리는 [그림 10-10]에서 보는 바와 같이 정지력과 충격거리의 관계를 동시에 만족시켜야 한다는 점이다. 다시 말해서 $F_{stop} = F_d$인 관계가 반드시 성립해야 한다.

식(10.13)에 의해 충격시 속도별 최소설치거리를 구하면 [표 10-5]와 같다.

2) 운동량 보존의 법칙에 의한 설계

이 방법은 주행차량의 운동량을 충격완화시설에 전달하여 차량의 속도를 15km/시 이하로 감소시킴으로써 운전자를 보호하고자 하는 방법이다. 이러한 형태의 충격완화시설물은 「實性保護柵」(inertia barrier)이라고도 불리며 보통 모래나 액체를 채운 용기로 구성된다. [그림 10-11]은 이 개념에 의해 설계된 충격완화시설물의 형태이다.

[그림 10-11]에서 첫번째 용기를 지난 후의 차량속도 V_1은 차량중

[그림 10-11] 충격완화시설물의 설치 예(Ⅱ)[7]

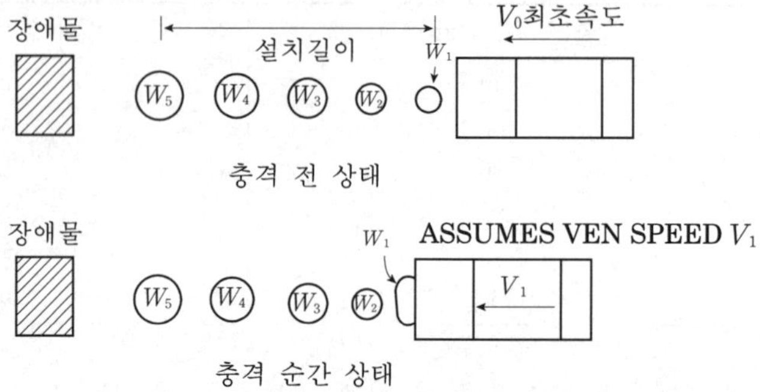

량을 W라 하고 용기가 차량의 속도와 같다고 가정할 때 운동량 보존의 이론에 의해

$$V_1=V_0\left(\frac{W}{W+W_1}\right) \quad \cdots\cdots (10.14)$$

으로 나타나고 같은 방법으로 가령 다섯 번째 용기를 통과한 후의 차량속도 V_5는 다음과 같다.

$$V_5=V_4\left(\frac{W}{W+W_5}\right) \quad \cdots\cdots (10.15)$$

로 된다. 각 용기에 부딪칠 때 차량의 속도변화를 일정하게 유지하려면 시설물의 크기가 후방으로 갈수록 점점 커져야 한다.

한편 용기를 부딪친 후의 차량속도 차이를 살펴보면 다음과 같다.

$$\varDelta V_1=V_0-V_1=V_0\left(1-\frac{W}{W+W_1}\right) \quad \cdots\cdots (10.16)$$

$$\varDelta V_2=V_1-V_2=V_1\left(1-\frac{W}{W+W_2}\right) \quad \cdots\cdots (10.17)$$

$$\vdots$$

$$\varDelta V_n=V_{n-1}\left(1-\frac{W}{W+W_n}\right) \quad \cdots\cdots (10.18)$$

이 식들에 의하면 차선을 이탈한 차량은 충격완화시설물과의 충돌에 의해 완전히 정지되지 않는다. 그러나 실제 설계시에는 차량이 마지막 용기를 통과한 후 주행속도가 15km/시 이하면 되면 운전자가 안전하다고 생각한다. [그림 10-12]는 현재 AASHTO에서 사용되고 있는 충격흡수시설의 유형이다.

[그림 10-12] 충격흡수시설의 유형

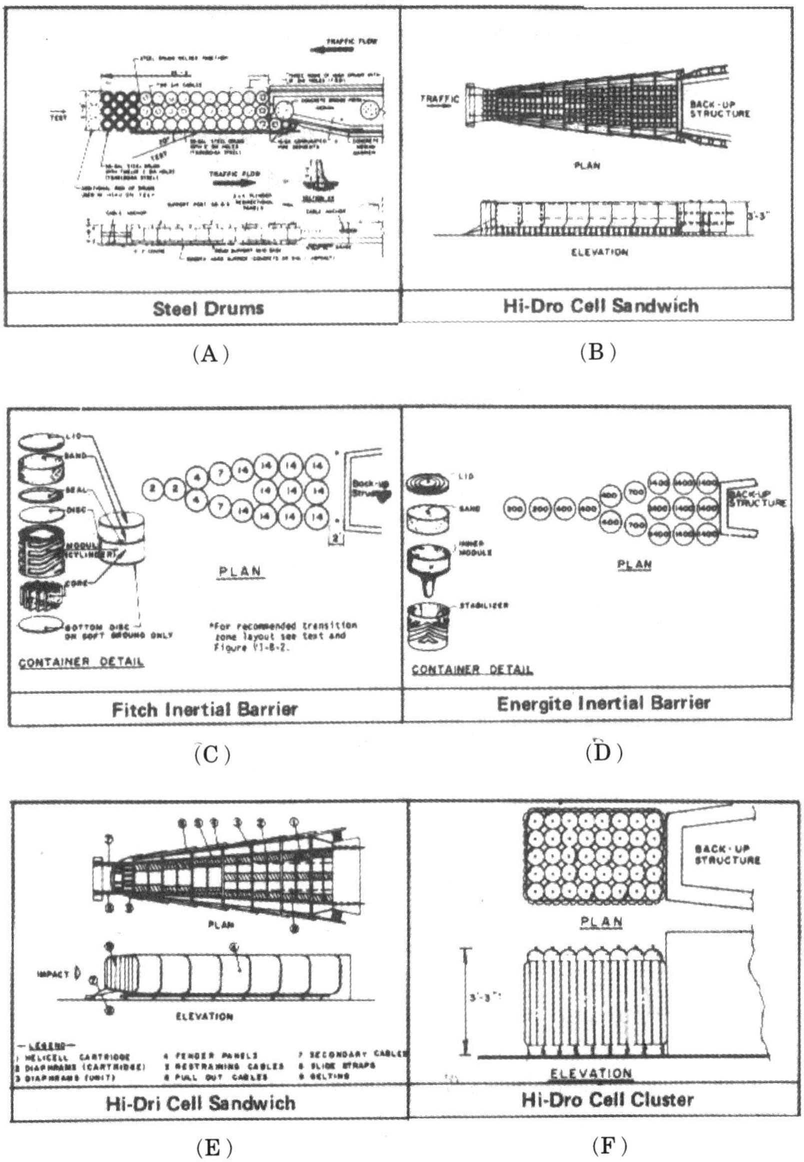

■ 주

1) 도로교통안전협회, 「부산직할시 교통안전 개선사업에 관한 연구」, 1988.
2) FHWA, *Highway Safety Engineering Studies*, 1981.
3) 건설부, 「교통사고다발지점 개선방안에 관한 연구조사」, 1989.
4) 교통개발연구원, 「선진국 교통안전정책 사례조사 연구 및 우리나라 정책방향 제시」, 1988.
5) FHWA, *Handbook of Highway Safety Design and Operating Practices*, 1978.
6) AASHTO, *A Policy on Geometric Design Highways and Streets*, 1984.
7) FHWA, *Safety Design and Operational Practices for Streets and Highways*, 1979.

제 11 장

교통제어시설물의 설계

교통제어시설(traffic control devices)은 교통류 진행을 시간적으로 통제하기 위해 관련 기관에서 도로변에 설치하는 모든 종류의 시설이다. 사람들이 생각하는 교통제어시설의 형태에는 교통신호등이 대표적인 것이며, 이 외에도 교통제어시설에는 교통표지와 노면표시가 포함된다. 또한 비록 가시적 교통제어 형태는 아니라고 하더라도 운전자들의 통상적인 운전상의 규범이나 예의와 같은 무형의 교통제어 형태가 광범위하게 존재하고 있다. 이러한 교통제어시설을 통하여 얻게 되는 효과는 교통류를 일정한 틀 안에서 움직이게 함으로써 비정상적이고 무질서한 차량 주행을 억제하며, 동시에 교통시설물 설계나 계획과정에서 미처 생각하지 못했던 사항들을 부분적으로 보완하여 교통시설을 이용하는 운전자나 보행자의 교통 안전성을 증진시키는 것이라 할 수 있다.

또한 교통제어시설의 궁극적인 설치 목표는 안전성의 확보라는 데 유의해야 한다. 일반적으로 교통제어시설을 포함하여 어떤 한 교통시설을 설치했을 때 사회 전체의 입장에서 얻게 되는 이익은 교통 소통, 즉 교통 효율성이 제고되며 교통 안전성이 높아진다고 볼 수 있는데, 교통제어시설은 주로 교통 안전성을 높이는 효과를 나타낸다. 이는 상당히 중요한 개념적 접근으로서 우리는 교통제어시설을 설치하는 과정에서, 교통 효율성을 고려치 않을 수 있으며, 또한 교통제어기법을 적용할 때 교통량보다는 도로의 기하구조 설계나 지형의 외형상 변화와 보다 밀접한 관련을 맺고 분석되어져야 한다는 점에서 더욱 그렇다.

본 장에서는 교통제어시설의 여러 형태를 기본개념과 함께 살펴봄으로써 교통운영기법의 적용시 폭넓은 시야를 갖고 종합적으로 분석할 수 있도록 한다.

11.1 교통제어시설의 설치 개념

11.1.1 교통제어시설의 설치 목적

세계적으로 널리 보급되어 인용되고 있는 미국의 교통제어시설 설치 편람에 의하면 교통제어시설의 설치 목적은 다음과 같다.[1]

> "교통제어시설의 설치 목적은 도로 교통체계 내에 존재하는 모든 종류의 교통류를 질서있고 예측 가능한 방식으로 움직이게 하고, 동시에 교통류 내의 개별적 구성요소들이 상호 긴밀하게 차량조작에 필요한 정보를 교환할 수 있게 함으로써 교통 안전성을 높이는 데 있다."

이 편람에서 주로 강조하는 사항은 차량의 질서, 주행 경로의 예측, 그리고 정보 교환 등에 의해서 얻어지는 교통 안전성인데, 이러한 관점은 비단 교통제어시설의 설치에만 국한되는 것이 아니고 교통공학 전 분야 특히, 차량의 조작에 밀접하게 관련된 교통시설의 설계 분야에서 충분히 인식되어져야 할 사항이다.

위에 제시된 설치 목적을 달성하기 위해서 교통제어시설이 갖추어야 할 기본적인 요건을 기술하면 다음과 같다.[2]

- 설치 목적을 충분히 달성해야 한다.
- 운전자의 주의를 끌기에 충분해야 한다.
- 분명하고 단순명료한 의미를 지녀야 한다.
- 모든 운전자의 순응을 얻을 수 있어야 한다.
- 적절한 반응시간을 확보할 수 있도록 위치해야 한다.
- 교통류를 규제하는 경우 법적인 근거를 확보하고 있어야 한다.

더불어 이러한 기본적인 요건을 갖추기 위해서 교통제어시설은 다음과 같은 공학적인 배려를 통해 설치되어야 한다.[2]

- 합리적인 설계가 되어야 한다.
- 적절한 위치 선정이 이루어져야 한다.
- 합리적인 운영방법이 강구되어야 한다.
- 합리적인 유지 관리를 수행해야 한다.

- 설치의 통일성 확보에 노력해야 한다.

다음은 이에 관한 보다 상세한 설명이다.

1) 설　　계(Design)

교통제어시설의 크기, 색조, 색상, 형태, 전달내용, 휘도 등은 운전자들의 주의를 끌 수 있도록 구성되어야 한다. 또한 교통제어시설의 크기, 형태, 생상, 전달내용 등은 알맞게 처리되어서 전달코자 하는 제어내용을 분명히 전달해야 한다. 글자의 선명성과 시설물의 위치 및 크기 등은 운전자에게 충분한 반응시간을 제공하도록 제작되어야 한다. 또한 시설물의 균일성, 크기, 합리성 등은 알맞게 처리되어 운전자들이나 도로 사용자들의 순응을 얻을 수 있어야 한다.

2) 위　　치

교통제어시설물의 위치는 운전자들의 시야에 확연히 들어오도록 설치되어야 하고 도로 환경과 조화를 이루어야 하며 운전자들이 교통제어시설물을 인식하고 나서 충분한 반응시간을 갖도록 설치되어야 한다.

3) 운　　영

적절한 교통제어시설물 설치의 필요성이 분명히 인정되는 장소에 알맞게 설치되어야 한다. 또한 교통제어기법은 통일성을 이루어 운전자들이 동일한 상황에 처했을 때 동일한 교통제어기법을 대하도록 설치되어야 한다.

4) 유지 및 관리

교통제어시설은 항상 청결하게 유지되어야 하며 설치의 필요성이 없어진 경우에는 지체 없이 철거되어야 한다. 또한 교통제어시설이 여러 개 설치되어 한 의미를 나타내는 경우 한 개의 교통제어시설을 철거하면 다른 시설물의 기능이 영향을 받는 수가 있으므로 총체적인 입장에서 신중한 검토를 수행해야 한다.

5) 통 일 성

교통제어시설은 통일성이 있도록 설치되어야 운전자들에게 지우는 심적 부담이 감소한다. 즉, 한 교통제어시설이 나타내는 의미는 운전자, 경찰 및 판결권을 가진 재판관의 입장에서 볼 때 항상 똑같이 받아들여져야 한다.

11.1.2 교통제어시설의 일관성 개념

교통제어시설의 설치에 있어 가장 중요한 것은 일관성을 유지하는 것이다. 교통제어시설의 일관성은 한 국가의 입장에서 볼 때 전국 어디에서나 그 설치된 형태가 동일해야 한다는 것인데, 이는 교통량이 증가할수록 그 중요성이 강조되어 지고 있다. 또한 교통 특성의 일반적인 사항인 교통류의 속도가 높고, 시설물의 설계가 복합적이다. 그리고 교통량이 많고, 도로주변 시설물로부터의 시선유혹 정도가 심한 상황에서 교통제어시설에 요구되는 기능을 충분히 감당하기 위해서는, 운전자들이 교통제어시설을 쉽게 인식하고 그 내용을 빨리 이해하여 차량주행에 적절히 그 제어 내용을 반영시키도록 해야 한다.

또한 이 때 운전자는 의사결정에 소요되는 시간을 충분히 가져야 하며, 마지막 순간에 도달해야 위험한 운전조작을 가까스로 수행하는 등의 불합리한 점을 극소화시키기 위해서는, 적절한 조작을 안전하게 수행할 수 있도록 특히 교통제어시설의 형태나 위치 등에 있어서 일관성을 유지하도록 설치해야 한다.

최근 들어 통행량의 많은 부분은 도시와 도시간의 통행에 해당한다. 따라서, 낯선 지역을 주행하는 운전자가 갖게 될지도 모르는 혼동을 극소화시키기 위한 관점에서도 일관성 있는 교통제어시설을 설계하여 설치하는 것은 매우 중요한 일이다.

교통제어시설의 일관성을 확보하기 위해서는 다음과 같이 여러 측면에서의 접근이 가능한데 각 측면마다 고유의 특성을 나타내게 된다.

1) 설계측면

교통제어시설의 설계 측면이 포함하는 것은 우선 그 형태, 색상, 크기, 상징, 글자 형태 및 크기, 숫자 형태 및 크기 등이 있으며 이 외에도 반사의 정도나 휘도 등이 고려될 수 있다.

우리나라의 경우 각 도에서 지방도 이하 도로의 교통제어시설을 담당하고 있고 건설교통부에서 일반 국도, 그리고 한국도로공사에서 고속도로의 교통제어시설을 담당하기 때문에 각 도로시설마다 교통제어시설 설치방법이 조금씩 차이가 나는 경우가 있어 왔다. 이의 개선을 위해 우리나라도 외국의 예에서 보는 것처럼 각 전문분야 구성원들의 대표자들이 서로 오랜 기간 모여 앉아 충분한 의견 수렴과정을 통하여 종합적인 교통제어시설 편람을 제정하는 일이 필요하다.

2) 의미의 측면

교통제어시설의 의미를 통일시킴으로써 운전자들의 순응을 얻는데 큰 도움이 된다. 물론 교통제어시설이라 하게 되면 어느 정도의 의미상 통일을 전제로 하고 있기는 하지만, 한 나라 전체를 놓고 볼 때 의미상 통일성이 확보되지 않는 경우가 상당수 발생한다.

3) 적용의 측면

적용과정에서 일관성이 확보되지 않는 교통제어시설에 대한 운전자들의 반응은 상당히 부정적이어서 교통제어를 잘 따르지 않게 된다. 또한 일관성이 없는 적용을 통해서는 쓸데없이 과다한 양의 교통제어시설이 설치되거나, 설치의 필요성이 인정될 수 없는 교통제어시설 등이 설치됨으로써 교통혼잡의 원인이 될 수 있다. 설치 필요성이 확인되지 않음에도 불구하고 정책적 대안으로 또는 민원에 의해서 불필요하게 설치된 교통제어시설들은 운전자들로 하여금 반감을 유발시키며, 교통 위반을 유발시키고, 이와 유사한 모든 형태의 교통제어시설에 대한 경멸 태도를 갖게 하므로, 이 점에 극히 주의해야 한다.

4) 설치 위치의 측면

설치 위치의 일관성을 통해서 얻게 되는 효과는 운전자들이 교통제어시설을 자칫 보지 못할 가능성을 감소시킨다는 점이다. 설치 위치를 적정하게 해 주게 되면 운전자들은 적절한 운전조작을 정확한 장소에서 수행할 수 있게 되는데, 예를 들면 고속도로에 자주 설치되는 연결로의 위치를 알려 주는 교통표지를 연결로의 시작부로부터 어느 정도 전방에 설치할 것인가 등과 같은 것들이다. 그러나 실제로는 이러한 이론상의 적정위치를 확보하기가 어려운 경우가 많이 나타나게 되는데, 이 때에는 적정위치에 최대한 근접한 위치를 택해서 교통제어시설을 설치해야 한다.

11.1.3 교통제어시설의 표준형태 및 설치 근거

교통제어시설을 관장하고 있는 각 부서에서는 전국적으로 통일된 규범 안에서 일관성 있는 기준을 가지고 교통제어시설을 설치해야 한다는 것은 전 절에서 설명한 바와 같다.

이를 위해서 제정된 것이 교통제어시설의 설치 근거인데 이러한 설치 근거는 어느 특정 교통제어시설(예를 들면 일단정지표지, 양보표지, 교통신호등)에 대한 적정성과 상대적인 필요성을 규명하는 일종의 기준이다.

일반적으로 교통제어시설의 설치 근거는 차량이나 보행 교통량과 같이 계량적 수치로 표시되는 것이 많으며, 여러 형태의 교통제어시설 중에서 가장 효과적인 시설을 선정하는 방법에 대한 설명을 포함하고 있다.

이 때 사용되는 기본 개념은 다음의 두 가지 생각인데, 이러한 기본 개념의 도입을 통해 교통제어시설의 설치효과를 극대화할 수 있다.

- 가장 효과적인 교통제어시설이란 설치 목적을 충분히 수행할 수 있다는 전제하에서, 가장 규제가 약한 형태이다.
- 한 교통제어시설에 대한 운전자들의 반응 정도는 다양한 교통특성 및 운전자 특성을 나타내는 조건하에서 현장조사 자료나 시험결과를 통해 얻어진다.

이 때 유의해야 할 한 가지 사항은 교통제어시설의 설치 근거는 통일된 규범과 일관성 있는 기준을 확보하기 위한 절차에 불과하기 때문에 설치 근거를 만족시켰다고 해서 해당 교통제어시설을 꼭 설치해야 하는 것은 아니며, 또한 반대로 설치 근거를 만족시키지 못했다고 해서 교통제어시설을 절대로 설치할 수 없는 것은 아니다.

이렇듯 교통제어시설의 설치 근거를 적용하여 올바른 결과를 얻는다는 것은 교통제어시설에 관련된 모든 주변여건들을 교통공학적 판단에 의해 종합적으로 분석한 후에야 얻어질 수 있는 것임을 이해해야 한다.

11.1.4 운전자 기대심리

차량 운전자들은 교통정보를 습득하는 과정에서 그러한 정보들이 분명하고 표준화된 형태로 중복되어 나타나기를 원한다. 보통 정상적인 도로 환경하에서 운전자들은 노면표시, 교통표지, 교통신호등의 공식적 교통정보를 습득하며 이들 요소들은 또한 색상, 형태, 그리고 배치 순서 등이 일관성 있게 나타나기를 기대한다.

또한 운전자들은 일관성 이외에도 그러한 교통정보들이 중복되어져 나타나기를 기대하게 되는데, 이는 교통제어시설의 설치에 있어서 매우 중요한 개념이다. 예를 들면 신호교차로에서 좌회전 차로에 노면 표시로 화살표를 표시하는데, 이는 신호등의 렌즈 개수가 4개 이상이 되면 좌회전 신호가 주어지기 때문에 운전자들은 이미 좌회전 차로임을 알고 있지만 이를 보다 확실히 하기 위한 기법이라 할 수 있다.

결국 운전자의 기대심리를 충족시킴으로써 운전자들의 반응시간을 감소시키고 또한 운전자들의 순응을 얻어내기 위해서는 다음의 세 가지 개념이 만족되어야 한다.

- 표 준 화
- 일 관 성
- 중 복 성

11.2 교통제어시설의 종류

11.2.1 교통신호등

교통신호등은 평면교차로 및 횡단보도에 있어서 복잡한 교통의 우선권을 시간적으로 할당하는 장치이며 평면교차의 처리방법으로서는 안전하고 확실한 것으로 인정되고 있다.

그러나 교통량이 적은 경우 일반적으로 어느 정도의 교통용량의 저하가 발생하고 또 설치, 관리가 적절하지 않는 경우 추돌사고 증가 또는 교통용량 저하 등의 폐해를 수반하므로 신호기종의 선정, 주기, 현시배분, 연동시간의 결정 등에는 충분히 유의할 필요가 있다.

교통량이 증가되면 일시정지 등의 교통표지만으로는 만족한 교통처리가 이루어지지 못하여 필연적으로 신호등을 설치하여 교통제어를 하지 않을 수 없게 된다. 그런데 신호등은 교통량이 적은 곳에서는 오히려 쓸데없는 차량정지를 강제하게 되는 것이므로 신호등을 설치하려면 교통공학적인 판단이 필요하다.

1) 신호등의 설치요건

우리나라에서는 다음과 같은 4가지 조건을 통해 신호등 설치 여부를 판단하고 있다.[3)]

① 차량 교통량에 의한 설치요건

교통량이 많아지게 되면 평면 교차로를 이용하는 차량간 상충횟수가 급격히 증가하여 운전자들간의 통해 우선권 배정이 곤란해지게 된다. 이러한 관점에서 볼 때 일정 교통량에 도달한 교차로에 대해서는, 신호등을 설치함으로써 무질서한 교통류는 질서 있게 유도하고 더불어 교통 안전성의 제고를 꾀할 수 있게 된다.

현재 우리나라 경찰청에서 적용하고 있는 차량 교통량에 대한 적용기준은 [표 11-1]과 같다.

[표 11-1] 차량 교통량에 따른 교통신호등 설치요건[3)]

주도로	차도폭원		종도로 중 최대유입량을 가지는 도로의 유입량	종도로 중 최대유입량을 가지는 도로의 유입량
	주도로	종도로	12시간 (피크 1시간) 교통량	12시간 (피크 1시간) 교통량
주요간선도로	10m 미 만	10m 미 만	6,000 (650) 7,000 (750) 9,000 (1,000)	2,700 (300) 2,100 (230) 1,500 (160)
	10m 미 만	10m 이 상	6,000 (650) 7,000 (750) 9,000 (1,000)	3,300 (360) 2,500 (280) 1,800 (190)
	10m 이 상	10m 미 만	7,000 (800) 8,000 (900) 11,000 (1,200) 14,000 (1,500)	2,700 (300) 2,100 (230) 1,500 (160) 1,050 (120)
	10m 이 상	10m 이 상	7,000 (800) 8,000 (900) 11,000 (1,200) 14,000 (1,500)	3,300 (360) 2,500 (280) 1,800 (190) 1,300 (140)
도시부가로	10m 미 만	10m 미 만	8,000 (750) 9,000 (800) 13,000 (1,200)	3,800 (350) 3,100 (270) 2,000 (190)
	10m 미 만	10m 이 상	8,000 (750) 9,000 (800) 13,000 (1,200)	4,500 (420) 3,500 (320) 2,500 (220)
	10m 이 상	10m 미 만	10,000 (900) 12,000 (1,000) 15,000 (1,400) 20,000 (1,800)	3,800 (350) 3,100 (270) 2,000 (190) 1,450 (140)
	10m 이 상	10m 이 상	10,000 (900) 12,000 (1,000) 15,000 (1,400) 20,000 (1,800)	4,500 (420) 3,500 (320) 2,500 (220) 1,700 (160)

② 횡단보도에서의 설치요건

주로 보행자의 편의를 위하여 설치되는 횡단보도에 신호등을 설치할 것인가의 여부는 차량 통행량과 보행량의 많고 적음에 따라 결정되

[표 11-2] 횡단보도에서의 신호등 설치요건

주 도 로	주도로의 왕복 교통량		종도로의 유입 교통량
	12시간(피크 1시간)교통량		피크 1시간 교통량
주요간선도로	8,000	(900)	100
도시부 가로	12,000	(1,000)	120

며, 그 설치기준은 다음의 [표 11-2]와 같다.[3)]

③ 차량 및 보행자의 교통 안전을 위한 신호등 설치요건

차량 교통량뿐 아니라 보행자 안전성 확보를 동시에 고려해서 신호등을 설치하는 경우가 있다. 이 때에는 ①과 ②에서 제시한 교통량의 80% 이상이 되면 신호등을 설치할 수 있다. [표 11-3]은 이러한 경우에 대한 신호등 설치요건이다.[3)]

④ 교통사고 다발지점에서의 신호등 설치요건

교통사고의 기록이 과거 1년간 2건 이상 발생한 지점이거나, 일단정지 등 교통표지의 적용을 통해서는 교통 사고가 크게 감소하지 않는 지점에 대해서도 신호등을 설치할 수 있다.

[표 11-3] 차량 및 보행자의 교통 안전을 위한 신호등 설치요건

주 도 로	왕복 교통량		주도로 횡단 보행자의 교통량
	12시간(피크 1시간)교통량		피크 1시간 보행인
주요간선도로	6,000	(650)	200
도시부 가로	8,000	(750)	250

[예제 11-1] 다음은 대학로와 공원길이 만나는 평면교차로의 교통량을 나타낸다. 이 두 가로는 모두 2차선 양방향도로라고 할 때 이 교차로에 신호등을 설치할 수 있을지를 검토하라.

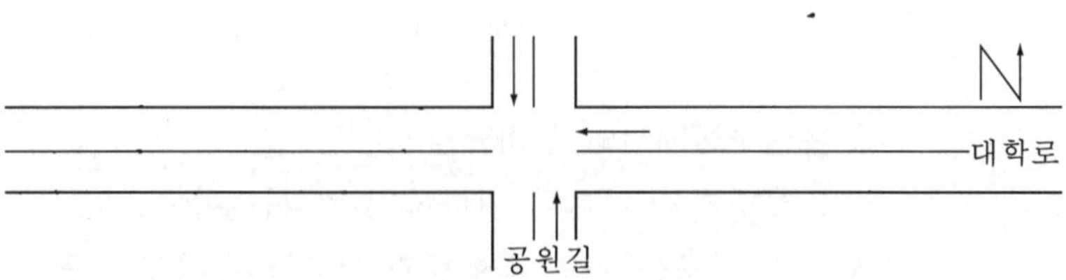

시간	남 향 진행방향				북 향 진행방향				서 향 진행방향				동 향 진행방향			
	West	South	East	계	West	North	East	계	North	West	South	계	North	East	South	계
6AM	7	12	12		6	5	45		7	153	16		4	419	9	
7	5	8	17		17	22	59		12	325	59		5	428	29	
8	6	9	8		15	4	33		6	221	24		4	250	8	
9	4	7	4		18	3	29		8	224	29		5	288	11	
10	2	1	10		18	6	34		11	246	25		5	310	13	
11	10	6	10		12	13	40		18	323	39		11	317	21	
12	6	3	18		14	12	43		18	356	33		5	287	10	
1PM	6	5	6		13	9	35		6	235	26		6	265	9	
2	11	6	9		22	18	34		20	348	28		8	318	14	
3	6	20	10		19	15	67		18	429	46		12	355	25	
4	14	10	10		23	20	87		38	657	74		21	475	27	
5	3	12	4		14	9	61		14	366	45		15	320	21	
6	6	11	24		25	14	51		10	298	29		11	321	14	
7	5	4	21		19	10	42		14	311	36		12	242	13	
8	3	9	9		8	1	31		14	218	29		5	268	20	
9	3	1	3		3	0	21		4	105	23		1	152	6	

풀이 각 시간대별 교통량을 계산하면 다음과 같다.

도로명 / 시간	공원길(양방향)	대학로(양방향)
6 : 00~ 7 : 00	87	608
7 : 00~ 8 : 00	128	858
8 : 00~ 9 : 00	75	513
9 : 00~10 : 00	65	565
10 : 00~11 : 00	71	610
11 : 00~12 : 00	91	729
12 : 00~13 : 00	96	709

13 : 00~14 : 00	74	547
14 : 00~15 : 00	100	736
15 : 00~16 : 00	137	885
16 : 00~17 : 00	164	1,292
17 : 00~18 : 00	103	781
18 : 00~19 : 00	131	683
19 : 00~20 : 00	101	628
20 : 00~21 : 00	62	554
21 : 00~22 : 00	31	291

설치요건 1) 어느 시간대에도 해당되지 않음.

설치요건 2) 7시대와 15 : 00~07 : 00 총 3시간에만 해당하므로 신호등 설치 요건을 만족시키지 못함.

설치요건 3) 보행자 통행량이 없으므로 알 수 없음.

그 외의 설치요건은 주어진 자료만으로는 검토할 수 없음. 결국 이 교차로에는 신호등을 설치할 수 없음.

2) 신호등의 설치방법

이미 설명한 대조 신호등의 설치에 있어 일관성은 매우 중요한 사

[표 11-4] 교통 신호등의 배열순서

배열 / 신호등	등화를 횡으로 배열하는 경우	등화를 종으로 배열하는 경우
4색 등화	㉾ ㊮ ←㉻― ㉻	㉾ ㊮ ←㉻― ㉻
3색 등화	㉾ ㊮ ㉻	㉾ ㊮ ㉻
2색 등화	㉾ ㉻	㉾ ㉻
가변신호등	× ㉾ ↓ ㉻	—
보행자 신호등	—	㉾ ㉻

항이다. 이를 위해 다음 세 가지 요소에 대해 구체적인 설치 방법을 제시하고 있다.[3)]

① 교통신호등의 배열순서

교통신호등의 설치방법 중 그 배열순서는 운전자의 시선을 강하게 유인할 수 있는 배열순서 이어야 하므로 매우 중요한 사항이 된다.

우리나라 경찰청에서 사용하고 있는 신호등의 배열순서는 다음 [표 11-4]와 같다.

② 교통신호등의 면수

신호등 면수는 접근로폭과 횡단교차로의 길이에 의해 결정되며 횡단교차로의 길이는 차량 정지선에서 신호등까지로 한다. 신호등을 설치할 때에는 운전자가 고개를 움직이지 않고 볼 수 있는 가시범위 내에 2

[표 11-5] 교차로의 형상에 따른 교통신호등 소요 면수[3)]

접근로 / 횡단거리(m)	접근로폭(m)						
	2차선	3차선	4차선	5차선	6차선	7차선	8차선이상
15	2	2					
18	2	2	2				
21	2^{+}	2^{+}	2	2			
24	2^{+}	2^{+}	2	2	3°		
27	2^{+}	2^{+}	2	2	3°		
30		2^{+}	$2^{\triangle}$	2	3	3°	
33		2	$2^{\triangle}$	2	3	3	4°
36		2^{++}	$2^{\triangle}$	2	3	3	4°
39		3^{V}	3^{V}	3^{V}	4^{V}	4^{V}	5^{V}
42			3^{V}	3^{V}	4^{V}	4^{V}	5^{V}
45			3^{V}	3^{V}	4^{V}	4^{V}	5^{V}
48			3^{V}	3^{V}	4^{V}	4^{V}	5^{V}
51			3^{V}	3^{V}	4^{V}	4^{V}	5^{V}
54			3^{V}	3^{V}	4^{V}	4^{V}	5^{V}
57				3^{V}	4^{V}	4^{V}	5^{V}

주) +: 또는 길건너편 도로변 보조신호등 1개와 주행선 주 신호등 1개
++: 또는 길건너편의 도로변 또는 중앙분리대 보조 신호등 1개와 주행선 주 신호등 1개
△: 이 중 1개는 길건너편 또는 중앙분리대 보조 신호등
^{O}: 이 중 1개는 길건너편 또는 중앙분리대 보조 신호등
^{V}: 이 중 1개는 길건너편 또는 중앙분리대 보조 신호등(부득이한 경우 전부 주행선 주 신호등)

개면 이상의 신호등을 설치하며 교차로 크기에 따라 다음의 [표 11-5]에서 보여지는 신호등 면수를 확보해야 한다.

③ 교통신호등의 설치 장소

교통신호등은 운전자 또는 횡단보행자가 쉽게 인식할 수 있도록 설치해야 한다. 일반적으로 운전자의 시계(視界)는 시선의 중심선을 기준으로 할 때 양방향 3° 이내가 가장 분명하며 대체로 시선의 중심선으로부터 양방향 각 20° 이내에서는 대상 물체를 비교적 양호하게 볼 수 있는 범위이다.

따라서 교통신호등은 차량정지선에 위치한 운전자의 시선 중심선을 기준으로 하여 양방향 각 20°범위 이내에 설치되어야 한다.

다음은 교통신호등 설치 위치에 관련하여 고려해야 할 사항들이다.

- 접근 방향별로 최소한 2개의 신호등 면이 교차로 건너편에 설치되어 접근차량이 계속적으로 볼 수 있어야 한다. 이 때 차량이 정지선에 도달하기 전에 신호등을 시인할 수 있어야 하므로, 차량 운전자는 정지선으로부터 다음 [표 11-6]에 제시된 최소거리 안에서는 교통신호등을 명확히 인식할 수 있어야 한다.
- 신호등을 정지선으로부터 전방 10～40m 범위에 설치한다.
- 신호등은 운전자 시선중심선으로부터 좌우 각각 20° 이내에 설치한다.
- 신호등간의 간격은 최소한 2.4m를 유지해야 한다.
- 교차로 건너편의 신호등이 정지선에서부터 40m 이상 떨어진 위

[표 11-6] 신호등 설치시 차량정지선으로부터의 최소거리[4)]

접근로의 주행속도(km/h)	최소거리(m)
30	35
40	50
50	75
60	110
70	145
80	165
90	180
100	210

치에 설치된 경우에는 정지선 이전에 보조 신호등을 설치한다.

- 신호등은 차량 접근방향의 중심에 위치하도록 노력해야 한다.
- 보행 신호등의 높이는 도로의 노면으로부터 신호등 하단까지의 높이가 2~3m를 유지하도록 설치한다.
- 신호등은 가능한 한 양면으로 설치한다.
- 가변차선 구간에서 신호등은 400m간격으로 설치하며 교차로부근에서는 운전자의 혼동을 감소시키기 위해서 가변차로 신호를 생략한다.

④ 교통신호등의 운영방식

교통신호등은 교통제어기에 따라 그 운영방식이 결정되며, 일반적으로 정주기방식, 교통량감응방식, 교통량-밀도방식, 차로점유방식등이 있고, 이 중에서 정주기방식과 교통량감응방식 등이 많이 사용되고 있다.

또한 한 교통신호등이 주변 교통신호등과 어떤 방식으로 연관을 맺고 있는가 하는 관점에서 볼 때 독립신호방식, 간선도로 연동화방식, 지역 교통망 연동화방식으로 구분할 수 있다.

정주기방식은 전자기계식이나 전자식 신호시간 조정회로를 사용해서 대상 교차로의 교통량조사 결과를 기초로 하여 교통신호등의 작동에 필요한 신호주기와 분할비를 미리 결정하는 방식이다. 일단 결정된 신호시간은 교통량의 변화에 상관없이 시간의 흐름에 맞추어 기계적으로 변하는 방식이며, 교통망 체계 내의 한 부분으로 작동할 때에는 인접한 교차로의 신호시간은 동일한 신호주기 및 미리 지정된 옵셋을 갖게 된다. 이 때 옵셋이란 인접한 신호교차로의 녹색 시간이 시작하는 시간간의 차이로서 주로 간선도로와 같은 선형교통망에 대해서만 고려하게 된다.

물론 이러한 신호시간 계획은 여러 개일 수 있으며 오전첨두시간, 비첨두시간, 오후첨두시간에 대해서 각각 다른 신호시간 계획을 적용함으로써 교통소통의 효율성을 높일 수 있다.

교통량감응방식은 신호시간 계획을 결정할 때 정주기방식과 마찬가지로 전자기계식이나 전자식 신호시간 조정회로를 사용할 수 있기는 하나, 그 신호시간 계획이 차량이나 보행 교통량에 따라 결정되는 방식이다. 이 때 차량이나 보행 교통량을 알기 위해 교차로내 이동류 중 일부, 특히 접속도로의 이동류에 대해서만 교통량감지기를 설치하는 경우와 모든 이동류에 대해 교통량감지기를 설치하는 방식으로 구분할 수 있으며 前者를 반 교통량감응방식(semi-actuated control)이라 하고 後者를 완전 교통량감응방식(full-actuated control)이라 한다.

완전 교통량감응방식은 보통 독립교차로에서 사용되고 있는데 여기서 독립교차로는 주변 교차로의 운영과 관련없이 그 신호시간 계획이 결정되는 방식이다. 한편 연계교차로는 주변의 한 개 이상 교차로와 어떤 방식으로든 신호시간 계획이 맞물려 결정되는 방식으로서, 이러한 연계교차로 방식에서 완전 교통량감응방식이 적용되기 위해서는 이를 반 교통량감응방식으로 전환시켜야 하는데, 이는 주변 교차로의 신호등과 동일한 신호주기를 가져야만 비로소 연계가 가능해지기 때문이다.

한 교차로의 신호운영방식을 결정하기 위해서 어떤 정해진 판단기준이 존재하는 것은 아니다. 신호운영방식의 결정은 교통망의 운영을 위해 매우 중요한 사항이기 때문에 많은 사람들이 이 문제를 분명히 해결하기 위해 노력해 왔다. 그러한 노력의 결과 얻어진 대체적인 결론은, 정주기방식이든 교통량감응방식이든 독특한 특성과 장점들을 보유하고 있기 때문에, 이러한 운영방식의 특성과 신호등이 설치될 교차로의 장소적 특성이 조화되고 있는가에 대한 세밀한 검토가 수행된 이후에 운영방식이 결정되어야 한다는 것이다. 다음은 각 방식의 보다 상세한 설명이다.

㈎ 定週期方式

정주기방식으로 신호등을 운영하게 되면 일관성 있고 규칙적인 교통류 처리가 이루어지게 된다. 정주기방식의 신호등은 교통량 변화형태를 쉽게 예측할 수 있어 큰 무리 없이도 교통소통이 이루어 질 수 있는 지점에 설치하면 효과적이다.

정주기방식의 신호등은 특히 주변 교차로와 연동화하여 운영코자 할 때 매우 효과적으로 사용할 수 있다.

정주기방식의 신호등 운영이 갖는 장점은 다음과 같다.

- 신호의 시작시간이 일정하고 적색과 녹색시간이 일정하므로 주변 신호등 교차로와의 연동화가 용이하다. 또한 연동화하는 과정에

서도 정주기방식은 교통량 감응방식에 비해 정확한 결과를 산출케 하며 특히 격자형 가로망과 같이 2개 이상의 간선 도로가 교차하는 경우에 그러한 경향은 더욱 강해진다. 정주기방식의 이러한 특징에 의해 교통신호등이 적정 배치되어 있는 경우 차량 소통의 효율성을 높일 수 있고 차량 주행속도를 어느 정도 조절할 수 있게 된다. 또한 신호시간을 적정하게 산출하여 운영하게 되면, 2개 이상의 신호교차로가 조밀하게 배치된 경우 최대의 교통소통효과를 나타낼 수 있게 된다.

- 정주기방식의 신호등은 교통량감지기를 통과하는 차량의 움직임과 무관하게 운영되므로 신호등 관제기의 운영이 교차로 주변의 비정상적인 교통 상황, 예를 들면 고장난 차량이나 도로작업 현장으로부터의 영향을 받지 않는다.
- 정주기방식의 신호등은 보행량이 상당히 많은 교차로에서 교통량감응방식의 신호등보다 유리하다. 또한 보행자 누름방식의 신호운영을 하는 교차로에서 혼동이 일어나기 쉬운 때 매우 효과적이다.
- 일반적으로 정주기방식의 신호등은 가격이 저렴하고 설치하기도 쉬우며 교통량감응방식보다는 그 유지 관리가 쉽다.

㈏ 교통량감응방식

교통량감응방식의 신호등은 정주기방식에 비해서 신호시간이 가변적이며 그 시간길이는 교통량의 정도와 주 관제기로부터 얻어지는 신호등의 background cycle에 의해 결정되고 또한 점검되어 진다.

신호주기의 길이와 신호시간의 순서 등은 신호주기에 따라 달라질 수 있으며 그 변화 정도는 교통 관제기의 형태와 주변 장비 등에 의해 결정된다. 특히 교차로의 어느 한 접근로에서 교통량이 없거나 감응횟수가 없으면 어떤 신호시간은 생략될 수 있다.

한 신호등 교차로의 교통량 변화가 예측하기 어렵고 그 변화량도 매우 크고 불규칙 할 때, 그리고 주도로에 대한 교통량 간섭의 영향이 최소화되어야 하는 경우에는 교통량감응방식의 신호등 운영이 바람직하다.

교통량감응방식의 신호등 운영이 갖는 장점은 다음과 같다.

- 교통량감응방식의 운영은 교차로에 진입하는 교통량의 변화상태를 예측하기 어려워서 정주기방식으로는 신호주기 산정이 비효과적일 때 유용하다.
- 교통량감응방식은 비교적 복잡한 교차로에서 한두 개의 접근로 교통량이 매우 적거나, 그 교통량 변화가 큰 경우에 최대의 효과를 나타낸다.
- 반 교통량감응방식의 운영은 주도로와 접속도로가 만나는 교차로에서 주도로의 교통류를 간섭하는 접속도로의 교통량 영향을 최소화하기 위해 접속도로에 교통량 감지기를 설치함으로써 이루어진다. 이 때 접속도로의 신호시간은 최대값을 미리 정해 놓고 운영한다.
- 교통량감응방식은 정주기방식으로 구성되어진 교통망에서 신호등 연동화에 상당히 큰 장애가 되는 한 교차로를 특별히 관리하여 주도로에 대한 간섭을 최소화하려 할 때 매우 효과적이다.
- 교통량감응방식은 정주기방식에 비해 필요 없는 지체시간을 상당 부분 감소시킬 수 있다.
- 교통량감응방식은 교차로 주위에서의 차량 정차를 억제하는 효과가 있다.

⑤ 교통신호등의 장비

교통신호등은 여러 종류의 장비로 구성되어져 있다. 교통신호등의 관제 개념과 장비는 서로 밀접한 관련을 맺고 있기 때문에, 비록 신호등의 기계설비적 특징은 상세히 이해하지 않더라도 그 대체적인 작동원리를 이해하는 것은 필요하다.

㈎ 신호제어기

신호제어기는 전통적으로 정주기식, 교통량감응식, 반 교통량감응식의 세 가지 운영방식으로 구분해 왔으나 최근 들어 정주기방식과 교통량감응식의 두 가지 방식으로 구분하고 있다.

a. 정주기방식의 신호제어기 정주기방식의 신호제어기는 다시금 전자기계식(electromechanical)과 전자식(electronic)으로 구분되는데 전자기계식은 오랜 동안 사용해 왔으며 신뢰성이 높고 유지 관리가 용이한 것

으로 알려져 왔다.

전자기계식은 동시에 작동하는 모터에 의해 돌아가는 한 개 또는 여러 개의 신호시간 다이얼과 캠축(camshaft)으로 구성된다. 신호시간 다이얼은 신호주기를 맞추기 위해 서로 다른 크기의 기어(gear)를 이용하며 이 다이얼에 열쇠를 맞추어 미리 결정한 위치에 끼워 넣게 되면 캠축을 작동하는 모터로 하여금 캠축을 작동하게 한다. 이 캠축은 녹색, 보행자 횡단, 황색, 적색시간에 따라 서로 다른 캠을 갖게 되며 이들 캠이 신호등을 작동시킬 수 있도록 신호등과의 접촉면을 작동시키게 된다.

[그림 11-1]은 정주기방식의 신호제어기에 대한 형태이다.[2)]

최근 들어 마이크로 프로세서(microprocessor)가 개발되고, 전자기계식 신호관제기의 부품 값이 상승함에 따라 전자식 정주기방식 신호제어기가 활용되고 있다. 이 방식은 보통 마이크로 프로세서 기술을 그대로

[그림 11-1] 정주기 방식 신호제어기의 형태

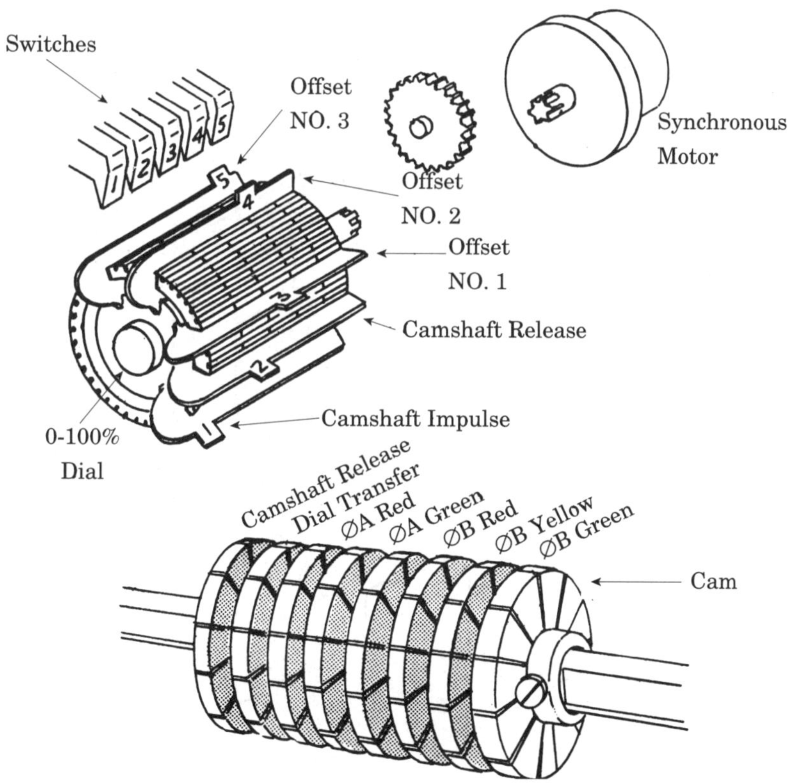

이용하고 있으며 그 운영방식은 전자기계식과 대동소이하다. 전자식은 키보드(keyboard)를 통해 입력되며 신호시간에 관련한 모든 사항은 Random Access Memory(RAM)에 저장되어져 있다.

전자식 교통제어기는 마이크로 프로세서에 의해 운영되므로, 많은 회사에서는 전자기계식 신호제어기에서 볼 수 없었던 몇 가지 기능을 추가적으로 포함시켰으며 이러한 기능을 수행하기 위한 보조 장비들도 개발되었다.

b. 교통량감응 신호제어기 최근에 이용되는 신호제어기는 대부분 디지털방식으로 되어 있다. 미국의 경우 NEMA(National Electrical Manufacturer's Association)기준과 'Type 170' 기준의 차이가 상당부분 논란의 대상이 되어 왔다. NEMA 기준은 대부분의 교통량감응방식 신호제어기에서 사용되고 있으나 NEMA와 호환성을 갖지 못하는 Tpye 170방식도 몇몇 제작회사에서 사용한다. NEMA기준이 장비의 호환성 및 교환성을 중요한 목적으로 삼고 있는데 비해, Type 170은 뉴욕주와

[그림 11-2] NEMA 신호관제기의 입력장비 형태

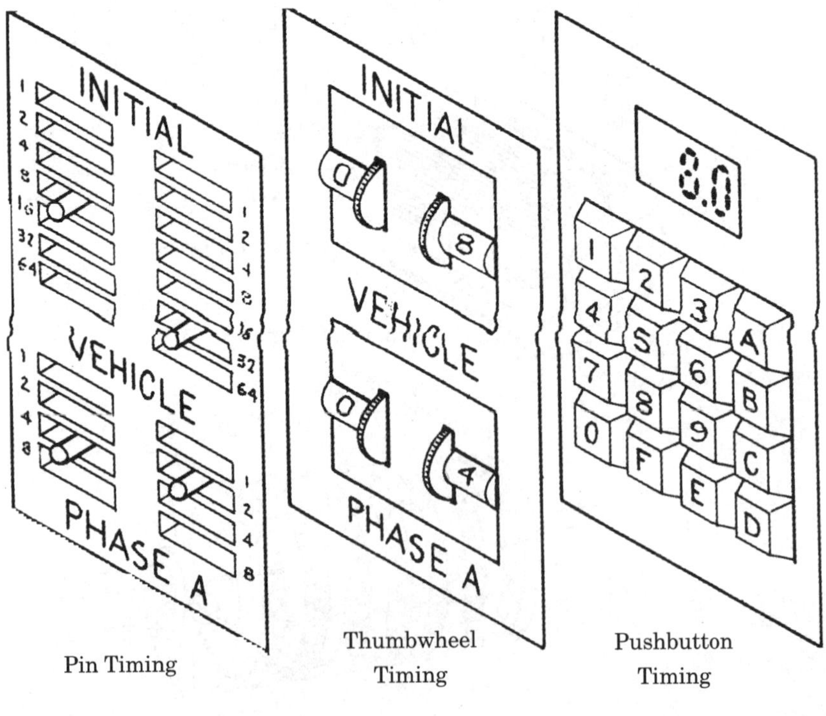

캘리포니아주에서 명명된 것으로 장비의 교환성과 유지 · 관리의 편리성에 주안점을 두고 있다.

NEMA 기준의 신호제어기는 **Keyboard** 형식, 톱니바퀴 형식, 핀 형식 중의 한 가지 형식으로 신호시간을 입력할 수 있게 되어 있는데 [그림 11-2]는 이들 입력형식을 도시하고 있다.[2)]

㈏ 교통량 검지기

교통량 검지기(traffic detector)는 차량이나 보행 교통량을 파악하기 위해 사용된다. 일단 감지된 교통량은 신호제어기로 그 정보가 전달되며 그에 따른 신호시간 계획의 근거 자료가 된다. 여기에서는 교통량 감지기의 작동과정을 설명하고 그 설치 방법에 대해 알아본다.

a. 보행자 버튼방식　보행자 버튼방식은 보행자의 누름에 의해 작동하게 되며 보행자가 버튼을 누르게 되면 신호제어기로 전류가 흐르게 되어 이것이 곧 1인의 보행량으로 인식된다. 신호제어기는 가장 빠른 시간 안에 보행자에게 녹색신호를 제공하게 되며, 녹색시간은 다시 단순 녹색신호와 점멸 녹색신호로 구분되어 진다. 점멸 보행자 녹색신호 시간은 차량에 대한 신호시간으로 생각하면 황색신호와 같으며 이는 보

[그림 11-3] 보행자 버튼방식의 검지기

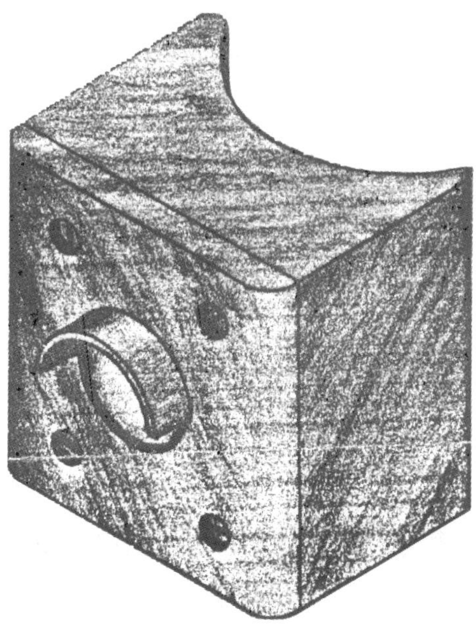

행자의 보행속도, 그리고 횡단길이와 관련지워 산정할 수 있다. 다음 [그림 11-3]은 보행자 버튼방식 검지기이다.

b. 루프 검지기 루프 검지기는 현재 가장 보편적으로 사용되는 차량 검지기의 형태이다. 루프 검지기는 증폭기(amplifier)와 검지선(sensor)의 2개 요소로 구성되어 있는데 증폭기는 電場(electrical field)을 만들어 송출하며 차량이 루프를 통과하거나 그 안에 정지하게 되면 루프 내에 불균형이 생겨나서 증폭기에로 그 충격이 전달되어지는 원리로 작동한다. 다음 [그림 11-4]는 루프 검지기의 일반적 형태이다.

11.2.2 교통표지

교통표지(sign)란 교통류를 규제, 경고 및 안내하기 위하여 설치된 고정 혹은 이동식 표지판을 말하며 각 표지판이 나타내는 의미는 문자나 부호로써 나타낸다. 교통표지를 설치하기 위해서는 통일성이 가장

[그림 11-4] 루프 검지기의 일반적인 형태[4)]

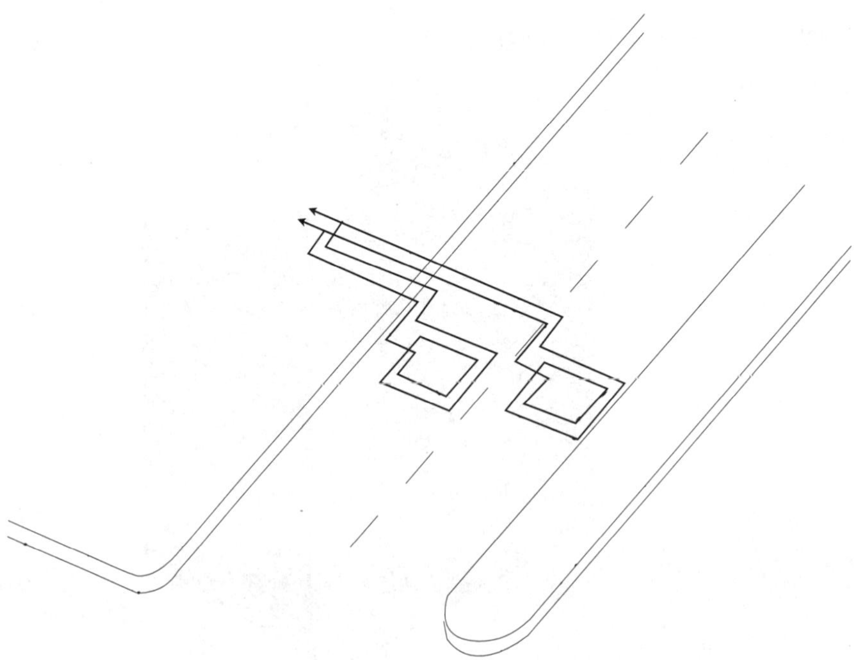

중요하며 다음의 여러 사항을 고려해야 한다.

1) 교통표지의 설계

① 형　　태

한 형태는 특정 목적에 대해서만 사용하는 것이 좋다. [그림 11-5]은 우리나라에서의 형태에 의한 사용 목적을 도시한다.

② 색　　상

국제적으로 적색은 규제, 황색은 주의, 홍색은 작업장 구역, 녹색은 안내, 청색은 각종 도로주변 정보, 갈색은 관광 및 문화 유적지의 정보를 의미하나 우리나라에는 아직 이의 일관된 사용이 보편화되지 않고 있다.

③ 크　　기

교통표지의 최소크기는 「도로법 시행규칙」 중 「도로표지규칙」과 「도로교통법」 중 「도로교통법 시행규칙」에 의하며 운전자들이 멀리 떨어진 지점에서도 충분히 인식할 수 있는 크기여야 한다.

④ 전달내용

문자나 형태언어를 사용할 수 있으며 최근 들어 형태언어의 사용이

[그림 11-5] 교통표지의 기본 형태

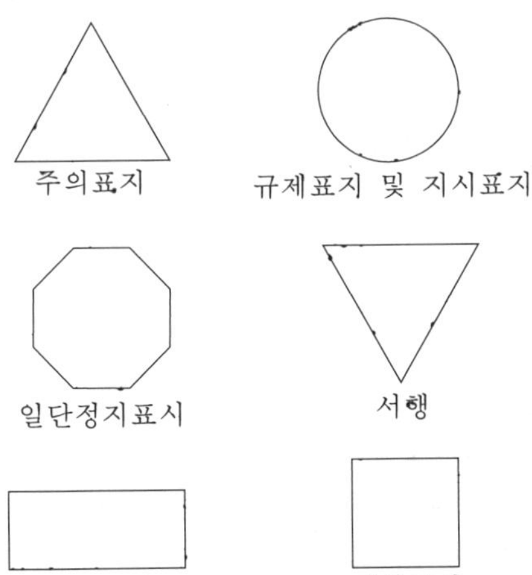

중요하게 여겨지고 있다. 문자의 경우 간단 명료해야 하며 3~4단어 이내로 처리되어야 하고 형태언어는 보는 즉시 그 의미가 전달되어야 한다.

⑤ 휘도 및 반사 정도

교통표지 내에 포함된 모든 사항이 밤에도 충분히 인식될 수 있도록 각종 기법이 동원되어야 하다.

⑥ 테 두 리

대개의 경우 교통표지의 테두리를 문자의 색상과 동일하게 하여 교통표지의 선명성을 높인다.

⑦ 보조 신호등

매우 위험한 지형지물이 있는 경우 보조 신호등을 설치함으로써 운전자들의 시선을 자연스럽게 끌어야 한다.

2) 교통표지의 설치 위치

교통표지는 대개의 경우 도로의 우측에 설치되며 도시내 가로처럼 도로의 폭이 넓거나 설계속도가 높은 도로의 경우에는 교통표지를 공중에 설치하기도 한다. 일반적으로 교통표지판을 설치할 때는 다음 사항을 고려해야 한다.

1) 도로변에서 멀리 떨어지지 않은 곳에 교통표지를 설치하는 경우 교통류의 진행방향과 90°보다 약간 큰 각도를 유지하도록 한다. 반면에 도로변에서 상당히 떨어진 곳에 교통표지판을 설치하면 교통류 진행 방향과 90°보다 약간 작은 각도를 유지하도록 한다.
2) 교통표지는 그 표지에 의해 통제되어야 할 교통류에만 보이도록 설치한다.
3) 지방부 도로에서 교통표지를 설치할 때는 교통표지의 하단이 노면으로부터 약 1.5m 위에 있도록 하고 고속도로에서는 2.15m를 유지해야 한다.
4) 도시부 도로나 주차 차량이 있는 도로의 경우 교통표지는 노면으로부터 2.15m 위에 설치해야 한다.

5) 연석이 설치된 도로에서 교통표지는 연석으로부터 최소 0.6m 거리를 두고 설치되어야 한다.
6) 공중에 설치한 교통표지는 차량의 높이를 고려하여 충분한 높이를 두고 설치해야 한다.
7) 설치 목적이 다른 두 개 이상의 교통표지는 동일한 위치에 설치할 수 없으며 되도록이면 충분한 거리를 띄워 설치해야 한다.
8) 두 개 이상의 교통표지를 불가피하게 한 지점에 설치하는 경우 교통관제의 우열 순위에 따라 설치되어야 한다.

3) 교통표지의 지주대

과거에는 교통표지를 설치할 때 매우 강한 지주대 위에 설치하여 차량 충격을 충분히 견딜 수 있도록 하였으나 최근 들어 이러한 방법은 차량에 위험을 초래할 수 있다는 생각에서 점차 회피하는 추세이다. 다만 부득이 강한 지주대를 설치하는 경우 그 전방에 방호책 등을 설치하여 차량이 지주대에 직접 부딪치지 않도록 하고 있다.

최근에 교통표지 지주대를 설치할 때에는 차량충격에 의해 지주대가 쉽게 넘어지거나 휘어지도록 하고 있다. 다음은 이러한 개념에 의해 설치되는 교통표지 지주대의 형태이다.

1) 목재 지주대
2) 금속성 튜브
3) 금속성 파이프
4) 이동식 판을 사용한 지주대

4) 교통표지판의 적용체계

우리나라의 교통표지판은 운전자의 안전과 원활한 소통을 도모하고 도로 구조를 보전하기 위한 시설로서 도로 정보의 전달을 목적으로 하는 도로표지와 도로상의 안전통행을 도모하기 위한 안전표지로 나누어지며 이는 다시 다음과 같이 구분된다.

① 도로 표지

1) 일반도로표지

2) 시가지도로표지

3) 고속도로표지

② 안전표지

1) 주의표지

2) 규제표지

3) 지시표지

4) 보조표지

5) 노면표시

여기서 도로표지는 「도로법」 제52조에 의해 「건설교통부령」으로 관할하고 있으며 안전표지는 「도로교통법」 제2조에 의해 「행정자치부령」으로 관할하고 있다.

[그림 11-6]과 [그림 11-7]은 각각 도로표지와 안전표지의 예를 도시한 것이다.

[그림 11-6] 도로표지의 예

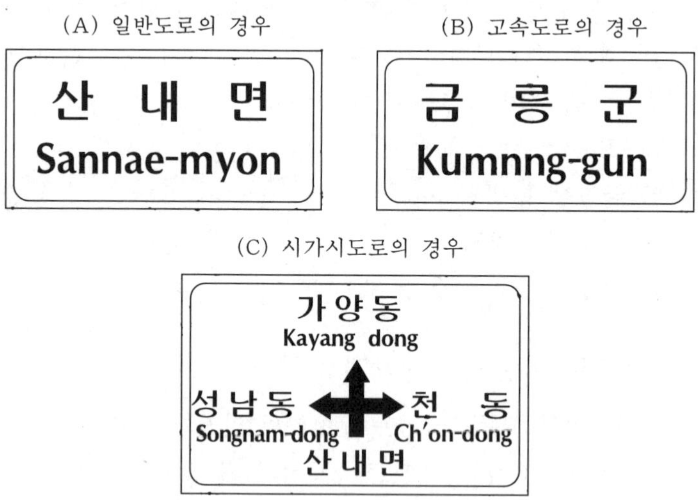

[그림 11-7] 안전표지의 예

(A) 주의표지

만드는 방식(단위: 밀리미터)	기둥의 규격(단위: 밀리미터)

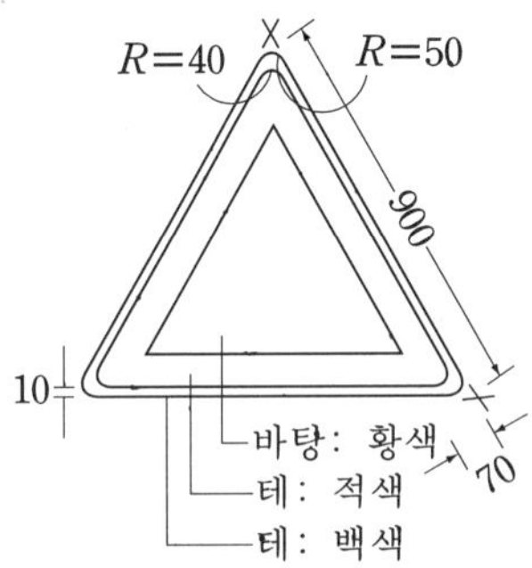

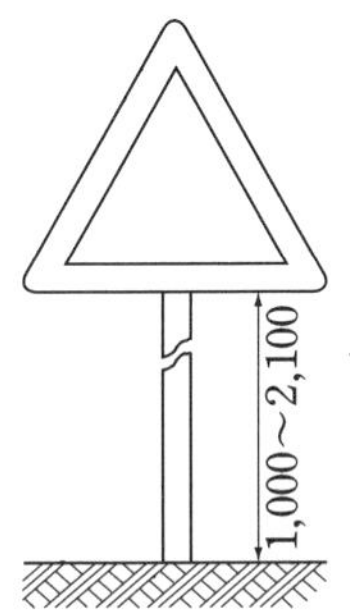

(B) 규제표지

만드는 방식(단위: 밀리미터)	기둥의 규격(단위: 밀리미터)

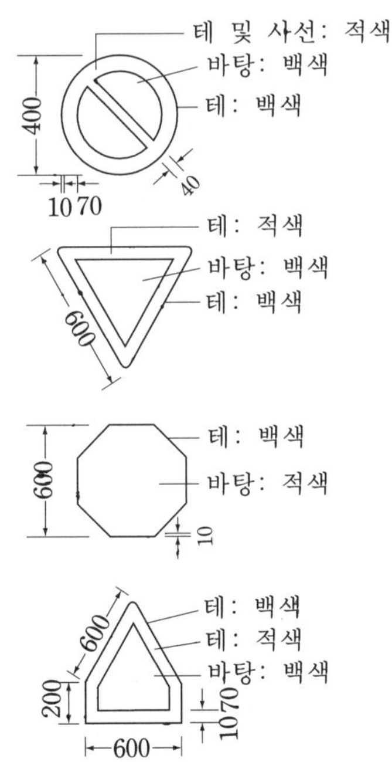

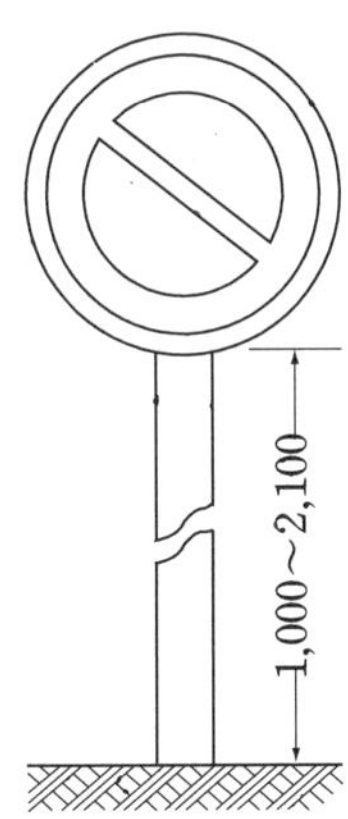

(C) 지시표지

만드는 방식(단위: 밀리미터)	기둥의 규격(단위: 밀리미터)
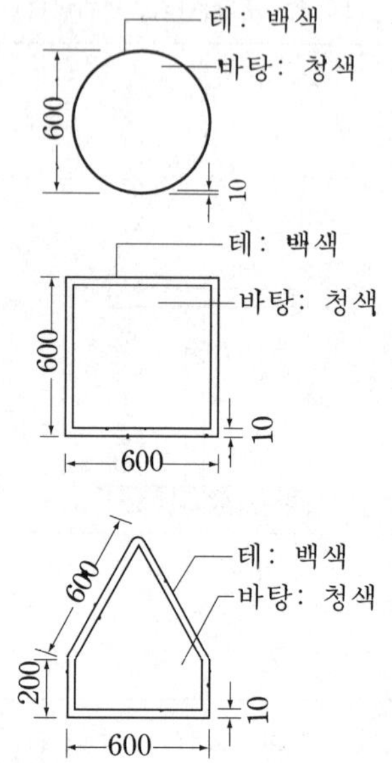	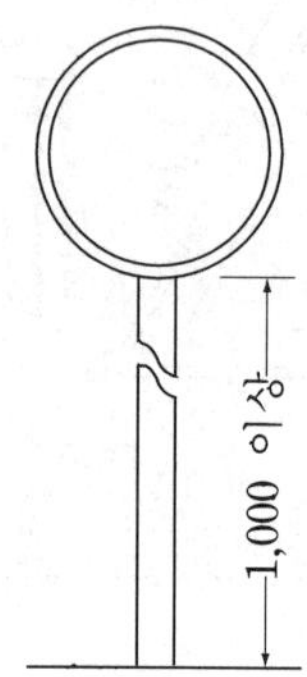

(D) 보조표지

만드는 방식(단위: 밀리미터)	기둥의 규격(단위: 밀리미터)
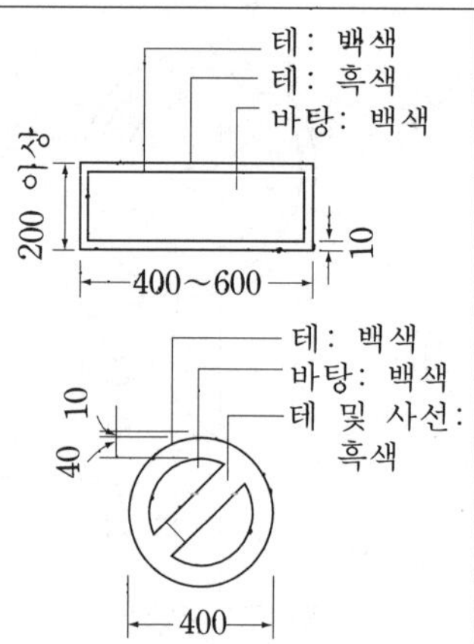	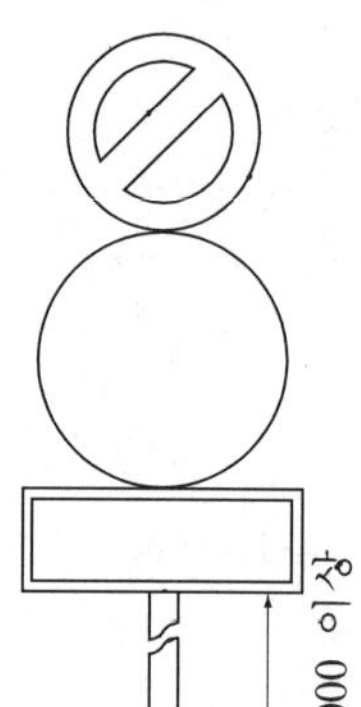

(E) 노면표시

일련번호	종 류	만드는방식 (단위: 밀리미터)	표시하는 뜻	설치기준 및 장소
601	중앙선 표 시	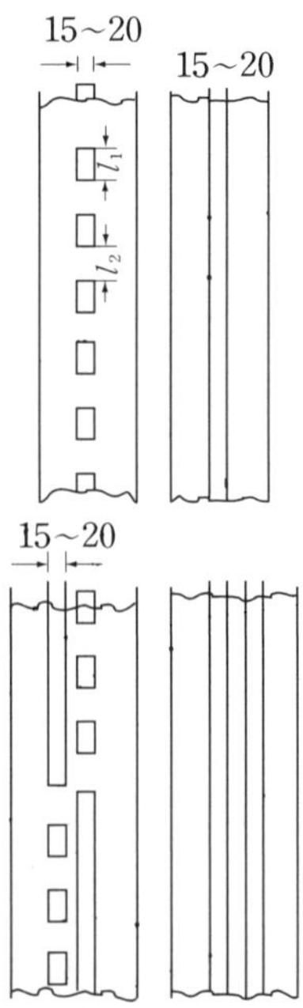 $l_1=l_2=300$	• 법 제13조에 따라 도로의 중앙선을 표시하는 것 • 황색실선은 자동차가 넘어갈 수 없음을 표시하는 것 • 황색점선은 반대방향의 교통에 주의하면서 도로양측으로 넘어갈 수 있음을 표시하는 것 • 황색실선과 점선의 복선은 자동차가 점선이 있는 측에서는 반대방향의 교통에 주의하면서 넘어갔다가 다시 돌아올 수 있으나 실선이 있는 쪽에서는 넘어 갈 수 없음을 표시 하는 것	• 노폭 6미터 이상인 도로에 설치하며 편도 1차로 도로의 경우에는 황색실선 또는 점선으로 표시하거나 황색실선과 점선을 복선으로 • 중앙분리대가 없는 편도 2차로 이상인 도로의 중앙에 실선의 황색복선을 설치
602	차 로 경계선 표 시	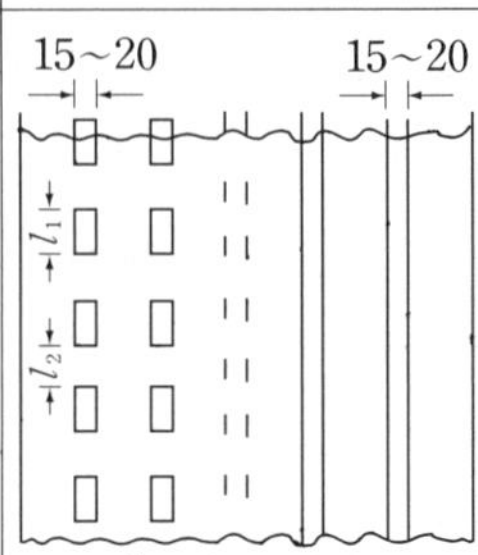 $l_1=300\sim1000$ $l_2=(1.0\sim2.0)l_1$	• 법 제13조에 따라 도로구간 내의 차선의 경계를 표시하는 것	• 편도 2차로 이상의 차도 구간 내에 차로경계를 표시할 필요가 있을 경우에 설치 • 차로경계선은 백색 점선으로 설치

11.2.3 노면표시

노면표시(路面表示)란 교통안전을 도모하기 위해 도로의 노면에 설치된 교통제어시설의 하나로써 교통 신호등을 보완하거나, 독자적으로 운전자에 대한 규제 또는 지시의 교통 정보를 전달하는 기능을 한다.

노면표시는 규제표시와 지시표시로 구분할 수 있으며 규제표시는 교통안전을 확보하기 위하여 각종 제한 및 금지 등의 규제를 하는 것이고, 자시표시는 운전자가 도로를 주행할 때 도로의 주행방법이나 통행구분을 실시하여 교통 안전성을 높히려는 것이다.

지방도에 설치하는 교통 안전표지의 근거가 되는 「도로교통법」의 시행규칙에서 교통안전표지와 노면표시의 관계는 다음과 같이 규정되어져 있다.

1) 교통안전표지와 노면표시 양쪽에 규정된 경우

2) 교통안전표지만 규정되어 있는 경우

3) 노면표시만 규정되어 있는 경우

즉 위의 세 가지 경우는 교통안전표지를 노면표시가 어떻게 보완하고 있는지를 규정하는 것으로서 1)의 경우 교통안전표지와 노면표시를 동시에 설치하거나 어느 한 쪽만 설치하면 되고 2)와 3)에 해당하는 교통규제 또는 지시를 행할 때에는 안전표지나 노면표시 중에서 한 가지를 선택하여 설치하게 된다. 여기서 기억해야 할 것은 노면표시란 원칙적으로 교통표지의 규제 또는 지시의 효과성을 높히기 위해서 교통표지에 병설되는 것으로서, 부득이한 경우에 한하여 시인성 등을 상세히 검토하여 노면표시 단독으로 설치할 수 있을 것이다.

노면표시는 노면상에 페인트 또는 表示鋲(reflective pavement marker)으로 기호, 문자, 선 등을 통해 표시하며 선의 종류는 실선과 점선으로 되어 있다. 노면표시의 색채는 백색, 황색, 청색이 사용되며 백색은 동일 방향 교통류의 분리 및 경계, 황색은 반대방향 교통류의 분리, 제한 및 지시, 청색은 버스 전용차선을 의미한다.

다음은 노면표시의 적용방법이다.

1) 규제표시

① 중앙선

노폭 6m 이상인 왕복도로에 설치하여 반대 방향의 교통류를 분리하는 역할을 한다.

② 중앙선 변이

중앙선을 지정한 일시에 한하여 변이 사용하고자 할 때 사용되며 가변차로가 그 대표적 예이다.

③ 차로 경계선

동일 방향 교통류를 차종과 속도에 따라 분리 이용하게 하여 교통소통을 원활히하기 위하여 도로구간에 차로 경계를 표시하는 것이다.

④ 우회전금지

차량이 우회전하는 것을 금지하는 것으로 우회전할 우려가 있는 전방 (2.8×접근속도)m 위치에 설치한다.

⑤ 직행금지

차량이 직진하는 것을 금지하는 것으로 교차로 전방 (2.8×접근속도)m 위치에 설치한다.

⑥ 좌우회전금지

차량이 좌우회전하는 것을 금지하며 교차로 전방 (2.8×접근속도)m 위치에 설치한다.

⑦ 회전금지

차량이 회전할 우려가 많은 곳에 설치하며 회전할 우려가 많은 지점 전방 (2.8×접근속도)m 지점에 설치한다.

⑧ 속도제한

차량의 최고속도를 표시하는 것으로 '최고속도제한' 표지의 효과가 의심스러운 곳에 설치한다.

이 외에도 서행, 일시정지, 주차금지 등 규제성격을 갖는 여러 가지 노면표시가 있으나 이들에 대한 설명은 여기서 생략하기로 한다.

2) 지시표시

① 평행주차

도로 측면과 평행하게 주차해야 할 장소임을 표시한다.

② 직각주차

도로 측면과 직각으로 주차해야 할 장소임을 뜻한다.

③ 유 도 선

교차로가 넓거나 언덕 위에 위치하여 회전차량이 진입방향을 찾기 어려울 때 혹은 좌회전 거리가 너무 먼 경우 차량 유도를 위해 표시한다.

④ 횡단보도 예고

전방에 횡단보도가 있음을 알리는 다이아몬드 형의 표시이다.

⑤ 자전거 횡단도

접근하는 차량이 정지하여 있는 동안 저전거가 안전하게 도로를 횡단할 수 있도록 하기 위한 노면표시이다.

이 외에도 진행방향표시 등 여러 가지 지시성격의 노면표시가 있으나 여기서는 생략하기로 한다.

■ 주

1) US DOT, *Manual on Uniform Traffic Control Devices for Streets and Highways*, 1978.
2) US DOT, *Traffic Control Devices Handbook*, 1982.
3) 치안본부, 「교통안전시설 설치 관리 편람」, 1986.
4) FHWA, *Traffic Control Systems Handbook,* 1976.

제 12 장

신호교차로의 신호시간 산정

본 장에서는 신호교차로의 신호시간 산정방법에 대한 요소에 대해 살펴본다. 우선 기본적 고려 사항에 대한 여러 가지 분석기법을 설명한 후, 이에 따른 신호시간 산정방법에 대해 설명한다. 신호시간 산정에는 신호주기, 녹색 및 적색신호시간, 황색시간, 현시 등이 포함되며 특히 좌회전 신호의 운영방법이 중요하다. 좌회전 신호는 비보호, 독립, 중복의 형태로 나타나게 되며 그 결정방법은 평면교차로의 형태 및 교통량 규모에 따른다.

다음은 신호시간 산정에 관련한 주요 요소들을 설명한 것이다.

12.1 정지선에서의 출발차두간격

적색신호시간에 정지선에 정지해 있던 차량들이 녹색신호시간이 시작되자마자 정지선을 통과하는 과정을 고려하기 위해서 필요한 요소이다. 즉 출발차두간격의 형태를 통해서 우리는 운전자에게 부여한 녹색시간이 과연 얼마만큼 효율적으로 활용되고 있는지를 알 수 있게 된다.

다음의 [그림 12-1]을 통해 출발차두간격을 상세히 살펴보자.

[그림 12-1] 출발차두간격 관찰을 위한 개념도

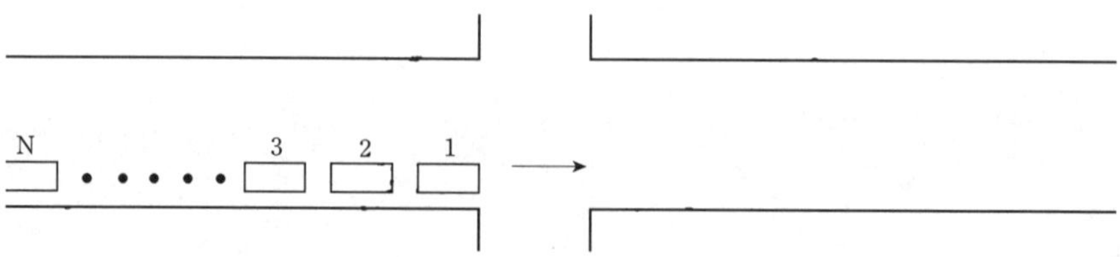

[그림 12-1]에서 볼 때 첫번째 차량의 차두간격은 비교적 길다. 이는 운전자의 반응시간, 가속을 위한 시간 등이 가장 길게 나타나기 때문이다. 두 번째 차량의 경우 차두간격이 짧아지는 것은 반응시간과 가속시간이 중복되어 나타나기 때문으로서, 다시 말하면 정지선을 통과하는 순간에 두 번째 차량은 이미 상당부분 가속도를 얻었다고 할 수 있다. 이러한 과정은 후발 차량들에 대해 연속적으로 나타나며, 몇 대가 지나가고 나면 더 이상은 차두간격이 감소하지 않고 일정하게 유지된다. 이 때의 차두간격에서 산출하는 교통량이 곧 포화교통류율이다. 조사한 바에 따르면 이 때의 차량 위치는 선두차량으로부터 4~6번째에 있는 것으로 알려져 있다.

한편 이 시간 동안에 정지선을 통과한 차량을 볼 때, 포화교통류율에 이르지 못하고 통과한 차량들의 경우, 사실상 충분한 소통 가능성이 존재했음에도 불구하고 반응시간과 가속능력 때문에 그 최대량을 얻지 못했다고 볼 수 있다.

이것이 곧 출발손실시간의 개념이다. 이를 그림으로 표시하면 [그림 12-2]와 같이 나타낼 수 있다.

[그림 12-2] 신호교차로의 포화교통류율 및 손실시간 산정 개략도

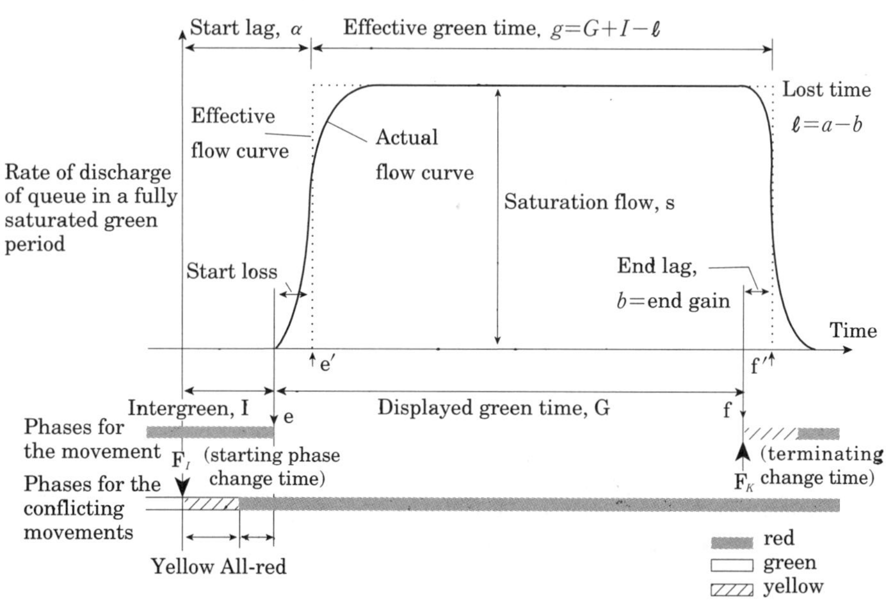

$$l_1=\sum_{i=1}^{n} e_i \qquad \cdots\cdots \ (12.1)$$

여기서,
l_1=출발손실시간(초)
e_i=차량 i에서 나타난 (실제 차두간격) - (포화교통류율시의 차두간격)
n=차두간격이 포화시보다 클 때의 마지막 차량

또한 이를 수식으로 표시하면 식(12.1)과 같다.

[예제 12-1] 신호교차로의 정지선에서 10대의 차량이 정지해 있다. 출발손실시간을 3초, 포화시 차두간격을 2.2초라고 할 때 10대의 차량을 모두 한 번에 통과시키기 위한 최소시간은 얼마인가?

풀이 $T=l_1+h(N)$
$=3+2.2(10)$
$=25$(초)

손실시간이 발생하는 또 다른 부분은 황색시간에서 발생한다. 녹색시간이 끝나가는 시간대에서 황색시간 동안 관성에 의해 지속적으로 몇 대의 차량들은 정지선을 통과하게 된다. 따라서 이론적으로 볼 때 황색시간은 그 전체 시간이 손실시간에 해당하지만, 차량들이 관성에 따라 주행하는 그 시간대만큼은 손실시간에서 제외시켜야 한다는 것이 핵심사항이다.

이미 도시했던 [그림 12-2]는 황색시간대의 손실시간인 소거 손실시간(clearance lost time), l_2를 함께 표시해 준다.

따라서 신호주기내 한 이동류에 대한 손실시간은 다음 식으로 표시할 수 있다.

$$g_i=G_i+Y_i-t_i \qquad \cdots\cdots \ (12.2)$$

여기서,
g_i=i 이동류에 대한 유효녹색시간(초)
G_i=i 이동류의 실제 녹색 시간(초)
Y_i=i 이동류의 황색시간(초)
t_L=현시당 총 손실시간(초)=l_1+l_2

[그림 12-3] 신호주기 내 손실시간 개략도

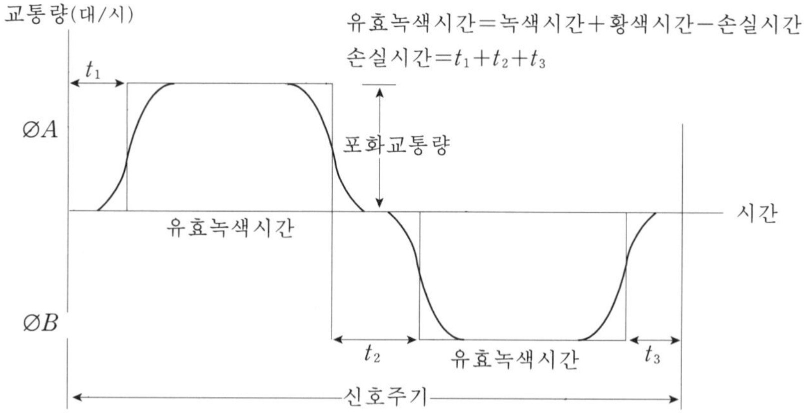

[그림 12-3]는 신호주기 내 손실시간을 도시한 것이다.

12.2 임계포화도

신호교차로에서 임계포화도의 개념은 매우 중요하다. 이 개념은 교통량이 많은 차로라고 해서 반드시 신호시간을 많이 할당해야 하는 것은 아니라는 생각에서 출발한다. 비록 교통량이 많다 하더라도 차로수가 많으면 그 이동류는 시간을 많이 필요로 하지 않을 것이고, 반대로 비록 교통량이 적다하더라도 교통류 특성이 조악하면 신호시간을 많이 할당해 주어야 교차로 전체에 미치는 충격이 완화되어 전체적으로 유리한 운영상태가 마련될 수 있기 때문이다.

따라서 한 현시내 움직이는 교통류들 중에서 가장 많은 신호시간을 배당해 주어야 하는 이동류를 찾아내고, 나머지 다른 이동류는 실제 신호주기의 결정과정에서 무시하게 되는 개념이다. 각 현시에 대해 임계이동류는 단 1개만 존재하게 되며, 현시별 임계이동류를 선정하고 나면 그들간에 1시간, 즉 3,600초를 배분하게 된다.

[그림 12-4]는 임계포화도를 갖는 교통량과 신호주기간의 관계를 나타낸다.

이 그림을 통해 다음과 같은 경향을 파악할 수 있다.

[그림 12-4] 임계교통량과 신호주기의 관계

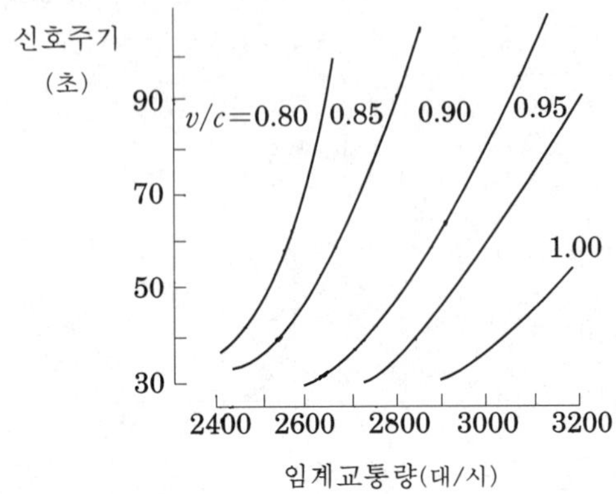

- 신호주기가 길어짐에 따라 통과교통량이 증가한다. 이는 주로 손실시간에 관련이 있는 것으로 신호주기가 길어지게 되면 일정한 양의 손실시간에 비해 녹색시간비율이 점차 높아져, 이것이 통과 교통량 증가에 기여하기 때문에 나타나는 현상이다.
- 현시의 수가 줄어들면 통과 교통량이 증가한다. 이 또한 손실시간과 관련이 있는데 현시의 수가 줄게 되면 손실시간이 나타나는 횟수가 줄어드는 것에 따른 결과이다.

12.3 지체시간 산정모형

신호교차로는 도로망을 구성하는 요소 중에서 노드(node)에 해당하며 이곳은 교통류가 '통행'하는 지점이 아니고 '통과'하는 지점이다. 따라서 통과하는 한 지점의 교통류 분석을 위해 어떤 기법이 적절할 것인가하는 질문의 답변에 따라 분석방법의 대체적인 틀이 형성되었다 할 수 있다.

12.3.1 신호교차로의 효과척도

전통적으로 신호교차로의 분석을 위한 효과척도로는 다음의 세 가

[그림 12-5] 지체도간의 관계도

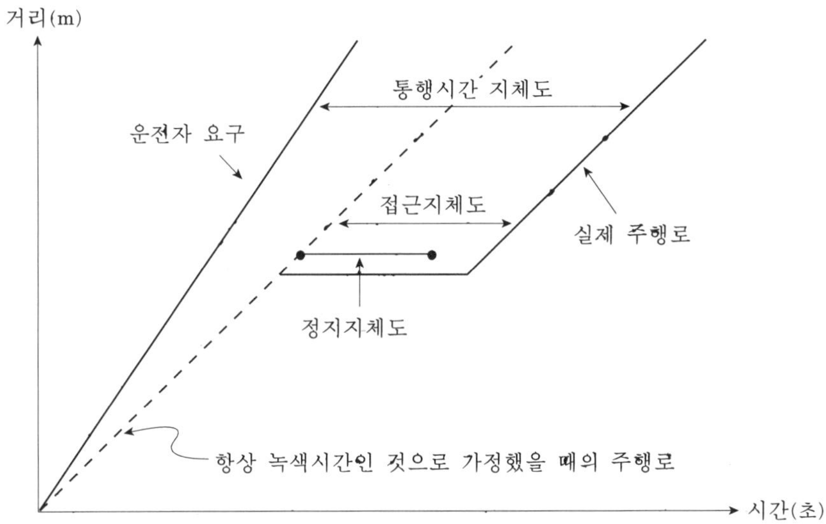

지 요소가 사용되어져 왔다.[1]

- 지 체 도
- 대기행렬의 길이
- 정지횟수

이 중에서 지체도가 가장 직접적인 효과척도로 볼 수 있으며, 이는 신호교차로를 통과하는 데 소요되는 시간을 근간으로 하고 있기 때문에 개념적으로도 매우 분명한 변수라 할 수 있다. 그러나 지체도는 여러 가지 명칭으로 불리우고 있으며 보는 관점에 따라 정지지체도, 접근지체도, 통행시간지체도, 대기중지체도 등으로 구분할 수 있다.[1] 다음의 [그림 12-5]는 지체도간의 관계를 보여 주고 있다.

대기행렬 길이 또한 신호교차로의 효과척도로 자주 이용되고 있다. 대기행렬 길이를 산정함으로써 신호교차로에서 좌회전 길이를 결정할 수 있고, 상류부 교차로에 대한 방해 여부를 검토할 수 있게 된다.

정지횟수는 교통운영의 단계에서 뿐 아니라 연료소모량 산출 등 환경 측면의 검토에서 유용하게 이용되고 있다.

다음 [그림 12-6]은 신호교차로에서의 운영상태 분석을 위해 가장 널리 쓰이고 있는 그림으로서 **Continuum Model**이라고 불리우고 있다.

[그림 12-6] 신호교차로의 접근지체도, 대기행렬 길이 분석도(Continuum model)

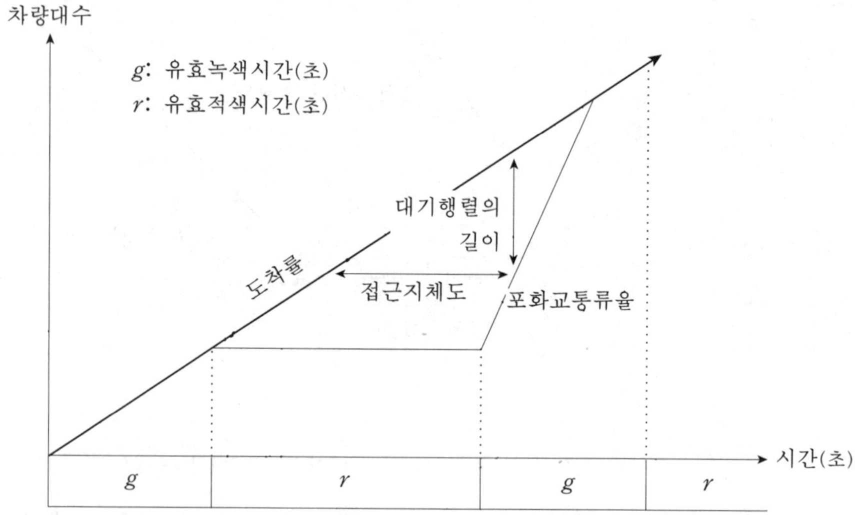

이 그림을 통해 우리는 신호교차로의 1주기 동안에 발생하는 운영상태를 분명히 알 수 있고, 개념적 이해 및 분석 결과의 활용성 측면에서도 매우 유용한 그림이다.

12.3.2 지체도모형의 여러 형태

지체도모형의 개발에서 선구자적 역할을 한 사람은 영국의 Webster이다. 그는 *Traffic Signal Settings* 라는 책을 통해 정주기식 신호교차로에서의 지체도를 다음과 같이 산출했다.[1)]

$$d=\frac{c(1-\lambda)^2}{2(1-\lambda_x)}+\frac{x^2}{2q(1-x_x)}-0.65\left(\frac{c}{q^2}\right)^{\frac{1}{3}}x^{(2+5\lambda)} \qquad \cdots\cdots (12.3)$$

이 수식을 보다 간편하게 사용하기 위해 그는 다음과 같이 변형시켰다.

$$d=cA+\frac{B}{q}-C \qquad \cdots\cdots (12.4)$$

A, B는 표로 그 값을 정립했으며, A는 uniform delay 항목이고 B

는 random delay 항목으로서 overflow delay 라고도 불리운다. random delay를 고려해야 하는 것은 독립 교차로에서 차량들이 항상 일정한 교통류율로 도착하지 않기 때문이다. 교통공학에서 차량들의 도착분포는 보통 포아송분포를 사용하기 때문에 이를 통해 B항목이 산출되었다. 또한 이 때의 가정은 분석기간 동안에 포화도, v/c 가 1보다 작다는 것이었다.

이 식을 통해 Webster는 최적 신호주기를 다음과 같이 결정했다.[2)]

$$C_0 = \frac{1.5L + 5.0}{1 - \sum_{i=1}^{n} x_c} \qquad \cdots\cdots (12.5)$$

여기서,

C_o=지체도를 최소화하기 위한 최적신호주기(초)

L=신호주기당 손실시간(초)

x_C=임계차로에 대한 포화도

n=현시의 수

식(12.5)의 최적신호주기는 Webster가 개발할 당시 몇 가지 가정을 통해 개발되었으나 현실적으로는 그러한 가정을 만족시키지 못할 수

[그림 12-7] 최적신호주기에 따른 지체도 변화도

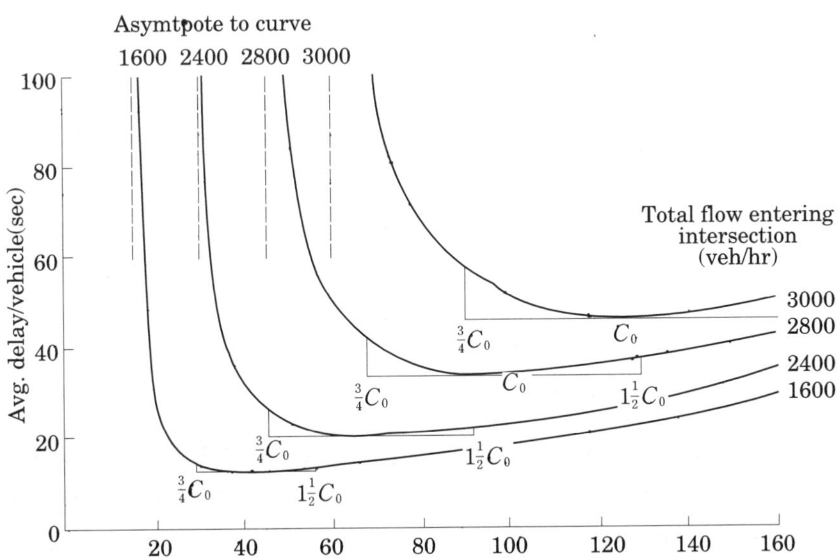

있다. 따라서 교통류율에 따라 어떻게 변화하는지에 대해 Webster는 나름대로 민감도 분석을 수행하여 그 결과를 [그림 12-7]과 같이 제시했다.[3)]

한편 교통류의 운영상태를 분석하기 위해 정립된 USHCM에서는 지체도 산정을 위해 다음과 같은 모형을 사용하고 있다.[4)]

$$d=0.38C\frac{[1-(g/C)]^2}{[1-(g/C)(X)]}+173X^2\left[(X-1)+\sqrt{(X-1)^2+\frac{16X}{c}}\right] \quad \cdots\cdots (12.6)$$

첫번째 항은 Webster 식의 첫째항을 1.3으로 나누어 정지 지체도를 구한 것이고, X는 반드시 1.0 이하여야 하는 점이 강조되고 있다. 두 번째 항은 Webster의 두 번째 항과 같은 개념이다.

12.4 신호시간 계획의 산정

신호시간 계획은 다음과 같은 과정을 통해 얻어진다.

1) 현시계획 설정
2) 각 현시간 전이시간 산출
3) 신호주기의 결정
4) 현시별 유효녹색시간의 산정
5) 보행자 통행을 위한 최소녹색시간 검토

현시의 설정을 포함한 중간과정에서 시간계획은 여러 개가 나올 수 있기 때문에 어느 한 신호시간계획이 최적이라고 할 수는 없다.

12.4.1 현시의 설정

다른 과정에 비해 현시의 설정은 상당히 주관적이며 따라서 교통전문가의 판단이 매우 중요한 역할을 한다. 핵심은 좌회전 처리방법이며 주로 독립 좌회전 현시를 어느 방향으로 줄 것인가이다. 또한 중복 현

[그림 12-8] 신호등 교차로 현시의 예[4)]

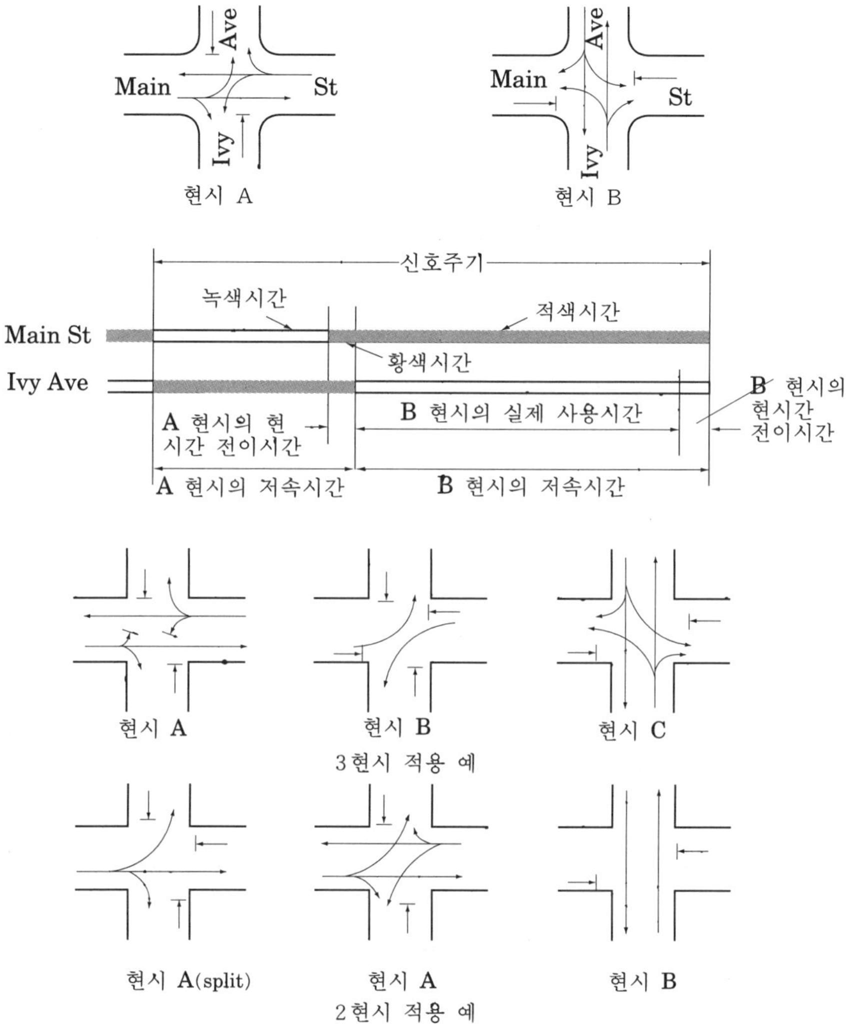

시의 활용 여부도 중요한 사항이다. 현시의 설정시 교차로의 기하구조, 특히 좌회전 베이의 존재 여부가 많은 영향을 미치게 된다. 예를 들어 좌회전 베이가 없을 때 독립 좌회전 현시를 줄 수 없다. 다만 직진 후 좌회전을 주는 방식으로 중복 현시를 쓸 수는 있을 것이다.

현시는 일반적으로 현시도를 통해 표시한다. [그림 12-8]은 신호교차로의 기본적인 현시도를 나타내고 있다.

12.4.2 중복 현시의 활용

좌회전을 독립 현시로 처리했을 때 좌회전 교통량 및 반대편의 직진 교통량이 지나치게 많아 교차로 전체의 지체도가 극심하게 되는 경

[그림 12-9] 신호등 교차로 현시의 예[4)]

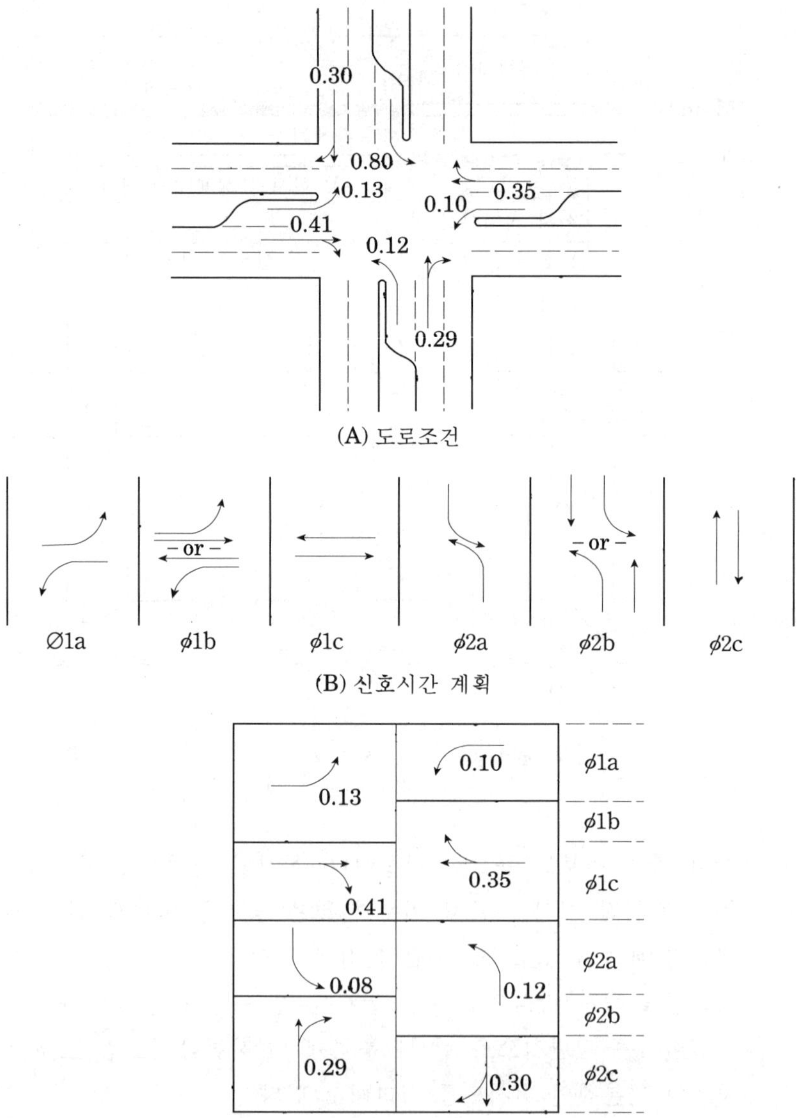

(C) 현시의 Ring 개념

우 중복 현시를 고려한다. 또한 두 개의 좌회전을 동시에 처리했을 때, 두 좌회전 교통량 크기 차이가 심할 때는 동시 처리는 비효율적인 것이 되므로 중복 현시를 쓸 수 있다.

중복 현시의 기본 개념은 반대방향의 부분 정지와 해당 방향의 2단계 구분이다. 즉, 중복 현시를 쓰면 한 방향 흐름 내의 직진과 좌회전은 현시도를 통해 볼 때 단계적으로 나누어 처리되고, 한 방향 흐름이 완전히 끝나지 않은 상태에서 반대방향 흐름이 시작될 수 있다.

[그림 12-9]는 중복 현시의 운용 예를 나타낸다.

12.4.3 현시의 소거시간

현시와 현시 사이에는 황색시간(또는 황색시간과 전방향 적색시간)이 존재함으로써 운전자들이 통행권을 주고 받을 수 있게 된다. 황색시간은 접근속도에 비례하여 증가하며 대체로 3~6초의 크기를 갖게 되며, 우리나라의 경우 교통안전시설 설치 편람에서 그 값을 제안하고 있다.

현시간 소거시간(change/clearance interval)은 통상적으로 황색시간과 전방향 적색시간(all-red)을 포함하여 일컫는 용어지만 우리나라에서는 전방향 적색시간을 거의 쓰지 않기 때문에 대개는 황색시간만이 나타나게 된다. 그런데 황색시간이란 사실상 녹색시간에 주행하던 차량들이 관성에 의해 침범할 수 있는 것이기 때문에 그 길이를 적정하게 설정하지 않게 되면 반대방향 교통류와 충돌할 가능성이 존재하게 된다. 그 길이에 대해 미국의 교통기술자회(ITE: Institute of Transportation Engineers)에서는 최소정지시거를 통해 다음과 같은 값을 제시했다.[5)]

$$Y=t+\frac{S_{85}}{2(a+64.4G)} \qquad \cdots\cdots (12.7)$$

여기서,
Y=황색시간(초)
t=운전자 반응시간(보통 1.0초)
S_{85}=접근로의 85% 속도 또는 제한속도(ft/sec)
a=감속도(보통 10ft/sec^2)
G=종단구배(소수점)

그런데 운전자들은 황색시간이 너무 길면 황색신호를 무시하고 통과하는 경우가 발생하기 때문에 실무적으로 볼 때 식(12.7)의 산출된 값에서 최대 5.0초만을 황색시간으로 하고 나머지 시간을 전방향 적색시간으로 넘겨버리면, 교통 안전성이 더욱 높아진다.

기본적으로 식(12.7)은 현시가 바뀔 때 운전자들이 이에 대해 대비하여 교차로 정지선 상류지점에 정지할 수 있도록 하는 거리이다.

또 한 가지 황색시간을 둘러싼 개념은 일단 황색시간 시작시점에 교차로 정지선을 통과한 차량이 반대편 차량에 대해 녹색시간이 켜지기 전에 안전히 교차로를 빠져나갈 수 있도록 전방향 적색시간을 확보해 주는 것이다. 이는 소거시간 또는 전방향 적색시간이라고 할 수 있으며 다음 식으로 산출된다.

$$r=\frac{w+L}{S_{15}} \qquad \cdots\cdots (12.8)$$

여기서,
r=전방향 적색시간(초)
w=정지선에서 건너편까지의 거리(ft)
L=설계차량 길이(통상 5미터)
S_{15}=접근로의 15% 속도(ft/sec)이며 통상 5mile/h를 사용함

[그림 12-10]은 w에 대한 것이다.

[그림 12-10] 신호교차로 정지선에서 건너편까지의 거리

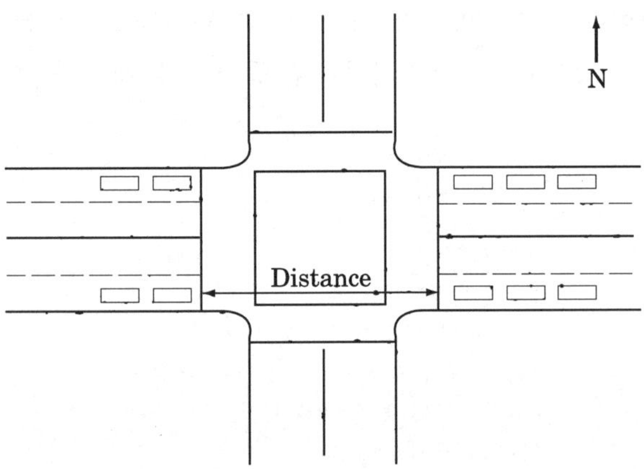

12.4.4 Dilemma Zone의 산정

전 절에서 살펴본 바에 따르면 현시간 신호시간 변화에 따라 운전자들의 통행 안전을 확보해 주기 위해 현시간 소거시간과 전방향 적색시간이 설정되어져 있다. 그럼에도 불구하고 운전자들은 접근로에서 제한 속도보다 높은 속도로 과속하게 되면 반대편 방향의 녹색시간이 시간되기 이전에, 정지선 상류에서 안전하게 정지하거나, 교차로를 빠져나가지 못하는 수가 있다. 이 때, 운전자는 'dilemma zone'에 위치했다고 한다. 이론적으로 볼 때 전 절에서 제시한 대로 황색시간과 전방향 적색시간을 설정해 주고, 교차로를 향해 접근하는 운전자가 과속만 하지 않으면 delemma zone은 나타나지 않는다.

12.4.5 최소녹색시간

신호교차로에서 차량과 보행자는 함께 같은 방향으로 움직이고, 보행자의 보행속도는 항상 차량속도에 비해 낮은 값을 나타내게 되므로 최소녹색시간을 설정하여 녹색시간이 보행자 통행중에 끊기지 않도록 유의해야 한다.

최소녹색시간은 다음과 같은 방법으로 산정할 수 있다. 우선 보행자들이 교차로에서 횡단을 시작하려면 횡단 신호등이 녹색으로 바뀌었을 때 최소한 4~7초가 보행 움직임이 시작되기 전에 필요하다. 그리고 나서 횡단보도의 길이를 보행속도로 나누게 되면 횡단보도상의 보행시

[표 12-1] 보행자에 대한 최소통과시간[5)]

가로폭 (ft)	최소통과시간*		
	@3.5(ft/sec)	@4.0(ft/sec)	차이시간
30	7.1	6.3	0.8
40	10.0	8.8	1.2
50	12.9	11.3	1.6
60	15.7	13.8	1.9
70	18.6	16.3	2.3
80	21.4	18.8	2.6

* 가장 먼 차로에 대해서는 (차로폭-5피트)를 적용했음.

간이 산출되어 식(12.9)와 같이된다.[6)]

$$G_p=(4\sim7)+\frac{w}{V_p} \qquad \cdots\cdots (12.9)$$

여기서,
V_p=보행속도(m/sec)
w=횡단보도의 길이(m)

보행자 횡단시간은 횡단보행자의 수, 보행속도 및 교차로의 폭에 의해 결정되며 통상 약 1.0~1.2 m/sec 의 보행속도를 사용한다.[7)]

[예제 12-2] 포화교통량이 100대/시이고 현시당 평균손실시간이 5.2초인 신호등 교차로의 최적신호시간을 결정하라. 단, 이 교차로는 2개의 현시로 운영되며 교차로의 기하구조 및 각 현시의 교통수요는 〈그림 1〉과 같다.

〈그림 1〉 [예제 12-2]의 교차로 형태 및 교통량

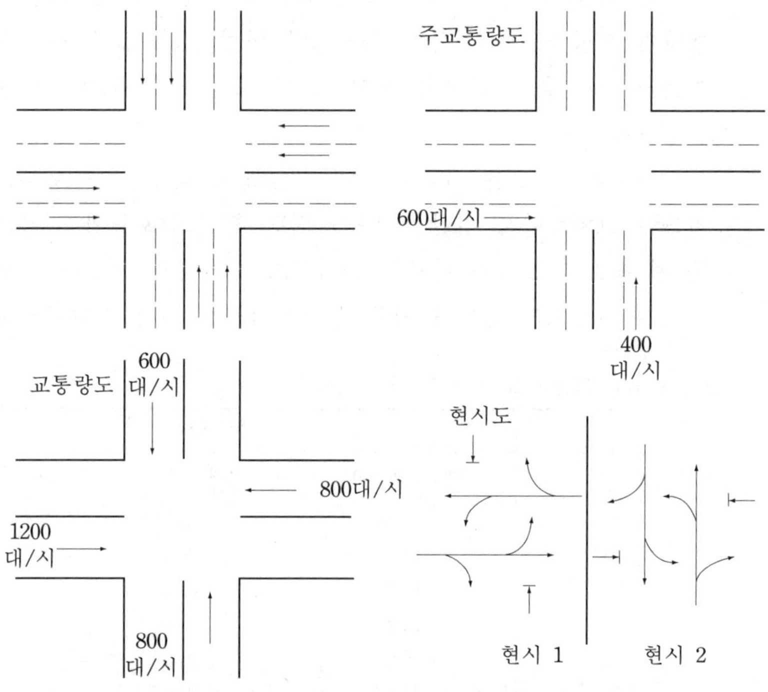

풀이

$$y_1 = \frac{600}{1800} = 0.333$$

$$y_2 = \frac{400}{1800} = 0.222$$

$$C_{opt} = \frac{1.5L+5}{1-\sum_{i=1}^{n} y_i} = \frac{1.5(2)(5.2)+5}{1-(0.333+0.222)} = 46.3(\text{초})$$

신호주기는 보통 10초 단위로 정하므로 최적신호주기는 50초로 한다. 다음으로 녹색시간을 결정하자. 전체 유효녹색시간 G_t는 신호주기에서 손실시간을 감한 시간이므로

$$G_t = C_{opt} - (nl) = 50 - 2 \times 5.2 = 39.6(\text{초})$$

전체 유효녹색시간 G_t를 현시별로 배정해야 하므로

현시 1에 대해 $EG_1 = \frac{0.33}{(0.33+0.22)}(39.6) = 23.8(\text{초})$

현시 2에 대해 $EG_2 = \frac{0.22}{(0.33+0.22)}(39.6) = 15.8(\text{초})$

녹색시간은 현시간 전이시간을 4초를 가정하여 다음과 같이 산정한다.

$$G_1 = EG_1 + l_1 - Y_1 = 23.8 + 5.2 - 4 = 25(\text{초})$$
$$G_2 = EG_2 + l_2 - Y_2 = 15.8 + 5.2 - 4 = 17(\text{초})$$

한편 분할비는 다음과 같다.

〈그림 2〉 [예제 12-3] 신호시간 산정 예제

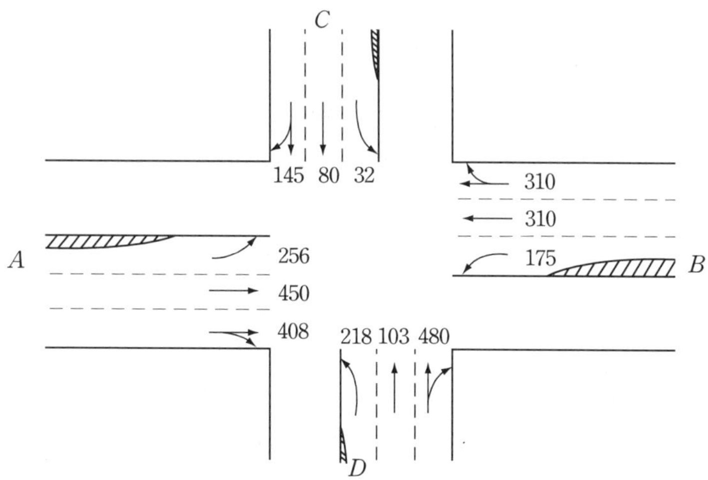

$$G_1=\frac{25}{50}=50\%, \qquad Y_1=\frac{4}{50}=8\%$$

$$G_2=\frac{17}{50}=34\%, \qquad Y_2=\frac{4}{50}=8\%$$

[예제 12-3] 어느 교차로의 1시간 교통량과 신호현시 순서가 아래 그림과 같다. 차로당 포화교통량이 1800pcu이고, 신호현시당 손실시간이 3.0초라 할 때

(1) 총손실시간

(2) 최적신호주기

(3) 총유효녹색시간 등을 Webster방식에 의해 구하라.

풀이 (1) $L=\sum_{i=1}^{n} l_i+R+4\times 3.0+0.0=12$(초)

(2) 최적신호주기(optimun cycle length)

$$C_o=\frac{1.5L+5}{1-\sum_{i=1}^{n} y_i}$$

	현시 A			현시 B			현시 C			현시 D		
	①	②	③	①	②	③	①	②	③	①	②	③
V_i S_i	256 1800	450 1800	408 1800	175 1800	310 1800	310 1800	145 1800	80 1800	32 1800	480 1800	103 1800	218
V_i/S_i	0.14	0.25	0.23	0.1	0.17	0.17	0.08	0.04	0.02	0.27	0.06	0.12
Y_i	0.25	0.17	0.08	0.27								

$\Sigma Y_i=0.77$

$$\therefore \quad C_o=\frac{(1.5\times 12)+5}{1-0.77}=100\text{초}$$

(3) 총 유효녹색시간(total effective green time)

$gn=C-L=100-12=88$초

■ 주

1) AUSTROADS, *Guide to Traffic Engineering Practice*, 1988.
2) Webster, F., *Traffic Signal Settings, Road Research Technical Paper* No. 39, Road Research Laboratory, Her Majesty's Stationary office, 1958.
3) Webster, F. and Cobbe, B., *Traffic signals, Road Research Laboratory Technical Paper,* No. 56, Road Research Laboratory, Her Majesty's Stationary office, 1966.
4) TRB Special Report 209, *Highway Capacity Manual*, 1985.
5) ITE, *Transportation and Traffic Engineering Handbook*, 1982.
6) Mcshane, W., *Traffic Engineering*(2nd ed.), Prentice-Hall, 1998.
7) FHWA, *Traffic Control Devices Handbook,* 1978.

■ 익힘문제

1. 40kph로 주행하는 차량이 교차로에 접근하고 있을 때 아래와 같은 조건을 갖는 전이시간을 계산하시오.
   - N→S: 왕복 4차로
   - E→W: 왕복 8차로
   - 1차로당 도로폭: 3.5m
   - 구배는 없고 가속도=3m/sec²
   - 운전자 반응시간: 1초
2. 아래 그림과 같은 교차로에서 질문에 답하시오.

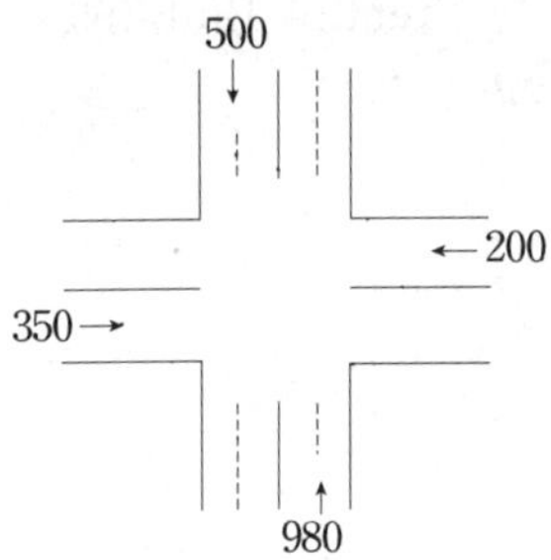

a=5m/sec^2
L=5m
l=4sec/phase
포화교통량=2,000vphplg
V_{walk}=1.2m/sec
$V_{approach}$=40km/hr
차선폭=3.5m/lane

(1) 보행자 신호시간
(2) 현시전이시간
(3) 최소녹색시간

3. 아래 그림과 같은 교차로에서 지체를 최소화하게 하는 신호주기를 구하시오.

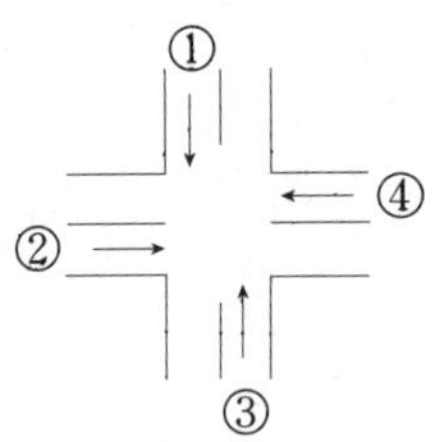

구분	①			②			③			④		
진행 방향												
교통량 (대/시)	94	421	214	160	200	100	210	436	105	191	811	182

제13장

평가방법

13.1 경제성 분석기법

경제성 분석기법은 어느 교통사업의 능률성 혹은 효율성(efficiency)을 평가하는 데 적용되는 방법으로서 효율성을 달성하기 위해 고려된 여러 대안 중에서 가장 우수한 대안을 택하기 위한 사전(ex ante)분석방법에 많이 사용되고, 간혹 특정한 교통정책이 실시되고 난 후 투입된 비용과 편익을 비교하여 교통사업투자가 가치 있게 쓰여졌는가 하는 것을 사후(ex post)에 평가해 보는 방법으로도 사용된다.

경제성 분석기법으로는 편익 · 비용분석법이 주축을 이루는 기법으로서 교통사업평가에 가장 많이 적용되어 온 방법이다. 편익 · 비용분석법에는 구체적인 평가기법으로 편익비용비, 초기연도 수익률, 순현재가치, 내부수익률이 있다. 이들 기법에 대한 개념과 용도를 상세히 살펴보기로 하자.

13.1.1 편익 · 비용비

편익 · 비용비는 편익을 비용으로 나눈 비율의 결과가 가장 큰 대안을 선택하는 방법이다. 편익 · 비용비는 현재가치로 환산된 편익 · 비용비로 나타나는 것이 일반적이다. 그러므로 장래에 발생되는 편익과 비용을 현재가치로 환산하기 위해 할인율이 필요하게 된다.

$$\text{편익·비용비} = \frac{\text{편익의 현재가치}}{\text{비용의 현재가치}}$$

[표 13-1] 교통사업대안별 편익과 비용

교통사업 \ 연도	1	2
사 업 A	−10	20
사 업 B	−100	150

편익·비용비는 교통사업의 절대적인 규모에 대해서는 고려가 불가능하므로 서로 다른 상호 배타적인 교통사업을 이 기법으로 평가하면 오류를 범할 가능성이 있다. 예로서 [표 13-1]과 같은 두 개의 교통사업이 있다고 할 때 계산의 편의상 할인율이 0이라고 가정하고 편익·비용비를 구하면 A사업은 2, B사업은 1.5가 된다.

이들 교통사업대안이 상호 배타적인 경우, A대안의 편익·비용비가 높으므로 당연히 A사업을 택하여 수행하게 된다. 그러나 사실상 1차 연도에 90을 추가로 투자하여 2차 연도에 130의 추가편익이 발생할 수 있는 기회를 상실하게 된다. 그러므로 대안 A의 선택은 현명한 판단이라고 보기 힘들다. 또한 무엇을 비용으로 간주하느냐에 따라 편익·비용비의 차이가 나므로 분석가의 주관이 개재될 우려가 많다. 예로서 교통사업의 건설비만 고려하고 장차 발생될 운영비(운영비 자체도 다양한 요소를 포함)를 고려하지 않는다면 편익·비용비의 차이가 많이 날 것이다.

13.1.2 초기연도 수익률(First-year Rate of Return)

초기연도 수익률은 교통사업의 수익성이 나타나기 시작하는 첫해의 편익을 편익이 생기기 시작한 연도까지 소요된 비용으로 나눈 값을 말한다. 이 평가기준은 교통사업 초기에 많은 비용이 발생되고, 편익이 발생한 연도부터 편익이 감소되지 않고 일정한 편익이 창출되는 교통사업 평가에는 적합하다고 하겠다. 이 방법은 편익이 발생하기 시작한 첫연도가 나머지 편익 발생 연도들의 대표성을 가진다는 전제를 바탕에 깔고 있다고 하겠다. 그러나 대부분의 교통사업은 사업 후 교통수요가 늘어나기 때문에 편익이 증가하므로 초기연도 수익률의 적합성이 떨어진다고 볼 수 있다.

[표 13-2] 연도별 편익과 비용

연 도	1	2	3	4	5	6
교 통 사 업	−100	10	12	14	15	15
지연된 교통사업		−100	12	14	15	15

초기연도 수익률의 또 한 가지 약점은 편익과 비용의 발생되는 시간을 고려하지 않기 때문에 이자율이나 자본비(cost of capital) 등을 무시하고 있는 점이다. 초기연도 수익률을 옹호하는 분석가들은 초기연도 수익률로 서로 경합되는 교통사업을 선택하기보다는 사업의 최적집행시기를 찾아내는 데 목적이 있다고 주장한다. 이들 주장의 타당성을 검토하기 위하여 아래와 같은 예제를 들어 논해 보기로 하자. [표 13-2]에서 보는 바와 같이 만약 이자율이 10%에서 12% 사이라면 이 교통사업은 연기하는 것이 보다 현명하다 할 것이다. 그러나 순현가치도 이와 똑같은 결과를 도출하게 된다. 그 이외에 순현재가치는 연도별 편익이 동일한 수준하에서만 적합한 초기연도 수익률법과는 달리 편익의 크기에 관계 없이 교통사업의 가치를 평가할 수 있는 장점이 있다.

13.1.3 순현재가치(Net Present Value)

순현재가치는 사업의 경제성을 가늠하는 척도(혹은 기법) 중의 하나로서 현재가치로 환산된 장래의 연도별 편익의 합계에서 현재가치로 환산된 장래의 연도별 비용의 합계를 뺀 값이 된다. 순현재가치는 대안선택에 있어서 정확한 기준을 제시해 주고, 계산이 용이하여 교통사업의 경제성 분석시 보편적으로 이용되는 방법이다.

$$\text{순현재가치}(NPV)=\sum_{t=0}^{n}\frac{B_t}{(1+r)^t}-\sum_{t=0}^{n}\frac{C_t}{(1+r)^t}$$
$$=(B_0-C_0)+\frac{(B_1-C_1)}{(1+r)^1}+\frac{(B_2-C_2)}{(1+r)^2}$$
$$+\cdots+\frac{(B_n-C_n)}{(1+r)^n} \qquad \cdots\cdots (13.1)$$

B_t=t 년도의 편익

C_t=t 년도의 비용
r=이자율(할인율)
n=교통사업의 내구연도(분석기간)

만약 어느 교통사업의 연도별 편익과 비용에 따른 순현재가치가 식(13.1)과 같다면 식(13.2)와 같은 조건이 만족될 때 사업이 편익을 창출하게 된다.

$$C_0+\frac{B_1-C_1}{(1+r)^1}+\frac{B_2-C_2}{(1+r)^2}+\frac{B_3-C_3}{(1+r)^3}+\cdots+\frac{B_n-C_n}{(1+r)^n}>0 \quad \cdots\cdots (13.2)$$

예로 도로공사와 같은 정부기관이 도로를 건설한다고 할 때 [표 13-3] 및 [그림 13-1]과 같은 편익과 비용이 발생되었다면 과연 이 도로 건설사업은 타당성이 있는가를 분석하면 아래와 같다. 여기서 시장이자율은 10%이다.

이에 대한 순현재가치를 구하면,

[그림 13-1] 도로건설에 따른 연도별 편익과 비용

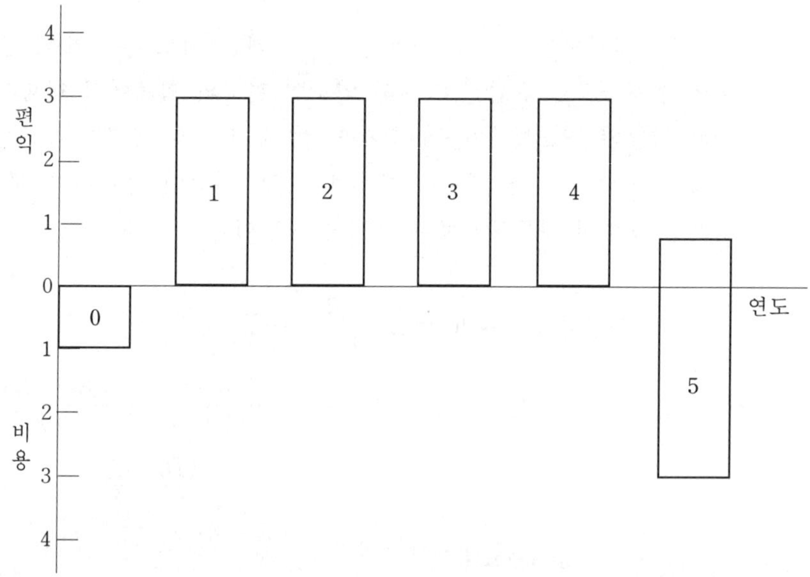

[표 13-3] 도로건설에 따른 연도별 편익과 비용

내 역	연 도					
	0	1	2	3	4	5
건설비(2차선)	−1.0					
총수입금-운영비 및 관리비		+0.4	+0.4	+0.4	+0.4	
재포장공사						−0.3
도로주변 대지매각						+0.1
합 계	−1.0	+0.4	+0.4	+0.4	+0.4	−0.2

$$-0.1+\frac{0.4}{(1.1)}+\frac{0.4}{(1.1)^2}+\frac{0.4}{(1.1)^3}+\frac{0.4}{(1.1)^4}-\frac{0.2}{(1.1)^5}$$

$=0.1438$이 된다.

할인계수(discount factor) 혹은 현재가치계수(present worth factor)와 연금계수(annuity factor)를 이용하기도 하는데, 이들 계수는 연도와 할인율에 따라 표에 작성되어 있으므로 편리하게 활용할 수 있다. 현재가치계수를 v, 할인율을 r, 기간을 n, 연금계수를 a라 하면 아래와 같은 식(13.3)이 성립된다.

$$v_{n,r}=\frac{1}{(1+r)^n} \qquad \cdots\cdots (13.3)$$

연금계수는 사업 초기연도부터 마지막 연도까지 한 단위의 값이 갖는 현재가치이다.

$$a_{n,r}=\frac{1}{(1+r)}+\frac{1}{(1+r)^2}+\cdots+\frac{1}{(1+r)^n} \qquad \cdots\cdots (13.4)$$

식(13.4)에는 할인계수가 적용되므로 식(13.5)와 같이 다시 쓸 수 있다.

$$a_{n,r}=v_{1,r}+v_{2,r}+\cdots+v_{n,r} \qquad \cdots\cdots (13.5)$$

따라서 $NPV=-1.0+(0.4\times 3.1699)-(0.2\times 0.6209)=0.1438$이 된다. 이러한 관계식들로부터 순현재가치는 식(13.6)과 같이 공식화할 수

있다.

$$NPV_r = \sum_{0}^{n}(v_{n,r}) \cdot B_n - \sum_{0}^{n}(v_{n,r}) \cdot C_n \qquad \cdots\cdots (13.6)$$

NPV_r=할인율 r일 때 순현재가치
$v_{n,r}$=할인율 r, 기간 n일 때 현재가치계수
B_n=n기간에 생겨나는 편익
C_n=n기간에 지출(혹은 투자)되는 비용
n=사업의 경제적 수명

[예제 13-1] 〈표 1〉과 같이 2개의 교통사업대안에 대한 5년 동안의 편익과 비용이 산출되었다면 할인율이 5%일 때 순현재가치를 구하고 어느 대안이 우수한가를 택하라. 또한 할인율이 달라짐에 따라 대안선택이 달라지는가?

〈표 1〉 대안별·연도별 편익 및 비용 (단위: 백만 원)

대 안	연 도					
	0년도	1년도	2년도	3년도	4년도	5년도
Ⅰ	−10	+5	+4	+3	+2	+1
Ⅱ	-10	−5	+6	+6	+6	+6

풀이 대안 Ⅰ, Ⅱ의 순현재가치를 구하면 아래와 같다.

$$NPV_{\mathrm{I}} = -10 + \frac{5}{1.05} + \frac{4}{(1.05)^2} + \frac{3}{(1.05)^3} + \frac{2}{(1.05)^4} + \frac{1}{(1.05)^5}$$

$$= 3,410,000\text{원}$$

$$NPV_{\mathrm{II}} = -10 - \frac{5}{1.05} + \frac{6}{(1.05)^2} + \frac{6}{(1.05)^3} + \frac{6}{(1.05)^4} + \frac{6}{(1.05)^5}$$

$$= 5,500,000\text{원}$$

〈표 2〉 할인율별 순현재가치 (단위: 백만 원)

할인율	NPV_{I}	NPV_{II}	할인율	NPV_{I}	NPV_{II}
0.00	5.00	9.00	0.12	1.64	1.81
0.02	4.33	7.50	0.14	1.20	0.95
0.04	3.71	6.14	0.16	0.78	0.16
0.06	3.13	4.90	0.18	0.41	−0.56
0.08	2.59	3.77	0.20	0.05	−1.23
0.10	2.09	2.74			

〈그림 1〉 할인율별 순현재가치

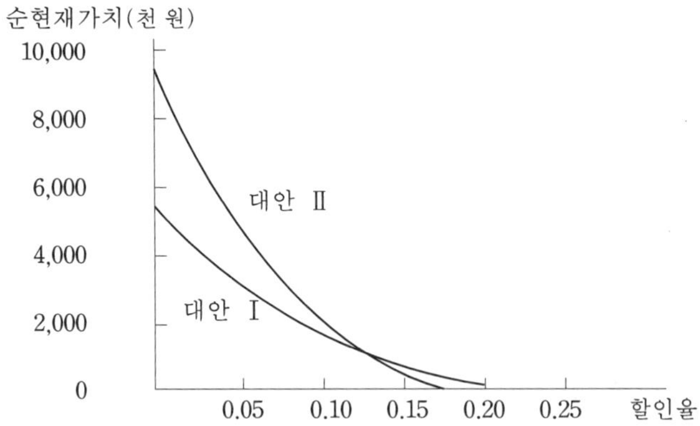

그러므로 할인율이 5%일 경우 대안 Ⅱ를 택하게 된다. 할인율이 달라지면 당연히 순현재가치가 대안별로 차이가 나는데, 산출한 결과와 이를 도식화한 것이 〈표 1〉과 〈그림 1〉이다. 대안 Ⅰ과 대안 Ⅱ가 서로 경쟁적인 대안이라면 할인율이 0%에서 13% 사이에는 대안 Ⅱ의 순현재가치가 대안 Ⅰ보다 높으므로 대안 Ⅱ를 선택해야 하고, 할인율이 13%에서 20% 사이에는 대안 Ⅰ이 선택된다. 한편 할인율 20%가 넘을 경우에는 대안 Ⅰ, 대안 Ⅱ의 순편익이 모두 마이너스가 되므로 두 대안이 경제성이 없는 것으로 간주할 수 있다.

[예제 13-2] 어느 주요 활동거점(Activity Center)에서 이용자의 편의를 위해 순환용 신교통시스템을 건설하고자 한다. 두 개 **LRT**(경전철)시스템의 건설비와 운영비는 다음과 같다. 연간비용, 자본회수계수를 활용하여 아래 질문에 답하라.

대　　안	건설비(원)	운영비(원)
A	600억/km	0.00006억/승객-km
B	800억/km	0.00004억/승객-km

- 사업기간(Project Life)=30년
- 할인율=10%
- 자본회수계수(CRF)=$\dfrac{r(1+r)^n}{(1+r)^n-1}$ (또는 부록표 이용)
- 10%, 30년 (부록 참조)
- $TC=CC+\sum_{n=1}^{30}PWF_{r,n}(OC)\cdot Q$

- $AC = CRF_{r,n}(CC) + (OC) \cdot Q$

여기서,
TC=총비용
CC=건설비
PWF=현재가치계수
OC=운영비
Q=승객수요(승객-km)

(1) 만약 연간 승객수요가 1,289,700(승객-km)로 측정되었다면 어느 대안이 얼마만큼 더 경제적인가?

(2) 두 대안의 연간비용(AC)이 똑같아지는 연간 승객수요, 즉 승객-km는 얼마인가?

풀이

$AC_A = CRF_{10\%,30} \times 600$억/km$+0.00006$억/승객-km$\cdot Q$
$=0.106079 \times 600$억/km$+0.00006$억/승객-km$\cdot Q$

$AC_B = CRF_{10\%,30} \times 800$억/km$+0.00004$억/승객-km$\cdot Q$
$=0.106079 \times 800$억/km$+0.00004$억/승객-km$\cdot Q$

$\therefore\ AC_A = 63.65 + 0.00006 \times Q$

$AC_A = 84.86 + 0.00004 \times Q$

(1) Q=1,289,700(승객-km)일 때
$AC_A = 63.65 + 0.00006 \times 1{,}289{,}700 = 141.032$
$AC_B = 84.86 + 0.00004 \times 1{,}289{,}700 = 136.448$

그러므로 대안 AC_A=4.578억/km 더 크므로 대안 B가 경제적이다.

(2) $AC_A = AC_B$
$63.65 + 0.00006 \times Q = 84.86 + 0.00004 \times Q$
$0.00002\ Q = 21.21$

그러므로 Q=1,060,500승객-km

13.1.4 내부수익률(Internal Rate of Return)

내부수익률은 편익과 비용의 현재가치의 합계가 같아지는 할인율을 말한다. 다시 말하면 어떤 교통사업의 순현재가치(NPV)를 0으로 만드는 할인율을 말한다. 이는 비용(건설비, 운영비)을 사업내용기간 내에 회수하면서 동시에 수익을 창출하는 비용의 가득력을 의미한다. 그러므로 편익과 비용의 현재가치의 합이 같아지는 할인율이 사회적 기회비용(social opportunity cost)보다 높으면 사업의 수익성이 있다고 보는 기준이다. 내부수익률을 구하는 식은 다음과 같다.

$$\sum_{t=0}^{n} = \frac{B_t}{(1+r)^t} = \sum_{t=0}^{n} \frac{C_t}{(1+r)^t} \qquad \cdots\cdots (13.7)$$

위와 같은 관계를 성립시키는 할인율(r)이 바로 내부수익률이다.

연차별 비용과 편익이 아래와 같은 교통사업의 내부수익률을 구하려면 먼저 각각의 할인율에 따른 비용과 편익의 순현재가치를 구해야 한다.

내부수익률은 비용과 편익의 순현재가치가 일치될 때의 할인율이므로 할인율 10% 적용시에는 +68이고, 15% 적용시에는 −25이므로 0이 되는 지점은 10%와 15% 사이에 존재하는 것을 쉽게 알 수 있어 내부수익률은 이 사이에 위치하게 된다. 순현재가치와 할인율의 관계와 이에 따른 내부수익률은 [그림 13-2]에서 더욱 명료하게 이해할 수 있다. 정확한 수치의 내부수익률은 식(13.7)에 의해 산출된다.

내부수익률은 사업평가에 적용할 적합한 할인율이 알려져 있지 않을 경우에 정책결정자가 여러 가지 상황을 고려하여 할인율의 최저 한계를 설정해 놓은 다음, 사업의 분석결과 내부수익률이 이 최저선을 넘으면 이 사업을 채택하게 된다. 내부수익률은 어느 지역 혹은 나라 자본의 기회비용보다 높으면 일단 수익률이 있다고 판단할 수 있는데 자본의 기회비용을 초과하는 대안 중에서 내부수익률이 가장 높은 대안을 선택하게 된다. 자본의 기회비용을 일반적으로 그 나라의 이자율과 동일

[표 13-4] 연도별 비용과 편익

내 역	연도			
	0	1	2	3
투자비용	−1,000	0	0	0
편 익	0	200	800	300

[표 13-5] 연도별 비용과 편익

연 도	비용 · 편익	r=10%		r=15%		r=25%	
		할인계수	현재가치	할인계수	현재가치	할인계수	현재가치
0	−1,000	1.0	−1,000	1.0	−1,000	1.0	−1,000
1	200	0.909	181	0.870	174	0.800	160
2	800	0.826	661	0.756	605	0.640	512
3	300	0.751	226	0.658	196	0.512	154
순현재가치	+300		+68		−25		−174

하다고 보므로 만약 그 나라의 이자율이 12.5%라면 어느 사업이 경제성이 있으려면 내부수익률이 최소한 12.5% 이상은 되어야 한다는 논리가 성립된다.

내부수익률은 편익 · 비용비가 가지고 있는 약점과 마찬가지로 상호배타적인 교통사업의 절대적인 규모를 적절히 고려하지 못하기 때문에, 실질적으로는 높은 순현재가치(NPV)를 가진 낮은 내부수익률의 대형 교통사업대안 대신에 낮은 순현재가치(NPV)를 갖고 높은 내부수익률을 가진 소규모 교통사업대안이 선택되는 불합리를 낳을 수 있다. 그러나 내부수익률이 편익 · 비용비보다 우월한 것은 내부수익률을 산출하기 위해 할인율, 즉 자본의 기회비용을 알 필요성이 없다는 점이다. 지금까지 살펴본 경제성 평가기법의 장단점을 분석하면 [표 13-6]과 같이 정리된다.

[그림 13-2] 내부수익률

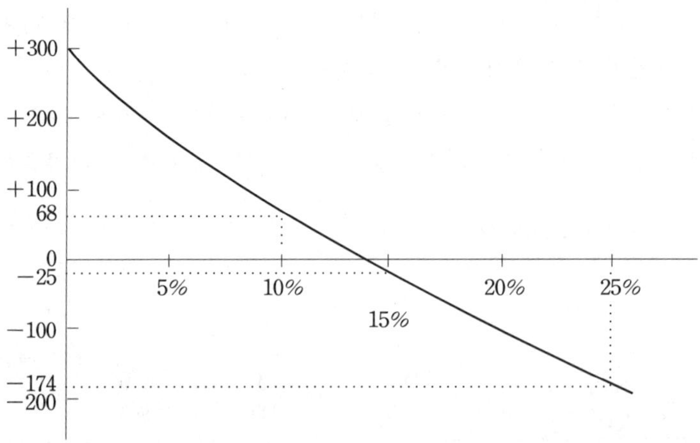

[표 13-6] 경제성 평가기법의 장단점

기　법	장　점	단　점
초기연도 수 익 률	· 계산이 쉽다. · 이해하기 쉽다	· 초기연도를 정하기 힘들다. · 편익과 비용이 발생하는 시간을 고려하지 못한다. · 할인율(자본의 기회비용)을 고려하지 않는다.
편익 · 비용비	· 이해하기 쉽다 · 사업규모를 고려할 수 있다. · 비용 · 편익이 발생하는 시간을 고려한다.	· 편익 · 비용, 즉 분모와 분자를 명료하게 구분하기 힘들 경우가 있다. · 대안이 상호 배타적일 때 대안 선택이 잘못될 수 있다. · 할인율을 반드시 알아야 한다.
내부수익률	· 사업 수익성을 측정할 수 있다. · 평가과정과 결과를 이해하기 쉽다. · 다른 대안과 비교하기 쉽다.	· 사업의 절대적인 규모를 고려하지 못한다. · 몇 개의 내부수익률이 동시에 도출될 가능성이 있다.
순현재가치	· 대안선택에 있어서 정확한 기준을 제시해 준다. · 편익의 현재가치를 제시해 준다. · 한계순현재가치를 고려하여 여러 가지 분석을 할 수 있다.	· 할인율 혹은 자본의 기회비용을 알아야 한다. · 편익 · 비용비처럼 이해하기 쉽지는 않다. · 상대적 기준이 아니므로 대안의 우선순위 설정에 있어서 애매한 점도 있다.

[예제 13-3] 새로운 노선에 고속도로를 건설하고자 한다. 2개의 고속도로에 노선 대안별 건설비와 유지관리비는 다음 표와 같다. 그리고 수요, 할인율, 건설기간, 유지관리기간 등이 다음과 같을 때 질문에 답하시오.

대　안	건 설 비	유지관리비
A	6,000억	3,000원/car-km
B	9,000억	6,000원/car-km

- 개통 후(4년째) 예상되는 통행수요: 300,000대/일
- 개통 후 25년간 통행수요의 연간 증가율: 3%/년
- 연간 유지관리일: 365일
- 건설기간: 초기 3년

- 유리관리기간: 개통 후 25년
- 25년간 매년 차량수요 3% 증가율, 10% 할인율 적용
  PVF(Present value Factor): 11.5250
- 25년간 매년 차량수요 3% 증가율, 15% 할인율 적용
  PVF(Present value Factor): 7.8033

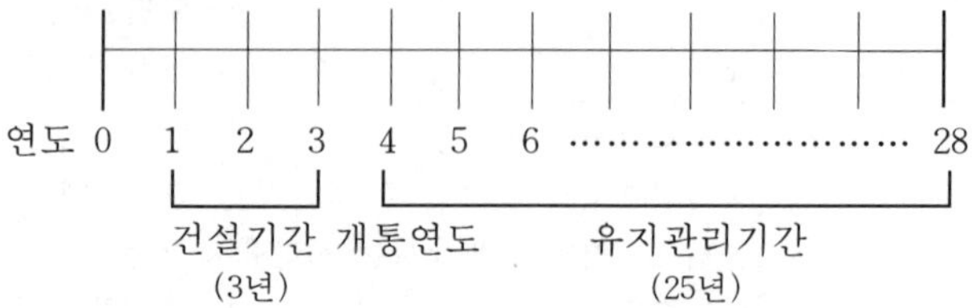

(1) 할인율 10%를 적용할 때 어느 대안이 우수한가?
(비용이 적게 나타나는 대안)

(2) 할인율 15%가 되면 어느 대안이 우수한가? (부록표참조)

풀이

(1) 10% $PVF=11.5250$

$PW_1=0.909091$ $PW_3=0.826446$ $PW_3=0.826446$

$$(\text{대안 } A)=(0.909091\times 2{,}000)+(0.826446\times 2{,}000)+(0.751315\times 2{,}000)$$
$$+11.5250\times(300{,}000\text{대/일}\times 365\text{일}\times 3{,}000\text{원/car-km})$$
$$=3.7859\times 10^{12}\text{원-km}$$

$$(\text{대안 } B)=(0.909091\times 3{,}000)+(0.826446\times 3{,}000)+(0.751315\times 3{,}000)$$
$$+11.5250\times(300{,}000\text{대/일}\times 365\text{일}\times 6{,}000\text{원/car-km})$$
$$=7.5719\times 10^{12}\text{원-km}$$

∴ 대안 A우수

(2) 15% $PVF=7.8033$

$PW_1=0.869565$ $PW_3=0.756144$ $PW_3=0.657516$

$$(\text{대안 } A)=(0.869565\times 2{,}000)+(0.756144\times 2{,}000)+(0.657516\times 2{,}000)$$
$$+7.8033\times(300{,}000\text{대/일}\times 365\text{일}\times 3{,}000\text{원/car-km})$$
$$=2.5634\times 10^{12}\text{원-km}$$

$$(\text{대안 } B)=(0.869565\times 3{,}000)+(0.756144\times 3{,}000)+(0.657516\times 3{,}000)$$
$$+7.8033\times(300{,}000\text{대/일}\times 365\text{일}\times 6{,}000\text{원/car-km})$$
$$=5.1267\times 10^{12}\text{원-km}$$

∴ 대안 A우수

[표 13-7] 현재가치계수

연 도 (N)	할 인 율(%) 6	8	10	12	15	연 도 (N)
1	0.943396	0.925926	0.909091	0.892857	0.869565	1
2	0.889996	0.857339	0.826446	0.797194	0.756144	2
3	0.839619	0.793832	0.751315	0.711780	0.657516	3
4	0.792094	0.735030	0.683013	0.635518	0.571753	4
5	0.747258	0.680583	0.620921	0.567427	0.497177	5
6	0.704961	0.630170	0.564474	0.506631	0.432328	6
7	0.665057	0.583490	0.513158	0.452349	0.375937	7
8	0.627412	0.540269	0.466507	0.403883	0.326902	8
9	0.591898	0.500249	0.424098	0.360610	0.284262	9
10	0.558395	0.463193	0.385543	0.321973	0.247185	10
11	0.526788	0.428883	0.350494	0.287476	0.214943	11
12	0.496969	0.397114	0.318631	0.256675	0.186907	12
13	0.468839	0.367698	0.289664	0.229174	0.162528	13
14	0.442301	0.340461	0.263331	0.204620	0.141329	14
15	0.417265	0.315242	0.239392	0.182696	0.122894	15
16	0.393646	0.291890	0.217629	0.163122	0.106865	16
17	0.371364	0.270269	0.197845	0.145644	0.092926	17
18	0.350344	0.250249	0.179859	0.130040	0.080805	18
19	0.330513	0.231712	0.163508	0.116107	0.070265	19
20	0.311805	0.214548	0.148644	0.103667	0.061100	20
21	0.294155	0.198656	0.135131	0.092560	0.053131	21
22	0.277505	0.183941	0.122846	0.082643	0.046201	22
23	0.261797	0.170315	0.111678	0.073788	0.040174	23
24	0.246979	0.157699	0.101526	0.065882	0.034934	24
25	0.232999	0.146018	0.092296	0.058823	0.030378	25
26	0.219810	0.135202	0.083905	0.052521	0.026415	26
27	0.207368	0.125187	0.076278	0.046894	0.022970	27
28	0.195630	0.115914	0.069343	0.041869	0.019974	28
29	0.184557	0.107328	0.063039	0.037383	0.017369	29
30	0.174110	0.099377	0.057309	0.033378	0.015103	30
31	0.164255	0.092016	0.052099	0.029802	0.013133	31
32	0.154957	0.085200	0.047362	0.026609	0.011420	32
33	0.146186	0.078889	0.043057	0.023758	0.009931	33
34	0.137912	0.073045	0.039143	0.021212	0.008635	34
35	0.130105	0.067635	0.035584	0.018940	0.007509	35
36	0.122741	0.062625	0.032349	0.016910	0.006529	36
37	0.115793	0.057986	0.029408	0.015098	0.005678	37
38	0.109239	0.053690	0.026735	0.013481	0.004937	38
39	0.103056	0.049713	0.024304	0.012036	0.004293	39
40	0.097222	0.046031	0.022095	0.010747	0.003733	40
45	0.072650	0.031328	0.013719	0.009595	0.003246	45
50	0.054288	0.021321	0.008519	0.008567	0.002823	50
55	0.040567	0.014511	0.005289	0.007649	0.002455	55
60	0.030314	0.009876	0.003284	0.006830	0.002134	60
65	0.022653	0.006721	0.002039	0.006098	0.001856	65
70	0.016927	0.004574	0.001266	0.003460	0.000923	70
75	0.012649	0.003113	0.000786	0.001963		75
80	0.009452	0.002119	0.000488	0.001114		80
90	0.005278	0.000981	0.000188			90
100	0.002947	0.000455	0.000073			100

* $PWF_{r,N} = \frac{1}{(1+r)^N}$

[표 13-8] 자본회수계수

사 업 기간(N)	할 인 율(%) 6	8	10	12	15	사 업 기간(N)
1	1.060000	1.080000	1.100000	1.120000	1.150000	1
2	0.545437	0.560769	0.576190	0.591698	0.615116	2
3	0.374110	0.388034	0.402115	0.416349	0.437977	3
4	0.288591	0.301921	0.315471	0.329234	0.350265	4
5	0.237396	0.250456	0.263797	0.277410	0.298316	5
6	0.203363	0.216315	0.229607	0.243226	0.264237	6
7	0.179135	0.192072	0.205405	0.219118	0.240360	7
8	0.161036	0.174015	0.187444	0.201303	0.222850	8
9	0.147022	0.160080	0.173641	0.187679	0.209574	9
10	0.135868	0.149029	0.162745	0.176984	0.199252	10
11	0.126793	0.140076	0.153963	0.168415	0.191069	11
12	0.119277	0.132695	0.146763	0.161437	0.184481	12
13	0.112960	0.126522	0.140779	0.155677	0.179110	13
14	0.107585	0.121297	0.135746	0.150871	0.174688	14
15	0.102963	0.116830	0.131474	0.146824	0.171017	15
16	0.098952	0.112977	0.127817	0.143390	0.167948	16
17	0.095445	0.109629	0.124664	0.140457	0.165367	17
18	0.092357	0.106702	0.121930	0.137937	0.163186	18
19	0.089621	0.104128	0.119547	0.135763	0.161336	19
20	0.087135	0.101852	0.117460	0.133879	0.159761	20
21	0.085005	0.099832	0.115624	0.132240	0.158417	21
22	0.083046	0.098032	0.114005	0.130811	0.157266	22
23	0.081278	0.096422	0.112572	0.129560	0.156278	23
24	0.079679	0.094978	0.111300	0.128463	0.155430	24
25	0.078227	0.093679	0.110168	0.127500	0.154699	25
26	0.076904	0.092507	0.109159	0.126652	0.154070	26
27	0.075697	0.091448	0.108258	0.125904	0.153526	27
28	0.074593	0.090489	0.107451	0.125244	0.153057	28
29	0.073580	0.089619	0.106728	0.124660	0.152651	29
30	0.072649	0.088827	0.106079	0.124144	0.152300	30
31	0.071792	0.088107	0.105496	0.123686	0.151996	31
32	0.071002	0.087451	0.104972	0.123280	0.151733	32
33	0.070273	0.086852	0.104499	0.122920	0.151505	33
34	0.069598	0.086304	0.104074	0.122601	0.151307	34
35	0.068974	0.085803	0.103690	0.122317	0.151135	35
36	0.068395	0.085345	0.103343	0.122064	0.150986	36
37	0.067857	0.084924	0.103030	0.121840	0.150857	37
38	0.067358	0.084539	0.102747	0.121640	0.150744	38
39	0.066894	0.084185	0.102491	0.121462	0.150647	39
40	0.066462	0.083860	0.102259	0.121304	0.150562	40
45	0.064700	0.082587	0.101391	0.121163	0.150489	45
50	0.063444	0.081743	0.100859	0.121037	0.150425	50
55	0.062537	0.081178	0.100532	0.120925	0.150369	55
60	0.061876	0.080798	0.100330	0.120825	0.150321	60
65	0.061391	0.080541	0.100204	0.120736	0.150279	65
70	0.061033	0.080368	0.100127	0.120417	0.150139	70
75	0.060769	0.080250	0.100079	0.120236		75
80	0.060573	0.080170	0.100049	0.120134		80
90	0.060318	0.080079	0.100019			90
100	0.060177	0.080036	0.100007			100

* $CRF_{r,N} = \dfrac{r(1+r)^N}{(1+r)^N - 1}$

[표 13-9] 현재가치증가계수(PVF: Present Value Factors)

연 도	연 간 증 가 율								
(N)	2	3	4	5	6	7	8	9	10
				10% 할 인 율					
1	0.9091	0.9091	0.9091	0.9091	0.9091	0.9091	0.9091	0.9091	0.9091
2	1.7521	1.7603	1.7686	1.7769	1.7851	1.7934	1.8017	1.8099	1.8182
3	2.5337	2.5574	2.5812	2.6052	2.6293	2.6536	2.6780	2.7026	2.7273
4	3.2586	3.3037	3.3495	3.3959	3.4428	3.4903	3.5384	3.5871	3.6364
5	3.9307	4.0026	4.0759	4.1506	4.2267	4.3042	4.3831	4.4636	4.5455
6	4.5539	4.6570	4.7627	4.8710	4.9821	5.0959	5.2125	5.3321	5.4545
7	5.1318	5.2697	5.4120	5.5387	5.7100	5.8660	6.0269	6.1927	6.3636
8	5.6677	5.8435	6.0259	6.2151	6.4115	6.6151	6.8264	7.0455	7.2727
9	6.1646	6.3807	6.6063	6.8417	7.0874	7.3438	7.6113	7.8905	8.1818
10	6.6253	6.8837	7.1550	7.4398	7.7388	8.0526	8.3820	8.7279	9.0909
11	7.0526	7.3548	7.6738	8.0107	8.3664	8.7421	9.1387	9.5576	10.0000
12	7.4487	7.7958	8.1644	8.5557	8.9713	9.4127	9.8817	10.3798	10.9091
13	7.8161	8.2088	8.6281	9.0759	9.5542	10.0651	10.6111	11.1946	11.8182
14	8.1568	8.5955	9.0666	9.5724	10.1158	10.6997	11.3273	12.0019	12.7273
15	8.4726	8.9576	9.4811	10.0464	10.6571	11.3170	12.0304	12.8019	13.6364
16	8.7655	9.2967	9.8731	10.4989	11.1786	11.9174	12.7208	13.5946	14.5455
17	9.0371	9.6142	10.2436	10.9307	11.6812	12.5015	13.3986	14.3801	15.4545
18	9.2890	9.9115	10.5940	11.3430	12.1656	13.0696	14.0640	15.1584	16.3636
19	9.5225	10.1898	10.9252	11.7365	12.6323	13.6223	14.7174	15.9297	17.2727
20	9.7390	10.4505	11.2384	12.1121	13.0820	14.1599	15.3589	16.6940	18.1818
21	9.9398	10.6945	11.5345	12.4706	13.5154	14.6828	15.9888	17.4513	19.0909
22	10.1260	10.9231	11.8144	12.8129	13.9330	15.1914	16.6071	18.2018	20.0000
23	10.2987	11.1370	12.0791	13.1396	14.3354	15.6862	17.2143	18.9454	20.9091
24	10.4588	11.3374	12.3293	13.4314	14.7232	16.1675	17.8104	19.6823	21.8182
25	10.6072	11.5250	12.5659	13.7491	15.0969	16.6357	18.3957	20.4124	22.7273
26	10.7449	11.7007	12.7896	14.0332	15.4570	17.0910	18.9703	21.1359	23.6364
27	10.8725	11.8652	13.0011	14.3044	15.8041	17.5340	19.5345	21.8529	24.5455
28	10.9909	12.0192	13.2010	14.5633	16.1385	17.9649	20.0884	22.5633	25.4545
29	11.1006	12.1635	13.3900	14.8104	16.4607	18.3840	20.6322	23.2673	26.3636
30	11.2024	12.2985	13.5688	15.0463	16.7712	18.7918	21.1662	23.9649	27.2727
31	11.2968	12.4250	13.7377	15.2715	17.0704	19.1883	21.6904	24.6561	28.1818
32	11.3843	12.5434	13.8975	15.4864	17.3588	19.5741	22.2052	25.3410	29.0909
33	11.4654	12.6543	14.0485	15.6916	17.6367	19.9494	22.7105	26.0197	30.0000
34	11.5407	12.7581	14.1913	15.8874	17.9044	20.3144	23.2067	26.6923	30.9091
35	11.6104	12.8553	14.3264	16.0744	18.1624	20.6694	23.6938	27.3587	31.8182
36	11.6751	12.9463	14.4540	16.2528	18.4111	21.0148	24.1721	28.0191	32.7273
37	11.7351	13.0316	14.5747	16.4231	18.6507	21.3508	26.6417	28.6735	33.6364
38	11.7908	13.1114	14.6888	16.5857	18.8816	21.6776	25.1028	29.3219	34.5455
39	11.8423	13.1861	14.7967	16.7409	19.1040	21.9955	25.5555	29.9644	35.4545
40	11.8902	13.2561	14.8987	16.8890	19.3184	22.3047	25.9999	30.6011	36.3636
41	11.9345	13.3216	14.9951	17.0304	19.5250	22.6055	26.4363	31.2320	37.2727
42	11.9756	13.3830	15.0863	17.1554	19.7241	22.8980	26.8647	31.8572	38.1818
43	12.0138	13.4404	15.1725	17.2943	19.9160	23.1826	27.2854	32.4767	39.0909
44	12.0491	13.4942	15.2540	17.4173	20.1009	23.4595	27.6983	33.0905	40.0000
45	12.0819	13.5446	15.3311	17.5347	20.2790	23.7288	28.1038	33.6988	40.9091
46	12.1123	13.5917	15.4039	17.6767	20.4507	23.9907	28.5019	34.3015	41.8182
47	12.1405	13.6359	15.4728	17.7537	20.6161	24.2455	28.8928	34.8988	42.7273
48	12.1667	13.6772	15.5379	17.8558	20.7755	24.4934	29.2766	34.4906	43.6364
49	12.1909	13.7160	15.5995	17.9533	20.9291	24.7344	29.6534	36.0770	44.5455
50	12.2134	13.7522	15.6577	18.0463	21.0772	24.9690	30.0233	36.6582	45.4545

[표 13-10] 현재가치증가계수(PVF: Present Value Factors)

연 도	연 간 증 가 율								
(*N*)	2	3	4	5	6	7	8	9	10
	15% 할 인 율								
1	0.8696	0.8696	0.8696	0.8696	0.8696	0.8696	0.8696	0.8696	0.8696
2	1.6408	1.6484	1.6560	1.6635	1.6711	1.6786	1.6862	1.6938	1.7013
3	2.3249	2.3460	2.3671	2.3884	2.4099	2.4314	2.4531	2.4750	2.4969
4	2.9317	2.9707	3.0103	3.0503	3.0908	3.1319	3.1734	3.2154	3.2579
5	3.4698	3.5303	3.5919	3.6346	3.7185	3.7835	3.8498	3.9172	3.9858
6	3.9471	4.0315	4.1179	4.2064	4.2971	4.3899	4.4850	4.5824	4.6821
7	4.3705	4.4804	4.5936	4.7102	4.8303	4.9541	5.0816	5.2129	5.3481
8	4.7460	4.8824	5.0237	5.1702	5.3219	5.4790	5.6418	5.8105	5.9851
9	5.0791	5.2425	5.4128	5.5902	5.7749	5.9674	6.1680	6.3769	6.5945
10	5.3745	5.5650	5.7646	5.9736	6.1926	6.4219	6.6621	6.9137	7.1773
11	5.6365	5.8539	6.0828	6.3237	6.5775	6.8447	7.1261	7.4226	7.7348
12	5.8689	6.1126	6.6434	6.6434	6.9323	7.2381	7.5619	7.9049	8.2681
13	6.0750	6.3444	6.9353	6.9353	7.2593	7.6042	7.9712	8.3620	8.7782
14	6.2578	6.5519	7.2018	7.2018	7.5608	7.9447	8.3556	8.7953	9.2661
15	6.4200	6.7378	7.4451	7.4451	7.8386	8.2616	8.7165	9.2060	9.7328
16	6.5638	6.9043	7.2713	7.6673	8.0947	8.5565	9.0555	9.5952	10.1792
17	6.6914	7.0534	7.4454	7.8701	8.3308	8.3808	9.3808	9.9642	10.6062
18	6.8045	7.1870	7.6028	8.0553	8.5484	9.0861	9.0861	10.3139	11.0146
19	6.9049	7.3066	7.7451	8.2244	8.7489	9.3233	9.3233	10.6453	11.4053
20	6.9939	7.4137	7.8738	8.3785	8.9338	9.5445	10.5445	10.9595	11.7790
21	7.0729	7.5097	7.9903	8.5198	9.1042	9.7501	10.4650	11.2572	12.1364
22	7.1429	7.5956	8.0955	8.6485	9.2613	9.9414	10.6976	11.5395	12.4783
23	7.2050	7.6726	8.1907	8.7660	9.4060	10.1194	10.9160	11.8070	12.8053
24	7.2601	7.7415	8.2768	8.8733	9.5395	10.2850	11.1111	12.0605	13.1181
25	7.3039	7.8033	8.3547	8.9713	9.6625	10.4391	11.3137	12.3009	13.4173
26	7.3523	7.8536	8.4251	9.0608	9.7759	10.5825	11.4946	12.5286	13.7035
27	7.3907	7.9081	8.4888	9.1424	9.8803	10.7159	11.6645	12.7445	13.9773
28	7.4248	7.9525	8.5464	9.2170	9.9767	10.8400	11.8241	12.9492	14.2392
29	7.4550	7.9922	8.5985	9.2851	10.0655	10.9554	11.9739	13.1431	14.4896
30	7.4819	8.0278	8.6456	9.3473	10.1473	11.0629	12.1146	13.3270	14.7292
31	7.5057	8.0597	8.6882	9.4040	10.2227	11.1629	12.2468	13.5012	14.9584
32	7.5268	8.0883	8.7267	9.4558	10.2922	11.2559	12.3709	13.6664	15.1776
33	7.5455	8.1138	8.7615	9.5032	10.3563	11.3424	12.4874	13.8229	15.3873
34	7.5621	8.1367	8.7930	9.5464	10.4154	11.4230	12.5969	13.9713	15.5878
35	7.5768	8.1573	8.8215	9.5858	10.4698	11.4979	12.6997	14.1119	15.7796
36	7.5899	8.1756	8.8473	9.6218	10.5200	11.5676	12.7962	14.2452	15.9631
37	7.6014	8.1921	8.8706	9.6547	10.5663	11.6325	12.8869	14.3715	16.1386
38	7.6117	8.2068	8.8917	9.6847	10.6089	11.6928	12.9720	14.4913	16.3065
39	7.6208	8.2200	8.9107	9.7121	10.6482	11.7490	13.0520	14.6048	16.4671
40	7.6289	8.2319	8.9280	9.7372	10.6845	11.8012	13.1271	14.7123	16.6207
41	7.6361	8.2424	8.9436	9.7600	10.7178	11.8498	13.1976	14.8143	16.7676
42	7.6424	8.2519	8.9576	9.7809	10.7486	11.8951	13.2639	14.9110	16.9082
43	7.6481	8.2604	8.9704	9.8000	10.7770	11.9371	13.3261	15.0026	17.0426
44	7.6531	8.2680	8.9819	9.8173	10.8031	11.9763	13.3845	15.0894	17.1712
45	7.6575	8.2748	8.9923	9.8332	10.8272	12.0127	13.4393	15.1717	17.2942
46	7.6614	8.2809	9.0018	9.8477	10.8495	12.0466	13.4908	15.2497	17.4118
47	7.6649	8.2864	9.0103	9.8610	10.8699	12.0782	13.5392	15.3236	17.5244
48	7.6680	8.2913	9.0180	9.8731	10.8888	12.1075	13.5847	15.3937	17.6320
49	7.6708	8.2957	9.0250	9.8841	10.9062	12.1345	13.6273	15.4601	17.7350
50	7.6732	8.2996	9.0313	9.8942	10.9222	12.1602	13.6674	15.5230	17.8334

13.2 비용 · 효과분석법(Cost-Effectiveness Analysis)

비용 · 효과분석법으로 불리고 있는 평가방법은 교통사업 평가시에 적용하는 방법론의 하나로 1960년대 이후 구미를 배경으로 하여 대두되었고, 이후 서구 교통학계에서 점차 하나의 평가방법으로 그 자리를 굳히고 있다. 비용 · 효과분석법은 그 동안 교통사업의 경제성을 가늠하는데 가장 많이 사용되어 오고 있는 비용 · 편익분석의 그늘에 가려져 빛을 보지 못하다가 1970년대 초반 이후 비용 · 효과분석법의 유용성을 인정받기 시작하여 이제는 이론적 · 실증적인 연구의 축적이 이루어져 가고 있는 과정에 도달해 있는 것으로 보인다. 따라서 본 절에서 비용 · 효과분석의 개념을 개괄적으로 살펴보고, 교통사업의 평가방법론으로서 비용 · 효과분석법이 가지는 의미와 유용성, 그리고 비용 · 효과분석법의 이해를 돕기 위하여 예를 들어 설명해 보고자 한다.

13.2.1 비용 · 효과분석법의 의의

교통사업대안의 평가에는 크게 비용 · 편익분석법과 서열화방법(ranking approach)의 두 가지 방법이 가장 보편적으로 적용되고 있다. 우선 공공사업의 경제성을 평가하기 위해 전통적으로 동원되는 비용 · 편익분석법은 화폐화가 가능한 모든 비용과 편익항목을 계량화하여 대안별로 편익 · 비용특성이 가장 우수한 사업을 선택하는 방법이다.

서열화방법은 각 교통사업대안의 평가항목을 이미 설정한 여러 가지 정책목표와 관련시켜 하나의 인위적인 척도 속에 내재화시킴으로써 대안을 평가하는 방법이다.

이상과 같은 두 가지 평가기법이 그 동안 교통사업의 타당성을 평가하는 데 주축이 되어 온 기법이라고 할 수 있다.

이같은 평가방법의 가장 큰 약점은 모든 평가항목을 하나의 척도(dimension)로 전환시킴에 따라 비용과 편익 등의 항목을 지나치게 단순화시키기 때문에 대안선택과정이 자칫하면 주관성에 의하여 지배받을 수 있다는 점이다. 무릇 교통사업대안의 선택과정은 객관적이어야 하는

데, 이와 같은 방법론은 의사결정자로 하여금 신뢰의 분위기를 조성하지 못하게 된다. 더군다나 복잡한 의사결정과정을 충분히 배려하지 못하기 때문에 커다란 유용성을 발휘하기가 힘들다.

이같은 관점에서 볼 때 좋은 평가방법이란 복잡하고 다원적인 의사결정의 본질을 인식하여 의사결정자가 현명한 대안선택을 할 수 있도록 필요한 정보를 제공해 주는 방법이라 하겠다. 이같이 의사결정을 보조해 주는 틀은 의사의 결정을 시도하는 것이 아니라 체계적이고 과학적인 대안선택을 할 수 있도록 자료와 정보를 조직화해 주는 것이다. 또한 이같이 의사결정을 보조하기 위한 자료를 제공해 주는 방법은 필요에 따라 비용·편익분석법이나 서열화방법 등을 동원하여 보다 심도 있는 평가를 가능케 하는 융통성이 있는 방법이라 하겠다. 또한 좋은 평가방법은 교통사업대안이 영향을 미치는 지역사회의 가치목표에 대하여 충분히 인식 될 수 있도록 배려하여 계획가, 일반시민, 의사결정자들에게 교통사업대안이 교통체계 및 지역사회에 어떠한 효과를 미치는가에 대해 밝힐 수 있는 방법이어야 한다. 이같은 가치나 목표만 하더라도 평가과정 전에 계획가 혹은 의사결정자에 의하여 급하게 설정할 것이 아니라 평가과정상에서 교통대안의 비용과 효과를 하나씩 하나씩 인식하는 단계에서 점진적으로 설정하는 것이 바람직하다고 보여진다.

또한 좋은 평가방법은 대안간의 상쇄성(trade-off)과 절충(compromise)을 의사결정자에게 명시적으로 밝힐 수 있는 방법이어야 한다. 이와 같은 평가방법의 바람직한 속성에 모두 부합되지 않지만 이같은 속성의 중요성을 평가방법에 내재화시키려고 노력한 방법이 비용·효과분석법이다. 특히 비용·효과분석법은 의사결정자와 이들이 처한 의사결정 환경을 고려하여 이들에게 필요한 정보를 제공해 주는 데 결정적으로 기여하는 방법론이라고 하겠다.

13.2.2 비용·효과분석법의 개념

비용·효과분석은 각 교통사업대안이 지역사회의 목표를 달성하는데 얼마나 기여하는가를 가늠하는 평가방법론으로서 그 기여도를 분석하기 위하여 분석항목을 비용과 효과로 나눈다. 비용은 설계, 건설, 운영, 관리에 소요되는 공공재원을 일컫는바, 교통사업대안의 비용을 정확하게 반영할 수 있는 여건하에서만 이러한 비용을 화폐가치로 환산한다. 화폐화가 힘든 사업대안은 일정한 단위를 설정하는 데 몇 개의 비용단위를 설정하는 적합한 모형이나 틀을 적용한다.

효과(effectiveness)는 교통대안이 설정된 목표를 달성하는 정도를 나타내는 일종의 지표가 된다. 효과는 보편적으로 '교통서비스에 접근하는 통행자의 수', '통행시간의 단축', '자동차 매연가스의 감소'와 같은 정책 목표의 달성 여부를 척도의 수치로 나타낸 개념이 된다. 그러므로 비용 · 효과비는 단위비용의 투자에 대한 목표달성의 효과도를 나타내게 되어 대안끼리의 우열성을 검토하는 준거를 마련해 준다. 효율성(efficiency)은 최소의 자원으로 최대의 효율(성과)을 올려야 하는 의미로 사용되나 효과는 주어진 목표에 교통사업대안이 어느 정도 충족하는가를 가늠하는 목표의 달성도이다.

1) 비용 · 효과분석법에서 정책목표

비용 · 효과분석법은 설정된 정책목표를 대안이 얼마만큼 달성시키는가를 판단하는 방법이므로 정책목표의 설정과정이 중요한 의미를 갖는다. 예컨대 통행을 증가시키거나 감소시키는 목표가 설정되었을 때는 차량주행거리라는 효과성 척도가 유용한 것이지 다른 효과성 척도는 무의미해진다. 그러므로 교통대안이 추구하는 목표가 명확히 설정되어야 비용 · 효과분석법을 수행할 수 있는 것이다. 비용 · 효과분석법에서 정책목표는 주체성을 지녀야 하고, 가능한 직접적이고 계량적이어야 한다. 이것이 불가능하면 개략적인 목표라든가 주관적으로 척도화된 목표까지도 필요하다. 이러한 맥락에서 볼 때 효과성지표는 판단기준(criteria)과 같은 의미로 해석할 수있다.

2) 비용 · 효과분석법에서의 정보의 흐름

비용 · 효과분석의 커다란 장점은 의사결정자에게 조직화된 자료를 제공하여 의사결정의 질을 높여 주는 데 있다. 그러므로 비용과 효과에 관한 자료를 의사결정자에게 연계시키는 과정이 체계적이어야 할 필요성이 있다. 비용 · 효과분석법상에서 교통사업대안과 의사결정간의 정보

[그림 13-3] 비용 · 효과분석법에서 대안설정과 의사결정상의 정보연계성

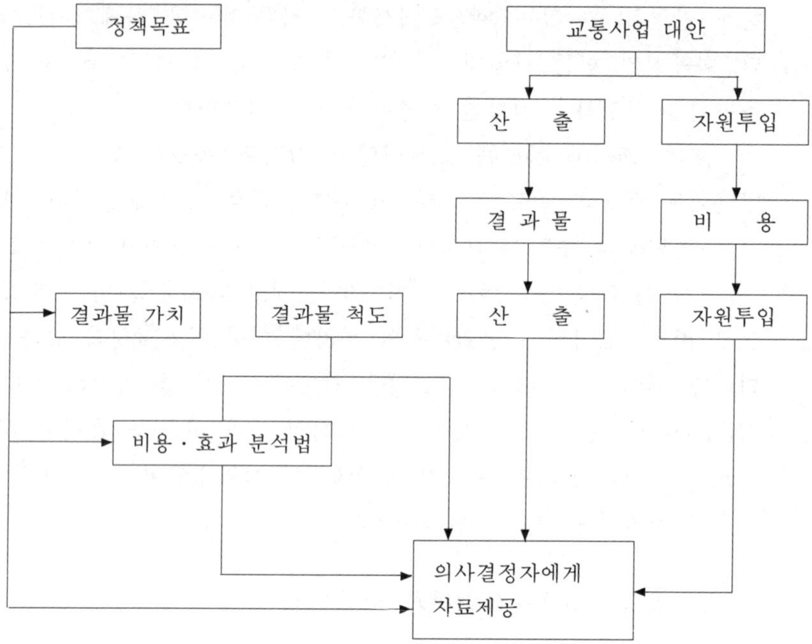

의 흐름이 [그림 13-3]에 나타나 있다. 교통사업대안에 의한 영향, 즉 산출물(output)이 결과물(consequence)로 나타나고 이러한 결과물은 다양한 형태로 묘사될 수 있다. 즉 결과물을 대안별로 나누어 구두로 표현할 수도 있으며, 사진의 형태나 척도의 개념으로 표시할 수 있다. 또한 의사결정자가 비용 · 편익분석법에 내재하는 구조적인 가정을 인식하고 있다면 비용 · 편익분석법의 결과를 다른 결과물들과 함께 의사결정에 활용할 수도 있다.

13.2.3 효과 및 결과물

1) 효과항목

비용 · 효과분석법에서 대안의 평가항목은 아래와 같은 투입 산출물들을 포함한다.

- 투입물: 화폐, 토지, 재료, 인력 등
- 성과산출: 접근성, 안전성, 이동성 등

- 부수적인 결과: 장애물, 물리적 및 화학적 방출물, 시각적 이미지, 소음, 빛, 안전성 등

이같은 투입 산출물은 종합적이고 포괄적인 것들로서 교통체계와 주변환경간의 관계에서 나타나는 요소들이라고 하겠다. 그러나 이와 같은 투입 · 산출물은 그 자체로써 의사결정자에게 제공되기에는 너무 개략적이기 때문에 구체적인 결과물로서 전환되어야 할 필요성이 있다. 이같은 결과물들을 살펴보면 아래와 같다.

① 투입의 결과물(consequences of inputs)

- 재원투자에 따른 기회비용의 상실
- 고용구조의 변화
- 소득의 변화
- 자재 및 재료의 희귀화
- 통행로건설에 따른 사회적 악영향
- 토지이용 변화에 따른 지역주민 행태변화 및 자원배분의 변화
- 기　　타

② 성과산출의 결과물(consequences of performance outputs)

- 지역성장 패턴의 변화
- 시장지역의 변화
- 향상된 접근성으로 인한 사회적 결속
- 접근성의 변화로 주민활동 패턴과 자원배분의 변화
- 접근성의 변화로 인한 공공재 및 민간재의 변화
- 접근성의 변화로 인한 고용 패턴의 변화
- 교통안전의 향상으로 인명 및 사회적 피해의 감소

③ 부수적인 결과물(consequences of concomitant outputs)

- 교통시설에 의해 설치된 물리적 시설물이 초래하는 사회적 · 심리적 영향
- 교통시설의 심미적 영향
- 차량에서 방출되는 매연가스 등으로 인한 심리적 영향
- 차량과 교통시설에 의한 소음과 빛으로 인한 심리적 · 생리적

영향

• 기 타

이같은 항목들은 일종의 틀로서 대형 프로젝트의 경우에는 이 항목에 추가하여 보완할 필요성이 있고, 소규모 교통사업일 때에는 몇 개의 항목에 한해서만 분석함이 타당하다. 예컨대 교차로의 개선이나 주차요금 인상(주차규제)과 같은 단기정책들의 효과성을 가늠하고자 할 때에는 당연히 효과성 항목이 줄어들게 된다.

위의 효과성지표를 추정하기란 그다지 용이한 작업이 아니다. 이같이 광범위한 평가항목을 분석하기 위해서는 여러 가지 유형의 모형을 개발하거나 기존의 모형을 적용해야 하는 문제가 따르고 방법론 정립에도 많은 시간과 노력이 수반되기 마련이다. 그러나 이같은 난관에도 불구하고 효과성 항목들은 분석가나 계획가로 하여금 교통사업 영향항목에 대한 종합적인 시간을 제공하고 이들로 하여금 가급적 많은 항목을 분석하도록 동기를 부여하는 데 그 본질적인 의의를 찾을 수 있다.

[그림 13-4] 대안과 효과성을 표시한 비용 · 효과형식

대 안

성과산출의 결과물

1. 시장의 변화
2. 주거지역 패턴의 변화
3. 활동 패턴의 변화
4. 고용 패턴의 변화

⋮

A	B	C	D

부수적인 결과물

1. 차량 매연가스
2. 소음
3. 미관의 악영향
4. 사회성의 파괴

⋮

A	B	C	D

투입의 결과물

1. 고용구조의 변화
2. 도로건설용 토지매입의 영향

A	B	C	D

2) 효과의 표현양식

효과성에 대한 자료를 의사결정자에게 전달하는 방법은 구두, 지표, 그래프 등 여러 가지로 표현될 수 있을 뿐 아니라 효과성의 결과를 몇 개로 분리하거나 한꺼번에 포함하여 제공할 수도 있다. 이같은 표현형식의 근본적인 목적은 되도록 의사결정자가 이해하기 쉬운 형식을 제공하는 데 있다. 교통사업대안과 효과항목을 알기 쉽게 나열하는 방법의 하나로 [그림 **13-4**]와 같은 형식이 사용될 수 있는데 횡열에 교통사업대안을, 그리고 종열에 효과성 항목을 나열하여 의사결정자로 하여금 대안별 효과성을 평가해 볼 수 있는 틀을 제공하는 방법이다. 또한 이 형식은 각 대안간의 항목별 상쇄성(trade-off)을 분석해 볼 수 있는 계

[그림 13-5] 소득계층별 · 시간별로 분류된 대안과 결과물

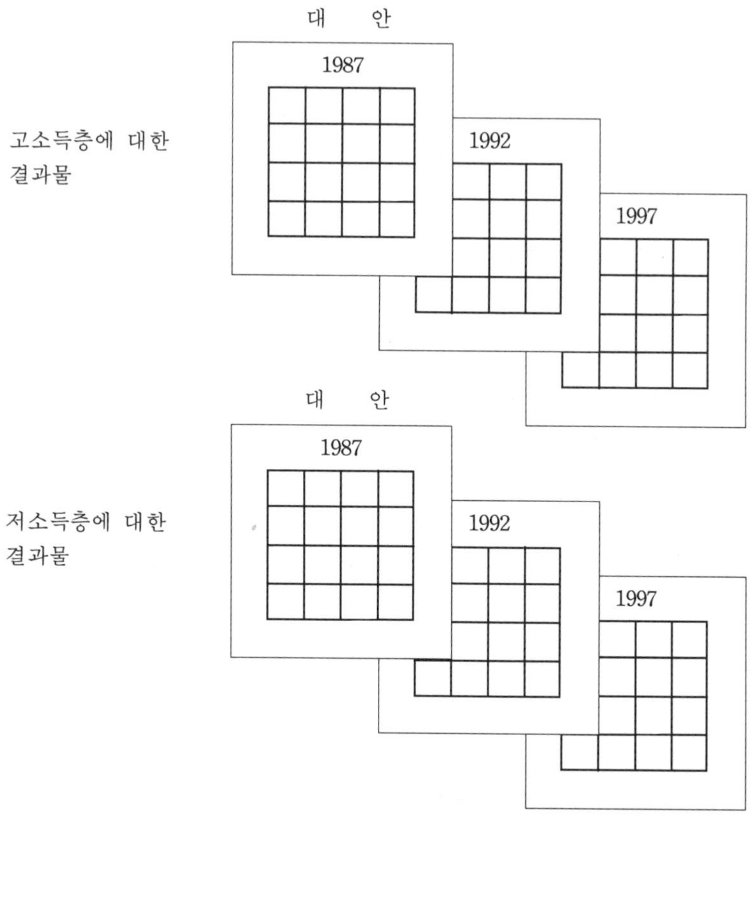

기가 된다. [그림 13-4]와 같이 대안별 항목이 많고 복잡한 경우에 의사결정자가 적절한 대안선택을 하기는 쉽지 않으나 의사결정자가 교통사업대안과 효과성 항목이 복잡하다는 것을 이해하는 기회를 갖는 것 자체가 의사결정과정의 질을 높일 수 있다는 점에서 비용·효과분석법의 의의가 있다고 하겠다.

비용·효과분석법은 한 걸음 더 나아가 시간적인 차원에서 그 효과를 조감해 볼 수 있는데 이는 장기적인 교통사업의 계획기간중 단기·중기·장기별 효과를 판단해 볼 수 있는 토대가 된다. 이와 아울러[그림 13-5]에서 보듯이 소득계층별 분류를 통해 시간과 소득을 동시에 나타낼 수도 있다. 비슷한 방법으로 영향권을 지역 혹은 지구로 분류하여 각 지역에 대한 교통사업대안의 효과항목에 대한 분석이 가능하다.

13.2.4 비 용

비용은 효과에 못지 않게 평가에서 중요한 위치를 차지하고 있다. 비용은 일반적으로 교통사업대안을 집행하고 운영하는 데 소요되는 화폐단위가 되는데, 이같은 비용을 분석하는 방법이 다양하다는 것은 그만큼 적절한 비용을 산출하기가 힘들기 때문이다. 예컨대 대안별 화폐로 환산된 비용은 자원소비의 정확한 사회비용을 나타내지 못할 뿐만 아니라 시장의 왜곡으로 인하여 자본의 기회비용을 적절히 파악하지 못한다. 또한 교통사업대안의 비용범위를 어디까지 보아야 할 것인가 하는 문제가 항상 대두되는데 교통사업대안의 영역을 명쾌하게 설정하는 것이 비용분석의 선결과제가 된다.

비용을 산출하는 방법을 몇 가지로 분류하여 구체적으로 살펴보면 다음과 같다. 첫번째 방법은 교통사업대안 담당부서의 소요비용과 이용자비용으로 나누는 방법으로 아래와 같은 항목으로 구성된다.

1) 담당부서의 소요비용 및 이용자 비용

① 담당부서의 소요비용

- 통행로비용
- 통행로의 교통시설 설치비용

- 역 혹은 터미널 건설비용
- 운영에 필요한 장비 및 시스템 비용
- 운영에 소요되는 인건비
- 기타 비용

② 이용자 비용

- 차량 감가상각비용
- 연료 및 오일비용
- 타이어 등의 비용(감가상각 적용)
- 관 리 비
- 보 험 료
- 사고비용(이용자가 지불해야 하는 순비용)
- 운전자, 승객, 화물의 시간비용
- 기타 비용

위의 비용들은 도로나 전철 건설과 같은 교통사업의 총비용을 포괄적으로 다룬 항목들이다.

두 번째 방법은 점진적 비용방법으로서 기존에 있는 교통시설을 개선하고자 할 때 추가로 소요되는 비용을 대안별로 분석하는 것이다.

2) 추가비용(점진적 비용)

① 대중교통 운송회사에 대한 추가비용

- 추가로 필요한 버스구입 비용
- 왕복 운행속도의 증가로 인한 신규차량 구입비
- 현재 운행되는 버스의 부분적 개조에 필요한 비용(예로서 고속용 혹은 레디얼타이어)
- 주행비용의 변화
- 운전자 인건비의 변화

② 도로 운영자에 대한 추가비용

- 도로나 차도의 관리비용 변화
- 버스 전용차선이나 버스 우선신호, 가변차선제 등
- 특수한 시설설치에 따른 비용

③ 도로 이용자에 대한 추가비용

- 운행비용의 변화(연료, 타이어, 오일 등)
- 시간비용의 변화
- 사고에 따른 비용의 변화

④ 버스 이용자에 대한 추가비용

- 새로운 급행버스 이용자: 새로운 통행자에 대한 비용, 승용차에서 급행버스로 전환화는 통행자의 비용(급행버스요금-승용차운행비용), 일반버스에서 급행버스로 전환하는 통행자의 비용(급행버스요금-일반버스요금), 감축된 일반버스 서비스를 계속적으로 이용하는 통행자의 비용변화
- 터미널비용의 변화: 출발지에서 정류장까지의 비용변화, 정류장에서 목적지까지의 비용변화
- 시간비용의 변화

추가비용방법은 기존 체계에서 변화된 만큼의 비용을 산출하여 대안별로 비교하기 때문에 기존 교통체계에 대한 대안별 비용변화를 알 수 있게 된다. 예컨대 전철노선을 도시외곽으로 연장하고자 할 때 추가로 소요되는 건설비용을 분석함으로써 노선 연장의 타당성을 검토할 수 있고, 도로계획시 어느 지점에 인터체인지를 건설하는 데 따른 추가비용을 미리 도출해 볼 수도 있다. 또는 전철노선을 건설할 때 역주변 주차장을 건설하는 데 따른 추가비용 역시 이같은 방법에 의해 평가된다.

따라서 추가비용 방법은 세 가지의 커다란 장점이 있다. 첫째, 의사결정자에게 교통사업대안의 분리된 항목별 추가비용을 제공하게 되고, 둘째, 의사결정자로 하여금 추가비용을 포함하거나 포함하지 않거나 하는 선택권을 부여해 주며, 셋째, 민감도분석(sensitivity analysis)을 할 수 있는 토대를 마련해 준다.

민감도분석은 교통사업대안을 더욱 구체적으로 분석하고자 할 때 유용한 방법이다. 일반적으로 비용의 민감도가 효과성과 함께 의사결정자에게 제시되는데 비용민감도분석 결과는 의사결정시에 아주 귀중한 자료가 된다. 따라서 비용민감도분석에 의하여 대안이 수정되거나 대안을 부분적으로 조정할 수 있게 된다. 이러한 비용민감도분석의 또 한

가지 장점으로는 장래에 발생할 불확실성(uncertainty)에 대하여 고려할 수 있는 계기를 마련해 준다는 것을 들 수 있다.

13.2.5 지역의 가치(Community Values)

어떠한 교통정책이든 간에 교통정책의 영향이 미치는 지역주민들에게 여러 가지 결과를 초래하게 된다. 따라서 교통사업의 평가과정에서 여러 이익 집단의 이익과 불이익 등에 대한 고찰이 반드시 수반되어야 함은 말할 것도 없다. 이같은 교통사업의 결과뿐만 아니라 그 지역주민의 가치를 파악하는 일이 선행되어야 한다. 왜냐하면 새로운 교통사업 등으로 인한 지역주민들의 반응이 다양하고 또한 선택을 해야 할 입장에 처하게 되므로 그들의 다양한 선호(preferences)를 인식해야 하기 때문이다.

대부분의 경우 어느 지역주민들의 가치 내지는 목표를 인식하는 일이 그다지 용이하지가 않다. 그만큼 가치가 다양하고 이같은 가치를 구체화하기가 힘들기 때문이다. 그러나 비용 · 효과분석법을 적용함에 있어서 전제가 되는 것은 정책목표가 뚜렷이 설정되어야만 한다. 정책목표는 효과성을 나타내는 지표로 표현되어 사업대안별 비용에 대한 효과성의 달성도를 평가하기 때문에 중요한 의미를 가진다. 일단 지역의 가치에 의한 목표가 설정되면 목표의 중요도에 따라 서열화를 해야 한다. 서열화하는 방법은 편익 · 비용비에 의하거나 서열화방법을 적용하여 선호도의 우선 순위를 결정하나 여러 가지 제약이 존재한다.

지역주민의 교통사업에 대한 선호도를 파악하는 데 가장 좋은 접근방법은 직접 주민들에게 교통사업에 대한 선호도와 선호의 이유를 질문해 보는 것이다. 이렇게 함으로써 어느 집단은 득을 보게 되고 어느 집단은 실을 당하는 제반 사항을 파악하게 되므로 부정적인 영향을 감소시키는 방향으로 교통사업대안을 수정 내지는 조정할 수 있게 된다.

13.2.6 비용 · 효과분석의 적용예

예로서 경전철(light rail transit)에 대하여 비용 · 효과분석법을 이용하여 평가를 한다고 하자. [표 13-7]에서 보는 것처럼 여러 효과지표 항목에 의해 6개의 대안 중에 어느 대안이 가장 우수한가를 비교한다. 대안 Ⅰ과 Ⅱ를 비교하면 비슷한 수준의 승객수를 보여 주고 있고, 평균 통행시간은 대안 Ⅰ이 대안 Ⅱ보다 적게 소요되며, 접근성은 대안 Ⅱ가 조금 높고, 그 밖에 다른 지표는 두 대안이 거의 비슷한 것으로 나타났다. 그러나 가장 중요한 지표 중의 하나인 총건설비를 비교하면 대안 Ⅰ이 아주 우수하기 때문에 대안 Ⅱ는 일단 고려대상에서 제외시키기로 한다.

다음으로 대안별 점진적 상쇄성(incremental trade-offs)의 측면에서

[표 13-11] 비용·효과분석법에 의한 교통사업대안 평가

효과지표항목		대안					
		Ⅰ	Ⅱ	Ⅲ	Ⅳ	Ⅴ	Ⅵ
승객수(백만)	총승객수	31	30	40	44	52	52
	저소득층승객수	20	21	24	24	28	28
전환율 (타교통수단으로부터 전환율)		11	11	15	16	19	19
통행시간	총통행시간	25.7	27.3	24.0	24.5	22.7	23.0
	차내통행시간	22.0	21.5	19.6	20.3	19.5	19.5
	차외통행시간	3.7	5.8	4.5	4.2	3.2	3.5
접근성(천명)	CBD에서 30분거리	345	353	391	420	485	505
	평균접근성지표	208	203	226	264	291	290
철거대상 및 일자리상실	주택	0	0	25	50	200	150
	영업소·사무실	0	0	5	13	18	12
	일자리상실	0	0	72	155	410	160
대기오염		악화	악화	개선	개선	약간개선	약간개선
연료소비(총교통수단)		756	759	753	752	750	750
고용의 창출효과		약함	약함	보통	강함	보통	보통
도시환경과의 조화성		좋음	좋음	좋음	보통	보통	나쁨
시스템의 장래 융통성		좋음	좋음	보통	나쁨	나쁨	나쁨
비용(억원)	총건설비	22	110	380	500	700	550
	연운영비	6	9	7	12	9	9
	시부담건설비	18	88	285	350	455	385
	시부담운영비	2	3	2	4	3	3

나머지 대안을 비교하고자 한다. 대안 Ⅲ은 대안 Ⅰ보다 30%, 즉 9백만 승객을 더 수송하나 총건설비가 약 360억이 더 소요되고 연운영비는 1억이 더 필요하다. 대안 Ⅲ과 Ⅳ를 보면 대안 Ⅳ가 대안 Ⅲ보다 120억 원의 건설비가 더 소요되고, 10%의 승객수가 증가하나, 연운영비가 엄청나게 증가하고 있다. 이를 승객당 비용으로 환산해도 같은 차이를 보이고 있다. 대안 Ⅲ이 대안 Ⅰ보다 많은 승객(9백만 증가)을 수송하나 총건설비가 대안 Ⅰ보다 약 18배 정도 소요되므로 대안 Ⅲ이 대안 Ⅰ보다 비용효과적이라고는 할 수 없다고 하겠다. 그러나 비용효과에 대한 가치판단은 의사결정자가 하므로 의사결정자가 승객 증가량에 많은 선호성(preference)을 부여한다면 대안 Ⅲ을 택할 수도 있다. 한편, 대안 Ⅲ과 대안 Ⅳ를 비교할 때 120억을 더 투자하여 4백만밖에 승객이 늘어나지 않았다면 대안 Ⅳ가 대안 Ⅲ보다 비용효과적이라고는 할 수 없다고 여겨진다.

대안 Ⅵ은 대안 Ⅲ보다 1천 2백만의(13%) 승객이 증가되지만 170억(45%)의 건설비가 추가로 소요된다. 대안 Ⅲ의 평균통행시간은 대안 Ⅰ에 비하여 6.6%가 감소되었으나 대안 Ⅵ을 위해 투자한 건설비를 감안할 때 대안 Ⅲ보다 평균통행시간이 단지 4.2%밖에 감소되지 않았다. 대안 Ⅲ과 비교해 볼 때 대안 Ⅵ의 커다란 장점은 평균차외시간(average out-of-vehicle travel time)이 22%나 감소되었고, 접근성이 28%나 증가되었다는 점이다. 이같은 관점에서 볼 때 대안 Ⅵ의 장점이 추가로 소요되는 건설비를 능가한다고 보아 대안 Ⅲ보다는 유리한 위치에 있다고 보여진다.

마지막으로 서로 상충되는 항목간의 상쇄성(trade-off)을 고려해 보기로 한다. 대안 Ⅴ는 대안 Ⅲ보다 대중교통승객의 30% 증가효과를 가져올 수 있으나 320억 원(혹은 84%)의 추가건설비가 소요되는 약점을 내포하고 있다. 또한 철거대상 및 일자리의 상실이라든가 도시환경과의 조화성과 같은 항목들이 대중교통승객의 증가와 같은 평가항목과 비교되어 대안의 상대적 우수성에 대한 적절한 판단이 내려져야 한다. 아무튼 계획가나 분석가는 대안별 평가항목을 되도록 상세하게 분석하고 의사결정자에게 제시하여 의사결정자가 적절한 판단을 내릴 수 있도록 배려해야 한다.

13.2.7 결 어

평가에 대한 일반적인 인식이 부족하고, 평가방법이 아직까지 미흡할 뿐 아니라 정책목표가 뚜렷이 설정되지 않은 상태에서 교통사업평가에 지금까지 다루었던 평가방법을 적용한다는 것 자체가 무리일 수도 있다. 그러나 교통정책의 영향이 지역 주민에게 광범위하게 파급된다는 점에서 체계적이고 의사결정 지향적인 평가방법의 필요성은 항상 존재한다고 하겠다.

본 절에서 고찰한 비용·효과분석법은 전통적으로 교통사업평가에 활용되어 오던 비용·편익분석법이 가진 약점을 보완하면서 의사결정자가 의사결정 환경 내에서 필요로 하는 비용과 효과항목을 알기 쉽게 체계를 세워 전달하는 방법이라 하겠다. 이같은 관점에서 볼 때 비용·효과방법은 대안간의 상쇄성과 절충 등을 적절히 밝히면서 복잡하고 다원적인 의사결정과정을 고려한 방법으로 볼 수 있다. 또한 비용·효과분석법은 정책목표를 설정케 하는 계기를 마련해 주고 정책목표에 준거하여 효과성의 척도를 도출해야 하므로 정책목표를 평가방법에 내재화시키기도 한다. 아울러 계량화가 불가능한 비용·효과항목도 일정한 척도를 설정하여 평가할 수 있도록 하는 장점을 지니고 있는 방법이다.

제14장

주 차

14.1 주차의 개념

주차문제는 모터화(motorization)와 더불어 생겨나기 시작했지만 그것이 도시교통 측면에서 큰 문제가 되어 활발한 논의의 대상이 된 것은 1980년대부터의 일이다. 일반적으로 주차문제라고 하면 대부분의 경우에 있어서 주차시설의 부족, 불법주차, 주차장을 찾아 배회하는 차량 등을 떠올릴 수 있다. 그러나 이러한 모터화에 수반되어 나타난 주차문제는 보다 다양하다. 가령 주차시설의 난립, 주차장 운영의 영세화, 주차요금의 불합리성, 주차담당 부서의 미흡 등 많은 문제가 산적해 있다. 이러한 문제들은 우리나라의 대도시 내지는 중소도시라면 어디서나 볼 수 있는 것들이다.

14.1.1 주차정책의 목표 및 수단

주차정책은 주차수요를 적절히 처리할 수 있도록 주차장을 공급하거나 주차규제와 같은 수단을 동원하여 집행하는 과정이다. 가령 어떤 도심지의 주차정책목표가 주차면수를 최대한 공급하는 것이라면 그것을 달성하는 데 가장 효과적인 주차공급정책은 적절한 위치에 주차장을 공급하는 것이 주요 내용이 될 것이다.

정책목표가 자가용 승용차의 도심지 통행제한에 있다면 주차요금 인상, 시간별 차등요금 징수, 벌칙금 강화, 단속원 증대 등의 수단이 동원될 수 있다. 이처럼 얼핏 보기에는 주차정책의 목표가 결정되면 주차정책수단의 방향도 따라서 밝혀지는 것같이 보이나 실제로 달성하는 과정에서는 그리 단순하지 않다. 이같은 이유로는 크게 다음의 두 가지를 꼽을 수 있다.

첫째로, 주차정책 자체의 목표가 그다지 명확한 것이 되기 어렵고, 또한 복수이기 때문에 목표달성수단도 이러한 목표에 대응하여 애매해지기 쉽다.

둘째로, 주차규제수단과 이를 집행하는 데 어느 정도의 한계가 존재한다. 즉 기본적으로 주차공급을 어느 수준까지 해 주면서 규제하는 방향으로 유도해야 하기 때문이다.

각 도시의 특성과 정책적 선호도 등으로 인하여 어느 도시에나 적용될 수 있는 정책목표는 있을 수 없으나, 보편적으로 주차정책목표를 살펴보면 다음과 같다.

1) 주차공급 가용면적과 주차수요를 비교하여 가급적 균형을 도모
2) 연도변 주차차량을 통제하여 도로의 교통처리능력 향상
3) 주차수요의 억제
4) 배달 차량, 방문객 차량 등 주차 이용자를 구분하여 수요와 공급의 균형을 도모
5) 노상, 옥내, 옥외 주차장 등 주차장 형태별로 수요와 공급의 균형을 도모
6) 주차로 인해 도로에까지 차량대기행렬이 발생하는 현상의 방지
7) 연도상점의 영업피해를 최소화하는 방향으로 주차정책 유도

아울러 주차정책의 수립방향은 주차공간의 확보, 교통안전의 향상, 교통류의 원활화, 주차수요의 억제 등으로 설정될 수 있다.

1) 주차공간의 확보

승용차의 증가와 이에 따른 운행이 급격히 늘어남에 따라 목적지에서 일어나는 통행목적을 수행키 위해 목적지에서 주차가 필요하게 된다. 그러므로 주차에 대한 수요의 증가를 충족시키기 위해 적정 공급수준을 정하여 이 수준까지 가급적 많은 주차공간을 확보한다.

2) 교통안전의 향상

주차장이 제대로 확보되어 있지 않으면 목적지에서 배회하는 차량

이 많아지고 불법주차가 성행하게 된다. 따라서 보행인과 차량, 차량과 차량간의 충돌을 방지하는 의미에서도 주차장이 적절히 공급되어야 한다. 그러므로 교통사고의 감소를 위해서도 주차정책이 수립되어야 한다.

3) 교통류의 원활화

주차장을 적소에 공급하거나 또는 주차규제에 의해 전체 교통류의 흐름을 원활하게 처리하는 방향으로 주차정책이 수립되어야 한다.

4) 주차수요의 억제

주차공급은 여러 가지 제약조건 때문에 무한정으로 공급될 수 없다. 따라서 주차수요를 가급적 억제하여야 한다. 주차수요의 억제에는 주차요금 조정, 단속 강화 등의 정책을 동원할 수 있다.

14.1.2 주차시설의 유형

주차시설의 유형을 노외와 노상으로 구분하고 다시 이를 물리적 측면과 관리적 측면으로 분류하면 [표 14-1]과 같은 유형으로 정리된다. 노외 주차장은 구체적으로 빌딩건설 예정부지에 설치된 임시주차장이라든가 전용주차장과 같은 옥외 주차장과 일반 빌딩 내라든가 주차빌딩 내에 설치되는 옥내주차장이 있다. 옥외 및 옥내주차장은 공공주차장의 성격을 띠는 공용과 민간주차장인 전용으로 구분된다. 노상주차장은 모두 공용으로 정부나 공공단체에서 관리하는 주차장이 된다.

14.2 주차수요추정

주차문제의 해결을 위해서는 과학적이고 합리적인 주차수요의 추계가 선행되어야 한다. 주차수요는 자동차의 보유대수, 인구동태, 건물연면적, 경제활동, 토지이용상황 등에 따라 변화하며, 이들 요소의 장래 변화로부터 장래 주차수요를 예측하게 된다. 주차수요 추정방법은 다음의 다섯 가지로 대별할 수 있다.

[표 14-1] 주차시설의 유형

<table>
<tr><th colspan="2">물 리 적 형 태</th><th colspan="2">관 리 적 형 태</th></tr>
<tr><td rowspan="4">노 외</td><td rowspan="2">옥 외(lot)</td><td>공 용</td><td>무 료
유 료</td></tr>
<tr><td>전 용</td><td>무 료
유 료</td></tr>
<tr><td rowspan="2">옥 내(garage)</td><td>공 용</td><td>무 료
유 료</td></tr>
<tr><td>전 용</td><td>무 료
유 료</td></tr>
<tr><td rowspan="2">노 상</td><td>합 법</td><td>공 용</td><td>무 료
유 료</td></tr>
<tr><td>불 법</td><td></td><td></td></tr>
</table>

첫째, 과거추세연장법으로, 과거의 주차수요의 패턴과 증가경향을 토대로 하여 장래까지 연장시켜 장래 발생될 주차수요를 분석하는 방법이다.

둘째, 주차원단위에 의한 방법으로, 이 방법은 주차수요의 발생을 건물에 의존하여 각 건물의 용도에 따라 주차수요량을 산출하고, 이것을 용도별 주차발생 원단위화하여 장래의 용도별 건축연면적에 적용하여 주차수요량을 구하는 방법이다.

셋째, 자동차 기·종점 조사에 의한 방법으로, 이 방법은 자동차 기·종점조사 결과로부터 목표연도의 장래 자동차 통행량을 산출하고 기·종점에 주차가 발생한다는 가정하에 평균주차시간을 감안하여 주차수요량을 추계하는 방법이다.

넷째, 사람통행 실태조사에 의한 방법으로, 이 방법은 교통계획을 종합적으로 입안하기 위해 인간활동(human activity)을 중심으로 발생교통량을 추정하고, 이에 따른 교통수단분담률(modal split)을 추정하는 기법이다.

다섯째, 누적주차수요추정법은 주차수요를 일정단위 동안에 변화하는 수요변화의 과정으로 이해하고 이에 따라 단위시간 동안의 주차수요를 산정할 수 있다. 따라서 이 방법을 활용하게 되는 경우 종전에 고정화된 주차수요의 예측에 따라 발생할 수 있는 주차시설의 과소 혹은 과대 공급의 문제점을 어느 정도 극복할 수 있다.

이상의 추정방법은 주차수요 추정결과의 이용목적에 따라 달리 적용될 수 있다. 또한 주차수요분석의 공간적 범위에 따라서도 적용하는 방법의 유형이 달라질 수 있다.

14.2.1 과거추세연장법

과거추세연장법은 개략적이고 단기적인 주차수요추정에 적합한 방법으로 실무자들이 이해하기 쉽고 적용이 편리한 장점이 있는 반면 너무 개괄적이므로 신뢰성이 떨어진다. 따라서 안정된 성장률을 나타내는 도시라든가 사회경제적 여건이 급격히 변하지 않는 도시지역에서는 개략적 계획의 목적으로 이용될 수 있다. 과거추세연장법은 도심지의 1개 지구 혹은 중소도시와 같은 지역에는 비교적 주차수요추정이 용이하나 역시 장래에 생겨날 불확실성을 전혀 고려하지 못하는 단점이 있다.

14.2.2 주차원단위법

1) 주차발생원단위법

주차발생원단위법은 적용변수가 간단하며, 교통패턴이 크게 변하지 않는 상태하에서의 단기적 주차수요예측에 비교적 높은 신뢰성을 갖기 때문에 단기간 주차수용추정의 간편식으로 널리 쓰이고 있다. 이 방법은 개별적인 건물의 장래 주차수요를 추정하는 데 적합한 방법이기도 하다. 그러나 이 방법은 주차이용 효율을 정확히 산출하기가 힘들고, 장래에 주차발생 원단위가 변하는 경우에 신뢰성이 떨어지는 등의 약점을 내포하고 있다.

$$P=\frac{U\cdot F}{1{,}000e} \qquad \cdots\cdots (14.1)$$

P: 주차수요(대)

[표 14-2] 주차발생원단위 비교 (단위: 대/시간, 1,000 m^2)

용 도	한 국 도시평균	미 국 도시평균	일 본 도시평균
공 공 관 리	3.312	27.2	−
사 무 실	2.372	26.967	3.004
영 업 점 포	4.102	33.833	4.121
교 육 · 문 화	2.688	21.1	−
숙 박	2.218	11.1	−
주 거	0.891	−	1.943
공 업	1.089	−	2.248
전 용 도 평 균	2.382	24.04	2.829

자료: 본 자료는 1990년대 초반의 대도시의 예시에 불과한 것으로 대표성을 지닐 수 없는 자료이다.

[표 14-3] 건물용도별 주차이용 특성(평균치)

용도	조사건물 유 형	주차이용대수(대)B	주차용량(대) A	주차점유율간(시간)C	회전율(회) B/A	주차이용효율(%) BC/(A×12)
업무	평 균	5,478	1,669	2.95(2.0)	3.28	62.4(54.7)
영업점포	백화점평균	3,029	594	1.71	5.31	72.7
	예식장평균	572	90	1.0	6.36	52.96
	영업점포평균	3,601	684	1.48	5.27	64.93
문화 금융 숙박 교육	평 균	2,730	968	2.18	3.40	51.23

자료: 1990년대 초반의 자료로서 예시에 불과함.

U: 피크시 건물연면적 1,000 m^2당 주차발생량(대/1,000 m^2)
F: 계획 건물상면적(m^2)
e: 주차이용 효율

주차발생원단위는 건물의 용도별로 다르게 나타나는데 [표 14-2]에서처럼 용도별·도시별로 다양한 수치가 산출된다. 한편 [표 14-3]은 용도별 주차특성을 주차용량, 점유시간, 회전율, 주차이용 효율로 구분하여 분석 정리한 결과이다.

2) 건물연면적원단위법

건물연면적원단위법에는 두 가지 방법이 있다. 첫번째 방법은 현재 토지이용의 용도별 연면적과 총주차대수를 회귀분석에 의해 파라미터를 도출한 다음, 장래 목표연도의 증가된 연면적을 대입시켜 장래의 총주차수요를 추정하는 방법이다.

$$Y = a_0 + a_1X_1 + a_2X_2 + \cdots + a_iX_i$$

Y: 총주차대수
a_i: 용도별 연면적 원단위(파라미터)
X_i: 용도별 연면적

두 번째 방법은 용도에 따른 연면적당 주차 발생량을 구한 후 장래 용도별 연면적을 곱하여 장래 주차수요를 아래와 같이 산출하는 방법이다.

$$\text{장래 주차수요} = \hat{a}_1X_1 + \hat{a}_2X_2 + \cdots + \hat{a}_iX_i$$

$\hat{a}_i$: 장래 i용도별 연면적 주차발생 원단위
X_i: 장래 용도별 연면적

3) 교통량원단위법

사람통행 실태조사에 의한 승용차의 통행량패턴과 기·종점조사에 의한 승용차통행을 도심지내, 도시내, 도시내 지구간으로 구분하여 총주차대수와 관련시켜 일정한 지구의 주차수요를 구한다. 일단 차량통행에 의한 주차대수 원단위가 구해지면 장래 목표연도의 증가된 통행량에 이 주차원단위를 적용하면 주차수요가 추정될 수 있다. 원단위법은 교통여건이 비교적 안정되어 있는 지역과, 지역 혹은 지구의 경계가 분명하여 동질적인 토지이용을 지닌 곳에 적합한 방법이다.

14.2.3 자동차 기종점에 의한 방법

이 방법은 승용차의 기종점을 분석하여 주차수요를 추정하는 방법

으로 두 가지 유형이 있다. 하나는 교통량원단위법과 같이 승용차의 기종점과 총주차대수와의 상관관계에 따라 주차수요를 분석하는 방법이고, 또 하나는 도심지 등과 같은 특정한 지구로 진입하는 모든 도로의 출입지점을 기점으로 설정하여 차량번호판을 기록한 후, 승용차 주차장소에서 조사원이 기록한 차량번호와 비교하여 주차수요를 분석하는 방법이다.

두 번째 방법은 일정한 시간에 도심지나 지구로 진입하는 차량수와 주차대수를 파악함으로써 차량유입대수와 주차대수간의 관계식이 성립되어 장래 차량유입대수에 의해 장래 주차수요가 추정되는 방법이다.

14.2.4 사람통행(person trip)에 의한 수요추정

1) P요소법

이 방법은 주차수요가 피크시 승용차 도착통행량과 주차장 용적률 및 이용효율 등의 변수에 따라 변화한다는 전제하에 정립된 방법이다. 이 방법은 원단위법보다 정밀화된 기법으로 여러 가지 지역특성을 포괄적으로 고려하여 추정하는 장점을 지니고 있다. 이 방법은 지구나 도심지와 같은 특정한 장소의 주차수요를 추정하는 데 적합한 방법이다.

$$P=\frac{d \cdot s \cdot c}{o \cdot e} \times (t \cdot r \cdot p \cdot pr)$$

P: 주차수요(parking space demand: 면수)
d: 주간(07 : 00~19 : 00) 통행집중률(%)
s: 계절주차 집중계수(seasonal parking factor)
e: 지역주차 조정계수(locational adjustment factor)
o: 평균승차인원(인/대)
e: 주차이용 효율(%)
t: 1일 이용인구(인)
r: 피크시 주차집중률(%)
p: 건물이용자 중 승용차이용률(%)
pr: 승용차이용자 중 주차 차량비율(%)

그러나 P요소법은 우리나라 도시에 계절주차 집중계수에 대한 도시별 자료가 정리되어 있지 않고, 지역특성을 반영하는 지역주차 조정계수도 미비하여 현 단계로서는 그 적용성이 약한 방법이다.

2) 사람통행조사에 의한 수요추정

[그림 14-1]에서 보여 주는 절차와 같이 사람통행에 의한 주차수요추정법은 가구설문조사와 같은 방법에 의해 얻어진 기종점조사표에 의해 통행발생량을 예측하고 이를 각 교통수단으로 분류하여 승용차의 유입통행량을 토대로 하여 추정하는 방법이다.

이러한 과정을 거쳐 일단 주차수요가 추정되면 주차원단위에 의해

[그림 14-1] 사람통행에 의한 주차수요추정절차

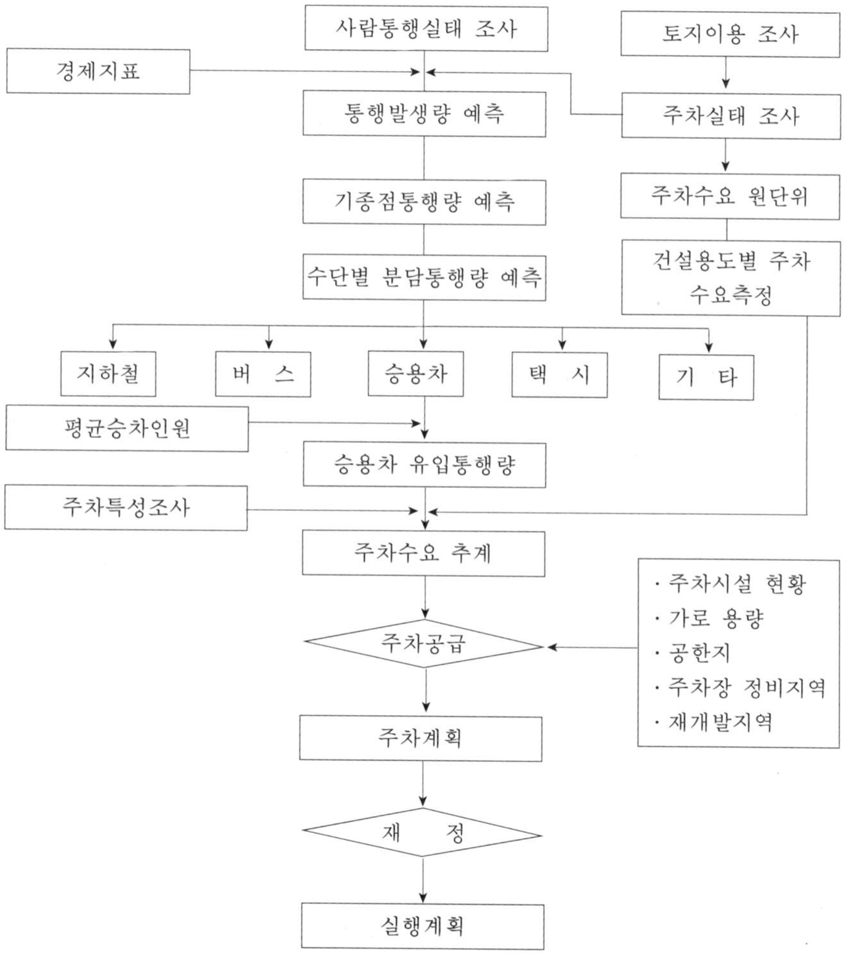

건물용도별로 추정된 주차수요와 비교해 본다. 비교한 결과 상호간 과다한 차이가 발생되면 사람통행실태에 의한 주차수요방법을 다시 점검하여 문제점을 분석하거나 건물용도별 주차수요 추정과정이 적절한지를 파악하여 합리적인 수준의 주차수요가 도출되었다고 판단되면 이를 최종적인 주차수요추정치로 확정짓는다.

이렇게 결정된 주차수요는 현재의 주차용량과 장래의 가능한 주차공급면수를 고려해야 하는데 여기서 현재의 주차시설현황, 가로용량, 공한지, 주차장 정비지역, 재개발지역 등 모든 변수를 감안한 가용할 수 있는 주차공급량과 비교하여 재정 및 실행계획을 수립하게 된다.

14.2.5 누적주차수요추정법

누적주차수요추정은 [그림 14-2]의 알고리즘을 이용하여 주차수요를 예측한다. 이 방법은 단위시간 동안에 도착하는 주차차량의 평균도착대수를 산출하여 총주차수요를 예측하고 용도별 주차특성의 산출에 따른 용도별 누적주차수요를 예측한다. 이에 따라 단위시간 동안의 누적주차의 변화를 알 수 있으므로 올바른 주차정책의 마련에 도움이 될 수 있는 방법이다.

주차수요추정모형은 추정모형 설정, 1일 주차수요 산출, 시간대별 유출·입 주차비율 추정과 주차시간 분석의 4단계를 통하여 모형을 구축, 이를 활용하게 된다.

추정모형의 설정단계에서는 분석모형의 기본적인 골격, 즉 종속변수인 주차수요와 독립변수인 용도별·시간대별 특성변수들의 상관관계에 대한 모형의 기본 골격을 작성하며, 독립변수로 작용하여야 할 변수들을 도출한다. 이렇게 도출된 모형을 통하여 평균도착대수를 산정하게 된다.

1일 주차수요예측은 전 단계에서 산출된 평균도착대수에 근거하여 포아송분포모형을 활용하여 산출한다. 산출시에는 도착확률을 구하고 이에 따라 도착대수를 구하게 된다.

시간대별 유출입 주차비율의 추정단계에서는 설정된 모형을 활용하여 시간대에 따른 유출입 주차차량의 비율을 알아본다. 이 단계에서는

[그림 14-2] 누적주차수요 추정모형 정립 및 이용

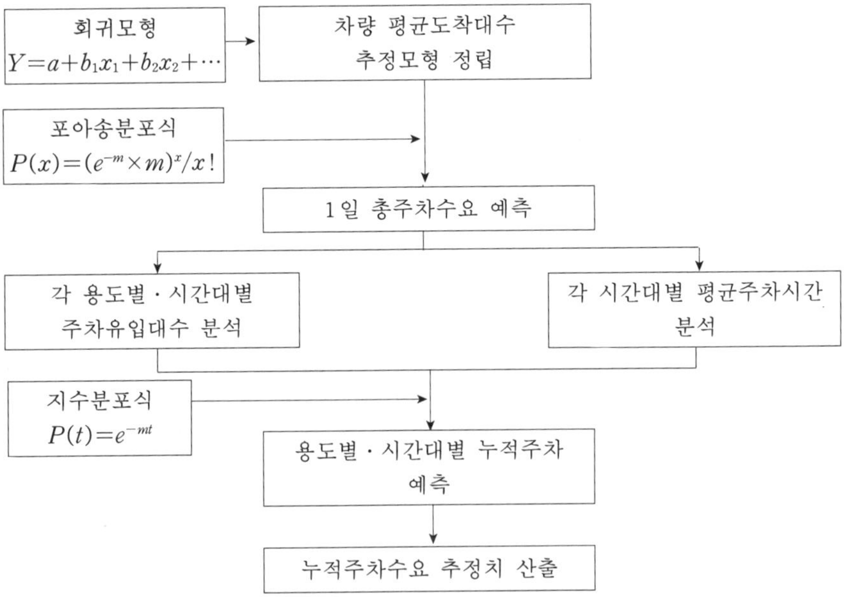

주차시설에 대하여 기존에 조사된 조사자료에 근거하여 비율을 추정하게 된다.

마지막 단계에는 주차시간의 분석이 이루어진다. 주차시간은 평균주차시간을 산정하여 주차시간의 분포를 구하고 이를 통해 세부적인 주차시간을 산정하게 된다. 주차시간이 산정되면 실제 필요한 주차시설의 양이 결정될 수 있다.

이같은 누적주차수요 추정모형은 단일 용도의 시설에 대하여 신뢰성 높은 주차수요를 추정할 수 있을 뿐만 아니라 복합적인 용도의 시설에 대해서도 비교적 적용력이 높다. 그러나 모형의 산정과정상에 차량의 도착 및 출발에 대하여 일정한 분포를 가정해야 하므로 이 때 부적절한 분포를 활용하게 되는 경우 실제 주차수요추정의 신뢰도가 낮아질 수 있는 약점이 있다.

[예제 14-1] 어떤 주차장의 시간대별 유출입 교통량이 다음과 같을 때 누적주차수요 추정방법을 이용하여 주차수요를 구하여라.

시간대	유 입	유 입	시간대	유 입	유 입
07 : 00～08 : 00	73	25	13 : 00～14 : 00	161	143
08 : 00～09 : 00	214	77	14 : 00～15 : 00	155	161
09 : 00～10 : 00	155	103	15 : 00～16 : 00	153	147
10 : 00～11 : 00	163	149	16 : 00～17 : 00	163	152
11 : 00～12 : 00	171	144	17 : 00～18 : 00	138	181
12 : 00～13 : 00	153	158	18 : 00～19 : 00	129	315

누적주차수요 추정방식은 각 시간대별 유입과 유출대수를 뺀 값을 누적하여 가장 많은 주차대수를 나타내는 시간대의 주차수요를 추정하는 방식으로 각 시간대별 누적대수를 먼저 구한다. 여기서 가장 많은 누적 대수를 나타내는 시간대는 16 : 00～17 : 00로 총 302대, 따라서 302대가 누적주차수요 추정방법을 이용한 주차수요이다.

색 인

[ㄹ]

[ㅁ]

[ㅂ]

[ㅅ]

[ㅇ]

[ㅈ]

[ㅊ]

[ㅋ]

[ㅌ]

著者略歷

元 濟 戊

한양공대 토목공학과 졸업
서울대 환경대학원 도시 및 지역계획석사
미국 UCLA대학원(교통계획 석사)
미국 MIT대학원(교통공학 박사)
KAIST 교통계획실장
서울시립대학교 도시공학과 교수
한양대학교 도시대학원장 및 교수
「도시교통론」(박영사, 1997)
「도시시설론」(보성각, 1998)
「도로공학 이해」(보성각, 1998)
「SOC 계획론」(21세기한국연구재단, 1998)

崔 在 星

서울시립대 토목공학과 졸업
서울대 공과대학원 졸업(교통공학 석사)
The University of Wisconsin-Madison대학원 졸업(교통공학 박사)
한국건설기술연구원 도로연구실장
현재, 서울시립대 교통공학과 교수
서울시 교통영향평가심의위원
건설교통부 중앙건설기술심의위원
「A Computerized Methodology for Highway Deficiency Analysis and Project Development」 미국 Wisconsin대학원 박사학위논문
「A Revised Methodology for Estimating Highway User costs on Highway Improvement」 Transportation Research Board지에 발표, 1990
「도로선형의 Performance 분석기법에 관한 연구」 대한토목학회지 발표, 1989
「양보차선의 설계이론」 대한교통학회지 발표, 1989

개정판
교통공학

1990년 8월 20일 초판발행
1999년 3월 5일 개정판발행
2021년 3월 10일 중판발행

공저자 원제무·최재성
발행인 안종만·안상준
발행처 (주) 박영사
서울특별시 금천구 가산디지털2로 53, 210호(가산동, 한라시그마밸리)
전화 (733)6771 FAX (736)4818
등록 1959. 3. 11. 제300-1959-1호(倫)

저자와의 협의하에 인지를 생략합니다

www.pybook.co.kr e-mail: pys@pybook.co.kr

정 가 35,000원 ISBN 89-7189-363-X